装配式钢结构建筑的设计、制作与施工

组　编　中国钢结构协会钢结构设计分会
　　　　中国建筑学会工业化建筑学术委员会
　　　　中国建筑金属结构协会建筑钢结构分会

主　编　娄　宇　王昌兴

副主编　张艳霞　孙晓彦　温凌燕

参　编　(以姓氏笔画为序)
　　　　王东方　王安彬　王官胜　卢清刚　田玉香
　　　　刘　霄　刘尚蔚　许　强　杜志杰　李　倩
　　　　李晓峰　邱　晨　张建斌　赵鹏顺　景　亭
　　　　谭常丹　魏　群

机械工业出版社

本书基于国家大力推动装配式建筑的现实背景，立足当前国内建筑钢结构的发展现状，邀请了国内一流的行业专家学者，并在行业协会的积极支持和参与下，借鉴国际上钢结构的先进设计及建造理念和技术，历经一年多时间，经多次编审讨论会议，编写而成。全书共分 4 篇 19 章，全面系统地阐释了装配式建筑钢结构的基本知识，材料及结构特点，设计集成，生产与安装，智能建造与质量成本和管控评价。本书所讲述的内容既考虑到装配式钢结构发展的先进性和前瞻性，又兼顾现实的落地性和实践性，可以说是当前建筑钢结构行业技术人员的一本案头必备工具书。

本书适合于从事建筑钢结构设计、制作、安装及质量管理人员，对于相关专业的高校师生也有很好的借鉴和参考价值。

图书在版编目（CIP）数据

装配式钢结构建筑的设计、制作与施工/娄宇，王昌兴主编.—北京：机械工业出版社，2021.10
ISBN 978-7-111-69124-2

Ⅰ.①装… Ⅱ.①娄… ②王… Ⅲ.①装配式构件 – 钢结构 – 建筑施工
Ⅳ.①TU758.11

中国版本图书馆 CIP 数据核字（2021）第 185997 号

机械工业出版社（北京市百万庄大街 22 号　邮政编码 100037）
策划编辑：薛俊高　责任编辑：薛俊高　刘　晨
责任校对：刘时光　封面设计：马精明
责任印制：李　昂
北京联兴盛业印刷股份有限公司印刷
2021 年 10 月第 1 版第 1 次印刷
184mm×260mm·32.25 印张·2 插页·802 千字
标准书号：ISBN 978-7-111-69124-2
定价：128.00 元

电话服务　　　　　　　　网络服务
客服电话：010-88361066　机 工 官 网：www.cmpbook.com
　　　　　010-88379833　机 工 官 博：weibo.com/cmp1952
　　　　　010-68326294　金 书 网：www.golden-book.com
封底无防伪标均为盗版　机工教育服务网：www.cmpedu.com

前　言

国家"十三五"规划中将"推广装配式建筑和钢结构建筑"列为发展方向。"十四五"规划基本延续了"十三五"规划,将"推广绿色建材、装配式建筑和钢结构住宅,建设低碳城市"列为发展方向。各省市紧跟国家政策,发布了大量针对装配式钢结构建筑的政策,积极推进装配式钢结构建筑的发展。住房和城乡建设部等部门发布了《装配式钢结构建筑技术标准》《装配式建筑系列标准应用实施指南(钢结构建筑)》等,都为发展装配式钢结构建筑提供了理论依据与政策支持。但目前国内的装配式钢结构建筑发展依旧存在着不足,装配式钢结构的设计、加工制作、施工验收、运营与维护、评价体系各环节还没有形成完整的产业链,业内从业人员数量相对短缺,极大地制约了装配式钢结构建筑的发展。

在此背景下,机械工业出版社建筑分社薛俊高副社长邀请了国内对装配式钢结构有丰富经验的各方面专家,联合相关行业协会,倾力编著了《装配式钢结构建筑的设计、制作与施工》。

本书系统地对装配式钢结构建筑的发展趋势、设计集成方法、生产与安装、智能建造、质量与成本管控、评价方法、运营与维护等各个环节进行了全方位、全过程的介绍与分析,旨在使本书成为新时期、新形势下装配式钢结构建筑相关管理人员、科研人员、技术人员的必备工具书,培养装配式钢结构建筑方面的专业技术人才,为装配式钢结构建筑的发展做出贡献。本书面向建设、总承包、设计、施工、监理、政府监管等各方面人士,可为其提供装配式钢结构建筑培训方面的技术支持。

本书共分为四篇,19章。

第一篇:概述,包含第1章和第2章,由王昌兴主要负责。第1章,中国大力发展钢结构建筑的条件已经成熟(由娄宇、王昌兴编写);第2章,提高钢结构建筑性价比的途径(由王昌兴、王东方编写)。

第二篇:设计集成,包含第3~6章,共4章,由张艳霞主要负责。第3章,设计概述(由杜志杰、张建斌、张艳霞编写);第4章,建筑设计(由杜志杰、张建斌、张艳霞编写);第5章,结构设计(由卢清刚、田玉香、张艳霞编写);第6章,设备与管线系统设计集成(由王官胜、李晓峰、刘霄、张艳霞编写)。

第三篇:生产与安装,包含第7~12章,共6章,由温凌燕主要负责。第7章,钢结构深化设计(由谭常丹、温凌燕编写);第8章,钢结构构件生产(由谭常丹、娄宇编写);第9章,钢结构系统安装(由赵鹏顺、温凌燕编写);第10章,外围护系统安装(由王安彬、李倩、娄宇编写);第11章,内装系统安装(由邱晨、娄宇编写);第12章,设备和管线系统安装(由赵鹏顺、温凌燕编写)。

第四篇:智能建造与质量、成本管控评价,包含第13~19章,共7章,由孙晓彦主要负责。第13章,智能建造概述(由孙晓彦、魏群、刘尚蔚编写);第14章,BIM与设计的协同（由孙晓彦、魏群、刘尚蔚编写）；第 15 章，BIM 与施工安装的协同（由孙晓彦、魏群、刘尚蔚编写）；第 16 章，质量管控（由景亭、许强编写）；第 17 章，成本管控（由景亭、许强编写）；第 18 章，装配率及绿色建筑评价（由景亭、许强编写）；第 19 章，运营和维护（由景亭、许强编写）。

本书统稿由娄宇、王昌兴负责完成。

本书图文并茂，深入浅出，在编者结合自身经验的基础上将枯燥的专业知识转化为读者方便掌握和应用的讲解形式。本书涵盖内容广泛，对装配式钢结构建筑全生命周期涉及的知识都进行了阐述，但知识点有侧重，限于篇幅，本书更注重装配式钢结构建筑的自身特性，对众所周知的知识点则进行了简化，对部分规范标准直接进行了引用。

虽然殚精竭虑对待每一章节的撰写，但由于时间仓促、编者学识水平和经验有限，疏漏和不足之处在所难免，欢迎广大读者提出宝贵意见，并予以批评指正。

娄 宇

2021 年 5 月 8 日

目　　录

第一篇　概　述

第1章

中国大力发展钢结构建筑的条件已经成熟

1.1　引子

谈钢结构建筑之前，我们先简单回顾一下最近 100 年来结构体系发展的历史：1950 年以前，中国仍是秦砖汉瓦的天下，而西方已进入了钢结构盛行的年代，1931 年建成的纽约帝国大厦，102 层，381m 高，钢结构体系，全部工期只有 410 天（当时的钢结构建造技术和管理已经很了不起了）；1960 年以后，以预制为主的混凝土结构大行其道，有逐渐取代钢结构、砖混结构的势头。中国也不例外，在 20 世纪 80 年代前后投入了大量的人力物力，大力发展预制混凝土结构。后来中国开始改革开放，引入了竞争机制，现浇混凝土结构取得了非常快速的发展，预制混凝土结构很快就退出了历史舞台。

当时，现浇混凝土结构在中国打败预制混凝土结构，主要是因为以下几点。

1）当时中国存在大量农村劳动力正在寻找工作，这些农民工不能胜任预制混凝土的工作，但能很快适应现浇混凝土的工作。

2）现浇混凝土结构比预制混凝土结构的技术管理门槛低，容错能力强。

3）现浇混凝土结构不搞标准化，适合于精细化配筋，节省材料，降低成本。

4）现浇混凝土结构方便管线预埋于结构板、墙内，表面可以少露管线，整洁美观。

5）可以避免各种预制板缝，很大程度减少了漏水隐患。

今天，我国开始鼓励发展装配式建筑，尤其是鼓励发展装配式钢结构建筑，感觉好像是在开历史倒车，这种观点是不全面的。

1.2　钢结构建筑偏少是我国长期限制用钢的结果

回顾中国经济的发展，可以明显看出，中国钢材及建筑钢结构的发展过程就是中国经济发展的缩影。新中国建立初期，中国经济还很落后，中国的钢铁工业也很落后，钢材在某种程度上是战略物资，建筑工业当时的政策是大力发展钢筋混凝土结构和砌体结构，限制用钢。受此影响，现代中国建筑走出了与西方完全不同的道路：中国大部分都是砌体结构建筑和钢筋混凝土结构建筑，而西方的钢结构建筑相对较多。

可以预见，随着"限制用钢"的政策转变为"鼓励用钢"，中国必将迎来钢结构用量的反弹式增多。

1.3 钢结构建筑比钢筋混凝土结构建筑的环境污染小

目前，在我国最受欢迎的建筑是钢筋混凝土结构建筑，内外墙采用大量砌块砌筑，装修主要采用瓷砖、石材和涂料。钢筋混凝土结构建筑具有很多的优点，比如：不易锈蚀、楼板振动小、隔声好等，这些优点给业主一种舒适和踏实的感觉。某种程度上，人们追求的是建筑的"实墙感"。

从专业技术角度则可发现钢筋混凝土结构建筑更多的优点，比如：防火性能好、耐久性好、隔声效果好、楼面竖向刚度大、结构水平刚度大、材料采购容易、施工配套技术完备、工程经验丰富、适合于农民工参与、成本低廉等。

因此，近些年我国95％以上的新建建筑是钢筋混凝土结构建筑。但钢筋混凝土结构一般需要消耗大量的水泥，而水泥生产、运输、使用过程中会消耗大量的能源资源，产生大量的可吸入颗粒物，这些可吸入颗粒物难以收集，通常会直接排放到大气中。

把一栋典型的钢筋混凝土结构建筑和一栋相同面积的典型的钢结构建筑放在一起进行对比就会发现，钢筋混凝土结构建筑排放到大气中的污染物少于钢结构建筑。但是必须明确，上述结论是在我们忽略了钢结构可以很容易回收循环再利用这个非常重要的特性的情况下得出的，很不客观全面。参考国内外的研究成果，计入钢结构的回收循环利用率重新计算，则钢筋混凝土结构建筑排放到大气中的污染物超过了钢结构建筑，钢筋混凝土结构建筑的资源消耗、能源消耗和固体垃圾排放也超过了钢结构建筑。

因此，从长远看，应鼓励发展钢结构建筑，而不是钢筋混凝土结构建筑。在国家标准《绿色建筑评价标准》中，也明确鼓励采用钢结构，同样条件下，钢结构建筑比钢筋混凝土结构建筑可以获得更高的星级。

钢是可循环的绿色建筑材料，它体现在建筑设计、施工、建造、拆除及重建的全过程。仅从工程造价看，钢结构造价目前阶段高于混凝土结构，但如果考虑工期、资金成本、建筑物拆除和处理费用以及建筑材料回收再利用产生的效益，那么钢结构建筑物的全生命周期综合成本将与混凝土建筑大体相当，甚至会更低。将钢结构应用于装配式建筑中，能够有效实现节能减排、控制污染的新型建筑发展模式，促进我国建筑业尽快走向产业化、信息化、智能化，与我国建筑业绿色发展和生态文明建设的长远目标相一致。

社会经济的发展，一定会带来人工费的持续增长、环保意识的进一步提升和环保制度的进一步完善，这都对钢结构建筑的推广普及有利。因为钢结构建筑具有的干式施工的特点，可以大幅度提高工程质量和安全技术水平，实现绿色施工。

1.4 钢结构比钢筋混凝土结构抗震能力强

我国位于地震多发区，按国家标准，所有的城镇永久建筑都需要具有一定的抗震能力。一般情况下，钢结构建筑的抗震能力明显好于钢筋混凝土结构建筑。这是因为钢材的性能和构件尺寸的偏差小，抗震用钢的塑性变形能力很强，使得经合理设计加工成的钢构件的质量很容易保证，性能也相对稳定，形成的结构可以具有很优秀的耗散地震输入能量的能力，这对于抗震至关重要。国内外理论研究和震害调查均表明，钢结构建筑比钢筋混凝土结构建筑抗震能力强。

1.5　钢结构建筑比钢筋混凝土结构建筑更有利于工业化

钢筋混凝土结构构件由混凝土和钢筋组成，自身重量大。按目前的技术积累，最适合于钢筋混凝土结构的技术路线肯定是大部分构件都采用散料运输、工程现场浇筑成形。这就需要大量高空露天作业，劳动强度大，工作环境恶劣，危险性也高。

近年来，我国尝试性建设了一批装配式混凝土结构建筑。由于现场连接节点过于复杂、对构件工厂加工制作和现场安装的精度要求过高、检验困难等原因，出现了一定的质量安全隐患；实践中还发现装配式钢筋混凝土结构的模具和运输成本过高。这些都是短期内很难解决的问题。

相比之下，钢结构建筑在上述几个方面都具有明显的优势。

钢结构使用大量的型材，这些型材具有轻质高强的特点，适合在厂房内完成几乎全部的加工和检验工作，变成构件运到现场后，一般只需要简单的连接和检验作业即可成为满足需要、质量合格的结构。

通过以上分析可以看出，钢结构建筑是非常适合工业化的结构体系。

1.6　装配式混凝土结构成本过高

装配式混凝土结构成本过高，至少有工厂设备的产能利用率低、运输成本占比高两方面原因。

目前的预制装配式混凝土结构的发展尚处于初级的个性化定制化阶段，而非处于成熟的标准化产品化阶段。在初级阶段，常常会出现供需不平衡：构件需求集中在年中，而工厂在年初年尾往往只能停产，导致年初年尾产能大量浪费，全年摊薄成本很高。需求集中，导致生产压力集中，如北京周边构件厂的产能必须超过总需求的 3 倍，方能满足旺季的产能需求。

目前尚没有公认的统一的部品构件库，设计、施工各方不能在共同的库内选择、采购部品构件，导致加工单位无法也不敢在淡季预先安排任何生产，这是不能平稳地安排生产加工的主要原因。

目前这种"设计之初，不考虑部品拆分，只满足整体设计需要，后期再进行硬性拆分"的设计流程，我们称之为"反向设计"。

新型工业化后，设计将会遵循"先有构件、部品库，加工单位可以随时加工库内的构件、部品，并完成检验认证，投放市场；设计单位基于构件、部品库选定构件、部品，不用担心采购问题；施工安装单位随时到市场上去挑选构件、部品"这样的设计流程，我们称这类设计流程为"正向设计"。正向设计的整个过程简单方便，可以大幅度提高产能，降低成本。

预制混凝土构件的运输成本占比过高，难以像高附加值产品一样不顾及距离而广泛地参与竞争，这样就难以进行大批量生产，也难以获得规模带来的价格红利。在这一点上，钢结构相对好得多。钢结构的得房率高，使得按使用面积计算的成本更具优势；且由于钢结构建筑相对容易灵活布置，使得按有效面积计算的成本有更进一步的优势。

1.7 国家政策推动建筑产业转型升级

2020 年 8 月 28 日，住房和城乡建设部等九个部门联合印发《关于加快新型建筑工业化发展的若干意见》，系统梳理了近些年建筑发展的经验和问题，提出了加强系统化集成设计、优化构件和部品部件生产、推广精益化施工、创新组织管理模式等 9 个方面共 37 条意见。

1. 加强系统化集成设计

（1）推动全产业链协同。推行新型建筑工业化项目建筑师负责制，鼓励设计单位提供全过程咨询服务。优化项目前期技术策划方案，统筹规划设计、构件和部品部件生产运输、施工安装和运营维护管理。引导建设单位和工程总承包单位以建筑最终产品和综合效益为目标，推进产业链上下游资源共享、系统集成和联动发展。

（2）促进多专业协同。通过数字化设计手段推进建筑、结构、设备管线、装修等多专业一体化集成设计，提高建筑整体性，避免二次拆分设计，确保设计深度符合生产和施工要求，发挥新型建筑工业化系统集成综合优势。

（3）推进标准化设计。完善设计选型标准，实施建筑平面、立面、构件和部品部件、接口标准化设计，推广少规格、多组合设计方法，以学校、医院、办公楼、酒店、住宅等为重点，强化设计引领，推广装配式建筑体系。

（4）强化设计方案技术论证。

2. 优化构件和部品部件生产

（5）推动构件和部件标准化。编制主要构件尺寸指南，推进型钢和混凝土构件以及预制混凝土墙板、叠合楼板、楼梯等通用部件的工厂化生产，逐步降低构件和部件生产成本。

（6）完善集成化建筑部品。编制集成化、模块化建筑部品相关标准图集，提高整体卫浴、集成厨房、整体门窗等建筑部品的产业配套能力，逐步形成标准化、系列化的建筑部品供应体系。

（7）促进产能供需平衡。提高产能利用率。

（8）推进构件和部品部件认证工作。推行质量认证制度，健全配套保险制度。

（9）推广应用绿色建材。

3. 推广精益化施工

（10）大力发展钢结构建筑。鼓励医院、学校等公共建筑优先采用钢结构，积极推进钢结构住宅和农房建设。完善钢结构建筑防火、防腐等性能与技术措施，加大热轧 H 型钢、耐候钢和耐火钢应用，推动钢结构建筑关键技术和相关产业全面发展。

（11）推广装配式混凝土建筑。在保障性住房和商品住宅中积极应用装配式混凝土结构，鼓励有条件的地区全面推广应用预制内隔墙、预制楼梯板和预制楼板。

（12）推进建筑全装修。积极发展成品住宅，倡导菜单式全装修，满足消费者个性化需求。推广管线分离、一体化装修技术，推广集成化模块化建筑部品，提高装修品质，降低运行维护成本。

（13）优化施工工艺工法。

（14）创新施工组织方式。完善与新型建筑工业化相适应的精益化施工组织方式，推广设计、采购、生产、施工一体化模式，实行装配式建筑装饰装修与主体结构、机电设备协同施工，发挥结构与装修穿插施工优势，提高施工现场精细化管理水平。

（15）提高施工质量和效益。

4. 加快信息技术融合发展

（16）大力推广建筑信息模型（BIM）技术。实现设计、采购、生产、建造、交付、运行维护等阶段的信息互联互通和交互共享。

（17）加快应用大数据技术。

（18）推广应用物联网技术。

（19）推进发展智能建造技术。加快新型建筑工业化与高端制造业深度融合，搭建建筑产业互联网平台。推广智能家居、智能办公、楼宇自动化系统，提升建筑的便捷性和舒适度。

5. 创新组织管理模式

（20）大力推行工程总承包。促进设计、生产、施工深度融合。引导骨干企业提高项目管理、技术创新和资源配置能力，培育具有综合管理能力的工程总承包企业。

（21）发展全过程工程咨询。

（22）完善预制构件监管。积极采用驻厂监理制度，实行全过程质量责任追溯，鼓励采用构件生产企业备案管理、构件质量飞行检查等手段。

（23）探索工程保险制度。建立完善工程质量保险和担保制度，通过保险的风险事故预防和费率调节机制帮助企业加强风险管控，保障建筑工程质量。

（24）建立使用者监督机制。编制绿色住宅购房人验房指南，鼓励将住宅绿色性能和全装修质量相关指标纳入商品房买卖合同、住宅质量保证书和住宅使用说明书，明确质量保修责任和纠纷处理方式，保障购房人权益。

6. 强化科技支撑

（25）培育科技创新基地。

（26）加大科技研发力度。

（27）推动科技成果转化。

7. 加快专业人才培育

（28）培育专业技术管理人才。

（29）培育技能型产业工人。完善建筑业从业人员技能水平评价体系，打通建筑工人职业化发展道路，弘扬工匠精神，加强职业技能培训，大力培育产业工人队伍。

（30）加大后备人才培养。支持校企共建一批现代产业学院，支持院校对接建筑行业发展新需求、新业态、新技术，开设装配式建筑相关课程，创新人才培养模式，提供专业人才保障。

8. 开展新型建筑工业化项目评价

（31）制定评价标准。建立新型建筑工业化项目评价技术指标体系，引领建筑工程项目不断提高劳动生产率和建筑品质。

（32）建立评价结果应用机制。

9. 加大政策扶持力度

（33）强化项目落地。要加大推进力度，在项目立项、项目审批、项目管理各环节明确新型建筑工业化的鼓励性措施。政府投资工程要带头按照新型建筑工业化方式建设，鼓励支持社会投资项目采用新型建筑工业化方式。

（34）加大金融扶持。支持新型建筑工业化企业通过发行企业债券、公司债券等方式开展融资。完善绿色金融支持新型建筑工业化的政策环境，积极探索多元化绿色金融支持方式，对达到绿色建筑星级标准的新型建筑工业化项目给予绿色金融支持。用好国家绿色发展基金，在不新增隐性债务的前提下鼓励各地设立专项基金。

（35）加大环保政策支持。支持施工企业做好环境影响评价和监测，在重污染天气期间，装配式等新型建筑工业化项目在非土石方作业的施工环节可以不停工。建立建筑垃圾排放限额标准，开展施工现场建筑垃圾排放公示，鼓励各地对施工现场达到建筑垃圾减量化要求的施工企业给予奖励。

（36）加强科技推广支持。推动国家重点研发计划和科研项目支持新型建筑工业化技术研发，鼓励各地优先将新型建筑工业化相关技术纳入住房和城乡建设领域推广应用技术公告和科技成果推广目录。

（37）加大评奖评优政策支持。将城市新型建筑工业化发展水平纳入中国人居环境奖评选、国家生态园林城市评估指标体系。大力支持新型建筑工业化项目参与绿色建筑创新奖评选。

在这个文件发布之后的 2020 年 12 月 21 日，全国住房和城乡建设工作会议上，更加明确要求 2021 年要"加快发展'中国建造'，推动建筑产业转型升级。加快推动智能建造与新型建筑工业化协同发展，建设建筑产业互联网平台。完善装配式建筑标准体系，大力推广钢结构建筑。深入实施绿色建筑创建行动。落实建设单位工程质量首要责任，持续开展建筑施工安全专项整治，坚决遏制重特大事故。"还要求重点提升乡村建设水平，在农房建设中推广装配式钢结构等新型农房。继续推进农村房屋安全隐患排查整治工作，建立健全农房建设标准和建设管理制度。

由以上可知，近年来，国家大力发展装配式建筑的相关政策密集出台，提出要大力发展钢结构建筑，鼓励医院、学校等公共建筑优先采用钢结构，积极推进钢结构住宅和农房建设。在国家产业政策的大力推动下，装配式钢结构建筑体系已经成为重要的建筑体系。可以预见，未来在城市和乡村建设中均将重点发展钢结构建筑。

1.8　愿意从事传统建筑业的工人日益减少

据统计资料，自 2014 年以来，愿意从事传统建筑业的农民工日益减少，导致农民工薪水正在以平均每年 7.3% 的涨幅逐年上涨，这意味着每十年农民工收入就要翻一番（图 1.8-1）。现在 4000 元可以很容易招一个土木工程本科毕业生，但 7000 元已经很难招一个好瓦工了。

此外，老龄化在建筑行业也日益严重，农民工平均年龄从 2008 年的 34 岁上升至 2018 年的 40.2 岁（图 1.8-2）。

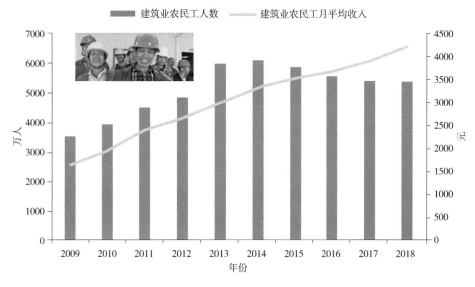

图 1.8-1 近年来建筑业农民工的人数和收入

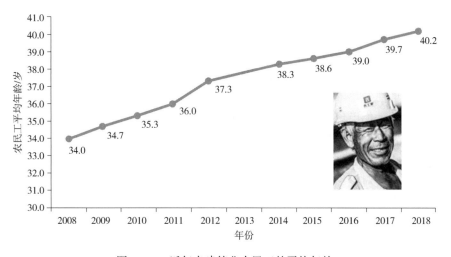

图 1.8-2 近年来建筑业农民工的平均年龄

1.9 国内正在建立建筑构件产品认证体系和质量评价体系

传统的成熟的工业化产品由质量技术监督局进行监管，有相应的标准，有质量责任主体，设备的自动化程度高，生产线、产品标准、质量检查认证制度稳定，最终产品质量稳定、品质高。

建筑构件生产的不是成熟的工业化产品，标准化程度很低，大量的环节太过依赖于人工操作，产品质量离散性太大，且产品生产与监管在地域上处于分离状态，监管难度大。

预制构件生产企业的政府管理部门原来是住房和城乡建设部，2014 年住房和城乡建设部取消了对该类企业的资质管理，之后，就不再有任何政府部门（包括质量技术监督局）对该类企业进行监管了，这就使得构件的生产监管更松了。目前只是对建设方、总承包方进行了责任主体的明确，在进场时对部分主要指标进行了验收把控。但是有些产品，如保温墙板，一些重要指标尚缺乏明确的进场验收方法，相关质量无法验收。

美国有产品认证制度，PCI协会会定期和不定期突击巡查，作为产品认证的补充。目前国内也正在建立认证体系和质量评价体系，预制混凝土构件和钢构件的质量将会得到更好地保障。

1.10 我国会在建筑钢结构领域领先世界

我国长期重视钢筋混凝土结构建筑的发展，钢结构技术研发投入少，使得与钢结构相关的配套标准、机具、工法、材料、部品严重不足，钢结构工程的相关技术人员严重缺乏。以上几方面因素叠加，使得钢结构的应用受到了很多限制，钢结构在规模上明显处于劣势，钢结构成本长期高于钢筋混凝土结构，同时钢结构工程质量难以保证，用户体验差。

客观地说，钢筋混凝土结构由混凝土和钢筋两种差异很大的材料组成，混凝土又有很多的配方和施工养护工艺上的不同，钢筋也有很多配置方式上的差异，这使得钢筋混凝土结构的性能很难把控，相关材料生产、设计方法、浇筑成型、现场养护、部品和标准配套、使用维护、改造加固等方面的研发工作量非常大。

中国几十年来在钢筋混凝土结构的研究方面投入了很大的精力。今天，我国在钢筋混凝土结构方面的研发应用已经领先世界。我们也应该有足够信心，只要我们加大在钢结构研发方面的投入，用不了多久，也一定会在建筑钢结构领域领先世界。

这是因为我们已经培养了大量钢筋混凝土结构方面的人才，拥有大量的钢筋混凝土结构方面的优秀企业，他们已经具有丰富的结构专业知识和经验，有助于很快进入钢结构领域。因此，只要政策合理引导，他们很快就会成为钢结构领域的主力军。

近些年来，我国政府大力倡导绿色建筑，倡导发展钢结构，极大地激发了人们发展钢结构的积极性。全社会对钢结构投入了越来越多的关注，人们逐渐发现钢结构除了在鸟巢等大跨结构中具有很好的适用性以外，在各类装配式建筑中同样有很好的适用性和优越性。采用钢结构可以保证质量、缩短工期、减少资源消耗、减少污染物和噪声排放、降低综合建设成本。当前，钢结构的装配式建筑已在全国各地萌芽或开花。

在发展钢结构方面，我们还有一个优势：我们有非常多的高校已经设立了土木工程专业，在本科教育阶段开设钢结构相关课程。钢结构作为必修课，可以使学生在踏出校门之前就对钢结构有一定的了解。

在钢结构科研方面也出现了可喜的变化：广大的科研工作者积极投身钢结构的研究；许多民营企业的科研积极性也很高，每年组织大量的人力、物力投入钢结构的研发。近些年每年都会有大量的高质量的钢结构研究论文和成果发表。钢结构方面的一些新的材料标准、设计标准、检验标准、施工标准、工程验收标准相继完成编制并发布实施。

比如，在建筑钢材方面，长期以来我国一直是Q235等少数几种钢材包打天下。现在我国钢厂已经可以提供高强钢、低强钢、耐候钢、耐火钢等很多品种的钢材。设计师可以按需选择，使设计更加合理经济。

一些专利技术也得到了市场的广泛认可。比如，利用低强钢制作的各种高阻尼装置在很多结构中得到了应用，带有各种高阻尼装置的新的钢结构体系已经进入应用。

20 世纪钢梁的腹板都采用薄钢板，容易局部失稳。为了解决这个问题，需要焊接大量的加劲肋，工作量很大、成本高且焊接质量难以保证。随着抗震概念的逐渐引入，为了使钢梁具有较大的耗散地震能量的能力，需要将薄的腹板改为厚钢板，用钢量因此增加较多。近几年，清华大学和同济大学等高校联合企业开始研究波折形和波浪形的腹板，希望其能降低钢材的用量，减小劳动强度，减少成本并确保质量。

我国在 1997 年开始实行注册结构工程师考试和执业制度，只有考试通过的专业技术人员方可执业。考试大纲中有较大篇幅的钢结构方面的内容。早期的考试允许选做自己熟悉科目的题目，不熟悉钢结构的人只要避答钢结构题照样有可能通过考试。现在的考试改为必须回答所有问题，即钢结构方面的题目也必须要回答。注册建造师也类似。这在一定层面上，引导了广大从业者开始重视和熟悉钢结构，有利于钢结构人才队伍的培养建设。

中国钢结构协会和中国建筑金属结构协会也在钢结构行业的发展过程中日益壮大，两个协会都有强大的专家委员会，有力地支持了钢结构行业的发展。他们还牵头从国外引进了一些钢结构方面的优秀图书资料，翻译成中文，在国内出版，介绍给国内工程师参考。

全国注册结构工程师管理委员会的相关部门近年来也在组织专家编写钢结构相关领域的教材，利用每年注册工程师继续教育的机会，在注册结构工程师中普及钢结构相关知识。

目前，开发商最喜欢的是钢结构的截面小、施工速度快这一优点，最希望解决的是钢结构的成本高的问题。设计师最担心的是钢结构的防火性能差、耐久性差和振动不容易控制。用户则希望钢结构建筑像钢筋混凝土结构建筑一样舒适。

笔者坚信，以上问题均可在发展中很好地解决。随着国家推广力度的加大，社会参与度会大幅度提升，钢结构建筑会大幅度增加，竞争会更加充分，相关的研发、配套均会很快跟上，这样钢结构的成本就会大幅度下降。同时，由于研发的投入和经验的积累，钢结构防火性能差、耐久性差的问题也有很大希望得到逐步解决。用户也会更普遍地认可钢结构建筑的优点，更客观地评价钢结构建筑。

第2章

提高钢结构建筑性价比的途径

2.1　概述

建筑物由四大系统组成，即结构系统（梁、板、柱、剪力墙等主体承重构件组成的系统，也可含基础）、围护系统（内隔墙、外围护墙、幕墙、门窗、管井、防水、保温、隔热、隔声等）、装修系统（内装修、外装饰等）、设备系统（给水排水、暖通、强弱电、智能通信等）。

应该针对客户价值（健康、舒适、安全和耐久）、工程价值（两提一减一降），因地制宜地对项目的各个系统从设计、建造到使用各个环节进行优化，以提高钢结构建筑的性价比，扭转钢结构带给广大公众的价格高、防火差、容易锈蚀、隔声差的印象。

本章将针对建筑物四大系统，围绕钢结构，以性价比高为根本目标，从价格和性能两方面同时展开，介绍提高性价比的途径。

根据长期的经验，提高钢结构建筑性价比至少有14条途径，见表2.1-1。

表 2.1-1　提高钢结构建筑性价比的主要途径

途径	代价				性价比提高		
	增加设计工作量	增加结构成本	增加其他专业成本	现场安装时间长	结构性能提升	建筑性能提升	价格降低
进行结构设计优化	★★★★★				★★★★★		★★★★★
尽量减轻建筑自重			★★				★★★★
采用高性价比外围护墙	★					★★★★★	★★★★
科学构建钢结构防腐体系	★				★★★		
确保钢结构防火性能	★	★★			★★★★		
确保隔墙的隔声效果	★		★★★★	★★★		★★★★★	
重视楼盖振动舒适度验算，提高居住质量	★★★	★★				★★★	

（续）

途径	代价				性价比提高		
	增加设计工作量	增加结构成本	增加其他专业成本	现场安装时间长	结构性能提升	建筑性能提升	价格降低
采用 SI 建筑体系	★★★★★		★★		★★	★★★	
提高建筑全寿命的适变性	★★★★★	★	★★			★★★★★	
提高建筑构件部品的制作、安装精度				★★★★★	★★	★★★★	★★
提高钢结构制作、安装效率	★★						★★★★
实现"五化"	★★★★★						★★★★★
开展工程总承包	★★						★★★★★
认真编制、严格执行房屋用户手册	★				★★★	★★★	

2.2　进行结构设计优化

2.2.1　高性能结构

对于高性能结构，应具有高承载安全性能、高承灾安全性能、高使用性能、方便施工、工期短、高环保性能、高维护便利性能、高耐久性能以及低成本等特征。其中：

（1）高承载性　指在资源消耗相等的前提下，结构具有高的承载能力。

（2）高承灾性　指在资源消耗相等的前提下，在遭遇罕遇的大地震时，结构不会整体倒塌。在可能发生的火灾、爆炸或撞击作用下，局部发生的结构破坏不会引起结构的连续性倒塌，且结构中产生的破坏，灾后能方便修复，使结构快速恢复使用。

（3）高使用性　指结构在经常出现的荷载（永久荷载、楼面活荷载、风荷载、多遇地震等）作用下产生的变形、振动等，不应影响结构的正常使用。注意，正常使用性能允许适度较低的保证率。

（4）方便施工、工期短　指结构构件应便于加工制作与安装，尤其要注意缩短现场安装工期。

（5）低成本　指在满足相同的正常使用功能、承载和承灾安全性能的前提下，建造成本低。

2.2.2　以提高承载性能为目标的钢结构设计优化

高承载性钢结构可以从结构材料、结构构件和结构体系 3 个方面加以实现。

1. 采用高强度钢材

目前我国已经编制发布了从 Q235 到 Q960 的结构钢材标准，然而现阶段我国建筑钢结构仍以 Q235 和 Q345 钢材为主。采用更高强度的钢材，一般可以减小构件截面尺寸，从而减少用钢量。例如，Q460 钢比 Q235 钢的钢材强度提高了约50%，因此，采用 Q460 钢的钢柱截面尺寸可以明显减小。

为了实现舒适性和适变性，结构跨度越来越大。大跨结构是以自重为主要荷载、对自重内力效应敏感的结构，采用高强钢可以取得更明显的经济效益。如，国家体育场（鸟巢）采用 Q345 钢时，主要构件钢板的最大厚度为220mm；改用 Q460 钢后，Q460 钢比 Q345 钢的强度提高了约33%，另外构件截面减小后结构的自重也减轻，两个因素叠加使构件的用钢量实际节省约50%。可见，对于自重为主要荷载的结构，采用高强钢可以取得非常好的节材效益。

2. 采用高承载截面

相同的截面面积但不同的截面形状，构件的承载力会不同。例如，烟台机场屋盖梁跨度55m，与普通工字形钢梁相比，波纹腹板工字形钢梁用钢量节省了15%，同时节省了大量人工费；"9·11"事件中倒塌的那个纽约世贸中心的楼面梁跨度达18.3m，采用桁架梁可以非常显著地减少用钢量。

3. 采用高效结构体系

结构体系对整体结构的承载性能影响很大。比如，刚接框架结构抵抗侧力靠梁柱的抗弯性能，而支撑结构体系抗侧力主要靠支撑抗轴力性能。构件的轴向刚度和承载力通常远大于弯曲刚度和承载力。因此在用钢量相同的条件下，支撑结构体系的抗侧刚度和承载力要远大于刚接框架。

2.2.3 以提高承灾性为目标的钢结构设计优化

考察结构的承灾性能主要看结构的抗震性能，提高结构承灾性的关键是优化结构的抗震性能。

1. 提高钢框架结构抗震性能的方法

刚接框架是钢结构常用的一种结构形式，但刚接框架梁柱节点在地震中容易破坏，其原因是梁柱刚性节点连接一般采用焊接，传统的焊接连接的节点容易发生低周疲劳脆断，变形能力较难满足大震需求（图 2.2-1）。

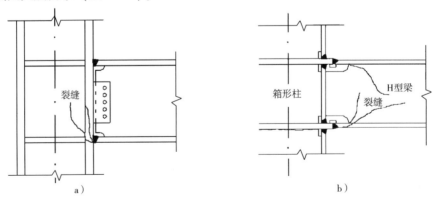

图 2.2-1　地震引起的钢框架梁柱节点区附近裂缝

a）美国 Northridge 地震　b）日本 Kobe 地震

近年来，为解决刚接梁柱节点在地震下易破坏的问题，对强度较高的钢材，一般采用盖板加强节点或骨式节点等特殊设计的节点。根据实验，采用改进的过焊孔也可避免焊缝破坏。也有人将盖板与过焊孔并用，可更好地解决焊缝低周疲劳脆断问题。还可以采用端板式半刚性栓接节点，这种节点通过适当的设计控制，可以做到仅端板弯曲屈服，塑性转动能力很大（超过0.06rad），完全满足大震变形需求（图2.2-2）。

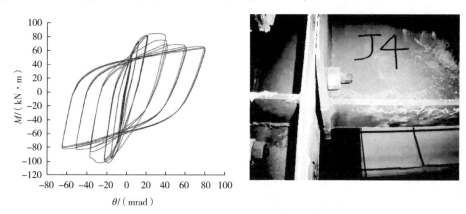

图2.2-2　端板式半刚性栓接节点塑性转动能力

2. 提高钢框架-支撑结构抗震性能的方法

钢框架-支撑结构中的支撑在地震反复作用下易发生受压屈曲破坏，而支撑一旦屈曲，其刚度将迅速下降，且会随着支撑的反复松弛—张紧，抗侧刚度发生剧烈突变，对抗震十分不利。改用屈曲约束支撑可以完全避免钢支撑屈曲破坏。通过采用合适的钢材和构造，使屈曲约束支撑在压力作用下只会屈服不会屈曲，具有很好的塑性变形能力和消能能力。屈曲约束支撑在小震作用下可以像普通支撑一样承载，而在大震作用下可以像金属阻尼器一样消能减震，实际上是一种消能—承载双功能构件（图2.2-3）。

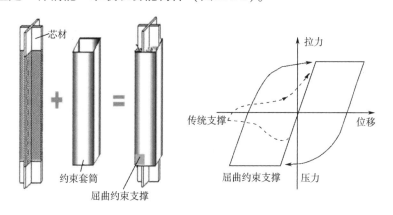

图2.2-3　屈曲约束支撑的构造原理图示

当在结构中设置支撑会影响建筑使用时，可以设置消能—承载双功能屈曲约束钢板墙（图2.2-4）。

3. 提高钢-混凝土混合结构抗震性能的方法

钢框架-混凝土核心筒混合结构通常以混凝土筒为主抵抗地震水平力作用，混凝土筒上

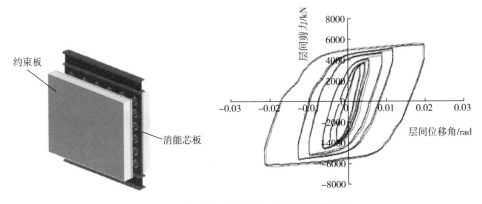

图 2.2-4　屈曲约束钢板墙的构造原理图示

会开门洞而成为联肢剪力墙，墙肢之间的连梁通常为混凝土深梁，延性差，地震下易破坏，消能能力不强。为克服混凝土连梁的缺点，在联肢墙中可以采用钢连梁，钢连梁实际上也是一种消能—承载双功能构件，为降低连梁成本，也可以采用波浪腹板钢连梁（图 2.2-5）。

图 2.2-5　昆明中铁大厦的波浪腹板钢连梁

4. 高强钢在抗震钢结构中的适用性

随着钢材强度的提高，钢材的延性（塑性变形能力）将降低（图 2.2-6），因此钢材很难做到强度很高的同时延性也很好，所以在抗震结构中，高强钢适用于地震下不屈服或塑性变形较小的构件和部位（图 2.2-7）。

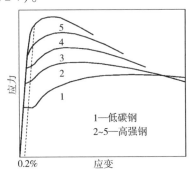

图 2.2-6　钢材延性随着强度提高而降低

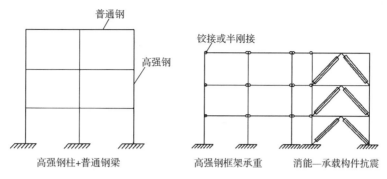

普通钢

高强钢

铰接或半刚接

高强钢柱+普通钢梁　　高强钢框架承重　　消能—承载构件抗震

图 2.2-7　高强钢适用于地震下不屈服或塑性变形较小的构件和部位

2.2.4　以方便现场安装、缩短现场工期为目标的钢结构设计优化

钢构件在安装过程中的连接质量、拼接精度、构件自身初始变形和损伤缺陷、节点板尺寸偏差、构件边缘加工质量等，均直接影响钢结构质量。

近年来，随着钢结构项目的不断积累，大量的施工问题也不断暴露出来，其主要问题是钢结构的现场焊接和检验比较难，会加长现场工期。部分项目改为全螺栓连接，操作简单，检验容易，可大大加快现场安装速度。

2.3　尽量减轻建筑自重

近年来的实践表明，钢结构建筑的造价偏高，导致开发商、建设单位推广钢结构建筑的意愿不强。一个重要的原因就是钢结构建筑的自重偏高，钢结构建筑的成本自然也就比现浇钢筋混凝土结构建筑高，钢结构"轻快好省"的优势发挥不出来。导致建筑自重偏高的原因可能是设计师为了迎合人们对"实墙感"的追求，或者设计师简单粗暴地将钢筋混凝土结构建筑的构造手法直接用于钢结构建筑。

下面从常用的钢筋混凝土剪力墙结构开始，重点讨论自重对钢筋混凝土结构成本的影响。然后，再根据钢结构与钢筋混凝土结构的相似性，得出减轻建筑自重以提高钢结构的性价比。

2.3.1　抗侧自重和非抗侧自重对结构水平位移的不同影响

层间位移角是结构设计的主要位移指标。为避免繁琐的公式推导，也便于理解，下面以某高层住宅建筑为例，分析抗侧自重和非抗侧自重对层间位移角的影响。

1. 工程概况

北京通州区某高层住宅为钢筋混凝土剪力墙结构，地上 41 层，抗震设防烈度 8 度（0.2g），建筑高度 129m。标准层建筑平面图见图 2.3-1，标准层结构平面简图见图 2.3-2，标准层楼面永久荷载为 $5.5kN/m^2$（含楼板自重），楼面活荷载为 $2kN/m^2$。以此为基准模型，其抗侧自重为剪力墙及其连梁的自重，非抗侧自重主要是楼板自重及楼面附加荷载。通过同比例调整各层剪力墙的墙厚，调整抗侧自重；通过同比例调整各层的楼面荷载（含楼板自重）调整非抗侧自重。

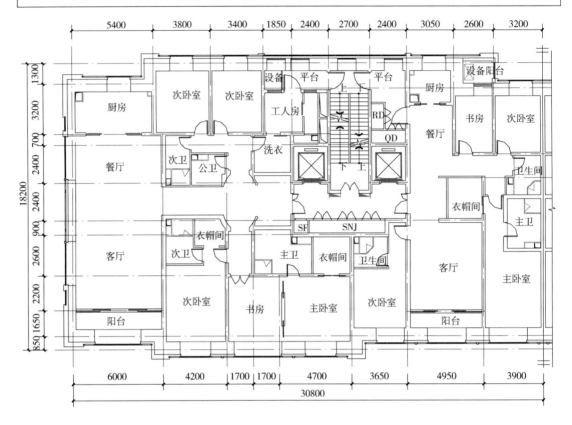

图 2.3-1　标准层建筑平面图

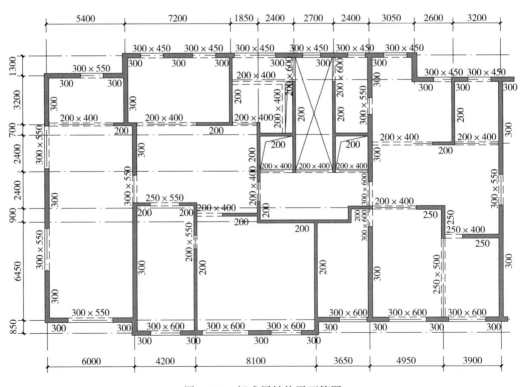

图 2.3-2　标准层结构平面简图

2. 抗侧自重对层间位移角的影响

非抗侧自重不变。墙厚分别取基准模型的 50%、100%、150%、200%、300% 进行整体计算，对比结构最大层间位移角与墙厚即抗侧自重的关系，结果见图 2.3-3。

可见，墙减薄，最大层间位移角明显增大；墙增厚，最大层间位移角减小，但趋势很平缓。

3. 非抗侧自重对层间位移角的影响

抗侧自重不变。楼面荷载（含楼板自重）分别取基准模型的 50%、100%、150%、200%、300% 进行整体计算，对比结构最大层间位移角与荷载即非抗侧自重的关系，结果见图 2.3-4。

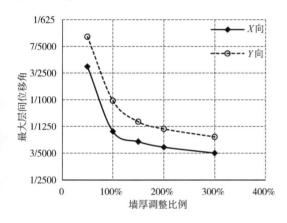

图 2.3-3　层间位移角与墙厚关系曲线　　　图 2.3-4　层间位移角与荷载关系曲线

可见，荷载减小，最大层间位移角减小；荷载增大，最大层间位移角增大，两者成正比例关系。

4. 自重同比例变化对层间位移角的影响

墙厚和楼面荷载同时取基准模型的 100%、200%、300%、400%、500% 进行整体计算，对比结构最大层间位移角的变化，结果见图 2.3-5。

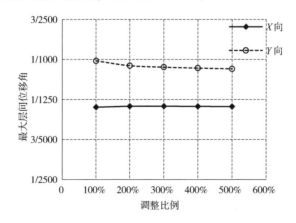

图 2.3-5　墙厚、荷载同比例变化时的层间位移角

可见，墙厚和荷载同比例变化时，结构的最大层间位移角基本保持不变。

计算结果表明，增加抗侧刚度对减小层间位移角的作用不一定很有效，这是因为增加结构的抗侧刚度的同时，也会带来结构自重的增加。而减轻非抗侧自重，可以明显减小结构的层间位移角。因此，对于由水平位移控制的抗震结构，减轻建筑物自重的关键是减轻非抗侧自重。

之所以以钢筋混凝土剪力墙结构为算例，是因为其属于典型的"抗侧刚度与抗侧自重成正比"的结构。凡是"抗侧刚度与抗侧自重成正比"的结构均存在与上述案例相同的关系。钢结构体系中常用的框架结构、支撑结构和框架-支撑结构，当其截面轮廓不变而只改变钢板件壁厚时，基本符合"抗侧刚度与抗侧自重成正比"，因此这类结构均具有相同的规律。当支撑、框架柱和框架梁的截面高、宽、板材厚度均同比例调整时，其内在的规律也类似。更详细的分析请参见王昌兴等人的《减轻非抗侧自重的节材技术》[一]。

2.3.2　减轻建筑物自重也是实现绿色低碳的途径

下面说明一下减轻建筑物自重与实现绿色低碳的关系。

建筑中常用材料的碳排放因子见表 2.3-1。

表 2.3-1　单位重量建筑材料生产过程中碳排放指标 X_i

建筑材料名称	排放系数/（t/t）	建筑材料名称	排放系数/（t/t）
钢材	2.0	建筑卫生陶瓷	1.4
铝材	9.5	实心黏土砖	0.2
水泥	0.8	混凝土砌块	0.12
建筑玻璃	1.4	木材制品	0.2

经统计，一般高层钢筋混凝土剪力墙结构住宅的单位建筑面积碳排放量约为 0.24t，其中碳排放占比最大的建筑材料为混凝土，约占 55% 左右；一般钢结构住宅的单位建筑面积碳排放量约为 0.13 ~ 0.18t，其中碳排放占比最大的建筑材料为钢材，约占 40% ~ 55%。相比钢筋混凝土结构，钢结构不仅能减轻建筑物自重，还有利于减少碳排放量，尤其是采用石膏板隔墙和网络架空地板做法时，减少碳排放量效果更明显。不同方案住宅的自重、碳排放量以及成本对比的统计结果见图 2.3-6。成本统计时已经计入了近期砂石等材料成本的上涨因素。

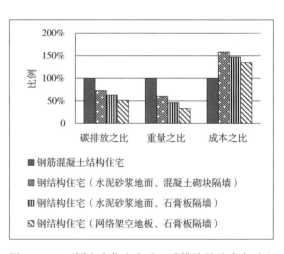

图 2.3-6　不同方案住宅自重、碳排放量及成本对比

2.3.3　减轻非抗侧自重的途径

减轻非抗侧自重有许多途径，随着建筑材料和建筑技术的发展还会不断出现更多新的途径。举例如下：

○　《钢结构与绿色建筑技术应用》一书 P27 ~ 35，中国建筑工业出版社，2019。

（1）采用轻质隔墙及轻质墙面做法　目前通常采用的轻质隔墙有以轻钢龙骨石膏板隔墙为代表的骨架隔墙板、玻璃隔墙、板材隔墙以及活动隔断等，相比普通轻质砌块隔墙，其重量更轻，施工也方便；同时由于轻质隔墙墙面平整度高，还可减薄墙面抹灰厚度甚至取消墙面抹灰。

轻质墙面做法，包括外墙石材饰面采用干挂法代替传统的湿作业挂贴、内墙面砖采用薄贴工艺等技术。

（2）采用轻质的楼面做法　采用网络活动地板楼面、木质地板楼面、涂层楼面、地毯楼面等轻质的楼面做法代替普通铺地砖楼面做法，可有效减轻梁、板等结构构件的负荷，从而进一步可减小梁、板截面尺寸。

对采用辐射采暖的楼面，通过合理布置管道等措施避免管道交叉，尽量减小楼面面层厚度。采用干式工法施工的低温热水地面辐射供暖系统，解决了传统的湿式地暖系统楼板荷载大、施工工艺复杂、管道损坏后无法更换等问题，具有施工工期短、楼板荷载小、易于维修等优点。

对于目前常见的同层排水下沉式卫生间，通过选用轻质回填材料、缩小下沉范围等方法减轻楼面重量，如某项目卫生间下沉范围如图 2.3-7 所示。

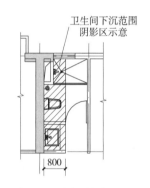

图 2.3-7　同层排水卫生间缩小下沉范围

（3）采用轻质的屋面做法　在满足保温、隔声和使用要求的前提下，尽量采用轻质屋面，如金属夹心板屋面等。在满足设计师对于美观、防水等要求的前提下，尽量选用轻质屋面装饰材料，如合成树脂瓦等新型建材。

（4）减轻楼屋面板自重　当使用允许时，钢结构建筑的楼板或屋面板要优先选用轻质的楼板或屋面板结构，如钢结构、木结构。对于混凝土结构楼板，可在满足计算和构造要求的前提下尽量采用较小的板厚或适当设置次梁以减小板厚，大跨度楼板也可通过采用空心楼盖等途径减轻楼板的自重。对于不上人的屋面板，还可以选用太空板等轻质复合材料。另外，混凝土结构采用轻质混凝土材料浇筑可直接降低混凝土构件的自重。

（5）提高施工精度　提高施工精度可避免二次找平、减少抹灰工程量、减小面层做法重量。这也是减轻建筑物自重的重要途径。提高施工精度一是选用工厂化生产的构件，二是加强现场施工管理、改进提高施工工艺。采用铝合金模板更易保证构件的准确度、平整度和垂直度，可达到清水混凝土的效果。

（6）优化结构布置　在满足计算要求的前提下，采用轻质隔墙代替部分抗侧效率较低的混凝土剪力墙，也是行之有效的途径之一。虽然非抗侧自重有所增加，但抗侧自重减小，建筑物总的自重减小。当然，这需要设计师对不同的布置方案进行大量的计算分析，才能找到最优的方案。

2.4　采用高性价比外围护墙

材料是发展装配式钢结构建筑的物质基础，开展新型复合建筑材料的研发和应用，对支撑我国新型建筑工业化具有重要意义。

预制外墙板是集成化程度最高、最复杂的产品，它包括了围护结构、门窗工程、保温工程、防水工程、装饰工程、机电工程（预埋）等多个分部分项工程的内容，也可能包括主体结构在内。

新型复合建筑材料最好能够同时具备以下 8 大方面的性能：

1）强（高强、不易风揭、耐久、耐候、耐火、不易开裂、耐紫外线）。

2）轻（自重轻）。

3）密（防渗、防潮、防水、气密、吸水率低）。

4）隔（隔热、保温、隔声）。

5）柔（适应结构变形）。

6）美（美观、尺寸精度高、板件尺寸大、实墙感强）。

7）绿（呼吸、蓄能、自洁、加工制作安装时资源消耗少、安装工地上声光气干扰少）。

8）省（工厂化、模块化、集成化制作，装配式安装以节省人工、时间和成本，易碎模块更换方便）。

可喜的是，我国已经开发出的某些坡屋面材料基本能够实现上述目标，并且能够与光伏太阳能完美结合。

下面重点讨论一下非承重墙。

目前国内常用的非承重墙体系有：AAC（AAC = Autoclaved Aerated Concrete）板、炉渣混凝土板、陶粒混凝土板、轻钢龙骨体系隔墙、泡沫混凝土板、EPS 砂浆板等。根据国外长期使用经验，最适合于钢结构的外围护墙和隔墙材料（体系）是轻钢龙骨体系（包括以幕墙的构造手法来处理构造和变形的幕墙式的外墙系统），这主要是因为其高强、快速且轻质的特点。通常认为，轻钢是非承重墙的产业化解决方向，轻钢为装饰材料提供了"挂点"，轻钢为管线提供了空间。

笔者认为，更有发展前途的外围护墙和隔墙材料（体系）是蒸压加气混凝土。蒸压加气混凝土过去也被称为加气泡沫混凝土（ACC = Aerated Cellular Concrete），在我国一般称其为蒸压加气轻质混凝土（ALC = Autoclaved Lightweight Concrete）。它的历史可以追溯到 20 世纪早期。中国是较早应用 AAC 的国家（20 世纪 90 年代）。

近几十年来，AAC 生产技术有了长足的发展。AAC 材料的物理性能得到了改善，密度为 $300kg/m^3$ 的超轻 AAC 块，导热系数很容易低于 0.08。在欧洲，导热系数值 0.045、密度 $145kg/m^3$ 的超轻 AAC 已经成功地应用于实际工程。今天，AAC 已经是一种坚固的建筑材料、优良的隔热材料、良好的吸声材料、很有吸引力的装饰材料。日本开发的 AAC 面板能够适应高烈度地震的大变形。与传统 AAC 的独立封闭孔隙结构不同，AAC 还可以做成连续的开放气孔，大大提高其吸声性能。AAC 面板可以很容易地承受 5~6h 的直接火灾暴露，因此，其与钢结构配套，可以很好地解决钢结构的防火问题。欧洲正越来越多地把研发重点聚焦到 AAC 的面层强化和高精度砌块的生产工艺。荷兰开发出了表面气孔不外露的光滑表面产品，使得可以简单快速和经济地进行表面处理，如直接油漆或贴墙纸，大大提高了市场竞争力。

由此可见，AAC 作为一种高度绝缘的材料，非常适用于内墙、外墙、防护等众多部位，无论是在内部还是外部，AAC 都是优良的建筑材料。由于其生产消耗了大量工业废弃物，

AAC 也是一种重要的绿色材料，其在国际建筑市场上已经获得了相当大的份额。AAC 因同时具有优异的耐火、隔热、保温、隔声等多方面的性能，在国内目前是性价比最高的外墙材料（通常 300mm 厚直接使用时成本约 600 元/m²，而在重庆 ALC 的成本已经由前些年的 1000 元/m³ 降到 500 元/m³）。

对于外围护墙，必须关注外保温材料对房屋质量的影响。近年来，许多常用保温材料相继出现问题，被迫禁用或限用。保温效果不理想，必然会影响到钢结构建筑的推广。

（1）保温砂浆　保温砂浆添加了大量的无机材料，具有不燃烧的特性，曾经一度填补行业空白。尽管保温砂浆导热系数较大，但在我国南方地区应用，其节能效果还是比较明显的，所以保温砂浆逐步被市场认可。

保温砂浆一般现场混合搅拌，受工人操作水平、气候环境、施工现场条件等因素影响，所以监管较难。保温砂浆的常见问题是易脱落、开裂、渗水、空鼓等。针对保温砂浆出现的问题，北京、江苏在国内率先禁止使用保温砂浆。从 2020 年开始，所有新建建筑要求实现节能 75% 的总目标，保温砂浆从此无用武之地。

（2）保温岩棉　岩棉的主要成分为无机物，保温、防火效果更好，价格优势也比较明显。但岩棉的生产过程需要消耗大量能源，环境污染问题突出。为环保达标，岩棉生产企业不断加大资金投入，改进和更新生产设备，淘汰落后产能、技术，导致岩棉的成本大幅提高，价格优势完全消失。

除此之外，普通保温岩棉还存在如下不足：抗拉强度低；吸水率高，在湿热条件下易塌陷沉降而造成空鼓、脱落；岩棉纤维之间存在大面积的内外连通的空隙，在热胀冷缩和负风压作用下易蓬松、鼓胀，达不到应有的保温效果。

2017 年年底，开封市开始限制使用岩棉板薄抹灰外保温系统。

2019 年，湖南省发现，岩棉板薄抹灰外墙外保温技术不符合湖南省气候特点且存在安全隐患，无龙骨和防护面板的岩棉、玻璃棉制品内保温系统对人体健康存在隐患。

2020 年 10 月 13 日，上海市发布《上海市禁止或者限制生产和使用的用于建设工程的材料目录（第五批）》，禁止在建筑外墙使用采用胶黏剂或（和）锚栓作为锚固连接件的外墙外保温系统（基本涵盖了所有的薄抹灰体系外墙外保温技术，保温装饰复合板除外）；禁止在建筑外墙使用岩棉保温装饰复合板外墙外保温系统。

（3）XPS、EPS 聚苯乙烯挤塑板等有机材料　XPS、EPS 板外保温体系是全球范围内应用最广泛的外墙外保温材料，但也是国内多起火灾的主要燃料。《上海市禁止或者限制生产和使用的用于建设工程的材料目录（第五批）》规定，禁止在建筑外墙使用采用胶黏剂或（和）锚栓作为锚固连接件的外墙外保温系统；禁止在 27m 以上住宅以及 24m 以上公共建筑外墙使用保温板燃烧性能为 B1 级的保温装饰复合板外墙外保温系统，且保温装饰复合板单块面积应不超过 1m²，单位面积质量应不大于 20kg/m²。

也就是说，常见的以 EPS 板、XPS 板、聚氨酯板等有机类材料为芯材的保温装饰板，包括 XPS、EPS 砂浆板薄抹灰外保温体系在内，今后的应用空间将大大缩小。

（4）保温板燃烧性能为 A 级的保温装饰复合板　发泡水泥板、泡沫陶瓷板、泡沫玻璃板、无机改性聚苯板等即属于这类 A 级板材产品。

发泡陶瓷板自重约 400kg/m³，50mm 厚的发泡陶瓷板 + 10mm 厚的面板自重已经超过了 20kg/m²，而且非常脆。发泡水泥板的密度更大很多，也很脆。按《上海市禁止或者限制生产和使用的用于建设工程的材料目录（第五批）》的规定，禁止在80m以上的建筑外墙使用保温板燃烧性能为A级的保温装饰复合板外墙外保温系统，且保温装饰复合板单块面积应不超过$1m^2$，单位面积自重应不大于$20kg/m^2$。即这一类保温体系在上海只能在80m以下的建筑上使用，尺寸规格还有限制。

由以上分析可知，过去常用的外墙外保温技术，除AAC和轻钢龙骨体系外，使用上都受到了限制甚至被淘汰了，目前急需研发更保温、更安全、更耐久的保温体系。一般而言，复合板可能是最有前途的方向。比如，以隔声好的发泡陶瓷（50mm厚45分贝≈70～80mm的ALC）＋吸声好的保温棉与韧性非常好的铝板复合，可以生产出高强轻质的高性能板材。再比如AAC板，AAC通常作为基板提供强度、保温、隔热、隔声、气密、防水、防火功能，工厂或现场喷涂真石漆或外粘贴瓷片（薄贴瓷砖）等做成保温装饰一体化板，可以确保美观的同时解决AAC面层强度偏低的问题。

复合板研发时，应特别关注其长期耐久耐候性能。一体化板的通病是容易开裂，有的板材甚至经受不了2个冬夏循环的考验。发泡水泥材料的强度、模量、线胀系数一般较低，容易开裂，只能作为辅助的填充材料。含钙高的材料的吸水率一般比较高，硅钙板的吸水率可达30%，耐久性差，而发泡陶瓷的主要材料是硅铝，且在1150～1600℃下煅烧而成，吸水率极低，长期使用稳定性很好。如果采用墙中间灌浆的工艺，则要注意容易因灌不满而出现空鼓的情况。这些问题如果重视不够，将可能带来难以处理的问题。

当然随着建筑节能要求的提高，外墙保温层越来越厚、越来越重，因此，研发时应特别注意避免"厚脸皮"问题。三明治预制混凝土板就是个典型，其重量很大，用于钢结构体系会使得钢结构的成本大幅度增加。

外墙是建筑中集成度最高、最复杂的产品，这意味着外墙板的研发一定是跨学科、跨领域的集成创新，而不是材料设计工艺领域的"线性创新"，比如三明治板采用钢制连接件时热阻损失可达30%，而改用玻纤尼龙连接件GFRP时热阻损失则可小于1%，相差非常明显。材料创新是高性能、轻量化的基础。传统的工程设计方法应该转而面向制造的设计方法，即设计—制造一体化、材料—结构一体化、保温—装饰一体化、节点—设计一体化。

2.5 科学构建钢结构防腐体系

1931年建成使用的纽约帝国大厦已经90岁了，埃菲尔铁塔100多岁了，钢材性能仍很稳定，所以钢结构的耐久性问题纯粹是个表面防护问题，钢材本身不会劣化。这一点比混凝土材料（图2.5-1）要好很多。据此科学地构建钢结构的防腐体系，既不能过于乐观，更不能盲目悲观。

我们来看一下几个代表性城市无防护钢材的年腐蚀速度（表2.5-1），以对钢结构腐蚀有个大概的概念。

图2.5-1　北京三环路立交桥破损的预制混凝土
（下方有大量人、车通过）

表 2.5-1　无防护钢材的年腐蚀速度　　　　（单位：mm/年）

地区/相对湿度 钢号	成都/83%	广州/78%	上海/78%	青岛/70%	北京/59%
Q235	0.1375	0.1375	0.071	0.075	0.0585
Q345	0.129	0.125	0.0705	0.070	0.043

由表 2.5-1 可知，钢材的腐蚀速度与其所处环境相对湿度关系很大，与钢材的牌号关系不大。有意思的是，广州和上海的相对湿度均为 78%，但腐蚀速度相差近一倍，这说明腐蚀速度还与环境温度有很大关系。这里钢材所处的环境是钢材表面的环境，温度和湿度均是指钢材表面的温度和湿度。要判断钢材的腐蚀速度、确定涂装体系，不能依据当地的气象条件，而是要重点考虑建筑的性质、使用情况，来估计钢材表面的温度和湿度，以此为基础，科学地确定涂装体系。

在日本，大多数城市处于海边，大气中的盐分、湿度均很高，对钢结构的威胁很大，但其室内钢构件防腐涂装体系却很简单。当需要进行防火涂装时，一般就不采取专门的防腐蚀措施了（或者是采用普通防锈漆 $30\mu m \times 2$ 道）。具体可参考《日本建筑钢结构设计》（中国建筑工业出版社）。

美国早期建设的一大批高层钢结构工程的实例证明，钢结构防腐的原理是空气隔绝、避免氧化，只要防锈漆不破损，隔绝就有效，再加上外层的防火涂料和装饰材料包裹，办公、住宅等建筑在使用年限内并不需要中途进行防腐维修。

因此可以说，对钢结构建筑，防腐本来是个简单问题；现在大家对钢结构耐久性的担心，主要是因为看到了生活中大量的露天、无防护的钢材出现了严重的锈蚀。其实，经过防腐处理的钢结构如果出现锈蚀，一般与涂装施工质量有关。

在影响涂装质量的各因素中，表面除锈质量是最大的影响因素。只要按照我国现行标准规范设计、施工和使用，除锈彻底，涂装质量合格，钢结构的防腐涂装的有效保护年限完全可以超过 50 年的建筑寿命。钢材的除锈方法和除锈等级需要在设计文件中明确规定。

建筑钢结构防腐蚀设计、施工、验收和维护应符合现行行业标准《建筑钢结构防腐蚀技术规程》（JGJ/T 251—2011）的规定。钢结构投入使用后，需要对防腐涂装进行定期检查，并根据检查结果进行维修。

钢结构防腐涂装设计一般包括：涂装工艺（含钢材表面处理工艺）设计、涂层配套体系（包括腐蚀环境分析、防腐寿命确定、材料选用、经济成本）设计、外观色彩设计。应注意底漆、中间漆、封闭漆、面漆的作用不同，材料也应有所区别。

总之，要严格按相关标准执行，保证钢结构的耐久性。参考国外的钢结构的使用经验，在类似于住宅和普通公建的使用环境中，可以考虑适当简化钢结构防腐体系。

2.6　确保钢结构防火性能

与防腐不完全相同，建筑钢结构防火设计应严格按照现行国家标准《建筑设计防火规范》（GB 50016—2014）、《建筑钢结构防火技术规范》（GB 51249—2017）、《建筑高度大于250 米民用建筑防火设计加强性技术要求（试行）》公消（2018）57 号文的规定执行，也应关注消防主管部门的其他要求。

钢结构防火常用的方法有喷涂（抹涂）防火涂料、包覆防火板、包覆柔性毡状隔热材料、外包混凝土、金属网抹砂浆或砌筑砌体等。对于钢管混凝土构件，管内混凝土对耐火性能有一定的作用，可以考虑。钢结构住宅当梁柱不允许外露时，宜充分利用装饰面层的基板，优先采用包封法进行防火保护。

在防火涂料的选择上，优先选用以无机成分为主的非膨胀型防火涂料，可以免除涂料老化失效的顾虑。涂料较厚时，可在涂料层内挂设玻纤网格布，以避免防火保护层开裂脱落。

钢结构设计时应特别注意明确所选防火材料的有关主要指标参数，对膨胀型防火涂料应明确等效热阻（R_i）；对非膨胀型防火涂料应明确等效热阻（R_i）或等效热传导系数（λ_i）；对非轻质防火材料需要注明质量密度（ρ）、比热容（c）、导热系数（λ）等；还应注明防火层的设计厚度、施工允许偏差和构造要求等。

钢结构建筑还应在使用维护手册中明确要求，禁止在使用中随意破坏防火层，凡破损的防火层要及时修复。

满足以上要求后，钢结构的防火安全性便有足够的保障，可以放心居住使用。

2.7 确保隔墙的隔声效果

隔声分为隔空气声和隔撞击声（撞击声也称固体声）。前者是指隔空间声场的声能，后者是使撞击的能量辐射到建筑空间中的声能有所减少。隔声性能的差异用材料的入射声能与透过声能相差的分贝数表示，差值越大，隔声性能越好。

对于楼板，需要隔空气声能力和隔撞击声能力均达标；对于分户墙、外窗、户门、分室墙，只要求隔空气声能力达标。

常听说钢结构建筑的隔声较差。仔细比较钢结构建筑与混凝土结构建筑就可以发现，混凝土结构建筑一般不采用轻质隔墙，而钢结构建筑为了降低结构造价，有时会采用轻质隔墙，这恰恰是钢结构建筑隔声效果较差的原因所在。轻质隔墙一般采用干式工法与结构连接，留下的缝隙需要采用工业毡严格密封（工业毡做密封材料较密封胶条好，尤其是对高频噪声）；而广大施工人员熟悉的是湿式的抹灰工艺，对干法施工的要点尚未完全掌握，对施工难点没有引起足够重视，导致钢结构建筑隔声效果差。很多采用轻质隔墙的项目，如北京石景山的万达酒店，采用轻钢龙骨石膏板隔墙，隔声效果非常好。钢结构的隔声问题不是钢结构固有的问题，只要施工安装时加以重视，完全可以很好地避免。

不论是钢结构建筑还是混凝土结构建筑，为确保隔声效果，特别提醒注意以下几点：

1）水、暖、电、气管线穿过楼板和墙体时，孔洞周边应采取严格的密封隔声措施。

2）电梯不应与卧室、起居室紧邻布置。

3）管道井、水泵房、风机房应采取有效的隔声措施，水泵、风机应采取有效的减振措施。

4）门窗缝隙进行有效密封，提高门窗隔声能力。

5）接线盒、开关盒及隔墙四边封堵构造应合理高效，施工方便。

6）隔声严格的轻钢龙骨墙，内部龙骨最好做断桥处理，以隔绝撞击声。

7）轻质填充材料应避免受潮塌陷沉降，杜绝施工填塞不严实，降低隔声效果。

2.8　重视楼盖振动舒适度验算，提高振动质量

钢结构楼盖的平面外竖向刚度一般低于混凝土楼盖，表现为挠度大、竖向振动明显、加速度大。我们通过适当预起拱即可轻松解决挠度问题，这与混凝土梁的解决路线是一样的，但更方便。但是，楼盖竖向振动舒适度问题却是钢梁独有的新问题，是采用钢结构体系必须重视的问题。

我们习惯了设计混凝土结构，当解决承载力问题时，一般可以通过加大截面和配筋；当以解决挠度为目的时，一般通过适当预起拱即可；当以解决抗风问题为主时，一般只需要增大主体结构的抗侧刚度；当以解决抗震问题为主时，一般希望增加耗能能力，提高冗余度；当关注结构防倒塌能力时，需要尽量提高结构的冗余度，凝聚竖向构件的承载力；当要避免裂缝过大时，采用细而密的钢筋非常有效；而抵抗基础的差异沉降，则需要加大水平构件的抗弯刚度和承载力、调整竖向构件的应力水平和基底应力水平等；……面对钢梁楼盖，我们要改善竖向振动舒适度，可以采取加大梁截面、增加楼盖自重、增加阻尼等办法，但通过振动理论研究发现，增加梁之间的联系，从而增大楼盖的振动质量是个简便经济的办法，应注意作为首选的方法之一。因为这个方法不会增大结构自重，不影响使用，也基本不增加成本。

2.9　采用 SI 建筑体系

SI 体系就是 S（Skeleton-支撑体）与 I（Infill-填充体）分离的建筑体系。其中的支撑体（S）是指建筑主体结构，以及外围护结构和公共管井等长久不会改变的部分。填充体（I）包括建筑的全部内装系统，即架空地板、空腔墙体或轻质隔墙、吊顶等。

通过 S 与 I 的彻底分离，SI 体系增强了建筑结构的耐久性，保证了管线设备维修更换便捷，为延长建筑寿命增加了一个理由。因此，SI 体系很适合建造百年建筑，也适合设备管线更新频率较高的建筑（如展示建筑）。

百年建筑的长寿化设计，就是提高建筑支撑体的物理耐久性，同时，将受损概率大的填充体与支撑体彻底分离，从技术上实现了在不损伤支撑体的前提下，对建筑构件、部品的随意剔凿、打洞、更新、改造等，也可以很方便地对管线设备进行维修更新，这样就大大改善了建筑的灵活适变性和可更新性，大大提升了建筑全寿命期内的实用价值。

建筑体系是实现建筑长寿化的基础。SI 体系通过采用尽量大的平面空间，适当预留结构承载潜力，使建筑空间适应使用者需求的变化。即，在适应当前需求的同时，使建筑具有更大的弹性以应对未来使用的变化，为实现更长使用寿命创造条件。建筑的主体结构开放程度越高，使用价值也越大，可持续性也就越好。

SI 体系降低了维护管理费用，也控制了资源的消耗。

管线分离是实现建筑产业现代化的可持续发展目标的主要技术之一，也是新型建筑工业化生产的主要技术之一。

随着社会的持续进步，使用者需求也会不停变化，所以内装更新、设备扩容、管线改造等工作会在建筑全寿命期内频繁发生。若限制了内装和设备管线的更新和维护，则在主体结

构达到耐久年限前，就可能因使用功能不能满足需求而面临被拆除的窘境。因此，长寿命的建筑必须解决好建筑的适变性问题。

总之，SI体系是最有前途和故事的整体建筑系统，可给业主带来最大的使用改造灵活性，是业主全寿命均适合居住的建筑（适合养老、适合养病、适合奋斗、适合浪漫、适合学习、适合育幼、适合节俭、适合变化），内外装修天然可以与轿车类似。SI体系还具有如下优点：最大化地工厂化，现场技术要求低、出错难、容错能力强、容（尺寸偏）差能力强，操作和管理工作量小，工作强度低，劳动安全保障需求低，工期节省、运输成本较低（重量轻）、堆放场地需求较小（场地占用时间短）。

SI体系特别强调提高支撑体的耐久性能。提高支撑体的耐久性，广义地讲需要同时做好以下两方面的工作：

1）延长结构系统和外围护系统的使用寿命。

2）主体结构和固定的管井管线位置充分考虑未来平面变化的便利性。

2.10 提高建筑全寿命适变性

对住宅建筑来说，居住者对居住空间的使用要求会随着家庭结构的变化而变化，参见表2.10-1。因此，居住建筑的设计宜尽量考虑到各个阶段家庭的不同特征，兼顾居住者对使用空间改造和功能布局变动的需要。套型设计充分考虑不同家庭结构的情况，在同一居住单元内方便地实现多种套型的变换。尽量提高建筑全寿命的适变性是住宅设计的方向。

表 2.10-1　不同阶段家庭基本情况

	开始事件	终止事件	家庭结构		主人年龄	居住时长
Ⅰ家庭形成期	结婚	孩子的出生	年轻夫妇		25～27岁	1～3年
Ⅱ家庭扩展期	孩子的出生	孩子的养育	中年夫妇＋孩子（或与一方父母同住）	婴幼儿期（子0～6岁）	28～34岁	6年
				学龄期（子6～12岁）	35～40岁	6年
Ⅲ家庭稳定期	孩子的养育	孩子的独立		青春期（子12～18岁）	41～46岁	6年
				独立期（子18～24岁）	47～52岁	6年
Ⅳ家庭变更期	孩子的独立	配偶一方去世	家庭缩减人口型：老年夫妇2人家庭增加人口型：老年夫妇＋年轻夫妇		53～74岁	6～15年
Ⅴ家庭解体期	配偶一方去世	配偶另一方去世	单独老人（或与子女同住）		75岁以上	6～20年
居住总时长						31～62年

为了提高建筑的适变性，当然也需要主体结构有足够大的开放度相配合。采用大空间的结构体系，尽可能减少室内主体结构构件，就可以最大限度地减少结构主体对适变性的影

响，同时集约布置管井管线，可以使使用空间最灵活，适变性最佳，满足人们对住宅的不同布局方式、功能分室的需求。

2.11　提高建筑构件部品的制作安装精度

卫浴是住宅重要的组成部分，采用模块化的整体卫浴可以大大便利制造和安装，也便于控制和保证质量，提高制作安装尺寸精度，相应地就可以减小给施工安装偏差的预留空间，节约墙面空间面积。

整体厨房与整体卫浴一样，是内装部品中最直接展现工业化工艺水准的部分。所有柜体均采用专用设备、专门工艺、专门材料加工，拼缝处进行精细化的特殊处理，使得实际偏差尽量小。

钢结构构件制作涉及的工艺过程很多，如剪、冲、切、折、割、钻、焊、喷、压、滚、弯、卷、刨、铣、磨、锯、涂、抛、热处理等，钢构件制作的每一个工艺步骤都影响钢构件的加工制作质量。好在钢结构构件制作都在工厂内进行，环境条件好，有利于提高制作精度。目前发现的问题是，工人的制作经验不足，对温度、加工引起的尺寸偏差估计不准，对受荷后的变形量没有预留，由此带来了现场结构构件和部品安装的困难。为应对此类问题，常常需要特殊的容差构造，部品与结构之间预留较大的缝隙或加厚找平层厚度，由此造成了一定的空间和材料浪费。

随着部品部件制作精度的提高，安装技术的进步，相关施工企业应注意同步推动配套标准（包括企业标准）、构造、工艺的进步，缩小安装间隙，减薄找平层，提高实际使用面积。这样，可以将提高建筑构件部品的制作安装精度的好处充分体现出来。在 EPC 项目中，更加容易做到这一点。

2.12　提高钢结构制作安装效率

2.12.1　提高钢结构制作效率的方式

可通过以下途径提高钢结构构件的制作效率，降低制造成本。

1）尽量采用常用的轧制型钢截面，少用焊接截面和采购困难的截面，减少钢构件制作工作量。

2）在不太增加材料用量的前提下，尽量减少型钢规格、钢板厚度、钢材种类，以便批量采购，降低采购成本，提高生产效率。

3）采用自动化制造设备、信息化管理手段，提升制造智能化水平，提高钢构件制作精度和效率，降低制作成本。

2.12.2　提高钢结构现场安装效率的途径

钢结构现场焊接的优点是省材料；缺点是对工人的技术要求高，人工成本高，施工质量受环境影响大，质量保障难度大，用电量大，检测工作量大，且对钢结构的防腐涂装影响大，焊缝处相对更容易生锈。

而钢结构现场安装采用螺栓连接可克服焊接的缺点，采用工具施工，对工人的技术要求低，安装速度快，效率高，人工成本较低，且对钢结构的防腐涂装影响小，钢结构不易生锈；但缺点是材料用量大，材料成本较高。

随着我国人工成本的不断提高，钢结构现场螺栓连接的优势将逐渐凸显，因此，为提高钢结构现场安装的效率，应鼓励优先采用螺栓连接。

2.13　实现"五化"

"标准化设计、工厂化生产、装配化施工、一体化装修、信息化管理"这是建筑工业化的最标准的诠释。这"五化"建造新模式涵盖了装配式建筑建造的全过程，是装配式建筑区别于传统建筑的重要特征，也是钢结构装配式建筑低成本高质量优势的最主要来源。

根据笔者的体会，将"五化"予以展开以便理解：

1）标准化设计——模数化、标准化、轻量化设计。

2）工厂化生产——工厂化、批量化、集成化生产。

3）装配化施工——采用标准化构件，进行装配化施工。

4）一体化装修——适变化、一体化装修。

5）信息化管理——信息化管理甚至智能化建造与应用。

除此之外，低成本、高质量也是钢结构建筑工业化的两个非常重要的特征。成本是开发商最为关心的问题。测算建筑成本时，应注意既要算显性成本，也要算隐性成本，把这两个方面的成本算清楚了，就会得出结论：装配式钢结构体系最应该实现"五化"。

"五化"做得越彻底，装配式钢结构建筑在质量和成本上就越有竞争力。

2.13.1　标准化设计是"五化"的基石

设计是整个产业链的开端，因此标准化设计是建筑工业化的基石。

当今的常规设计不关注标准化，甚至不需要符合模数，更不会关心下游生产和安装的便利性，这主要是由于产业链没有实际整合，设计方最终的产品是图纸而不是建筑。

未来的建筑设计将包括制造设计和装配设计。

制造设计是以保证质量、提高速度、降低成本为目标的工厂工艺设计，而装配设计则指是在现场尽量快速、高质量、省人工的安装设计。制造设计和装配设计理应属于设计层面，目标之一是将尽量多的工作放到工厂，最大限度地实现工程质量和效率的双提升。复合墙板幕墙一直是遵循这个理念进行设计的。从根本上说，目前设计遵循的是基于工地建造的工程化方式，装配化要求设计团队将他们的思维从工程化方式转移为工厂化方式，这是未来建设工程的发展趋势。

下面以轻钢龙骨隔墙为例说明制造设计和装配设计考虑的不同因素。一道龙骨墙，除了骨架以外就是蒙皮和装饰面，过去都在现场切割安装。转变思路后，制造设计和装配设计时，就需要推敲隔墙的加工制作各个细节。骨架可以在工厂进行预制——龙骨墙做成整片，然后从工厂运到工地。如果面层板在工厂预制好，为避免运输和安装过程中的破损，需要增加包装、运输、安装成本，但是，人工费和现场工期的节省，也许会带来更大的效益，如同集装箱房在工厂内全预装一样。

对于标准化设计，其原则是模数统一、模块协同、少规格、多组合，各专业一体化考虑，实现平面标准化、立面标准化、构件标准化、部品标准化。

建筑标准化到一定程度后，将实现产品生产不再完全依赖传统的建筑设计图纸，则可说实现了"产品标准化"，体现了工业效率，边际成本接近零；而当实现了工程建设操作简单，无质量隐患，则可说实现了"工程标准化"，体现了工程效率。

楼梯和卫浴有希望率先实现"产品标准化"。目前整体卫浴在中国发展出现了瓶颈，就是产品标准化工作滞后所致。由于整体卫浴在中国没有尺寸标准，使得现在整体卫浴最大的痛点是模具过多，模具费用过高。一个房企几百个户型，卫生间各种尺寸都有，因此，标准化势在必行。据说日本全国的整体卫浴也就只有 21 个尺寸。

2.13.2　标准化设计应包括内装

设计阶段应摒弃"重结构、轻建筑、无内装"的错误概念，实行结构、围护、内装和机电四大系统协同设计。以内部结构布置为基础，以工业化和内装部品为支撑，以内装功能为核心，尽量统一部品尺寸，功能单元设计与功能布局协同设置，在满足功能的前提下优化空间布置，尽量按符合工业化建筑的独特要求，实现内装模块化集成，最大限度保证适用、安全、耐久、防火、保温和隔声等性能要求，同时降低施工难度，严格控制造价。推广单元化、模块化、部品化的装配式，通过标准化设计、工厂化生产、装配式施工、一体化装修、信息化管理、智能化应用，推动设计建造方式创新，促进建筑产业转型升级。积极应用建筑信息模型技术，统筹结构系统、外围护系统、设备与管线系统、内装系统，推行一体化集成设计，提高建筑领域各专业间的协同设计能力。

2.13.3　标准化设计评价

未来的建筑设计必定从设计、制造、建造三个维度展开评价，以获得完美的技术解决方案。

（1）设计评价　评价其是否基于建筑空间，具有较强容错能力且安装便捷。

（2）制造评价　评价其是否实现标准化产品模块，能在工厂批量化生产和实现规模化库存，使产品成本大幅降低。

（3）建造评价　评价其是否实现将现场的复杂工艺集成到工厂，现场是否实现标准化地快速安装连接，快速建造。

凡是符合产业现代化要求、具备产业现代化特征的任何建造方式，只要能"两提两减"，即提升质量、提高效率，减少用工、减少污染，都应该鼓励应用。

比如，近些年发展起来的钢筋桁架楼承板，钢筋桁架采用自动化生产设备在工厂生产，既减少了现场工人也减少了工厂工人，模板通过连接件与钢筋桁架连接，可拆卸，可重复使用。钢筋桁架楼承板将钢筋与模板工程大量转移到工厂进行，可显著减少现场的钢筋绑扎和模板支撑工作量，现场作业工人数量大幅度减少，明显加快施工进度，真正实现"两提两减"（因此，采用钢筋桁架楼承板的工程，应计入装配率）。

2.13.4　标准化与个性化的协调

模数化是标准化的基础，模数化、标准化才可能批量化，这是工业化的必要条件。建筑尤其是住宅作为一个产品面向用户，开发商不希望千篇一律，希望满足不同用户的个性化需求。目前看来最好的方式是内部采用标准化的部品，而通过钢柱、钢梁、楼板、墙体、整体厨卫、装配式装修的灵活组合，兼顾标准化和个性化。

2020 年 7 月，住房和城乡建设部发布了《钢结构住宅主要构件尺寸指南》，规定了住宅中常用构件的类型、规格表，希望钢厂可直接批量生产标准化型材，提供给设计单位选用，形成良性循环，共同提高结构构件的标准化水平，既能提高构件质量又能降低工程造价。

因为工业化建筑特别需要模数化和标准化，所以说模数化、标准化是钢结构的标配。某些类型的建筑，如高层住宅、高层办公类建筑，其本身标准化、模块化属性很强且对成本敏感，所以这类建筑特别适合于工业化。

当然，有些建筑追求建筑语言与建筑功能的融合，造型特殊，没有固定的逻辑和模数，甚至没有造价限制。这类建筑就不适合于工业化的方式建造。

2.14　开展工程总承包

2.14.1　成本超支和进度延期是建筑业的常态

麦肯锡曾经对国际上重大的工程项目做过一个分析，从总体来看，大多数项目的成本最终超出预算 80% 左右，工期平均超出预期 20 个月左右；而基础设施业务基本只有 20% 左右的项目能够按时完工，40% 的项目要拖期 1 ~ 2 年，另 40% 的项目要延期 2 年以上；石油化工领域的工程更为夸张，几乎没有按时完成的，至少拖期 1 ~ 2 年，甚至有 30% 左右的工程要拖 3 年以上。参见图 2.14-1。

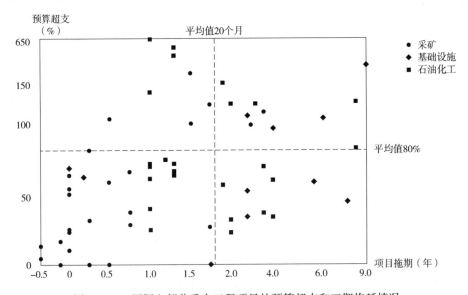

图 2.14-1　国际上部分重大工程项目的预算超支和工期拖延情况

国际上是这样的，国内也差不太多，成本超支和进度延期是行业的常态，采用 EPC 模式是解决这类问题的一个途径。

2. 14. 2　钢结构需要更好的管理协作

钢结构与预应力混凝土、木结构一样，存在多方面的特殊情况。

（1）建设流程方面　混凝土结构的材料加工和施工都在现场完成，钢结构多了钢构件工厂制作环节，整体流程进度会受到工厂和运输进度的制约。

（2）材料采购方面　混凝土结构建筑所用的钢筋、模板、脚手架、商品混凝土、干粉砂浆等，均为初级的原材料，市场供应非常充分，项目建设不可能受采购制约，而且成本透明且较低。钢结构的钢材和工业化部品原材料的批量一般都较小，谈判困难，价格贵，且需要有订货周期，需要预留出厂家加工制作的时间。

（3）建造技术方面　混凝土现场的钢筋绑扎、模板支撑架搭设及拆除、混凝土浇筑以人工操作为主，钢结构构件的制作主要在工厂靠设备去完成，现场钢结构的连接采用高强螺栓和焊接连接。

（4）技术工人方面　混凝土建筑工人市场容量很大，工人技术熟练；钢结构设计、施工各环节的技术人员和工人均相对稀缺。

（5）总承包与钢结构分包和部品部件厂家协调方面　目前国家政策严禁设计指定生产厂家。一般的部品部件（包括钢构件）在设计时只规定了类型和主要技术标准，只有等到总承包部品招标完成后，厂家（包括钢结构加工厂家）才可能介入深化设计配合工作，这就势必影响设计的进度、深度和质量。比如墙板，不同厂家要求的连接节点、拼缝构造等不完全相同，需要钢结构、装修等专业进行配套修改。在 EPC 模式下，可以提前确定各分包单位，尽早参与设计，有时间和动力深度配合，有助于提高工程质量。

具体到钢结构住宅，还有更特殊的情况。

（1）采购方面　钢结构住宅构件原料多为相对不常用的、尺寸较小的型材，不像公共建筑较多地以常见的钢板为原材料，这带来了材料采购谈判的劣势，导致采购价格贵、供货周期长。如果总承包将不同住宅建筑单体分包给不同加工厂去分别深化设计、采购原材料，则各规格的型材可能会达不到厂家要求的最小批量，采购价格会高很多甚至无法完成采购。钢结构的最大劣势是每个规格钢材的需求量很小，使得钢材采购价格会远高于钢筋。一种规格的钢材必须有数百吨以上的量，与原材料供货商洽谈采购时才不会处于劣势。除了钢材，住宅中的墙体、楼板、装配式装修部品部件，同样需要提前深化，协调规格，提前统一订货采购。

（2）工期方面　这本来是钢结构的优势，可以满足钢结构住宅项目的高周转需求。遇到多个单体同时施工时，要求钢结构出厂速度很快，通常可以协调多个钢结构厂同时供货。这种协作模式对管理协调的要求非常高，可能会因为协调组织跟不上，导致工期比现浇混凝土结构更长。

（3）施工质量精度方面　钢结构住宅的防火保护层很薄，且构造节点设计时一般只考虑有限的尺寸偏差，因此，钢结构对施工偏差更敏感，要求更高的施工精度。

（4）目标用户方面　用户对钢结构住宅的细节更加挑剔。

钢结构对总体工期目标、总体质量目标和总体成本目标的要求都很高，而三者之间是有一定矛盾的。工期赶得紧，质量难保证，成本也高；质量抓得严，成本和工期都会失控。必须在 EPC 模式下，通过加强员工培训和选拔，统一采购，强化管理，才能同时实现上述三个总目标。

作为建筑工业化背景下的设计师，本身不能排斥工业化体系，需要改变思路，从设计之初就以工业化的思维去做设计，同时对下游加工制造、施工难度、造价等各方面有更深入的考虑，以建筑为最终的产品，让设计成果可以更为畅通地向下游传递。这对于设计师的要求无疑是更高了。

2.14.3 什么是工程总承包

我国 2019 年出台的《房屋建筑和市政基础设施项目工程总承包管理办法》中把工程总承包定义为"工程总承包，是指承包单位按照与建设单位签订的合同，对工程项目设计、采购、施工或者设计、施工等阶段实行总承包，并对工程的质量、安全、工期和造价等全面负责的工程建设组织实施方式"，这个定义的核心在于：对整个项目全面负责，作为总承包商，不能仅仅关注质量、安全和成本，而是要全面地保证整个工程有效运行。

目前主要的工程总承包模式包括：①设计-采购-施工（EPC），即"交钥匙"总承包，是典型的 EPC 总承包模式；②设计-采购-施工管理（EPCM）；③设计-施工总承包（D-B），在该种模式下，建设工程涉及的建筑材料、建筑设备等采购工作，由发包人（业主）来完成；④设计-采购总承包（E-P）；⑤采购-施工总承包（P-C）等。某个施工企业与设计院合作，形成联合体，但设计和施工实际上还是各自负责，这种形式并不能称之为 EPC，各方面力量融合的联合体才是 EPC 的核心。也就是说，EPC 是指总承包公司或联合体受业主委托，按照合同约定对工程建设项目的设计、采购、施工、试运行等实行全过程或若干阶段的承包。通常总承包公司或联合体在总价合同条件下，对其所承包工程的质量、安全、费用和进度负责。

EPC 的实施单位主要有三类：①以制造能力为主的企业；②以技术为主的企业；③传统的施工企业，如中建、中交等。总的来说，设计院在对设计要求比较高的项目上具有优势；施工企业在对生产管理要求比较高的项目上具有优势。

在 EPC 模式中，E（Engineering，工程）不仅包括具体的设计工作（design），更重要的是从工程内容总体策划出发，从工程建设甚至运营角度来对整个项目建设进行一个总体设计。即，E 包括整个建设工程内容的总体策划以及整个建设工程实施组织管理的策划和具体设计工作，是 EPC 项目运营管控的魂，起主导和龙头作用。P（Procurement，采购）也不是一般意义上的建筑设备材料采购（制造），尚应涵盖专业设备、材料的采购（制造），要首选最好施工、最符合设计方案、成本最合理的设备和材料。C（Construction，建设、建造）不仅仅是施工，它要基于按时交付合格项目，包括施工、安装、调试、检测、移交和技术培训等，也包括对整体设计、设备采购的协同。

在 EPC 模式中，交付前应做无负荷试运行，还应带负荷联动试运行，试生产直至达产达标、正常生产为止。即应做到全部正常达标，业主接手就可正常使用。

在 EPC 模式中，总承包单位应当设立项目管理机构，设置项目经理，配备相应管理人员，加强设计、采购与施工的协调，完善和优化设计，改进施工方案，实现对工程总承包项目的有效管理控制，工程总承包（EPC）项目经理应当熟悉工程技术和工程总承包项目管理知识以及相关法律法规、标准规范，并具有较强的组织协调能力和良好的职业道德。

由于设备、材料费在整个项目造价中所占的比重很大，搞好采购工作对降低整个工程项目的造价有重要作用。材料设备采购控制是 EPC 项目成败的重要因素之一，不仅要对货物本身的价格进行研究分析，还要综合分析一系列与价格有关的其他方面问题。例如，根据市场价格浮动的趋势和工程项目施工计划，选择合适的进货时间和批量；选择合理的付款方式和付款货币，以提高资金的使用效率；根据对供货厂商的资金和信誉的调查，选择可靠的供货厂商。总之，要千方百计化解风险，减少损失，增加效益，以降低整个工程项目的造价。

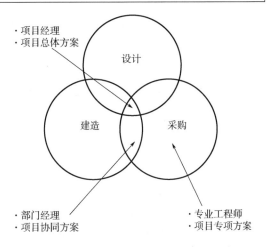

图 2.14-2　EPC 中设计、采购和建造的关系

对于设计和建造、设计和采购、建造和采购相互交叉的部分，需要协调部门一起来做协同方案；除此之外，不发生交叉的工作需要各专业公司、专业工程师来负责完成（图 2.14-2）。

2.14.4　工程总承包（EPC）模式的优势

EPC 模式是工程建设未来发展的趋势，总承包人对建设工程的"设计、采购、施工"整个过程负总责、对建设工程的质量及建设工程的所有专业分包人履约行为负总责。即，总承包人是 EPC 总承包项目的第一责任人。

较传统承包模式，EPC 总承包模式的优势总体可以概括为：节约工期、成本可控、责任明确、管理简化、降低风险。

（1）强调和充分发挥设计在整个工程建设过程中的主导作用，这有利于工程项目建设整体方案的不断优化。

（2）有效克服设计、采购、施工相互制约和相互脱节的矛盾，有利于设计、采购、施工各阶段工作的合理衔接，有利于实现建设项目的进度、成本和质量符合建设工程承包合同约定，确保获得预期的投资效益。

（3）建设工程质量责任主体明确，有利于确定和追究工程质量责任的承担人。

传统的模式，设计、采购、施工有很多接口。过去，施工图一定要画完并经三级审核签字，然后给业主，开始施工总承包招标工作，确定施工总承包单位之后再开始钢结构分包招标工作，分包单位确定后才开始施工详图设计、审核、材料定购、工厂加工，之后才是现场安装施工。按照这个顺序，每一个阶段必须干净利落地结束后再开始下一阶段，不允许有"三边"工程。但是按照 EPC 模式，设计、采购、施工总分包基本可以理解为"一家"，完成初步设计后，就可以给采购和施工提供相关的资料和信息，采购的相关信息也会及时反馈给施工和设计（图 2.14-3）。整个加工过程中出现的困难，会及时联系设计单位进行修改完善，有助于整个项目的推行。

也可以说，过去设计-施工是串联关系，EPC 模式后变为并联关系；过去

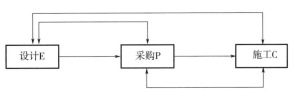

图 2.14-3　EPC 项目的接口

技术和商务分离，现在是一家人。设计和施工割裂，造成损失大于5%，超过利润。总包与分包、劳务分离，不断招标不断签合同，消耗了大量的精力去管理和协调，难有精力去重视技术和核心竞争力。而EPC模式利益同向，大大减少了扯皮和浪费。

2.14.5　钢结构建筑呼唤EPC模式

EPC模式并不是万能的，那些建设范围、建设规模不明确的项目，建设标准、功能需求不明确的项目，前期条件（如地质）不清楚的项目，都不适合采用EPC模式。那么EPC模式到底适用于什么样的项目呢？可以肯定的是，量大面广的传统钢结构建筑非常适合采用EPC模式建设，这是因为钢结构的设计存在施工图设计和施工详图设计两个重要阶段，两个阶段的设计周期均很长，且呈严格的先后关系；钢结构的加工安装需要工厂加工和现场安装二者的严密协作，且钢构件往往需要长距离的运输，花费较长的时间。采用EPC模式后，设计—设计深化—加工制作—现场安装可以最紧密地协作，穿插作业，可以节省大量的时间，充分发挥钢结构施工速度快的优势。

2021年3月起，浙江开始施行《关于进一步推进房屋建筑和市政基础设施项目工程总承包发展的实施意见》，鼓励政府投资项目、国有资金控股的项目带头实施工程总承包。钢结构装配式建筑原则上应当在初步设计审批完成后即进行工程总承包项目发包，这非常有利于压缩钢结构二次深化设计的时间，发挥钢结构建设速度快的优势，并降低建设综合成本。

2.15　认真编制、严格执行房屋用户手册

对大家熟悉的钢筋混凝土剪力墙结构的商品房，入住前，业主常常会随装修做一些改造，比如，常常会发现业主为了布一条电线，在剪力墙上开很长的槽，为了将线管全部埋入墙内，粗暴地切断了影响管线通过的所有钢筋。凿墙打洞的事情更比比皆是，这都造成了很大的安全问题。针对类似问题，有关部门强调要编制房屋产品用户使用手册，提供给用户，要求严格遵守。

对于钢结构建筑，存在一些与钢筋混凝土剪力墙结构不同的问题，需要提醒用户注意。如，防火层的日常保护，破损后的修复；钢构件尽量避免施焊作业，不可避免时应采取的安全措施，以及焊后防锈涂层的修复；凡在轻质隔墙上开槽应严格进行隔声封堵；室内夜间应避免蹦跳等。这些问题最好在用户手册中进行详细说明，并进行宣贯，严格执行，保证房屋的安全和正常使用。

钢结构使用阶段的维护维修直接影响钢结构的安全使用体验，特别是钢构件的防腐、防火涂层维护，直接影响钢结构的耐久性以及使用安全。因此，钢结构在使用过程中的定期和不定期检测、维护是非常重要且必要的。对于露天使用的钢结构，更应严格规定和执行定期的检测鉴定制度。

广大业主对钢结构建筑的顾虑部分来自对钢结构建筑的不熟悉；但假以时日，用户就会发现，只要做好相关维护原来担心的钢结构的防火问题、锈蚀问题、隔声问题和舒适度问题都不是问题。国外的经验已经证明这一点。

第二篇 设计集成

第3章

设 计 概 述

3.1 设计流程与技术策划

3.1.1 设计流程的阶段

传统建筑设计流程分为三个阶段，以接到任务书、签订合同开始的设计前期阶段，随即进入方案设计、初步设计（扩初设计）、施工图设计的设计阶段，交付施工图之后进入设计配合阶段直到竣工验收。相比之下，装配式建筑设计流程增加了技术策划和部件部品深化设计两个环节。技术策划是整个装配式建筑项目的核心，是产品化思维控制的重点，统筹规划设计、部件部品生产运输、施工安装和运营维护等，以保证装配式建造顺利实施。而部件部品深化设计，是装配式建筑设计流程中特色环节，也是落实的基本点。装配式建筑系统、子系统层层分级之下，正是通过一个个标准部件部品的连接组合实现的。

装配式建筑设计与传统建筑设计流程比较如图3.1-1所示。

北京副中心C2综合物业楼设计流程及其外观图如图3.1-2所示。

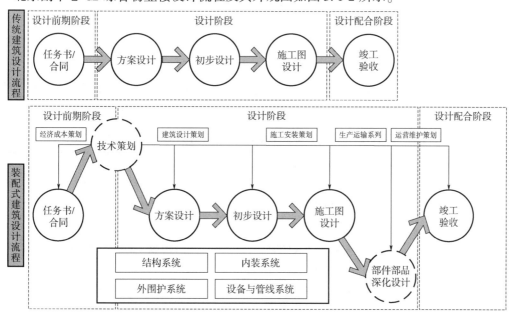

图 3.1-1 装配式建筑设计与传统建筑设计流程比较

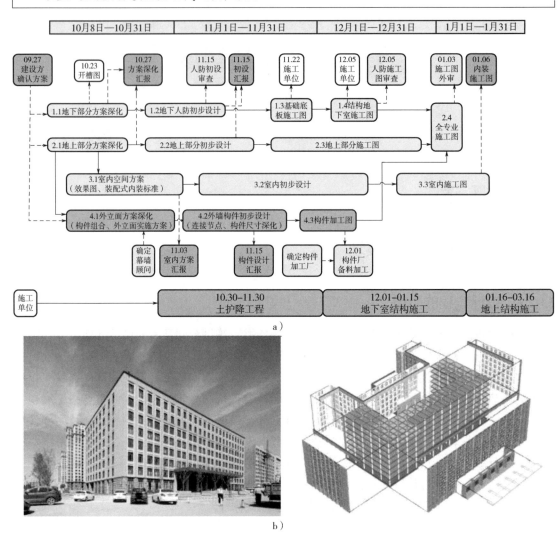

图 3.1-2　北京副中心 C2 综合物业楼设计流程及其外观图

a）设计流程　b）外观图

从装配式建筑的设计、生产、施工到运营维护等全生命周期的各个阶段来看，相比传统建筑生产方式，装配式建筑的特点主要体现在标准化、模块化、一体化、信息化等方面，见表 3.1-1。

表 3.1-1　传统建筑生产方式与装配式建筑各阶段对比（华经情报网，2016）

	传统生产方式	装配式建筑
设计阶段	不注重一体化设计	标准化、设计集成
	设计与施工相脱节	信息化技术协同设计
施工阶段	现场湿作业、手工操作	设计与施工紧密结合
	工人素质低、专业化程度低	设计施工一体化、施工队伍专业化
装修阶段	以毛坯房为主	装修与建筑同步
	采用二次装修	装修与主体结构一致化
验收阶段	竣工分步、分项抽验	全过程质量检验、验收

（续）

	传统生产方式	装配式建筑
管理阶段	以包代营、专业化程度低	工程总承包管理模式
	依赖施工人员劳务市场分包	全过程的信息化管理
	追求设计与施工各自效益	项目整体效益最大化

设计集成是工厂化生产和装配化施工的前提。装配式建筑应利用包括信息化技术手段在内的各种手段进行建筑、结构、设备、室内、幕墙、景观、市政、灯光等设计集成，实现各专业间、各工种间的协同配合。

在装配式建筑的设计中，参与各方都要有"协同"意识，在各个阶段都要重视实现信息的互联互通，才能做到工程上信息的正确性和唯一性。

装配式建筑设计集成是以模数与模数协调、标准化设计、模块化设计和成套技术为基本路径，各专业及协同单位在 BIM 平台上进行协同合作，在设计的策划、方案、初步设计、施工图设计、详图设计等不同阶段，建筑、结构、给水排水、暖通、电气电信、内装等不同专业，对装配式建筑的四大系统所进行的设计集成（图 3.1-3）。

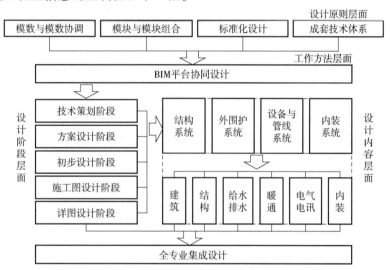

图 3.1-3　装配式建筑集成设计

3.1.2　技术策划的内容和路径

1. 前期策划设计阶段

前期策划是传统项目设计流程开始之前的重要环节，针对装配式建筑项目，前期策划中包括装配式要求、地方装配式政策奖励分析等。通常前期策划与装配式建筑项目重要的技术策划环节相关联。技术策划环节主要目的是为了系统统筹规划设计、部件部品生产运输、施工安装和运营维护等全过程，对装配式建筑的结构选型与技术研发的合理性、经济与施工安装可行性进行分析评估，从而选定执行方案。技术策划要考虑项目定位、建设规模、装配化目标、成本限额以及各种外部条件对装配式建筑建造的影响，制订合理的建筑方案，进行标准化、模块化设计，并与建设单位共同确定装配式实施方案，为后续阶段提供设计依据。

建筑专业在装配式建筑前期策划与技术策划阶段，保持与各专业协同（表 3.1-2），具体工作如下：

1）分析当地产业化政策要求、实施装配式政策奖励以及对本项目的要求等因素。

2）根据地质条件、建筑功能、项目定位等确定结构形式。

3）确定结构形式后，根据可选用的预制构件厂、其他部件部品生产厂的距离、技术水平以及生产厂家的产能等因素，基本确定装配式技术体系。

4）根据建筑功能、市政条件、项目定位及投资造价等因素，初步考虑设备系统形式。

5）内装系统根据项目需求、技术选择、建设条件与成本控制要求，统筹考虑室内装修的施工建造、维护使用和改扩建需要，采用适宜、有效的装配化集成技术。

表 3.1-2　策划阶段的设计集成

阶段流程		集成设计内容	专业集成-专业协同								
			建筑	结构	给水排水	暖通	电气	总图景观	内装	生产方	施工方
前期策划与技术策划阶段	集成设计	项目定位（地域、技术、成本、工期、管理、政策等）	●	●	●	●	●	●		●	
		项目可行性研究	●	●	●	●	●	●	●	●	●

2. 方案设计阶段

方案设计阶段是对四大系统进行协同设计的重要环节，秉承标准化设计原则，采用系统集成的方法（表 3.1-3）。

表 3.1-3　方案设计阶段集成设计的专业协同

阶段流程		集成设计内容	专业集成-专业协同								
			建筑	结构	给水排水	暖通	电气	总图景观	内装	生产方	施工方
方案设计阶段	总体协调	总平面设计	●	●	●						
		建筑总体设计	●	●	●	●	●	●			
	结构系统	建筑方案设计	●	●	●	●	●	●	●		
		建筑总体设计	●	●	●	●	●	●			●
	外围护系统	立面风格设计	●	●				●			
		空间识别设计	●	●				●			
		建筑节能设计	●	●	●	●	●	●			
	设备与管线系统	给水排水设计	●	●	●						
		暖通设计	●			●					
		电气设计					●				
	内装系统	隔墙、地面、吊顶选型	●		●	●	●		●	●	
		集成厨房、整体卫浴	●		●	●	●		●	●	
		系统收纳	●						●		

建筑专业在做建筑方案之初，就应在各个设计环节中充分考虑装配式建筑与传统项目的差异性，协同结构、设备和内装等专业共同完成方案设计（图 3.1-4），具体工作如下：

1）总体规划布局时，需考虑建筑预留发展空间及装配式建造的可行性。

2）根据项目定位、场地条件、建筑方案等确定合理的结构体系和预制结构类型。

3）根据结构体系、平面布置等初步确定外围护系统（重点是外墙系统）类型和设计形式。

4）根据项目定位、建筑方案等制订设备与管线系统的实施技术路线，并结合内装系统初步考虑设备管线敷设方式。

5）完成内装部品选型，优选集成化、模块化部品。

6）在保障使用功能的前提下，建筑方案平面设计规整建筑体型、标准化尺度和模块，并提高模块使用率。立面设计注重外墙系统类型和设计形式，利用预制墙板排列组合丰富立面样式。

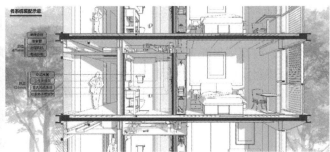

图 3.1-4　河北雄安市民服务中心周转及生活用房项目各系统装配分析

3. 初步设计阶段

初步设计阶段根据前期策划、技术策划内容，对方案设计进行全面优化调整（表 3.1-4）。

表 3.1-4　初步设计阶段集成设计的专业协同

阶段流程		集成设计内容	专业集成-专业协同								
			建筑	结构	给水排水	暖通	电气	总图景观	内装	生产方	施工方
初步设计阶段	结构系统	建筑平面设计	●	●							
		钢结构设计	●	●						●	●
	外围护系统	外围护结构设计	●	●	●	●					
		节能设计	●	●							
		预制外挂墙板设计	●	●	●					●	●
	设备与管线系统	给水排水设计	●	●	●			●	●		
		暖通设计	●	●		●		●	●		
		电气设计	●	●			●	●	●		
		管线管井布置	●	●	●	●	●		●		
	内装系统	集成隔墙、地面、吊顶设计	●	●	●	●	●		●		
		集成式厨房、卫生间设计	●	●	●	●	●		●		
		整体收纳	●						●		

建筑专业加强各专业之间配合度，具体工作如下：

1）采用合理的结构体系排布，统一轴网和标准层高，为结构预制构件的标准化提供条件。

2）根据结构体系、平面布置等对外围护系统（重点是外墙系统）进行设计集成；考虑保温、防水、防火与装饰等功能，进行设计集成，实现系统化、装配化、轻量化、功能化和安全性的要求。

3）结合内装系统确定设备管线敷设方式，综合布置管线管井。

4）根据建筑内隔墙、地面和吊顶的室内设计方案优化设计室内空间布局，并且与内隔墙、柱梁等结构构件进行空间整合。

5）明确预制构件的开洞尺寸及定位位置，并提前做好连接件的预埋；采用局部结构降板进行同层排水时，合理确定降板的位置和高度。

4. 施工图设计阶段

装配式建筑项目施工图设计阶段，应增加装配式建筑设计专篇，包括技术体系、PC 应用部位、一体化设计情况、保温技术选用、BIM 技术应用等（表 3.1-5）。建筑施工图的平面图中应表达各预制构件种类和位置、构件机电专业的预留预埋和定位。剖面、墙身图中明确所有预制构件交接处关系。所有预制构件连接节点应完善大样图，标识构件安装的细部要求和尺寸。

表 3.1-5　施工图设计阶段的设计集成

阶段流程		集成设计内容	专业集成-专业协同								
			建筑	结构	给水排水	暖通	电气	总图景观	内装	生产方	施工方
施工图设计阶段	结构系统	结构设计	●	●						●	●
		结构与墙体一体化设计	●	●					●	●	
		钢结构防火、防腐、隔声做法	●	●					●		
	外围护系统	节能设计	●		●	●	●	●	●		
		连接节点防火、防水、隔声和系统集成设计	●	●	●	●	●		●		
		抗震性能优化设计	●	●							
	设备与管线系统	给水排水设计	●		●	●	●		●		
		暖通设计	●			●			●		
		电气设计	●				●		●		
		管线集成与管线敷设布置	●		●	●	●		●		
	内装系统	集成隔墙、地面、吊顶设计	●		●	●	●		●	●	
		集成式厨房、卫生间设计	●	●	●	●	●		●	●	●
		整体收纳	●						●	●	

在施工图设计阶段，具体工作如下：

1）结构系统应根据建筑功能布局和结构类型，进行结构柱网和平面深化设计，加强荷载集中区域的结构设计；确定预制构件截面尺寸，加强整体结构系统的抗震性能，并考虑减震隔震设计；装配式钢结构建筑同时要进行钢结构防火、防腐等性能设计。

2）外围护系统需要对采用外挂墙板的外墙进行立面细分，划分出外墙板排板图；细化外墙连接件与结构构件的连接节点，细化防水、防火、保温等构造节点。

3）设备管线系统需要进行优化布置，避免管线交叉，确定管井、检修口的位置及大小。

4）内装系统根据建筑空间与功能分布、室内基本风格、机电设备使用等考虑隔墙、地面、吊顶的集成设计。

5. 部件部品设计阶段

部件部品深化设计，是装配式建筑设计区别于一般建筑设计具有高度工业化特征的一点（表3.1-6）。

装配式建筑部件部品深化设计与生产阶段紧密连接，生产企业依据深化设计文件，进行放样、预留预埋等生产设计，然后投入部件部品的生产环节。

表 3.1-6　详图设计阶段的设计集成

阶段流程	集成设计内容	各专业参与								
		建筑	结构	给水排水	暖通	电气	总图景观	内装	生产方	施工方
部件部品深化设计阶段	结构构件详图深化设计	●	●	●	●	●			●	●
	外墙板详图深化设计	●	●	●	●	●			●	●

部件部品深化设计需要建筑师必须了解部件部品的加工工艺、生产流程和运输安装等环节，才能更好地完成部件部品的合理拆分与连接点设计。具体工作如下：

1）预制构件详图深化设计是结构整个工序中的一项重要工作，是构件下料、加工和安装的依据。预制构件详图设计将与外围护系统、内装系统、设备管线系统以及建筑功能等各方进行深入协同融合，消除不同专业之间的冲突。

2）详图设计阶段包括预制外墙板、幕墙设计等，需通过构件节点的详图设计，满足生产加工的需求，使外墙各项物理性能达到要求。预制外墙板设计主要是根据结构尺寸及板材规格进行合理选材及排板，要解决好外墙板与外门窗、雨篷、栏板、空调板、装饰格栅等构件的构造连接节点，解决防火、防水、保温、隔声等构造节点问题。

3）内装设计与设备管线结合进行设计，宜采用管线分离的方式。包括预制构件上需预留预埋的孔洞、套管、管槽及预埋件等。预留预埋应在预制构件厂内完成，并进行质量验收。设备与管线应尽量避免敷设于预制构件的接缝处。同时梁柱包覆应与构造节点结合，实现防火、防腐、包覆与内装系统的集成。

3.2　集成化设计

3.2.1　建筑集成基本方法——协同设计

当我们拿到一个建筑设计项目任务书时，解读条件、调研背景、分析功能、推敲空间，完成方案设计、初步设计（扩初设计）、施工图设计，之后开展设计配合工作直到竣工验收。

这是一个传统项目的完整设计流程，但不是装配式建筑项目的设计流程。对于传统的项目，建筑师从事的工作是做设计，而对于装配式建筑来说，建筑师从事的工作是针对装配式建筑的系统集成在做产品，而原本的设计工作只是其中的一个环节。在专业配合上，传统项目由建筑到结构、机电、内外装修等流程化的推进方式也不适合装配式建筑项目，而是需要各专业、全过程地协同，才能完成这项系统工程。

1. 建筑产品化

长期以来，功能与形式占据建筑设计的重要地位，但在装配式建筑系统集成面前，显得渺小。正如前文所述，技术所向和需求所向催生并确定了建筑工业化与装配式建筑的发展。

装配式建筑是以用户体验为中心，最终完成的是建筑产品。因此需要以产品化思维站在系统集成的层面统筹项目，通过产业整合和技术集成，实现装配式建筑项目的系统解决方案。从装配式建筑产业链的角度思考，就需要整合资源、实现一体化成品交付的建筑产品，才能真正实现当代装配式建筑区别于早期装配式建筑且具有面向未来可持续发展建设的崭新转型和升级。

2. 建筑集成化

"协同"一词，在装配式建筑领域的复现率极高。协同思维突破传统项目分散局部的思路，以一种具有连续完整的思维方式覆盖项目实施全流程。"协同"分为两个层级的协同：第一层级是管理协同；第二层级是技术协同。"协同"的关键是参与各方都要有"协同"意识，在各个阶段都要与合作方实现信息的互联互通，确保落实到工程上所有信息的正确性和唯一性。各参与方通过一定的组织方式建立协同关系，互提条件、互相配合，通过"协同"最大限度地达成建设各阶段任务的最优效果。

"协同"有多种方法，当前比较先进的手段是通过协同工作软件和互联网等手段提高协同的效率和质量。比如运用 BIM 技术，从项目技术策划阶段开始，贯穿设计、生产、施工、运营维护各个环节，保证建筑信息在全过程的有效衔接。由于装配式建筑设计的参与者众多，为了确保在实施过程中有效地进行系统集成，需要以装配式建筑协同思维在三个维度上给予约定，即理念认知、设计实施与管控体系。

3.2.2 体系集成——技术集成

装配式建筑以建筑工业化生产建造为基础，以建筑产品为最终形态，决定了装配式建筑从设计思维到流程都不同于一般建筑项目，且更准确地来讲，不再是以设计思维主导建筑设计，而是以集成思维主导项目。集成思维体现在两个方面，产品化思维和协同思维。

中建设计集团有限公司总建筑师赵中宇，在中建科技福建闽清构件厂综合管理用房、合肥湖畔新城一期工程等多个项目的实践过程中，提出了让装配式建筑从"标准化"走向"产品化"的设计理念，并逐渐建立起具有独立知识产权的装配式建筑技术体系。基于模数模块化设计、标准化设计，实现建筑机电设备、装配式部品部件的产品设计，进而实现产品化的整体厨卫设计、户型设计、单元设计和建筑设计。

装配式建筑的协同思维主要体现在三个维度：理念认知维度、设计实施维度和管控体系维度（图 3.2-1）。在设计院协同设计层面，各专业密切联系，在不同设计阶段各专业协同设计有不同的参与内容。图 3.2-2 展示的是建筑专业与其他专业协同设计的主要内容。

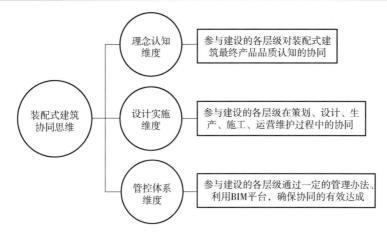

图 3.2-1　装配式建筑协同思维

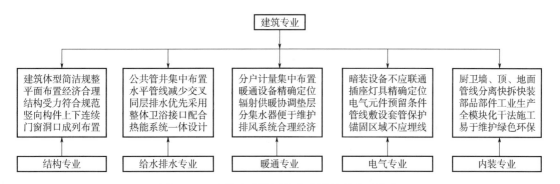

图 3.2-2　建筑专业协同各专业设计的主要内容

1. 开放性建筑体系

装配式建筑的集成设计对于建筑师的综合能力是一个巨大的考验，因为集成设计是一个开放性的平台体系，体系内部各系统随设计进程解体、重构，从而优化内部关系。同时，被动式新技术、新方法的不断涌现，对于集成设计体系内部的关系产生新的变因，系统通过对这些变因的梳理和整合，实现更新、优化、升级换代。例如：功能的复合化趋势颠覆了传统某种类型建筑的单一空间功能模式，取而代之的是灵活多变、复合大量多元化功能的复合空间模式，这既是集成设计策略发展的机遇也是挑战。开放性体系也要求建筑师不断地吸纳新的装配式建筑的集成设计策略以及与策略关联的其他方面的设计革新，对于装配式建筑集成设计不能因循守旧，应采取更灵活、开放的态度应对建筑的发展和变革。

2. 技术集成

集成设计的系统性策略和开放性体系落实到实践中，都需要转化为对集成性技术的创造和应用，利用创新技术研发综合解决设计问题。过去传统的设计模式将建筑设计的创造性过多地倾注于建筑方案设计阶段，而忽视技术手段的重要性。特别是对于装配式建筑的集成设计来说，四大系统的系统整合需要集成性技术作为支撑。

3.2.3　部品集成——部品选型

集成化部品设计包括结构系统部品、外围护系统部品、内装系统部品和设备管线系统部品的集成。这里主要讨论外围护系统部品和内装系统部品的集成。

外围护系统部品主要包括外墙、屋面和门窗三个方面,它们各自在当前市场可选择的产品和集成技术见表 3.2-1。

表 3. 2-1　外围护系统部品的选型

部品	类型	
外墙	预制外墙	蒸压加气混凝土外墙板
		复合夹芯保温外墙板
		轻质混凝土复合外墙挂板
		预制混凝土夹心保温外墙挂板
	现场组装骨架外墙	轻质高强灌浆墙
		CCA 板整体灌浆墙
	建筑幕墙	玻璃幕墙
		金属与石材幕墙
		人造板材幕墙
屋面	桁架钢筋叠合屋面板	
	预应力带肋底板混凝土叠合屋面板	
	预制预应力混凝土叠合屋面板	
	预应力空心屋盖板	
	木桁架、檩条屋盖	
门窗	铝合金门窗	
	塑料门窗	
	木门窗	

建筑内装部品应采用标准化设计,尺寸应符合模数协调的规定,部品接口应具有通用性和互换性。

内装部品应具有通用性和互换性,设计应满足内装部品装配化施工和后期更新的要求。装配式内装部品互换性指年限互换、材料互换、样式互换、安装互换等,实现内装部品互换的主要条件是确定构件与内装部品的尺寸和边界条件。年限互换主要指因为功能和使用要求发生变化,要对空间进行改造利用,或者内装部品已达到使用年限,需要用新的内装部品更换。

采用标准化接口的内装部品,可有效避免出现不同内装部品系列接口的非兼容性;在内装部品的设计上,应严格遵守标准化、模数化的相关要求,提高部品之间的兼容性。设计人员和工程采购人员应选择符合标准化接口要求的相关内装部品。生产企业也应以采用标准化接口为前提进行内装部品的研发与生产,满足接口兼容性的相关要求。

内装系统部品主要包括吊顶、内隔墙、地面、整体收纳和集成式厨卫等方面,它们各自在当前市场可选择的产品和集成技术见表 3.2-2。

表 3.2-2　内装系统部品的选型

部品	类型
吊顶	轻钢龙骨石膏板吊顶
	轻钢龙骨扣板吊顶
	搭接式集成吊顶
	轻膜天花吊顶
内隔墙	轻钢龙骨板材轻质隔墙
	夹芯板隔墙
地面	架空地面
	干式地暖架空地面
整体收纳	墙面整体收纳
	吊顶收纳
	整体橱柜
	整体卫浴收纳
	顶柜收纳
	楼梯收纳
	床下收纳
集成式厨卫	集成式厨房（平面布局）：岛形、U形、走廊形、一字形、L形
	集成式卫浴（面板材料）：SMC、彩钢板、复合瓷砖和硅酸钙板类

3.3　模数化设计

3.3.1　模数与模数协调

1. 模数

模数是指选定的尺寸单位，作为尺寸协调中的增值单位。其概念包括基本模数、导出模数和模数数列：

（1）基本模数　基本模数是模数协调中的基本尺寸单位，用字母 M 表示。建筑基本模数采用国际标准值，即：1M = 100mm。

（2）导出模数　导出模数分为扩大模数和分模数。

扩大模数是导出模数的一种，其数值为基本模数的倍数。扩大模数一般按 2M、3M、6M、9M、12M 等选用。

分模数是导出模数的另一种，其数值为基本模数的分数倍。分模数按 M/2（50mm）、M/5（20mm）、M/10（10mm）进行选用。

（3）模数数列　模数数列是以基本模数、扩大模数、分模数为基础，扩展成的一系列尺寸，应根据功能性和经济性原则确定。

装配式建筑部品部件应综合安装部位、节点接口类型、加工制作及施工精度等要求，以及制作尺寸的变异性等来确定公差系统，实现部品部件的模数协调。

2. 模数协调

模数协调是指应用模数实现尺寸协调及安装位置的方法和过程。

装配式建筑的模数协调设计是以建筑为基础，为设计提供"比例标准化"。在装配式建筑的设计和建造过程中，推动结构、外围护、内装、设备管线等系统中所采用的各种部品部件，在满足建筑功能要求的前提下，实现与建筑功能空间的相互位置及尺度的有效协调。

装配式建筑的标准化设计应采用模数协调的方法，应符合现行国家标准《建筑模数协调标准》（GB/T 50002—2013）的有关规定。

我国从 20 世纪 50 年代即开始模数协调工作的研究，主要是对模数系列和扩大模数的研究。第一批建筑模数协调标准是从 1956 年开始实施的，它基本上是参照苏联有关规范编制的，包括《建筑统一模数制》（标准—104—55）和《厂房结构统一化基本规则》（标准—105—56）。它们在全国房屋建造过程中推广实施，在新中国成立初期的基本建设中发挥了重要作用。在 70 年代，经过了近 20 年的工程建设实践，工程技术人员对国内外的模数协调理论与我国的传统技术和国情做了全面的分析和研究。为了使标准更切合我国工程建设的实际，对标准做了删繁就简的修编工作，形成了我国自己的模数协调标准。修编后的标准有《建筑模数协同统一标准》（GBJ2—86）和《厂房建筑统一化基本规则》（GBJ6—74）两套。我国工业与民用建筑物构配件标准图大多数是在这两套标准原则的指导下完成的，前者为原则规定，后者为工业建筑编制，特别是有关厂房建筑的模数协调理论。20 世纪 50 年代以来，中国建筑标准设计研究院遵循《厂房建筑模数协调标准》（TJ6—74），完成了一整套单层工业厂房的标准图，此套标准图在我国新中国成立初期的大规模工业建设中发挥了重要作用，至今仍然在指导我国的工业建设。80 年代以后，我国形成了历史上空前的建设高潮。面对规模大、速度快的建设任务，我国住宅结构体系不断在发生变化和发展。由于新结构体系的出现、科学技术的进步和建筑新材料的涌现，促成了 80 年代以后对模数协调标准的修订和编制，到目前，已初步形成了我国的建筑模数协调标准体系。

目前，建筑模数协调标准体系大约分属于四个层次：《建筑模数协调标准》（GB/T 50002—2013）属最高层次，它规定了数列、定义、原则和方法；第二个层次《厂房建筑模数协调标准》（GB/T 50006—2010）、《工业化住宅尺寸协调标准》（JGJ/T 445—2018）为专业的分类标准（原《住宅建筑模数协调标准》GB/T 50100—2001 已废止）；第三个层次《住宅厨房模数协调标准》（JGJ/T 262—2012）、《住宅卫生间模数协调标准》（JGJ/T 263—2012）是专门部品的标准；第四个层次《建筑门窗洞口尺寸系列》（GB/T 5824—2008）是建筑构配件和各种产品或零部件的标准，可用产品分类目录的统一规格尺寸加以指定。经过半个多世纪的研究与探索，模数协调体系发展成型，其详细的研究体系和方法在本书中不做深入展开，可通过查阅上述模数协调相关标准学习有关内容。

对于装配式建筑而言，要实现结构系统、外围护系统、设备和管线系统、内装系统的集成设计，需要各大系统建立在模数协调的基础上（图 3.3-1）。那么就需要把建筑模数协调体系落实到新型工业化建筑生产的全过程、全专业和集成设计上。模数和模数协调是建筑工业化的基础，用于建造过程的各个环节，在装配式建筑中显得尤其重要。没有模数和尺寸协调，就不可能实现标准化。因此装配式建筑标准化设计的基本环节是建立一套适应性的模数与模数协调原则。模数协调是进行标准化设计的基础条件，通过协调主体结构部件、外围护部品、内装部品、设备与管线部品之间的模数关系，优化部件部品的尺寸，保证部件部品标

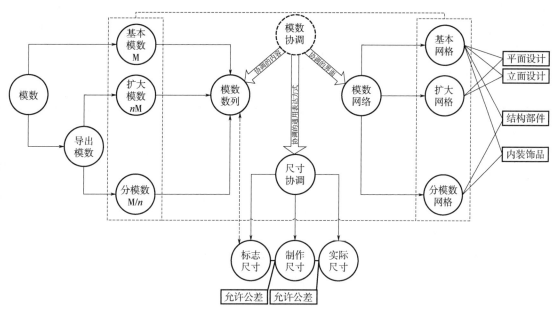

图 3.3-1　模数协调基本概念关系

准化，满足通用性与互换性的要求，并通过标准化接口连接各部分内部与外部组合，从而实现大规模的工厂化生产，有效降低成本，提高施工安装效率。同时，对部件的生产、定位和安装，后期维护和管理，乃至建筑拆除后的部件再利用都有积极意义。

3. 模数网格

模数网格是指用于部件定位的，由正交、斜交或弧线的平行基准线（面）构成的平面或空间网格，且基准线（面）之间的距离符合模数协调要求。

相邻网格基准面（线）之间的距离可采用基本模数、扩大模数或分模数，对应的模数网格分别称为基本模数网格、扩大模数网格和分模数网格。

模数网格可采用单线网格，也可采用双线网格。

（1）模数网格基本方法　模数网格是指用于部件定位的，由正交、斜交或弧线的平行基准线（面）构成的平面或空间网格，且基准线（面）之间的距离符合模数协调要求。确定建筑平面，以及相关部件部品、组合件的平面标志尺寸时，如：建筑物的开间、进深、柱距、跨度等，以及梁、板、内隔墙和门窗洞口的标志尺寸宜采用扩大模数。确定装配式建筑中主要功能空间的关键部品和构配件的制作尺寸等（如外墙板、非承重内隔墙、门窗、楼梯、厨具等），应优先采用推荐的优选模数尺寸。这是实现使用最小数量的标准化部件部品，建造不同尺度和类型的装配式建筑的捷径。其中，确定部件部品的厚度、部件部品之间的节点、接口的尺寸以及设备管线的尺寸及其定位尺寸等，可采用分模数数列。内装修网格宜采用基本模数网格或分模数网格。隔墙、固定橱柜、设备、管井等部件宜采用基本模数网格，构造做法、接口、填充件等分部件宜采用分模数网格。确定建筑物的竖向尺寸时，建筑高度、层高及室内净高等，宜采用竖向基本模数和竖向扩大模数数列，且竖向扩大模数数列宜采用 nM。

模数网格的设置是建筑模数协调应用的前提。新型工业化建筑的部件按照模数网格进行定位安装，模数网格线起到部件定位控制线的作用。例如，在使用单、双线混合的模数网格进行建筑空间分隔部件（墙体、门、窗等）的定位安装时，符合1M模数的分隔部件用同样符合1M模数的双线网格定位，部件的界面限定在网格线以内，形成符合扩大模数（如3M）进级的模数化内部空间，为内装部件模块化提供了可能。

建筑模数是建筑设计中选定的标准尺寸单位，是建筑物、建筑构配件、建筑制品以及有关设备尺寸相互间协调的基础。模数作为一条纽带，将设计、施工、材料及部件生产紧密联系起来。传统工业化建筑的模数应用主要是预制构件（墙板、楼板等大模块）的尺寸确定和定位，以及扩大模数网格对建筑开间、进深、层高等数值的控制。与传统工业化建筑相比，新型工业化建筑的部件种类多、构造更为复杂，在设计阶段就要解决各种部件之间的模数协调关系；同时，模块化的内装、外装也需要模数协调以提高建筑的综合品质。因此，较之以往，装配式建筑的模数协调应通过层级建立，实现四大系统内部和彼此之间的协调。

（2）支撑体空间网格　当把建筑看作是三维坐标空间中三个方向均为模数尺寸的模数空间网格时，这一空间网格在新型工业化建筑中可被设定为模数协调体系的第一层级。支撑体空间网格在三个空间方向上的模数可以不等距，层高以基本模数1M（模数）进级，开间和进深以扩大模数6M和3M进级。支撑体结构部件主要指梁、柱或板等，它们通过预制装配或现浇的方式连接成符合空间网格参数的建筑框架，从而形成模数化的支撑体和单元内部空间框架。支撑体结构部件的尺寸应符合模数要求，其中梁、柱的长度方向和板的长度、宽度宜以1M、3M或6M进级，梁柱截面尺寸和板的厚度宜以1M、1/2M或1/5M进级。起固定、连接结构部件作用的分部件在三个维度上的参数宜以1/2M、1/5M、1/10M进级（图3.3-2）。

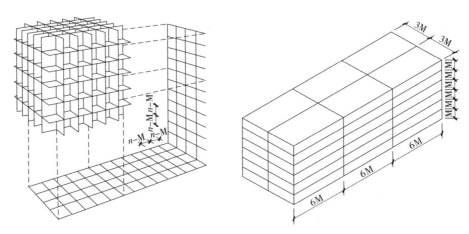

图3.3-2　模数协调基本概念关系支撑体空间网格

（3）单元空间网格与空间分隔部件的模数协调　支撑体空间网格可以分解为数个独立的单元，这些单元可被设定为模数协调体系的第二层级——单元空间网格。新型工业化建筑的空间单元是可变的。在建筑的长寿命使用过程中，人们对建筑空间的需求会改变，在不改变建筑支撑体结构的情况下，可根据需要改变单元空间的形态和尺寸。虽然在尺度上小于支撑体空间网格，但是单元空间网格的框架仍然是由支撑体结构部件（含分部件）连接装配形成。相邻单元空间网格之间通过空间分隔部件的安装形成隔墙、楼板，从而形成具有相对独立性的空间单元。以住宅建筑为例，逐层分解的单元空间网格与住宅单元、住宅户型、房间等空间单位相对应。如图3.3-3所示，逐层分解的单元空间网格参数分别以3M和1M进级。空间分隔部件的尺寸应符合模数，其中长度和宽度方向的尺寸宜以基本模数1M或扩大模数nM进级，厚度方向宜以1/2M、1/5M等分模数进级。

（4）平面网格与内装及外装部品的模数协调　新型工业化建筑需要在支撑体最外层的框架上装配外装部件，以形成建筑外围护结构；而在单元空间内部，内装部品需装配于各空间界面。上述外围护结构所形成的界面，以及内部空间界面，安装内装或外装部件都在相应的二维模数网格中进行，这些二维模数网格可被设定为模数协调体系的第三层级——平面网格。不同的空间界面按照所需装配部件的不同，采用不同参数的平面网格。平面网格参数按照从大到小的顺序，分别以3M、1M、1/2M进级。内装、外装部件（分部件）的类型复杂，在尺寸上跨度较大。除了极少数板状部件在长度方向上的尺寸以3M进级以外，大部分内装、外装部件的尺寸以1M和1/2M进级；内装、外装分部件的尺寸宜以分模数1/2M、1/5M、1/10M进级。用平面网格进行部件的定位安装能体现模数协调体系的应用价值（图3.3-4）。

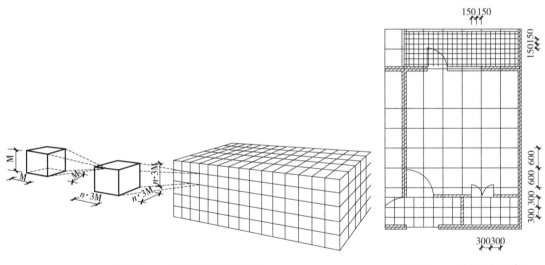

图3.3-3　单元空间网格示例　　　　　　图3.3-4　平面网格示例

（5）建筑与模数网格　确定建筑平面，以及相关部品部件、组合件的平面标志尺寸时，如：建筑物的开间、进深、柱距、跨度等，以及梁、板、内隔墙和门窗洞口的标志尺寸宜采用扩大模数。

对扩大模数的基数，按国际惯例采用3M；同时考虑我国建筑师对建筑平面尺度的把握，根据现行国家标准《建筑模数协调标准》（GB/T 50002—2013）的规定，对扩大模数的基数，也允许采用2M。相应的模数网格宜采用扩大模数网格，且优先尺寸应为$2n$M、$3n$M模数系列。

确定装配式建筑中主要功能空间的关键部品和构配件的制作尺寸等（如外墙板、非承重内隔墙、门窗、楼梯、厨具等），应优先采用推荐的优选模数尺寸。这是实现使用最小数量的标准化部品部件、建造不同尺度和类型的装配式建筑的捷径。其中，确定部品部件的厚度，部品部件之间的节点、接口的尺寸以及设备管线的尺寸及其定位尺寸等，可采用分模数数列。分模数及其增量可选用 M/2、M/4、M/5 和 M/10。

内装修网格宜采用基本模数网格或分模数网格。隔墙、固定橱柜、设备、管井等部件宜采用基本模数网格，构造做法、接口、填充件等分部件宜采用分模数网格。分模数的优先尺寸应为 M/2、M/5。

确定建筑物的竖向尺寸时，建筑高度、层高及室内净高等，宜采用竖向基本模数和竖向扩大模数数列，且竖向扩大模数数列宜采用 nM，宜选用以下模数尺寸：当模数层高小于36M 时，宜选用 1M 为模数增量；当模数层高为 36M 到 48M 时，宜选用 3M 为模数增量；当模数层高为 48M 以上时，宜选用 6M 为模数增量。

3.3.2 优先尺寸和尺寸协调

1. 优先尺寸

优先尺寸是指从模数数列中事先排选出的模数或扩大模数尺寸，在使用中被选为优先于其他模数的尺寸。

装配式建筑功能空间、部品部件优先尺寸的确定应符合功能性和经济性原则，并满足模数与人体工学的相关要求。部件的优先尺寸应由部件中通用性强的尺寸系列确定，并应指定其中若干尺寸作为优先尺寸系列，部件基准面之间的尺寸应选用优先尺寸。

优先尺寸应包括网格优先尺寸和部件优先尺寸两类，前者是后者得以实施的基础。网格优先尺寸是指建筑支撑体空间网格、内部空间网格和平面网格等各层级网格的最优化的参数数列；部件优先尺寸是指建筑专业部位或部件的最优化的参数数列。网格优先尺寸和部件优先尺寸的根本区别在于，前者的参数是指相邻网格线之间的尺寸，后者的参数是指部件三个维度上的外缘尺寸。

优先尺寸与地区的经济水平和制造能力密切相关。优先尺寸越多，则设计的灵活性越大，部品部件的可选择性越强，但制造成本、安装成本和更换成本也会增加；优先尺寸越少，则部件的标准化程度越高，但实际应用受到的限制越多，部品部件的可选择性越低。

住宅、宿舍、办公、医院病房等规则性强、使用空间标准化程度高的各类建筑，宜采用装配式建筑设计与建造，并根据不同建筑的自身特点确定模块空间及选用的优先尺寸。

2. 尺寸协调

装配式建筑设计在遵循模数协调的基础上，通过提供通用的尺度"语言"，实现设计与安装之间尺寸配合协调，打通设计文件与制造之间数据转换。

尺寸协调的过程就是采用模数协调尺寸作为确定部品部件制造尺寸的基础，使设计、制造和施工的整个过程均彼此相容，并与其他相关制造业的部品部件彼此相容，从而降低造价。

装配式建筑的尺寸协调可分为两个层级：建筑层级和构件层级。装配式建筑的尺寸协调可分为三个阶段：设计阶段、制作阶段和施工阶段。

部品部件在进行尺寸协调时，应符合以下原则：

（1）填充用部品应避让承重部件。

（2）设计使用年限短的部品部件应避让设计使用年限长的部品部件。

（3）后安装的部品部件应避让先安装的部品部件。

（4）灵活度大的部品部件避让灵活度小的部品部件。

在指定领域中，部品部件的基准面之间的距离，可采用标志尺寸、制作尺寸和实际尺寸来表示，对应部件的基准面、制作面和实际面。

部品部件先假设的制作完毕后的面，称为制作面，部品部件实际制作完成的面称为实际面。

部品部件的尺寸在设计、加工和安装过程中的关系如图 3.3-5 所示。正确确定部品部件的标志尺寸、制作尺寸和实际尺寸，是模数协调中的重要工作，设计者应清晰地认清三种尺寸的区别和各自的用途。

（1）标志尺寸　标志尺寸应符合模数数列的规定，用以标注建筑物定位或基准面之间的距离，包括水平距离和垂直距离，以及部品、部件安装基准面之间的尺寸。国际标准中称之为协调尺寸。

（2）制作尺寸　是制作部品、部件所依据的设计尺寸。用于标明经与模数功能空间协调，并考虑了相关节点、接口所需的尺寸及其偏差（特定条件时此偏差可为零）后，部品、部件理想的制作尺寸。国际标准中称之为目标尺寸或工作尺寸。

（3）实际尺寸　部品、部件经生产制作后实际测得的尺寸，它包括了在制作过程中产生的偏差。实际尺寸的数值可以通过测量得到。必要时，已知的校正，例如对于物理条件的校正，应包括在测量中。

对设计人员而言，更关心部品部件的标志尺寸，设计师根据部品部件的基准面及其接口来确定部品部件的标志尺寸。

对生产企业来说，则关心部件的制作尺寸，必须保证制作尺寸符合基本公差的要求，以保证部品部件之间的安装协调。

对建设方而言，则关注部品部件的实际尺寸、安装完成后的效果。

部品部件的标志尺寸应根据部件安装的互换性确定，并应采用优先尺寸系列协调。标志尺寸应利用模数数列，依此模数

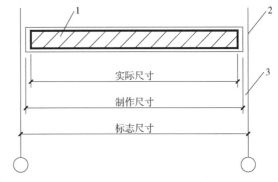

图 3.3-5　部品部件的尺寸
1—部品部件　2—基准面　3—装配空间

协调来调整建筑与部品部件之间的尺寸关系，达到减少部品部件种类、优化其尺寸的目的。

部品部件的安装应根据部品部件的标志尺寸以及接口要求，规定部品部件安装中的制作尺寸、实际尺寸和允许公差之间的尺寸关系。

在部品部件所占用的模数空间中，尚应结合部品部件之间的节点、接口进行尺寸协调。部品部件的制作尺寸应从标志尺寸中扣减节点、接口所需的空间。

3.3.3　部品部件定位和接口

1. 部品部件定位

应利用空间参考系统，使部品部件与其所坐落的空间相互关联在一起。

应采用模数网格形成一个正交的、三维空间模数参考系统，将其作为部品部件在施工现场就位的依据，并据此规定部品部件的安装基准面。

模数空间参考系统中三个方向的模数参考平面所采用的扩大模数，可以是各自不同的。

部品部件置于此空间参考系统的模数网格内进行模数协调，使设计、施工及安装等各个环节的配合简单、明确，达到高效率和经济性。

部品部件的定位应以空间参考系统中的水平模数网格构成基本参考平面，建筑中部件部品的水平定位应与此水平模数网格相关联，部件部品的垂直定位应以楼层平面作为基本参考平面。

确定部品部件的位置时，应根据工程项目特定的目的，选定模数网格的优选尺寸；每一个部品部件都应被置于模数网格内；部品部件所占用的模数空间尺寸应包括部品部件的尺寸、公差以及节点接口所需的净空。

部品部件定位方法的选择应符合部品部件受力合理、生产简便、尺寸优化和减少部品部件种类的需要，满足部品部件的通用性和可置换性的要求。

装配式建筑功能空间宜采用界面定位法（图 3.3-6）。部品部件的水平定位可采用界面定位法、中心线定位法（图 3.3-7），或者中心线定位法与界面定位法混合使用的方法。

宜根据部品部件在建筑空间中水平模数协调（图 3.3-8）的要求，采用不同的水平定位法：

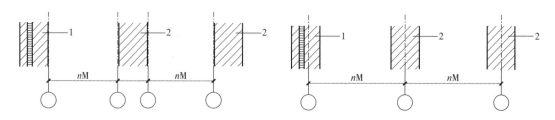

图 3.3-6　采用界面定位法的模数基准面　　　　图 3.3-7　采用中心线定位法的模数基准面

1—外墙　2—柱、墙等部件　　　　　　　　　　1—外墙　2—柱、墙等部件

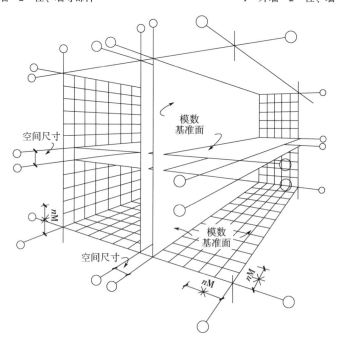

图 3.3-8　用于模数协调的空间参考系统

（1）对于采用湿式连接的装配整体式混凝土建筑的部件的定位，宜采用中心线定位法。

（2）对于采用干式连接的装配式混凝土建筑的部件的定位以及内装部品的定位，宜采用界面定位法。

（3）对于外围护部品法的定位，宜采用中心线定位法与界面定位法混合使用的方法。例如，装配式住宅建筑中厨房、卫生间、电梯井、过道、电梯厅等的尺寸模数采用界面定位法（净空尺寸），客厅、卧室、走廊、阳台、楼梯间等的尺寸模数采用中心线定位法（轴线尺寸）。

（4）水平部品部件中洞口的定位，例如门窗的安装洞口宜采用界面定位法。

（5）洞口的水平标志尺寸宜符合模数。洞口中需安装的部品的制作尺寸，应计入接口和公差的影响。

建筑沿高度方向的部品部件的定位，应根据不同的条件确定其基准面，具体如下：

（1）建筑层高和室内净高宜满足模数层高和模数室内净高的要求。

（2）楼层的基准面宜定位在楼面完成面或顶棚表面上，应根据部品部件的安装工艺、顺序和功能要求确定基准面。

（3）模数楼盖厚度应包括在楼面和顶棚两个对应的基准面之间。当楼板厚度的非模数因素不能占满模数空间时，余下的空间宜作为技术空间使用。

2. 公差与配合

公差是指部件或分部件在制作、放线或安装时允许偏差的数值。部件的制作尺寸应由标志尺寸和安装公差决定；部件的实际尺寸与制作尺寸之间应满足制作公差的要求。

部品部件的加工或装配应符合基本公差的规定。基本公差应包括制作公差、安装公差、几何公差和连接公差，并应按其重要性和尺寸大小进行确定，并宜符合表 3.3-1 规定。

表 3.3-1　部件和分部件的基本公差　　　　　　　　（单位：mm）

部件尺寸级别	<50	≥50 <160	≥160 <500	≥500 <1600	≥1600 <5000	≥5000
1 级	0.5	1.0	2.0	3.0	5.0	8.0
2 级	1.0	2.0	3.0	5.0	8.0	12.0
3 级	2.0	3.0	5.0	8.0	12.0	20.0
4 级	3.0	5.0	8.0	12.0	20.0	30.0
5 级	5.0	8.0	12.0	20.0	30.0	50.0

部件的安装位置与基准面之间的距离（d）应满足公差与配合的状况，且应大于或等于接口空间尺寸，并应小于或等于制作公差（t_m）、安装公差（t_e）、几何公差（t_s）和连接公差（e_s）的总和，且连接公差（e_s）的最小尺寸可为 0（图 3.3-9）。公差应根据功能部位、材料、加工等因素选定。在精度范围内，宜选用大的基本公差。

装配式建筑部品部件应综合安装部位、节点接口类型、加工制作及施工精度等要求，以及制作尺寸的变异性等来确定公差系统，实现部品部件的模数协调。

根据关键部品和构配件的尺寸、边界条件及其接口的性能，并考虑被纳入时每个部件的尺寸和位置的实际限制，确定部件与准备将其纳入的空间之间尺度的相互关系，均应计入公差的影响。

实现部品和构配件及其接口的标准化、模数化、系列化，促进部品和构配件之间的通用性和可置换性，同时应该不限制设计的自由，通过少规格多组合，实现多样化。

公差系统应包括制作偏差和安装偏差，并应合理地确定允许偏差上限和允许偏差下限。

可采用概率统计的方法计算和分析公差，并在统计学的基础上采用概率的概念，确定部品部件尺度的变异性，建立部品部件合理的公差系统。也可根据所积累的实践经验，确定部品部件尺寸的公差。

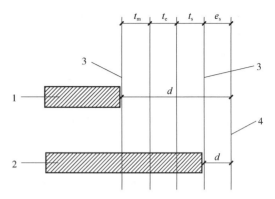

图 3.3-9　部件安装的公差与配合
1—部件的最小尺寸　2—部件的最大尺寸
3—安装位置　4—基准面

可仅考虑部品部件在制作、放线和安装过程中，由于采用不同的测量和定位方法导致的诱发偏差。可不考虑由于自然环境、荷载和其他条件的改变引起材料的变形和尺度的变化导致的固有偏差。

现行相关的国际标准，已有足够的经验和大量的案例证明部品部件在制作、放线、安装等过程中，产生的各种尺度偏差均符合正态分布或者高斯分布曲线，同时，也证明了采用概率统计学的方法，可以作为分析不同尺寸偏差及公差的数学工具（图 3.3-10）。

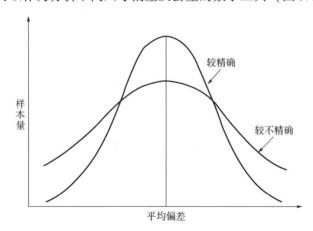

图 3.3-10　公差的高斯分布曲线

3. 节点和接口

装配式建筑部品部件之间的节点、接口应进行标准化、系列化和模数化设计，减少尺寸不协调的部品部件的数量。

节点是指部件在安装时，为保证部件相互连接或将部件连接到它所附着的结构上时所需要的空间。节点设计应考虑各种允许偏差的累积效应。

接口（间隙）是指系统、模块或部品、部件之间，在一定技术空间尺寸内，为实现规定的性能要求，采用某种形式相互连接、彼此作用的部分。

装配式建筑的节点、接口应满足使用功能与结构安全、防火、防水、保温等要求，并满足安装组合的便利性。

节点或接口的尺寸应能包容部品部件制作和安装过程中产生的各种偏差，以及各种预期的变形的尺寸要求。

当节点、接口需要封闭时，封闭材料应满足节点、接口所必须具备的各种物理性能的要求，以及耐久性能的要求。节点、接口的尺寸尚应满足封闭时施工的可行性。

处于外立面的节点、接口尚应满足建筑立面的美学要求。

接口界面需考虑生产和安装公差的影响及各种预期变形，如挠度、体积变化等。

对于建筑模块化来说，空间的"断面"便是模块的接口。不同模块通过空间组合连接在一起。部品之间的连接也要注意余量的设置，制造精度高的余量就小，制造精度低的余量也应相应放宽。

装配式建筑部品的标准化安装应重点解决部品接口标准化问题。标准化接口是指具有统一的尺寸规格与参数，并满足公差与配合要求及模数协调的接口。接口标准化易于实现部品部件的通用性与互换性。

3.4 可持续设计

3.4.1 长寿化设计

长寿化设计，就是在提高建筑支撑体的物理耐久性，使建筑的寿命得以延伸的同时，通过建筑支撑体和建筑填充体的分离来提升建筑的同时性能，提高建筑全寿命期内的综合价值。装配式建筑可在提高建筑支撑体的物理耐久性的同时，通过建筑支撑体与建筑填充体的分离改善建筑的适应性和可更替性，提升住宅建筑全寿命期内的价值。通过利用建筑空间和结构潜力，使建筑空间和功能适应使用者需求的变化，在适应当前需求的同时，使建筑具有更大的弹性以应对变化，以此获得更长的使用寿命。

建筑体系是实现建筑长寿化的基础，SI 体系在提高了建筑支撑体的物理耐久性使使用寿命得以延长的同时，既降低了维护管理费用，也控制了资源的消耗。装配式建筑的内装系统可以通过采用架空地板、架空墙体、轻质隔墙、架空吊顶等集成化技术，实现内装与主体结构的墙、顶、地面进行分离。

装配式建筑管线分离设计通过前期设计阶段对主体结构体系整体考虑，有效提高后期施工效率，合理控制成本，保证施工质量，方便今后检查、更新和增加新设备。管线分离是实现建筑产业现代化的可持续发展目标和新型建筑工业化生产的关键技术发展方向。装配式建筑提倡通过将设备管线与主体结构分离，而不将设备管线埋设在支撑体的墙、板柱内。这样可以实现在不破坏主体结构，甚至无须入户的情况下对设备管线进行保养、维修更换（图 3.4-1）。

装配式住宅建筑套内设备管线的设置应遵循以下设计原则：①分类集中设置；②位置隐藏设置；③设备接口充分性设置。装配式建筑可采用的分离式管线集成技术包括：给水系统、排水系统、电气系统、通风系统、供暖系统等。给水排水管道宜敷设在墙体、吊顶或楼地面的架空层或空腔中，并考虑隔声减噪和防结露等措施。供暖、空调和新风

图 3.4-1　山东鲁能领秀城公园世家和浙江宝业新桥风情项目管线分离施工实景图

等管道宜敷设在吊顶等架空层内。电气管线宜敷设在墙体、吊顶或楼地面的架空层内或空腔内等部位。

建筑长寿化要关注建筑内的设备管线，内装系统和设备管线不仅应具有耐久性的特点，还要易于维修和更换。随着社会的进步和使用者需求的不断变化，内装更新、设备扩容、管线改造等工作会不断出现在整个建筑全寿命期内。因此，延长建筑的使用寿命，就需要着力解决内装系统和设备管线系统应对未来变化的适应性问题。

1. 主体结构耐久性

装配式建筑希望通过主体结构具有更强的耐久性，从而实现建筑的长寿化。而主体结构的耐久性主要是通过提高主体结构开放度和增加主体结构本身的耐用性来实现的。

结构系统是形成装配式建筑系统的最基本的要素。由于结构系统的使用时间最长，贯穿了整个建筑全寿命期，因此，结构系统成为装配式建筑长寿化的关键。

延长结构系统的耐久性主要采用两种策略：延长体系与构件的使用时间和保证在未来使用中的便利性。延长体系的使用时间，即延长体系的耐久年限，主要关注主体结构的安全性和设备管线的耐用性，以及便于更换和维修等要素。装配式建筑可以在全寿命期的设计、施工、维护管理等环节采取基础及结构牢固、提高混凝土强度等级、增加混凝土保护层厚度、提高水泥比例、使用能有效保护混凝土的饰面材料等措施以提高其耐久性。

日本的 SI 住宅体系极少采用砖混结构，取而代之的是钢筋混凝土结构、钢结构等构建的框架或框架—剪力墙结构。一方面是出于建筑工业化的考虑，另一方面是出于对承重结构耐久性和安全性的考虑，同时减少砖的用量也是对自然环境的保护。

以百年住宅为代表的 SI 住宅体系，倡导大力提高主体结构的耐久性能。结构体系的耐久年限以要求达到 100 年为前提。从抗震角度说，由于钢筋混凝土刚性较大、弹性不足，因此易受地震产生的脆性破坏，根据结构混凝土耐久性的基本要求，主要做法包括：

（1）提高混凝土的强度等级，建议在 $30N/mm^2$ 以上，即 C30 以上。

（2）控制混凝土水灰比，宜在 0.55 以下。

（3）根据实际情况，增加配筋厚度和配筋形式。

从防潮角度来说，钢筋锈蚀使钢筋有效截面减小，影响受力。可对钢筋混凝土结构做防锈处理：

（1）增加混凝土保护层厚度。混凝土保护层厚度指最外层钢筋外边缘至混凝土表面的距离，适用于设计使用年限为 50 年的混凝土结构。为增强 SI 住宅主体结构的耐久性，混凝土的保护层最小厚度为 50 年结构的 1.4 倍（即按照 100 年的设计结构），梁、板、柱、承重墙的保护层分别增加 6～14mm。

（2）可采用涂料封闭法。考虑涂料与混凝土间的粘结力，涂料是否抗冻、抗晒、抗雨水侵蚀，涂料的收缩、膨胀系数是否与混凝土接近，防止混凝土碳化、开裂、锈蚀钢筋。

（3）严格控制混凝土中最大氯离子的含量，不应超过 0.05%。

（4）宜用非碱性活性骨料。

2. 大空间体系

建筑主体结构的开放度越大，其全寿命期内的耐久性越好。装配式建筑的主体结构开放程度越高，使用价值也越大，可持续性也就越好。若采用大空间的结构体系，则可以尽可能减少室内主体结构构件，同时设计集约布置管井管线，最大限度地减少结构部件（支撑体）所占用的空间，使内装和设备管线部分（填充体）的使用空间得以充分释放。

事实上，装配式建筑的结构体系并不局限于某种结构形式。主体结构可以是中小柱距的框架体系，也可以是大开间剪力墙承重体系。相比较而言，大开间的框架体系可以更好地发挥支撑体和填充体分离的特性。但无论采用哪种结构类型，倡导 SI 体系的装配式建筑始终都应以开放式体系为基础，提高结构系统的开放程度，强调以大开间的结构体系保证集中完整的使用空间。

最大限度地减少结构所占空间，使填充体部分的使用空间得以释放，预留单独的设备管线空间，而不把各类管线埋入主体结构，方便检查、更换和增加新设备。

结构种类包括钢筋混凝土结构、钢管混凝土结构以及钢结构等。这些不同结构体系的选择需要充分综合考虑建设项目的建设条件、主体规模和建筑形式等因素。就住宅项目来说，装配整体式剪力墙结构是国内最普遍的高层住宅结构体系。

3. 管线分离（SI 体系）

除了保证结构体系的耐久性，建筑的长寿化还要关注建筑内的设备管线。各类管线的使用时间仅次于主体结构，并且设备管线在建筑内的布局与所有建筑构件都产生了密切的关联。装配式建筑中的内装系统和设备管线系统是与主体结构系统并行的独立系统。内装系统和设备管线不仅应具有耐久性的特点，还要易于维修和更换。

随着社会的进步和使用者需求的不断变化，周期性的内装更新、设备扩容、管线改造等工作会不断出现在整个建筑全寿命期内。若限制了内装和设备管线的更新和维护，则将很难满足装配式建筑长寿化的目标，有可能在主体结构尚未达到耐久年限前，就因使用功能不能满足需求而面临被拆除淘汰的风险。

因此，延长建筑的使用寿命，就需要着力解决内装系统和设备管线系统应对未来变化的适应性问题。管线与结构、墙体的寿命不同，给建筑全寿命期的使用和维护带来了很大的困难。建筑结构与设备管线分离设计，可有利于建筑的长寿化。

建筑结构不仅仅指建筑主体结构，还包括外围护结构和公共管井等可保持长久不变的部分。建筑结构与设备管线分离设计便于设备管线维护更新，可保证建筑能够较为便捷地进行管线改造和更换，从而达到延长建筑使用寿命目的。

装配式建筑采用 SI 体系，即支撑体 S（Skeleton）和填充体 I（Infill）相分离的建筑体系，可认为实现了建筑主体结构与内装、设备管线系统的分离。

（1）内装分离技术集成　装配式建筑的内装系统可以通过采用架空地板、架空墙体、轻质隔墙、架空吊顶等集成化关键技术，以及采用整体厨房、整体卫浴和整体收纳等三大模块化部品的集成关键技术实现内装与主体结构的墙、顶、地面进行分离。内装系统的分离集成的关键技术是采用集成化部品，应具有以下特点：

1）自重轻、抗震性能好。

2）减少浪费、占用空间小、方便搬运。

3）拆装与位移简单易操作，可实现无破坏性拆改和重组，便于后期改造，避免噪声和粉尘、减少建筑垃圾。

（2）管线分离技术集成 在建筑全寿命期内，设备管线由于使用寿命有限，需要经过多次维修或更换，因此装配式建筑强调设备管线应具备易维护更换的灵活性，从而实现建筑的可持续性。装配式建筑提倡通过将设备管线与主体结构分离，而不将设备管线埋设在支撑体的墙、板柱内。这样可以实现在不破坏主体结构，甚至无须入户的情况下对设备管线进行保养、维修、更换。而针对装配式住宅建筑，套内设备管线的设置应遵循以下设计原则：

1）分类集中设置。

2）位置隐藏设置。

3）设备接口充分性设置。

装配式建筑可采用的分离式管线集成体系包括：给水系统、排水系统、电气系统、通风系统、供暖系统等。其中，给水排水管道宜敷设在墙体、吊顶或楼地面的架空层或空腔中，并考虑隔声减噪和防结露等措施。供暖、空调和新风等管道宜敷设在吊顶等架空层内。电气管线宜敷设在墙体、吊顶或楼地面的架空层内或空腔内等部位。

4. 围护体系耐久性

装配式建筑在全面提高建筑外围护性能的同时，尤其注重围护结构耐久性与抗老化技术，外围护系统也更需要注重选择耐久性高的部件部品集成技术。

《装配式混凝土建筑技术标准》（GB/T 51231—2016）和《装配式钢结构建筑技术标准》（GB/T 51232—2016）中要求，设计需要合理确定外围护系统的设计使用年限，其中住宅建筑的外围护系统的设计使用年限应与主体结构相协调。

外围护系统的实际使用年限是确定外围护系统性能要求、构造、连接的关系。住宅建筑中外围护系统的设计使用年限应与主体结构相协调，主要是指住宅建筑中外围护系统的基层板、骨架系统、连接配件的设计使用年限应与建筑物主体结构一致。为满足使用要求，外围护系统应定期维护，接缝胶、涂装层、保温材料应根据材料特性明确使用年限、注明维护要求。

3.4.2 适应化设计

就住宅建筑来说，居住者对居住空间的使用要求变得更加多元化，注重家庭生命周期适应性的住宅设计是未来方向。家庭生命周期设计应该考虑到居住家庭在五个阶段的不同特征，满足居住者对使用空间改造和功能布局变动可持续居住。设计尽可能地适应家庭生活不同阶段的不同居住需求，设计可持久居住的适应性住宅套型空间。套型设计充分考虑不同家庭结构及居住人口的情况，在同一套型内可实现多种套型变换（表3.4-1）。

表 3.4-1　家庭生命周期

	开始事件	终止事件	家庭结构		主人年龄	住宅年限
Ⅰ 家庭形成期	结婚	孩子的出生	年轻夫妇		25～27 岁	1～3 年
Ⅱ 家庭扩展期	孩子的出生	孩子的养育	中年夫妇＋孩子（或与一方父母同住）	婴幼儿期（子 0～6 岁）	28～34 岁	6 年
				学龄期（子 6～12 岁）	35～40 岁	6 年
Ⅲ 家庭稳定期	孩子的养育	孩子的独立		青春期（子 12～18 岁）	41～46 岁	6 年
				独立期（子 18～24 岁）	47～52 岁	6 年
Ⅳ 家庭变更期	孩子的独立	配偶一方去世	家庭缩减人口型：老年夫妇 家庭增加人口型：老年夫妇＋年轻夫妇		53～74 岁	6～15 年
Ⅴ 家庭解体期	配偶一方去世	配偶另一方去世	老年夫妇之一孤老（或与子女同住）		75 岁以上	6～20 年
总年限						31～62 年

注：特殊家庭情况不在列表范围内，如单身家庭、丁克家庭、离异家庭、家族式同住家庭等。

1. 合理的结构体系

合理的结构体系为装配式建筑功能适应性提供了基础条件。

建筑主体结构的开放度越大，其全寿命期内的耐久性越好，所容纳的功能适应性也就越强。

如果采用大空间的结构体系，尽可能减少室内主体结构构件，同时集约布置管井管线，就可以最大限度地减少结构主体所占用的空间，将使用空间得以充分释放。

如山东鲁能领秀城公园世家项目，结合国际最先进的开发建设理念，打造一个高品质、长寿化、高集成度的可持续化产品。项目采用高开放度的主体结构体系——框架剪力墙＋PC 预应力叠合楼板＋ALC 外墙板围护体系。该体系竖向承重结构采用了现浇工艺，水平构件与外围护结构采用装配式施工工艺，提升了施工效率，节约了成本。框架剪力墙体系最大限度地减少套内结构墙体所占空间，为套型内部及套型与套型之间的可变性提供了有利条件。其住宅建筑体系的开放度高，支撑体和填充体分离的特性强，实现了全寿命期内的高使用价值。同时，项目研发创新的建筑结构体系，其套型以大空间框架加厚楼板，满足其大空间要求。除内部厨卫位置不可变外，其余都可以根据住户的需求进行多样化布局。

中国的装配式住宅建筑由于开放强度、使用习惯等原因，更多地采用装配式整体剪力墙结构体系。传统剪力墙结构给户型套内设计带来了诸多限制。而装配式住宅建筑则希望提供大空间结构体系，因此需要尽可能取消室内承重墙体，为套型多样性选择和全生命周期变化创造条件，减少施工难度等。

如河南碧源荣府项目，深入调整结构形式，形成大空间的灵活布局；细化核心筒布局，减少对套内空间的影响；调整了套型空间结构，更加规整，功能更完善。

对医疗建筑这样的公共建筑来说，钢结构则更加适合医院功能建设的需要。钢结构跨度大，能够缓解功能更新带来的挑战，更好地适应医院的远期发展需要；构件截面尺寸小，空间利用率更高；钢材抗震性能好，可以适应医院安全性需要；钢构件工业化程度高，运输距离约束较小；钢材可循环利用，对施工现场环境影响小。

邯郸第四医院项目就是装配式钢结构建筑，采用钢框架支撑结构体系，为医院功能提供了大空间柱网，实现未来医疗功能发展的弹性。并且采用屈曲约束支撑减震措施，表现出优良的抗震耗能能力，大大提高了医院的安全性能，契合了医院功能特性。

2. 空间可变性

（1）全生命周期　从建筑全生命周期角度出发，装配式建筑宜采用大空间可变性高的结构体系，提高内部空间的灵活性与可变性，方便使用者今后的改造。内部空间可采用隔墙体系，实现空间灵活分割，满足不同使用者对于空间的多样化需求。

就住宅建筑来说，居住者对居住空间的使用要求变得更加多元化，对居住品质更加注重，家庭对居住空间和环境的需要与其生命周期是密切相关的。家庭生命周期可以划分为形成、扩展、稳定、收缩、空巢与解体 6 个阶段。这 6 个阶段具有不同的特点，由于其生活要求的不同，所以人们对居住的需求有所差异。

然而目前我国社会结构正处于深入转型期，城市化进程不断加速，在中心城区房价越来越高、中小套型越来越多的现实情况下，注重家庭生命周期适应性的住宅研究与设计，不仅是当前中小套型住宅建设和设计问题突破的关键所在，也是未来的创新方向。

因此，住宅套型空间设计应该考虑住户家庭的寿命周期是处于不断变化的，应在规划设计时就预留改造余地，使其室内空间可随家庭成员结构的变化而变化，尽可能地适应家庭生活不同阶段的不同居住需求，设计可持久居住的适应性住宅套型空间。

理想的居住模式是住宅的空间划分能适应家庭生命周期中各阶段不同的要求，即可变、可改造调整。套型设计充分考虑不同家庭结构及居住人口的情况，在同一套型内可实现多种套型变换。适应家庭全生命周期的住宅设计，应在住宅主体结构不变的前提下，满足不同居住者的居住需求和生活方式变化，适应未来空间的改造和功能布局。满足人们对住宅的布局方式、功能分室与各室面积大小的需求。

在套内空间设计上，注重在限定的面积标准内最大限度地满足居住需求和优化空间布局。不仅在有限的面积内实现基本的居住功能，兼顾经济性和舒适性；同时基于环境行为学，套内空间设计充分考虑人体尺度，在满足安全性和基本使用需求的同时，具备对家庭结构、生命周期的适应性，面向老龄化社会的适应性，提高套内空间的舒适度与宜居性。

装配式住宅建筑延长了建筑全寿命期的长久资产价值和使用价值，并且其后期使用可随时间和空间的变化而变化，将满足现实的、局部的需求，同未来的、整体的发展相结合，并保证了住宅建设与城市发展的可持续性。

（2）空间集约化与开放化　为了更好地实现可变居住空间的理念，SI 体系的做法是将所有的空间分类合并，对使用空间和辅助空间加以集中。之后再将这个集中的使用空间作为可变空间的被分隔主体提供给使用者，供其依据自身的居住需求和生活方式进行个性化设计和使用。

将使用空间集中化，从而达到可变空间的过程，依赖于 SI 体系支撑体和填充体分离的特点，特别是通过大空间结构体系 + 管线集成 + 轻质隔墙体三者综合的方式，使得功能使用空间可以更完整、集中地呈现。

在完成功能空间集中化之后，SI 体系对这些功能空间加以独立和划分。

将关联性较强的空间进行一体化整合，如将住宅建筑中的起居室、餐厅、厨房三者尽可能实现空间上的融合。充分利用空间集中化的特点，尽可能减少相互关联性强的使用空间之间的阻隔，采用LDK餐厨交流系统，开放式的餐厨空间，使厨房、餐厅和客厅空间连为一体。厨房采用开放式，与用餐空间紧密联系在一起，客厅部分既从使用上独立出去又与餐厨空间在空间上保持密切的联系。通过以饮食生活习惯的"制作—就餐—交流"行为互动为目的，形成互动空间、优化了视觉感受，也有利于家庭成员在厨房与客厅之间的快乐交流。

（3）设备管线布置方式　考虑日常维护修理以及日后设备管线更新、优化的需要，并能够与建筑功能或空间变化相适应的设备管线布置方式或控制方式，既能够提升室内空间的弹性利用，也能够提高建筑使用时的灵活度。

比如家具、电器与隔墙相结合，满足不同分隔空间的使用需求；或采用智能控制手段，实现设备设施的升降、移动、隐藏等功能，满足某一空间的多样化使用需求；还可以采用可拆分构件或模块化布置方式，实现同一构件在不同需求下的功能互换，或同一构件在不同空间的功能复制。

空间可变性，需要在不损伤建筑主体结构的前提下实现部品更换。

将构成住宅的各种构件和部品等按照耐用年限不同进行分类，应考虑到更换耐用年限短的部品时不能让墙和楼板等耐用年限长的构件受到损伤，并以此决定部品安装的方法和方便设备检修的措施。

预留单独的配管和配线空间，不把管线埋入结构体里，从而方便检查、更换和追加新的设备。并且建立有计划性的维护管理的支援体制，建立长期修缮计划和确实可行的管理、售后服务及有保证的维护管理体制。

设备管线集成技术还包括：

1）集中管井技术。集中管井在建筑的公共区域设置，根据用水等功能空间并考虑结构等因素，进行设计集成；集中管井及共用设备管线应尽量布置在共用空间内，从而减少对户内空间或功能使用空间的干扰。

2）故障检修技术。在关键设备部品及接口处设置检修口，便于管道的检修、维护和更新。

3）同层排水技术。排水横支管布置在本层降板区域内，采用器具排水管不穿越楼层的排水方式。此种排水管设置方式，尤其可避免住宅建筑中上层住户卫生间管道故障检修、卫生间地面渗漏及排水器具楼面排水接管处渗漏等对下层住户的影响。

4）干式地暖技术。室内供暖系统优先采用干式工法施工的低温热水地面辐射供暖系统。其安装施工可以在土建施工完毕后进行，无须预埋在混凝土基层中。较之于散热器采暖，该法舒适度高，解决了传统的湿式地暖系统产品及施工技术楼板荷载大、施工工艺复杂、管道损坏后无法更换等问题；具有施工工期短、楼板荷载小、易于维修改造等优点。

5）烟气直排技术。住宅建筑中烟气直排不采用排烟道集中排烟，而将抽油烟机的排烟口直接设置在厨房外墙上，各户独立完成排烟。为了减轻油烟对外墙的污染，应采用集成部品。

（4）厨卫模块灵活布置　对住宅建筑来说，厨房和卫生间等有水空间往往限制了对户型布置调整更改的可能性。将住宅的居住领域与厨、厕、浴的用水区域分开，通过提高居住区域的可变自由度，居住者可以根据自己的爱好和生活方式进行分隔，也可以配合高龄化带来的生活方式的变化进行变更，让住宅具有长期的适应性。

1）模块化的整体卫生间。装配式住宅中，采用模块化的整体卫生间便于施工建造。整体浴室是建造体系的重要组成部分，分离式卫浴空间实现了干湿分区，大大提高了模数精度和节约了墙面空间面积。在套型设计时，充分合理处理空间相互关系，将盥洗室作为浴室的前室空间，便于淋浴前后更衣和换洗衣服。马桶间可单独设置或者与浴室空间合并。

2）模块化的整体厨房。整体厨房是 SI 体系适应性内装部品中最直接展现工业化工艺水准的部分。所有柜体均采用环保型板材一次切割成型，提高拼缝处的精细化设计，避免产生较大的误差。

优选高质量合页、龙头、壁柜内置分隔等五金构件，减少了居住者二次选购。

3. 更新性设计

(1) 住宅建筑的更新　图 3.4-2 是根据对欧美的集合住宅的调查资料整理出来的，反映了建成后建筑物使用过程中的变化情况。可见住宅在修补和改建之外还有多种再生的手法。换句话说，在建筑物价值下降到完全不能使用而要拆除之前，还有各种各样的对其进行投资改造的方法，根据条件的不同，改变建筑物的用途，甚至可以产生出与原来建筑物完全不同的使用方法。

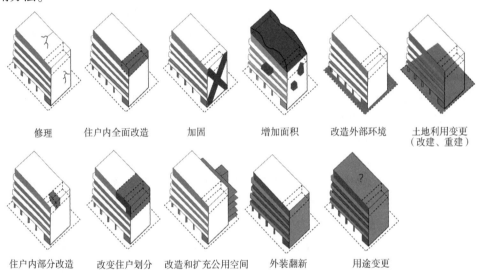

| 修理 | 住户内全面改造 | 加固 | 增加面积 | 改造外部环境 | 土地利用变更
（改建、重建） |

| 住户内部分改造 | 改变住户划分 | 改造和扩充公用空间 | 外装翻新 | 用途变更 |

图 3.4-2　集合住宅的再生方式

在日本，随着住宅再生改造更新渐渐变得活跃，人们也渐渐认识到更新手法的重要性。无论是对现有建筑物进行改造还是拆掉重建，都是希望对居住环境进行改善。户内改造是日本最盛行的集合住宅再生方式，最大的原因是可以在住户的套内空间内就可以进行，不需要经过他人同意。根据工程的规模和性质，可以分为部分改造和全面改造。部分改造是可以边住边改造的。大部分的内部改造是为了更新设备，都是围绕厨房、卫生间、浴室等用水部分进行的。另外，"户内全面改造"一般与既有住宅的交易有关。在日本的既有住宅交易中，通常会进行装修改造和更新设备，改变户型的情况也不少。

近年来为适合社会需要，改变了户型以后才出租的例子也越来越多。随着小家庭的增加，比起房间的数量，居住者更喜欢宽阔的起居室和厨房、餐厅。改造的范围不仅限于一户的住宅套内，还可以多户改造，比如把两户合为一户。2 户 1 化主要是运用于一些旧公营住宅，因为在这些集合住宅里，还有很多没有达到现在居住水平的狭小住户。

在北京实创青棠湾项目中，也运用这样的设计理念，作为北京市的保障性住房产品，项目为后期可以便捷更换装修部品，甚至政策性住房之间的调整，提供了便利和可能。

（2）公共建筑的更新　在欧美，"用途变更（Conversion）"从 20 世纪 90 年代中期开始流行，为了促进都市的再生，出台了一些政策引导对城市中心积压的剩余建筑物进行用途变更。改造更新的建筑对象不仅限于旧住宅，将办公楼、仓库、医院等非住宅建筑的功能更新也是促进建筑物再生的一种方法。

从欧美的用途变更例子中可看出，通过用途变更而产生的集合住宅也是多样的。其规模从 5 户到超过 400 户的范围里广泛分布。从利用形态来看有分售住宅、租赁住宅，甚至还有公营住宅。这样的多样化显示了用途变更手法的适用范围之广和有效性。

同样以医疗建筑为例，高速发展的现代医学技术和新的诊疗模式也给紧张的医疗空间带来了挑战。那些尚未达到使用年限但又无法满足功能更新的医院建筑，就会面临被拆除重建的风险。正如英国建筑师约翰·威克斯所说的"设计者不应再以建筑与功能一时的最适应度为目的，真正需要的是设计一个能适应功能变化的医院建筑。"

装配式建筑要求标准化、系统化设计，提倡大空间可变布局方式，契合了现代医院的弹性化发展需求。装配式建筑这种弹性化的空间设计，便于医疗功能的更新，在不破坏主体结构的前提下，可以对内部医疗功能进行快速改造，实现了医院建筑节约资源、减少环境压力、可持续发展的目标。

3.4.3　低碳化设计

装配式建筑的低碳化设计，是对建筑整体提出综合优化技术解决方案，通过系统完整的技术集成措施，实现完善空间环境性能。也是建筑在满足适用需要的基础上，最大限度地减轻环境负荷，满足人们对可持续性绿色低碳环境的需求，适应建筑空间宜居和健康需求变化，最终实现绿色生活的可持续发展的建设目标。

1. 建筑节能性

与传统建筑相比，装配式建筑的绿色属性体现在建筑的全寿命周期内，最大限度地节约资源（节能、节地、节水、节材），保护环境和减少污染，并与自然和谐共生。

通过充分利用自然资源，集成低能耗围护结构、绿色能源利用、绿色建材和装配式建造等新技术，可有效解决能源节约和环境保护问题，为人们提供健康舒适环保的生活环境，具有显著的经济效益、社会效益和环保效益，是建筑业应对未来挑战的必然选择。

装配式建筑设计充分考虑项目地域特点和当地气候条件，优先采用节能环保的新技术、新工艺、新材料和新设备，为人们提供健康舒适的居住环境。

装配式建筑设计通过调整建筑外形轮廓控制楼栋体形系数，同时控制楼栋窗墙比，采用外遮阳技术、太阳能技术以及采用节水型器具、节能型灯具等节能技术，实现了装配式建筑的绿色低碳化建设目标。

2. 绿色建造方式

装配式建筑是以一种绿色建造方式实现资源的永续利用，这里提到的"资源"包括自然资源和社会资源两部分。前者针对水、空气、土地、动植物等；后者则针对人力、物力、信息等，实现资源节约全面化。

通过绿色建造方式，最大限度地降低对自然环境的破坏；同时，降低住宅对人力、物力的消耗，以新的工业化生产技术取代传统手工业操作，实现社会资源的高效利用。

技术创新带动社会发展进步，以绿色建造技术为先导是当今建筑领域的发展趋势。

由于装配式建筑倡导的主体结构（支撑体）与内装和设备管线（填充体）的管线分离，可以使装配式建筑的各级子系统能够进行独立性的工业化生产制造，促进了建筑生产方式从手工操作转向工业化生产，从单件差异化生产转向规模标准化生产，从传统的现场"湿作业"施工转向预制装配"干作业"生产建造方式。

以绿色建造技术彻底改变传统建设中的高投入、高消耗、高污染、低效益的粗放方式，以节能减排、绿色环保的崭新模式促进建筑产业化转型升级。可以在保证生产规模不变的情况下，提高生产要素的利用效率，降低资源消耗和生产成本，使经济效益和社会效益最终得到极大提高。

装配式建筑以往常常被看成是一种高投入的建设方式。事实上装配式建筑的设计和建造应摆脱对短期成本和时间的考虑，建造高品质可持续建筑比单一复制劣质、短寿命的建筑具有更长远的经济效益。

建筑质量和功能的提高与所投入的时间和成本就不再成正比关系，可以实现建筑全寿命期内的低成本运维和高回报。比如采用 SI 体系的住宅在后期使用时，可以避免传统住宅装修带来的大量资源浪费。

在装配式建筑拆除时，大量的建筑材料可以回收，部品构件等处理后也可进行再生利用，使材料最大限度地循环使用，避免以往建筑改造中大部分材料废弃后难以再利用所造成的资源浪费。

3. 绿色部品

（1）健康化部品　装配式建筑室内环境更加注重空气环境、声音环境的健康。鼓励采用建筑室内新风系统，鼓励采用健康化部品，如湿度调节呼吸砖、低甲醛环保材料、自洁耐久仿石涂料等，起到污染控制和环境调节的作用。

（2）适老化部品　在集成技术体系下，选择适老化部品，是整合现有技术、实现全面提高建筑性能的方式。对集成部品的选择，更多地反映在适度地甄选适宜的部品上。

老年住宅中对适老化部品的应用集成度更高，且更加直接，不会通过隐晦的设计处理形式弱化功能部品，而是尽可能完备地配置所有适老化部品。

因此，抛开空间设计或设计手法的差异，在比对部品配置方面，普通住宅和老年住宅并无明显差异，只是部品配置的集约度逐步增加，老年专业性逐步升级，形成一套系统、完整的标准体系。

（3）综合性部品　综合性部品技术解决方案，基于国际理念和装配式建筑发展与建设经验，通过实施干式技术集成解决方案，实现新型工业化设计建造体系的落地。

以上海绿地南翔项目为例，主要取得了 4 个方面的重大技术进步：

1）创建了我国新型住宅工业化的内装部品的组织构架。

2）形成了设计标准化、部品工厂化、建造装配化，采用通用的标准化部品体系。

3）明确了从系统实施到设计、生产、施工、维护等产业链上的各个环节。

4）研发并应用了建筑长寿化、品质优良化、绿色低碳化的可持续发展的部品及相关工业化生产集成技术。

综合性集成技术解决方案可以全面提高装配式建筑全寿命周期内的品质和性能，是建筑可持续性发展的技术新方向。

第4章

建 筑 设 计

4.1 建筑性能

4.1.1 建筑综合性能

建筑物需要满足多种性能。这些性能主要包括结构的安全性、外皮的安全性和防水性、内装修的日常安全性和室内空间的舒适性，以及有利于建筑物整体的长期维护管理和更新的性能。我们将这些建筑物所必须具备的性能称之为要求性能，通过选择适当的构法来实现。

建筑物的要求性能的三大目标：第一是保护生命财产的安全；第二是维持日常使用的舒适性；第三是长期有效地使用。第一与第二要求的是日常使用的安全性、舒适性，与危机状况下的安全性应分别考虑。

日常使用的安全性指的是建筑物在正常荷载下的安全性以及日常使用中的安全性。日常使用的舒适性则包含防水性、隔热性和隔声性等。特殊状况下的安全性指的是受到地震、暴风、积雪、火灾等危害时建筑物的安全性（表 4.1-1）。

表 4.1-1　建筑的主要性能要求

性能	内容
日常安全性	防止物品的掉落或倾倒，确保日常可以安全地使用
防水性能	不漏水，尤其是暴风雨的时候不漏水
隔热性能	不传热
隔声性能	不漏声，不受外部噪声的干扰
抗震性能	发生地震时不倒、不坏
抗风性能	在强风时候不倒、不坏
耐火性能	火灾时火情不蔓延，确保人员的逃难时间
耐久性能	能够长期使用，有利于建筑物的维护保养

（来源：《三维图解建筑构法》、松村秀一等，中国建筑工业出版社）

4.1.2 建筑耐久性

装配式建筑主体结构的耐久性主要是通过提高主体结构开放度和增加主体结构本身的耐用性来实现。装配式建筑可以在全寿命期的设计、施工、维护管理等环节采取提高混凝土强度等级、增加混凝土保护层厚度等措施以提高其耐久性（图 4.1-1，图 4.1-2）。倡导提高主体结构的耐久性能。结构体系的耐久年限以要求达到 100 年为前提。

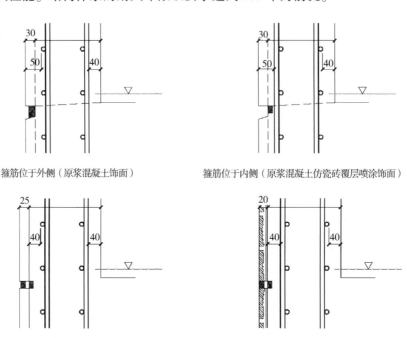

箍筋位于外侧（原浆混凝土饰面）　　　箍筋位于内侧（原浆混凝土仿瓷砖覆层喷涂饰面）

箍筋位于外侧（灰浆勾缝饰面）　　　　　　箍筋位于内侧（瓷砖饰面）

图 4.1-1　主体构件保护层厚度示例

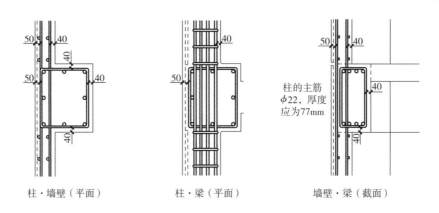

柱·墙壁（平面）　　　　　柱·梁（平面）　　　　　墙壁·梁（截面）

图 4.1-2　主体构件保护层与配筋厚度示例

（来源：刘东卫，《百年住宅》，中国建筑工业出版社，2018）

　　装配式建筑在全面提高建筑外围护性能的同时，尤其注重围护结构耐久性与抗老化技术，外围护系统也更需要注重选择耐久性高的部件部品。《装配式混凝土建筑技术标准》（GB/T 51231—2016）和《装配式钢结构建筑技术标准》（GB/T 51232—2016）中要求，设计需要合理确定外围护系统的设计使用年限，其中住宅建筑的外围护系统的设计使用年限应与主体结构相协调。外围护系统的实际使用年限是确定外围护系统性能要求、构造、连接的关系。建筑中外围护系统的设计使用年限应与主体结构相协调，主要是指住宅建筑中外围护系统的基层板、骨架系统、连接配件的设计使用年限应与建筑物主体结构一致。为满足使用要求，外围护系统应定期维护，接缝胶、涂装层、保温材料应根据材料特性选择，并且明确使用年限、注明维护要求（图 4.1-3）。

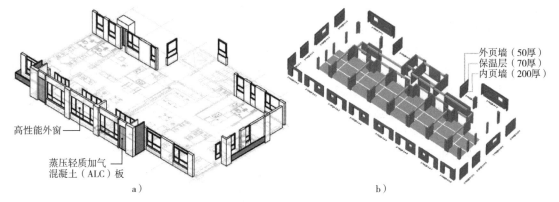

图 4.1-3　耐久性围护结构示例

a）ALC 板　b）三明治复合墙体

（来源：刘东卫，《百年住宅》，中国建筑工业出版社，2018）

传统意义上，以结构主体确定建筑耐久年限，在一定程度上建筑耐久性等同于结构耐久性。而随着我国建筑认知水平的提高，对于耐久性能的判断不再局限于结构主体上。对于装配式建筑而言，耐久性能在结构系统、外围护系统、设备与管线系统、内装系统四个方面均有体现。且四个系统彼此分离、相对独立，内装部品灵活更换，设备管线空间集中，不把各类管线埋入主体结构，无论之后的日常检修还是设备更换都不会伤及结构主体。

4.1.3　建筑适用性

装配式钢结构建筑应具有广泛的适用性，在建筑的规划设计、集成建造、使用维护及其更新改造等建筑全寿命期中，满足建筑长期优良品质化的要求。

以下根据装配式钢结构建筑的主要特点来分析其建筑的适用性。

（1）大空间　因为钢结构的结构属性，赋予装配式钢结构建筑大跨度大空间的特点。适合具有大跨空间的建筑类型，如剧场、体育馆、建筑中庭等。

（2）空间可变性　因为钢结构可以较容易地实现大空间，所以装配式钢结构建筑一般具有更大的空间分划可行性和可变性。这个特性可以很好地满足建筑全生命周期中的不同阶段对空间的不同要求或形成不同特点的空间组合形式。例如装配式钢结构住宅，可以根据住户需求，分划不同空间，满足不同人群和不同人生阶段对空间格局的需求。

（3）支撑体（S）与填充体（I）分离　SI 体系保证结构支撑体与内装设备管线分离，增强了建筑结构的耐久性，也保证管线设备维修更换便捷，延长建筑寿命。故装配式钢结构建筑很适合建造百年建筑，也适合设备管线更新频率较高的建筑（如展示建筑）。

（4）可回收性强　钢材的可回收利用率高，经济效益显著。因为 SI 体系技术，钢结构支撑体在建筑寿命结束时可以很好地实现材料回收。因而装配式钢结构建筑很适合场地对环境影响较小、污染少的建筑项目。

（5）抗震性能良好　因为钢结构的韧性和延展性，能够吸收地震震动势能，使得装配式钢结构建筑有较强的抗震性。装配式钢结构的先天松散模式，为建筑结构避震阻尼提供了所必需的变形。通过有效的连接处理，在保证构件之间的可靠连接的同时，也可以保证构件之间的弹性、延性变形性能，从而在地震发生时，以变形吸收能量，避免现浇结构出现的整体性破坏。另外，钢结构因为其天然的柔韧性和弹性，可以很好地吸收地震的能量，减少灾害。因而装配式钢结构建筑很适合场地抗震要求较高的建筑项目。

（6）精细化设计及施工　因为钢材的可锻造、可切割、可焊接属性，经过工厂车床可方便制作一定尺度、多规格、多型号的钢构件产品，有利于实现标准化生产和多式样拼装组合。其质轻的属性也有利于运输和现场施工，提高施工效率。因而装配式钢结构建筑部品部件类型规格丰富，可选择性强，有较完备的产品标准，适合对建筑部品部件（如门窗、台阶）有精细化设计及施工要求较高的建筑项目。

（7）以装配和干式工法为主　工地现场机械吊装施工效率高，工业垃圾和现场噪声少，原始的现浇作业大大减少，基本不受天气气候影响，缩短工期，相比装配式混凝土结构项目工期提高50%以上，因而特别适合工期短或总体工程量大、工期有限的项目。

（8）自重轻　相比装配式混凝土建筑，装配式钢结构建筑结构横截面小，自重降低了30%，不仅减少了结构材料总量，也对地基承载力要求相应降低（适用于软弱地基），从而可大幅度减少结构造价和地基造价。

装配式钢结构体系根据主体结构类型的不同其建筑适用范围见表4.1-2。

表 4.1-2　不同主体结构体系适用范围

结构体系	适用范围
轻钢龙骨体系	底层住宅或别墅
钢框架体系	6层以下的多层住宅；超过6层经济性较差
钢支撑框架体系	多层、小高层及高层，应用较广
钢框架-混凝土剪力墙体系	小高层及高层住宅；带缝剪力墙的抗震性能较好，适合地震区
交错桁架结构体系	多层及小高层；目前国内应用较少
钢框架-核心筒体系	高层住宅；比较经济，是值得推广的高层住宅结构形式

4.2　建筑标准化设计

4.2.1　基本设计方法

标准化设计是实施装配式建筑的有效手段，没有标准化就不可能实现结构系统、外围护系统、设备与管线系统以及内装系统的设计集成。标准化设计是建筑设计、生产施工、管理之间技术协同的桥梁，是装配式建筑在生产活动中能够高效运行的保障。

标准化设计是实现社会化大生产的基础，专业化、协作化必须要在标准化设计的前提下才能实现。

标准化设计可以减少部品部件的规格种类，提高部品部件模板的重复使用率，有利于部品部件的生产制造与施工，有利于提高生产速度和工人的劳动效率，从而降低造价。

装配式建筑通过标准化设计实现合理利用原材料，促进构配件的通用性和互换性，推广应用工业化的建造方式，优化整合产业链的各个环节，实现项目整体效益最大化，健康地推进工程建造产业链的整合与发展。

装配式建筑通过模数协调、模块组合、接口连接、节点构造等进行设计集成、标准化设计，使建筑各系统部品部件的制作尺寸实现模数化、标准化和系列化。

1. 模数与模数协调

模数和模数协调是实现装配式建筑标准化设计的重要基础。装配式建筑标准化设计应遵循模数协调原则，优化模块的尺寸和种类，实现预制构件和内装部品的标准化、系列化和通用化，提高模板、模块、部品部件的重复使用率及通用性，满足工厂加工、现场装配的要求，从而提升工程质量，降低建造成本。

2. 模块与模块组合

装配式建筑应采用模块与模块组合的设计方法。模块应进行精细化、系列化设计，关联模块间应具备一定的逻辑及衍生关系，并预留统一的接口。

3. 少规格多组合

标准化设计要坚持少规格、多组合的原则。少规格多组合是指减少预制部件部品的规格种类、提高部件部品生产模具的重复使用率，以规格化、通用化的部件部品形成多样化、系列化组合，满足不同类型建筑的需求。

少规格多组合是标准化设计的基本原则，其基本出发点是针对建筑生产中预制部件的科学拆分而言。作为最基础的一环，预制部件科学拆分对建筑功能、建筑平立面、结构受力状况、预制部件承载能力、工程造价等都会产生影响。根据功能与受力的不同，部件主要分为垂直部件、水平部件及非受力部件。垂直部件主要是预制剪力墙等，水平部件主要包括预制楼板、预制阳台空调板、预制楼梯等，非受力构件包括 PCF 外墙板及丰富的建筑外立面、提升建筑整体美观性的装饰构件等。基于部件规格化、少规格多组合的原则也用于内装部品、单元模块等。

少规格的目的是为了提高生产的效率，减少工程的复杂程度，降低管理的难度，降低模具的成本，为专业之间、企业之间的协作提供一个相对较好的基础。

多组合的目的是为了提升适应性，以少量的部品部件组合形成多样化的产品，以满足不同的使用需求。

少规格多组合从经济学角度分析，是以最小的投入谋得最大的利益，满足合理性和经济性，这一点也充分体现了装配式建筑的经济效益。构件拆分时要避免方案性的不合理导致后期技术经济性的不合理。结合 BIM 可视化分析，可以对各预制构件的类型及数量进行优化，减少预制构件的类型和数量。

在装配式建筑的发展中，"多样化"与"标准化"是对立统一的矛盾体。在装配式建筑创作中，标准化设计是一个设计方法，即采用标准化的构件，形成标准化的模块，在构件、模块、楼栋等各个层面上进行不同的组合，形成多样化的建筑成品，实现标准化和多样化的辩证关系。

4.2.2　模块和模块组合

1. 模块

模块化是标准化设计的一种方法。模块具有可组合、可分解、可更换的功能，能满足模数协调的要求，应采用标准化和通用化的部件部品，为尺寸协调、工厂生产和装配施工创造条件。

关于模块的定义有很多种，一般常见的定义为：由标准化的部件部品通过标准化的接口组成的功能单元，并满足功能性和通用性的要求。

从装配式建筑的角度界定模块，应考虑以下几个要素（图4.2-1）：

第一，模块是工程的子系统。模块是构成系统的单元，也是一种能够独立存在的、由一些零部件组装而成的部件单元。它不仅可以自成一个小系统，而且可以组合成一个大系统。模块还具备从一个系统中拆卸、分拆和更替的特点。如果一个单元不能够从系统中分离出来，那么它就不能称之为模块。模块可以根据需要不断扩充子模块的数量及功能，可以形成一个模块的数据库，并不断进行更新和管理。通用的模块不断被延展扩充，是解决工业化定制生产的重要前提。

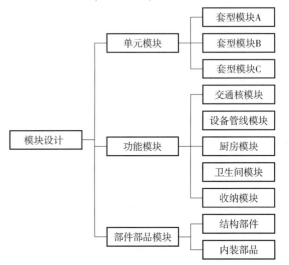

图4.2-1 模块设计层级（以住宅建筑为例）

第二，模块具有明确的功能单元。虽然模块是系统的组成部分，但并不意味着模块是对系统任意分割的产物。模块应该具有独特的、明确的功能，同时这一功能能够不依附于其他功能而相对独立的存在，也不会受到其他功能的影响而改变自身的功能属性。模块可以单独进行设计、分析、优化等。

第三，模块是一种标准化形式。模块与一般构件的区别在于模块的结构具有典型性、通用性和兼容性，并可以通过合理的组织构成系统，能满足模数协调的要求，采用标准化和通用化的部件部品，为尺寸协调、工厂生产和装配施工创造条件。

第四，模块通过标准化的接口组成。根据不同功能建立模块，并满足功能性和通用性的要求。

对于住宅建筑来说，套型模块的设计可由标准模块和可变模块组成。

标准模块是在对套型的各功能模块进行分析研究基础上，用较大的结构空间满足多个并联度高的功能空间的要求，通过设计集成、灵活布置功能模块，建立标准模块（如客厅＋卧室的组合等）。

可变模块是补充模块，平面尺寸相对自由，可根据项目需求定制，便于调整尺寸进行多样化组合（如厨房＋门厅的组合等）。

可变模块与标准模块组合成完整的套型模块。

套型模块应进行精细化、系列化设计，同系列套型间应具备一定的逻辑及衍生关系，并预留统一的接口。

以下是几种模块化和模块组合方法在装配式建筑不同层级尺度下的应用。

（1）部品部件模块化 装配式建筑很多部品构件可以进行模块化设计，例如楼梯各类部件、阳台板模块、空调板模块等，这些尺寸可以根据实际需要，同时遵循模数协调原则，实现模块化生产和施工作业，做到空间和功能的集成化。

结构构件中的墙板、梁、柱、楼板、楼梯等，可以做成标准化的产品，在工厂内进行批量规模化生产，应用于不同的建筑楼栋。内装部品，如住宅的架空地板、轻质隔墙等，采用标准化设计，形成具有一定功能的建筑系统。

（2）核心筒模块化　将住宅建筑中的楼电梯、管井组件为功能模块——核心筒模块。在核心筒模块方面，将非标准设计调整成标准化的核心筒模块，包括楼梯的标准化、电梯井的标准化及机电管井和走道的标准化。

核心筒模块主要由楼梯间、电梯井、前室、公共走道、候梯厅、设备管道井、加压送风井等功能组成，应根据使用需求进行标准化设计。核心筒设计应满足《住宅设计规范》（GB 50096—2011）、《建筑设计防火规范》（GB 50016—2014）防火安全疏散的相关要求。

（3）厨卫模块化　在套型设计中，要重点实现厨房、卫生间的标准化设计。利用住宅厨房、卫生间已有的标准化和部品集成研究成果，不仅使功能空间的布置更为集成优化，也为整体卫生间的安装和性能提升提供了可能。

厨房设计应遵循模数协调标准，优选适宜的尺寸数列进行以室内完成面控制的模数协调设计，设计标准化的厨房模块，满足功能要求并实现工厂化生产及现场的干法施工。装配式住宅设计应优先选用整体厨房。

卫生间设计应遵循模数协调标准，设计标准化的卫生间模块，满足功能要求并实现工厂化生产及现场的干法施工。装配式住宅设计应按照《装配式钢结构建筑技术标准》（GB/T 51232—2016）的 5.5.10 条提出，整体卫生间应满足同层排水要求。

（4）功能用房模块化　功能用房模块的标准化是在部件部品标准化上的进一步集成。建筑中的许多房间功能、尺度基本相同或相似，如住宅套型、医院病房、学校教室、旅馆标间等，这些功能模块均适合采用标准化设计。

对住宅来说，住宅套型设计的本质是创造良好空间，提高居住品质。这不仅是传统设计的原则，更是装配式住宅设计的出发点。在装配式住宅设计中，始终都是为了使套型更优化，创造更为宜居的居住空间。

套型平面规整、没有过大凸凹变化，符合结构抗震安全要求。由这种户型为模块，可组合出多种楼栋平面。另外，模块化可以实现标准化，模块组合则可以实现多样化组合，实现建筑功能、空间、立面的丰富性。

（5）楼栋模块化　个性化和多样化是建筑设计的两个重要命题。两者并非对立关系，可以巧妙地将其整合在一起，实现标准化前提下的多样化和个性化。可以用标准化的套型模块结合核心筒模块组合出不同的平面形式和建筑形态，创造出多种平面组合类型，为满足规划的多样性和场地适应性要求提供设计方案。

许多建筑具有相似或相同的体量和功能，建筑楼栋或组成楼栋的单元同样可以采用标准化的设计方式。楼栋单元的标准化是大尺度的模块集成，适用于规模较大的建筑群体。住宅楼、教学楼、宿舍、办公、酒店、病房等建筑物，大多具有相同或相似的体量、功能，采用标准化设计可以大大提高设计的质量和效率，有利于规模化生产，合理控制建筑成本。

楼栋应由不同的标准套型模块组合而成，通过合理的平面组合形成不同的平面形式并控制楼栋的体型。楼栋模块化是运用套型模块化的设计，从单元空间、户型模块、组合平面、组合立面四个方面，对楼栋单元进行精细化设计。以住宅为例，楼栋组合平面设计应优先确定标准套型模块及核心筒模块，平面组合形式要求得越清楚，其模块设计实现的效率越高。组合设计可以优先考虑相同开间或进深便于拼接的套型模块进行组合，结合规划要求利用各功能模块的变化组合形成标准套型模块基础上的多样化。模块组合住宅群体的设计关注建筑和环境的协调、标准化的单体建筑及丰富多样的绿化和小品之间不同层次的组合，用相似的模块组合出多变的群体空间。

2. 模块组合

系统是由若干子系统和系统模块组成，模块组合的过程是一个解构及重构的过程（图 4.2-2）。简言之就是将复杂的问题自上而下地逐步分解成简单的模块，被分解的模块又可以通过标准化接口进行动态整合，重构成一个独立模块，被分解的模块具备以下的特征：

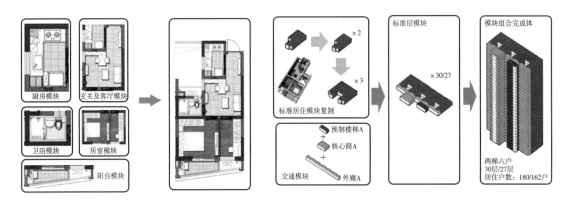

图 4.2-2 住宅模块组合（丁家庄二期（含柳塘）地块保障性住房项目）

（1）独立性 模块可以单独进行设计、分析、优化等。

（2）可连接性 模块可以通过标准化接口进行相互联系，通过组织骨架的联系界面，重新构建一个新的系统。接口的可连接性往往是通过逻辑定位来实现的，逻辑定位可以理解为模块的内部特征属性。

（3）系统性 模块是系统的一个组成部分，在系统中模块可以被替代、被剥离、被更新、被添加等操作，但是无论在什么情形下，模块与系统间仍然存在内在的逻辑联系。

（4）可延展性 模块可以根据需要不断扩充子模块的数量及功能，可以形成一个模块的数据库，并不断进行更新和管理。通用的模块不断被延展扩充，是解决工业化定制生产的重要前提。

模块是复杂产品标准化的高级形式，无论是组合式的单元模块还是结构模块，都贯穿一个基本原则，就是用型式和型式尺寸数目较少、经济合理的统一化单元模块，组合成大量具有各种不同性能、复杂的非标准综合体，这一原则称为模块化原则。

模块与模块组合可以实现不同部件部品之间的互换，使部件部品可以满足不同建筑产品的需求。为了实现模块间的组合，保证模块组成的产品在尺寸上的协调，必须建立一套模数系统，对产品的主尺度、性能参数以及模块化的外形尺寸进行约束。模块应考虑系列化，同系列模块间应具备一定的逻辑及衍生关系，并预留统一的标准化接口。

对划分出来的模块单元，应设定它应有的耐用性能。这里所说的耐用性能，不只是物理上的耐久性，还包括使用功能上的耐久性和社会耐久性等，是一个综合性的标准。原则上，耐用年数短的模块，相对于耐用年数长的模块，在设计上定为"滞后"，必须采用维修更换时不能让对方受损伤的连接方式和构成方法。不但对每个模块单元都要进行耐用性能的设定，而且必须考虑相应的模块之间的连接和构造方式。

对于装配式建筑而言，根据功能空间的不同，可以将建筑划分为不同的空间单元，再将相同属性的空间单元按照一定的逻辑组合在一起，形成建筑模块。单个模块或多个模块经过再组合，就构成了完整的建筑。

装配式建筑的设计，应将标准化与多样化两者巧妙结合并协调设计，在实现标准化的同时，兼顾多样化和个性化。比如住宅建筑用标准化套型模块和核心筒模块，组合出不同平面形式和建筑形态的单元模块。为满足规划多样性和场地适应性等要求，楼栋可由不同单元模块组合而成。

模块在进行模块组合时，应符合以下原则：

1）按模块的相对位置及空间等组合成模块单元。
2）功能、尺度基本相同或相似的模块可归纳为模块单元。
3）按拆除后的再循环利用的可能性划分模块单元。
4）按生产、运输、施工等组织要求划分模块单元。

4.2.3　平面标准化

1. 平面规整

装配式建筑的平面应规整，合理控制楼栋的体形。平面设计的规则性有利于结构的安全，符合建筑抗震设计规范的要求；并可以减少部件部品的类型，可以降低生产安装的难度，有利于经济的合理性。因此在建筑设计中要从结构安全和经济性的角度优化设计方案，尽量减少平面的凸凹变化，避免不必要的不规则和不均匀布局。合理规整的平面会使建筑外表面积得到有效控制，可以有效减少能量流失，有利于建筑节能减排、绿色环保的要求。

2. 大开间大进深布置方式

大开间大进深的布置方式，可提高空间的灵活性与可变性，满足功能空间的多样化使用需求，有利于减少部件部品的种类，提高生产和施工效率，节约造价。以居住建筑为例，传统建造方式的住宅多为砌体和剪力墙结构，其承重墙体系严重限制了居住空间的尺寸和布局，不能满足使用功能的变化和对居住品质的更高要求，而大开间大进深布置方式满足了居住建筑空间的可变性、适应性要求。室内空间划分可采用轻钢龙骨石膏板等轻质隔墙进行灵活的空间划分，轻钢龙骨石膏板隔墙内还可布置设备管线，方便检修和改造更新。

3. 功能模块组合

平面标准化设计是对标准化模块的多样化系列组合设计，即通过平面划分，形成若干独立的、相互联系的标准化的模块单元（简称标准模块），然后将标准模块组合成各种各样的建筑平面。平面标准化设计将标准化与多样化两者巧妙结合并协调设计，在实现标准化的同时，兼顾多样化和个性化。以居住建筑为例，用标准化套型模块和核心筒模块组合出不同平面形式和建筑形态的单元模块。套型模块内，又可分为卫生间模块、厨房模块、卧室模块、起居室模块、门厅模块、餐厅模块等基本模块（图 4.2-3，图 4.2-4）。

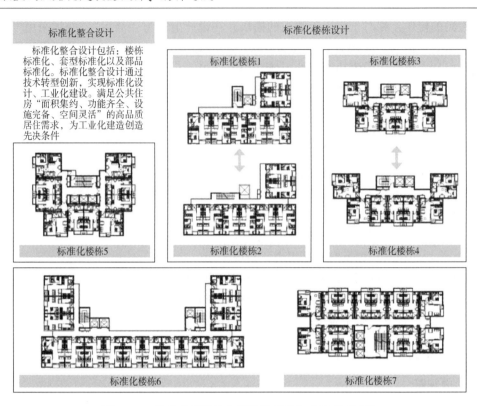

图 4.2-3　某公共租赁住房模块的标准化建筑平面设计

图 4.2-4　某公共租赁住房模块的标准化套型及厨卫平面设计

4.2.4　立面标准化

装配式建筑立面标准化是在平面标准化的基础上形成，也是建筑外围护系统的重要组成要素的标准化，主要涉及外墙板、门窗构件、阳台和空调板等，相互叠合形成完整且富有韵律的立面体系。装配式建筑立面设计很好地体现了标准化和多样化的对立统一关系，既不能离开标准化谈多样化，也不能片面追求多样化而忽视了标准化。装配式建筑标准化平面往往限定了结构体系，相应也固化了外墙的几何尺寸，但立面要素的色彩、光影、质感、纹理搭配、组合能够产生多样化的立面形式（图4.2-5）。

1. 外墙板

装配式建筑预制外墙板的饰面可选用装饰混凝土、清水混凝土、涂料、面砖、石材等具有耐久性和耐候性的建筑材料。结合考虑外立面分格、饰面颜色与材料质感等细部设计进行排列组合，实现装配式建筑特有的形体简洁、工艺精致、工业化属性的立面效果。

2. 门窗构件

考虑构件生产加工的可能性，根据装配式建造方式的特点，在满足正常通风采光的基础上，减少门窗类型、统一尺寸规格，形成标准化门窗构件。同时，适度调节门窗位置和饰面色彩等，结合不同的排列方式、窗框分隔样式可增强门窗围护系统的韵律感，丰富立面效果。

3. 阳台和空调板

阳台和空调板等室外构件在满足功能的情况下，有较大的立面设计自由度。通过装饰构件的色彩、肌理、光影、组合等虚实变化，可实现多元化立面效果，满足差异化的建筑风格要求和个性化需求。同时，空调板、阳台栏板的材质也需要选择具有耐久性和耐候性的材料。

a）　　　　　　　　　　　　　　　　　　b）

图 4.2-5　装配式建筑立面设计示例

a）住宅　b）公建

4.2.5　空间标准化

装配式建筑功能空间的标准化设计应根据功能选择开间、进深、层高的优先尺寸。优先尺寸是装配式建筑设计中考虑功能空间的适应性、部品部件生产工艺及材料规格、各系统尺寸协调关系等因素优先选用的尺寸。

以装配式居住建筑为例，住宅建筑由套型模块和核心筒模块组成。套型模块由起居室（厅）、卧室、门厅、餐厅、厨房、卫生间、收纳和阳台等功能模块组成，应根据使用需求提供适宜的空间优先尺寸。核心筒模块主要由楼梯间、电梯井、前室、公共走道、候梯厅、设备管道井、加压送风井等功能组成，应根据使用需求进行标准化设计。

1. 套型模块

（1）起居室（厅）、卧室及餐厅　起居室（厅）模块应按照套型的定位，满足居住者日常起居、娱乐、会客等功能需求，应注意控制开向起居室（厅）的门的数量和位置，保证墙面的完整性，便于各功能区的布置。

卧室模块按照使用功能一般分为双人卧室、单人卧室以及卧室与起居室（厅）合并的三种类型。卧室与起居室（厅）合为一室时，应不低于起居室（厅）的设计标准，并适当考虑空间布局的多样性；餐厅模块应分为独立餐厅及客厅就餐区域。

过去，我国住宅的开间、进深轴线尺寸多采用3M的整数倍，后来由于受房地产市场化的影响，基本上对住宅模数没有强制规定，这不利于装配式居住建筑实现标准化和多样性的统一。根据工程实践经验，装配式居住建筑开间、进深平面尺寸选择2M、3M的整数倍，可满足平面功能布局的灵活性及模数协调的要求，也适合内装部品的工业化生产。

装配式居住建筑中起居室（厅）、卧室、餐厅等功能空间，水平方向宜优先采用扩大模数，条件受限时也可采用基本模数。竖向宜采用基本模数。

（2）集成式厨房、集成式卫生间及收纳空间　装配式居住建筑在套型设计时，应进行厨房、卫生间及收纳的精细化设计，考虑其在功能空间中的尺寸协调。

应优先采用集成式厨房和集成式卫生间。厨房模块中的管道井应集中布置并预留检修口；卫生间模块应采用标准化集成式卫生间部品，应根据套型定位及一般使用频率和生活习惯进行合理布局；收纳模块分为独立式及入墙式。

依据人体工程学，对于厨房、卫生间、收纳等较小的功能空间，使用时对其内部几何尺寸变化比较敏感，宜优先采用1M的整数倍，也可采用1M的整数倍与其1/2的组合（如150mm）的平面模数网格形成灵活的空间。

集成式厨房的平面布局应符合炊事活动的基本流程，集成式厨房平面优先净尺寸是在住宅厨房设计经验总结的基础上提炼的合理适用的尺寸。

集成式卫生间的平面布局应符合盥洗、便溺、洗浴、洗衣/家务等功能的基本需求，盥洗、便溺、洗浴等功能可单独使用，也可将任意两项（含两项）以上功能进行组合。

集成式卫生间平面优先净尺寸是在住宅卫生间设计经验总结的基础上提炼的合理适用的尺寸，集成式卫生间平面优先净尺寸可根据表4.2-1选用。

收纳间分为独立式收纳空间和入墙式收纳空间，平面优先净尺寸可根据表4.2-2和表4.2-3选用。

表4.2-1　集成式卫生间平面优先净尺寸　　　　　　（单位：mm×mm）

平面布置	宽度×长度			
便溺	1000×1200	1200×1400	（1400×1700）	
洗浴（淋浴）	900×1200	1000×1400	（1200×1600）	
洗浴（淋浴+盆浴）	1300×1700	1400×1800	（1600×2000）	
便溺、盥洗	1200×1500	1400×1600	（1600×1800）	
便溺、洗浴（淋浴）	1400×1600	1600×1800	（1600×2000）	
便溺、盥洗、洗浴（淋浴）	1400×2000　1500×2400	1600×2200	1800×2000　（2000×2200）	
便溺、盥洗、洗浴、洗衣	1600×2600	1800×2800	2100×2100	

注：1. 括号内数值适用于无障碍卫生间。

　　2. 集成式卫生间内空间尺寸偏差为±5mm。

表 4.2-2　独立式收纳空间平面优先净尺寸　　（单位：mm × mm）

平面布置	宽度 × 长度
L 形布置	1200 × 2400　1200 × 2700　1500 × 1500　1500 × 2700
U 形布置	1800 × 2400　1800 × 2700　2100 × 2400　2100 × 2700　2400 × 2700

表 4.2-3　入墙式收纳空间平面优先净尺寸　　（单位：mm）

项目	优先净尺寸
深度	350　400　450　600　900
长度	900　1050　1200　1350　1500　1800　2100　2400

（3）门厅　门厅是套内与公共空间的过渡空间，既是交通要道，又是进入室内换鞋、更衣和临时搁置物品的功能空间。门厅模块应结合收纳部品进行精细化设计。门厅的尺寸均来自于工程实践的经验总结。根据《住宅设计规范》（GB 50096—2011）的要求：套内入口过道的净宽不宜小于 1.20m。门厅平面优先净尺寸宜根据表 4.2-4 选用。

表 4.2-4　门厅平面优先净尺寸　　（单位：mm）

项目	优先净尺寸
宽度	1200　1600　1800　2100
深度	1800　2100　2400

（4）阳台　按照使用功能，阳台可分为生活阳台和服务阳台。阳台的设施和空间安排都要切合实用，同时注意安全与卫生。根据住宅常用的开间尺寸，兼顾结构安全和使用功能，归纳了常用的阳台规格尺寸。阳台平面优先净尺寸宜为扩大模数 2M、3M 的整数倍，且阳台宽度优先尺寸宜与主体结构开间尺寸一致。阳台平面优先净尺寸宜根据表 4.2-5 选用。

表 4.2-5　阳台平面优先净尺寸　　（单位：mm）

项目	优先净尺寸
宽度	阳台宽度优先尺寸宜与主体结构开间尺寸一致
深度	1000　1200　1400　1600　1800

注：深度尺寸是指阳台挑出方向的净尺寸。

2. 核心筒模块

（1）楼梯间　结合《建筑设计防火规范（2018 年版）》（GB 50016—2014）、《民用建筑设计统一标准》（GB 50352—2019）、《住宅设计规范》（GB 50096—2011）等相关规范，住宅楼梯间的优先尺寸应符合下列规定：

1）楼梯间开间及进深的轴线尺寸应采用扩大模数 2M、3M 的整数倍。

2）楼梯梯段宽度应采用基本模数 1M 的整数倍。

3）楼梯踏步的高度不应大于 175mm，宽度不应小于 260mm，各级踏步高度、宽度均应相同。

4）楼梯间轴线与楼梯间墙体内表面距离应为 100mm。

5）建筑层高为 2800mm、2900mm、3000mm 时，双跑楼梯间、单跑剪刀楼梯间和单跑楼梯间的优先尺寸应根据表 4.2-6 至表 4.2-8 选用。

表 4.2-6　双跑楼梯间开间、进深及楼梯梯段宽度优先尺寸　（单位：mm）

层高	开间轴线尺寸	开间净尺寸	进深轴线尺寸	进深净尺寸	梯段宽度尺寸	每跑梯段踏步数
2800	2700	2500	4500	4300	1200	8
2900	2700	2500	4800	4600	1200	9
3000	2700	2500	4800	4600	1200	9

表 4.2-7　剪刀楼梯间开间、进深及楼梯梯段宽度优先尺寸　（单位：mm）

层高	开间轴线尺寸	开间净尺寸	进深轴线尺寸	进深净尺寸	梯段宽度尺寸	两梯段水平净距离	每跑梯段踏步数
2800	2800	2600	6800	6600	1200	200	16
2900	2800	2600	7000	6800	1200	200	17
3000	2800	2600	7400	7200	1200	200	18

注：表中尺寸确定均考虑住宅楼梯梯段一边设置靠墙扶手。

表 4.2-8　单跑楼梯间开间、进深、楼梯梯段、楼梯水平段优先尺寸　（单位：mm）

层高	开间轴线尺寸	开间净尺寸	进深轴线尺寸	进深净尺寸	梯段宽度尺寸	水平段度尺寸	每跑梯段踏步数
2800	2700	2500	6600	6400	1200	1200	16
2900	2700	2500	6900	6700	1200	1200	17
3000	2700	2500	7200	7000	1200	1200	18

注：表中尺寸确定均考虑住宅楼梯梯段一边设置栏杆扶手。

考虑到建筑高度不大于18m的住宅中楼梯使用率高，将其相关尺寸与建筑高度大于18m的住宅楼梯相关尺寸统一，以减少楼梯梯段规格。为了使楼梯梯段宽度符合基本模数要求，将楼梯梯段最小宽度增加50mm，由此也能双侧设置扶手，满足未设电梯的多层住宅适老化的要求。

装配式建筑的楼梯间不采用抹灰装修面层，可采用清水混凝土墙等。建议楼梯间与采暖房间之间的保温层结合装配式内装修设在采暖房间一侧，楼梯间一侧不考虑设置保温层。

（2）公共管井和电梯井　公共管井的净尺寸应根据设备管线布置需求确定，宜采用1M的整数倍。

电梯井道优先尺寸应符合下列规定：

1）住宅电梯宜采用载重800kg、1000kg、1050kg三类电梯。

2）电梯井道开间及进深的轴线尺寸应采用扩大模数2M、3M的整数倍。

3）电梯井道开间、进深优先尺寸应根据表4.2-9选用。

表 4.2-9　电梯井道开间、进深优先尺寸　（单位：mm）

平面尺寸载重/kg	开间轴线尺寸	开间净尺寸	进深轴线尺寸	进深净尺寸
800	2100	1900	2400	2200
1000	2400	2200	2400	2200
1000	2200	2000	2800	2600

（续）

平面尺寸载重/kg	开间轴线尺寸	开间净尺寸	进深轴线尺寸	进深净尺寸
1050	2200	2000	2400	2200

注：住宅用担架电梯可采用 1000kg 深型电梯，轿厢净尺寸为 1100mm 宽、2100mm 深；也可采用 1050kg 电梯，轿厢净尺寸为 1600mm 宽、1500mm 深或 1500mm 宽、1600mm 深。

（3）电梯厅　根据《住宅设计规范》（GB 50096—2011）的要求：电（候）梯厅深度不应小于多台电梯中最大轿厢的深度，且不小于 1.5m，同时考虑装修，净尺寸要求为 1600mm。电梯厅轴线与走道电梯厅墙内表面距离为 100mm。均按墙体厚度为 200mm 确定。

《建筑设计防火规范（2018 年版）》（GB 50016—2014）规定：楼梯的共用前室与消防电梯的前室合用（简称三合一前室）短边最小净尺寸不应小于 2400mm。

因此，电梯厅深度净尺寸应不小于 1500mm，优先尺寸宜为 1500mm、1600mm、1700mm、1800mm、2400mm（三合一前室电梯厅）。

（4）走道　根据《住宅设计规范》（GB 50096—2011）的要求：走廊通道的净宽不应小于 1.2m。走道轴线与走道墙内表面距离为 100mm。均按墙体厚度为 200mm 确定。因此，走道宽度净尺寸不应小于 1200mm，优先尺寸宜为 1200mm、1300mm、1400mm、1500mm。

4.2.6　部品部件标准化

部品部件设计应符合标准化、通用化的原则，采用标准化接口，提高其互换性和通用性。

标准化的模数部品部件的使用，可以减少尺寸不协调的部品部件的数量，提高安装和组合的便利性，提高生产效率，实现部品部件的经济性，也为系统地进行节点接口设计、提高部品和构配件等的连接性能与互换性提供条件，满足用户使用需求且便于维修。最终通过部品部件的工业化的集成生产，改进设计方法，达到改善建筑建造质量的目的。

1. 构件标准化

装配式建筑应采用标准化设计的结构构件，结构构件除满足结构设计要求外，尚应符合下列规定：

（1）构件尺寸应符合模数数列的要求。

（2）构件的标志尺寸应满足安装互换性的要求，构件及其连接宜具有通用性和互换性。

（3）构件的截面设计及布置应符合建筑功能空间组合的系列化和多样性要求。

（4）构件宜与建筑部品、装修及设备等进行尺寸协调。

（5）构件设计应满足构件生产制作和施工安装相关的尺寸协调要求，构件的实际尺寸与制作尺寸之间应满足制作公差的要求。

对于装配式混凝土结构，预制混凝土构件尚宜满足下列要求：

（1）预制构件配筋采用焊接网片和成型钢筋时，钢筋间距宜采用分模数 M/2 的整数倍数。

（2）预制构件配筋应与预埋件、预留孔洞和设备管线等进行尺寸协调。

（3）预制构件之间采用后浇混凝土连接时，后浇混凝土部分的宽度尺寸宜采用基本模数的整数倍数，并宜与生产和施工模板尺寸进行协调。

（4）预制外墙板及其连接设计应与建筑外装饰和室内装修等进行尺寸协调。

2. 部品标准化

装配式建筑将厨房卫浴和收纳等部品模块化，将地板、吊顶、墙体等部品集成化。这些部品应以标准化为基础，并具有系列化和通用化的特性。部品标准化可以实现生产施工的高效便捷。

装配式建筑的部品标准化可以从产品的设计构思入手，依照以下原则：

（1）确保部品模数协调 装配式建筑的设计应以模数协调为基础，结合部品化的特点，综合考虑分模数的应用。通过模数协调，为建筑设计、生产、施工等各个环节提供依据，相应专业人员遵循一个标准去进行协调配合。

（2）保障部品通用性 通过某些实用功能或尺寸相近的部品达到部品标准化，可以实现不同系列模块之间部品的通用，使部品间可以互换使用。SI 体系的理念中，骨架体的使用寿命是 100 年，而部品设备通常仅有 20、30 年，保障部品通用性，实现部品的互换，为建筑后期使用过程中的更新改造提供了保障。

（3）实现部品多样性 标准化的制定在确保了各专业的协调统一的同时，也决定了在相当长周期内标准的相对不变。标准化的制定要考虑成本之和最小，满足建筑的多样性，这就要求标准的数量、精细度的设定要适当。

（4）促进连接节点标准化 部品与部品及部品与骨架体之间连接部位的结构、尺寸和参数需要标准化，以保证骨架体与填充体两部分连接可靠，并且其结构设计与施工工艺需满足灵活衔接的要求，即在施工完成后，对填充体进行拆装，以便于后期更新维护。促进连接节点标准化，可以有效实现装配式建筑体系内结构体与填充体的有机整合。

（5）推动工艺标准化 部品构件种类的划分要具有生产和施工的可行性和独立性，做到构造简单，安装方便。

施工单位的建造标准和施工工艺要实行标准化，以达成与设计部门和部品生产商之间技术标准的一致性，并在流水施工作业中力争效率最优。推动工艺标准化可以有效实现产业链内多环节整合，从根本上提高住宅建设水平。

部品标准化要通过设计集成，用功能部品组合成若干"小模块"，再组合成更大的模块。小模块划分主要是以功能单一部品部件为原则，并以部品模数为基本单位，采用界面定位法确定装修完成后的净尺寸；部品、小模块、大模块以及结构整体间的尺寸协调通过"模数中断区"实现。

部品本身实现标准集成化的成套供应，多种类型的小型部品进行不同的排列组合，以增加大部品的自由度和多样性。如整体厨房和整体卫浴两大部品体系即是通过小部品不同的排列组合以满足多样化的需求。

整体卫生间与传统卫生间最大的区别在于标准化与模块化的整体设计、部品工厂化生产、现场装配式施工安装。整体卫生间的设计遵循模数协调原则，设计与生产均建立在标准化与模数化之上，规范控制每一部件的尺寸、接口，大大减少安装与后期使用过程中的误差，减少了后期需要调整的工作量。

4.2.7 接口标准化

传统建筑的部件部品及其接口的标准化程度较低，各生产企业根据自身部件部品特性及工艺确定所采用的接口种类繁多、不具备通用性和互换性，长期以来未能在全社会范围内实现量产，严重阻碍了装配式建筑的发展。

节点是指部件部品在安装时，为保证其相互连接，或将部件部品连接到所附着的结构上时所需要的空间。接口（间隙）是指系统、模块或部品、部件之间，具有统一的尺寸规格与参数，并满足公差与配合要求及模数协调。装配式建筑部件部品之间的节点和接口应在满足使用功能与结构安全、防火、防水、保温等要求的基础上，进行标准化设计，其模数与规格满足通用化和多样性的要求，并且接口的技术标准与工艺要与施工方一致，减少尺寸不协调的部件部品的数量，具有可建造性，提高其安装组合的便利性、互换性和通用性。

接口的性能、接口的形式和接口的尺寸是接口三要素，彼此之间相互影响、相互制约。

接口形式和尺寸的设计是以实现相应的接口性能为目标，而接口的性能要求和连接形式又会对尺寸产生直接影响。在三要素中，接口尺寸是标准化接口的重要因素，预先规定连接的形状，可实现不同厂家产品的互换与装配。接口形式可按多种方式分类。按连接类型，可分为点连接、线连接和面连接；按所连接部件部品的相互位置关系，可分为并列式和嵌套式；按连接强度，可分为固定（强连接）、可变（弱连接）和自由（无连接）；按连接技术手段，可分为粘接式、填充式和固定式。从实践来看，部品接口标准化的途径是指各类接口应按照统一协调的标准设计，做到位置固定、链接合理。

设计阶段决定了所有部件部品的构造，确保部件部品的可建造性是设计阶段的主要任务，也是设计与其他建设流程之间接口协调的关键。部品的设计必须依据技术接口标准化原则，其模数与规格满足通用化和多样性的要求，与整个系统配套、协调。接口的技术标准与工艺要与施工方一致，具有可建造性。部品的连接节点设计遵循标准化，确保部品吊装就位和装配成型。预制部品的设计需要对重要节点与细部、部品制作材料以及部品结构参数分别作具体说明，以便后续的部品生产方和施工方能够全面清晰地了解部品的尺寸和规格，确保技术接口的准确度。当节点接口需要封闭时，封闭材料应满足节点、接口所必须具备的各种物理性能和耐久性能的要求。节点接口的尺寸尚应满足封闭时施工的可行性。处于外立面的节点接口尚应满足建筑立面的美学要求。接口界面需考虑生产和安装公差的影响及各种预期变形，如挠度、体积变化等。对于建筑模块化来说，空间的"断面"便是模块的接口。不同模块通过空间组合连接在一起。部品之间的连接也要注意余量的设置，制造精度高的余量就小，制造精度低的余量也应相应放宽。

浙江杭州转塘单元 G-R21-22 地块公租房项目的钢结构主体的连接节点如图 4.2-6 所示。北京雅世合金公寓项目的集水器和分水器如图 4.2-7 所示。

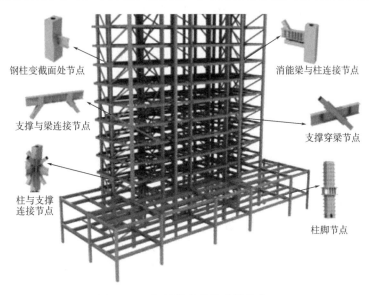

钢柱变截面处节点

消能梁与柱连接节点

支撑与梁连接节点

支撑穿梁节点

柱与支撑连接节点

柱脚节点

图 4.2-6　钢结构主体的连接节点

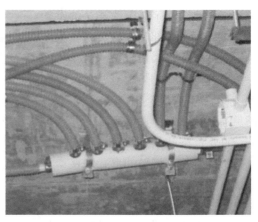

图 4.2-7　北京雅世合金公寓项目：集水器和分水器

4.3　外围护系统设计集成

4.3.1　基本方法

1. 基本要求

外围护系统是由建筑外墙、屋面、外门窗及其他部品部件等组合而成，用于分隔建筑室内外环境的部品部件的整体。

外围护系统应根据项目所在地区的气候条件、使用功能等，综合确定外围护系统的抗风性能、抗震性能、耐撞击性能、防火性能、水密性能、气密性能、隔声性能、热工性能和耐久性能等要求。屋面系统尚应满足结构性能要求。

装配式建筑的外围护系统设计，应符合标准化与模数协调的要求。在遵循模数化、标准化原则的基础上，坚持"少规格、多组合"的要求，实现立面形式的多样化。

2. 设计集成原则

外围护系统应选用在工厂生产的标准化系列部品，外墙板、外门窗、幕墙、阳台板、空调板及遮阳部件等进行集成设计，成为具有装饰、保温、防水、采光等功能的集成式单元墙体。

外围护系统应提高各个部品部件性能的构造连接措施，任何单一材料不应成为该部品性能的薄弱环节。

外围护系统主要部品的设计使用年限应与主体结构相同，不易更换部品的使用寿命应与主体结构相同。

3. 立面设计方法

外围护系统设计要结合方案立面设计，充分实现造型特点。

立面设计要合理选择在水平和竖直两个方向上的基本模数与组合模数，同时兼顾外围护墙板等构件的单元尺寸。外墙、阳台板、空调板、外窗、遮阳设施及装饰等部件部品宜进行标准化设计。

外围护系统应简洁、规整，并在遵循模数化、标准化原则的基础上，坚持"少规格、多组合"的要求，通过建筑体量、材质肌理、色彩等变化，形成丰富多样的立面效果（图 4.3-1）。

图 4.3-1　郭公庄公租房立面效果

立面构成应避免大量应用装饰性部品部件，尤其是与建筑不同寿命的装饰性部品部件，以免影响建筑使用的可持续性，不利于节材节能。

立面设计要根据立面表现的需要，选用合适的建筑装饰材料，结合节点设计与墙板受力点位，并充分考虑预制构件工厂的生产运输条件，设计好墙面分格，确定外墙合理的墙板组合模式。

装配式混凝土居住建筑的标准化设计往往限定了几何尺寸不变的户型和结构体系，相应也固化了外墙的几何尺寸。但立面模块可以通过色彩、光影、质感、纹理、组合及建构方式和顺序的变化，形成多样化的立面形式。

为了与建筑尺寸对接，并实现材料生产的工业化，外围护系统应遵循一定的模数和尺寸。以蒸压加气混凝土条板（ALC 板）为例，ALC 板单块预制条板的宽度多采用 600mm。

在立面设计中可遵循 6M 的设计模数，完成墙板的组合设计。如图 4.3-2 所示，选取 3000mm、3600mm、4200mm 三个开间大小，搭配不同尺寸的窗户，进行排版设计，即可得到

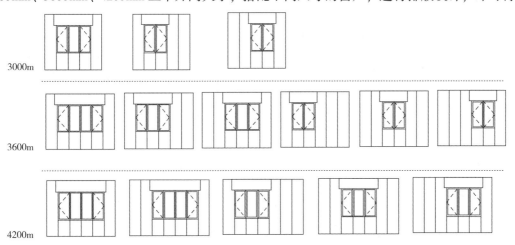

图 4.3-2　预制条板的立面灵活组合（来源：汪平平，2019）

多种立面的可能性。这种通用化的模式可以实现预制构件的大规模批量生产，满足多个项目的需要。

外围护系统的模数选择，还需考虑构件的制作工艺、运输及施工安装的条件。

基本模数过大，会出现大量大尺寸构件不便生产、运输、吊装的情况。

基本模数过小，会出现构件过多，连接节点数量增加，造成施工难度增加，冷热桥与防水节点处理工作量增大的情况。

可见，合理选择模数可以有效提高工作效率，保证施工质量。

4.3.2 系统选择

1. 考虑因素

外围护系统材料选择应充分尊重方案设计的立面效果，考虑性能、安全、造价及施工难度等问题，合理选用部品体系配套成熟的轻质墙板或集成墙板等。

外墙系统应根据不同的建筑类型及结构形式，选择适宜的系统类型。进行外墙材料的选用时，需要统筹考虑地区温度的差异、材料的性能和稳定性、材料对建筑外观的作用。优先考虑使用轻质材料，方便施工和装配。

外围护材料的选择应考虑耐擦洗、耐沾污、良好通风等要求，便于维护。如重工业重污染的工厂避免使用抗污染能力较差的材料，还应考虑当地的气候条件，如严寒地区要考虑建筑材料的抗寒性能。

2. 系统分类

外墙围护系统按照部品内部构造分为预制混凝土外挂墙板系统、轻质混凝土墙板系统、骨架外墙板系统、幕墙系统等四类。表 4.3-1 为常见的一些外墙板特点的比较。

表 4.3-1 常见外墙板比较

种类	单板类	钢筋混凝土夹芯复合墙板	钢丝网架水泥夹芯板	现场组装复合板	复合墙板	
代表产品	ALC板（175mm厚）	榆构混凝土夹芯板（200mm厚）	太空板（150mm厚）	CCA板整体灌浆墙（200mm厚）	钢框架复合外墙板	轻钢龙骨复合外墙板
施工速度	★★★★★ 需吊装、施工安装快	★★★★☆ 需吊装、施工安装快	★★★★☆ 需吊装、施工安装快	★★☆☆☆ 需现场组装，并需要现浇，工作量较大	★★★☆☆ 需现场组装，吊装施工，施工速度较快	★★★☆☆ 需现场组装，吊装施工，施工速度较快
外墙保温性能	★☆☆☆☆ 单一材质，保温效果不佳	★★★☆☆ 在板的端部及接缝处均形成冷桥	★★☆☆☆ 易形成冷桥	★★★☆☆ 易形成冷桥，虽然采用了开孔龙骨，但仅能起到缓解的作用	★★★☆☆ 易形成冷桥，且冷桥较多	★★★★☆ 可实现保温层连续贯通，保温效果较好
防渗漏性能	★★★☆☆ 板材接缝处需做重点构造处理	★★★☆☆ 板材接缝处需做重点构造处理	★★★☆☆ 板材接缝处需做重点构造处理	★★★★☆ 构造层错缝拼接	★★☆☆☆ 内嵌式连接，板缝较多，构造节点难处理	★★★★☆ 构造防水和材料防水，防水性能较好

（1）装配式混凝土建筑 装配式混凝土建筑的外围护系统分为承重和非承重两类。装配式混凝土居住建筑的承重类外围护系统属于结构系统，其性能尚应满足装配式混凝土建筑对外围护系统的性能要求，且承重类外围护系统的结构性能和物理性能可考虑结构部分的有利作用。

预制混凝土外挂墙板的装饰面层宜采用清水混凝土、装饰混凝土、免抹灰涂料和反打面砖等耐久性强的建筑材料。

预制混凝土外挂墙板分为整间板、横条板、竖条板等（图4.3-3），应符合下列规定：

1）整间板板宽不应大于6.0m，板高不应大于5.4m。

2）横条板板宽不应大于9.0m，板高不应大于2.5m。

3）竖条板板宽不应大于2.5m，板高不应大于6.0m。

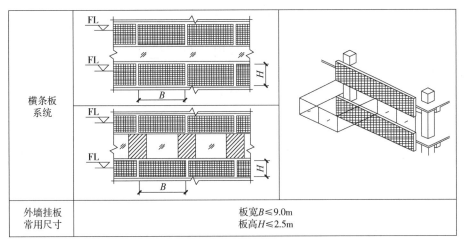

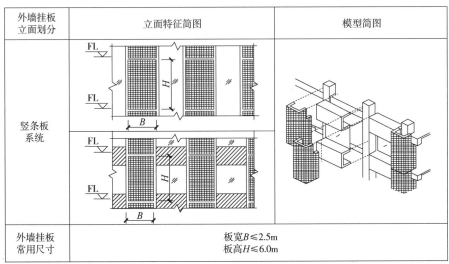

图4.3-3 外挂墙板板型划分及设计参数要求

立面设计为独立单元窗时，外挂墙板应符合下列规定：

1）当采用整间板时，板高宜取建筑层高，板宽宜取柱距或开间尺寸。

2）当采用横条板时，上下层窗间墙体应按横条板设计，板宽宜取柱距或开间尺寸，窗间水平墙体应按竖条板设计。

3）当采用竖条板时，窗间墙体应按竖条板设计，板高宜取建筑层高，上下层窗间墙体应按横条板设计。

4）立面设计为通长横条窗时，宜选用横条板，板宽宜取柱距或开间尺寸，上下层窗间墙体应按横条板设计。

5）立面设计为通长竖条窗时，宜选用竖条板系统，板高宜取建筑层高，窗间水平墙体应按横条板设计。

（2）装配式钢结构建筑

1）装配式钢结构建筑外围护系统应考虑保温、防水、防火与装饰等功能，进行集成设计，实现系统化、装配化、轻量化、功能化和安全性的要求（图4.3-4）。

2）装配式钢结构建筑的外围护系统可采用内嵌式、外挂式、嵌挂结合等形式，宜分层承托或悬挂，应根据建筑类型和结构形式选择适宜的系统类型（图4.3-5）。

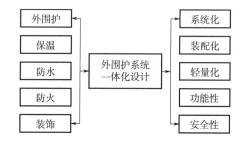

图4.3-4　外围护系统一体化设计分析

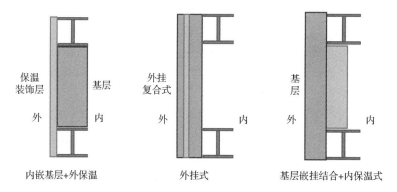

图4.3-5　外围护系统与结构系统的相对位置关系

3）装配式钢结构建筑在选择外围护系统时，需考虑使用、构造和性能等要求，具体要求参见表4.3-2。

表4.3-2　外墙板性能要求

使用要求	构造要求	性能要求
厚度薄，少占空间，提高使用率 成本可接受 易维护，易更换 对室内空间影响小，不影响内装	轻型，易安装，简单可靠 构造层次明确，安装施工简便 连接节点性能良好，安全可靠	保温良好 防火性好（无机材料） 适应结构变形和温度变形 防水性能好（构造防水与材料防水结合） 美观，适用性和表现力强 耐久（耐紫外线、水、污、酸、碱，不开裂） 气密性好，接缝少 质量大，少孔隙，隔声好

4.3.3　性能要求

钢结构建筑以工厂化制造和装配式施工为特征，与钢结构相配合的外墙板的装配化是考核工业化的关键。建筑工业化急需开发保温隔热、防火、防水、隔声、抗冻、装饰一体化的装配式外墙板，需要通过标准化设计、工厂化制造、装配化施工、信息化管理实现装配式轻质混凝土外墙板在钢结构建筑中的应用。根据调研，目前常见的外围护墙板体系有以下几种：加气混凝土板、ECP + 内保温 + ALC 内墙板、PC 复合挂板 + 内保温、"三明治" 预制混凝土外挂墙板、发泡水泥复合外墙板、龙骨组合保温外墙板、纤维水泥板轻质灌浆墙、水泥浆胶结聚苯颗粒灌浆墙体（CCA 板），其各自性能见表 4.3-3。近年来主要钢结构住宅项目使用的外墙板信息见表 4.3-4。

表 4.3-3　各类型外墙板性能比较

外墙板类型	单位面积重量	保温隔声性能	施工便利性	评价
加气混凝土板体系	小于 $150\mathrm{kg/m^2}$	★★★	★★★	物美价廉
ECP 板 + 内保温 + ALC 内墙板	小于 $150\mathrm{kg/m^2}$	★★★	★★	高品质、高价位
PC 复合挂板 + 内保温	小于 $150\mathrm{kg/m^2}$	★★★	★★	较高品质、高价位
"三明治" 预测混凝土外挂墙板	$200 \sim 300\mathrm{kg/m^2}$	★★	★★	
发泡水泥复合外墙板	小于 $150\mathrm{kg/m^2}$	★★★	★★	
龙骨组合保温外墙板	小于 $150\mathrm{kg/m^2}$	★★	★	
纤维水泥板轻质灌浆墙	小于 $150\mathrm{kg/m^2}$	★★	★★	
水泥浆胶结聚苯颗粒灌浆墙体（CCA 板）	小于 $150\mathrm{kg/m^2}$	★★	★★	

表 4.3-4　近年来主要钢结构住宅项目使用的外墙板信息

项目名称	结构体系	外围护墙体类型
门头沟铅丝厂公租房 1 号楼	钢框架-剪力墙结构体系	发泡水泥复合外墙板
包头万郡大都城	钢框架支撑体系 钢管束剪力墙结构	CCA 板灌浆墙
杭州钱江世纪城人才专项用房	钢框架支撑体系 钢管束剪力墙结构	纤维水泥板轻质灌浆墙
蚌埠市大禹家园公租房	钢框架支撑体系	预制混凝土复合墙扳
积水姑苏格沁庭项目联排别墅	日本低层全装配钢结构体系	龙骨组合保温体系，外侧 70 厚水泥板
昆山中南世纪城	钢框架支撑体系	150 厚 ALC 外墙板
沧州福康家园保障性住房	异形柱钢框架支撑体系	200ALC 墙板 + 外保温
北京成寿寺 B5 地块工程	钢框架 + 阻尼墙 钢框架 + 延性墙筒体	轻质 PC 板 + 内保温 150ALC 墙板 +50 一体化保温板
首钢总公司铸造村集资房项目	钢框架支撑体系	150ALC 墙板 +100 外保温板
沧州天成钢结构住宅（27 层）	钢框架支撑体系	300 厚 ALC 外墙板
安徽合肥绿洲风栖苑项目	钢框架支撑体系	300 厚 ALC 外墙板

（续）

项目名称	结构体系	外围护墙体类型
甘肃兰州兰泰苹果钢结构住宅	钢框架支撑体系	250 厚 ALC 外墙板
河北唐山盾石 C01 地块钢结构住宅	钢框架支撑体系	200ALC 墙板＋50 一体化保温板

对钢结构住宅来说，其外围护系统需要的独特性能需求包括：

1）外墙板结构具有高耐久性，与主体同寿命。

2）良好的防火性能、隔声性能、防渗透性和热工性能。

3）钢结构体系变形大，小震下容许层间的位移角为 1/250，要求外围护体系具有高变形适应特性。

4）钢结构住宅的优势是自重轻、基础投资小及建筑外墙轻量化，宜控制外围护体系重量低于 $150kg/m^3$。

1. 物理性能要求

（1）围护系统的接缝设计应结合变形需求、水密气密等性能要求，构造应合理，方便施工、便于维护。

（2）水密性能包括外围护系统中基层板的不透水性以及基层板、外墙板或屋面板接缝处的止水、排水性能。

（3）气密性能主要为基层板、外墙板或屋面板接缝处的空气渗透性能。

（4）外墙围护系统接缝应结合建筑物当地气候条件进行防排水设计。外墙围护系统应采用材料防水和构造防水相结合的防水构造，并应设置合理的排水构造。

（5）外围护系统的隔声性能设计应根据建筑物的使用功能和环境条件，并与外门窗的隔声性能设计结合进行。外围护系统墙板类部品部件应具备一定的隔声性能，防止室外噪声的影响。

（6）外围护系统应做好节能和保温隔热构造处理，在细部节点做法处理上应注意防止内部冷凝和热桥现象的出现。应结合不同地域的节能要求进行设计。

（7）供暖地区的外围护系统应采取防止形成热桥的构造措施。采用外保温的外围护系统与梁、板、柱、墙的连接处，应保持墙体保温的连续性。

（8）外门窗及玻璃幕墙的内表面温度应高于水蒸气露点温度。

（9）外围护系统饰面层的耐擦洗、耐沾污性能应根据设计使用年限及维护周期综合确定。

（10）架空屋面应在屋顶有良好通风的环境中使用，其进风口宜设置在当地炎热季节最大频率风向的正压区，出风口宜设置在负压区。

2. 耐久性能要求

（1）居住建筑外围护系统主要部品的设计使用年限应与主体结构相同，不易更换部品的使用寿命应与主体结构相同。

（2）接缝密封材料应建立维护更新周期，维护更新周期应与其使用寿命相匹配。

（3）面板材料应根据设计维护周期的要求确定耐久年限，饰面材料及其最小厚度应满足耐久性的基本要求。

（4）龙骨、主要支承结构及其与主体结构的连接节点的耐久性要求，应高于面板材料。

（5）外围护系统应明确各组成部分、各配套部品的检修、保养、维护的技术方案。

3. 外门窗及幕墙的性能要求

外门窗及幕墙的性能要求应按表 4.3-5 的规定选用。

表 4.3-5　外门窗及幕墙的性能要求

分类	性能	外门	外窗	幕墙		
				透光	不透光	
					封闭式	开缝式
安全性	抗风压性能	◎	◎	◎	◎	◎
	层间变形性能	◎	—	◎	◎	◎
	耐撞击性能	◎	○	◎	◎	◎
	抗风携碎物冲击性能	○	○	○	○	○
	抗爆炸冲击波性能	○	○	○	○	○
	耐火完整性	○	○	—	—	—
适用性	气密性能	◎	◎	◎	◎	—
	保温性能	◎	◎	◎	◎	—
	遮阳性能	○	○	○	—	—
	启闭力	◎	◎	○	—	—
	水密性能	◎	◎	◎	◎	○
	隔声性能	◎	◎	◎	○	—
	采光性能	○	○	○	—	—
	防沙尘性能	○	○	○	—	—
	耐垂直荷载性能	○	○	—	—	—
	抗静扭曲性能	○	—	—	—	—
	抗扭曲变形性能	○	—	—	—	—
	抗对角线变形性能	○	—	—	—	—
	抗大力关闭性能	○	—	—	—	—
	开启限位	—	○	○	—	—
	撑挡试验	—	○	○	—	—
耐久性	反复启闭性能	◎	◎	◎	—	—
	热循环性能	—	—	○	○	—

注："◎" 为必需性能；"○" 为选择性能；"—" 为不要求。

4.3.4　构造节点设计

1. 安全性设计

外围护系统节点的设计与施工，应首要保证其安全性能，确保其与结构系统可靠连接，保温装饰等材料有效固定。

外围护系统与主体结构连接用节点连接件和预埋件应采取可靠的防腐蚀措施。

所采用的粘结、固定材料需具有合理的耐久性，避免老化脱落造成安全隐患。

幕墙系统中所用结构胶、耐候胶等其他材料按规定同步进行使用前检测，在幕墙构件安装之前进行。

装配式混凝土建筑的外墙板采用石材或面砖饰面时，宜采用反打成型工艺。反打工艺在工厂内完成，背面设有粘结后防止脱落措施的材料。

对于外挂墙板的安装来说，一般有以下三种方法：插入钢筋法、钩头螺栓法和 NDR 摇摆工法。

（1）插入钢筋法：用于钢结构和钢筋混凝土结构外墙，墙体整体性较好（图 4.3-6）。

（2）钩头螺栓法：用于钢结构和钢筋混凝土结构，多用于外墙横装和竖装，节点强度大（图 4.3-7）。

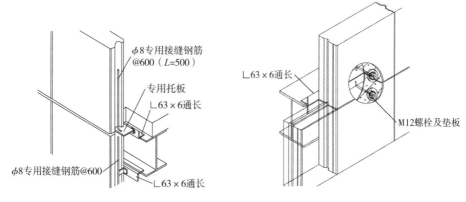

图 4.3-6　插入钢筋法　　　　　　　　图 4.3-7　钩头螺栓法

（3）NDR（原 ADR）摇摆工法：用于钢结构和钢筋混凝土结构外墙，特别适合于层间变位大的钢结构，节点强度高，变形能力强，抗震性好（图 4.3-8）。

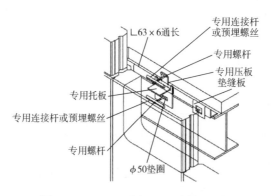

图 4.3-8　NDR（原 ADR）摇摆工法

外墙挂板节点安装可以按几种基本安装方法灵活变换组合成多种安装方法，并根据技术经济比较确定，但必须保证连接节点有足够强度，R_j（节点破坏强度）/S_k（节点荷载标准值作用效应）≥2，以保证安全可靠；同时这几种连接节点在平面内各具有不同的可转动性，保证墙体在不同设防烈度下满足主体结构层间变形的要求。

2. 防火设计

非承重外围护系统应满足建筑的耐火等级要求，遇火灾时在一定时间内能够保持承载力及其自身稳定性，防止火势穿透和沿墙蔓延，且应满足以下要求：

（1）外围护系统部品的各组成材料的防火性能满足要求，其连接构造也应满足防火的要求。

（2）外围护系统与主体结构之间的接缝应采用防火封堵材料进行封堵，防火封堵部位的耐火极限不应低于楼板的耐火极限要求。

（3）外围护系统部品之间的接缝应在室内侧采用防火封堵材料进行封堵，防止蹿火。

（4）外门窗洞口周边应采取防火构造措施。

（5）外围护系统节点连接处的防火封堵措施不应降低节点连接件的承载力、耐久性，且不应影响节点的变形能力。

（6）外围护系统与主体结构之间的接缝防火封堵材料应满足建筑隔声设计要求。

3. 保温设计

外墙的保温材料耐久性能不如主体材料，需得到良好的保护，或采用易维护易更换的构造形式。推荐采用夹心保温、内保温做法，温暖地区可采用外墙板自身保温。

采用夹心保温墙板时，内外叶墙板之间的拉结件宜选用强度高、抗腐蚀性好、耐久性高、导热系数低的金属合金连接件、FRP 连接件等，同时满足持久、短暂、地震状况下承载能力极限状态的要求，避免连接件形成冷桥，或连接件腐蚀造成墙体安全隐患。

预制外墙板的板缝处应保持墙体保温性能的连续性，在竖向后浇段，将预制构件外叶墙板延长段作为后浇混凝土的模板。

4. 防水设计

预制外墙板的板缝处要做好防水节点构造设计，需有材料防水和构造防水两道防水措施，主要连接节点形式有 T 形和一字形。

双面叠合外墙板"以堵为主"：在双面叠合墙板中间空心层浇筑混凝土，形成连续的现场混凝土立面层，阻挡雨水侵入，起到可靠的防水效果，可做到防水与建筑同寿命。

预制外挂墙板"以导为主，以堵为辅"：采用材料防水和结构防水相结合的原理，从外向内依次为建筑密封胶、泡沫条、防水密封胶条和耐火接缝材料。水平板缝中间的空腔通常做成高低缝、企口缝等形式，可有效避免雨水流入（图 4.3-9）。十字接头处需增加一道防

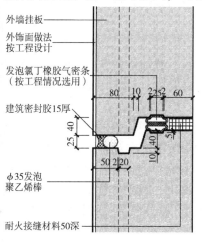 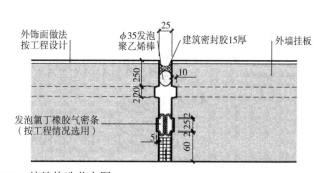

图 4.3-9 接缝构造节点图

水，避免因墙板相互错动导致漏水。一般每隔 3 层左右会增设一处排水管，将减压空腔中的水分有效排出室外。该防水构造对墙板安装精度要求高，且密封胶的使用寿命有效期一般为 15 ~ 25 年，过期需要更换。

4.3.5 设计集成

1. 结构设计集成

外围护系统应具备在自重、风荷载、地震作用、温度作用、偶然荷载等各种工况下保证安全的能力，并根据抗风、抗震、耐撞击性能等要求合理选择组成材料、生产工艺和外围护系统部品内部构造。

外围护系统与主体结构的连接节点、各部品之间的连接应传力路径清晰、安全可靠，满足持久设计状况下的承载能力、变形能力、裂缝宽度、接缝宽度要求，及短暂设计状况下的承载能力要求。宜避开主体结构支承构件在地震作用下的塑性发展区域，且不宜支承在主体结构耗能构件上。

预制混凝土外挂墙板系统采用夹心保温墙板时，内外叶墙板之间的拉结件应满足持久设计状况下和短暂设计状况下承载能力极限状态的要求，并应满足罕遇地震作用下承载能力极限状态的要求。

2. 设备管线设计集成

部品中的预留预埋应满足相关专业要求。

应充分考虑各类管线及幕墙、泛光照明、内装等专业需求，预留预埋位置应准确，不得在安装完成后的外围护系统部品上进行剔凿沟槽、打孔开洞等操作。

3. 屋面设计集成

装配式建筑的屋面围护系统应采用与外墙围护系统协调统一的模数网格，并宜与结构系统相协调。

构件尺寸应以满足防水、排水和保温、隔热功能为主，兼顾建筑装饰效果。

当屋面设置太阳能光伏系统和太阳能热水系统时，其采用的集电、集热部品设计安装位置及尺寸应与结构系统相协调。

装配式建筑存在缝隙，在屋面设计中需格外关注防水材料的选择与防水构造做法，避免屋面漏水，影响建筑质量与使用感受。

4. 部品部件设计集成

详图设计要解决好外墙板与外门窗、雨篷、栏板、空调板、装饰格栅等构件的构造连接节点，处理好保温、防火、防水等问题。外围护系统部品应成套供应，部品安装施工时采用的配套件也应明确其性能要求。

（1）门窗　门窗系统应选择合理的安装方式。节点设计时需采取相应断桥措施，避免形成冷桥，并考虑室外窗台滴水和披水的设置位置。当采用后装法，在双面叠合混凝土剪力墙上进行安装时，安装部位应预埋经防火处理的木砖。门窗系统需根据项目所处地区节能要求及窗户朝向，选择相应的遮阳形式。分为固定遮阳和活动遮阳。固定遮阳设施可与外墙板统一设计生产，但需考虑构件形状对运输便捷性的影响。也可在外墙上预埋螺栓等连接构件，遮阳构件另行生产，施工时进行后装。

（2）阳台及空调机位　预制阳台与空调机位属于悬挑构件，选择采用的形式与尺寸时，需考虑受力的合理性，与结构系统可靠连接。空调室外机搁板宜与预制阳台组合设置。

预制空调机位含预制混凝土空调机位和预制金属空调机位。预制混凝土空调机位又分为叠合板式和全预制式。预制金属空调机位质量更轻，被动房中常采用轻质金属空调板与点式固定的方式，避免冷桥风险。

（3）女儿墙　装配式建筑的女儿墙可预制也可现浇。预制混凝土女儿墙应用较广泛，可通过套筒灌浆连接，也可采用外挂板形式，与顶层墙板统一设计生产。女儿墙需根据高度及是否上人等条件，预先确定墙顶是否需设防护栏杆，并对防护栏杆的固定方式进行预留。

（4）外装饰　装配式建筑立面设计中，应尽量减少不必要的纯装饰构件，并尽可能将其与装配式墙板的划分相结合。外装饰构件应尽可能选用轻质材料，如金属、保温材料等。外装饰构件与主体结构件应有可靠连接，避免脱落造成安全隐患。也可通过在预制外墙板上预埋焊接件的形式固定。当外墙采用幕墙系统时，装饰构件荷载通过幕墙系统中的幕墙龙骨传递至主体结构。

5. 装配式墙面与墙体

（1）预制外墙

1）蒸压加气混凝土（ALC）外墙板。蒸压轻质加气混凝土外墙板，简称 ALC（Autoclavd Lightweight Concrete）外墙板，是以水泥、石灰、硅砂等为主要原料，再根据结构要求配置添加不同数量经防腐处理的钢筋网片的一种轻质多孔新型的绿色环保建筑材料。经高温高压、蒸汽养护，反应生产具有多孔状结晶的 ALC 外墙板，其密度较一般水泥质材料小，具有良好的耐火、隔声、隔热、保温等性能（图4.3-10）。

图 4.3-10　ALC 外墙板外观图

该产品具有以下特性：

①保温隔热（0.11 导热系数）：其保温、隔热性是玻璃的六倍、黏土的三倍、普通混凝土的十倍。

②轻质高强：比重0.5，为普通混凝土的1/4、黏土砖的1/3，比水还轻，和木材相当；立方体抗压强度≥4MPa。特别是在钢结构工程中采用 ALC 板作围护结构就更能发挥其自重轻、强度高、延性好、抗震能力强的优越性。

③耐火、阻燃（4 小时耐火）：ALC 外墙板为无机物，不会燃烧，而且在高温下也不会产生有害气体；同时，ALC 外墙板导热系数很小，这使得热迁移慢，能有效抵制火灾，并保护其结构不受火灾影响。

④可加工：可锯、可钻、可磨、可钉，更容易地体现设计意图。

⑤吸声、隔声：以其厚度不同可降低 30 ～ 50 分贝噪声。

⑥承载能力：能承受风荷载、雪荷载及动荷载。

⑦耐久性好：ALC 外墙板是一种硅酸盐材料，不存在老化问题，也不易风化，是一种耐久的建筑材料，其正常使用寿命完全可以和各类永久性建筑物的寿命相匹配。

⑧绿色环保：ALC 外墙板在生产过程中，没有污染和危险废物产生。使用时，即使在高温下和火灾中，也绝没有放射性物质和有害气体产生。各个独立的微气泡，使 ALC 外墙板产品具有一定的抗渗性，可防止水和气体的渗透。[⊖]

⑨经济性：因为厚度较小能增加使用面积，降低造价，缩短建设工期，减少暖气、空调成本，达到节能效果。

⑩施工方便性：因为加气混凝土产品尺寸准确、重量轻，可大大减少人力物力投入。板材在安装时多采用干式施工法，工艺简便、效率高，可有效地缩短建设工期。

2）复合夹芯保温外墙板。复合夹芯保温外墙板种类很多，主要有以下几种：

①钢筋混凝土类夹芯复合板。钢筋混凝土类夹芯复合板使用岩棉代替聚苯乙烯泡沫塑料作保温隔热材料。钢筋混凝土类夹芯复合板总厚为 250mm；其中内侧作为承重的混凝土结构层厚 150mm，岩棉保温层厚为 50mm，外侧的混凝土保护层厚为 50mm。钢筋混凝土类夹芯复合板可达到 490mm 厚砖墙的保温效果，具有节省建筑采暖能耗的作用。

外墙板一般自承重，兼有隔热、防水、装修等多种功能要求，因而大都采用高效保温材料（如聚苯乙烯泡沫塑料、矿棉等）与钢筋混凝土的复合板（或夹层板）和容重低于 1200kg/m³ 的轻集料混凝土板。生产多采用固定式平模、平模流水和机组流水等工艺，同时采用多种方式使外饰面达到装饰要求。楼板与屋面板基本上可以通用，大都采用标号为 200～300 号的混凝土实心或空心板。生产工艺基本上与外墙板相似。对这些板材还要注意节点接缝的构造处理。

②钢丝网水泥类夹芯复合板。钢丝网水泥类夹芯复合板是一类半预制与现场复合相结合的墙体材料，这类复合板可用于各种自承重墙体，在低层建筑中也可用作承重墙体。

它是以两片钢丝网将聚氨酯、聚苯乙烯、脲醛树脂等泡沫塑料、轻质岩棉或玻璃棉等芯材夹在中间，两片钢丝网间以斜穿过芯材的"之"字形钢丝相互连接，形成稳定的三维桁架结构，然后再用水泥砂浆在两侧抹面，或进行其他饰面装饰。

钢丝网水泥夹芯复合板材充分利用了芯材的保温隔热和轻质的特点，两侧又具有混凝土的性能，因此在工程施工中具有木结构的灵活性和混凝土的表面质量。

③聚氨酯夹芯复合板。聚氨酯复合板也称 PU 夹芯板。聚氨酯夹芯复合板通常以彩色镀锌钢板为外表面用材，经过数道辊轧，使其成为压型板，然后与液体聚氨酯发泡复合而成。

聚氨酯为芯材的复合板由上下层彩钢板加中间发泡聚氨酯组成，采用世界上先进的六组份在线自动操作混合浇注技术，可在线一次性完成社会配料中心或工厂的配比混合工艺，并可根据温度在线随意调整，从而生产出与众不同的高强度、节能型、绿色环保的建筑板材。

由于其防火防潮性能好，也常用于其他材料复合板的封边芯材，聚氨酯封边复合板采用高品质彩色涂层钢板为面材，连续岩棉、玻璃丝棉为芯材，高密度硬质发泡聚氨酯为企口填充，经过高压发泡固化，自动密实布棉并由超长双覆带控制成型复合而成，与传统挂棉围护材料相比，防火、保温效果更佳，性能更持久，安装便捷、外观雅致，是钢结构建筑围护材料的领先者。一般用于建筑物的屋面外层板，该板具有良好的保温、隔热、隔声效果，并且聚氨酯不助燃，符合消防安全。上下板加聚氨酯的共同作用，具有很高的强度和刚度，下层板光滑平整，线条明朗，增加室内美观度、平整度。安装方便，工期短，美观，是一种新型的建筑材料。

⊖ https://wenku.baidu.com/view/adf5edc56137ee06eff918f8.html

④GRC 复合外墙板。GRC 复合外墙板是以低碱度水泥砂浆为基材，耐碱玻璃纤维做增强材料，制成板材面层，内置钢筋混凝土肋，并填充绝热材料内芯，以台座法一次制成的新型轻质复合墙板。由于采用了 GRC 面层和高热阻芯材的复合结构，因此 GRC 复合墙板具有高强度、高韧性、高抗渗性、高防火与高耐候性，并具有良好的绝热和隔声性能。

生产 GRC 复合外墙板的面层材料与其他 GRC 制品相同。芯层可用现配、现浇的水泥膨胀珍珠岩拌合料，也可使用预制的绝热材料（如岩棉板、聚苯乙烯泡沫塑料板等）。一般采用反打成型工艺，成型时墙板的饰面朝下与模板表面接触，故墙板的饰面质量效果较好。墙板的 GRC 面层一般用直接喷射法制作。内置的钢筋混凝土肋由焊好的钢筋骨架与用硫铝酸盐早强水泥配制的 C30 豆石混凝土制成。按所用绝热材料分类，有水泥珍珠岩复合外墙板、岩棉板复合外墙板或聚苯乙烯泡沫板复合外墙板等。

3）轻质混凝土复合外墙挂板。钢结构住宅外墙围护部品的材料需考虑满足轻质、抗渗、抗冻等性能要求。因此，需要对外墙板用混凝土的配合比进行调整，从而提出了轻质混凝土的高性能要求：①表观密度 1900kg/m³ 以下；②外墙板强度 30MPa 以上；③抗渗等级 P10 级以上；④抗冻等级 F100 级以上。

根据混凝土的组成材料（胶凝材料、细骨料、粗骨料、水等），需采用降低浆体密度、砂浆材料表观密度和骨料密度等方式进行轻质混凝土材料配合比的适配调整。

高性能外墙围护部品集成性能主要考虑与保温、门窗、内外装饰等方面集成设计。在保温集成方面，考虑轻质混凝土外墙板空腔设置，可通过空腔位置填充挤塑板与外墙板一体浇筑成型，起到一定的保温作用，同时利用连接件将岩棉或挤塑聚苯等保温层固定在外墙板的内侧以实现保温一体成型。在内外装饰集成方面，外墙围护部品内装饰面则通过轻钢龙骨与外墙板预留接口固定，实现内装饰板与外墙板的一体成型，见图 4.3-11。

图 4.3-11 内装饰板与外墙板的一体成型

4）预制混凝土夹心保温外墙挂板。预制混凝土夹心保温外墙挂板是指在预制工厂加工完成的混凝土构件，由外叶墙板、保温层、内叶墙板通过专用连接件组合而成，具有建筑外围护墙功能且能满足保温性能要求，采用墙体预埋件以外挂形式与主体结构连接，简称外墙挂板。

外墙板的保温材料采用挤塑式聚苯乙烯隔热保温板。外墙挂板的外装饰材料可以采用石材、面砖、饰面砂浆及真石漆等。

（2）现场组装骨架外墙

1）CCA 板灌浆墙。CCA 板整体灌浆墙体是以 CCA 板（Chromated Copper Arsenate：压蒸无石棉纤维素纤维水泥平板）为面板、以轻钢龙骨为立柱，在其空腔内泵入混凝土而形

成的复合整体式实心墙体。墙体构造图及剖面节点如图 4.3-12 所示。[一]

该墙体主要有四方面的优点：

①节能环保。墙体主要原材料是黄砂、粉煤灰、EPS 颗粒（胶粉聚苯颗粒）、水泥等，材料开采和利用不会造成生态资源破坏，不含有害物质，绿色环保，并且龙骨可以回收，灌浆料也可粉碎处理循环利用。

②省地节材。墙体耗材少，节约资源。在室内，分室墙仅 90mm 厚，与传统墙（厚 150 ~ 200mm）相比材料节约很多，为室内空间增加了使用面积（4% ~ 8%）。

③性价比高。外墙外侧采用 10mm 厚高密度 CCA 板，内侧采用 8mm 厚的中密度 CCA 板，两层板之间灌 200mm 厚的 EPS 混凝土。经检测，该外墙（厚约 200mm）的承压保温等性能与 600mm 厚的普通黏土砖墙相似。另外，墙体因为是实心墙，吊挂能力强；又因为是轻质墙体，可以减轻基础和结构造价。

④施工速度快。CCA 板灌浆墙体施工操作简单，无须抹灰外饰面，速度快。又因为 CCA 板幅较大，减少了拼接接缝数量，节约时间和人力成本。

在保温性能方面，经研究发现，在 CCA 板灌浆墙中只要合理地调整 EPS 混凝土的配比，就可以达到较低的导热系数，实现很好的保温效果。研究人员对相应配比的 EPS 混凝土试块进行导热系数检测，检测结果 K 值为 0.106 ~ 0.136。上海建筑科学院对 CCA 板灌浆墙进行了传热系数试验，测得 220mm 厚的 CCA 板灌浆墙体的 K 值为 1.03，其 K 值相当于 600mm 厚砖墙的 K 值指标。[二]

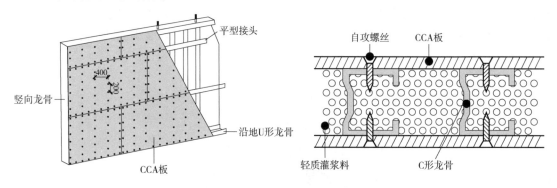

图 4.3-12　CCA 板整体灌浆墙体构造图及剖面节点

2）纤维水泥板轻质灌浆墙。纤维水泥板轻质灌浆墙系统是以优质轻钢龙骨为框架，用纤维水泥板为覆面板，在龙骨框架与纤维水泥板之间所形成的隔墙空腔中灌入轻质混凝土浆料而形成的实心轻质墙体，是一种新型的墙体。广泛应用于对防火、耐撞击有较高要求的建筑物的外墙及非承重内隔墙中。饰面需在灌浆施工完成后 28 天后进行。墙体构造图见图 4.3-13。[三]

（3）建筑幕墙

1）玻璃幕墙。玻璃幕墙（reflection glass curtainwall）是指其支承结构体系相对主体结构

　　⊖　http://www.hljshjc.com/html/13.html

　　⊜　http://page.lgmi.com/html/201106/13/5531.htm

　　⊝　http://www.jiancaixwb.com/news/0000392959.html

有一定位移能力、不分担主体结构所受作用的建筑外围护结构或装饰结构。墙体有单层和双层玻璃两种。

①框架支撑。框支撑玻璃幕墙是玻璃面板周边由金属框架支撑的玻璃幕墙，主要包括明框玻璃幕墙和隐框玻璃幕墙。

明框玻璃幕墙是金属框架构件显露在外表面的玻璃幕墙。它以特殊断面的铝合金型材为框架，玻璃面板全嵌入型材的凹槽内。其特点在于铝合金型材本身兼有骨架结构和固定玻璃的双重作用。明框玻璃幕墙是最传统的形式，应用最广泛，工作性能可靠。相对于隐框玻璃幕墙，更易满足施工技术水平要求。

隐框玻璃幕墙的金属框隐蔽在玻璃的背面，室外看不见金属框。隐框

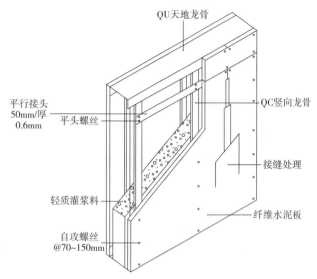

图 4.3-13　纤维水泥板轻质灌浆墙构造图

玻璃幕墙又可分为全隐框玻璃幕墙和半隐框玻璃幕墙两种，半隐框玻璃幕墙可以是横明竖隐，也可以是竖明横隐。隐框玻璃幕墙的构造特点是：玻璃在铝框外侧，用硅酮结构密封胶把玻璃与铝框粘结。幕墙的荷载主要靠密封胶承受。

②全玻幕墙。全玻幕墙是由玻璃肋和玻璃面板构成的玻璃幕墙。

全玻璃幕墙面板玻璃厚度不宜小于10mm；夹层玻璃单片厚度不应小于8mm；玻璃幕墙肋截面厚度不小于12mm，截面高度不应小于100mm。当玻璃幕墙超过4m（玻璃厚度10，12mm），5m（玻璃厚度15mm），6m（玻璃厚度19mm）时，全玻璃幕墙应悬挂在主体结构上。吊挂全玻璃幕墙的主体构件应有足够刚度，采用钢桁架或钢梁作为受力构件时，其中心线与幕墙中心线相互一致，椭圆螺孔中心线应与幕墙吊杆锚栓位置一致。吊挂式全玻璃幕墙的吊夹与主体结构之间应设置刚性水平传力结构。所有钢结构焊接完毕，应进行隐蔽工程验收，验收合格后再涂刷防锈漆。全玻璃幕墙玻璃面板的尺寸一般较大，宜采用机械吸盘安装。全玻璃幕墙允许在现场打注硅酮结构密封胶。全玻璃的板面不得与其他刚性材料直接接触。板面与装修面或结构面之间的空隙不应小于8mm，且应采用密封胶密封。

③点支撑。点支撑玻璃幕墙是由玻璃面板、点支承装置和支承结构构成的玻璃幕墙。其支撑结构形式有玻璃肋支撑，单根型钢或钢管支撑，桁架支撑及张拉杆索体系支撑结构。

④单元式幕墙。单元式幕墙是指由各种墙面与支承框架在工厂制成完整的幕墙结构基本单位，直接安装在主体结构上的建筑幕墙。单元式幕墙主要可分为单元式幕墙和半单元式幕墙（又称竖挺单元式幕墙），半单元式幕墙又可分为立挺分片单元组合式幕墙和窗间墙单元式幕墙。

2）金属与石材幕墙。金属幕墙是一种新型的建筑幕墙形式，是将玻璃幕墙中的玻璃更换为金属板材的一种幕墙形式，但由于面材的不同，两者之间又有很大的区别，所以设计施工过程中应对其分别进行考虑。由于金属板材优良的加工性能、色彩的多样性及良好的安全

性，能完全适应各种复杂造型的设计，可以任意增加凹进和凸出的线条，而且可以加工成各种形式的曲线线条，给建筑师以巨大的发挥空间，倍受建筑师的青睐，因而获得了突飞猛进的发展。金属幕墙所使用的面材主要有以下几种：铝复合板、单层铝板、铝蜂窝板、防火板、钛锌塑铝复合板、夹芯保温铝板、不锈钢板、彩涂钢板、珐琅钢板等。

石材幕墙通常由石材面板和支承结构（横梁立柱、钢结构、连接件等）组成，是不承担主体结构荷载与作用的建筑围护结构。

连接方式一般有以下三种。

①背栓式石材幕墙。

连接形式：采用不锈钢胀栓无应力锚固连接，安全可靠。

安装结构：采用挂式柔性连接，抗震性能高。多向可调，表面平整度高，拼缝平直、整齐。

②托板式石材幕墙。

连接形式：铝合金托板连接，粘结在工厂内完成，质量可靠。

安装结构：采用挂式结构，安装时可三维调整。使用弹性胶垫安装，可实现柔性连接，提高抗震性能。

③通长槽式石材幕墙。

连接形式：通长铝合金型材的使用，可有效提高系统安全性及强度。

安装结构：安装结构可实现三维调整，幕墙表面平整，拼缝整齐。

石材幕墙的面板一般选择天然材质、坚硬典雅、耐冻性较好、抗压强度较高的石材。但一般天然石材做高层建筑外墙有一定安全隐患，另外石材幕墙防火性能一般较差，防火等级高的建筑不宜采用。

3）人造板材幕墙。人造板材幕墙（artificial panel curtain wall）是面板材料为人造外墙板（除玻璃和金属与天然石材板以外）的建筑幕墙，包括瓷板幕墙、陶板幕墙、微晶玻璃幕墙、石材蜂窝板幕墙、高压热固化木纤维板幕墙和纤维增强水泥板幕墙。

这些新型幕墙材料，是进入 21 世纪以来主要由欧洲传入我国。该类产品在欧洲建筑幕墙上的应用，主要采取产品的应用技术认证，如英国的 BBA 认证和法国的 CSTB 认证等。这些面板材料在建筑外墙工程上应用的成套技术信息，在板材生产厂家的产品应用技术手册中可以查到。

人造板材幕墙按照人造板材幕墙面板的类别分，包括瓷板、陶板、微晶玻璃板、石材蜂窝复合、高压热固化木纤维板和纤维水泥板 6 类。人造板材幕墙适用于抗震设防烈度不大于 8 度地震区的民用建筑；应用高度不宜大于100m。

6. 装配式屋面

（1）桁架钢筋叠合屋面板　钢筋桁架楼承板（图 4.3-14）属于第三代钢结构配套楼承板，与普通的非组合压型钢板及组合压型钢板的板型有较大区别，是将混凝土楼板中的受力钢筋在工厂中加工成钢筋桁架，然后再与压型钢板电阻点焊为一体的钢楼承板产品。钢筋桁架采用高频电阻点焊组合，形成结构稳定的三角桁架，底部压型钢板板肋明显减小，只有2mm，几乎等于平板。

受力特点：作为较新一代钢楼承板，其受力模式更为合理，不再单纯依靠钢板提供施工阶段强度及刚度，其施工阶段强度和刚度由受力更为合理的钢筋桁架提供。在使用阶段，由

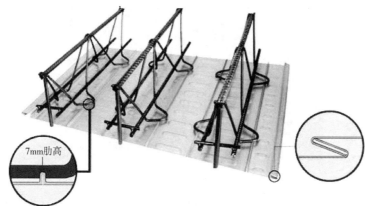

图 4.3-14　钢筋桁架楼承板

钢筋桁架和混凝土一起共同工作。镀锌底板仅作施工阶段模板作用，不考虑结构受力，但在正常的使用情况下，钢板的存在增加了楼板的刚度，改善了楼板下部混凝土的受力性能。

（2）预应力带肋底板混凝土叠合屋面板　常用的钢结构住宅楼板为普通现浇混凝土楼板和压型钢板组合楼板。现浇混凝土楼板成本低，需现场支设模板和脚手架，现场污染严重且工期较长，不易形成钢结构住宅装配化；压型钢板组合楼板可节省模板和脚手架，但因压型钢板需涂刷防火涂料，并加设吊顶，成本较高，不利于钢结构住宅的良性发展。而新型的PK 预应力混凝土叠合板（以下简称"PK 板"）则克服了以上两种楼板的不足，具有免模板、整体性好、施工方便、工期短、成本低的优势。

与传统的平板预应力叠合板相比，PK 预应力混凝土叠合板的优点主要体现在以下几点。

PK 预应力混凝土叠合板的预制构件为倒 T 形带肋预制薄板。由于设置了板肋，使得预制构件在运输及施工过程中不易折断，且可有效控制预应力反拱值。试验结果表明，叠合后的双向楼板具有整体性、抗裂性好，刚度大，承载力高等优点。

预制薄板板肋上预留长方形孔，孔内设置横向钢筋后形成双向受力楼板，同时叠合层混凝土浇筑后，肋上孔洞内混凝土可形成"销栓抗剪"效应（图 4.3-15），大大增强了叠合楼板的整体性。此外，预留孔洞还可方便布置楼板内的预埋管线。

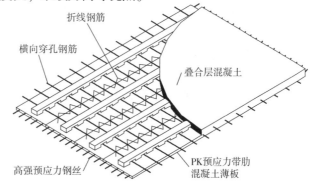

图 4.3-15　预应力带肋底板混凝土叠合板

PK 预应力混凝土叠合板底板实现工厂化制作，规模化生产，施工阶段无须铺设模板，仅需设置少量支撑，可有效节省木模板和支撑，减少现场作业量；施工简便、快捷，施工工业容易掌握，可有效缩短工期。

综合经济效益高。通过对已推广使用的工程项目统计，PK 预应力混凝土叠合板可比普通现浇板缩短 1/3 以上工期，同时每 m² 可节约钢材 4kg，总体降低工程造价约 30%，经济效益十分明显。

（3）预制预应力混凝土叠合屋面板

1）预应力空心屋盖板（图 4.3-16）。空心板截面高度的优化和材料的有效使用使其成

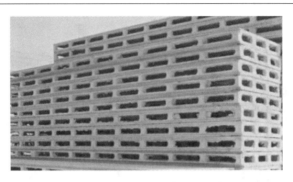

图 4.3-16　预应力混凝土空心板

为建筑行业中最可持续发展的产品之一。预制混凝土板具有沿着板体全长的管状空腔，使得板材比相同厚度或强度的块状实心混凝土楼板轻得多。在空心板的横截面中，仅在实际需要的部位使用混凝土，大部分被空腔所代替。例如，在 200mm 厚空心板中，横截面的 49.9% 由空腔构成。在 400mm 厚空心板中，空腔比例可能高达 55.6%。这既节省了混凝土材料成本，同时节约了竖向结构、基础和钢筋。

预应力空心板在工作负载时不会产生裂缝。与普通钢筋混凝土结构相比，也减少了楼板的挠度，因为整个空心楼板截面部分都有助于抵抗荷载。裂缝被消除后，钢筋可以更好地被包含起来，防止腐蚀，从而延长结构寿命。

当设计采用预应力空心楼板的建筑时，与传统的大量小跨度楼板相比，重量轻、大跨度的解决方案提供了更多的可能性。当住宅使用预应力空心楼板时，室内的隔墙通常采用是非承重墙，这为每套住宅平面的个性化设计提供了自由。

2）木桁架、檩条屋盖。

7. 装配式外门窗

我国不同的地区气候条件相差很大，当地门窗市场上的节能产品也多种多样。目前市场上常见的节能门窗主要有以下几种。

（1）断桥铝合金窗　隔热断桥铝又叫断桥铝、隔热铝合金、断桥铝合金。其两面为铝材，中间用塑料型材腔体做断热材料。依其连接方式不同可分为穿条式及注胶式。断桥铝合金型材热传导系数是普通铝合金型材三分之一左右，大大降低了热量传导。这种门窗比普通门窗热量散失减少一半，隔声量达 30 分贝以上，水密性、气密性良好，保温性、抗风压性都得到很大的提高。型材剖面及实物见图 4.3-17 和图 4.3-18。

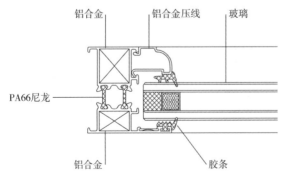

图 4.3-17　穿条式断桥隔热铝合金窗型材剖面大样图及实物图

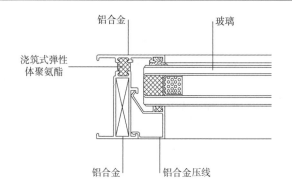

图 4.3-18 注胶式断桥隔热铝合金窗型材剖面大样图及实物图

断桥铝合金窗的优点如下：

1）保温隔热性好。隔热条和铝合金框分开的设计形成了断桥，传热系数 K 值为 $3W/m^2 \cdot K$ 以下。

2）因为采用了空腔设计，配合中空玻璃，断桥铝合金的隔声效果优秀。

3）断桥铝型材可实现门窗的三道密封结构，窗台处应有泄水孔，实现等压平衡，遵循内扇外孔、外扇内孔的原则，显著提高门窗的水密性和气密性，保证门窗的密封性能。

4）防火性能优于普通铝合金门窗。

5）断桥铝是一种绿色能源，生产和制作过程中不产生污染，型材可以回收。

6）具备极强的防盗性能。因断桥铝合金窗是由强度较高的铝合金材料组成，其中设置了防盗功能较好的配件和零部件等，可以有效地提升在建筑节能工程中使用断桥铝合金门窗的防盗功能，提高了对使用居民的人身财产和生命安全保障。

（2）塑钢窗　塑钢门窗的是以聚氯乙烯（UPVC）树脂为主，添加辅助材料后，挤出成型材，并在需要时在型材空腔中增加钢材以增加刚性的一种节能门窗。塑钢窗的型材剖面图见图 4.3-19。

塑钢窗的特性如下：

1）塑料的导热系数比铝合金低，塑钢门窗的保温性能优于铝合金窗。

2）配合胶条、结构胶水，塑钢窗可以形成密闭的系统。塑钢门窗气密性、水密性能优秀。

3）因为采用了空腔设计，配合中空玻璃，断桥铝合金的隔声效果很好。

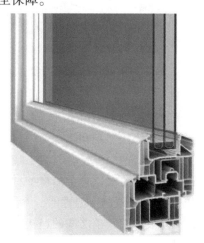

图 4.3-19 塑钢窗型材剖面示意图

但同时，PVC 材料强度较低，门窗的高度不能做大，不适合大型门窗。当使用于较大的门窗时，需要在空腔内增加衬钢，增加成本而且影响保温性能。防火性能比铝合金窗差，不能使用在防火要求高的地方。塑钢窗材料燃烧时会排放有毒物质，并不环保。塑钢框材用久了容易透风，接口处空隙太大无法粘合。虽然塑钢门窗随着腔体的增加，塑料型材本身的传热系数也相应地降低，但是腔体的增加是有限的，节能效果的提高有瓶颈。

（3）铝木复合门窗　铝木复合门窗是将铝合金材料和纯实木通过机械方式连接而形成

窗框窗扇型材的一种门窗。铝木复合门窗型材剖面见图 4.3-20。

铝木复合门窗是将隔热（断桥）铝合金型材和实木通过机械方法复合而成的框体。同时因为由两种材料组成，所以拥有两种材料的优点。铝木复合门窗内侧采用高级木材，既保持了木材天然的纹理，还可以根据不同的需求喷涂各种颜色的油漆，具有很好的观赏性和装饰性。而且木材的导热系数低，人体触感好，比断桥隔热型铝合金更为舒适。但是因为木材是不可再生的材料，所以铝木复合门窗并不环保。

（4）聚氨酯铝合金门窗　聚氨酯铝合金门窗的型材是由玻璃纤维与聚氨酯共挤的复合材料，以无纺玻璃纤维为增强相，聚氨酯为基体，通过拉挤工艺成型。型材剖面见图 4.3-21。

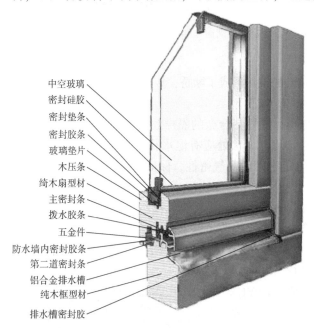

中空玻璃
密封硅胶
密封垫条
密封胶条
玻璃垫片
木压条
绮木扇型材
主密封条
拨水胶条
五金件
防水墙内密封胶条
第二道密封条
铝合金排水槽
纯木框型材
排水槽密封胶

图 4.3-20　铝木复合门窗型材剖面示意图　　　图 4.3-21　以玻纤增强聚氨酯作为型材主承载的木复合门窗型材剖面

聚氨酯铝合金门窗有如下特点：聚氨酯节能玻璃门窗框的核心聚氨酯的导热系数比铝小，节能效果比塑钢和铝合金门窗更好。其门窗型材系统是由玻璃纤维和聚氨酯树脂通过拉挤工艺而制得的一种复合材料。聚氨酯复合材料的生产速度快、有害物质挥发少，生产过程更加环保。聚氨酯铝合金门窗型材有较高的强度，不需要像塑钢门窗一样加衬铜，同时有着和 PVC 型材相近的保温性能，不需要使用隔热断桥；聚氨酯材料的线性热膨胀系数和玻璃接近，与玻璃、胶条之间的连接更加紧密，且变形较小，热胀冷缩或者风压变形不会造成漏气传热，因而气密性、水密性更好。

4.4　内装系统设计集成

4.4.1　基本方法

（1）模数协调原则　内装系统的隔墙、固定橱柜、设备、管井等部品部件，其尺寸不到 1m 的宜采用分模数 M/2 的整数倍；尺寸大于 1m 的宜优先选用 1M 的整数倍；内装系统的构造节点和部品部件接口等宜采用分模数 M/2、M/5、M/10。

内装部品部件的定位可通过设置模数网来控制，内装部品部件的定位宜采用界面定位法。

内装部品接口的位置和尺寸应符合模数协调的要求，采用标准化的接口。

（2）部品选择原则　内装设计集成和部品选型应按照标准化、模数化、通用化的要求，实现内装系列化和多样化。内装系统应考虑防火要求，选用耐火性能符合要求的内装部品。内装系统的部品和设备安装时，不应破坏其他系统的完整性、稳定性和安全性。

应结合内装部品的特点，采用适宜的施工方式和机具，最大化地减少现场手工制作及影响施工质量和进度的操作；杜绝现场临时开洞、剔凿等对建筑主体结构耐久性有影响的做法，严禁降低建筑主体结构的设计使用年限。

（3）协同原则　内装设计应与结构系统和外围护系统相关构件的深化设计紧密配合，在设计阶段应该明确预制构件的开洞尺寸及定位位置，并提前做好连接件的预埋。同时综合考虑内装系统与外围护系统的划分和接口。

内装设计应与设备管线设计集成，考虑设备管线的敷设方式、检修空间等。采用局部结构降板进行同层排水时，应在初步设计阶段结合项目的特征，合理确定降板的位置和高度。

4.4.2　系统选择

1. 整体卫浴体系

整体卫浴是由工厂生产、现场装配的满足洗浴、盥洗和便溺等功能要求的基本单元（图 4.4-1），作为模块化部品，配置卫生洁具、设备管线以及墙板、防水底盘、顶板等。

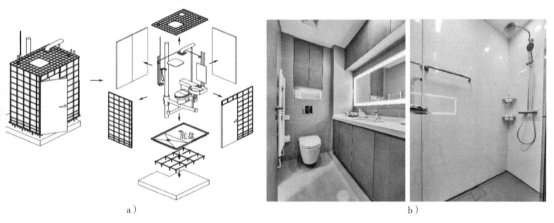

图 4.4-1　整体卫浴
a）构成示意图　b）实景照片

整体卫浴工厂预制、现场装配，整体模压、一次成型。不同于传统湿作业内装方式，采用整体卫浴系统，需要从住宅设计阶段就开始介入，建设方和设计方要先选定整体卫浴的提供方（部品商）。整体卫浴厂商需对内部空间进行优化，并精细化设计施工图。其主要性能特征有以下几点。

（1）采用防水盘结构，防水性和耐久性好。

（2）采用节水型坐便器、水龙头，节能环保。

（3）干净卫生，整洁美观。

2. 集成厨房体系

集成厨房是由工厂生产、现场装配的满足炊事活动功能要求的基本单元（图4.4-2），也是模块化的部品，配置整体橱柜、灶具、抽油烟机等设备及管线。

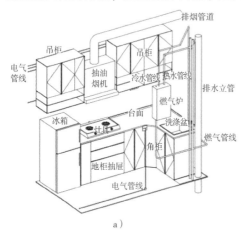

图 4.4-2　集成厨房

a）构成示意图　b）实景照片

集成厨房通常也称整体厨房。在同为强调"整体"概念时，在卫浴和厨房上存在一定的差别。整体卫浴，针对的是一个完整空间的卫浴模块全部在工厂预制完成之后，到施工现场进行整体模块组装；而整体厨房更突出的是部品、产品，柜体、台面、五金件等在工厂生产，到现场进行统一拼装；以及设备管线的集成，给水排水、燃气、采暖、通风、电气等设备管线集中设置、合理定位、统一安装。因此，对于厨房用"集成厨房"一词表述得更为准确。其主要性能特征有以下几点。

（1）集中配置厨房部品、产品，提升便利性。

（2）内装与设备管线集成，避免反复拆改或加改设备管线。

（3）干净卫生，整洁美观。

3. 系统收纳体系

系统收纳是由工厂生产、现场装配的满足不同套内功能空间分类储藏要求的基本单元（图4.4-3，图4.4-4），也是模块化的部品，配置门扇、五金件和隔板等。

系统收纳采用标准化设计和模块化部品尺寸，便于工业化生产和现场装配，既能为居住者提供更

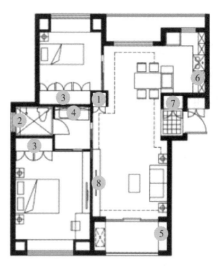

图 4.4-3　系统收纳示意图

1—过道收纳　2—卫生间收纳　3—卧室收纳
4—家务间收纳　5—阳台收纳　6—厨房收纳
7—门厅收纳　8—起居室收纳

图 4.4-4 系统收纳实景照片

为多样化的选择，也具有环保节能、质量好、品质高等优点。工厂化生产的系统收纳部品通过整体设计和安装，从而实现产品标准化、工业化的建造，可避免传统设计与施工误差造成的各种质量隐患，全面提升了产品的综合效益。设计系统收纳部品时，应与部品厂家协调，满足土建净尺寸和预留设备及管线接口的安装位置要求，同时还要考虑这些模块化部品的后期运维问题。

系统收纳的"系统"一词，突出了其分类储藏、就近收纳的特征，强调系统性。对于住宅项目来说，系统收纳通常分为专属收纳空间模块和辅助收纳空间模块。

系统收纳的主要性能特征：

（1）按需设置，便于灵活拆卸和组装。

（2）整洁美观，提升居住品质。

4. 部品选型

内装系统将工业化部品进行集成，部品选型作为非常重要的一个环节，需要在图纸深化设计之前进行。内装系统应优选品质优良的内装部品，并通过合理的构造连接保证系统的耐用性，以寿命短的部品更换时不损伤寿命长的部品为原则，将部品进行合理集成，可以通过定期的维护和更换，实现住宅的长期适用和品质优良。内装部品的选型在满足国家现行标准规定的基础上，优选环保性能优、装配化程度高、通用化程度高、维护更换便捷的优良部品，特别是高度集成化部品和模块化部品。此外，我国已将推行产品认证制度作为提高产品质量的重要手段。认证能指导使用者选购满意的产品，给生产制造者带来信誉，帮助生产企业建立健全有效的质量体系，在建筑工程领域是确保内装系统质量、保障相关方利益的有效手段。加强产品认证制度的推行，可有效降低工程质量的不确定性，提升内装系统的可靠程度。

4.4.3 性能要求

1. 隔墙性能

隔墙的宽度尺寸宜为 1M 的整数倍，厚度尺寸宜为分模数 M/10 的整数倍，分户墙的优先尺寸宜为 200mm，内隔墙的优先尺寸宜为 100mm。墙面的厚度尺寸应考虑标准化要求和构造需求，如免架空调平需求、收纳管线需求、设备集成需求等。

墙面和隔墙应与结构系统有可靠连接，应具备防火、防水、耐冲击等性能要求。应在吊挂空调等设备或画框等装饰品的部位设置加强板或采取其他可靠加固措施。墙面和隔墙应采取相应的构造措施满足不同功能房间的隔声要求，墙板接缝处应进行密封处理。墙面和隔墙所用的墙板饰面应符合不同室内空间要求的功能及效果表达，墙面和隔墙宜采用饰面与基层一体化的解决方案。

一体化墙板将满足功能与效果的饰面与基板进行集成，可快速组合安装，提高效率。装配式隔墙应符合抗震、防火、防水、防潮、隔声、保温等国家现行相关标准的规定，并应满足生产、运输和安装的要求。考虑隔声问题，楼电梯间隔墙和分户隔墙应采用复合空腔墙板，采取相应的构造措施满足不同功能房间的隔声要求，墙板接缝处应进行密封处理。

2. 装配式楼地面性能

架空地面做法需要基础地面更加平整，树脂螺栓利用专用胶进行固定夹地面承重层，饰面层直接覆盖装饰。架空地面应满足承载力的要求，并应满足耐磨性、抗污染、易清洁、耐腐蚀、防火、防静电等性能要求，厨房、卫生间等房间的楼地面材料和构造还应满足防水、防滑的性能要求。

3. 装配式吊顶性能

按照龙骨材料的不同分类，常用的吊顶为轻钢龙骨、铝合金与木龙骨吊顶等。钢龙骨防火、防潮、防霉，强度高、不易变形，大面积平顶时施工速度快。缺点是无法做出较复杂的造型。

木龙骨骨架易受潮变形，导致面板开裂，另外不防火、不防蛀，但是易切割、好加工，适于比较复杂的造型或者小面积吊顶。吊顶面板宜采用石膏板、矿棉板、木质人造板、纤维增强硅酸钙板、纤维增强水泥板等符合环保、消防要求的板材。

4. 整体卫浴性能

整体卫浴应与居住建筑套型设计紧密结合，在套型设计阶段应进行产品选型，确定产品的型号和尺寸。整体卫浴应保证防水性能，宜采用干式防水底盘。整体卫浴的地面应满足防滑要求。

整体卫浴一般采用同层排水方式，当采用结构局部降板方式实现同层排水时，应结合排水方案及检修要求等因素确定降板区域；降板高度应根据防水盘厚度、卫生器具布置方案、管道尺寸及敷设路径等因素确定。整体卫浴防水底盘的固定安装不应破坏结构防水层；防水底盘与壁板、壁板与壁板之间的连接构造应满足防渗漏和防潮的要求。整体卫浴的同层给水排水、通风和电气等管道管线连接应在设计时预留的空间内安装完成。

整体卫浴应在给水排水、电气等系统预留的接口连接处设置检修口。整体卫浴的地面应满足防滑要求。整体卫浴的给水排水、通风、电气管线应在其预留空间内安装完成，设计时应考虑预留安装空间，在与给水排水、电气等系统预留的接口连接处设置检修口。整体卫浴内不应安装燃气热水器。

5. 整体厨房性能

厨房是居住建筑中管线集中、容易出问题的部分之一，需要进行重点设计。在套型设计时应对集成厨房进行产品选型，在施工中应优先保证集成厨房的标准化空间。厨房非承重围护隔墙宜选用工业化生产的成品隔板，现场组装。成品隔断墙板的承载力应满足厨房设备固定的荷载要求。当安装吊柜和厨房电器的墙体为非承重墙体时，其吊装部位应采取加强措施，满足安全要求。厨房应采用防滑耐磨、低吸水率、耐污染和易清洁的地面材料。集成厨房门窗位置、尺寸和开启方式不应妨碍厨房橱柜、设备设施的安装和使用。

4.4.4　构造节点设计

1. 构件预留预埋

内装设计应与结构系统和外围护系统相关部件的深化设计紧密配合，在设计阶段应该明确构件的开洞尺寸及定位位置，并提前做好连接件的预埋（表 4.4-1），杜绝现场临时开洞、剔凿等对建筑主体结构耐久性有影响的做法，严禁降低建筑主体结构的设计使用年限。

表 4.4-1　与内装系统配合的构件需考虑的预留预埋

部位	需考虑的预留预埋
墙体	内装连接需要的埋件 预留厨房排烟管出口风帽、厨房止回风口 卫生间止回风口 空调交换机管道孔、空气净化机管道孔 预留给水管、同层排水横支管、同层排水坐便器的孔洞等
楼板	预留内装连接需要的埋件 楼板应根据设计需求和定位预留排水管出口 预制楼板底部预埋热水器吊挂螺栓装置、预制楼板底部预埋中央空调主机吊挂螺栓装置等情况需要考虑预埋加固点

2. 装配式墙面与隔墙架设计

墙面可采用架空方式，用螺栓或龙骨等形成空腔，满足墙面管线分离和调平要求。墙面架空空间可设置开关线盒，铺设强电线、弱电线等，应在满足需求的基础上尽量少占用室内空间。管线管道垂直穿行于轻钢龙骨隔墙，电气管线平行敷设于轻钢龙骨隔墙（图 4.4-5）。

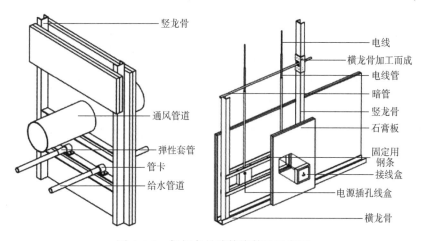

图 4.4-5　轻钢龙骨墙管线敷设示意图

3. 吊顶

吊顶可集成的有电气管线、给水排水管、排烟管、新风空调管线等，可根据需求设置全屋吊顶或局部吊顶。吊顶的高度尺寸应在满足设备与管线正常安装和使用的同时，保证功能空间的室内净高最大化。

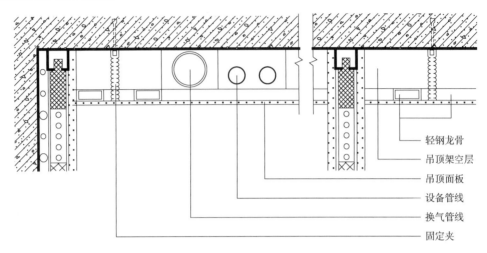

轻钢龙骨
吊顶架空层
吊顶面板
设备管线
换气管线
固定夹

图 4.4-6 装配式吊顶节点示意图

4. 装配式楼地面

根据不同建筑的特点和需求，装配式楼地面架空层的设置可采用通层设置或局部设置。

通层设置设备管线架空层，即整个平面内设置架空层，设备管线全部同层布置，有利于建筑平面布局的整体改造（厨卫均可移位），其缺点是建筑层高较高。局部设置设备管线架空层，是通过厨卫局部降板来实现管线的同层布置，其优点是节省层高，但厨卫房间要相对固定不能移位，不利于平面布局的整体改造。架空层可以用来敷设排水和供暖等管线，因此架空层高度应根据集成的管线种类、管径尺寸、敷设路径、设置坡度等因素确定。完成面的高度除与架空空腔高度和楼地面的支撑层、饰面层厚度有关外，尚取决于是否集成了地暖以及所集成的地暖产品的规格种类（图 4.4-7）。

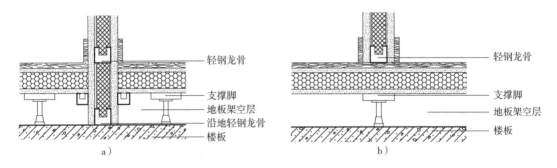

轻钢龙骨

支撑脚
地板架空层
沿地轻钢龙骨
楼板

轻钢龙骨

支撑脚
地板架空层
楼板

a)   b)

图 4.4-7 装配式楼地面节点示意图
a) 一般架空地板　b) 全分离体系架空地板

4.4.5 设计集成

1. 装配式墙面与墙体

目前装配式内装修系统中墙系统一般可分为两类：一类为墙面系统；另一类为墙体系统（内隔墙）。

（1）墙面系统　墙面系统是指在建筑主体施工阶段完成的结构墙体、外围护墙体及分户墙体的基础上，采用架空技术，面层铺设板材，在架空层铺设各类管线、开关插座或内保温材料等（图4.4-8）。

图 4.4-8　轻钢龙骨墙面技术

墙面系统可为结构主体与管线分离提供便利条件，避免装修过程中对墙体进行剔凿等破坏性作业。利用龙骨或螺栓等支撑体系可有效调节主体施工过程中产生的精度误差，减少二次湿作业找平工作。同时架空空间可敷设各类水电管线、开关面板等，便于后期使用过程中的维护检修。目前墙面系统主要应用到的产品主要包括龙骨（木龙骨、轻钢龙骨等）、基层板材（细木工板、石膏板、无机复合板等）、饰面材料（涂料、壁纸等）等。

对于外围护墙体，同时如果采用内保温工艺的话，可以充分利用贴面墙架空空间。与砖墙的水泥找平做法相比，石膏板材的裂痕率较低，粘贴壁纸方便快捷。管线与墙体分离技术做法可以将住宅室内管线不埋设于墙体内，使其完全独立于结构墙体外，施工程序明了，铺设位置明确，施工易管理，后期易维修。

一般常用的轻钢龙骨隔墙具有重量轻、强度较高、耐火性好、通用性强且安装简易的特性，有防震、防尘、隔声、吸声、恒温等功效，同时还具有工期短、施工简便、不易变形等优点。

目前墙面技术在国内推广中主要应用于住宅项目。由于其施工构造特点，需要在原墙体上进行支撑体系、基层板及面层的多工序干式施工作业。但其可利用架空空间布置管线，实现主体结构与管线的分离，保证主体结构的耐久性（图4.4-9）。

（2）墙体系统　墙体系统一般为建筑内分室隔墙，装配式建筑中建筑内分室隔墙一般采用轻质隔墙。目前轻质隔墙有较多可选择产品，每种产品均有各自不同的材料性质、产品特点、

图 4.4-9　架空墙面的螺栓和管线示意图

施工方法，同时在正常的施工水平操作下，各类产品在投入使用阶段呈现的使用情况及常见的质量问题亦不相同。

综合考虑装配式建筑的需求，轻质隔墙体系不仅应满足隔声、防火、防潮、强度、稳定性等性能要求，还应改变传统内隔墙的作业模式，实现工厂生产、现场装配，便于维护和拆除。现选取轻钢龙骨板材类型、加压蒸汽混凝土条板类型及GRC条板类型进行分析。

1）轻钢龙骨板材轻质隔墙。轻钢龙骨板材类轻质隔墙主要是由轻钢龙骨、纸面石膏板或其他类型板材组成的非承重隔墙系统，具有质轻、防火、隔声、抗震、保温、隔热、节省空间等优点，而且施工方便、加工性能良好，安装拆卸方便等特点（图4.4-10）。

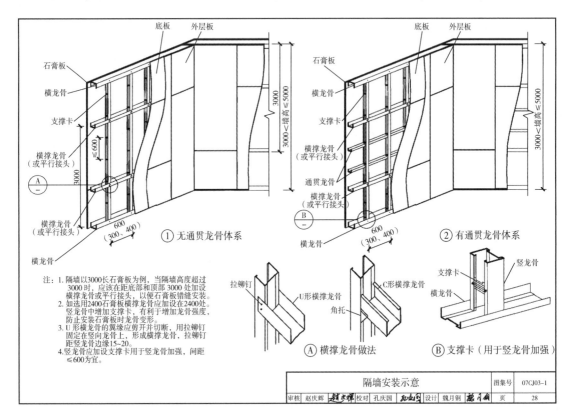

图 4.4-10　轻钢龙骨板材类轻质隔墙安装示意

以纸面石膏板为例，轻钢龙骨石膏板隔墙的主要构成部品为轻钢龙骨和石膏板，其工厂化生产程度较高，均可由生产厂家根据项目现场需要定制生产，各构件自重相对较轻，连接简单，现场组装方便，现场作业强度不大，施工综合效率较高。

轻钢龙骨石膏板隔墙系统已广泛运用于各种公共建筑和居住建筑中。该隔墙系统可根据使用环境对隔墙体的特殊性能要求选择不同种类的面层石膏板，如耐水系列纸面石膏板、耐火系列纸面石膏板、耐潮系列纸面石膏板等，是国内建筑内装工程中日益运用成熟及广泛的轻质隔墙系统解决方案。但在施工过程中需要注意选用符合标准的龙骨、板材，同时需对板材接缝处进行加强加固等防裂措施，避免后期裂缝的出现。

2）加压蒸汽混凝土条板轻质隔墙（ALC板）。加压蒸汽混凝土条板类（ALC）轻质隔墙板是一种节能墙材料，板两侧有公母榫槽，安装时将板材竖立起，公母榫槽涂抹嵌缝砂浆后对拼装起来即可。加压蒸汽混凝土条板是由无害化磷石膏、轻质钢渣、粉煤灰等多种工业废渣组成，经变频蒸汽加压养护而成。

　　ALC 墙板具有质量轻、强度高、多重环保、保温隔热、隔声、呼吸调湿、防火、快速施工等特点。生产自动化程度高，规格品种多。

　　ALC 板宜用作建筑内隔墙板。不宜用在：长期处于浸水或化学侵蚀环境；表面温度过高的部位；可能受到大的集中荷载或较大冲击的部位。内墙板主要用于框架结构体系的非承重墙，常见的板厚为 100mm、125mm 和 150mm。

　　我国的加气混凝土是新型墙体材料中发展最早、产能最大的品种，经过近几十年的历程，已形成材料生产、装备制造、配套材料供应和设计科研一套完整的工业体系。不同规格的加气混凝土条板是用大块坯体切割而成的，不存在钢筋混凝土构件模具的制造、折旧和报废问题，这又是对节能减排的贡献。只有把墙板转为使用标准化构件，而不是为特定项目"量身定做"的混凝土构件，才真正做到了标准化、定型化和工业化，而这正是加气混凝土条板的最大优势。

　　3）玻璃纤维增强水泥条板轻质隔墙（GRC 板）。玻璃纤维增强水泥条板（GRC）轻质隔墙是以特种水泥（水泥块、硬硫铝酸盐）为主要凝结材料，以沙子、膨胀珍珠岩做填充骨料，以耐碱玻璃纤维网格布增强，以立模浇注、震动成型的圆孔条形隔墙板。应用 GRC 轻质隔墙时，可利用板内中空部分敷设管线（图 4.4-11）可有效减少管线预埋工作。玻璃纤维增强水泥轻质墙板具有轻质、隔声、隔热、防火、可锯、可刨、可钻孔、易粘接等特点，可实现建筑室内灵活隔断，增加室内使用面积，可根据设计要求加工成任意长度。一般长 2.4～3m，宽 600m，厚 60mm、90mm、120mm。

图 4.4-11　GRC 条板中空部分可敷设管线

　　玻璃纤维增强水泥条板（GRC 板）使用时，宜选用机械成型工艺生产，并宜选用耐碱纤维和低碱水泥，双向保证。

　　隔墙应根据项目的隔声、防火、抗震等性能要求以及管线、设备设施安装的需要明确隔墙厚度和构造方式。应在吊挂空调等设备或画框等装饰品的部位设置加强板或采取其他可靠加固措施。隔墙应在满足建筑荷载、隔声等功能要求的基础上，合理利用其空腔敷设管线。可采用螺栓或龙骨等形成空腔，满足墙面管线分离和调平要求，在管线设备集中的部位宜设检修口。楼电梯间隔墙和分户隔墙应采用复合空腔墙板，采取相应的构造措施满足不同功能房间的隔声要求，墙板接缝处应进行密封处理。墙面的厚度尺寸应考虑标准化要求和构造需求，如免架空调平需求、收纳管线需求、设备集成需求等。

2. 装配式楼地面

　　装配式建筑倡导设备管线与主体结构分离，楼地面宜采用架空地板系统，架空层内敷设排水和供暖等管线。

　　地面架空系统一般由支撑体系、基层板组成地面装饰的基层系统。支撑体系一般为龙骨、支撑螺栓等；基层板一般为木板、水泥压力板或硅酸钙板等。架空地面实现管线与结构的分离。由于架空地面本身特点，减少了地面承载力，优化了结构荷载，同时为后期的保养与维修提供了一定的便捷条件。架空地面具有以下优势：方便管线布置、平整度良好、构造轻量化、环保、饰面种类丰富、维修便捷等。

　　楼地面应满足承载力的要求，并应满足耐磨、抗污染、易清洁、耐腐蚀、防火、防静电等性能要求，厨房、卫生间等房间的楼地面材料和构造还应满足防水、防滑的性能要求。楼地面应与设备管线进行协同设计，架空地板预留检修盖板，并推荐使用柔性防水材料。

架空空腔高度应根据集成的管线种类、管径尺寸、敷设路径、设置坡度等因素确定，同时需考虑楼地面的支撑层、饰面层厚度及地暖产品的规格种类。

一般适用于居住建筑和公共建筑。架空地面具有调平作用，采用螺栓架空体系时，根据支撑螺栓的产品特性，可进行高度调节，减少地面找平工作（图 4.4-12）。目前架空地面应用广泛的空间为各类机房。由于各类机房中管

图 4.4-12　架空地面模块

线较多，架空地面能够提供一定的空间满足管线敷设。由于其施工中无湿作业、灵活性较强，因此在装配式建筑中应用的比较广泛。

树脂螺栓架空地面为一种装配式楼地面，其地板下面采用树脂或金属地脚螺栓支撑。架空空间内可铺设设备管线，在安装分水器的地板处设置地面检修口，以方便管道检修。为了解决架空地板对上下楼板隔声的负面影响，可在地板和墙体的交界处留出 3mm 左右缝隙，保证地板下空气流动，达到隔声效果。

架空地面做法需要基础地面更加平整，树脂螺栓利用专用胶进行固定夹地面承重层，饰面层直接覆盖装饰。

根据地面材质，架空地面分为瓷砖（石材）地面架空系统、复合木地板地面架空系统、室外木塑地板地面架空系统、地毯（卷材）地面架空系统等，瓷砖地面架空系统构造节点详图如图 4.4-13 所示。

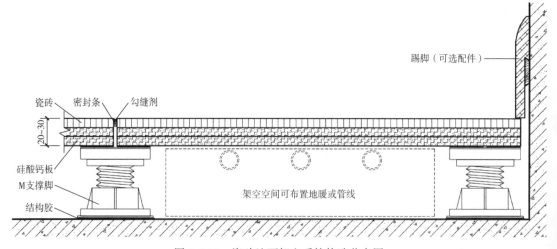

图 4.4-13　瓷砖地面架空系统构造节点图

在架空地面的基础上，结合干式地暖，形成干式地暖架空地面系统。干式采暖架空地面一般由四部分组成，分别是支撑组件、地暖模块、平衡层和饰面层（图 4.4-14）。

支撑组件的作用是对地暖模块进行支撑。埋设管线时可以适当选择架空部位，有利于施工操作和简化后期维护。支撑组件排布一般情况下可以根据实际情况进行合理调节。地暖模块在室内具有隔热、隔声的作用，可以保持室内恒温，室内空气可以循环流通，对人们身体健康有益。地暖模块内部包含地暖加热管和各种组件，平整铺设在表面。平衡和饰面层选用的板材，在铺设时应严格按照施工要求进行，施工过程中检查是否渗水、破裂和悬空，第一层铺设完成检查无误后方可铺设第二层。

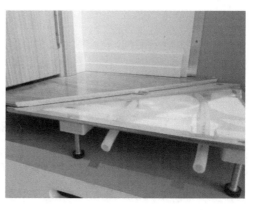

图 4.4-14　干式地暖架空地面模型

干式地暖架空地面主要应用于各类居住建筑中。无论是何种形式、何种种类的干式地暖，对地面基层平整度都有一定的要求，以便于保证地暖施工后的观感、质量和管材寿命。干式地暖的基层面架空空腔形成的空气层，也能够有效阻止热量下传，达到高效节能的目的。干式地暖架空地面的部品体系较多，厂家对于此类产品的研发思路各不相同，目前在装配式建筑中应用相对广泛。

3. 装配式吊顶

吊顶部品的选择，直接影响到吊顶的使用功能和耐久性，应结合室内空间的具体使用情况，合理选用吊顶形式及施工方法。吊顶宜采用集成吊顶，并在适当位置设置检修口（图 4.4-15）。

以下分别介绍常见的几种装配式吊顶形式。

（1）轻钢龙骨石膏板吊顶　轻钢龙骨石膏板吊顶是用轻钢龙骨作为受力骨架，以石膏板为面板而成的吊顶体系。饰面一般为涂料或壁纸。轻钢龙骨吊顶按承重分为上人轻钢龙骨吊顶和不上人轻钢龙骨吊顶。轻钢龙骨按龙骨截面分为 U 形龙骨、C 形龙骨、L 形龙骨。

第一种承载龙骨为 U 形龙骨（图 4.4-16）。这种龙骨的特点是水平龙骨可自由调节高度，吊顶系统高度占用少，占用室内净高较少，且水平龙骨只需要一层。缺点是每个 U 形卡均需使用膨胀螺栓固定于顶棚，施工效率低，对结构顶的破坏较大。

图 4.4-15　架空吊顶与管线结合

第二种承载龙骨为吊件式龙骨（图 4.4-17）。这种龙骨的特点是无须很多的吊点，施工速度快，对主体结构的破坏较小，但该吊顶形式需主次两层龙骨，主龙骨在上，次龙骨在下，占用较大的高度空间。

第三种承载龙骨为低空间龙骨（图 4.4-18）。该形式龙骨纵横两方向（可只布置一个方向）龙骨在同一个高度上，两种龙骨均为覆面龙骨，占高度空间少，且纵横两方向均有龙骨分布，适合空间比较低的房间使用。

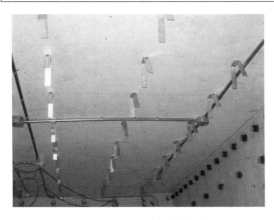

图 4.4-16　U 形龙骨吊顶

图 4.4-17　吊件式龙骨吊顶

以上三种龙骨各有特点，项目需针对不同户型的不同空间高度选择不同的吊顶龙骨，以达到具体的效果。如户型层高较低，可选用低空间龙骨体系。对于石膏板的选用，我国目前生产的石膏板种类较多，主要有纸面石膏板、装饰石膏板、石膏空心条板、纤维石膏板、石膏吸声板、定位点石膏板等。其中纸面石膏和装饰石膏最为常见。纸面石膏板是以石膏料浆为夹芯，两面用纸作护面而成的一种轻质板材。纸面石膏板具有质地轻、强度高、防火、防蛀、易于加工、安装简单等特点。

图 4.4-18　低空间龙骨吊顶

轻钢龙骨石膏板吊顶在居住建筑中的应用非常广泛，是家装工程中居室空间常用的吊顶做法。目前通过改良石膏板的防水性能而生产出的防水防潮石膏板，具有良好的防水性能和耐擦洗性能，也经常应用在厨卫空间内。

（2）轻钢龙骨扣板吊顶　轻钢龙骨扣板吊顶可根据所用板材材料不同分为铝扣板吊顶和矿棉板吊顶。以铝扣板为例，铝扣板是一种特殊的材质，质地轻便耐用，具有良好的装饰性、防潮性、防污性、阻燃性、耐腐蚀性等，被广泛应用于厨房和卫生间，能达到很好的装饰效果。同时由于铝扣板的规格多以 300mm × 300mm 为单元，可集成照明模块、通风模块等形成集成式吊顶。

轻钢龙骨矿棉板吊顶系统一般用于公共空间的吊顶，由于矿棉板具有一定的吸声作用，可用于会议室、办公室等有吸声要求的空间。

轻钢龙骨铝扣板（矿棉板）吊顶是较为成熟的吊顶形式，在国内已经有几十年的应用历史。目前铝扣板吊顶仍然是家装工程中最常使用的吊顶形式之一（图 4.4-19）。

图 4.4-19　轻钢龙骨铝扣板吊顶

（3）搭接式集成吊顶 在厨房、卫生间等空间，吊顶宽度在 1800mm 以内时，可以选用搭接式集成吊顶，免吊挂，免吊筋、免打孔易于拆卸，便于对顶部的管线进行维修（图 4.4-20）。

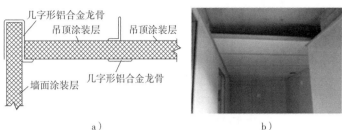

图 4.4-20 搭接式集成吊顶
a）构造示意 b）实景

该种吊顶形式的板材一般采用装饰一体板，目前这种板材在国内的推广处于初期阶段。业主对于装饰一体板的接受程度不一。

（4）软膜天花类 软膜天花始创于瑞士，自 20 世纪引入中国。这是一种近年被广泛使用的室内装饰材料（图 4.4-21）。软膜需要在实地测量出顶棚尺寸后，在工厂里制作完成。透光膜天花可配合各种灯光系统（如霓虹灯、荧光灯、LED 灯），营造各种氛围。

图 4.4-21 软膜天花吊顶示意图

软膜采用特殊的聚氯乙烯材料制成。软膜通过一次或多次切割成形，并用高频焊接完成。软膜天花具有防火、节能、防菌、防水、色彩、可塑性强、方便安装、抗老化、安全环保及良好的声学效果等。软膜天花主要由软膜、扣边条、龙骨三部分组成，采用干式工法施工。

软膜天花适用于住宅的居室、酒店、客房、办公空间、学校、商场、医院等空间的吊顶。现阶段一般应用在大型公共建筑中，目前一些居住类建筑中也在逐步应用此类产品。

4. 内门窗

装配式建筑内门窗系统应选用工厂化生产的集成门窗部品，并且出厂前应完成框、扇组装及五金安装后整体出厂，在此基础上进行安装施工，一般在完成洞口的装修后即可装配，降低安装过程的难度。

工业化建筑内门窗的技术要求：在设计阶段，室内门窗预留洞口应符合模数标准，施工时预埋附框等连接件，方便安装工人使用；室内门窗要符合保温、隔声、耐久性能等；内门窗的尺寸、样式、材料、性能参数等信息需要收录到建筑信息模型（BIM）中，并进行统一的编号。

内门窗由套装门窗、集成门窗套、集成垭口组成。

内门窗部品的选用应满足防火、隔声等性能要求，门窗部品收口部位宜采用工厂化门窗套。内门窗洞口宜为 1M 的整数倍，各功能空间内门洞口的优先尺寸可按表 4.4-2 采用。

表 4.4-2 各功能空间内门洞口的优先尺寸 （单位：mm）

项目	优先尺寸
起居室（厅）门洞口宽度	900
卧室门洞口宽度	900
厨房门洞口宽度	800，900
卫生间门洞口宽度	700，800
考虑无障碍设计的门洞口宽度	1000
门洞口高度	2100，2200

各门窗项目的主要技术内容见表 4.4-3。

表 4.4-3 各门窗项目的主要技术内容

项目名称	主要技术内容
铝合金门窗	该产品以隔热铝合金建筑型材作为框、扇、梃等主要受力杆件，与玻璃或面板、五金配件、密封材料等按照一定的构造组合而成，具有质量轻、强度高、便于工业化生产、精度高、立面美观等特点。产品性能应符合现行国家标准《铝合金门窗》（GB/T 8478—2020）的规定
塑料门窗	该产品由塑料型材加装增强型钢作为框、扇、梃等主要受力杆件，与玻璃或面板、五金配件、密封材料等按照一定的构造组合而成，具有保温、水密、气密、隔声、装饰效果好、电绝缘、耐腐蚀、组装效率高、易于回收等特点。产品性能应符合现行国家标准《建筑用塑料门》（GB/T 28886—2012）、《建筑用塑料窗》（GB/T 28887—2012）等规定
复合门窗	该产品由两种或多种复合而成的型材作为框、扇、梃等主要受力杆件，与玻璃或面板、五金配件、密封材料等按照一定的构造组合而成，能发挥不同材料特性，提高门窗及构件的相关性能，常见的有铝木复合门窗、聚酯复合门窗、铝塑复合门窗、钢塑复合门窗等。产品性能应符合国家现行相关标准要求
门窗用五金系统	该系统采用锌、铝等合金材料和不锈钢材料制成，传动部件采用冲压成形结构，具有高强度、高承重性和高密封性能。产品性能应符合国家现行相关标准要求
内置百叶中空玻璃	该产品由中空玻璃、内置百叶帘片和磁控手柄组成。隔声性能不小于 25dB，遮阳系数 SC 值在 0.2～0.6（普通中空玻璃），收展次数不少于 10000 次，启闭次数不少于 20000 次。产品性能应符合现行行业标准《内置遮阳中空玻璃制品》（JG/T 255—2020）的规定
节能型附框	该产品材质主要有木塑复合、聚氨酯、玻璃钢等，采用挤出或者轧制工艺制作而成，具有保温隔热、尺寸精度高、安装牢固、不易变形的特点。产品性能应符合国家现行相关标准要求

铝合金门窗截面图如图 4.4-22 所示。

5. 集成式厨房

集成式厨房是指由工厂生产的楼地面、吊顶、墙面、橱柜和厨房设备及管线等集成并主要采用干式工法装配而成的厨房。厨房是住宅的重要功能空间，其设计与设备设施配备是否合理关系到住宅能否达到宜居目标，因此在住宅建设中应该注重提高厨房的质量与性能。集成式厨房集成技术是实现以上目标的重要手段，以标准化设计和工业化生产最大化限度利用有限的使用面积，可提高厨房的功能性。因此，应在住宅建设中采用厨房标准化设计，按照模数原则，优化参数，确定厨房的定型设计和成套定型设备与设施，以满足住宅厨房的一系

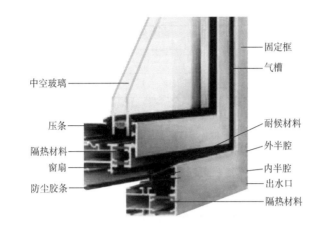

图 4.4-22　铝合金门窗截面图

图 4.4-23　集成式厨房

列要求。装配式建筑中应用的集成式厨房宜在建筑设计阶段进行产品选型，选用适当功能及规格的厨房系统，协调各类设备管线的敷设空间。

集成式厨房适用于居住建筑，宜采用经典、适用的厨房设计，提供功能齐备、使用便捷的空间，以最大限度地满足居住者的需求。平面布局可分为单排形、双排形、L形、U形、岛形等。

目前，我国的集成式厨房成套技术正在快速发展，产业标准化程度日趋提升，各类配套设备也开始普及，高度人性化设计的智能化厨房开始崭露头角，由于集成式厨房有功能性和集成性的优势，越来越多的住宅中开始应用。

集成式厨房应与建筑户型设计紧密结合，在设计阶段即应进行产品选型，确定产品的型号和尺寸。应合理设置洗涤池、灶具、操作台、排油烟机等设施，并预留厨房设施的位置和接口。

厨房内的给水排水、燃气管线等应集中设置、合理定位，与给水排水、电气等系统预留的接口连接处设置检修口。

集成式厨房墙板、顶板、地板宜采用模块化形式，实现快速组合安装。

集成式厨房的橱柜宜符合表 4.4-4 规定的优先尺寸。

表 4.4-4　橱柜的优先尺寸　　　　　　　　　　　（单位：mm）

项目	优先尺寸
地柜台面的完成面高度	800，850，900
地柜台面的完成面深度	550，600，650
地柜台面与吊柜底面的净空尺寸	不宜小于700，且不宜大于800
辅助台面的高度	800，850，900
吊柜的深度	300，350
吊柜的高度	700，750，800
洗涤池与灶台之间的操作区域	有效长度不宜小于600

6. 集成式卫生间

集成式卫生间是由工厂生产的楼地面、墙面（板）吊顶和洁具设备及管线等进行集成设计，并主要采用干式工法装配而成的卫生间。集成式卫生间的产品设计要统筹防水、给水、排水、光环境、通风、安全、收纳以及热工环境等专业，在工厂生产，运抵施工现场后进行组装完成，具有高效防水、质量可靠、干法施工、安装快速、环保安全及超长耐用等特点。

集成式卫生间的壁板从20世纪的单色SMC壁板和单色钢板，到十几年前的彩色SMC壁板，发展到目前的彩钢板壁板以及瓷砖壁板，甚至为适应国内市场需求，大理石壁板也开始出现，另外还有一种壁板为硅酸钙板。集成式卫生间的防水盘的主要形式有SMC模压成型，或者在防水盘基础上附加瓷砖、天然石等面材等。

集成式卫生间一般用于居住建筑，目前在新建项目和既有改造类项目中均有应用。但在应用前需结合建筑设计方案进行部品外观、尺寸选型和预留安装空间设计。

不同于传统湿作业内装方式，集成式卫生间的应用需要从住宅设计阶段就开始协同介入，建设方和设计方要优先选定集成式卫生间提供方（集成式卫生间厂商）参与设计协同。集成式卫生间厂商参与协同设计后，再对卫浴局部空间进行优化设计和精细化施工图设计。

集成式卫生间应与建筑平面设计紧密结合，在初步设计阶段应进行产品选型，确定产品的型号和尺寸。集成式卫生间宜采用干湿分离的布置方式。

集成式卫生间的设计应遵循人体工程学的要求，内部设备布局应合理，应进行标准化、系列化和精细化设计，且宜满足适老化的需求。

整体卫浴是集成式卫生间的一种类型，以防水底盘、墙板、顶盖构成整体框架，结构独立，配上各种功能洁具形成的独立卫生单元。在具备现场条件时推荐优先选用整体卫浴。整体卫浴的尺寸选型应与建筑空间尺寸协调，内部净尺寸宜为整体模数100mm的整数倍。整体卫浴的尺寸选型和预留安装空间应在建筑设计阶段与厂家共同协商确定。

整体卫浴一般采用同层排水方式，当采用结构局部降板方式实现同层排水时，应结合排水方案及检修要求等因素确定降板区域；降板高度应根据防水盘厚度、卫生器具布置方案、管道尺寸及敷设路径等因素确定。

整体卫浴防水盘与其安装结构面之间应预留安装尺寸，当采用异层排水方式时，不宜小于110mm；当采用同层排水后排式坐便器时，不宜小于200mm；当采用同层排水下排式坐便器时，不宜小于 300mm。整体卫浴的壁板与其外围合墙体之间应预留安装尺寸，当无管线时，不宜小于 50mm；当敷设给水或电气管线时，不宜小于 70mm；当敷设洗面器排水管线时，不宜小于 90mm。

整体卫浴的给水排水、通风、电气管线应在其预留空间内安装完成，设计时应考虑预留安装空间，在与给水排水、电气等系统预留的接口连接处设置检修口。整体卫浴内不应安装燃气热水器。

集成式卫生间最早在国内生产是 20 世纪 70 年代，随着近几年装配式建筑的兴起，作为装配式建筑核心部品之一的集成式卫生间又达到了高速发展期。目前集成式卫生间通常根据壁板的材质分为四类产品，分别为 SMC、彩钢板、复合瓷砖和硅酸钙板类。

（1）SMC 类型 SMC（Sheet molding compound）是一种不饱和聚酯树脂材料，常用作航空材料，因此又被称为航空树脂。此类产品一般可作为集成式卫生间的防水底盘、壁板及顶板。通常采用数控压机和精密模具，一次性成型，具有较好的防水性、强度、表面硬度和抗老化性。防水底盘、壁板及顶板表面可复合各种纹路的饰面，如木纹、石材纹等（图 4.4-24）。

（2）彩钢板类型 彩钢板类型的集成式卫生间是继 SMC 类型之后出现的一种新型集成式卫生间形式。壁板以彩钢板为表面材料，彩钢板通过覆膜等技术，可做成各类花纹，如木纹、石纹等。防水底盘及顶板一般采用 SMC 材质（图 4.4-25）。

图 4.4-24 SMC 材质壁板集成式卫生间

图 4.4-25 彩钢板材质壁板集成式卫生间

（3）复合瓷砖类型 复合瓷砖类型的集成式卫生间由于其表面材质为瓷砖或各类石材类产品，市场接受度较强。目前市场上复合瓷砖类的集成式卫生间主要有两种形式，一种为铝蜂窝板为背板，表面复合瓷砖；另一种为细木工板为背板，以方钢管为支撑结构，以聚氨酯为复合材料复合瓷砖。但此类产品由于表面瓷砖的易碎性，在生产、运输、安装过程中需要注意成品保护（图 4.4-26）。

（4）硅酸钙板类型 涂装硅酸钙板为壁板

图 4.4-26 复合瓷砖类壁板集成式卫生间

的集成式卫生间，防水底盘为复合 PE 材料，墙面为防水涂装板，饰面颜色可变。

此类集成式卫生间由于其壁板为涂装硅酸钙板，在各种型号的卫生间中适应性较强，可根据具体尺寸进行裁切，以达到使用要求。但在使用时，需要保证板材的防水性达标，以及拼缝处密封严实（图 4.4-27）。

图 4.4-27　硅酸钙板壁板集成式卫生间

7. 整体收纳

整体收纳是由工厂生产、现场装配、满足储藏需求的模块化部品。通常设置在入户门厅、起居室（厅）、卧室、厨房、卫生间和阳台等功能空间部位。

整体收纳的外部尺寸应结合建筑使用要求合理设计。收纳空间长度及宽度净尺寸宜为分模数 M/2 的整数倍。

整体收纳首先要考虑使用的目标人群及其生活方式，同时需在建筑设计阶段结合户型设计进行一体化设计。其次需要考虑住宅的全生命周期的理念，即随着家庭成员人口结构变化，满足家庭成员在不同时期的基本收纳需求，设计过程中要充分考虑适老、适幼设计。在坚持满足基本收纳需求的同时，要兼顾到个性化收纳的需求。在实施过程中还要考虑到维护的便利性和经济性，同时应用的产品必须满足绿色环保性。

在整体收纳的设计过程中，首先需要考虑的是人体工学，即满足人使用的方便性；其次根据不同使用空间的特性，设计不同形式的整体收纳设施。

（1）玄关收纳：玄关柜（图 4.4-28）。满足鞋子、应季外衣、帽子、包、钥匙、雨伞等物品的收纳需求。同时在功能上需要满足换鞋时的适老、适幼问题；以及充电功能、垃圾暂存等。

（2）厨房收纳：橱柜（图 4.4-29）。目前厨房已经发展到集成式厨房的阶段，即装饰设计基础上，增加部品集成设计，如将橱柜、油烟机、燃气灶具、消毒柜、洗碗机、冰箱、微波炉、电烤箱、挂件、水盆、各式抽屉拉篮、垃圾粉碎机等厨房用具和厨房电器进

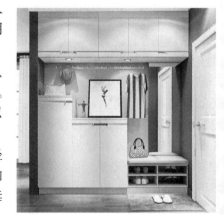

图 4.4-28　玄关收纳

行系统整合。结合人体工学，合理布置各类厨房用具。橱柜一般分为吊柜、地柜和台面操作空间三部分，吊柜、地柜可以配置不通透形式的拉篮、抽屉等功能五金件完善收纳。台面及吊柜、地柜之间的空间可以辅助各类五金挂件来实现收纳，如卷纸架、刀具架等。

（3）浴室收纳：浴室的主要功能是要实现洗漱、便溺和淋浴，要实现这些功能，需要对相应物品进行归类收纳（图4.4-30）。常用物品包括卷纸、便纸篓、洗厕用具、洗漱用具、医疗保健药品等。在做收纳设计时，首先要考虑各个品类的数量；其次需要注意物品的属性；最后还要考虑安全性，某些化学产品要防止被老人和小孩误食、误用，需存放在不易拿取的地方。

图4.4-29　厨房收纳

图4.4-30　浴室收纳

（4）卧室收纳：卧室内可以采用衣柜入墙的设计（图4.4-31）。其次通过增加床头柜的方法为卧室增加储藏空间。也可以利用转角平窗下的凹位设计储物柜，增加储物收纳功能。或利用上翻床或者抽屉功能床身，可以在床下存放床上织物、缝纫用品和不常用的物品。精细化的设计不仅充分利用了卧室空间，同时还不影响卧室的整体观感效果。

图4.4-31　卧室收纳

（5）客厅收纳：电视组合柜（图4.4-32）。在电视柜的基础上，增加储物空间，大大增强了整体的收纳性。沙发后墙壁收纳：沙发后面的墙壁，在有限的空间里，可用木板制作分层的收纳空间，可以根据使用者的需求摆放不同的物品。单独木板收纳：沙发旁边的墙壁，可选择使用木板，将木板固定在墙壁上，可有效增加收纳空间。

图 4.4-32　客厅整体收纳空间示例

（6）阳台及其他空间收纳：阳台的收纳功能一般有以下几类：洗衣晾晒、绿植存放、休闲空间和工具收纳等四类。在空间布置上，首先确定洗衣机、晾衣架等后期移动概率较小的大件物品的位置，其次分别布置可移动的小物件。同时阳台是住宅中通风最好的地方，可在阳台上设置收纳壁柜，将杂物集中收纳。其他收纳空间如图 4.4-33 所示。

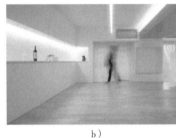
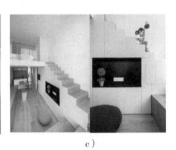

a）　　　　　　　　　　　b）　　　　　　　　　　　c）

图 4.4-33　其他收纳空间举例
a）梁柱空间　b）墙体转角　c）楼梯底部

第 5 章

结构设计

5.1 装配式钢结构体系概述

通常一提到装配式钢结构，大多数人的第一反应是钢结构本身不就是装配式吗？那么，装配式钢结构建筑与普通钢结构建筑到底有哪些区别？

（1）装配式建筑从系统功能上可分为主体结构系统、外围护系统、机电设备系统和内装修系统四大系统。装配式建筑以标准化设计、工厂化生产、装配化施工、一体化装修、信息化管理和智能化应用为六大典型特征。装配式钢结构建筑也不例外。

（2）装配式结构是指主要承重结构构件在工厂预制，现场装配而成的结构。从主体结构体系角度，传统钢结构与装配式钢结构没有本质区别，主体结构都是装配而成。装配式钢结构设计时，除与传统钢结构一样注重结构专业自身的安全性、合理性、可靠性、经济性之外，在装配方式上主导栓式连接、减少现场焊接；装配式钢结构住宅更注重结构体系与建筑户型的匹配，户型及构件的标准化、模数化、一体化设计。

（3）从围护系统和内隔墙角度来看，传统钢结构民用建筑的外围护墙及内隔墙多是二次砌筑湿作业砌块墙体，装配式钢结构建筑摒弃了传统的砌筑湿作业砌块墙体，外墙多采用幕墙、蒸压加气混凝土条板外墙系统（单一 AAC 条板外墙，AAC 条板＋保温装饰一体板组合外墙、双层 AAC 板夹心保温组合外墙）、轻质 PC 外挂墙板、UHPC 挂板、骨架式外墙等，内墙多采用条板、轻钢龙骨石膏板隔墙，注重装配化、管线分离、绿色施工。

（4）从内装修系统和机电设备系统来说，传统钢结构建筑采用毛坯方式，内装体系与结构体系不分离，设备管线与结构体系不分离；而装配式钢结构建筑，多采用支撑体与填充体分离的一体化内装体系（SI 体系：即支撑体"S"是指建筑主体结构，以及外围护结构和公共管井等长久不会改变的部分；填充体"I"包括建筑的全部内装系统，即架空地板、空腔墙体或轻质隔墙、吊顶等），使内装部品模块化、集成化、接口标准化，如集成卫生间、集成厨房。

（5）装配式钢结构建筑产业化不仅包括结构专业，同时包括建筑、结构、机电、设备、建材、部品、装修等全部专业；涵盖设计、生产、施工、验收、运营维护的建筑全生命周期，更注重一体化设计。

钢结构建筑主要承重构件由型钢、钢板等钢材通过焊接、螺栓、铆接连接而成，根据结构受力特点大致分为竖向承重结构和水平承重结构。竖向承重结构包括门式刚架结构、钢框架结构、钢框架支撑结构、筒体结构、巨型框架结构、钢板剪力墙结构等；大跨度水平承重结构包括空间桁架结构、张弦梁结构、弦支穹顶结构、网架结构等。钢结构建筑可广泛应用于工业建筑、公共建筑、商业建筑、住宅建筑等领域。

钢结构住宅是钢结构建筑的重要类别，其具有钢结构建筑的一系列特性，同时又具备一般住宅建筑的共性。装配式钢结构住宅特指由钢结构系统、外围护系统、机电设备系统、内装修系统等组成，部件部品采用装配式方式设计、建造的高层住宅建筑。装配式钢结构住宅有以下优势：

1）建筑工业化模式：构件生产工厂化、现场施工装配化、精度高质量好。

2）绿色建筑：节能、节地、节材、施工过程绿色环保。

3）抗震性能优越：安全性高、延性好、抗震性能优越。

4）构件占用面积小、得房率高：增加使用面积5%~8%。

5）空间分割灵活、户型可变：钢结构易于实现大跨度，室内非承重墙体可变。

6）工期短：工厂化生产，施工不受季节影响，构件装配便捷，缩短工期1/3~1/4。

伴随着装配式钢结构住宅的深入研究、发展及应用，在典型钢结构住宅体系的基础上涌现出更多的新型结构体系。典型钢结构住宅体系：①钢框架结构；②钢框架-支撑结构；③钢框架-钢筋混凝土核心筒结构。新型钢结构住宅体系：①异形柱钢框架-支撑结构；②钢管束剪力墙结构；③钢框架-金属阻尼墙结构；④钢框架-钢板剪力墙；⑤远大可建结构体系；⑥隐式钢框架-支撑；⑦隐式钢框架-延性墙板；⑧全装配钢框架-支撑；⑨全装配钢框架-延性墙板。

①钢框架

结构体系	适用范围	优点	缺点
钢框架	多层住宅、低烈度的小高层住宅	构造简单，建筑平面设计有较大的灵活性	中、高烈度区和高层住宅适用性较差

②钢框架-支撑

结构体系	适用范围	优点	缺点
钢框架-支撑	高层、超高层住宅	体系成熟，安全可靠，双重抗侧力体系，抗侧力效率高	支撑布置对建筑户型影响较大

③钢框架-钢筋混凝土核心筒

结构体系	适用范围	优点	缺点
钢框架-钢筋混凝土核心筒	高层、超高层住宅	双重抗侧力体系，抗侧刚度大，造价低	存在较多交叉作业和湿作业，钢-混交接界面施工难度较大

④异形柱钢框架-支撑

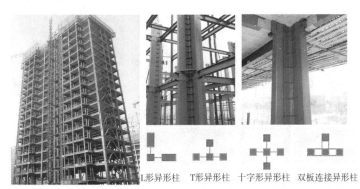

L形异形柱　T形异形柱　十字形异形柱　双板连接异形柱

结构体系	适用范围	优点	缺点
异形柱钢框架-支撑	高层、超高层住宅	异形柱与建筑布局相协调，户型适应能力较强	加工制作、施工难度大，用钢量较大

⑤远大可建体系

结构体系	适用范围	优点	缺点
远大可建体系	高层、超高层住宅	全螺栓快速装配施工，所有构件模块化	Y形柱对建筑户型和立面有较大影响

⑥钢框架-钢板剪力墙

结构体系	适用范围	优点	缺点
钢框架-钢板剪力墙	高层、超高层住宅	抗侧刚度大，舒适度好，墙体厚度较薄（混凝土剪力墙厚度的1/3）	现场焊接量较大，对现场施工质量要求较高

⑦钢管束剪力墙

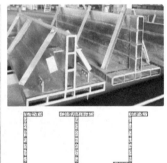

结构体系	适用范围	优点	缺点
钢管束剪力墙	高层、超高层住宅	户型布局灵活，不露梁和柱，得房率高	钢管束焊接量较大，现场施工质量要求较高 钢管束腔体较小，混凝土灌注质量不易保证 钢管束多为冷弯薄壁构件，耐久性较差，建议加大壁厚

⑧钢框架-金属阻尼墙和钢框架-延性墙板

结构体系	适用范围	优点	缺点
钢框架-金属阻尼墙 钢框架-延性墙板	高层、超高层住宅幕墙体系外墙	有良好的耗能效果，中、大震作用下可减小主体结构的损坏 墙体位置布置较灵活，对建筑户型适应性强	墙体连接构造较复杂，施工难度较大 墙体造价较高

5.2　结构选型

装配式钢结构建筑宜采用大开间大进深、空间灵活可变的结构布置形式，根据建筑功能、建筑物高度以及抗震设防烈度等条件选择下列结构体系。

1. 低层冷弯薄壁型钢结构体系

该体系为轻钢龙骨体系（图 5.2-1），适用于不大于 3 层且檐口高度不大于12m 的建筑；我国在 20 世纪 80 年代末开始引进欧美及日本的轻型装配式小住宅。此类住宅以镀锌轻钢龙骨作为承重体系，板材起围护结构和分隔空间作用。在不降低结构可靠性及安全度的前提下，可以节约钢材用量约 30%。

2. 钢框架结构体系

该体系适用于高度较低的建筑，见《建筑抗震设计规范（附条文说明）》

图 5.2-1　轻型钢结构住宅

（2016 年版）表 8.1.1，钢框架是由水平杆件（钢梁）和竖向杆件（钢柱）连接形成。地震区的高楼采用框架体系时，框架纵、横梁与框架钢柱的连接一般采用刚性连接。钢框架体系能够提供较大的内部使用空间，建筑平面布置灵活，能适应多种类型的使用功能；同时具有构造简单、构件易于标准化和定型化、施工速度快、工期短等优点。该结构体系技术比较成熟、应用广泛，但是因该体系抗侧移刚度仅由框架提供，当房屋层数较多或地震烈度较高时，采用纯框架结构时会造成构件截面较大而不够经济。

3. 钢框架-支撑结构体系

该体系由钢框架和支撑构成，支撑包括中心支撑、偏心支撑和屈曲约束支撑；中心支撑具有较大的侧向刚度，减小结构的水平位移、改善结构的内力分布；但支撑斜杆反复压曲后，其抗压承载力急剧降低。偏心支撑因有耗能梁段，与中心支撑相比具有较大的延性，屈曲约束支撑既能提高结构的刚度又具有耗能能力。抗震等级为一、二级的钢结构房屋，宜设置偏心支撑和屈曲约束支撑；抗震等级三、四级且高度不大于 50m 的钢结构宜采用中心支撑，也可采用偏心支撑和屈曲约束支撑等。采用钢框架支撑体系可以减小钢柱的截面尺寸，降低用钢量，并能够在一定程度上解决钢结构建筑室内空间的露梁露柱问题。

4. 钢框架-延性墙板（阻尼器）结构体系

该体系是由钢框架和延性墙板（阻尼器）构成，延性墙板包括钢板剪力墙、钢板组合剪力墙、内填竖缝混凝土剪力墙等；阻尼器包括金属阻尼器、摩擦阻尼器、粘滞阻尼器、粘弹性阻尼器等。延性墙板（阻尼器）作用与屈曲约束支撑相似，既能提高刚度又具有耗能能力，因而同样能够减小构件截面尺寸。但是钢框架-延性墙板（阻尼器）结构体系对建筑功能有更好的适应性，并且更有利于内外墙板的装配。

5. 钢框架-钢筋混凝土核心筒结构体系

该体系是由钢框架和混凝土核心筒构成。核心筒的内部应尽可能布置电梯间、楼梯间等公用设施用房，以扩大核心筒的平面尺寸，减小核心筒的高宽比，增大核心筒的侧向刚度。该体系的主要优点：侧向刚度大于钢框架结构；结构造价介于钢结构和钢筋混凝土结构之间；施工速度比钢筋混凝土结构有所加快，结构面积小于钢筋混凝土结构。

6. 筒体结构体系

该体系就是由若干片纵横交接的"密柱深梁型"框架或抗剪桁架所围成的筒状封闭结构。根据筒体的组成、布置和数量的不同，可将筒体结构分为框筒、筒中筒、桁架筒、束筒等。筒体结构是将密柱框架集中到房屋的内部和外围而形成的空间封闭式的筒体。其特点是抗侧刚度大，可以获得较大的自由分割空间，适用于层数较多的高层建筑。

7. 巨型结构

该体系是由巨型梁和巨型柱所组成的主结构与常规结构构件组成的次结构共同工作的一种高层建筑结构体系，包括巨型框架和巨型桁架等结构形式。该体系整体刚度大，体系灵活多样，有利于满足抗震需要。其中的次结构只是传力结构，故次结构中的柱子仅承受巨型梁间的少数几层荷载，截面可以做得很小，给房间布置的灵活性创造了有利条件。

8. 交错桁架结构

该结构体系是在钢框架结构体系的基础上，通过取消框架结构体系中间的柱子来增大结构的使用空间。同时为了不增大各个构件的截面尺寸，在框架的隔层增设腹杆形成桁架与钢框架组合的结构体系。由于在钢框架中增设腹杆形成桁架结构，进一步增强了结构的侧向刚度和竖向刚度，同时提高了结构的整体工作性能，进而实现了结构的大跨度。适用于各种具有内廊的住宅、旅馆和办公楼等建筑。

不同高度的钢结构住宅，可按照下列要求选择适宜的结构体系：①1 至 3 层钢结构住宅，可选择钢框架体系或冷弯薄壁型钢结构体系；②9 层及以下多层钢结构住宅，可选择钢框架结构体系、钢框架-支撑结构体系、钢框架-钢筋混凝土核心筒结构体系；③10 层及以上钢结构住宅，可选择钢框架-支撑结构体系、钢框架-屈曲约束支撑或延性墙板结构体系、钢框架-钢筋混凝土核心筒结构体系。

5.3 楼盖选型

楼盖相当于水平隔板，提供足够的平面内刚度，可以聚集和传递水平荷载到各个竖向抗侧力结构，使整个结构协同工作。特别是当竖向抗侧力结构布置不规则或各抗侧力结构水平变形特征不同时，楼盖的这个作用更显得突出和重要。楼板用于连接水平构件和竖向构件，维系整个结构，保证结构具有很好的整体性及结构传力的可靠性。显然，楼盖对于建筑结构设计具有重要意义。

装配式钢结构建筑的楼盖可选用叠合楼板、不可拆底模钢筋桁架楼承板、可拆底模钢筋桁架楼承板、支模现浇楼板，在保证楼板与钢梁可靠连接的前提下，可综合考虑建筑功能、施工要求、成本控制等因素综合确定。

1. 叠合楼板

楼板类型	优点	缺点
叠合楼板	整体性好，刚度大，节省模板，上下表面平整	竖向吊装多，占用起重机；拼缝常用吊模方式支模，地面平整度难保证，拼缝处支模费工费时，拆除难

2. 不拆底模钢筋桁架楼承板

楼板类型	优点	缺点
不拆底模钢筋桁架楼承板	可实现立体交叉作业 节省拆模时间和人工成本 大量减少模板及脚手架用量	楼板底面是镀锌钢板，需二次装修 常发生梁面预焊栓钉与桁架筋冲突的情况 静电屏蔽

3. 可拆底模钢筋桁架楼承板

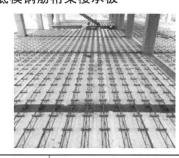

楼板类型	优点	缺点
可拆底膜钢筋桁架楼承板	大量减少现场钢筋绑扎；底模可回收利用；可立体交叉作业，多层楼板同时施工；大量减少模板及脚手架用量	底模拆除时也比较费时费力；常发生梁面预焊栓钉与桁架筋冲突的情况

装配式钢结构住宅宜采用可拆底模钢筋桁架楼承板。

5.4 构件选型

装配式钢结构建筑选型设计应充分考虑装配式建筑的特点，宜实现标准化设计、工厂化生产、装配化施工、一体化装修、信息化管理、智能化应用。其中，构件选型重点关注模数化、标准化、产品化及成本最优化，对相似构件进行合理归并，实现标准化设计、标准化制作、标准化安装，以大批量的标准化构件来降低成本。

5.4.1 框架柱的选型

框架柱有多种：方钢管（或矩形管）、圆钢管、H型钢、异形柱（L形、T形、十字形）等，可综合考虑建筑功能、布局方案、建筑效果、施工便利性、经济性等因素确定。

为实现经济性，也可选择填充混凝土的钢管柱，但需重点关注内灌混凝土的脱粘问题（图5.4-1）。规范《建筑结构检测技术标准》（GB/T 50344—2019）第7.4.3条规定"钢管混凝土受压柱内混凝土脱粘率大于20%或脱粘空隙厚度大于3mm时，不宜考虑钢管对混凝土的约束作用"。因此，选用钢管混凝土柱时应采取合理的措施保证质量，可采用的措施有：①构造（管内设加劲肋、栓钉）；②自密实混凝土的合理配比；③采用微膨胀混凝土；④试样先行。

图5.4-1 脱粘钻孔检测

装配式钢结构住宅建筑为避免露梁露柱，可采用隐式钢框架-支撑或延性墙板结构体系，将钢柱全部隐藏在建筑隔墙中。隐式钢框架结构是指框架柱采用长宽比2~5的矩形钢管混凝土柱的一种结构形式，钢柱截面宽度可取150~200mm，截面长宽比不宜大于5，截面较长时，应设置加劲肋、栓钉。隐式钢框架柱示意见图5.4-2，典型隐式框架体系平面布置案例见图5.4-3。

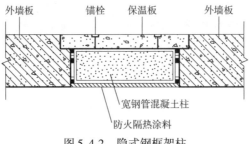

图5.4-2 隐式钢框架柱

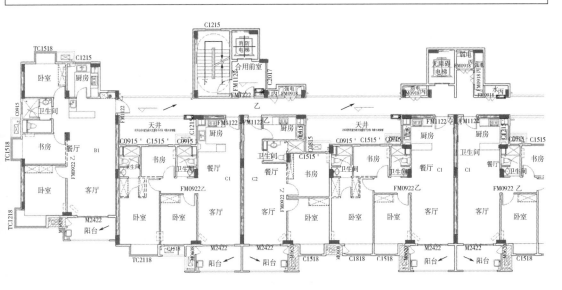

图 5.4-3　典型隐式框架体系平面布置案例

框架柱也可选用 H 型钢，其具有加工、安装方便的特点，但其弱轴方向侧向刚度较差，可以采用增设支撑的方式或在钢柱布置时进行强、弱轴的交替平衡。

5.4.2　框架梁的选型

钢框架梁宜选用窄翼缘的热轧 H 型钢，采用 H 型钢施工工艺简单、效率高，尽量避免设计异形的焊接 H 型钢，以免增加成本。

在低层和多层钢结构住宅中，采用高频焊接薄型 H 型钢具有较大的经济效益，其重量比普通热轧 H 型钢轻 20% ~ 30%，其抗弯模量 W 值可增加 15% ~ 25%。因此具有较好的力学特征，翼缘板平直，易于施工连接，节约钢材，降低了成本。

装配式钢结构住宅建筑为避免露梁，多采用窄翼缘 H 型钢或下翼缘窄、上翼缘宽的 H 型钢，通常梁的下翼缘取 150 ~ 200mm，保证钢梁可以隐藏在隔墙内，典型隐式框架梁柱节点参见图 5.4-4、图 5.4-5。

对于高端钢结构住宅项目，业主对室内净空的要求非常高，在楼面体系上遵循净高和结构安全性至上、经济性其次的原则，该情况下可采用梁板一体式钢结构体系，典型节点如图 5.4-6。

适用于焊接成柱方式的　　适用于热轧成柱方式的　　适用于壁柱的面外
局部内隔板节点　　　　　　双侧板节点　　　　　　对穿连接节点

图 5.4-4　典型隐式框架梁柱节点示意

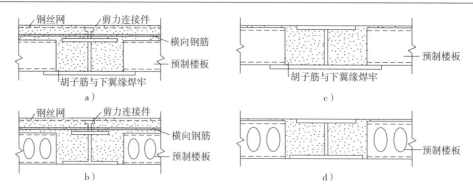

图 5.4-5　完全组合扁梁和半组合扁梁

a) 完全组合梁-板与梁垂直放置　　b) 完全组合梁-板与梁平行放置
c) 半组合梁-板与梁垂直放置　　d) 半组合梁-板与梁平行放置

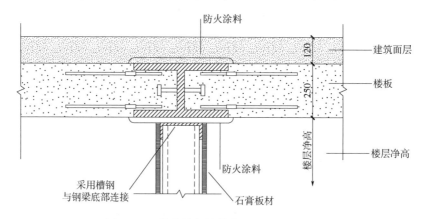

图 5.4-6　某高端钢结构住宅工程梁板节点

5.4.3　抗侧力构件的选型

装配式钢结构建筑的抗侧力构件可分为普通钢支撑、屈曲约束支撑、钢筋混凝土筒体（或剪力墙）、双层钢板内填混凝土组合剪力墙、纯钢板剪力墙、防屈曲钢板剪力墙、黏滞阻尼器、黏滞阻尼墙等，可根据钢结构体系的需求进行选用。

1. 钢支撑与屈曲约束支撑

常见钢框架-支撑体系包括普通支撑框架、偏心支撑框架、屈曲约束支撑框架等。普通支撑框架宜采用交叉支撑，也可采用人字支撑或者单斜杆支撑，不宜采用 K 形支撑，支撑框架间的楼盖长宽比不宜大于 3。偏心支撑应形成有效的消能梁段，在弹性阶段应有足够的刚度，在弹塑性阶段有良好的耗能作用，是适合强震区采用的支撑。屈曲约束支撑框架在结构中部分或者全部采用防屈曲约束支撑，宜采用人字支撑或者成对布置的单斜杆支撑，可以灵活地调整支撑强度和刚度的相对关系，并具有更稳定的承载能力和良好的耗能性能。

偏心支撑弹性阶段刚度接近中心支撑框架，弹塑性阶段的延性和消能能力接近于延性框架的特点，是一种良好的抗震结构。偏心支撑框架的设计原则是强柱、强支撑和弱消能梁段，即在大震时消能梁段屈服形成塑性铰，且具有稳定的滞回性能，即使消能梁段进入应变硬化阶段，支撑斜杆、柱和其余梁段仍保持弹性（图 5.4-7）。

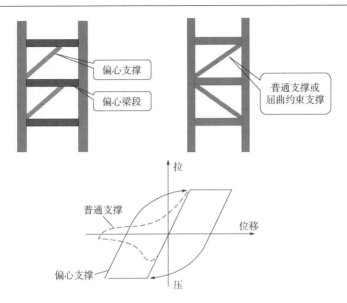

图 5.4-7　偏心支撑与普通支撑的滞回性能比较

在弹性阶段，屈曲约束支撑与普通支撑相当。进入中大震阶段时，屈曲约束支撑首先屈服耗能，起到"第一道防线"的作用，屈服顺序为：屈曲约束支撑→框架梁、普通支撑→框架柱，从而建立了更为合理的屈服耗能机制。在整个过程中，整体结构刚度有序逐步退化，保证了关键构件的性能，充分发挥了耗能构件的耗能作用，从而也体现了钢结构的延性优势。

钢支撑的布置原则：

（1）钢支撑应双向布置，但住宅建筑平面单元布置复杂，门窗开洞较多，且应考虑用户对隔墙灵活分隔的要求，支撑宜布置在楼梯、电梯间。

（2）12 层及以下的住宅钢结构可采用中心支撑，当采用钢管柱时，尚应注意支撑通过节点板时对钢管壁产生拉力，管壁局部存在较大的拉应力区，应采取加强环等可靠措施。

（3）12 层以上的住宅钢结构宜采用偏心耗能支撑，且应注意在耗能梁段上下翼缘设置可靠支撑措施。

（4）支撑形式可采用人字形支撑，或者单斜杆支撑，后者应按不同倾斜方向对称布置。

屈曲约束支撑是通过钢材的轴向拉压来消耗能量的元件，由内芯和约束部件构成。屈曲约束支撑既可以避免普通支撑拉压承载力差异显著的缺陷，又具有优良的耗能能力，充当主体结构中的"保险丝"，使得主体结构基本处于弹性范围内，可以全面提高传统的支撑框架在中震和大震下的抗震性能。对于有耗能需求的建筑，屈曲约束支撑的一方面需要有足够的层间变形，另一方面需要有布置空间。屈曲约束支撑的基本构造如图 5.4-8 所示。支撑的中心是钢芯，钢芯在工作时仅承担拉、压力，截面形式一般有一字形、十字形、H 形、工字形

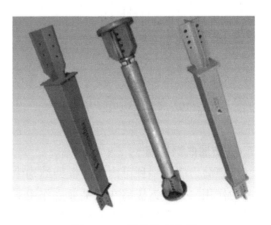

图 5.4-8　屈曲约束支撑

以及矩形等，常见的为十字形。为避免钢芯受压时整体屈曲，即在受拉和受压时都能达到屈服，钢芯被置于一个钢套管内，然后在套管内灌注混凝土或砂浆。在芯材和砂浆之间设有一层无粘结材料或非常薄的空气层，允许钢芯在外包材料中伸缩。屈曲约束支撑利用低屈服和特种钢材性能在平面内的剪切变形及塑性累积，通过合理构造从而显著耗散地震动输入结构的能量，具有性能稳定、耐久性好、环境适应性强、维护费用较低等优点。

2. 双层钢板内填混凝土组合剪力墙

双层钢板内填混凝土组合剪力墙是钢板剪力墙的一种形式（图 5.4-9），其提高钢板剪力墙延性的途径是利用混凝土来约束钢板的屈曲变形。与钢支撑相比，钢板剪力墙刚度大、延性好，与建筑设计易协调，因此在高抗震设防烈度区，已经有部分钢结构住宅项目开始尝试采用钢板剪力墙作为抗侧

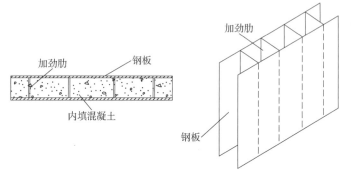

图 5.4-9　双层钢板内填混凝土组合剪力墙

力构件。但钢板剪力墙用钢量大，且加工制作要求高、施工难度大，多用于高层或超高层公共建筑。

3. 纯钢板剪力墙

纯钢板剪力墙是钢板剪力墙的一种形式，为防止钢板过早屈曲，可在钢板中开竖缝（图 5.4-10），把墙板的变形由剪切转化为弯曲，以提高墙板的延性，目前这种剪力墙已成功应用于多个装配式住宅项目，比如河南新天丰公寓项目（图 5.4-11）。

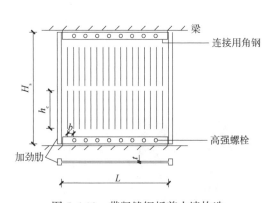

图 5.4-10　带竖缝钢板剪力墙构造

图 5.4-11　带竖缝钢板剪力墙（河南新天丰公寓）

4. 防屈曲钢板墙

钢板剪力墙是一种可内嵌在框架结构中的抗侧力构件，在正常使用情况下，它只承受水平剪力作用。普通钢板墙在水平剪力作用下易发生面外凸起形式的屈曲，屈曲后形成斜向拉力场，以拉力场中拉力带来平衡水平力。由于拉力带只能承受拉力，另一斜向压力场中压力带的受压屈曲临界荷载一般远低于其屈服承载力，因此压力场很容易就会发生面外屈曲。而

当反向作用时,需要先将之前已经发生面外屈曲的钢板带拉平后,才能形成拉力带,此时另一个斜向压力带也会同时产生面外屈曲,由于在这个过程中钢板剪力墙的抗侧刚度很小,因此滞回曲线会存在明显的捏拢。

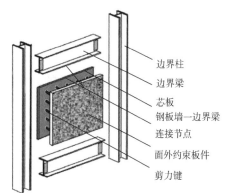

防屈曲钢板墙指不会发生面外屈曲的钢板剪力墙,由承受水平荷载的钢芯板和防止在板面外发生屈曲的部件组合而成,是针对普通钢板剪力墙易发生面外屈曲而改进的新型抗剪力耗能构件。它的基本组成如图 5.4-12 所示,主要依靠钢板的面内整体弯剪变形来平衡水平剪力。作为核心抗侧力构件,以钢板制成,通过剪力键与面外约束部件相连,防止芯板面外屈曲,使钢板墙的受剪屈曲临界荷载大于其抗剪屈服承载力,从而钢板墙只会发生剪切屈服而不是剪切屈曲,大大改善了其抗震耗能能力。同时面外约束板件还可以作为钢板墙的防火保护。提高钢板的屈曲承载力,可以在芯材面外设置约束板,或在芯板上焊接加劲肋。通过合理参数设计,可保证钢板墙在达到极限承载力之前都不会发生面外屈曲,此时钢板优先发生剪切屈服而耗能。相对于普通钢板剪力墙易整体剪切屈曲、滞回曲线捏拢严重的特点,防屈曲钢板墙不会发生整体剪切屈曲,滞回曲线饱满,耗能能力强。实验研究表明,防屈曲钢板墙与不设面外约束板件的普通钢板墙相比,初

图 5.4-12　防屈曲钢板墙的基本组成

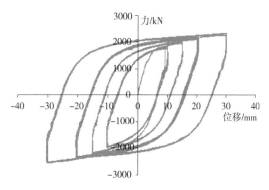

图 5.4-13　某防屈曲钢板墙的滞回曲线

始刚度可提高 30% 以上,承载力可提高 50% 以上。典型的防屈曲钢板墙的滞回曲线如图 5.4-13 所示。图 5.4-14 为上下两边连接防屈曲钢板墙的等效双支撑模型原理图。

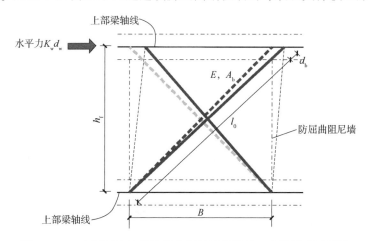

图 5.4-14　上下两边连接防屈曲钢板墙的等效双支撑模型原理图

图 5.4-14 中，阻尼墙参数（虚线部分）：阻尼墙抗剪切刚度 K_w；阻尼墙水平位移 d_w；阻尼墙上下侧钢梁之间的轴线距离（层高）h_f；阻尼墙宽度 B

等效交叉支撑简化模型参数（红线部分）：支撑长度 l_0；支撑轴向变形位移 d_b；支撑等效面积 A_b；支撑材料弹性模量 E

等效原则：交叉支撑形成的水平剪力—水平位移关系曲线与阻尼墙的剪力—位移关系曲线一致。

等效方法：用两个相互交叉的参数完全相同的支撑（BRW）模拟，BRW 的等效截面面积为：

$$A_b = \frac{K_w \left(h_f^2 + B^2\right)^{3/2}}{2EB^2}$$

若进行弹塑性分析，则可根据原理图确定关键力的参数，如支撑的屈服力：

$$N_{yb} = \frac{Q_y \sqrt{h_f^2 + B^2}}{2B}$$

式中，Q_y 为阻尼墙的屈服剪力。确定了力、刚度等参数，支撑模型和阻尼墙的屈服位移、极限位移均可保持一致，即简化模型理论上与阻尼墙的输出效果一致。与普通防屈曲钢板墙不同的是，等效交叉杆模型拉压杆应力应变曲线无强化段（图 5.4-15）。

该类型防屈曲钢板剪力墙造价适当、性能可靠、平面布置灵活，在装配式钢结构体系中的应用具有广阔前景。

5. 黏滞阻尼器

建筑结构中筒式黏滞阻尼器需设置在相对速度较大位置，适用于高烈度区变形较大的钢结构体系。黏滞阻尼器是根据流体运动的机理，特别是根据当流体通过节流孔时会产生黏滞阻力的原理而制成的，是一种与刚度、速度相关型消能器。一般由油缸、活塞、活塞杆、衬套、介质、销头等部分组成，活塞可以在油缸内作往复运动，活塞上设有阻尼结构，油缸内装满流体阻尼介质。当外部激励（地震或风振）传递到结构中时，结构产生变形并带动消能器运动，在活塞两端形成压力差，介质从阻尼结构中通过，从而产生阻尼力并实现能量转变（机械能转化为热能），达到减小结构振动反应的目的。黏滞阻尼器具有速度相关性，可在不改变结构刚度分布，具有耗能能力强、外形美观等诸多优点，在建筑工程领域得到广泛运用。筒式黏滞阻尼器的组成和安装方式如图 5.4-16、图 5.4-17 所示。

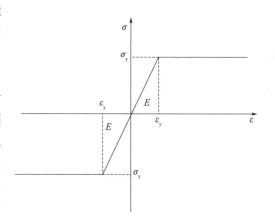

图 5.4-15　等效交叉杆模型拉压杆应力应变关系曲线

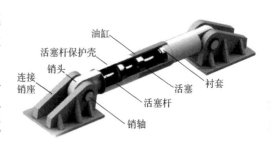

图 5.4-16　筒式黏滞阻尼器组成

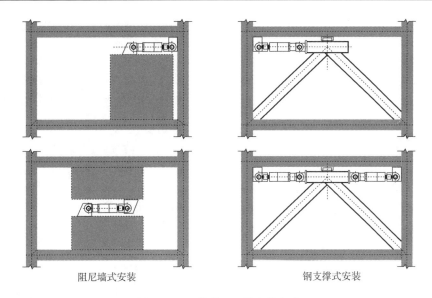

阻尼墙式安装　　　　　　　　　　钢支撑式安装

图 5.4-17　黏滞阻尼器安装方式

6. 黏滞阻尼墙

黏滞阻尼墙（图 5.4-18）主要由悬挂在上层楼面的内钢板、固定在下层楼面的两块外钢板、内外钢板之间的高粘度黏滞液体组成。地震时上下楼层产生相对运动，从而使得上层内钢板在下层外钢板之间的黏滞液体中运动，产生阻尼力。黏滞阻尼墙具有如下特点：①耗能减震效率高，并且对风振和地震作用均能发挥作用；②安装简便，施工误差对耗能减震效果影响小，其他类型的阻尼墙由于需要附加支撑，增加了施工难度；并且施工误差会显著降低耗能减震效果；③厚度较小，形状规则，安装后不影响建筑物美观；④耐久性好，几乎不需要维护。黏滞阻尼墙的安装方式如图 5.4-19 所示。

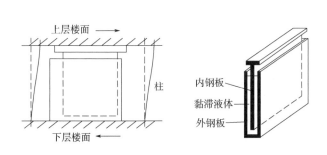

图 5.4-18　黏滞阻尼墙工作原理

图 5.4-19　黏滞阻尼墙安装

7. 墙板阻尼器

墙板阻尼器（图 5.4-20）主要用于减震设计，在日本已得到广泛的应用。上海宝钢2014 年从日本引进，其工作原理是通过竖向钢管束之间的摩擦增大阻尼，减小地震作用。该产品减震效果较明显，成寿寺 3 号楼（地上 16 层高 49m，8 度抗震，Ⅲ类场地）采用了该技术，最大水平位移减少约 20%；该产品体积小，施工安装方便，宽度较小，易与建筑布局相协调；该产品的缺点是部分材料需要国外进口，价格较高。

综合来看，该产品要在我国未来的高层建筑市场中占有一席之地，还需要做到以下 3 个方面：①设计理论和计算软件应尽快完善；②生产标准和施工验收规范应尽快配套；③实现完全国产化，降低成本。

图 5.4-20　墙板阻尼器（成寿寺 B5 项目）

5.5　节点构造

国外装配式钢结构体系发展早于我国，国外人工费高，更多情况下，钢结构连接节点通常选用全螺栓式连接，较少选用焊接连接方式，日本和欧洲钢结构常用连接方式如图 5.5-1、图 5.5-2 所示。

图 5.5-1　日本全螺栓式连接钢结构体系

图 5.5-2　欧洲全螺栓式连接钢结构体系

　　从结构角度讲，焊接和螺栓连接两种构造主要差别：①构造不同，传力方法不同，计算方法不同；②安装方式有很大的差别，螺栓连接快，且易拆卸；③现场焊接受制约因素很多，质量不稳定；④螺栓连接便于大批量工厂化生产，质量稳定；⑤焊接连接的刚度较大，但其延性相对较差，地震中容易撕裂，抗震性能不如高强螺栓好。

　　国家标准《装配式钢结构建筑技术标准》（GB/T 51232—2016）第 5.2.13 条规定"梁柱连接可采用带悬臂梁段连接、翼缘焊接腹板栓接或全焊接形式；抗震等级为一、二级时，梁与柱的连接宜采用加强型连接；当有可靠依据时也可采用端板螺栓连接的形式。"；第 5.2.17 条规定"装配式钢结构建筑构件的连接可采用螺栓连接，也可采用焊接。"。行业标准《装配式钢结构住宅建筑技术标准》（JGJ/T 469—2019）第 5.4.3 条规定"钢框架梁柱节点连接形式宜采用全螺栓连接，也可采用栓焊混合式连接或全焊接连接"。梁柱连接采用带悬臂梁段连接、翼缘焊接腹板栓接的典型节点如图 5.5-3、图 5.5-4 所示，钢框架梁柱栓焊混合式连接节点如图 5.5-5 所示。

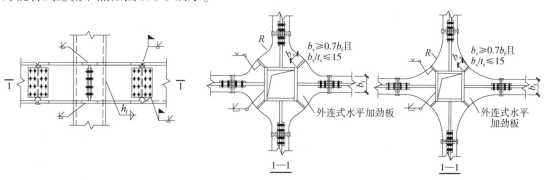

图 5.5-3　梁与箱形柱刚性连接

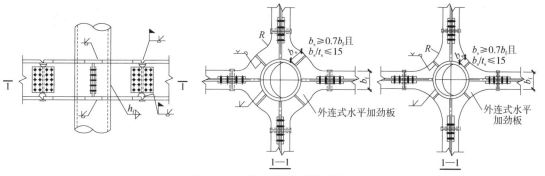

图 5.5-4　梁与圆形柱刚性连接

　　国外绝大多数现场安装是采用螺栓连接，我国多采用栓焊混合连接方式。主要有以下原因：①中国人力资源相对便宜，焊接造价相比螺栓连接便宜；②中国焊接技术工人多，在实际工程中可以靠人多来弥补焊接速度慢的短板；③螺栓连接对施工精度要求高，如精度不高很难保证螺栓 100% 穿孔，相对来说焊接容错性更高，堆焊缝总能连接上。但随着中国人力成本的逐年提高以及施工技术的提高，全

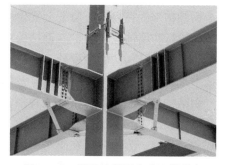

图 5.5-5　梁柱栓焊混合式连接节点

螺栓连接应用呈逐年增加的趋势。北京建筑大学张艳霞教授团队经过多年研发，提出了箱型柱内套筒式全螺栓节点（图5.5-6），实现了竖向构件全螺栓连接、高效装配，且力学性能优异，具体设计方法见中国钢结构协会团体标准《多高层建筑全螺栓连接装配式钢结构技术标准》（T/CSCS012—2021）。该新型全螺栓装配节点成功应用于首师大附中通州校区教学楼项目，典型工程照片见图5.5-7。

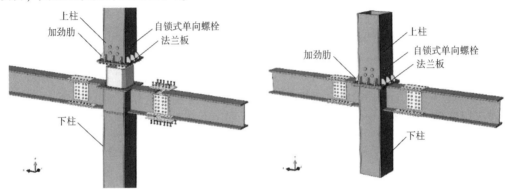

图 5.5-6　箱型柱内套筒式全螺栓节点

图 5.5-7　箱型柱内套筒式全螺栓节点实景图

5.6　钢结构防护

钢结构工程在自然环境下会发生腐蚀，进而影响钢结构的承载力和耐久性，因此必须对钢结构进行防腐蚀涂装防护。钢结构除了应重视前期防腐设计外，尚应高度关注后期防腐蚀维护。建筑钢结构防腐蚀设计、施工、验收和维护应符合现行行业标准《建筑钢结构防腐蚀技术规程》（JGJ/T 251—2011）及国家现行有关标准的规定。

钢结构涂料涂装防腐设计流程一般为：涂装工艺设计（含钢材表面处理工艺）→涂层配套体系设计（包括腐蚀环境分析、防腐寿命确定、材料选用、工况条件、经济成本）→外观色彩设计。当同时存在防腐和防火要求时，涂层组合建议从里往外分别为：底漆→中间漆→防火涂料→封闭漆→面漆，或底漆→防火涂料→封闭漆→面漆。在防腐使用年限内应根据定期检查和特殊检查情况，判断钢结构和其腐蚀是否处于正常状态。

建筑钢结构应根据其重要性、使用功能等与业主共同确定防腐设计使用寿命。防腐设计使用寿命分类见表 5.6-1。

表 5.6-1　防腐设计使用寿命

等级	防腐设计寿命/年
短期	2 ~ 5
中期	5 ~ 15
长期	>15

建筑钢结构可根据所处环境及已选定的防腐设计寿命按表 5.6-2 选用涂装防腐设计配套。常用防腐涂层配套见表 5.6-2。

表 5.6-2　常用防腐涂层配套

使用情况	防腐设计寿命等级	除锈等级	涂层	涂料品种	干膜厚度/μm（涂装遍数）各涂层厚度	总厚	备注
一般城市环境	短期（如临时建筑等）	Sa2	底漆	（铁红）醇酸底漆	80（2 遍）	160	涂装方案 1（厚浆型漆也可一道成膜）
			面漆	醇酸面漆	80（2 遍）		
		Sa2	底漆	（铁红）环氧底漆	60（1 遍）	200	涂装方案 2（较涂装方案 1 的性能更好）
			中间漆	环氧云铁	80（1 遍）		
			面漆	聚氨酯	60（2 遍）		
	中期	Sa2	底漆	环氧磷酸锌	60（1 遍）	200	涂装方案 3
			中间漆	环氧云铁	80（1 遍）		
			面漆	聚氨酯	60（2 遍）		
		Sa2 $\frac{1}{2}$	底漆	环氧富锌	50（1 遍）	210	涂装方案 4（较涂装方案 3 的性能更好）
			中间漆	环氧云铁	100（1 遍）		
			面漆	聚氨酯或氟碳或聚硅氧烷面漆	60（2 遍）		
	长期	Sa2 $\frac{1}{2}$	底漆	环氧富锌	70（1 遍）	280	涂装方案 5
			中间漆	环氧云铁	130（1 遍）		
			面漆	聚氨酯或氟碳或聚硅氧烷面漆	80（2 遍）		
		Sa3	底漆	无机富锌	70（1 遍）	280	涂装方案 6（较涂装方案 5 的性能更好）
			封闭漆	环氧涂料	30（1 遍）		
			中间漆	环氧云铁	100（1 ~ 2 遍）		
			面漆	聚氨酯或氟碳或聚硅氧烷面漆	80（2 遍）		

（续）

使用情况	防腐设计寿命等级	除锈等级	涂层	涂料品种	干膜厚度/μm（涂装遍数）		备注
					各涂层厚度	总厚	
用水房间、干湿交替、游泳池等	短期	Sa2$\frac{1}{2}$	可采用涂装方案 3，4				
	中期	Sa3	可采用涂装方案 5，6				
	长期	Sa3	底漆	无机富锌	80（1 遍）	360	涂装方案 7
			封闭漆	环氧涂料	30（1 遍）		
			中间漆	环氧云铁	170（2 遍）		
			面漆	聚氨酯或氟碳或聚硅氧烷面漆	80（2 遍）		
沿海（海边 2 公里内）或海岛等	短期	Sa3	可采用涂装方案 5，6				
	中期	Sa3	可采用涂装方案 7				
	长期	Sa3	底漆	热喷锌/铝	150	340	涂装方案 8
			封闭漆	环氧树脂	30（1 遍）		
			中间漆	环氧云铁	100（2 遍）		
			面漆	聚氨酯或氟碳或聚硅氧烷面漆	60（2 遍）		

注：表中防腐配套涂装方案给出的为典型示例，具体可根据工程特点调整。

建筑钢结构防火设计应符合现行国家标准《建筑设计防火规范（2018 年版）》（GB 50016—2014）、《建筑钢结构防火技术规范》（GB 51249—2017）、《建筑高度大于 250 米民用建筑防火设计加强性技术要求（试行）》公消（2018）57 号文的规定及消防主管部门的相关要求。

钢结构防火设计包括：确定建筑的耐火等级及其构件的耐火极限；确定典型构件的荷载条件；根据防护条件选择防火保护措施（包括防火涂料、防火板材、水泥砂浆或混凝土等类型）；明确所选防火材料性能指标，非膨胀型防火涂料可用等效热阻（R_i）或等效热传导系数（λ_i）表征其性能，膨胀型防火涂料采用等效热阻（R_i）表征其性能，非轻质防火涂料或材料需要注明质量密度（ρ）、比热容（c）、导热系数（λ）等；对非膨胀型防火涂料应注明其设计膜厚（d_i）；还应注明防火保护措施的施工误差和构造要求等。

钢结构常用防火方法有喷涂（抹涂）防火涂料、包覆防火板、包覆柔性毡状隔热材料和外包混凝土、金属网抹砂浆或砌筑砌体等，详见表 5.6-3。

表 5.6-3　钢结构防火方法

防火方法分类	做法及原理	保护材料	适用范围
喷涂法	用喷涂机将防火涂料直接喷涂到构件的表面	各种防火涂料	任何钢结构
包封法	用耐火材料把构件包裹起来	防火板材、混凝土、砖、砂浆（挂钢丝网、耐火纤维网）、防火卷材	钢柱、钢梁
屏蔽法	把钢构件包裹在耐火材料组成的墙体或吊顶内	防火板材（注意接缝处理，防止蹿火）	钢屋盖

钢结构住宅当要求梁柱不外露时，宜优先选择包封法进行防火保护。

5.7　典型案例

以沧州市天成岭秀钢构住宅项目为例（图 5.7-1）。沧州市天成岭秀天成住宅项目为商业开发项目，其中部分住宅（建筑面积约 16 万 m²）为政府安置房，按照河北省政策规定需采用装配式建筑。装配式住宅建筑的结构体系存在 2 种选择：装配式剪力墙结构和装配式钢结构。该项目位于河北省沧州市，由于沧州市附近没有大型混凝土预制构件厂，若采用装配式混凝土建筑，存在构件异地加工、运输的不利影响，此外该项目预制构件种类多，但批量小，无法形成大规模批量生产，因此在生产、运输、安装上会导致该项目成本大幅度提高。最终，通过装配式建筑技术调研和方案比较，最终确定采用装配式钢结构建筑。装配式钢结构住宅建筑方案形成是一个系统的推敲过程，规则化、标准化、模块化是控制成本、减小施工难度、形成批量效应的关键设计原则，结构方案与建筑户型的充分融合是规避缺陷的关键设计思想，遵循钢结构体系力学逻辑，发挥钢结构大空间优势，扬长避短，实现钢结构住宅户型布局的多样性和可组合性是其不同于传统住宅的重要特点。

图 5.7-1　项目总体效果图

5.7.1　建筑方案优化

首先对原有建筑方案基于装配式钢结构设计思路进行了优化，遵循钢结构特点，按照模块化组合、模数协调原则进行户型调整，优化后建筑平面布置见图 5.7-2。方案优化途径如下：①模块组合化：按照不同使用功能进行合理划分，确定户型模块，采用户型模块多样化组合形式；②模数协调化：实现部件和内装部品的标准化、系列化、通用化；③结构规整化：根据钢结构特点设计模块，结构布置规整、方正、轴线对位，减少柱子以实现大空间，充分发挥钢结构优势。

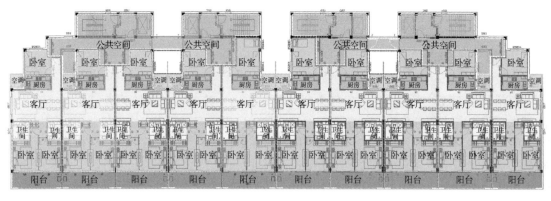

图 5.7-2　优化后建筑平面图

5.7.2　钢结构体系选型

该项目建筑功能为政府安置类住房，地下 3 层、地上 27 层，最大建筑高度 80m（图 5.7-3 ~ 图 5.7-6），设计基准期为 50 年，安全等级为二级，抗震设防类别为丙类，抗震设防烈度为 7 度（0.15g），建筑场地类别为Ⅲ类场地，设计地震分组为第二组，基本风压为 0.40kN/m² 。

图 5.7-3　建筑模型

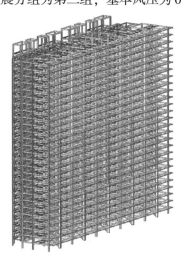

图 5.7-4　结构模型

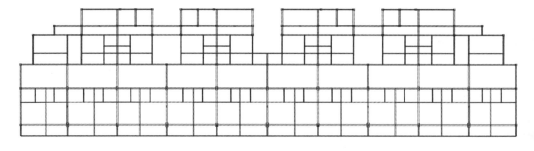

图 5.7-5　结构平面示意

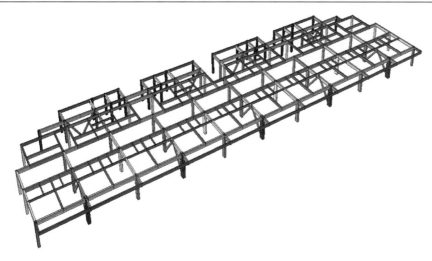

图 5.7-6　标准层结构布置

该项目定位为政府安置类住房,结构选型力求技术成熟、效率高、造价优、符合装配式建筑技术发展。设计思路为根据户型和承载力要求布置钢柱钢梁,同时在少量隔墙位置布置钢支撑,满足结构的抗侧刚度。该项目对钢管混凝土柱框架-支撑体系、钢框架-支撑体系、隐式钢框架-支撑体系进行了比选,对比数据见表 5.7-1。可以看到,钢管混凝土柱框架-支撑体系的单位面积用钢量最低、工程造价最经济、各项指标均衡、钢管柱截面尺寸相对合理。综合考虑本项目的定位标准、效果要求、投资控制等因素,确定采用钢管混凝土柱框架-支撑体系。梁截面宽度控制在 200mm 以内,与隔墙宽度对应,避免露梁。本工程为控制用钢量,框架柱截面宽度取 300、400mm,将框架柱偏置于阳台或卫生间,避免了露柱,实现建筑结构一体化设计。用钢量分布如图 5.7-7 所示。

表 5.7-1　各种钢结构体系数据分析对比

	矩形钢管混凝土柱钢框架-支撑体系	钢框架-支撑体系	隐式钢框架-支撑体系
柱尺寸	B300 × 300	B300 × 300	B200 × 300
	B300 × 550	B400 × 400	B200 × 500
	B400 × 700	B600 × 600	B200 × 700
	(Q355 + C55)	B600 × 800	B200 × 1000
		(Q355)	(Q355 + C55)
周期	T_1: 4.33s	T_1: 4.26s	T_1: 4.64s
	(0.76: 0.00: 0.24)	(0.75: 0.00: 0.25)	(0.88: 0.00: 0.12)
	T_2: 3.85s	T_2: 3.61s	T_2: 3.44s
	(0.00: 1.00: 0.00)	(0.00: 1.00: 0.00)	(0.00: 1.00: 0.00)
	T_3: 3.47s	T_3: 3.39s	T_3: 3.38s
	(0.25: 0.00: 0.75)	(0.33: 0.00: 0.67)	(0.22: 0.00: 0.78)
地震位移角	X: 1/388	X: 1/347	X: 1/310
	Y: 1/412	Y: 1/303	Y: 1/388
风荷载位移角	X: 1/1273	X: 1/1177	X: 1/1221
	Y: 1/566	Y: 1/523	Y: 1/601

（续）

	矩形钢管混凝土柱 钢框架-支撑体系	钢框架-支撑体系	隐式钢框架-支撑体系
剪重比	X：1.86%	X：1.87%	X：1.91%
	Y：2.55%	Y：2.61%	Y：2.46%
最大轴压比	0.8	0.8	0.8
用钢量	78kg/m²	97kg/m²	83kg/m²
*振型平动、扭转系数（X向平动：Y向平动：扭转）			

对于商品房或建筑品质要求较高的住宅项目，梁柱截面宽度宜均控制在200mm以内，主动控制避免露梁露柱。

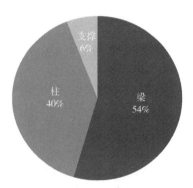

图 5.7-7　用钢量分布

各结构方案优选对比见表5.7-2。

表 5.7-2　结构方案优选对比

结构体系	体系特点	优选意见
钢框架-中心支撑	技术成熟、抗侧效率较高	备选
钢管混凝土柱框架-中心支撑	显著减小柱截面、减少室内露柱	中选
钢框架-偏心支撑	耗能减震，但刚度不足	不选
钢框架-剪力墙	现场浇筑作业量大，不够装配	不选
钢框架-延性墙板	造价较高，不符合安置房定位	不选
隐式框架-中心支撑	完全避免露柱，提高建筑品质	备选
钢管束剪力墙	构造复杂，现场浇筑作业量大	不选

1）钢框架-中心支撑：受轴压比控制，钢柱尺寸、壁厚较大，用钢量较大。

2）钢管混凝土柱框架-中心支撑：钢管混凝土柱尺寸合理，各项指标均衡，用钢量合理。

3）隐式框架-中心支撑：钢柱全部"隐藏"在建筑隔墙中，各项指标均衡，用钢量略大。

5.7.3　楼板选型

本项目对叠合楼板、可拆底模钢筋桁架楼承板、不拆底模钢筋桁架楼承板、支模现浇楼板进行了对比分析，具体优缺点见表5.7-3。经综合分析，确定采用可拆底模钢筋桁架楼承板，住宅建筑应避免静电屏蔽效应。

表 5.7-3　四种楼板优缺点对比

楼板类型	优点	缺点
叠合楼板	整体性好，刚度大 节省模板 上下表面平整	竖向吊装多，占用起重机 拼缝常用吊模方式支模，地面平整度难保证；拼缝处支模费工费时，拆除难
可拆底模钢筋桁架楼承板	大量减少现场钢筋绑扎 底模可回收利用 可立体交叉作业，多层楼板同时施工；大量减少模板及脚手架用量	胶木底膜平整度控制较差
不拆底模钢筋桁架楼承板	可实现立体交叉作业 节省拆模时间和人工成本 大量减少模板及脚手架用量	楼板底面是镀锌钢板，需二次装修（吊顶或刷防火涂料后刮腻子），以满足住户观感
支模现浇楼板	表面平整，产品质量好	需要现场绑扎钢筋 需要竖向支模，影响立体交叉作业 支模、拆模比较浪费时间

5.7.4　围护体系选型

外围护系统一直是装配式钢结构住宅发展的技术难点、痛点。现阶段可选用的典型外墙系统有：AAC 外墙板系统、轻质 PC 外墙板系统、轻钢龙骨复合外墙系统、幕墙系统。根据该装配式钢结构住宅的特点，选取了 4 种符合该项目特点和定位，同时满足 75% 节能标准的外墙做法（表 5.7-4）。轻钢龙骨复合外墙系统造价较高，隔声性能相对偏弱，住宅建筑应用较少；幕墙系统性能优越、造价高，多用于高档住宅；轻质 PC 外墙板系统在台湾钢结构住宅应用较多，其造价高、性能好，适用于风雨较大的沿海地区，其自重较大的特点与钢结构轻质高强的特点有些背离，对用钢量的影响较大；AAC 外墙板系统具有自重轻、导热系数低、耐火极限长、隔声性能好、耐久性高的特点，性价比较高，目前国内钢构住宅中应用比例达到 80% 左右，该体系已经成为钢结构装配式住宅建筑的主流选择。AAC 外墙板系统技术存在诸多优点，也存在技术短板，尚需在设计、施工方面持续改进，实现系统化设计、全过程施工控制。综合考虑工程造价和质量控制，本工程围护外墙采用 300mm 厚 AAC 板＋防水界面剂＋15～20mm 厚 A 级胶粉聚苯颗粒砂浆层＋真石漆涂料饰面。

表 5.7-4　本项目适用的外墙系统做法

外墙系统做法	工程造价/（元/m²）	外观效果	安全耐久
PC 板＋内保温	1100～1300	好	好
ECP 板＋保温＋AAC 内墙板	1000～1200	好	好
150mm 厚 AAC 板＋60mm 厚一体化保温板	700～800	好	中
300mm 厚 AAC 板	600～700	中	好

注：工程造价为 2017 年估算值，含辅材和外饰涂料，供参考。

该项目所在地气候分区为寒冷 B 区，执行《居住建筑节能设计标准（节能 75%）》（DB13（J）185—2020）节能 75% 的要求。该项目为 27 层板式建筑，朝向为南北向，体形系数 S 为 0.239。建筑外墙采用 300mm 厚 AAC 墙板（表 5.7-5）系统自保温体系，设计传热系数 K 为 0.44W/（$m^2 \cdot K$），建筑涂料为真石漆；外窗选用平开铝合金断热窗（5 + 12A + 5Low-E 中空玻璃），设计传热系数 K 为 2.0W/（$m^2 \cdot K$），气密性不低于 7 级。外门窗框或附框与墙体之间的缝隙采用岩棉类高效保温材料填实，其洞口周边缝隙的内、外两侧采用专用硅烷改性聚醚胶密封。

表 5.7-5　AAC 墙板性能参数

保温隔热材料	密度（kg/m^3）	导热系数 λ/［W/（m·K）］	导热修正系数	燃烧性能
AAC 墙板	≤525	≤0.110	1.10	A 级

5.7.5　装配率计算

该项目装配率计算以单体建筑为对象，按照《装配式建筑评价标准》（GB/T 51129—2017）进行（表 5.7-6）。

表 5.7-6　天成岭秀域府 10 号楼项目单体装配率计算

装配式建筑评分表（GB/T 51129—2017）						
	评价项	评价要求	评价分值	最低分值	应用比例	得分
Q_1 主体结构 （50 分）	柱、支撑、承重墙、延性墙板等竖向构件	35% ≤比例≤80%	20 ~ 30 *	20	100%	30
	梁、板、楼梯、阳台、空调板等构件	70% ≤比例≤80%	10 ~ 20 *		100%	20
Q_2 围护墙和内隔墙 （20 分）	非承重围护墙非砌筑	比例≥80%	5	10	90.4%	5
	围护墙与保温、隔热、装饰一体化	50% ≤比例≤80%	2 ~ 5 *		—	—
	内隔墙非砌筑	比例≥50%	5		50.2%	5
	内隔墙与管线、装修一体化	50% ≤比例≤80%	2 ~ 5 *		—	—
Q_3 装修和设备管线 （30 分）	全装修	—	6	6	100%	6
	干式工法的楼面、地面	比例≥70%	6		—	—
	集成厨房	70% ≤比例≤90%	3 ~ 6 *	—	—	—
	集成卫生间	70% ≤比例≤90%	3 ~ 6 *		—	—
	管线分离	50% ≤比例≤70%	3 ~ 6 *		—	—
合计						66

注：对于钢管混凝土柱框架中心支撑结构体系，框架柱采用钢管混凝土柱，钢管柱范围内楼面梁均采用钢梁时，该体系等同于钢结构体系。

装配率计算：

$$P = \frac{Q_1 + Q_2 + Q_3}{100 - Q_4} \times 100\%$$

式中　Q_1——主体结构指标实际得分值 $= 50$

　　　Q_2——围护墙和内隔墙指标实际得分值 $= 10$

　　　Q_3——装修与设备管线指标实际得分值 $= 6$

　　　Q_4——评价项目中缺少的评价项分值总和 $= 0$

本项目装配率为 66%，评价为 A 级装配式建筑。

5.7.6　节点构造

本工程梁柱节点采用栓焊混合式连接，节点构造及实景见图 5.7-8 ~ 图 5.7-10。

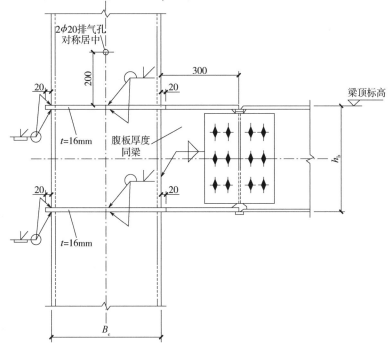

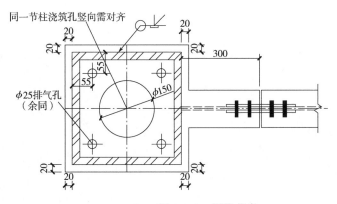

图 5.7-8　梁柱节点

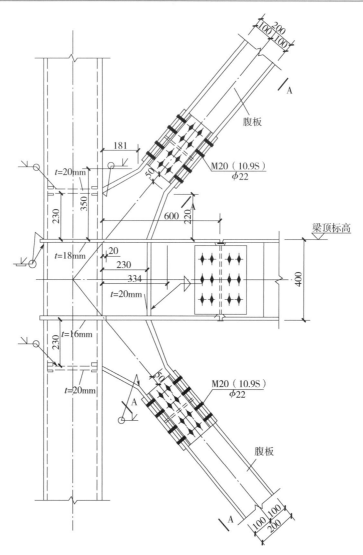

图 5.7-9　梁柱支撑节点

图 5.7-10　钢构件节点实景照片

对于装配式钢结构住宅设计，依据规范合理地放开"强柱弱梁"设计，实现节点构造简洁化。依据《建筑抗震设计规范（附条文说明）（2016 修订版）》（GB 50011—2010）第 8.2.5 条和《矩形钢管混凝土结构技术规程》（CECS 159-2004）第 6.3.3 条，不需要进行强柱弱梁验算的情况：

1) 与支撑斜杆相连的节点，即支撑框架节点。

2) 柱轴压比小于 0.4 的节点，通常为上部楼层框架节点。

3) 满足中震弹性设计框架柱对应的梁柱节点。

5.7.7　关于框架梁端隅撑节点构造

钢框架梁应采取措施保证受压翼缘的稳定性，传统的框架梁之间设置水平支撑的方式如图 5.7-11 所示，此做法适用于公共建筑，对于居住建筑应采取不影响住宅使用功能的方式。钢结构住宅建筑宜优先采用沿梁长设置间距不大于 2 倍梁高并与梁等宽的横向加劲肋的构造方式（图 5.7-12）；对于不采取任何构造加强措施的钢框架梁，可依据《钢结构设计标准（附条文说明）》（GB 50017—2017）第 6.2.7 条进行框架梁下翼缘稳定验算。

图 5.7-11　框架梁下翼缘隅撑布置

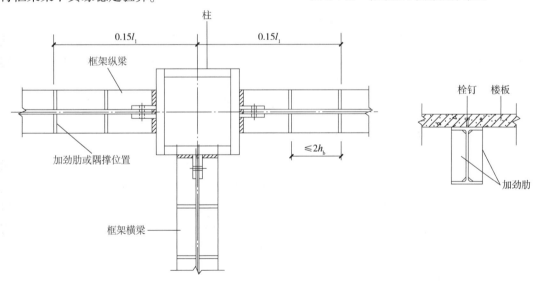

图 5.7-12　框架梁下翼缘加强侧向稳定的构造做法

第6章

设备与管线系统设计集成

6.1 概述

6.1.1 装配式钢结构建筑机电系统组成

建筑机电系统包括给水排水系统、建筑供暖、通风、空调及燃气系统和电气和智能化系统。

给水排水系统包括给水系统（中水系统）、热水系统、直饮水系统、冷却塔循环系统、排水系统、雨水系统以及消防系统等；而消防系统又包含室内消火栓系统、自动喷水灭火系统、雨淋系统、水幕系统以及高压细水雾系统等多个系统。根据建筑性质、规模不同，选用不同的系统。给水排水系统种类多，管线布置密；除冷却塔循环系统外，多为不超过 DN200 管径的管道。

空调及燃气系统包含空调风系统、空调水系统、供暖系统、通风系统、防排烟系统等。管线种类多，且主管道及设备占用安装空间大。

建筑电气与智能化系统包括变配电系统、动力配电系统、照明配电系统、防雷接地系统及安全措施、火灾自动报警系统、安全技术防范系统、信息设施系统、信息化应用系统、建筑设备管理系统等。装配式钢结构建筑电气设计，应根据建筑的结构形式合理选择电气设备和布线方式，应做到电气系统安全可靠、节能环保、设备布置整体美观，便于施工。

6.1.2 装配式钢结构建筑机电系统特点

与传统建筑相比，装配式建筑机电系统在系统选择及设备管材选型上更应考虑节能环保的要求。为保证主体结构的长寿命，机电系统应考虑在建筑全生命周期内管线设备的使用、维护以及更换等问题。设计上需要考虑管材设备如何在结构主体上预留预埋、管线设备如何与精装修结合进行管线分离布置等，同时管线设备宜选用使用年限较高的产品。为了和结构主体相一致，还应考虑机电系统的标准化、模数化、一体化设计。

6.2 设备和管线设计原则

6.2.1 基本要求

装配式钢结构建筑机电系统应符合国家和地方现行相关规范、标准和规程的要求。如《装配式钢结构建筑技术规范》（GB/T 51232—2016）中 5.4.1 中第 7 条和第 8 条要求：设备与管线穿越楼板和墙体时，应采取防水、防火、隔声、密封等措施，防火封堵应符合现行国家标准《建筑设计防火规范》（GB 50016）的规定。设备与管线的抗震设计应符合现行国家标准《建筑机电工程抗震设计规范》（GB 50981）的有关规定。

此外，装配式钢结构建筑机电系统还应满足绿色节能、环保、安全等相应要求。

6.2.2　设计原则

由于装配式钢结构建筑本身特性，装配式钢结构机电系统应满足集成化、标准化、模数化等要求。根据《装配式钢结构建筑技术规范》（GB/T 51232—2016）中 5.4.1 要求，装配式钢结构建筑设备与管线设计应满足以下原则：

（1）装配式钢结构建筑机电系统设备与管线应合理选型、准确定位（图 6.2-1）。为了合理利用空间，对各类设备与管线设计时，应综合设计，尽量减少平面交叉。设计中可以采用包含 BIM 技术在内的多种技术手段开展三维管线综合设计，对各专业管线在钢构件上预留的套管、开孔、开槽位置尺寸进行综合及优化，做好精细设计以及定位，避免错漏碰缺，降低生产及施工成本，

图 6.2-1　管线集中布置

减少现场返工。平面管线尽量减少交叉，交叉时按照小管让大管等原则；竖向管线尽量集中布置。

（2）装配式钢结构建筑机电系统设备与管线安装应满足结构专业相关要求。避免在预制构件安装后剔凿沟槽、开孔、开洞等，提前做好预留预埋。钢构件上的管线、设备及其吊挂配件预留的孔洞、沟槽宜选择对构件受力影响最小的部位。设备与管线应方便检查、维修、更换，且在维修更换时不影响主体结构。竖向管线宜集中布置于管井中。设计过程中各设备专业应与建筑结构专业密切配合，避免遗漏。

（3）装配式钢结构建筑机电系统采用管线分离设计，设备与管线宜在架空层、集成墙面以及吊顶内设置。公共管线、阀门、检修配件、计量仪表、电表箱、配电箱、智能化配线箱等应设置在公共区域。

（4）设备与管线宜进行模块化设计。

（5）装配式钢结构建筑的设备与管线宜采用集成化技术，选用便于现场安装、装配化程度高的设备管线成套系统，设备、管线、阀门、仪表等宜集成预制。例如：对于装配式钢结构住宅，宜采用装配式集成给水系统。

（6）装配式钢结构建筑内装宜采用管线、装修部品与主体结构分离的方式，利于后期业主根据实际使用情况变更装修；装配式装修工程应实现建筑结构、装修、设备一体化设计，结构、装修、设备安装施工有序衔接。

6.3 设备管线预留预埋

设备与管线安装应满足装配式钢结构建筑结构的安全性，对必须在预制构件上安装的设备与管线，应提前预留预埋（图6.3-1），避免在预制构件安装后剔凿沟槽、开孔、开洞等。与外围护系统相关的设备管线不应影响外围护系统的整体热工性能及水密、气密、抗风等性能要求，在检修更换时，不应影响外围护系统的性能及使用寿命。

图6.3-1 钢结构住宅管线预留孔洞

6.3.1 管线预留预埋

对于装配式钢结构建筑，管线预留预埋包括管线穿越楼板、横梁等内容。

1. 楼板预留孔洞

钢结构建筑楼板多为现浇形式。由于城市发展，现多为高层及多层建筑，因此有大量的竖向管线需要穿越楼板。包括：给水排水立管、消防水系统立管、雨水立管等。管道穿越楼板应满足以下要求：

（1）给水、消防管线穿越楼板　当穿越空调板等无防水要求楼板时，采用普通钢套管；穿越屋面、卫生间、阳台等有防水要求的楼板时，采用刚性防水套管。预埋套管尺寸均应比管道大两号，套管尺寸详见表6.3-1。

表6.3-1　给水、消防管道预埋刚性防水套管尺寸　　　　　（单位：mm）

管道公称直径 DN/mm	15	20	25	32	40	50	65	80	100	125	150	200
刚性套管外径 DN_1	83	83	83	83	114	114	121	140	159	180	219	273

（2）排水管线穿越楼板　排水管道穿越楼板时，塑料排水管可用塑料套管或刚性防水套管，金属排水管用刚性防水套管，止水环或者密封圈安装在现浇层内，预留孔洞尺寸按套管外径尺寸确定，套管和预留尺寸详见表6.3-2，表6.3-3。

表6.3-2　塑料排水管穿越楼板预埋套管和预留孔洞尺寸　　　（单位：mm）

管道外径 DN/mm	50	75	110	160	200	备注
预留圆洞 ϕ/mm	120	150	180	250	300	
套管外径 DN_1	110	125	160	200	250	带止水环或橡胶密封圈

表6.3-3　金属排水管穿越楼板预埋套管和预留孔洞尺寸　　　（单位：mm）

管道公称直径 DN/mm	50	75	100	150	200	备注
预留圆洞 ϕ/mm	120	150	180	250	300	
套管外径 DN_1	114	140	168	219	273	带止水环或橡胶密封圈

2．（钢）横梁

对于钢结构住宅，由于横梁较高，若在梁底敷设管道占用层高较高，因此多采用。

（1）给水、消防管线穿越钢梁等　给水消防管道穿越钢梁等时，采用普通钢套管；钢套管比管道直径大一号；穿越壁池、地下室外墙等有防水要求的楼板时，采用刚性防水套管。预埋套管尺寸均应比管道大两号，套管尺寸详见表6.3-4。

表 6.3-4　给水、消防管道预埋普通刚性防水套管尺寸　　（单位：mm）

管道公称直径 DN/mm	15	20	25	32	40	50	65	80	100	125	150	200
刚性套管外径 DN_1	50	50	50	50	83	83	114	121	140	159	180	219

（2）排水管线穿越钢结构梁等　排水管道穿越地下室外墙应采用刚性防水套管，穿内墙或者钢梁时应采用普通套管，刚套管比管道直径大两号，套管尺寸详见表6.3-5。

表 6.3-5　排水管穿越钢梁预埋套管尺寸　　（单位：mm）

管道公称直径 DN/mm	50	75	100	150	200	
刚套管外径 DN_1	114	140	168	219	273	带止水环或橡胶密封圈

3．建筑电气管线与预制构件的关系

（1）低压配电系统的主干线宜在公共区域的电气竖井内设置；终端线路较多时，宜考虑采用桥架或线槽敷设，较少时可考虑统一预埋在预制板内或装饰墙面内，墙板内竖向电气管线布置应保持安全间距，居住建筑每户的管线应户界分明。

（2）凡在预制墙体上设置的终端配电箱、开关、插座及其必要的接线盒、连接管等均应由结构专业进行预留预埋，并应采取有效措施，满足隔声及防火要求，不宜在围护结构安装后剔凿沟、槽、孔、洞。

（3）电线电缆应穿金属管暗敷设在楼板或墙体内，应结合钢结构特点采用模数化设计，在预制墙板、楼板中预制金属穿线管及接线盒，钢构件的穿孔宜在工厂内制作，其位置及孔径应与相关专业共同确定。墙体内现场敷管时，不应损坏墙体构件。现场施工有管线连接处，宜采用可挠管（金属）电气导管（图6.3-2）。

图 6.3-2　电气管线预留预埋

6.3.2　设备预留预埋

1．太阳能集热系统

太阳能集热系统及储水罐都是在建筑主体安装完成后在由太阳能设备厂家安装到位，剔剪预制构件难以避免，因此规定需要做好预埋件。这就要求在太阳能系统施工中一定要考虑与建筑一体化建设。为保证在建筑使用寿命期内安装牢固可靠，集热器和储水罐等设备在后期安装时不允许使用膨胀螺栓。

2. 卫生间通风设备

（1）卫生间采用有效的通风设施，卫生间排气可通过设置在外墙或外窗的排气扇直接排向室外，排气扇出口管道上应设止回阀。

（2）如采用整体卫浴，排气孔应预留在整体卫浴吊顶高度以上（图6.3-3）。如采用非整体卫浴，排气孔宜预留在窗上或者梁上，采用壁式排气扇。

（3）穿预制外墙的排风口应预留孔洞及安装位置，孔洞尺寸应根据产品确定。孔洞应考虑模数，避开预制结构外墙的钢筋，避免断筋，其高度、位置应根据吊顶高度确定。

图 6.3-3　整体卫浴安装

（4）严寒和寒冷地区，壁式排气扇外侧应装联动密闭百叶。

3. 散热器安装

（1）散热器安装应牢固可靠，安装在轻钢龙骨隔墙上时，可采用隐蔽支架固定在实体结构上。

（2）当外墙采用预制外墙板时，散热器供暖要与土建密切配合，需要在预制外墙板上准确预埋安装散热器使用的支架或挂件。散热器挂件预留孔洞的深度不应小于120mm。

（3）安装在预制符合墙体的散热器，散热器挂件需要满足刚度要求。

4. 电气设备

（1）住户强弱电箱应尽量避免安装在预制墙体上，若无法避免，应根据建筑的结构形式合理选择电气设备的安装方式。

（2）预埋电箱、电箱预留洞及预埋套管的布置应紧密结合建筑结构专业，避开钢筋密集、结构复杂的区域。

（3）电气设备在预制隔墙中安装时，配电箱的位置预留比箱体尺寸略大的洞口，一般要求箱体左右距墙体50~100mm，上下距墙体150~200mm。配电箱进出线较多且施工不便时，应沿箱体留洞进出线处增加安装操作口。强弱电箱安装操作口的尺寸根据进出该操作口的线管数量进行预留，一般安装操作口高度为250~300mm，深度为80~100mm。

5. 防雷接地

（1）应按现行国家标准《建筑物防雷设计规范》（GB 50057—2010）确定建筑物的防雷类别，并按防雷分类设置完善的防雷设施。电子信息系统应符合《建筑物电子信息系统防雷技术规范》（GB 50343—2012）的要求。

（2）防雷接地宜与电源工作接地、安全保护接地等共同接地装置，防雷引下线和共用接地装置应充分利用建筑及钢结构自身作为防雷接地装置。

（3）钢结构基础可作为自然接地体，在其不满足要求时，设人工接地体。

（4）电源配电间和设有洗浴设施的卫生间应设等电位联结的接地端子，该接地端子应与建筑物本身的钢结构金属物联结。金属外窗应与建筑物本身的钢结构金属物联结。

（5）所有需与钢结构做电气连接的部位，宜在工厂内预制连接件，现场不宜在钢结构本身上直接焊接。

6.4　设备管线分离布置

装配式钢结构建筑应进行管线分离布置，管线分离布置的方式有：在架空地面中敷设设备管线、在吊顶中敷设设备管线、在集成墙面中敷设设备管线。

6.4.1　架空地面中设备管线布置

1. 架空地面

架空地面由地板、支座、防震垫、螺钉组成，地板放置在带有防震垫的铝头支座上，螺钉穿过地板四周的角锁孔直接连接在自身高度可调的钻头支座上，支撑间距不宜大于400mm。室内给水管道宜采用干式施工，布置在架空地板内或者地暖管线的绝热层内，拆除装饰面材和基层板之后，所有管线一览无遗，有利于保养维修和后期改造。为解决架空地板对上下楼隔声的负面影响，在地板和墙体的交界处应留出3mm左右缝隙，保证地板下空气流动，达到隔声效果。架空地面是替代吊顶内敷设管线的一种新型技术。敷设于架空地板下的管线应与地板系统相协调，安装牢固，并应采取措施避免由于踩踏、家具重物等引起的管线不均匀受力或震动。

2. 架空地面管线布置

（1）给水排水管线布置　一般在架空地面敷设给水、中水、热水以及排水等管道。

给水、中水、热水管径较小，路径较长，布置时应尽量避免交叉。另可将分集水器布置在架空地面内，在分水器安装位置应设置检修口，便于定期进行检查及维修。

卫生间采用同层排水可减少对其他住户的影响，同时利用后期改造。

（2）供暖管线布置　地板辐射供暖系统包括预制沟槽保温板地面辐射供暖系统和预制轻薄供暖板地面辐射供暖系统。预制沟槽保温板地面辐射供暖系统是将加热管敷设在预制沟槽保温板的沟槽中，加热管与保温板沟槽尺寸吻合且上皮持平，不需要填充混凝土即可直接敷设面层的地面辐射供暖形式。预制轻薄供暖板地面辐射供暖系统是由保温基板、塑料加热管、铝箔、二次分集水器等组成，并在工厂制作的一体化的一种地暖部件。

（3）电气设备管线布置　在架空地面可敷设强弱电管线。

在地板架空空间内敷设管线，设计过程中水、暖、电专业应紧密配合，因架空地面空间高度有限，电气管线以及水暖管线应做好管线综合布置，尽量避免管线交叉（图6.4-1）。

设备管线的布置应集中紧凑、合理使用空间。竖向管线等宜集中设置，集中管井宜设置在共用空间部位。厨房、卫生间的管线宜采取集中布置，并设置专用管道井或管道夹墙。管道井或管道夹墙应设置检修

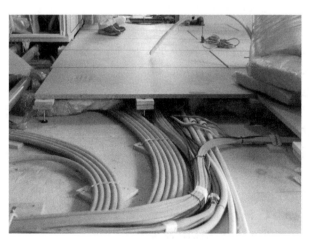

图6.4-1　架空地板管线敷设

门，并应开向公共空间。

管道井宜设置在核心筒或剪力墙旁边，管道夹墙宜结合分户墙设置；装配式钢结构建筑宜采用建筑内装体、管线设备等与建筑结构体分离的设计方法。

6.4.2 吊顶中设备管线布置

在吊顶中敷设设备管线是传统的一种敷设方式。通过吊顶的掩蔽，实现管线分离。在层高有限的区域，特别是住宅内，可通过管线集中敷设在墙角等位置，较少吊顶区域，保证室内净高需求（图6.4-2）。

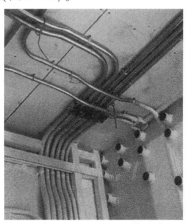

图6.4-2 吊顶区域管线敷设

6.4.3 集成等墙面中设备管线布置

架空地面和吊顶解决横向管道布置，而集成墙面解决管线的竖向布置。集成墙面有多种形式。

双层贴面墙是墙体表面采用树脂螺栓、轻钢龙骨等架空材料，通过调节树脂螺栓高度或选择合适的轻钢龙骨，控制墙面厚度，在外贴石膏板。墙体和架空材料之间间隙可用来敷设管线。电气设备应主要在双层贴面墙体内龙骨及树脂螺栓支撑预埋件的位置分布，根据龙骨及预埋件位置进行电气设备定位。

轻质墙体：装配式隔墙宜采用有空腔的墙体。轻质隔墙用于室内非承重内隔墙，分为轻质条板隔墙和轻钢龙骨隔墙。在墙体空腔内可敷设管径较小的给水支管，减少在传统墙体中管线开槽预埋（图6.4-3）。

图6.4-3 墙面管线敷设

6.5　设备与管线标准化设计

6.5.1　标准化原则

装配式钢结构建筑设备选型及管线设计应在满足使用功能前提下，实现标准化、系列化、模块化。应满足以下要求：

（1）设备管线系统的部品部件应采用标准化、系列化尺寸，满足通用性及互换性要求。

（2）模数协调是装配式建筑的基本原则，装配式钢结构建筑设备与管线设计应符合模数化协调要求，便于装配式建筑的部品部件进行工业化生产和装配。

（3）设备与管线应采用界面定位法定位。当装配式建筑的主体结构、装饰面确定时，采用界面定位法更容易控制定位。

6.5.2　设备管线空间使用模数化

装配式钢结构建筑设备与管线的使用空间包括：设备机房、管道井、吊顶、架空地板和集成墙面等，设备与管道空间使用应与建筑空间协调。

水泵水箱、空调机组、配电柜等机电部品应优先选用符合工业化尺寸模数的标准化产品并满足自身功能要求，同时应留有一定的操作空间和维护空间。

管道井内一般包括各类管道立管、控制阀门、计量水表及支管等，设备管线较多且复杂。设计应集成布置，合理利用空间。当管道井门前空间作为检修空间使用时，管道井进深可为 $300 \sim 500\text{mm}$，宽度根据管道数量和布置方式确定。公共管道井的优先尺寸宜根据表 6.5-1 选用。

表 6.5-1　公共管道井的优先尺寸

项目	优先尺寸
宽度	400、500、600、800、900、1000、1200、1500、1800、2100
深度	300、350、400、450、500、600、800、1000、1200

管线布置在本层吊顶空间、架空地板下空间、装饰夹层内时，管线定位尺寸应结合空间尺寸确定，并宜采用分模数 M/5 的整数倍；垫层暗埋敷设的管线数量较多，需要在较小空间内精确定位。因此当给水、供暖水平管线暗敷于本层地面的垫层中时，管线定位尺寸宜采用分模数 M/10 的整数倍。敷设于楼地面的架空层、吊顶空间、隔墙内的空调及新风、给水、供暖、电气及智能化等设备与管线应便于检修，检修口宜采用标准化尺寸。

6.5.3　设备管线接口标准化

机电系统设备管线复杂，设备与管线系统部品与配管、配管与主管网、部品之间等存在众多接口连接。这些接口应标准化，以方便安装及后期维护与更新。具体包括：

（1）对于居住建筑，设备与管线系统的公共部分与套内部分应界限清晰。专用配管和公用配管的结合部位和公用配管的阀门部位检修口宜采用标准尺寸。

（2）安装于墙体和吊顶的灯具、开关插座面板、控制器、显示屏等部件的位置与尺寸宜标准化，并应采取隔声、防火及可靠的固定措施。

（3）集成式厨房、集成式卫生间的管道应在预留的安装空间内敷设，与外围护系统、内装部品相关时，其位置尺寸应标准化。当采用整体厨房、整体卫浴时，给水排水、通风和电气等管线应与产品相配套，且应在管道预留的接口连接处设置检修口（图6.5-1）。

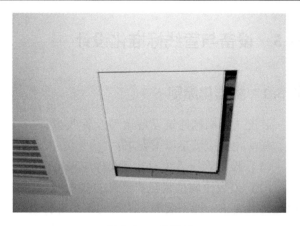

图6.5-1 检修口

（4）安装在预制墙体上的燃气热水器，其挂件或可连接挂件的预埋件应预埋在预制墙体上，位置尺寸应标准化。

（5）户内集中空调及分体空调系统的室外机应采用与建筑外墙一体的标准化设计，安装在预制的空调板或设备阳台上，冷媒管及凝结水管穿墙孔的位置及孔径应标准化。

（6）建筑电气与智能化管线应进行标准化设计，并符合下列规定：

1）沿现浇层暗敷的电气与智能化管线，应在预制楼板灯位处预埋深型接线盒。

2）当沿预制墙体预埋的接线盒及其管路与现浇相应电气管路连接时，应在墙面与楼板交界的墙面部位预埋接线盒或接线空间。

3）消防线路预埋暗敷在预制墙体上时，应采用穿导管保护，并应预埋在不燃烧体的结构内，其保护层厚度不应小于30mm。

4）沿叠合楼板现浇层暗敷的照明管路，应在预制楼板灯位处预埋深型接线盒。

5）沿叠合楼板、预制墙体预埋的电气灯头盒、接线盒及其管路与现浇相应电气管路连接时，墙面预埋盒下（上）宜预留接线空间，便于施工接管操作。

6）暗敷的电气管路宜选用有利于交叉敷设的难燃可挠管材。

6.5.4 标准化集成

为了满足装配式钢结构建筑集成建造方式，设备与管线系统宜进行模数化设计，同时选用便于现场安装、装配化程度高的设备管线成套系统，设备、管线、阀门、仪表等宜集成预制。

预制结构构件中宜预埋管线，或预留沟、槽、孔、洞的位置，预留预埋应遵守结构设计模数网格，不宜在围护结构安装后剔凿沟、槽、孔、洞。装配式钢结构卫生间宜采用同层排水方式；给水、采暖水平管线宜暗敷于本层地面下的垫层中；空调水平管线宜布置在本层顶板吊顶下。户内配电盘与智能家居布线箱位置宜分开设置，并进行室内管线综合设计。

6.6 适用于装配式钢结构建筑的设备与管线产品

6.6.1 装配式管线及配件

1. 装配式集成给水系统

指将建筑套内给水系统管材、管件及零散配件进行集成化、模块化工业预制、组装的新型建筑给水系统，包括控制器箱、护套管、集成连接模块等。其中集成连接模块是集成给水系统的关键组件，由盒体、护套管连接座及内置直插式管件三部分组成。

2. 装配式集成给水系统优点

装配式集成给水系统是针对装配式建筑对建筑给水管道以集成化技术为主要手段，通过将传统硬质管道改变为柔性，零散配件进行优化组合、模块化重组设计，从管材的选材到施工方式等方面进行了彻底的创新设计。装配式集成给水系统管道借鉴并采用电路系统在建筑中布置的原理，和电路一样配置水路控制箱、分水器及护套管敷设方式，以达到给水系统管道的最大化的快捷安装、方便检修、更换和维护管理，集成化组件使整个建筑给水系统经济、安全、施工快捷和延长使用寿命，同时具有实现建筑智能化监控的基础接口，可以实现建筑自来水管道的智能化控制、监测和后期维护。

3. 装配式集成给水系统设计要点

装配式集成给水系统管道敷设可采取明装或暗装。暗装可敷设在吊顶、墙体内或楼板内。装配式建筑集成给水系统暗装时，建筑给水冷热水用聚丁烯（PB）应采用直管或盘管，可采用护套管敷设方式。埋设在墙体、楼板面结构层等附件与土建配合设计，做好预留预埋，避免后期剔槽、开孔。

6.6.2 装配式整体卫生间管线设计

1. 装配式整体卫生间概况

是一种新型工业化生产的卫浴间产品的类别统称，产品具有独立的框架结构及配套功能性，一套成型的产品即是一个独立的功能单元，可以根据使用需要装配在任何环境中。装配式整体卫生间可采用现场装配或整体吊装的安装方式。

整体卫生间是在有限的空间内实现洗面、淋浴、如厕等多种功能的独立卫生单元。以工厂化生产的方式来提供即装即用的卫生间系统。

整体卫生间的产品首先包括顶板、壁板、防水底盘等构成产品主要形态的外框架结构，其次是卫浴间内部的五金、洁具、照明以及水电系统等能够满足产品功能性的内部组件。

框架大都采用 FRP/SMC 复合型材料制成，具有材质紧密、表面光洁、隔热保温、防老化及使用寿命长等优良特性。

2. 装配式整体卫生间优点

相比传统普通卫浴间墙体不易吸潮，装配式整体卫生间的表面容易清洁，卫浴设施均无死角结构，具有施工省事省时、结构合理、材质优良等优点。

3. 装配式整体卫生间设计要点

整体卫生间产品满足模数化要求，选用型号特别是特殊型号需进行市场调查。

装配式整体卫生间按照给水、排水、暖通及电气管线应预留足够的操作空间。

（1）整体卫生间内壁与建筑墙体之间的预留安装空间：无管线时宜≥50mm；包含给水或电气管线时宜≥70mm；包含洗面器墙排水管时宜≥90mm，如图6.6-1所示。

（2）整体卫生间地面完成面与卫生间结构面的安装空间：采用异层排水方式宜≥130mm；采用同层排水方式，墙排式坐便器宜≥180mm，下排式坐便器宜≥280mm；如图6.6-2所示。

（3）整体卫生间顶板内壁与建筑顶部楼板最低点之间的距离宜≥250mm，如图6.6-2所示。

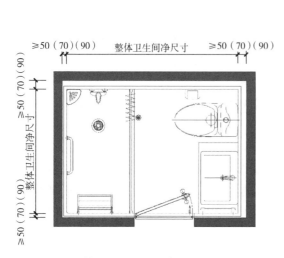

图6.6-1 整体卫生间内壁与建筑墙体之间的距离

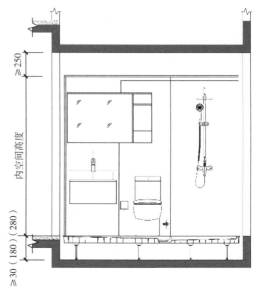

图6.6-2 整体卫生间地面完成面与结构楼板的关系

6.6.3 其他设备与管线

1. 泵箱一体化泵房概况

由工厂预制金属板，经现场装配成整体结构箱体，并在箱体内安装消防水泵、连接管道与附件、智能控制系统及其附属设施，而构成用于消防给水系统的加压（稳压）泵站，简称一体化泵站（图6.6-3）。包括水泵、环保材料房体、管路、阀门、控制系统、监控系统、安防系统等。目前已经比较成熟为用于消防泵站、二次给水泵房以及雨污水泵房等。

2. 泵箱一体化智慧泵房优点

一体化成套设备由工厂统一组织后运至现场安装交钥匙泵房。与传统泵房相比一体化智慧泵房土建工程很少，制造安装工期短，可以节省施工工时。同时一体化智慧泵房占地面积小，智能化程度高，是传统泵房的理想替代品。

3. 泵箱一体化智慧泵房设计要点

（1）设备管线布置要合理，充分考虑后期使用和检修的要求。例如《装配式箱泵一体化消防给水泵站技术规程》规定，泵房应在侧面或顶部至少设置一个检修门或检修孔，检修门或检修孔的尺寸应满足泵房内设备通过的空间要求；埋地式

图6.6-3 泵箱一体化消防泵房

泵站的泵房检修孔的平面尺寸不应小于 2.0m × 2.0m。

（2）与土建配合设计，做好预留预埋，避免后期剔槽、开孔。

（3）水泵设备以及水泵控制设备等宜采用一家供应商。

第三篇 生产与安装

第7章

钢结构深化设计

7.1 概述

7.1.1 深化设计的概念

自20世纪中叶，我国沿用苏联的钢结构设计理念，将钢结构施工图纸的设计分为两个阶段：钢结构设计阶段和钢结构深化设计阶段。

1. 狭义概念

钢结构深化设计狭义上讲就是对钢结构设计图的深度化设计。设计深度应满足深化后的图纸可直接指导钢结构件的加工、组对、焊接、涂装、标识、安装等（图 7.1-1）。且深化设计应由有相应资质的钢结构制造企业或委托设计单位完成。

图 7.1-1 钢结构深化设计与施工图设计、施工的关系

2. 广义概念

随着计算机仿真模拟技术在建筑领域的发展，设计者可依托专业深化设计软件平台，建立三维实体模型，进行碰撞校核、节点计算校核等，并生成钢构件制作、安装图纸及各类工程报表。钢结构深化设计模型可与建筑信息模型 BIM 相结合，实现了模型信息化共享。使深化设计由传统的"二维放样出图"延伸到建筑施工管理的全过程。从而赋予其更广义的概念，即：钢结构深化设计是一项通过依照设计图及技术文件搭建的钢结构深化模型，生成直接指导钢结构制作和安装的深化图及各类建筑信息、材料信息、设计信息、加工信息、施工信息等，以协助施工项目全周期管理控制的工作。

7.1.2 深化设计的依据

钢结构深化设计应根据结构设计文件和有关技术文件进行编制，并应经原设计单位确认。当需要节点设计时，节点设计文件也应该经原设计单位确认。

进行施工阶段深化设计时，选用的设计指标应符合设计文件、现行国家标准《钢结构设计标准》（GB 50017—2017）等有关规定。钢结构施工及深化设计质量要求应不低于现行国家标准《钢结构工程施工规范》（GB 50755—2012）的有关规定。

1. 深化设计所依据的设计图深度

一般包括：设计依据、荷载资料、建筑抗震设防类别和设防标准、工程概况、材料选用和材料质量要求、结构布置、支撑布置、构件选型、构件截面和内力、结构的主要节点构造和主控尺寸等。

2. 深化设计所依据的设计图内容

一般包括：目录、总说明、柱脚锚栓布置图、平/立面结构布置图、典型节点图、钢材截面及高强螺栓选用表等。

3. 深化设计的其他依据

若钢结构制作的加工厂及安装单位已经确定，则钢结构深化设计时，还要考虑工厂设备、预拼装场地及运输限制、施工安装现场实际情况等因素。如：根据现场具备的机械设备起重能力及起重范围进行钢柱等的分段设计。

7.1.3　深化设计的作用

1. 深化设计图纸及文件直接指导钢结构制作和安装

深化设计以钢构件为基本单元出图，使制造厂可以直接按深化设计详图进行加工制造和质量测控；对连接节点有差异的同类构件赋予不同的编号，并体现在深化布置图中，便于钢结构安装；若采用建模软件进行深化，可通过深化模型转化的 NC 文件、零件图形文件等，可作为数控加工设备、机械手臂等的直接运行指令。

2. 深化设计对结构设计进行优化

通过深化设计，及时发现结构无法施焊或碰撞等问题，提出有效解决方案将节点优化成更有利于现场安装、焊接的形式。在模型中可更直观地了解设计变更、材料替代等对钢结构整体的影响，有的放矢地提高效率。

3. 材料表单对工程量进行统计和分析

通过手动人工统计或利用软件模型生成各类报表（材料清单、螺栓清单等），对工程材料进行汇总分析，方便采购备料、用钢量统计、成本核算等。有利于业主、承包商等对工程材料的管理。

4. 与建筑信息模型 BIM 相结合

采用深化设计软件建模，可将模型导入 Revit 等可视化平台，以显示各专业间的配合和冲突，及时解决问题（预埋件安装与施工顺序的影响等），保证工程质量，加快工程进度。模型方便业主对工程整体把握，也方便直观地调整设计，有利于及时发现不符之处，避免出错。同时可使业主方、投资方、施工方、监督机构等获得建筑物更为直观、具体的概念。

5. 支持多用户协同操作，有利于业主对工期的管理

在模型中生成施工日志，模拟施工现场对深化模型中各个工期内的构件进行不同状态设置，使业主和施工各方都能清晰了解工程进度，及时进行调整。多方用户协同操作，增加信息互通（图 7.1-2）。

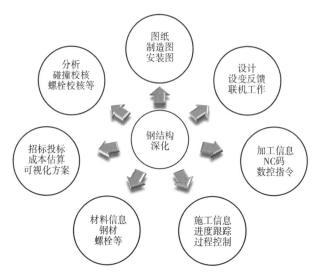

图 7.1-2　钢结构深化设计的重要作用

7.2　钢结构深化设计的内容

装配式钢结构建筑各类体系中常用的结构类型包括：钢框架结构、钢框架－支撑结构钢板剪力墙结构等。结构体系一般以梁、柱、支撑、桁架等构件刚接或铰接的方式连接而成。其深化设计包括连接构造设计及计算和深化设计图编制两个部分。

7.2.1　深化设计中的构造设计及计算

根据装配式钢结构建筑的结构特点，其深化设计的构造设计重点在于：按照钢结构设计图提供的内力及应力进行焊缝计算和螺栓连接计算，并考虑运输和安装的能力确定构件的分段。当设计图深度已经给出焊缝尺寸、典型节点螺栓布置等时，则需考虑分段及在深化设计中针对每个构件的构造予以完善即可。焊缝计算和螺栓连接计算方法详见第 5 章。

7.2.2　深化设计图编制

深化设计图内容包括：图纸目录、设计总说明、构件布置图、构件详图和安装节点详图等内容。

1. 编制要求

（1）基本原则　要求图幅内容清晰、完整。对于空间复杂构件和节点的施工详图，应增加三维图形表示。构件重量在钢结构施工详图中计算列出，钢板零部件重量按矩形计算焊缝重量宜以焊接构件重量的 1.5% 计算。

（2）常用图幅尺寸　应按照《技术制图-图纸幅面和格式》（GB/T 14689—2008）的有关规定执行，具体见表 7.2-1。

表 7.2-1　图纸幅面及图框尺寸　　　　　（单位：mm）

幅面代号	A0	A1	A2	A3	A4
$B \times L$	841×1189	594×841	420×594	297×420	210×297
c	10			5	
a	25				

图幅方向分为横式和立式，标题栏中文字书写方向落在图幅长边上，为横式（图 7.2-1），标题栏中文字书写方向落在图幅短边上，为立式（图 7.2-2）。

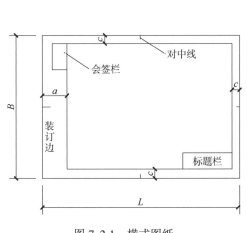

图 7.2-1　横式图纸

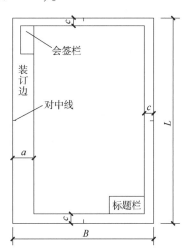

图 7.2-2　立式图纸

1）标题栏。工程图设计公司名称、项目名称、子项目名称、图纸编号、图纸版本号、业主或委托设计方名称。

2）无论横式还是立式，必要时都可加长。图纸的短边一般不加长，长边可加长。长边加长后的整体长度一般是"小一个级别图幅代号"对应的短边长度的整数倍。如：A2 加长常用的尺寸为 420mm×891mm，幅面长边长度为 A3 宽度的 3 倍，用 A3×3 来表示。常用加长图纸幅面可从表 7.2-2 中选择。

表 7.2-2　常用加长图纸幅面

A1 加长幅面代号	A2×3	A2×4	A2×5	
幅面尺寸/mm	594×1261	594×1682	594×2102	
A2 加长幅面代号	A3×3	A3×4	A3×5	A3×6
幅面尺寸/mm	420×891	420×1188	420×1485	420×1782
A3 加长幅面代号	A4×3	A4×4	A4×5	A4×6
幅面尺寸/mm	297×630	297×841	297×1051	297×1261

（3）线、字体、比例、符号、轴线画法　尺寸标注等应按照《建筑结构制图标准》GB 50105—2010）的有关规定执行。

（4）线型及用途　见表7.2-3。

表7.2-3　常用线型及用途

名称		线型	线宽	一般用途	
实线	粗		b	结构图中单线构件、支撑；主钢筋线；图名字的下划线、剖切线	
	中		$0.5b$	可见构件的轮廓线，基础轮廓线，槽孔轮廓线	*
	细		$0.25b$	尺寸线，引出线，标高符号，可见的钢筋混凝土构件的轮廓线	*
虚线	粗		b	结构图中不可见的单线构件、支撑；不可见的主钢筋线	
	中		$0.5b$	不可见构件的轮廓线，基础轮廓线，槽孔轮廓线	*
	细		$0.25b$	不可见的钢筋混凝土构件的轮廓线	
单点划线	粗		b	柱间支撑，垂直支撑，设备基础轴线图中中心线	
	细		$0.25b$	构件中心线；轴线	*
双点划线	粗		b	预应力钢筋线	
	细		$0.25b$	原有结构的轮廓线	
折断线			$0.25b$	断开界线	*
波浪线			$0.25b$	断开界线	*

注：*为深化设计图纸中常用线型。

根据图纸比例选择适当的基本线宽b，如：2.0mm、1.4mm、1.0mm、0.7mm、0.5mm根据b选择相应的线宽组。

（5）投影　钢结构深化设计通常使用第三角投影法，视图位置与投影发出的方向一致即左视图画在左侧（图7.2-3、图7.2-4）。

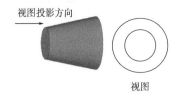

图7.2-3　第一角投影法

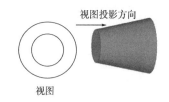

图7.2-4　第三角投影法

（6）尺寸标注　图纸中的尺寸标注由尺寸线、尺寸界线、建筑标记组成。高度尺寸单位为米（m），其余为毫米（mm），尺寸标注时不用再写单位。一般一个构件为三级标注加工尺寸线、装配尺寸线、安装尺寸线（图7.2-5）。

（7）常用符号表示

1）剖面符号：用以表示构件主视图中无法看到或者表达不清楚的截面形状及投影层次关系，剖面线用粗实短线或者折弯箭头表示。剖面代号写在箭头侧，也就是要表示清楚的截面（图 7.2-5）；剖面视图如图 7.2-6 所示。

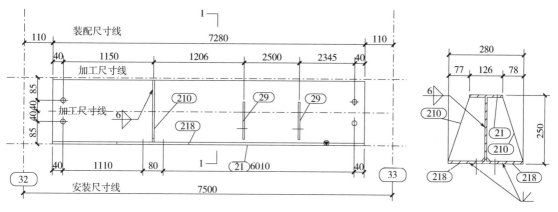

图 7.2-5　尺寸标注实例

图 7.2-6　1—1 剖面视图

2）对称符号：若构件图形是中心对称的，为了节省篇幅，也可只画出该图形的一半，并在对称轴上标注对称符号即可。

（8）螺栓孔表示方法

1）《建筑结构制图标准》（GB 50105—2010）中规定螺栓孔图例为：永久螺栓⊕，高强螺栓⊗，安装螺栓⊕，普通螺栓⊕。

2）建模出图的螺栓孔图例统一采用⊕，并标明螺栓等级（图 7.2-7、图 7.2-8）。

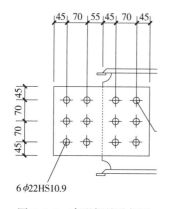

图 7.2-7　高强螺栓孔标识

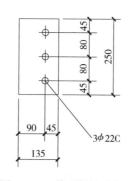

图 7.2-8　普通螺栓孔标识

（9）焊接表示方法　详图中的焊缝符号表示方法应按《建筑结构制图标准》（GB 50105—2010）及《焊缝符号表示法》（GB/T 324—2008）执行。

1）单面焊缝的标注方法。当箭头指向焊缝所在的一面时，应将图形符号和尺寸标注在横线的上方；当箭头指向焊缝所在另一面时，应将图形符号和尺寸标注在横线的下方（图 7.2-9）。

围焊的焊缝符号为圆圈，标注折角处，并标注焊脚尺寸 K。

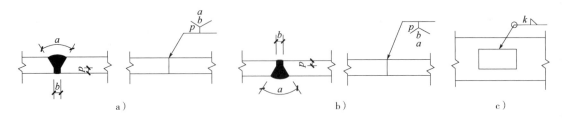

图 7.2-9　单面焊缝的标注方法

a) 箭头指向焊缝一面　b) 箭头指向焊缝另一面　c) 围焊

2）双面焊缝的标注应在横线的上、下都标注符号和尺寸，上方表示箭头一面的符号和尺寸，下方表示另一面的符号和尺寸。

3）相互焊接的两个焊件中，当只有一个焊件需要带坡口时，引出线箭头必须指向带坡口的焊件（图 7.2-10）。

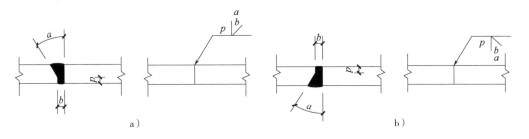

图 7.2-10　一个焊件带坡口的焊缝表示方法

当单面带双边不对称坡口焊缝时，引出线箭头必须指向较大坡口的焊件。

需要注意的是，横线上、下标所涉及的焊件是相同的，若焊件变了，则不能用上、下标来表示，应该重新标记（图 7.2-11）。

4）在同一图形中，当焊缝形式、断面尺寸和辅助要求均相同时，可只选择一处标注焊缝的符号和尺寸，并加注"相同焊缝符号"。相同焊缝符号为 3/4 圆弧，绘制在引出线的转折处。

5）尾部标注内容的次序：①相同焊缝数量；②焊接方法代号；③质量等级；④焊接位置；⑤焊接材料。

2. 总说明及图纸目录

施工总说明是对加工制造和安装人员要强调的技术条件提出施工安装的要求。具体内容：图纸设计依据、

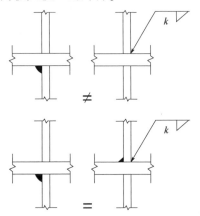

图 7.2-11　焊缝标记

工程概况、验收标准、钢结构选用钢材的质量等级和牌号要求、焊材的材质和牌号要求，螺栓连接的性能等级和精度类别要求，钢结构构件在加工制作过程的技术要求和注意事项，结构安装过程中的技术要求和注意事项，对构件质量检验的手段、等级要求、检验的依据、构件的分段要求及注意事项，钢结构的除锈和防腐以及防火要求，其他方面的特殊要求与说明。

钢结构深化设计的总说明内容应依据原设计图总说明，且内容比设计总说明更详细。如

整套深化图纸编号和构件编号、零件编号的原则等内容也可以加入到总说明中。

整个钢结构项目经过深化设计后的施工详图的数量往往是结构设计图纸数量的几倍甚至几十倍，图纸量很大，需要有图纸目录进行索引。每张图纸目录一般采用 A4 图幅。内容包括：图号、版次、图幅、转化单位、会签栏等（图 7.2-12）。

图 7.2-12　图纸目录样例

3. 布置图内容

装配式钢结构建筑深化设计布置图应以层为单位，将框架梁、支撑梁、钢柱等构件布置位置表示清楚，竖向立面中体现每段钢柱的连接位置和垂直支撑、桁架等构件的布置。如遇复杂节点，需绘制清晰的安装节点详图。将不同编号的连接板件表示清楚，并在布置图中标出同类节点所处位置。另外还要列出每张布置图中所体现构件的构件表。

布置图内容要点：

（1）轴线间距。

（2）构件（钢柱、梁、撑）中心线与轴线的定位关系。

（3）构件编号分布。

（4）构件安装方向及定位方向（特殊标记法），如图 7.2-13 所示。

（5）典型的节点（复杂或广泛使用的）。

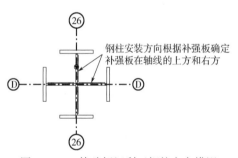

图 7.2-13　特殊标记利于钢柱方向辨识

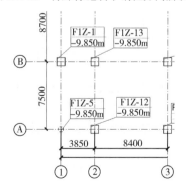

图 7.2-14　装配式钢结构建筑钢柱平面布置图标注实例

4. 构件详图

应包括：构件材料表、几何尺寸、孔距孔径、焊缝标记、加工指标、零件构件编号及零件表等，对非对称结构且方向不易辨识的构件要标出安装定位方向。对超重超长构件，要标出重心和起吊位置。对特殊工艺部位进行说明，如隐蔽位置涂装保护等。

钢柱的实例如图 7.2-15、图 7.2-16 所示。

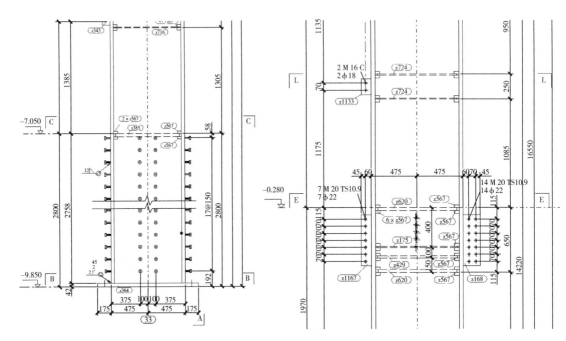

图 7.2-15 钢柱转化图

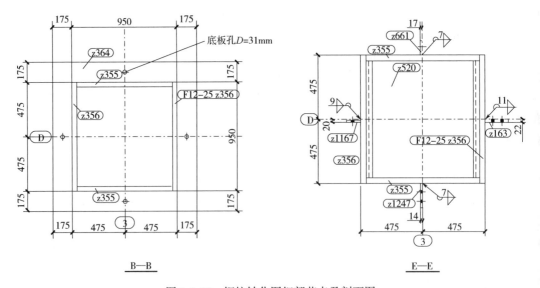

图 7.2-16 钢柱转化图细部节点及剖面图

钢梁的实例如图 7.2-17、图 7.2-18 所示。

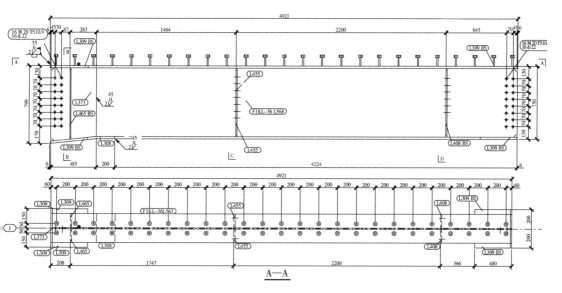

图 7.2-17　钢梁转化图

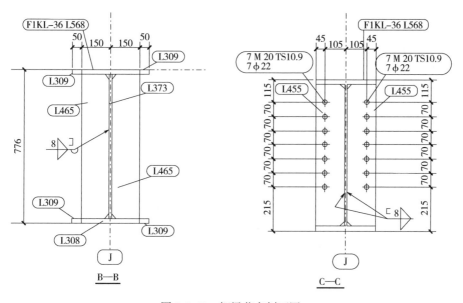

图 7.2-18　钢梁节点剖面图

辅助构件的实例如图 7.2-19 所示。

材料表如图 7.2-20 所示，也是详图的重要组成部分，包含了组成构件的所有零件的信息。构件只有在材料表配合下才能快速、准确地组装起来。

5. 深化模型

在软件中同比例搭建出钢结构模型。轴线、零件、构件、螺栓、切割、焊缝等所有深化设计信息都在模型中体现。校核修订模型后，统一编号，生成图纸并导出。模型深化设计的流程如图 7.2-21 所示。

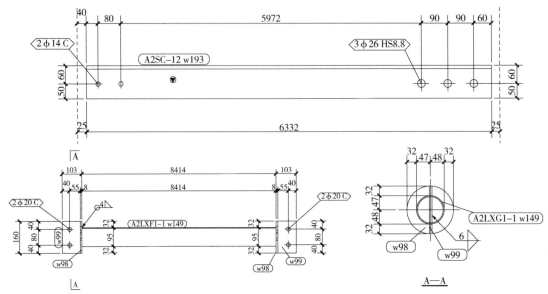

图 7.2-19　支撑构件详图

材料表									
构件编号	零件号	规格	长度/mm	数量 QTY	重量/kg			材质	备注
					单重	总重	合计		
A1-1		系杆		共468件		62.3	29168.1	Q235B	
	w98	PL8*159	158	2	1.6	3.2		Q235B	
	w99	PL8*95	159	2	1.0	1.9		Q235B	
	w149	O95*3	8413	1	56.3	56.3			
		熔焊金属（1.5%）				0.9			
	螺栓	M18×45		4				C级	

本图合计总重：29168.1kg

图 7.2-20　材料表

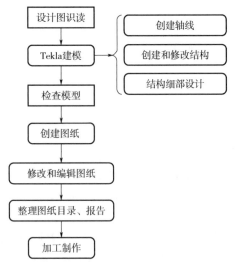

图 7.2-21　建模深化设计工作流程图

利用三维建模、碰撞检查以及后续与加工制造数字化对接功能，会提高详图设计的效率。由于后续的图纸与报表等创建均以模型为基础，因此三维模型创建的准确性是整个钢结构详图深化的关键。

模型实例如图 7.2-22 所示。

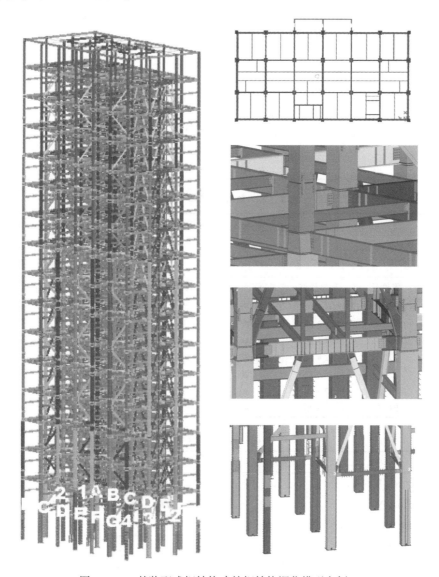

图 7.2-22　某装配式钢结构建筑钢结构深化模型实例

6. 各类工程量表单

常用工程量表单：螺栓清单（表 7.2-4）、构件清单（表 7.2-5）、发货清单（表 7.2-6）等。

将模型中的工程量信息提取出来，并进行分析，可以个性化生成适合不同需求的施工报表。未来的建筑业以云计算、大数据、移动互联网和 BIM 等技术为支撑，并借助大数据、移动互联网技术、物联网技术实现设计、制造、施工多方协同管理，已成为推动建筑业发展的新方法、新方向和新技术。

表 7.2-4 螺栓清单样例

×××公司 发货清单（螺栓部分）

工程名称：×××项目　　　　　　　　　　　　　　　　分组（GROUP）：

PROJ. NAME：

工程编号（PROJ. NO.）：1　　　　　　　　　　　　　页码（PAGE）：第1页，共　页

发出部门（FROM）：设计部 DESIGN DEPARTMENT　　　日期（DATE）：××.××.20××

螺栓规格 Bolt	数量（套） Qty.（Set）	重量 Weight	等级 Grade	单重 Single_Weight	板材厚
M16*45	56	10.61	TS10.9	0.190	18
M20*50	128	46.03	HS4.6	0.360	18
M20*75	24	10.12	HS10.9	0.422	21
M24*65	312	184.98	TS10.9	0.593	24
螺栓总数：	***				

表 7.2-5 单件构件制作清单样例

×××公司 制作清单

工程名：×××项目　　　　　　　　　　　　日期：××.××.20××

工程号：　　　　　　　　　　状态：　　　　　页码：第1页

构件编号	零件号	型材规格	长度（mm）	数量	面积（m²）	重量（kg）	材质
1GZ5-9		P600*16	13972	1	46.6	4766.6	
	口23	P600*16	12785	1	30.7	3751.1	Q345B
	Z9	PL12*100	316	1	0.1	3.0	Q345B
	Z12	PL12*120	4835	4	5.1	218.6	Q345B
	Z29	PL25*720	720	1	0.5	101.7	Q345B
	ZFB1	PL12*80	80	4	0.0	2.4	Q345B
	ZFB7	PL20*80	80	4	0.0	4.0	Q345B

表 7.2-6 发货清单样例

×××公司 发货清单（构件部分）

工程名称：×××项目　　　　　　　　　　　　分组（GROUP）：

工程编号（PROJ. NO.）：1　　　　　　　　　　页码（PAGE）：第1页，共　页

发出部门（FROM）：设计部　　　　　　　　　　日期（DATE）：××.××.20××

序号 NO.	构件编号 Assembly	构件规格 Profile	长度（mm） Length	数量 Qty.	重量（kg） Weight	备注 Remark
1	1-GTL3-16	HI250-5-6*100	2815	1	52.8	
2	1-GTL3-17	HI250-5-6*100	2783	2	104.8	
3	1JL3-3	HI350-8-8*150	2222	1	111.8	

第8章

钢结构构件生产

8.1 工艺概述

装配式建筑钢结构的制作就是按照现行国家标准，将钢材原料通过切割、钻孔、焊接、涂装等工序，制作成为满足设计要求的钢柱、钢梁、撑、墙等钢构件（图 8.1-1）的过程。钢结构构件制作工艺流程见图 8.1-2。

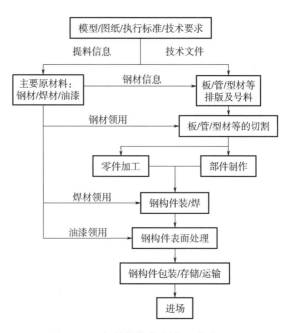

图 8.1-1　钢结构构件实例　　　　图 8.1-2　钢结构构件制作工艺流程图

流程图中的"部件"主要是指非标型材。当结构体系中不含以非标型材为部件的钢结构时，则无须"部件制作"这一环节。

8.1.1　下料

根据机械自动化程度不同，在零件下料阶段，分为手工作业式和机械化下料式。

1. 手工作业式

自动化程度最低的是手工作业式，即：放线号料（图 8.1-3）、人工火焰切割（图 8.1-4）、人工磁力钻孔、人工打磨。

图 8.1-3　放线号料　　　　　　　　　图 8.1-4　人工火焰切割

2. 机械化下料式

主要是数控排版（图 8.1-5）、数控切割、型材锯切（图 8.1-6）、平面数控钻孔、三维数控钻孔（图 8.1-7）、棱边打磨机等的技术机群形式进行批量下料。

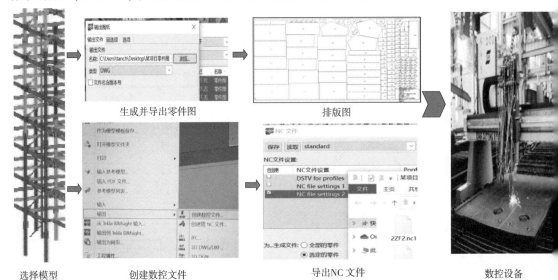

选择模型　　　　　创建数控文件　　　　　　导出NC文件　　　　　　数控设备

图 8.1-5　数控排版及数控切割

图 8.1-6　型材锯切　　　　　　　　　图 8.1-7　三维数控钻孔

3. 目前常用下料方式

手工作业模式设备成本低，功效和精度较差，人工成本高，适合质量精度要求不高的小批量构件制作或构件局部返修作业。目前国内大部分钢结构加工厂主要采用机械化下料方式，手工作业仅用于辅助制造或返修。

8.1.2　部件制作

在钢结构部件（如焊接 H 型钢、焊接箱形钢等）组焊阶段，也分为人工和机械，但此时的机械，既可作为机群批量加工形式，也可作为单件流水作业形式，主要设备有型钢组立机、门式焊或臂式焊接专机（图 8.1-8）、机械校正机等。

图 8.1-8　组立机及门式焊接专机

并且可针对特殊结构类型的部件，定制不同专机，如：卧式偏心 H 型钢组对焊接一体机、多腔型钢气体保护焊专机等（图 8.1-9）。

a)　　　　　　　　　　　　b)　　　　　　　　　　　　c)

图 8.1-9　各类专机

目前国内大中型钢结构制造企业对非标型材并焊的制作，多采用专机或与机械手臂组合形成智能型钢生产线（图 8.1-10）。人工组对焊接一般用于小批量的特殊截面型材的制作。

8.1.3　构件组焊

在构件组对焊接阶段，也分为人工和机械。此时的机械是由拾取组对手臂、点焊手臂、焊接手臂（图 8.1-11）、变位机（图 8.1-12）构成的工作站，一般用于单件流水作业。手臂的操作可

图 8.1-10　智能型钢生产线

通过离线编程或示教在线编程进行控制（表8.1-1）。专机和机器人手臂的区别见表8.1-2。

图 8.1-11　焊接手臂

图 8.1-12　变位机

表 8.1-1　示教在线编程和离线编程的比较

示教在线编程	离线编程
需要实际机器人系统和工作环境	需要机器人系统和工作环境的几何模型
编程时机器人停止工作	编程过程中不影响实际机器人的工作
在实际机器人系统上试运行程序	通过图形仿真验证程序
编程质量取决于操作员的经验	科学获得最佳路径
难以实现复杂的机器人轨迹路径	可实现复杂轨迹路径的编程

表 8.1-2　专机和机器人手臂的优缺点比较

比较点	专机	机器手臂
对工件装配尺寸的精度要求	较严格（靠工装夹具保证尺寸）	较严格（可用跟踪、寻位传感器跟踪）
焊缝的长度和形状	较长的直线或者圆形焊缝	可以较短，适合复杂的空间曲线
焊接效率	主要取决于焊缝长度，越长效率越高	需要变位的次数越多，效率比专机越高
产品的生产批量	适合单一构件，大批量	可以小批量，也可以单件
适应构件的改型能力	困难，刚性化生产	容易，柔性化生产
投资额与回收期	投资额较低，回收期较短	投资额稍高，回收期稍长

8.1.4　机械自动化程度的选择

下料、部件制作、构件组焊阶段的机械化程度可搭配组合（表8.1-3），但原则是前道工序的精度要满足后道工序的质量要求。比如：采用手臂焊接，其零件边缘加工误差不能超过编程或示教的允许误差。这就要求加工下料阶段尽量采用机械化程度高的设备配置。但如果是人工装配焊接，则既可以采用机械下料也可以采用人工下料。

表 8.1-3 机械自动化程度选配方案

方案	下料加工	部件制作	装配焊接
方案一	人工	人工	人工
方案二	机械化	人工	人工
方案三	机械化	自动化	人工
方案四	机械化	自动化	智能化

根据《装配式钢结构建筑技术标准》（GB/T 51232—2016）中规定，钢结构宜采用自动化生产线进行加工制作，减少手工作业。目前国内钢结构制造企业较多采用方案三。由于钢结构构件的柔性生产特性，其装配焊接的自动化智能化发展，还需要设计、材料、机械、动力等多专业的科学创新和紧密结合才能实现。

8.2 材料采购

材料采购是钢结构加工生产的关键因素之一。钢材的品质和供货工期更是保证整个工程质量和工期的必要条件。装配式钢结构构件制作所需的原材料主要是钢材（包括板材和型材），需要的辅材有焊材、油漆、气体等。

应合理地组织材料供应，以确保施工正常。科学地组织材料的采购、加工、贮备、运输，建立严密的计划、调度体系，加快材料的周转，减少材料的占地，确保按质、按量、如期地满足钢结构制作的需要。

材料采购的原则：

1）材料必须符合现行国家标准、行业规定。

2）材料质量符合设计要求。

3）（满足上述）优先选用客户或设计指定的材料供应商或品牌。

8.2.1 钢材的采购要求及质量验收标准

1. 钢板

钢板的品种、规格、性能应符合现行国家标准的规定并满足设计要求（表 8.2-1）。

表 8.2-1 钢材采购标准举例

序号	钢材牌号	标准名称	标准号
1	Q345B、Q345B-Z25	低合金结构钢	GB/T1591
2	Q235B	碳素结构钢	GB/T700
3	Q390B	低合金高强度结构钢	GB/T1591

钢板进厂时，应按现行国家标准的规定抽取试件且应进行屈服强度、抗拉强度、伸长率和厚度偏差检验，检验结果应符合现行国家标准的规定。

（1）质量证明文件全数检查。

（2）抽样数量按进厂批次和产品的抽样检验方案确定。

（3）进场验收的检验批划分可各分项检验批一致，也可根据工程规模及进料实际情况划分。

（4）每批同一品种、规格的钢板，钢板厚度及其允许偏差、平整度抽检10%，且不应少于3张钢板，每张检测3处。

（5）当钢板表面有锈蚀、麻点或划痕等缺陷时，其深度不得大于该钢材厚度允许负偏差值的1/2，且不应大于0.5mm。应符合《涂覆涂料前钢板表面处理-表面清洁度的目视评定》（GB/T 8923.1—2011）规定的C级及C级以上等级。

（6）全数检查钢板端边或断口处，不应有分层、夹渣等缺陷。

2. 型钢、管材

（1）每批同一品种、规格的型材管材抽检10%的尺寸、厚度，且不少于3根，每根检测3处。用超声波测厚仪、游标卡尺、钢尺等测量工具。型材及管材表面标准同板材。

（2）H型钢截面尺寸、截面面积、理论重量及截面特性参数符合《热轧H型钢和部分T型钢》（GB/T 11263—2017）规定。

（3）H型钢交货长度应在合同中注明，通常定尺长度为12m，根据要求也可供应其他定尺长度产品。

3. 钢材重量

（1）钢材按理论或实际重量计算，钢带按实际重量计算。

（2）当钢材按理论重量计采用公称尺寸，碳钢密度为7.85g/cm³，其他钢材按相应标准规定。

（3）当钢板的厚度允许偏差为限定负偏差或正偏差时，理论计算所采用的厚度为允许的最大厚度和最小厚度的平均值。

4. 钢材入厂需具备资料

钢材入厂需具备如下资料：

（1）随车详细清单。

（2）产品合格证。

（3）质量证明书。

（4）检验试验报告。

对所有钢材应按照规定进行抽样检验及抽样复检，试验单位应在业主提出的"第三方检测机构清单"中选取，否则应报业主专项审批。抽样复检见表8.2-2。

表8.2-2　抽样复检

材料		检验项目
钢材	碳素结构钢	拉伸
		弯曲
	低合金高强度结构钢	拉伸
		弯曲
	Z25级厚度方向性能钢板	拉伸
		弯曲
		拉伸（厚度方向取样）
		常温冲击

钢材应具有抗拉强度、伸长率、屈服强度、冷弯试验、冲击韧性和硫、碳含量的合格保证。

8.2.2　焊材的采购要求及质量验收标准

1. 焊接材料采购技术要求

焊接材料应根据焊接工艺评定试验结果确定，应采用与母材相匹配的焊条、焊剂和焊丝，且符合相应的国家标准。

焊接材料除进厂时必须有生产厂家的出厂质量证明外，并应按现行有关标准进行复验，做好复验检查记录。

若采用其他新型焊接材料或进口焊接材料，应重新进行焊接工艺试验和评定，并经监理工程师批准后，方可投入使用。

2. 焊材验收

焊材验收要点见表 8.2-3。

表 8.2-3　焊材验收要点

检验内容	检验焊材证书的完整性，是否与实物相符，检验包装情况，焊丝、焊条是否有生锈等现象
检验过程	焊材到货后，根据检验内容逐项验收，焊材的复验分批次进行，每批焊材复验一组试样，如接头性能试验等
合格产品	焊材的各项指标符合设计要求和国家现行有关标准的规定。不符合标准的焊材不能使用
合格产品的保管	钢材外观及复验检验合格后，送焊材库保管，并按规定手续发放

（1）焊条

1）碳钢及低合金钢焊条：焊条尺寸直径极限偏差为 ±0.05mm；焊条长度极限偏差为 ±2.0mm。

2）不锈钢焊条：焊条尺寸直径极限偏差为 -0.08mm；焊条长度极限偏差为 ±2.0mm。

3）焊芯和药皮不应有任何影响焊条质量的缺陷。

4）焊条引弧端药皮应倒角，焊芯端面应露出，以保证易于引弧。

5）各种直径焊条沿圆周方向的露芯不应大于圆周的一半。

6）焊条偏心度应符合如下规定：直径不大于 2.5mm 的焊条，偏心度不应大于 7%；直径为 3.2mm 和 4.0mm 的焊条，偏心度不应大于 5%；直径不小于 5.0mm 的焊条，偏心度不应大于 4%。

7）施焊后焊缝表面经肉眼检查应无裂纹、焊瘤、夹渣及表面气孔。

8）焊条的熔敷金属化学成分及力学性能见相应的规范。

（2）焊丝

1）焊丝直径。

$\phi 1.6 \sim \phi 2.5mm$ 的焊丝：直径极限偏差（0， -0.10mm）。

$\phi 3.2 \sim \phi 6.0mm$ 的焊丝：直径极限偏差（0， -0.12mm）。

2）焊丝表面质量应光滑，无毛刺、凹陷、裂纹、折痕、氧化皮等缺陷或其他不利于焊接操作以及对焊缝金属性能有不利影响的外来物质。

3）焊丝表面允许有不超出直径允许偏差之半的划伤及不超出直径偏差的局部缺陷存在。

4）根据供需双方协议，焊丝表面可采用镀铜，其镀层表面应光滑，不得有肉眼可见的裂纹、麻点、锈蚀及镀层脱落等。

5）焊丝的化学成分应符合规范《埋弧焊用非合金钢及细晶粒钢实心焊丝、药芯焊丝和焊丝-焊剂组合分类要求》（GB/T 5293—2018）的规定。

（3）焊剂

1）焊剂为颗粒状，能自由地通过标准焊接设备的焊剂供给管道、阀门和喷嘴。焊剂的颗粒度应符合规范《埋弧焊用非合金钢及细晶粒钢实心焊丝、药芯焊丝和焊丝-焊剂组合分类要求》（GB/T 5293—2018）规定。

2）焊剂中机械夹杂物（碳粒、铁屑、原材料颗粒、铁合金凝珠及其他杂物）的质量百分含量不大于0.30%。

3）焊剂含水量不大于0.10%，焊剂硫含量不大于0.06%，磷含量不大于0.08%。根据供需双方协议，也可以制造硫、磷含量更低的焊剂。

4）焊剂焊接时焊道应整齐，成形美观，脱渣容易。焊道与焊道之间、焊道与母材之间过渡平滑，不应产生较严重的咬边现象。

5）熔敷金属的拉伸试验结果和冲击试验结果应符合规范《埋弧焊用非合金钢及细晶粒钢实心焊丝、药芯焊丝和焊丝-焊剂组合分类要求》（GB/T 5293—2018）规定。

焊材按照表8.2-4中对应标准执行。

表8.2-4　焊接材料标准

焊材种类	标准号
碳钢焊条	GB/T 5117—2012
低合金钢焊条	GB/T 5118—2012
熔化焊用钢丝	GB/T 14957—1994
碳钢药芯焊丝	GB/T 10045—2018
气体保护电弧焊用碳钢、低合金钢焊丝	GB/T 8110—2020
埋弧焊用碳钢焊丝和焊剂	GB/T 5293—2018
低合金钢埋弧焊用焊丝焊剂	GB/T 12470—2018

8.2.3　油漆的采购要求及质量验收标准

1. 油漆涂料外观

油漆涂料在包装中应无任何异物、结块、胶冻等不良现象。

2. 验收标准

将试板按照规定的温度和规定的时间固化，然后按标准测试，涂层应达到实际干燥。采取试样查看，实际抽取油漆每桶至少按工艺喷2块试板。所有试样颜色、外观、厚度等必须全检。按照要求做性能试样，具体见表8.2-5、表8.2-6。

表 8.2-5　抽检数量

数量/桶	抽取比例（%）	抽取数量/桶
1 ~ 10	10 ~ 100	1
11 ~ 30	6 ~ 18	2
31 ~ 50	6 ~ 10	3
51 ~ 70	7 ~ 10	5
71 ~ 100	10	7 ~ 10

表 8.2-6　试样检验项目

序号	检验项目	验收标准	使用仪器
1	油漆类型	是否符合技术要求，是否环保，是否在有效期内至少半年	供应商检验报告
2	外观	漆膜表面连续、均匀纹理及流平性应与相应的样板一致，不应有针孔、异色点、杂质、起泡等	目视
3	颜色	与样品色卡相同	目视
4	光泽	与样品一致	目视
5	涂层厚度	（25 ±5）um	膜厚仪
6	涂层耐溶性	把纯棉布蘸满 95% 酒精包在 500g 砝码上，以每分钟 40 ~ 60 次的速度（20mm）左右的行程在产品表面擦拭 50 个循环，无掉色脱油层为合格	目视（工业酒精）
7	涂层硬度	把 2H 铅笔装于硬度测试仪上，距离推动 2 ~ 3cm，并调好摩擦次数（5 次），到仪器停止，产品表面无掉漆为合格	2H 铅笔
8	涂层附着力	用百格刀片交叉在产品表面画出 100 个小方格（1mm × 1mm），（深度必须底材），再用 3M600# 胶纸粘牢百格区后以 45°方向快速撕起，同一位置进行 2 次，在画百格处有小片的油漆脱落，脱落总面积≤0.05 为合格	刀片，3M 胶纸
9	数量与容积	需与货单上的数量容积一致	电子秤，尺子
10	盐雾试验	不能有起泡、生锈、附着力的降低、划痕处腐蚀的蔓延	盐雾试验机

8.3　零件加工

8.3.1　零件加工工艺流程

钢材进厂检验合格后，就可以根据工期进行排产了。零件及部件的加工主要是切割和钻孔。工艺流程及零件板实例如图 8.3-1 所示。

可根据实际钢材表面情况和设计要求，在切割之前，对材料进行卧式抛丸机预处理，使其达到 Sa2.5 级（图 8.3-2）。

```
┌──────────────┐
│  图纸、模型准备  │
└──────┬───────┘
       ↓
┌──────────────┐
│ 数控排版/人工号料 │←──────┐
└──────┬───────┘        │
       ↓                │
┌──────────────┐        │
│ 切割零件/切割条板  │        │ 否
└──────┬───────┘        │
       ↓                │
┌──────────────┐        │
│钻孔、打磨/机械加工 │        │
└──────┬───────┘        │
       ↓                │
     ◇检查◇ ────────────┘
       │ 是
       ↓
┌──────────────┐
│   入半成品库    │
└──────────────┘
```

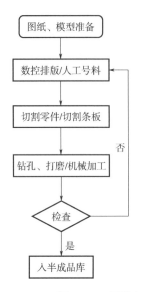

图 8.3-1　零件加工工艺流程图及零件板实例

图 8.3-2　钢材表面喷砂及粗糙度检测

板材可全部采用数控切割，按《钢结构工程施工质量验收标准》（GB 50205）进行施工和验收，不合格品严禁进入下道工序。

焊接 H 型钢的翼缘板及腹板等坡口采用刨边机或火焰切割加工。

要求刨边的零件，刨削量不应小于 2mm，加工面直线度为 $L/3000$（L 为刨边长度）且不大于 2.0mm，加工面垂直度为 $0.05t$（t 为刨边件厚度）且不大于 0.5 mm。零件的长、宽允许偏差 ±0.5 mm（图 8.3-3）。

图 8.3-3　板材切割、管材切割、铣削等下料

连接板、节点板的制孔可采用三维数控钻。

8.3.2　零件加工质量验收标准

零件质量验收标准见表 8.3-1 ~ 表 8.3-5。

对超过允许偏差的孔，采用对应的焊材将孔封堵，重新制孔。

表 8.3-1　机械剪切的允许偏差　　　　　　（单位：mm）

零件的宽度、长度	±3.0
边缘缺棱	1.0
型钢端部垂直度	2.0

表 8.3-2　气割的允许偏差　　　　　　（单位：mm）

零件的宽度、长度	±3.0
气割面平面度	0.05t，且不应大于 2.0
割纹深度	0.3
局部缺口深度	1.0

注：t——切割面厚度（mm）。

表 8.3-3　铣平的允许偏差　　　　　　（单位：mm）

铣平面的平面度	0.02t，且不大于 0.3
铣平面的垂直度	$h/1500$，且不大于 0.5
两端铣平时长度、宽度	±1.0

注：t——铣平面厚度（mm），h——铣平面高度（mm）。

表 8.3-4　管的允许偏差　　　　　　（单位：mm）

管长度	±1.0
端面对管轴的垂直度	0.005r
管口曲线	1.0

注：r——钢管半径（mm）。

表 8.3-5　焊接坡口的允许偏差

坡口角度	±5°
钝边	±1.0mm

8.4　钢柱制作

8.4.1　焊接 H 型钢柱

1. 制作工艺

先将条板在装焊流水线上组装成 H 型钢部件（图 8.4-1），然后在型钢二次加工流水线上对 H 型钢进行切割加工、钻孔（图 8.4-2）、锁口以及开槽。最后焊接底板和连接板，完成钢柱的制作。

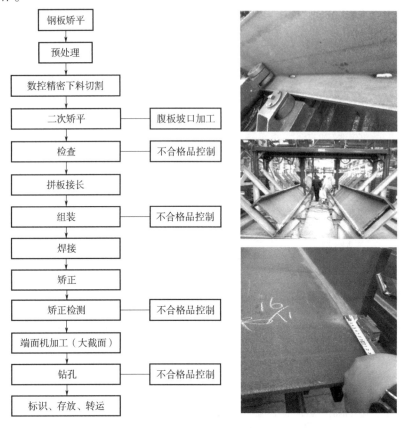

图 8.4-1　H 型钢部件制造工艺流程图及实例

图 8.4-2　H 型钢钻孔

单节框架钢柱装置顺序：型钢矫正——→柱底方向切割——→装置柱底座板——→以柱底板为基准组装其余零件。

多节框架钢柱组装顺序：型钢矫正——→将各节钢柱连接成整体——→柱底方向切割——→装置柱底座板——→以柱底板为基准组装其余零件。

连接板钻孔及成品 H 型钢柱如图 8.4-3 所示。

图 8.4-3　连接板钻孔及成品 H 型钢柱

2. 质量验收标准

H 形构件制造尺寸允许偏差见表 8.4-1。

表 8.4-1　H 形构件制造尺寸允许偏差

项　目	简　图	允许偏差/mm	
T 形接头的间隙		1.0	
截面尺寸		$B \leqslant 200$	±2.0
		$B > 200$	±3.0
		$H < 500$	±2.0
		$500 \leqslant H \leqslant 1000$	±3.0
		$H > 1000$	±4.0
腹板偏移		$B \leqslant 200$	$B/100$
		$B > 200$	2
翼板的斜度		连接处	$b/100$，且 $\leqslant 1.5$
		非连接	$B \leqslant 200$	$b/100$
			$B > 200$	±3.0

（续）

项 目	简 图	允许偏差/mm	
腹板的弯曲		$t \leqslant 6$	4.0
		$6 < t < 14$	3.0
		$t \geqslant 14$	2.0

8.4.2 箱形钢柱制作

1. 箱形构件制造工艺流程

箱形构件制造工艺流程如图 8.4-4 所示。

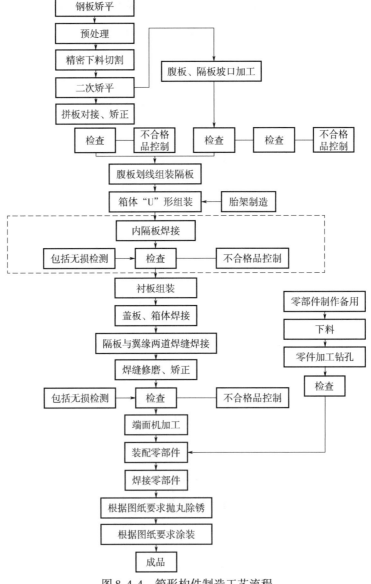

图 8.4-4 箱形构件制造工艺流程

　　箱形构件的四条主焊缝应对称施焊，焊接时箱形构件放在水平、稳固的平台上，保证较小变形。火焰校正构件变形，进入装配工序（图 8.4-5 ～图 8.4-10）。

图 8.4-5　箱形构件组对和电渣焊孔制备

图 8.4-6　电渣焊焊接箱形柱的隔板

图 8.4-7　焊接后的箱形构件　　　图 8.4-8　无隔板钢柱人工组对

图 8.4-9　双面对称焊接（手工式、机械式）

图 8.4-10　钢柱成品

2. 质量验收标准

箱形构件制造尺寸允许偏差见表 8.4-2。

表 8.4-2　箱形构件制造尺寸允许偏差

项目		允许偏差/mm	示意图
长度		±1	
截面高度		±2	
截面宽度		±2	
对角线差		3	
上下翼缘板中心线重合度		2.0	
垂直度	端口垂直度偏差 δ_1	$b/100$，且不大于 3.0	
	横隔板垂直度偏差	3.0	
隔板间距偏差		±3	

8.4.3　异形多肢钢柱

1. 制造工艺流程

异形多肢柱制作工艺流程参见（图 8.4-11）。

七种异形多肢柱分别是：双钢板有肋/无肋，单钢板有洞/无洞（图 8.4-12），螺栓连接直接/间接，以及缀条连接形式，如图 8.4-13 所示。先将方管部件定长切割、钢板机肋板切割。单板连接式和双板连接式焊接量较大，注意壁厚较小时，要控制热输入，从而控制钢板变形。薄板变形后难以矫正。不同墙体方向的多肢柱，横截面形状不同，L 形的和 T 形的可以在平台上制作；十字形的多肢柱需要在胎架上组对。既要保证相邻两肢腿垂直，也要保证两相对肢腿的直线度。组对时采用直角定位工装，并且增加临时三角支撑，焊接完毕后，再去除。钢柱端口尺寸为主控尺寸，以保证上下钢柱的现场安装。内部浇筑，无隔板。

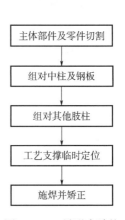

图 8.4-11　异形多肢柱
制作工艺流程

图 8.4-12　异形多肢柱实例

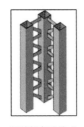
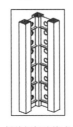
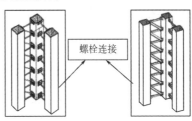
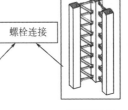

焊接缀条连接式　　　焊接钢板连接式　　　直接装配式　　　间接装配式

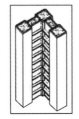
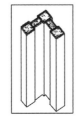

无孔钢板连接式　　　双钢板连接式加肋板　　　双钢板连接式无肋板

图 8.4-13　异形多肢柱种类

2. 质量验收标准

钢柱允许偏差见表 8.4-3。

表 8.4-3　钢柱允许偏差

项目	允许偏差/mm		图例	测量工作
柱的高度 H	±2.0			钢尺
截面高度 h (b)	连接处	±3.0		钢尺
	非连接处	±4.0		
铣平面到第一个安装孔的距离	±1.0			
柱身弯曲矢高	$H/1500$ 且不大于 5.0			拉线、钢尺
牛腿孔到柱轴线距离 L_2	±3.0			钢尺
柱身扭曲	$h/250$ 且不大于 5.0			
牛腿的翘曲、扭曲、侧面偏差 Δ	$L_2 \leqslant 1000$	2.0		拉线、线锤钢尺
	$L_2 > 100$	3.0		
牛腿的长度偏差	±2.0			

8.5　钢梁制作

1. 钢梁制作工艺

H 型钢梁是以 H 型钢作为部件，焊接 H 型钢的工艺见本书第 8.4.1 节。部件定长切害后，进行钻孔、焊接连接板和栓钉，然后进行尺寸检查（图 8.5-1）。

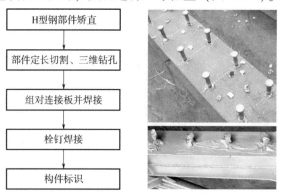

图 8.5-1　H 型钢梁制作工艺流程及焊接、涂装保护实例

2. 质量验收标准

钢梁允许偏差见表 8.5-1。

表 8.5-1 钢梁允许偏差

项　目	允许偏差/mm	检查方法
梁长度	$\pm l/2500$，且 $\leq \pm 5.0$	钢尺
端部高度	当 $h \leq 2000$，± 2.0 当 $h > 2000$，± 3.0	钢尺
拱度	当设计要求起拱，$\pm l/5000$ 当设计未要求起拱，10.0	拉线、钢尺
侧弯矢高	$l/2000$，且 ≤ 10.0	拉线、钢尺
扭曲	$h/250$，且 ≤ 10.0	拉线、吊线、钢尺
腹板局部平面度	当 $t \leq 6$，5.0 当 $6 < t < 14$，4.0 当 $t \geq 14$，3.0	一米钢直尺、塞尺
翼缘板对腹板的垂直度	$b/100$，且 ≤ 3.0	直角钢尺、钢尺
腹板偏移	2.0	钢尺

8.6 支撑、墙制作

8.6.1 钢支撑

1. 制作工艺流程

首先进行主撑和肢撑杆件的下料切割，端头开制坡口、钻孔；利用工装临时板件在平台上制胎，按照图纸要求的支撑角度在胎具工装上放置支撑杆件；组对主杆和肢杆、组对支撑连接板；施焊，完成制作；最后尺寸矫正，回胎检验（图 8.6-1）。钢支撑构件安装实例见图 8.6-2。

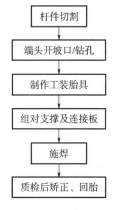

图 8.6-1 钢支撑构件制作
工艺流程图

图 8.6-2 钢支撑构件安装实例

2. 支撑构件质量验收标准

钢支撑构件制作允许尺寸偏差见表 8.6-1。

表 8.6-1 钢支撑构件制作允许尺寸偏差

项目	允许偏差/mm
构件长度 L	±4.0
构件两端最外侧安装孔距离 L_1	±3.0
构件弯曲矢高	$L/1000$，且不大于 10
截面尺寸	+5.0 −2.0

8.6.2 钢板剪力墙

钢板剪力墙是为主要承受水平剪力而设计的墙体构件。主要部件包括边框柱、边框梁、钢板、螺栓、栓钉等。根据不同的设计理念，分为不同类型：加劲/非加劲钢板剪力墙；简支/刚接钢板剪力墙；开缝钢板剪力墙；防屈曲钢板剪力墙；钢板组合剪力墙；低屈服点钢板剪力墙，等等。钢板剪力墙的制作流程与钢构件大体相同。特殊要点在于钢板剪力墙的开缝应采用激光切割或等离子切割，切割端部采用圆弧过渡。钢板拼接长度不小于 1000mm，宽度不小于 500mm，且单块钢板拼接缝不大于 1 条。钢板轧制方向为钢板剪力墙垂直方向。制作完成后应采用专用托架运输。

1. 钢板剪力墙制作工艺流程

钢板剪力墙制作工艺流程如图 8.6-3 所示，实景照片如图 8.6-4 所示。

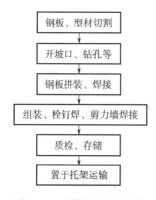

钢板、型材切割
↓
开坡口、钻孔等
↓
钢板拼装、焊接
↓
组装、栓钉焊、剪力墙焊接
↓
质检、存储
↓
置于托架运输

图 8.6-3 钢板剪力墙制作
工艺流程图

图 8.6-4 钢板剪力墙实景

2. 钢板剪力墙构件质量验收标准

钢板剪力墙构件制作允许尺寸偏差见表 8.6-2。

表 8.6-2 钢板剪力墙构件制作允许尺寸偏差 （单位：mm）

项目	允许偏差	检查方法
高度、宽度	±4.0	
平面内对角线	±4.0	直角尺、钢尺
纵向、横向最外侧安装孔距离	±3.0	

（续）

项目		允许偏差		检查方法
连接处	截面几何尺寸	±3.0		拉线、钢尺
	平面度差	螺栓连接	±1.0	
		其他连接	±3.0	
	对角线差	3.0		
弯曲矢高	受压	$h/1000$，且不应大于 10.0		
扭曲		$t_w/250$，且不应大于 5.0		吊线、钢尺、拉线
截面高度	组合截面形式	$t_w < 500$	±2.0	钢尺
		$500 \leqslant t_w \leqslant 1000$	±3.0	
		$t_w > 1000$	±4.0	
	钢板形式	符合钢板产品允许偏差		卡尺、钢尺
钢板切割斜度		不大于钢板宽度的 1%，且不应大于 5.0		直角尺、钢尺
钢板局部平整度		$t_{sw} < 14$	±3.0	塞尺、钢尺
		$t_{sw} \geqslant 14$	±2.0	
加劲肋位置		±5.0		钢尺
开缝定位及相邻开缝距离		±3.0		
栓钉定位		±5.0		

注：h 为单层墙垂直高度；t_w 为构件截面高度；t_{sw} 为墙体单片钢板的厚度。

8.7　其他工艺

8.7.1　钢构件预拼装

预拼装是为了检验构件是否满足设计要求和安装质量要求而进行的拼装，本节主要讲工厂预拼装。

1. 预拼装准备及要点

预拼装准备包括：预拼装方案的提出、钢构件的完好性、场地的准备、施工器械、施工和管理人员的到位以及各种应急措施。

预拼装中的各种条件应按施工图尺寸控制，各杆件的中心线应交汇于节点中心，并完全处于自由状态，不允许有外力强制固定，单杆件支承点不论柱、梁、支撑，应不少于两个支承点。

预拼装构件控制基准中心线应明确标示，并与平台基准线和地面基准线一致。

预拼装全过程中，不得对构件动用火焰或机械等方式在胎架上直接进行修正、切割或使用重物压载、冲撞、捶击。

高强度螺栓连接件预拼装时，可使用冲击定位和临时螺栓紧固。试装螺栓在一组孔内不得少于螺栓孔的 30%，且不少于 2 只。冲钉数不得多于临时螺栓的 1/3。

预装后应用试孔器检查，当用比孔公称直径小 0.1mm 的试孔器检查时，每组孔的通过率为85%，试孔器必须垂直自由穿落。

按上述条款的规定检查不能通过的孔，允许修孔（铰、磨、刮孔）。修孔后如超规范，允许采用与母材材质相匹配的焊材焊补后，重新制孔，但不允许在预装胎架上进行修补。

预拼装允许偏差见表8.7-1

表8.7-1　钢构件预拼装允许偏差

构件类型	项目		允许偏差/mm	检查方法
多节柱	预拼装单元总长		±5.0	钢尺
	预拼装单元弯曲矢高		$l/1500$，且不大于10.0	拉线、钢尺
	接口错边		2.0	焊缝尺
	预拼装单元柱身扭曲		$h/200$，且不大于5.0	拉线、钢尺、吊线
	顶紧面至任一牛腿距离		±2.0	
梁、桁架	跨度最外两端安装孔或两端支承面最外侧距离		+5.0 −10.0	钢尺
	接口截面错位		2.0	焊缝尺
	拱度	设计要求起拱	±$l/5000$	拉线、钢尺
		设计未要求起拱	$l/2000$ 0	
	节点处杆件轴线错位		4.0	钢尺
管构件	预拼装单元总长		±5.0	
	预拼装单元弯曲矢高		$l/1500$，且不大于10.0	拉线、钢尺
	对口错边		$t/10$，且不大于3.0	焊缝尺
	坡口间隙		+2.0 −1.0	
构件平面总体预拼装	各楼层柱距		±4.0	钢尺
	相邻楼层梁与梁之间距离		±3.0	
	各层间框架两对角线之差		$H_i/2000$，且不大于5.0	
	任意两对角线之差		$\sum H_i/2000$，且不大于8.0	

2. 工厂预拼装实例

工厂预拼装实例如图8.7-1所示。

图8.7-1　工厂预拼装实例

图 8.7-1 工厂预拼装实例（续）

8.7.2 表面除锈及工厂防腐涂装

1. 表面除锈

构件检验合格后，进行抛丸除锈。除锈应达到 Sa2.5 级，粗糙度达到 $R_z = 40 \sim 85 \mu m$。抛丸后 4h 内进行涂装。

2. 防腐涂装工艺

防腐施工的环境：温度 5～38℃，相对湿度不大于 85%；钢材表面温度高于露点值 3℃，且钢材表面温度不超过 40℃。用钢丸作为磨料，以 5～7kg/cm² 压力的干燥洁净的压缩空气带动磨料喷射金属表面，除去钢材表面的氧化皮和铁锈。喷砂作业完成后，对钢材表面进行除尘、除油清洁，对照标准照片检查质量是否符合要求，并做好检验记录（图 8.7-2）。

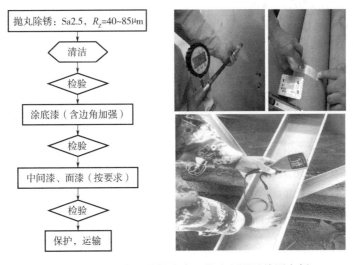

图 8.7-2 构件表面除锈防腐工艺流程图及检测实例

3. 涂装施工质量标准

涂装过程中应严格按有关国家标准进行半成品和产品检验、不合格品的处理、涂装检测、设备操作维护等工作。涂装检验项目见表 8.7-2，防腐过程控制见表 8.7-3。

表 8.7-2 涂装检验项目

序号	项目	自检	监理验收
1	打磨除污	现场检查	
2	除锈等级	书面记录	√
3	表面粗糙度	抽检	
4	涂装环境	书面记录	
5	涂层外观	现场检查	
6	涂层附着力	现场检查	
7	干膜厚度	书面记录	√
8	涂层修补	现场检查	
9	防火涂料厚度	书面记录	√

表 8.7-3 防腐施工过程控制

工序名称		工艺参数	质量要求	检测标准及仪器
涂装前	棱边打磨	砂轮、自动打磨机	打磨光滑平整、无焊渣、棱边倒角 $R=0.5\sim2mm$	目测
	表面清理	砂轮、扁铲、手锤、气动铲、吹扫	清理焊渣、飞溅附着物，清洗金属表面至无可见油脂及杂物	目测
	抛丸、喷砂、酸洗	工作环境湿度：<85%	除锈等级 Sa2.5 级	检验标准：GB/T 8923.1
		钢板表面温度高于露点3℃且不超过40℃	粗糙度 $30\sim85\mu m$	检验标准：GB/T 13288
		钢丝圈、钢丸、金刚砂（禁用海盐砂）	表面清洁、无尘	测试仪器：表面粗糙度测试仪或比较样块
涂装	喷涂、滚涂、刷涂	高压无气喷涂	外观：平整、光滑、均匀成膜	检验标准：GB 1720、GB 50205
		喷枪距离：300~500mm		检验标准：GB 9286
		喷嘴直径：0.43~0.58mm		测试仪器：温湿度测试仪
		环境温度：<85%		湿膜测厚仪、涂层测厚仪
		钢板表面温度：高于露点3℃		拉拔仪
涂装后	保护	防撞支撑、防雨苫布	受力部分有保护	目测
			其他部分适当遮蔽	

8.7.3　包装及防变措施

1. 成品钢构件包装实例

成品钢构件包装实例如图 8.7-3 所示。

图 8.7-3　成品钢构件包装实例

2. 防变形措施

构件装车运输必须采用牢固托架支撑各受力点，并用木垫垫好。桁架和 H 型钢装车时下面须垫好编结草垫，重叠码放时应在各受力点铺垫草垫。重叠码放不宜超过三层，尽量使尺寸相近的构件包装在一起（图 8.7-4）。

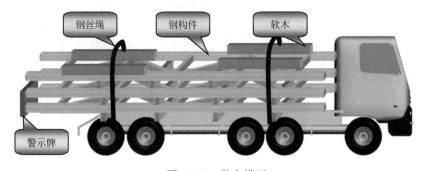

图 8.7-4　装车模型

3. 钢构件的装车和卸货的保护

（1）在吊装作业时必须明确指挥人员，统一指挥信号。

（2）钢构件必须有防滑垫块，上部构件必须绑扎牢固。

（3）装卸构件时要妥善保护涂装层，必要时要采取软质吊具。

（4）随运构件（节点板、零部件）应设标示牌，标明构件的名称、编号。

（5）按照现场构件安装顺序，编排构件供应顺序。

（6）构件发运前编制发运清单，清单上必须明确项目名称、构件号、构件数量及吨位，以便收货单位核查。

（7）封车加固的铁丝、钢丝绳必须保证完好，严禁用已损坏的铁丝、钢丝绳进行捆扎。

4. 运输过程中的成品保护

（1）厂外公路运输要先进行路线勘测，合理选择运输路线，并针对沿途具体运输障碍制定措施。

（2）对承运车辆、机具进行审验，并报请交通主管部门批准，必要时应组织模拟运输。

（3）吊装作业前，由技术人员进行吊装和卸货的技术交底。其中指挥人员、司索人员（起重工）和起重机械操作人员须取得《特种作业人员安全操作证》。所使用的起重机械和起重机具完好。

（4）为确保行车安全，在超限运输过程中对超限运输车辆、构件设置警示标志。进行运输前的安全技术交底。在遇有高空架线等运输障碍时须派专人排除。在运输中，每行驶一段路程要停车检查钢构件的稳定和紧固情况，如发现移位、捆扎和防滑垫块松动时，要及时处理。

（5）在运输构件时，根据构件规格、重量选用汽车和起重机，载物高度从地面起不准超过 4m，宽度不得超出车厢，长度前端不准超出车身、后端不准超出车身 2m。

（6）钢构件长度超出车厢后栏板时，构件和栏板不得遮挡号牌、转向灯、制动灯和尾灯。

（7）钢结构的体积超过规定时，须经有关部门批准后才能装车。

图 8.7-5 为钢构件包装、运输实例。

图 8.7-5　钢构件包装、运输实例

第9章

钢结构系统安装

9.1 钢结构施工组织设计编制原则和前期准备

9.1.1 编制基本原则

（1）遵照国家相关法律、法规和国家规范、行业标准及企业的管理体系、规章制度、企业工法、企业施工标准及安全操作规程。

（2）推行住建部颁发的《绿色建造技术导则》。

（3）根据施工合同和企业管理要求，确定工期、进度、质量、安全、环境与健康及技术创新目标。

（4）根据现场地理环境、气候特点及施工资源和施工条件，合理安排资源。

（5）提倡机械化施工，减少劳动力投入，提高劳动生产率。

（6）优先推广应用企业现有工法、操作规程和专利技术。

（7）推广智能信息网络技术，用科学智能的管理办法，提升项目管理水平。

（8）编制内容要求符合项目独特性，图文并茂。

9.1.2 前期准备

（1）依据建筑施工图、结构施工图、设计交底，进行钢结构二次转化。

（2）依据施工组织设计包括施工总体安排和土建、机电设备等相关专业的配合与穿插施工。

（3）依据现场勘察资料包括地质、环境（施工现场踏勘、相邻建筑）、气候等。

（4）依据现行钢结构相关规范、标准与图集。

（5）依据以往类似工程经验及企业类似工程；行业内类似工程；国内外类似工程。

（6）熟悉工程概况：有针对性地介绍工程概况，包括建设地点、工程规模（建筑面积、建筑高度、层数等）、施工环境、施工范围、设计要求（结构类型、材料规格型号、质量要求）和典型节点、工期、质量及安全目标等。

（7）重、难点分析：结合现场环境对图纸进行分析，找出本工程技术独特的施工重点和难点并提出相应对策；对质量控制重点——特殊工序、关键工序进行分析；对安全控制重点——危险源进行分析；从如何保证工期、资源投入准备进行分析。

（8）安装单元划分。

1）吊装单元及流水划分：根据钢结构的结构布置形式及起重机起重量的情况，确定安装单元：柱子一般按 2～3 层为一节，按轴线每节柱可与梁、支撑组装一榀为一个安装单元

（图 9.1-1）。

2）吊装单元的原则是体现装配化特点，尽量减少空中接点，能在地面完成的工作就不要安排在空中作业。

3）规划现场安装单元拼装场地，按工程进度要求编制现场安装单元拼装计划。

4）安装流水段划分：平面流水段考虑结构的整体稳定性和对称性，以一台塔式起重机的工作范围确定，安装顺序由中间向四周扩展，以减小焊接误差和安装累计误差；立面流水段以一节柱高度内的所有构件作为一个流水段。

（9）起重机械设备选择布置。

1）垂直运输设备应有合格证，其质量、安全性能应符合国家相关标准要求，并按有关规定进行验收后方可使用。安装、拆卸单位应具有起重设备安装工程专业承包资质和安全生产许可证。

2）装配式钢结构住宅所选用的起重设备，其验收安装、使用和拆除应分别符合现行国家标准《起重机械安全规程》（GB 6067）、《塔式起重机》（GB/T 5031—

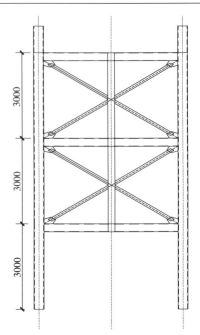

图 9.1-1　安装单元示意图

2019）、《塔式起重机安全规程》（GB 5144—2006）、《建筑机械使用安全技术规程》（JGJ 33—2012）、《施工现场机械设备检查技术规范》（JGJ 160—2016）等的有关规定。

3）垂直运输设备的配置应根据结构平面布局、运输量、吊重及尺寸、设备参数和进度要求等因素确定，设备的安装、使用、拆除应编制专项施工方案。

4）塔式起重机的配备安装和使用应符合下列规定：

①应对地基基础和工程结构进行承载力、稳定性和变形验算，位于基坑边时应满足基坑支护要求。

②塔式起重机应设有荷载限制装置、行程限位装置、保护装置等。多台塔式起重机作业时，应有防碰撞措施。

③两台塔式起重机之间的最小架设距离应保证处于低位塔式起重机的起重臂端部，与另一台塔式起重机的塔身之间至少有 2m（d_1）的距离；处于高位塔式起重机的最低位置的部件（吊钩升至最高点或平衡重的最低部位）与低位塔式起重机中处于最高位置部件之间的垂直距离不应小于 2m（d_2）（图 9.1-2）。

④作业前应对索具机具进行检查，每次使用后按规定对各设施进行维护和保养。

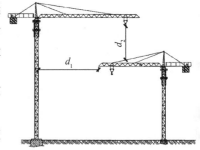

图 9.1-2　群塔作业示意图

⑤当风速大于五级时，塔式起重机不得进行安装、顶升、接高或拆除作业。

⑥附着式塔式起重机与结构附着时，应满足起重机技术要求，附着点的设置应经设计部门同意。

5）塔式起重机生产效率是否满足进度要求，可按下式验算。

预估每一竖向流水节间总吊次

$$N_1 = \alpha_1 nA$$

式中　α_1——装配式钢结构住宅每 m^2 建筑面积吊次按 $1.1 \sim 1.6$ 取用;

　　　　n——竖向流水节间楼层数;

　　　　A——每楼层面积 (m^2)。

塔式起重机每一竖向流水节间能完成的总吊次

$$N_2 = Dn_1 n_2 W$$

式中　W——塔式起重机每个台班可完成的平均吊次,可按 $50 \sim 70$ 吊次;

　　　　n_2——每天塔式起重机工作台班;

　　　　n_1——塔式起重机布设台数;

　　　　D——每一竖向流水节间计划工期 (d)。

塔式起重机每一竖向流水节间能完成的总吊次 N_2 大于预估每一竖向流水节间总吊次 N_1 ($N_2 > N_1$) 即满足进度要求。

9.2　钢构件安装与连接

9.2.1　钢柱安装

1. 钢柱常见断面形式

钢柱类型很多,有单层、多层、高层,有长短、有轻重,常见断面形式如图 9.2-1 所示。

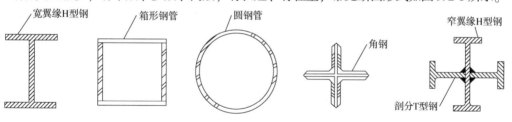

图 9.2-1　常见钢柱断面形式

2. 吊点选择

(1) 吊点位置及吊点数根据钢柱形状、断面、长度、起重机性能等具体情况确定。一般钢柱弹性和刚性都很好,吊点采用一点正吊,吊耳放在柱顶处,柱身垂直、易于对线校正。通过柱重心位置,受起重机臂杆长度限制,吊点也可放在柱长 1/3 处,吊点斜吊,由于钢柱倾斜,对线校正较难。

(2) 对细长钢柱,为防止钢柱变形,可采用两点或三点起吊。

(3) 如果不采用焊接吊耳,直接在钢柱本身用钢丝绳绑扎时要注意以下两点。

1) 在钢柱 (口、工) 四角做包角 (用半圆钢管内夹角钢) 以防钢丝绳刻断。

2) 为防止工字形钢柱局部受挤压破坏,在绑扎点处可加一加强肋板;吊装格构柱时,绑扎点处应加支撑杆。

3. 起吊方法

重型工业厂房大型钢柱又重又长,根据起重机配备和现场条件确定,可采用单机、二机、三机等。

（1）旋转法　钢柱运到现场，起重机边起钩边回转使柱子绕柱脚旋转而将钢柱吊起。

（2）滑行法　单机或双机抬吊钢柱起重机只起钩，使钢柱脚滑行而将钢柱吊起的方法叫滑行法。为减小钢柱脚与地面的摩阻力，需在柱脚下铺设滑行道。

（3）递送法　双机或三机抬吊，为减小钢柱脚与地面的摩阻力，其中一台为副机吊点选在钢柱下面，起吊柱时配合主机起钩，随着主机的起吊，副机要行走或回转，在递送过程中，副机承担了一部分荷重，将钢柱脚递送到柱基础上面，副机摘钩，卸去荷载，此刻主机满载，将柱就位。

（4）双机或多机抬吊注意事项

1）尽量选用同类型起重机。

2）根据起重机能力，对起吊点进行荷载分配。

3）各起重机的荷载不宜超过其相应起重能力的80%。

4）多机起吊，在操作过程中要互相配合，动作协调，采用铁扁担起吊时，尽量使铁扁担保持平衡，倾斜角度小，以防一台起重机失重而使另一台起重机超载，造成安全事故。

5）信号指挥，分指挥必须听从总指挥。

4. 钢柱校正

钢柱校正要做三件工作：柱基标高调整，对准纵横十字线，柱身垂偏。

（1）单层钢结构钢柱校正

1）柱基标高调整。根据钢柱实际长度、柱底平整度、钢牛腿顶部距柱底部距离，重点要保证钢牛腿顶部标高值，来决定基础标高的调整数值。具体做法如下：首层柱安装时，可在柱子底板下的地脚螺栓上加一个调整螺母，螺母上表面的标高调整到与柱底板标高齐平，放上柱子后，利用底板下的螺母控制柱子的标高，精度可达 ±1mm 以内。柱子底板下预留的空隙，可以用无收缩砂浆以捻浆法填实。使用这种方法时，对地脚螺栓的强度和刚度应进行计算。

2）纵横十字线。制作钢柱底部时，在柱底板侧面，用钢冲打出互相垂直的四个面，每个面一个点，用三个点与基础面十字线对准即可，争取达到点线重合，如有偏差可借线。对线方法：起重机不脱钩的情况下，将三面对准缓慢降落至标高位置。为防止预埋螺杆与柱底板螺孔有偏差，设计时考虑偏差数值，适当将螺孔加大，上压盖板焊接解决。

3）柱身垂偏校正。采用缆风校正方法，用两台呈90°的经纬仪找垂直，在校正过程中不断调整柱底板下的螺母，直至校正完毕，将柱底板上面的2个螺母拧上，缆风松开不受力，柱身呈自由状态，再用经纬仪复核，如有小偏，调整下螺母，若无误，将上螺母拧紧。地脚螺栓的紧固力一般由设计规定。地脚螺栓螺母一般可用双螺母，也可在螺母拧紧后，将螺母与螺杆焊实。

（2）高层及超高层钢结构钢柱校正　为使高层及超高层钢结构安装质量达到最优，主要控制钢柱的水平标高、十字轴线位置和垂直度。测量是安装的关键工序，在整个施工过程中，以测量为主。它与单层钢结构钢柱校正有相同点和不同点。

1）柱基标高调整，首层柱垂偏校正，与单层钢结构钢柱校正方法相同。不同点是高层及超高层钢结构，地下室部分钢柱都是劲性钢柱，钢柱的周围都布满了钢筋，调整标高，对线找垂直，都要适当地将钢筋梳理开，才能进行工作，工作起来较困难些。

2）柱顶标高调整和其他节框架钢柱标高控制可以用两种方法：一是按相对标高安装，另一种按设计标高安装，通常按相对标高安装。钢柱吊装就位后，用大六角高强度螺栓固定连接（经摩擦面处理），即上下耳板不夹紧，通过起重机起吊，撬棍微调柱间间隙。量取上下柱顶预先标定标高值，符合要求后打入钢楔、点焊限制钢柱下落，考虑到焊缝收缩及压缩变形，标高偏差调整至5mm以内。柱子安装后在柱顶安置水平仪，测相对标高，取最合理值为零点，以零点为标准进行换算各柱顶线，安装中以线控制，将标高测量结果与下节柱顶预检长度对比进行综合处理。超过5mm对柱顶标高作调整，调整方法：填塞一定厚度的低碳钢钢板，但须注意不宜一次调整过大，因为过大的调整会带来其他构件节点连结的复杂化和安装难度。

3）第二节柱纵横十字线校正。为使上下柱不出现错口，尽量做到上下柱十字线重合，如有偏差，在柱的连接耳板的不同侧面夹入垫板（垫板厚度0.5~1.0mm），拧紧大六角螺栓，钢柱的十字线偏差每次调整3mm以内，若偏差过大分2~3次调整。注意：每一节柱子的定位轴线决不允许使用下一节柱子的定位轴线，应从地面控制轴线引到高空，以保证每节柱子安装正确无误，避免产生过大的积累偏差。

4）第二节钢柱垂偏校正。重点对钢柱有关尺寸预检，影响垂直因素的预先控制，如安装误差：下层钢柱的柱顶垂直度偏差就是上节钢柱的底部轴线、位移量、焊接变形、日照温度、垂度校正及弹性等，综合安装误差之和，可采取预留垂偏值，预留值大于下节柱积累偏差值时，只预留累积偏差值。反之，则预留可预留值，其方向与偏差方向相反。

5）日照温度影响：其偏差变化与柱子的长细比、温度差成正比，与钢柱断面形式和钢板厚度都有直接关系。例如较明显观测差发生在上午9至10时和下午2至3时，柱两侧会产生温差，根据箱形钢板厚度和高度情况，柱顶竖向会产生不同程度倾斜。

5. 钢柱安装顺序

1）根据国内外高层及超高层钢结构安装经验，为确保整体安装质量，在每层都要选择一个标准框架结构体（或剪力筒），简称安装单元，依次向外发展安装。

2）安装标准化框架体（安装单元）的原则：指建筑物核心部分，几根标准柱能组成不可变的框架结构，便于其他柱安装及流水段的划分。

3）标准柱的垂直校正：采用三台经纬仪对钢柱及钢梁安装跟踪观测。采用无缆风校正，在钢柱偏斜方向的一侧打入钢楔或顶升千斤顶。在保证单节柱垂直度偏差不超标的前提下，将柱顶轴线偏移控制到零，最后拧紧临时连接耳板的大六角高强度螺栓至额定扭矩值。

4）注意：临时连接耳板的螺栓孔应比螺栓直径大4.0mm，利用螺栓孔扩大足够的余量调节钢柱制造误差-1~+5mm。

9.2.2　钢梁安装

1. 施工准备

（1）钢梁准备

1）按计划准时将要吊装的钢梁运输到施工现场；并对钢梁的外形几何尺寸、制孔、组装、焊接、摩擦面等进行全面检查，并确定钢梁合格后在钢梁翼缘板和腹板上弹上中心线，将钢梁表面污物清理干净。

2）检查钢梁在装卸、运输及放置中有无损坏或变形。损坏和变形的构件应予矫正或重新加工。被碰损的防锈涂料应补涂，并再次检查。

3）钢结构构件在进场后都要进行验收，各项验收指标合格并报送项目、监理审批合格。

（2）机具准备　吊装索具、垫木、垫铁、扳手、撬棍、扭矩扳手；复检合格的高强度螺栓，检查合格的钢丝绳。

2. 操作工艺

施工、吊装准备→钢梁安装→连接与固定→检查、验收。

3. 吊装前准备

（1）吊装前，必须对钢梁定位轴线、标高、编号、长度、截面尺寸、螺孔直径及位置、节点板表面质量、高强度螺栓连接处的摩擦面质量等进行全面复核，符合设计施工图和规范规定后，才能进行附件安装。

（2）用钢丝刷清除摩擦面上的浮锈，保证连接面上平整，无毛刺、飞边、油污、水、泥土等杂物。

（3）梁端节点采用栓焊连接，应将腹板的连接板用一螺栓连接在梁的腹板相应的位置处，并与梁齐平不能伸出梁端。

（4）节点连接用的螺栓按所需数量装入帆布包内挂在梁端节点处，一个节点用一个帆布包。

（5）在梁上装溜绳、扶手绳（待钢梁与柱连接后，将扶手绳固定在梁两端的钢柱上）。

4. 钢梁安装

（1）钢梁的吊装顺序　钢梁吊装紧随钢柱其后，当钢柱构成一个单元后，随后应将标准框架体的梁安装上，先安上层梁，再安中、下层梁，安梁过程会对柱垂直度有影响，可采用钢丝绳缆索（只适宜向跨内柱）、千斤顶、钢楔和手拉葫芦进行吊装。其他框架柱依标准框架体向四周发展，其做法与上同。由下而上，与柱连接组成空间刚度单元，经校正紧固符合要求后，依次向四周扩展。

（2）钢梁的附件安装

1）钢梁要用两点起吊，以吊起后钢梁不变形、平衡稳定为宜。

2）为确保安全，钢梁在工厂制作时，在距梁端 0.21 ~ 0.3L（梁长）的地方焊两个临时吊耳，供装卸和吊装用。

3）吊索角度选用 45° ~ 60°（图 9.2-2）。

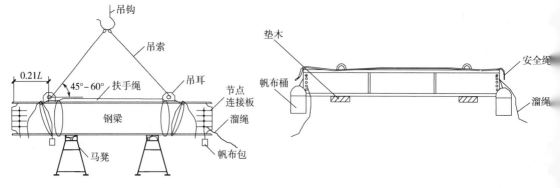

图 9.2-2　钢梁吊索起吊角度示意图

（3）钢梁的起吊、就位与固定

1）钢梁起吊到位后，按设计施工图要求进行对位，要注意钢梁的轴线位置和正反方向。安梁时应用冲钉将梁的孔打紧逼正，每个节点上用不少于两个临时螺栓连接紧固，在初拧的同时调整好柱子的垂直偏差和梁两端焊接坡口间隙。

2）钢梁吊装必须保证钢梁在起吊后为水平状态。

3）一节柱一般有2层或3层梁，原则上，竖向构件由上向下逐件安装，由于上部和周边都处于自由状态，易于安装且保证质量。一般在钢结构安装实际操作中，同一列柱的钢梁从中间跨开始对称地向两端扩展安装。

4）在安装柱与柱之间的主梁时，会把柱与柱之间的开档撑开或缩小。测量必须跟踪校正，预留偏差值，留出节点焊接收缩量。

5）钢梁吊装到位后，按施工图进行就位，并要注意钢梁的方向。钢梁就位时，先用冲钉将梁两端孔对位，然后用安装螺栓拧紧。安装螺栓数量不得少于该节点螺栓总数的30%，且不得少于3颗。

6）柱与柱节点和梁与柱节点的焊接，以互相协调为好。一般可以先焊一节柱的顶层梁，再从下向上焊接各层梁与柱的节点。柱与柱的节点可以先焊，也可以后焊。

7）次梁根据实际施工情况一层一层地安装完成。

9.2.3　钢支撑安装

（1）支撑体系在框架结构受力非常重要，在安装中要重点考虑，保证其安装精度和质量。当支撑的构件尺寸较小、构件数量较多时，钢柱和支撑能够在地面拼装的一定要在地面组装完成，整体安装。对于由于结构位置限制、尺寸限制、起重重量限制的柱和支撑不能组装的，将支撑部分整体组装，整体安装。

（2）梁、支撑分体安装时，由于支撑在梁的正下部位，不易安装吊装到位，要先安装支撑后安装梁。

9.2.4　钢板墙安装

1. 技术准备

（1）充分熟悉图纸，认真学习相关规范、规程、施工质量检验评定标准及图集。参加设计交底和图纸会审，对交底内容进行学习、讨论，做好施工前的准备工作。

（2）技术员将洽商变更内容及时通知施工管理人员，对施工班组人员进行分项施工交底，确保施工时的混凝土的强度等级符合图纸要求。

（3）施工前，根据本工程的特点及在施工过程中针对不同部位，由工长以书面形式向各班组和操作工人做详细的书面技术交底和安全交底。

2. 材料准备

钢板墙材料就位。

3. 施工测量器具

常用测量器具有经纬仪、水准仪、水平尺、塔尺等。

4. 整体施工顺序

施工、吊装准备→钢板剪力墙安装→连接与固定→检查、验收。

5. 吊点设置

（1）吊点位置及吊点数根据剪力墙形状、断面、长度、起重机性能等具体情况确定。

（2）一般剪力墙弹性和刚性都很好，吊点一般采用一点正吊。吊点设置在墙顶处，墙身竖直，吊点应选择易于起吊、对线、校正的部位，当剪力墙构件为不规则异形构件时，吊点应计算确定。

6. 起吊方法

（1）起吊时剪力墙必须垂直，尽量做到回转扶直，根部不拖地。起吊回转过程中应注意避免同其他已吊好的构件相碰撞，吊索应有一定的有效高度。

（2）第一节剪力墙是安装在基础底板上的，剪力墙安装前应将登高爬梯、安全防坠器、缆风绳等挂设在钢柱预定位置并绑扎牢固。起吊就位后加设固定耳板，校正垂直度。剪力墙两侧装有临时固定用的连接板，上节剪力墙对准下节剪力墙柱顶中心线后，即用螺栓固定连接板做临时固定。

（3）剪力墙安装就位后，为避免剪力墙倾斜，应将缆风绳固定在可靠位置。缆风绳的端部应加花篮螺栓，以便于调节缆风绳的松紧度。

（4）必须等连接板、缆风绳固定后才能松开吊索。松吊索时，安全防坠器的挂钩应与操作人员所佩戴的安全带进行有效连接，吊索松动完成，操作人员安全返回地面后方可解开安全防坠器挂钩。

7. 垂直度校正

剪力墙垂直度校正的重点是对有关尺寸预检。下层剪力墙的顶垂直度偏差就是上节剪力墙的底部轴线、位移量、焊接变形、日照影响、垂直度校正及弹性变形等的综合。可采取预留垂直度偏差值消除部分误差。预留值大于下节柱积累偏差值时，只预留累计偏差值。反之，则预留可预留值，其方向与偏差方向相反。

9.2.5 螺栓连接与焊接

1. 高强度螺栓

（1）高强度螺栓管理与质量检验

1）主要所用高强度螺栓系 10.9 级摩擦型高强度螺栓，应符合《钢结构用扭剪型高强度螺栓连接副》（GB/T 3632—2008）的要求，所有连接的构件的接触面采用喷砂抛丸处理（图 9.2-3）。

2）高强度螺栓进场，首先按批次检查是否有质保书，每箱内是否有合格证。

3）高强度螺栓应由专职保管员管理，储存在专用仓库内；并按规格、批号分别码放，填写标牌，以免混淆。

图 9.2-3　扭剪型高强度螺栓示意图

4）按《钢结构工程施工质量验收标准》（GB 50205—2020）中高强度螺栓复试要求取样复试，合格后方可使用。

5）保管员在螺栓复试合格后，按照使用计划，提前将其组装成连接副并装入工具包内。装袋过程中检查其外观质量，将不合格的挑出。

6）安装时，应按当天需要的数量领取。当天剩余的必须交还保管员处，并登记保存，不得乱扔、乱放。

7）高强度螺栓紧固轴力见表9.2-1。

表9.2-1 高强度螺栓紧固轴力

螺栓规格		M16	M20	M22	M24
每批紧固轴力的平均值/kN	标准	109	170	211	245
	max	120	186	231	270
	min	99	154	191	222
紧固轴力标准偏差 $\delta \leqslant$		1.01	1.57	1.95	2.27
允许不进行紧固轴力试验螺栓长度限制值/mm		≤60	≤60	≤65	≤70

表9.2-1最下一行数值表示，因试验机具等困难，限值以下长度螺栓无法进行轴力试验，因此允许不进行轴力试验。当同批螺栓中还有长度较长的螺栓时，可以用较长螺栓的轴力试验结果来旁证该批螺栓的轴力值。

（2）施工扭矩值的确定 扭剪型高强度螺栓的拧紧分为初拧和终拧。初拧扭矩值见表9.2-2，复拧扭矩值等于初拧扭矩值。初拧采用扳手进行，按不相同的规格调整初拧值，一般可以控制在终拧值的50%~80%。施工终拧采用定值电动扭矩扳手，尾部梅花头拧掉即达到终拧值（表9.2-2）。

表9.2-2 高强度螺栓拧紧扭矩

螺栓直径 d/mm	16	20	22	24
初拧扭矩/（N·m）	160	310	420	550
终拧扭矩/（N·m）	230	440	600	780

（3）摩擦面控制

1）按照《钢结构工程施工质量验收标准》（GB 50205—2020）摩擦面抗滑移系数复验的相关要求，在构件加工制作的时候，用同样方法加工出安装现场复试抗滑移系数所需的试板并运到现场进行复验。

2）将试板运至现场后，采用与现场施工完全相同的方法终拧高强度螺栓，然后送检。检测合格后说明该批钢构件摩擦面满足要求，可进行安装。

3）构件吊装前，应对构件及连接板的摩擦面进行全面检查，检查内容有：连接板有无变形，螺栓孔有无毛刺，摩擦面有无锈蚀、油污等。若孔边有毛刺、焊渣等，可用锉刀清除，注意不要损伤摩擦面。

4）对现场检查发现的个别摩擦面不合格的，可在现场采用金刚砂轮沿垂直于受力方向进行打磨处理。

（4）高强度螺栓施工顺序

高强度螺栓穿入方向应以便于施工操作为准，设计有要求的按设计要求，框架周围的螺栓全穿向结构内侧，框架内侧的螺栓沿规定方向穿入，同一节点的高强度螺栓穿入方向应一致。

1）各楼层高强度螺栓竖直方向拧紧顺序为先上层梁，后下层梁。待三个节间全部终拧完成后方可进行焊接。

2）对于同一层梁来讲，先拧主梁高强度螺栓，后拧次梁高强度螺栓。

3）对于同一个节点的高强度螺栓，顺序为从中心向四周扩散（图9.2-4）。

4）安装前，必须用3~4个冲钉将栓孔与连接板的栓孔对正，达到冲钉能自由通过，再放入高强螺栓。个别不能通过的，可采用电动绞刀扩孔或更换连接板的方式处理。

5）主梁高强度螺栓安装是在主梁吊装就位之后，每端用两根冲钉将连接板栓孔与梁栓孔对正，装入安装螺栓，摘钩。随后由专职工人将其余孔穿入高强度螺栓，用扳手拧紧，再将安装螺栓换成高强度螺栓。

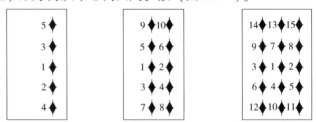

图9.2-4　高强度螺栓安装顺序示意图

6）高强度螺栓安装时严禁强行穿入，个别不能自由穿入的孔，可采用电动绞刀扩孔，严禁气割或锥杆锤击扩孔。铰孔前应先将其四周的螺栓全部拧紧，使板叠密贴紧后进行，防止铁屑落入叠缝中。扩孔后的孔径不应超过 $1.2d$，扩孔数量不应超过同节点孔总数的 $1/5$，如有超出需征得设计同意。

2. 焊接施工

（1）钢结构现场焊接形式　钢结构现场主要为钢柱、钢梁对接、拼接。焊缝形式主要为角焊缝、对接焊缝等。

（2）焊前准备

1）人员准备。本工程从事焊接作业的人员，从工序负责人到作业班长乃至具体操作的施焊技工、配合工以及负责对焊接接头进行无损检测的专业人员，均为资格人员和曾从事过配合作业的人员，即便是辅助工，也须通晓焊接作业平台的具体搭设及作业顺序和作业所需时间，从而准备好焊前工作，包括工完场清的具体要求及焊材的分类，首先从人员组织上杜绝质量事故发生。

2）主要设备机具的准备。常见设备采用 CO_2 气体保护焊，所以应配备完好的、数量足够的设备以及机具。局部采用手工电弧焊。根据工程材料的类别，焊接主材主要为气体保护焊焊丝，并配辅材 CO_2 气和手工电弧焊用焊条。

（3）焊接工艺评定

1）针对本工程钢管柱截面的接头形式，根据《钢结构焊接规范》（GB 50661—2011）"焊接工艺评定"的具体规定，组织进行焊接工艺评定，确定出最佳焊接参数，制定完整、合理、详细的工艺措施和工艺流程。

2）经焊接工艺评定合格后，方可允许作为本工程施焊的焊材，并要求按牌号、批次持证入场，分类存放在干燥通风的库房。材质证明和检验证书妥善保管，分批整理成册交项目存档。

（4）焊接管理　本工程焊接管理分为工前管理、过程管理、工后管理三大项。

1）工前管理。焊接管理人员在焊接施工前应认真阅读本工程的设计文件，熟悉图纸规定的施工工艺和验收标准。认真做好技术准备工作，根据规范规定编制符合本工程情况的焊前工艺评定计划书，完成同有关部门及工程监理单位的报批程序，组织好工艺评定的场地、材料，联系机具试验单位，准备好检测器具及评定记录表格。

根据本工程焊接工艺评定的结果编制作业指导书，完成人、机、料的计划及组织。根据本工程的具体情况，完成焊接施工前的准备工作及本工序的施工技术交底和施工安全交底工作。

2）过程管理。根据本工程的工序流程完成本工序对上道工序的验收工作，并下达实施本工序的指令，完成作业程序控制和各项检查验收工作（如气象记录、停电记录、返修记录、定人定岗记录）。

3）工后管理。整理呈报施工验评资料，为本工序向下道工序交接负责，并为工程交验负责。

（5）焊接施工工艺

1）焊前检查。选用的焊材强度和母材强度应相符，焊机种类、极性与焊材的焊接要求相匹配。焊接部位的组装和表面清理的质量如不符合要求，应修磨补焊合格后方能施焊。各种焊接法焊接坡口组装允许偏差值应符合规定。

2）焊前清理。认真清除坡口内和垫于坡口背部的衬板表面油污、锈蚀、氧化皮、水泥灰渣等杂物。

3）焊接环境。作业区域设置防雨、防风及防火花坠落措施。当 CO_2 气体保护焊环境风力大于 2m/s 及手工焊环境风力大于 8m/s 时，在未设防风棚或没有防风措施的施焊部位严禁进行 CO_2 气体保护焊和手工电弧焊。并且，焊接作业区的相对湿度大于 90% 时，不得进行施焊作业。施焊过程中，遇到短时大风雨时，施焊人员应立即采用 3~4 层石棉布将焊缝紧裹，绑扎牢固后方能离开工作岗位，并在重新开焊之前将焊缝 100mm 周围处采取预热措施，然后方可进行焊接。

4）定位焊。定位焊必须由持相应合格证的焊工施焊。所有焊材应与正式施焊相同。定位焊焊缝应与最终的焊缝有相同的质量要求。钢衬垫的定位焊宜在接头坡口内焊接，定位焊焊缝厚度不宜超过设计焊缝厚度的 2/3，定位焊焊缝长度不宜大于 40mm，间距宜为 500~500mm，并应填满弧坑。定位焊预热温度应高于正式施焊预热温度。当定位焊缝有气孔或裂纹时，必须清除后重焊。

（6）焊接过程中的注意事项

1）控制焊接变形。采取相应的预热温度及层间温度控制措施。

2）实施多层多道焊，每焊完一焊道后应及时清理焊渣及表面飞溅，发现影响焊接质量的缺陷时，应清除后方可再焊，在连续焊接过程中应控制焊接区母材温度，使层间温度的上、下限符合工艺条件要求，遇有中断施焊的特殊情况，应采取后热保温措施，再次焊接时，重新预热且应高于初始预热温度。防止层状撕裂的工艺措施。

3）焊接时严禁在焊缝以外的母材上打火引弧。

4）消除焊后残余应力。

（7）焊后清理　认真清除焊缝表面飞溅和焊渣。焊缝不得有咬边、气孔、裂纹、焊瘤等缺陷，焊缝表面不得存在几何尺寸不足现象。不得因为切割连接板、垫板、引入板、引出板而伤及母材，不得在母材上留有擦头处及弧坑。连接板、引入板、引出板切割时应光滑平整。

（8）焊缝的外观检验　一级焊缝不得存在未焊满、根部收缩、咬边和接头不良等缺陷。一级焊缝和二级焊缝不得存在表面气孔、夹渣、裂纹和电弧擦伤等缺陷。二级焊缝的外观质量除应符合以上要求外，还应满足规范中有关规定。焊缝外观自检合格后，方能签上焊工钢印号，并做到工完场清。

（9）焊缝尺寸检查　焊脚尺寸和余高及错边应符合现行规范中的有关规定。

（10）焊接顺序

1）根据工程特点，一般钢结构安装完成一层的校正和高强度螺栓的终拧后，从平面中心选择柱子作为基准柱，并以此作为垂偏测量基准，焊接梁，然后向四周扩展施焊。随安装滞后跟进。采取结构对称、节点对称和全方位对称焊接的原则。

2）栓焊混合节点中，设计要求梁的腹板上的高强度螺栓先初拧70%后再焊接梁的下、上翼缘板，然后终拧梁腹板上的高强度螺栓至100%施工扭矩值。

3）竖向上的焊接顺序。一柱三层的焊接顺序：上层框架梁→下层框架梁→中层框架梁→上柱与下柱焊接→焊接检验（也可先焊柱—柱节点→上层框架梁→下层框架梁→中层框架梁→焊接检验）。

4）柱—梁节点上对称的两根梁应同时施焊，而一根梁的两端不得同时施焊作业。

5）柱—柱节点焊接时，对称两面应由两名焊工相对依次逆时针焊接。

6）梁的焊接应先焊下翼缘，后焊上翼缘，以减少角变形。

（11）焊接步骤

1）焊前检查坡口角度、钝边、间隙及错口量，坡口内和两侧的锈斑、油污、氧化铁皮等应清除干净。

2）预热。焊前用气焊或特制烤枪对坡口及其两侧各100mm范围内的母材均匀加热，并用表面测温计测量温度，防止温度不符合要求或表面局部氧化，预热温度（表9.2-3）。

表9.2-3　结构钢材焊前最低预热温度要求

钢材牌号	接头最厚部件的板厚 t/mm				
	$t < 25$	$25 \leq t \leq 40$	$40 \leq t < 60$	$60 < t \leq 80$	$t > 80$
Q235	—	—	60～90℃	80～100℃	100℃
Q345	—	60～80℃	80～100℃	100～120℃	140℃

注：1. 本表的施工作业环境温度条件为常温。

2. 0℃以下焊接时，按实验的温度预热。

3）重新检查预热温度，如温度不够应重新加热，使之符合要求。

4）装焊垫板及引弧板，其表面清洁程度要求与坡口表面相同，垫板与母材应贴紧，引弧板与母材焊接应牢固。

5）焊接：第一层的焊道应封住坡口内母材与垫板的连接处，然后逐道逐层累焊至填满坡口，每道焊缝焊完后，都必须清除焊渣及飞溅物，出现焊接缺陷应及时磨去并修补。

6）一个接口必须连续焊完，如不得已而中途停焊时，应进行保温缓冷处理，再焊前应重新按规定加热。

7）遇雨、雪天时应停焊，构件焊口周围及上方应有挡风、雨篷，风速大于5m/s时应停焊。环境温度低于 0℃时，应按规定采取预热和后热措施施工。

8）板厚超过 30mm，且有淬硬倾向和约束度较大的低合金结构钢的焊接，必要时可进行后热处理，后热温度 200～300℃，后热时间：1h/每 25mm 板厚，后热处理应于焊后立即进行。

9）焊工和检验人员要认真填写作业记录表。

3. 现场栓钉焊接

（1）焊接参数的确定　在正式施焊前，应选用与实际工程设计要求相同规格的焊钉、瓷环及相同批号、规格的母材（但母材的厚度不应小于 16mm，且不大于 30mm），并采用相同的焊接方式与位置进行工艺参数评定试验，以确定在相同条件下施焊的焊接电流、焊接时间之间的最佳匹配关系。

（2）焊接工艺评定试验

1）试件的数量：拉伸、弯曲各 3 个。

2）试件的尺寸：试件应选用与实际结构相同材质的板材，但其厚度应大于 16mm 且小于 30mm。通过工艺试验来确定栓钉焊接的工艺参数（表 9.2-4）。

表 9.2-4　栓钉焊接工艺参数

栓钉直径/mm	10	12	16	19	22
焊接电流/A	500～650	600～900	1100～1300	1350～1650	1600～1900
通电时间/s	0.40～0.70	0.45～0.85	0.60～0.85	0.80～1.00	0.85～1.25
栓钉伸出长度/mm	3	3～4	4～5	4～5	4～6

注：如穿透焊时，电流、焊接时间、栓钉伸出长度可适当调整。

3）外观检查：施焊后，首先应对焊缝外观进行检查，不合格则应重焊。

4）拉伸试验、弯曲试验合格。

（3）施焊操作

1）焊枪的夹头与焊钉要配套，以便焊钉既能顺利插入，又能保证良好的导电性能。

2）焊钉、焊枪的轴线要尽量与工件表面保持垂直，同时用手轻压焊枪，使焊枪、焊钉及瓷环保持静止状态。

3）在焊枪完成引弧、提升、下压的过程中要保持焊枪静止，待焊接完成（焊缝冷却）后，再轻提焊枪。

4）在焊缝完全未冷却前，不要打碎瓷环。打碎瓷环后，若焊缝质量不合格，应用焊条电弧焊机补焊。

5）在焊接参数不变的情况下，每班前取 2 个焊好的栓钉进行外观和锤击检查，合格后方可大范围施工。

6）在焊接参数有可能变化的情况下（焊枪、总引线、电源有所变化时），应重新进行外观和锤击检查，合格后方可施工。

（4）施焊注意事项

1）气温在 0℃以下、降雨、降雪或工件上残留水分时，不得施焊。

2）施焊焊工应穿工作服，戴安全帽、保护镜、手套和护脚。

3）风天施工，焊工应站在上风头，防止被火花伤害。

4）焊工要注意自我保护，在外围梁上焊接时一定要系挂好安全带。

5）禁止使用受潮瓷环，当受潮后要在 120℃ 的烘箱中烘烤 2h 或在 250℃ 温度下烘焙 1h。瓷环尺寸与栓钉应相配套。其中关键有两项：一是支承焊枪平台的高度，二是瓷环中心钉孔的直径与圆度。

（5）栓焊工程质量验收

1）对成型焊肉的外观进行检查见表 9.2-5。

表 9.2-5　外观质量检验的判定标准

序号	外观检验项目	判定标准与允许偏差	检验方法
1	焊肉形状	360° 范围内：焊肉高 > 1mm，焊肉宽 > 0.5mm	目检
2	焊肉质量	无气泡和夹渣	目检
3	焊缝咬肉	咬肉深度 ≤ 0.5mm 并已打磨去掉咬肉处的锋锐部位	目检
4	栓钉焊后高度	焊后高度偏差 < ±2mm	用钢直尺量测

2）焊钉根部焊脚应均匀，焊脚立面的局部未熔合或不足 360° 的焊脚应进行修补。

3）外观检查合格后，进行弯曲试验。

9.2.6　钢结构校正

1. 钢结构的校正、紧固与焊接

当完成了一个独立单元柱间，且所有梁的连接用高强度螺栓初拧后，用水准仪和经纬仪校正柱子的水平标高和垂直度。校正顺序见图 9.2-5。

2. 校正的方法

（1）校正前各节点的螺栓不能全部拧紧，有个别已拧紧的螺栓在校正前要略松开，以便校正工作的顺利进行，校正方法是在两柱之间安装交叉钢索各设一个手拉葫芦，根据相垂直轴线上两经纬仪观测的偏差值拉动手拉葫芦逐渐校正其垂直度，同时校正柱网尺寸及轴线角度。经反复校正，全部达到要求后，即用测力扳手将柱脚螺栓拧紧，再逐层自下而上将梁与柱接头的螺栓拧紧。

（2）柱子、框架梁、桁架、支撑等主要构件安装时，应在就位并临时固定后立即进行校正，并永久固定。不能使一节柱子高度范围的各个构件都临时连接，这样在其他构件安装时，稍有外力该单元的构件都会变动，钢结构的尺寸将不易控制，也很不安全。

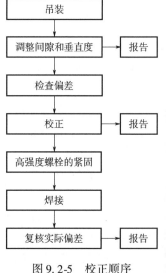

图 9.2-5　校正顺序

（3）安装上的构件要在当天形成稳定的空间体系。安装工作中，任何时候都要考虑安装好的构件是否稳定牢固，因为随时可能由于停电、刮风、下雪而停止安装。

3. 标高的调整

利用上下柱上耳板的孔径间隙来调整两柱间全熔透坡口间隙，或用柱子的长短来调整标高。

4. 定位和扭转的调整

各节柱的定位轴线均从地面控制轴线引上来，并且要在下一节柱的全部构件安装、栓接、焊接完成并验收合格后进行引线工作；如果提前将线引上来，该层有的构件还在安装，结构还会变动，引上来的线也在变动，这样就保证不了柱子定位轴线的准确性。

上下柱间发生较大的扭转偏差时，可以在上柱和下柱连接耳板的不同侧面加减垫板，通过连接板夹紧来调整柱的扭转偏差，但四面要兼顾。

5. 垂直偏差的调整

（1）柱子安装时，垂直偏差应校正到 ±0.000m，先不留焊缝收缩量。在安装和校正柱与柱之间的梁时再把柱子撑开，留出接头焊接收缩量，这时柱子产生的内力在焊接完成和焊缝收缩后也就消失。

（2）高层建筑钢结构对温度很敏感，日照、季节温差、焊接等产生的温度变化，会使钢结构的各种构件在安装过程中不断变动外形尺寸。构件安装的测量校正工作尽量安排在日照变化小的早、中、晚或阴天进行，但不能绝对，否则将会拖延工期。

（3）不论什么时候，都以当时经纬仪的垂直平面为垂直基准进行柱子的测量校正工作。温度的变化会使柱子的垂直度发生变化，这些偏差在安装柱与柱之间的梁时，用外力复位，使柱回到要求的位置（焊接接头留焊缝收缩量），这时柱子内会产生 30~40N/mm 的温度应力。

（4）用缆风绳或支撑校正柱子时，在松开缆风绳或支撑时，柱子能保持 ±0.000 垂直状态，才能算校正完毕。

（5）仅对被安装的柱子本身进行测量校正是不够的，一节柱有三层梁，柱和柱之间的梁截面大，刚度也大，在安装梁时，柱子会变动，产生超出规定的偏差，因此，在安装柱和柱之间的梁时，还要对柱子进行跟踪校正，对有些梁连系的隔跨的柱子，也要一起监测。

（6）各节柱的定位轴线一定要从地面控制轴线引上来。校正柱子垂直偏差时，要以地面控制轴线为基准。

9.3　灌注混凝土施工

9.3.1　柱芯混凝土浇筑

（1）钢管内混凝土浇筑应符合《钢管混凝土结构技术规范》（GB 50936—2014）和《钢-混凝土组合结构施工规范》（GB 50901—2013）要求。

（2）钢管混凝土验收按《混凝土结构工程施工质量验收规范》（GB 50204—2015）和《钢管混凝土工程施工质量验收规范》（GB 50628—2010）进行。

（3）混凝土浇筑前，钢管口要有封闭措施，检查管内有无杂物。每段钢管柱下部要留置直径为 15mm 的排气孔。柱对接连接隔板混凝土浇筑后再焊接，隔板与混凝土施工面采用二次灌浆料补浆。

（4）混凝土浇筑前应编制混凝土浇筑施工方案，钢管内混凝土浇筑宜采用逐段浇筑法，且宜与钢管安装高度相一致。钢管内混凝土浇筑前，钢管结构的支撑系统基本完成，连接牢固，以保证混凝土浇筑时，钢管柱不变形。混凝土浇筑工艺宜经现场工艺试验，以确定浇筑工艺的有效性。

（5）逐段浇筑法混凝土自钢管上口灌入，采用免振混凝土。

（6）钢管内混凝土宜连续浇筑，当必须间歇时，间歇时间不得超过混凝土终凝时间。当需要留置施工缝时应将管口封闭，防水、油和异物等落入。

（7）施工缝应留于受力较小部位，分楼层浇筑混凝土宜留于楼层标高处。梁柱交接面不宜留置施工缝。

（8）钢管混凝土浇筑后，对管口（包括顶升口、排气孔等）应进行保湿覆盖养护。混凝土浇筑的环境日平均温度应大于5℃。

（9）钢管混凝土浇筑的质量可采用小锤敲击法检查，有疑义及重要构件采用超声波法进行检查，检验数量及位置与业主及设计商定。

9.3.2　钢板墙混凝土浇筑

（1）区域钢板剪力墙校正、终拧和焊接牢固之后，形成牢固的稳定体系后，须搭设牢固可靠的操作平台确保操作方便及人员安全，再开始浇筑混凝土。工程中的钢板剪力墙浇筑时，一般采用汽车泵与塔式起重机配合从钢板墙顶向下浇筑混凝土的施工工艺。钢板剪力墙应设有排气孔，混凝土最大倾落高度超过规范要求时，采用溜管等辅助装置进行浇筑。

（2）混凝土浇筑前，应将钢板剪力墙内的杂物和积水清理干净，并灌入厚约100mm的同强度等级的水泥砂浆，以湿润混凝土结合面，使新旧混凝土更好粘结，防止骨料产生弹跳离析。

（3）浇筑混凝土时，应控制浇筑速度，逆时针或顺时针分层浇筑到设计标高。浇筑时派专人盯守混凝土浇筑到钢板内各部位。

（4）混凝土浇筑完毕后对钢板口进行临时封闭。当混凝土浇筑到钢板顶端时，将混凝土浇灌到稍低于板口位置，待混凝土达到设计强度的50%后，再用相同等级的水泥砂浆补填至板口，再将封顶板一次焊到位。

（5）混凝土施工缝处理：每节钢板剪力墙混凝土分层浇筑，施工缝留置在钢板剪力墙顶部接缝以下30cm的位置。混凝土浇筑完毕后，待初凝之前应按照图纸要求插入与上层钢板剪力墙连接的钢筋。

9.4　楼板施工

9.4.1　常见装配式钢结构楼板形式

1. 叠合楼板

叠合楼板是由预制板和现浇钢筋混凝土层叠合而成的装配整体式楼板。预制板既是楼板结构的组成部分之一，又是现浇钢筋混凝土叠合层的永久性模板，现浇叠合层内敷设水平设备管线。叠合楼板整体性好，刚度大，可节省模板，而且板的上下表面平整，便于饰面层装修，适用于对整体刚度要求较高的高层建筑和大开间建筑，叠合楼板常见跨度一般为4～6m。叠合楼板的一组成部分是现浇混凝土层，其厚度因楼板的跨度大小而异，随着跨度的增大，预制层和钢筋桁架均发生相应变化。

2. 钢筋桁架楼承板

一般分为可拆卸底模和不可拆底模。

（1）不可拆卸底模钢筋桁架楼承板　以钢筋为上弦、下弦及腹杆，通过电阻点焊连接而成的钢筋桁架，钢筋桁架与底模（一般为压型镀锌铁皮）通过电阻点焊连接成整体的组合承重板。

（2）可拆卸底模钢筋桁架楼承板　以钢筋为上弦、下弦及腹杆，通过电阻点焊连接而成的钢筋桁架，钢筋桁架通过连接件、卡扣、螺栓固定在底模（常见底模有竹胶模、复合模板、木塑板等）上，组成组合承重板。

钢筋桁架楼承板实现了机械化生产，有利于钢筋排列间距均匀、混凝土保护层厚度一致，提高了楼板的施工质量。装配式钢筋桁架楼承板可显著减少现场钢筋绑扎工程量，加快施工进度，增加施工安全保证，实现文明施工。装配式模板和连接件拆装方便，可多次重复利用，节约材料，符合国家节能环保的要求。

3. 现浇混凝土楼板

现浇混凝土楼板是混凝土结构体系中最常见的楼板形式。现浇钢筋混凝土楼板是指在现场依照设计位置，进行支模、绑扎钢筋、浇筑混凝土，经养护、拆模板而制作的楼板。该楼板具有坚固、耐久、防火性能好、成本低的特点。

9.4.2　叠合板施工

1. 混凝土叠合板的选用

（1）应对叠合楼板进行承载能力极限状态和正常使用极限状态设计，根据现行国家规范和标准，以及原设计图纸板厚和配筋，进行二次深化设计。深化设计应明确底板型号，绘制出底板平面布置图，并绘制楼板后浇叠合层顶面配筋图。

（2）单向板底板之间采用分离式接缝，可在任意位置拼接。单向板底板之间采用整体式接缝，接缝位置宜设置在叠合板的次要受力方向上且受力较小处。

（3）端部支撑的搁置长度应符合设计或现行国家有关标准，并不小于 10mm。

（4）叠合板样式及接缝形式如图 9.4-1、图 9.4-2 所示。

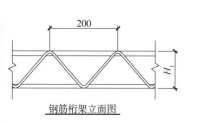

钢筋桁架立面图

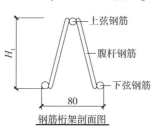

钢筋桁架剖面图

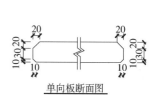

单向板断面图

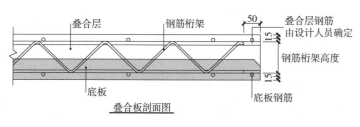

叠合板剖面图

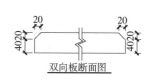

双向板断面图

图 9.4-1　叠合板样式示意图

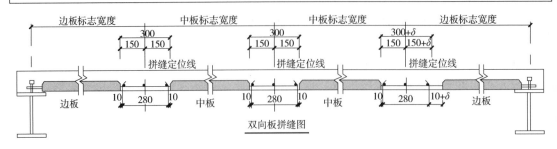

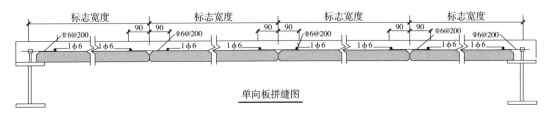

图 9.4-2　混凝土叠合板接缝示意图

2. 混凝土叠合板进场检查

（1）钢筋桁架允许偏差需符合表 9.4-1 规定。

表 9.4-1　钢筋桁架允许偏差

检查项目	设计长度	设计高度	设计宽度	上弦焊点间距	伸出长度	理论重量
允许偏差	±5mm	±3mm	±5mm	±2.5mm	0～2mm	±4.0%

（2）底板与后浇混凝土叠合层之间的结合面应做成凹凸深度不小于 4mm 的人工粗糙面，粗糙面的面积不小于结合面的 80%。

（3）底板平面尺寸允许偏差见表 9.4-2、表 9.2-3。

表 9.4-2　双向板底板尺寸允许偏差　　　　　　　　（单位：mm）

检查项目	长	宽	厚	侧向弯曲	表面平整度	主筋保护层	对角线	翘曲	外露钢筋中心位置	外露钢筋长度
允许偏差	±5	±5	+5	$l/750$ 且 <20	5	-3～+5	10	$l/750$	3	±5

表 9.4-3　单向板底板尺寸允许偏差　　　　　　　　（单位：mm）

检查项目	长	宽	厚	侧向弯曲	表面平整度	主筋保护层	对角线	翘曲
允许偏差	±5	-5～0	+5	$l/750$ 且 <20	5	-3～+5	10	$l/750$

注：l 为底板长度。

（4）底板进场可不做结构性能试验，施工单位或监理应住制作厂监督生产过程。当不住制作厂时，构件进场监理和施工单位共同对底板的钢筋、混凝土强度等进行实体检验。

3. 混凝土叠合板堆放

场地应平整夯实，堆放时使板与地面之间应有一定的空隙，并设排水措施，板两端（至板端 200mm）及跨中位置均应设置垫木，垫木间距不大于 1.6m，垫木的长、宽、高均不小于 100mm，垫木应上下对齐。不同板号应分别堆放，堆放高度不宜多于 6 层。堆放时间不宜超过两个月。

4. 混凝土叠合板工艺流程

梁上检查标高，弹安装线→底板支撑安装→叠合板底板安装、校正→焊梁上栓钉→板上部钢筋绑扎→板缝模板安装（吊模）→底板表面清理→叠合层混凝土浇筑、养护→达到强度拆除模板支撑。

5. 混凝土叠合板施工均布荷载要求

荷载不均匀时单板范围内折算均布荷载不宜大于 $1.5kN/m^2$，否则应采取加强措施。施工中应防止底板受到冲击，施工均布荷载不包括底板及叠合层混凝土自重。

6. 叠合板支撑要求

底板支撑设立撑和横木，支撑强度、稳定和数量由计算确定，支撑应设扫地杆。当轴跨 $L < 4.5m$ 时，跨内设置不少于一道支撑；当轴跨 $4.5m < L < 5.5m$ 时，跨内设置不少于两道支撑。多层建筑中各层立撑应设置在一条竖直线上，并根据进度、荷载传递要求考虑连续设置支撑的层数。支撑拆除时，混凝土叠合层混凝土不宜低于100%。

7. 叠合板底板吊装

吊装叠合板底板时应慢起慢落，并避免与其他物体相撞，应保证起重设备的吊钩位置，吊具与构件重心在垂直方向上重合，吊索与构件水平夹角不宜小于60°，不应小于45°；当吊点数量为6点时，应采用专用吊具，吊具应具有足够的强度和刚度，吊装吊钩应同时勾住钢筋桁架的上弦钢筋和腹筋。吊点位置需经计算确定，一般跨度4.5m以下使用4点吊装，4.5～6.0m采用6点吊装（图9.4-3）。

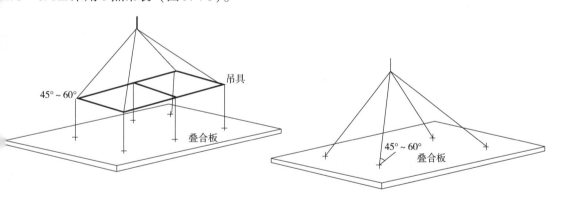

图9.4-3　叠合板底板吊装吊点示意图

8. 叠合板底板安装允许偏差要求

叠合板底板安装允许偏差要求见表9.4-4。

表9.4-4　叠合板底板安装允许偏差　　　　　　　　（单位：mm）

项次	项目	允许偏差
1	相邻两板底高差	高级≤2 中级≤4 有吊顶或抹灰≤5
2	板的支撑长度偏差	≤5
3	安装位置偏差	≤10

9.4.3 钢筋桁架楼承板施工

1. 钢筋桁架楼承板二次深化设计

钢筋桁架楼承板应根据设计施工图纸，进行二次深化设计，并绘出深化图纸，由楼板供应商提供。二次深化设计应由施工单位和钢筋桁架楼承板供应商相互配合并确定以下内容。

（1）确定使用楼承板区域和使用类型　客厅、卧室、卫生间三个主要功能区域存在板厚不同、标高的不同的情况。首先要明确楼承板不同区域的使用类型。根据《钢筋桁架楼承板》（JG/T 368—2012）等相关图集选用合适的钢筋桁架和板型。

（2）确定相同区域板块拼装尺寸

1）常规拼装尺寸为每块600mm。

2）通过钢结构模型确定边、角处模板与钢构件相碰处，预先预留、切割。

（3）确定设置支撑形式、位置和数量

1）根据施工进度情况和单位工程材料周转情况确定选用传统落地支撑或钢桁架不落地支撑。

2）根据选用支撑形式确定位置和数量：常规落地支撑间距为当沿钢筋桁架楼承板长度方向轴线 $a \leqslant 2m$，可不加附加支撑；$2m \leqslant a \leqslant 4m$，需加一道支撑；$4m < a < 5.5m$，需加两道支撑。也可选用常规琵琶支撑（图9.4-4），支撑间距与钢管支撑相同。根据钢筋桁架楼承板供应商要求确定最后的支撑数量。

（4）确定边模的支撑方法

1）钢筋桁架楼承板平行于钢梁悬挑处，当悬挑长度不大于250mm时，可采用边模板直接悬挑；当悬挑长度大于250mm时，需要加设角钢支撑。还应满足供应商要求。

2）钢筋桁架楼承板垂直钢梁悬挑处，当悬挑长度不大于7倍的桁架高度时，悬挑部位无须加设支撑；当悬挑长度大于7倍的桁架高度时，需要加设角钢支撑。还应满足供应商要求。

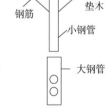

图9.4-4　琵琶支撑示意

（5）确定附加钢筋规格、间距

1）根据原设计图纸进行钢筋代换，明确底层附加钢筋绑扎方向、规格和间距。

2）根据原设计图纸进行钢筋代换，明确上层附加钢筋绑扎方向、规格和间距。

3）根据原设计图纸，明确支座处上下层钢筋桁架搭接钢筋规格、间距。

2. 钢筋桁架楼承板施工要点

（1）常见钢筋桁架楼承板特点　不可拆钢筋桁架楼承板是一种免拆模板，它与混凝土一起形成建筑组合楼板，一般适用于有吊顶的建筑住宅。可拆钢筋桁架楼承板底部模板可拆除，周转使用，节能环保。

（2）钢筋桁架楼承板规范要求　钢筋桁架楼承板组合楼板施工应符合《建筑工程施工质量验收统一标准》（GB 50300—2013）、《混凝土结构工程施工质量验收规范》（GB 50204—2015）、《组合楼板设计与施工规范》（CECS 273—2010）、《钢筋桁架楼承板》（JG/T 368—2012）等现行国家规范的要求。

（3）钢筋桁架楼承板配板要求　装配式钢筋桁架楼承板必须严格按照二次深化设计排板图装配。装配式钢筋桁架楼承板及其混凝土楼板的施工，必须编制专项施工方案。

（4）楼承板堆放

1）经检验的各种材料应存放于装配现场附近，并有明确的标记；存放应考虑起重机的操作范围、钢筋桁架与模板的变形以及安全；露天存放时，钢筋桁架必须采取防止产品生锈的措施，模板应下垫方木、边角对齐堆放在平整的地面上，板面不得与地面接触。材料长期存贮，要保持通风良好，防止日晒雨淋，并定期检查。有条件时应盖防水布。

2）遵循相同规格同垛堆放的原则，堆放时两块板正反倒扣为一组，堆放在平整方木上；如需打包堆放，应在顶部、底部设置 U 形撑条。堆叠高度不超过 1.2m，且不超过 7 组。采用铁皮包扎，捆扎点间距不超过 2m，每捆不少于两处。如需叠放，应采用缆绳将各捆之间有效连接，防止倒塌。为防变形，堆放不得超过三层（图 9.4-5）。

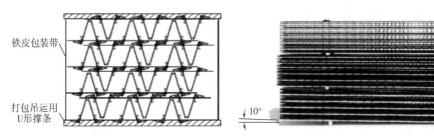

图 9.4-5　钢筋桁架楼承板打包和堆放示意图

（5）钢筋桁架楼承板的进场验收　应检查型号与设计布板图是否相符、出厂合格证、外观质量尺寸偏差和焊接质量。

（6）钢筋桁架楼承板组合楼板施工顺序　施工计划→构件进场、检验→施工准备（梁上弹线、支托焊接等）→楼承板安装→搭设临时支撑→栓钉焊接→管线敷设、边模板安装→钢筋绑扎→隐蔽验收→混凝土浇筑、养护→临时支撑拆除。

（7）吊装前的准备

1）敷设施工临时通道和临时安全护栏。

2）梁上弹放钢筋桁架楼承板铺设时的基准线。

3）钢结构中，钢柱边或核心筒墙上等异形处设置角钢支撑件，角钢支撑水平肢上表面标高与楼承板模板标高一致，如图 9.4-6 所示。

4）准备好吊装用的吊带或索具、零部件等。

5）对操作工人进行技术及安全交底，发作业指导书。

6）钢结构施工段验收合格。

（8）钢筋桁架楼承板吊装方法

1）起吊时，楼承板下面和上面应设带有 U 形卡口吊运木制撑条，防止钢筋桁架

图 9.4-6　柱边角支撑设置实例

楼承板出现变形、偏斜等问题。吊装应设置两个吊装带，吊装带应设在桁架中部，保持起吊过程中楼承板两端平衡（图 9.4-7）。

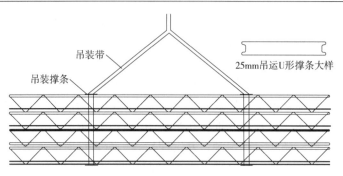

图 9.4-7　装配式钢筋桁架楼承板的起吊示意图

2）起吊时应仔细核对装配式钢筋桁架楼承板布置图和包装标记，指挥起重机操作人员吊运到正确的位置，避免发生吊装位置放错情况。

（9）钢结构中装配式钢筋桁架楼承板安装

1）楼承板铺设前，根据楼承板排板图和楼承板铺设方向，在支座钢梁上绘制第一块楼承板侧边不大于20mm的定位线（宜按排板图纸距离确定），在楼承板起始端的钢梁翼缘上绘制钢筋桁架起始端50mm基准线（点）（图9.4-8）。

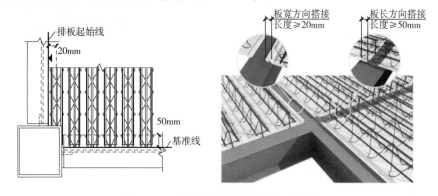

图 9.4-8　钢筋桁架楼承板定位示意图

2）钢柱处，楼承板模板按设计图纸在工厂切去与钢柱碰撞部分。楼承板模板与支承角钢的连接采用封边条的方式。封边条与模板用拉铆钉固定，封边条与支承角钢用点焊固定。

3）对准基准线，安装第一块楼承板。严格保证第一块楼承板模板侧边基准线重合，空隙采用堵缝措施处理。

4）放置钢筋桁架时，先确定一端支座为起始端，钢筋桁架端部伸入钢梁内的距离应符合设计图纸要求，且不小于50mm。钢筋桁架另一端伸入梁内长度不小于50mm。钢筋桁架两端的腹杆下节点应搁置在钢梁上，搁置距离不小于20mm，无法满足时，应设置可靠的端部支座措施。铺设时楼承板随铺随点焊，将支座竖筋与钢梁点焊。

5）连续板中间钢梁处，钢筋桁架腹杆下节点应放置于钢梁上翼缘，下节点距离钢梁上翼缘边不小于10mm，无法满足时，应设置可靠的中间支座措施。

6）楼承板模板与框架梁四周的缝隙可采用收边条堵缝。收边条一边与模板按间距200mm拉铆钉固定，另一边与钢梁翼缘点焊，也可采用吊木模板进行堵缝。

（10）钢筋桁架楼承板安装施工注意事项

1）根据设计图纸标记的位置搭设临时支撑，支撑立杆和水平杆的规格、间距应经过计算，支撑应满足强度和稳定性要求。支撑不得设置孤立的点支撑，应设置带状横撑（图9.4-9）。

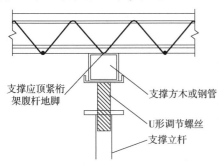

支撑应顶紧桁架腹杆地脚
支撑方木或钢管
U形调节螺丝
支撑立杆

图 9.4-9　钢筋桁架楼承板支撑示意图

2）钢筋桁架楼承板安装完毕，应进行栓钉焊接，焊接前应清理灰尘、油污等以保证栓钉焊接质量。

3）钢筋绑扎应按设计要求设置，钢筋采用双丝双扣绑扎牢固。与钢筋桁架垂直方向的钢筋上筋应根据设计图纸放在钢筋桁架上弦钢筋的下面或上面，下筋应放在钢筋桁架下弦钢筋的上面。

4）板中管线宜采用 PVC 电工阻燃电线管，管线敷设时不得随意扳动和切断钢筋桁架钢筋。

5）楼层周边边模板（不可拆底模）安装时，将边模板紧贴钢梁面。边模板与钢梁表面每隔 300mm 间距点焊长 25mm、高 2mm 的焊缝。

6）混凝土浇筑前，应及时将楼承板底模板上的积灰和焊渣等杂物清理，并应进行隐蔽验收。浇筑混凝土时，不得对装配式钢筋桁架楼承板造成冲击，不得将泵送混凝土管道支架直接支承在装配式钢筋桁架楼承板的模板上。倾倒混凝土时，应在正对钢梁或立杆支撑的部位倾倒，倾倒范围或倾倒混凝土造成的临时堆积不得超过钢梁或立杆支撑左右 1/6 板跨范围内的楼承板上，并应迅速向四周摊开，避免堆积过高；严禁局部混凝土堆积高度超过 0.3m，严禁在钢梁与钢梁（或立杆支撑）之间的楼承板跨中部位倾倒混凝土。混凝土养护期间，楼板上不能集中堆物，以防影响钢筋与混凝土的粘结，完成浇捣后必须满足规范停歇时间后方可进行下道工序。

7）模板拆除时的混凝土强度应符合设计要求。当设计无具体要求时，混凝土强度应符合《混凝土结构工程施工质量验收规范》（GB 50204—2015）中关于模板拆除时混凝土强度要求的规定：设临时支撑时，跨度不大于 8m 的楼板，待混凝土的强度不小于设计强度 75% 时方可拆除支撑；跨度大于 8m 的楼板，待混凝土的强度达到设计强度后方可拆除支撑。

9.4.4　现浇混凝土楼板施工

1. 现浇混凝土楼板模板安装

（1）现浇混凝土模板安装施工顺序：搭设支架→安装横纵钢（木）楞→调整楼板下皮标高及起拱→铺设模板→检查模板上皮标高、平整度。

（2）支架搭设前，首层是土壤地面时应平整夯实，无论首层是土壤地面或楼板地面，在支撑下宜铺设通长脚手板，并且楼层间的上下支座应在一条直线上。支架的支撑（碗扣式）应从边跨的一侧开始，依次逐排安装，同时在支撑的中间及下部安装碗扣式纵横拉杆，在上部安装可调式顶托。支柱和龙骨间距按模板设计定，一般情况下，支撑的间距为800 ~ 1200mm，主龙骨的间距为800 ~ 1200mm，次龙骨间距为300mm。

（3）支架搭设完毕后，要认真检查板下龙骨与支撑的连接及支架安装的牢固与稳定；根据给定的水平标高线，认真调节顶托的高度，将龙骨找平，注意起拱高度（当板的跨度等于或大于4m时，按跨度的1/1000 ~ 3/1000起拱），并留出楼板模板的厚度。

（4）铺设竹胶板：应先铺设整块的竹胶板，对于不够整数的模板，再用小块竹胶板补齐，但拼缝要严密；用铁钉将竹胶板与下面的木龙骨钉牢，注意，铁钉不宜过多，只要使竹胶板不移位、翘曲即可。

（5）铺设完毕后，用靠尺、塞尺和水平仪检查模板的平整度与底标高，并进行必要的校正，安装、检查均应满足现行规范的要求。

2. 阳台及楼梯模板

阳台配置定型的竹胶板模板。楼梯底板为竹胶板，一般厚为12mm，踏步为木方及木板加工制成的定型模板，楼梯支模必须按设计结构图，同时对照建筑图，注意相邻楼地面的建筑做法，以确定楼梯的结构施工标高与位置，并在楼梯模成型后严格按施工大样检查各部位的标高，位置尺寸。休息平台处，第一步台阶要与下一跑最后一步台阶错开距离不少于40mm，各步向上推，以保证装饰后台阶对齐。

3. 板钢筋绑扎

（1）工艺流程　清理模板杂物→在模板上划主筋、分布筋间距线→先放主筋后放分布筋→下层筋绑扎→上层筋绑扎→放置马凳筋及垫块。

（2）绑扎钢筋前应修整模板，将模板上垃圾杂物清扫干净，在平台底板上用墨线弹出控制线，并用红油漆或粉笔在模板上标出每根钢筋的位置。

（3）按划好的钢筋间距，先排放受力主筋，后放分布筋，预埋件、电线管、预留孔等同时配合安装并固定。待底排钢筋、预埋管件及预埋件就位后交质检员复查，再清理场面后，方可绑扎上排钢筋。

（4）钢筋采用绑扎搭接，下层筋不得在跨中搭接，上层筋不得在支座处搭接，搭接处应在中心和两端绑牢。

（5）板钢筋网的绑扎施工时，四周两行交叉点应每点扎牢，中间部分每隔一根相互呈梅花式扎牢，双向主筋的钢筋必须将全部钢筋相互交叉扎牢，相邻绑扎点的钢丝扣要呈八字形绑扎（右左扣绑扎）。下层180°弯钩的钢筋弯钩向上；上层钢筋90°弯钩朝下布置。对于顶板，为保证上下层钢筋位置的正确和两层间距离，上下层筋之间用马凳筋架立，马凳筋高度 = 板厚 - 2倍钢筋保护层 - 2倍钢筋直径，可先在钢筋车间焊接成型，马凳筋间距尺寸为1000mm × 1000mm。

（6）板按1m的间距放置垫块，板底及两侧每1m均在各面垫上两块砂浆垫块。

4. 现浇板模板支撑

楼板模板支撑采用钢管脚手架，纵横间距为800 ~ 1200mm（根据厚度及高度调整），步距1200 ~ 1500mm，采用可调上下托。底部扫地杆与立杆以扣件连接，扫地杆距地面200mm。满堂脚手架搭好后，根据板底标高铺设φ48钢管主龙骨，50mm × 100mm次龙骨，次龙骨间距不大于300mm，然后铺放多层木模板，多层木模板采用硬拼缝，多层板与墙交接处先在多层板侧粘海绵胶条再紧靠墙面。

9.5 钢构件现场涂装和防火施工

9.5.1 防腐涂料涂装

1. 涂装工艺过程和涂装部位

（1）钢结构涂装分成工厂和现场两部分，所有构件底漆在工厂内完成，现场拼装、焊接完成后，对焊接位置做表处理后，进行补底漆工作，面漆二道在工厂完成，现场完成一道面漆。

（2）所有涂料按涂装配套设计要求采购，涂料进厂时应有规定的国家法定检测机构的涂料检验证书，只有合格的涂装材料才能用于涂装施工。

（3）不需涂装的部位：埋入混凝土中部分；现场对接端的 50mm 范围内；高强螺栓部位及周围 100mm 范围之内。

2. 涂层的要求

表面处理要求：喷砂处理整个表面达到 ISO Sa2.5，表面粗糙度为 30～75μm。

施工：使用高压无气喷涂，刷涂仅用于预涂和小面积修补。

3. 涂装环境及涂装中注意事项

（1）涂装时的环境温度和相对湿度应符合涂料产品说明书的要求。当说明书无要求时，室内环境温度在 5～38℃ 之间，相对湿度不应大于 85%；如果相对湿度超过 85% 或者钢板温度低于露点 3℃，不要进行最终喷砂或涂漆施工。

（2）在雨、雾和较大灰尘，以及表面有水有冰的条件下，不能进行涂漆施工。施工时遇雨天或构件表面有结露现象时不宜施工或延长施工间隔时间；涂装时根据图纸要求选择涂料种类，涂料应有出厂的质量证明书。如超过储存期，应进行检查，质量合格仍可使用，否则严禁使用。

（3）涂装下道油漆前，应彻底清除涂装件表面的油、泥、灰尘等污物。一般可用水冲、布擦。漆未经损坏，没有起皱和流挂，附着应良好。

（4）涂装后 4h 之内不得淋雨，防止尚未固化的漆膜被雨水冲坏。

（5）涂装完毕后，应在构件上标注构件的编号。

4. 补漆作业

（1）钢材油漆表面如因滚压、切割或安装磨损，导致损坏或生锈时，必须用喷砂或电动工具清理后再进行补漆。

（2）油漆涂装后，漆膜如出现有龟裂、起皱、刷纹、垂流粉化、失光或散雾等现象时，立将漆膜刮除或以砂纸研磨后，重新补漆。

（3）油漆涂装后，如发现有气泡、凹陷洞孔、剥离生锈或针孔锈等现象时，应将漆膜刮除并经表面处理后，再按规定涂装时间间隔层次予以补漆。

（4）高强度螺栓未涂漆部分、工地焊接区、经碰撞脱落的工厂油漆部分，均涂防锈底漆一道。

5. 验收

涂装完成后，检验人员应按施工规范要求于构件上测量任意 10 个分布点，其中 80% 不得低于规定值，而且其中任何一点膜厚值不得低于规定值的 70%，并将所测值填写膜厚记录表送工程监理检查确认。

9.5.2 防火涂料施工

1. 技术准备

（1）在钢结构防火涂料开始施工前应编制分项施工方案，报公司技术部审核，通过后方可开始施工。施工前由技术负责人组织现场质检，工长、作业队技术质检人员熟悉图纸、施组、工程现场，学习相关的规范、标准，并进行《钢结构防火涂料施工方案》交底。

（2）技术交底准备工作。

（3）针对本工程施工，编制好施工方案、制定各项工艺措施和进行详细的技术交底，对各环节工人、班组长、质检人员等进行细致的技术交底，并做好技术交底记录。

（4）根据 ISO 9001 质量管理体系和相应公司程序文件建立质量保证体系，制定技术质量管理措施，包括《质量控制方案》，主要提前分析工程质量控制的难点和重点，并制定相应的预防措施，保证工程质量。

（5）进场施工前还应做好以下几方面的工作：

1）钢结构检验合格，全部底漆涂刷到位。

2）施工现场配电箱、线路等准备完毕。

2. 机具准备

防火涂料施工常用机具见表 9.5-1。

表 9.5-1 防火涂料施工常用机具

机械、设备名称	型号	总功率/kW
空压机	W10	30.0
卧式搅拌机	JH350	4.0
自重式喷枪	PH-201	—
气线	—	—
电闸箱	符合标准	—
高压喷涂机	J201	

3. 施工注意事项

（1）钢结构的防火保护层厚度和总体构造要求应按设计规定，由专业施工单位负责施工，建设单位应组织当地消防监督部门与设计、施工单位进行竣工验收。

（2）钢结构防火材料的性能、涂层厚度及质量要求应符合《钢结构防火涂料》（GB 14907—2018）和《钢结构防火涂料应用技术规程》（T/CECS 24—2020）的规定和设计要求，防火材料中环境污染物的含量应符合《民用建筑工程室内环境污染控制规范》（GB 50325—2020）的规定和要求。

（3）钢结构防火涂料生产厂家必须有防火监督部门核发的生产许可证。防火涂料应通过国家检测机构检测合格。产品必须具有国家检测机构的耐火极限检测报告和理化性能检测报告，并应附有涂料品种、名称、技术性能、制造批量、储存期限和使用说明书。在施工前应复验防火涂料的黏结强度和抗压强度。

（4）防火保护层施工前，钢材表面防腐涂装应符合设计和国家现行有关标准规定。基层表面应无油污、灰尘等污垢，且防腐层应完整，底漆无漏刷，构件连接处的缝隙应采用防火材料填平。防火涂料施工过程中和涂层干燥固化前，环境温度宜保持在 5~38℃，相对湿度不宜大于90%，空气应流通。当风速大于5m/s，或雨天和构件表面有结露时，不宜作业。

（5）防火涂料施工可采用喷涂、抹涂或滚涂等方法。薄涂型防火涂料涂装技术适用于建筑楼盖与屋盖钢结构；厚涂型防火涂料涂装技术适用于有装饰面层的民用建筑钢结构的柱、梁。

（6）薄涂型防火涂料的底涂层（或主涂层）宜采用重力式喷枪喷涂，其压力约为0.4MPa。局部修补和小面积施工，可用手工涂抹。面涂层装饰涂料可刷涂、喷涂或滚涂。双组分薄涂型涂料现场应按说明书规定调配；单组分薄涂型涂料应充分搅拌。喷涂后，不应发生流淌和下坠。

（7）厚涂型防火涂料宜采用压送式喷涂机喷涂，空气压力为 0.4~0.6MPa，喷枪口直径宜为 6~10mm。配料时应严格按配合比加料和稀释剂，并使稠度适宜，当班使用的涂料应当班配制。厚涂型防火涂料施工时应分遍喷涂，每遍喷涂厚度宜为 5~10mm，必须在前一遍基本干燥或固化后，再喷涂下一遍，涂层保护方式、喷涂遍数与涂层厚度应根据施工方案确定。操作者应用测厚仪随时检测涂层厚度，80%及以上面积的涂层总厚度应符合有关耐火极限的设计要求，且最薄处厚度不应低于设计要求的85%。

（8）厚涂型防火涂料，属于下列情况之一时，宜在涂层内设置与钢结构相连的钢丝网。

1）承受冲击、振动荷载的钢梁。

2）涂层厚度大于或等于 40mm 的钢梁和桁架。

3）防火涂料的粘结强度小于 0.05MPa 的构件。

4）钢板墙和腹板高度超过 1.5m 的钢梁。

（9）厚涂型防火涂料有下列情况时，应重新喷涂或补涂。

1）涂层干燥固化不良，粘结不牢或粉化、脱落。

2）钢结构接头和转角处的涂层有明显凹陷。

3）涂层厚度小于设计规定厚度的85%。

4）涂层厚度未达到设计厚度，且涂层连续长度超过1m。

（10）薄涂型防火涂料面层施工应符合下列要求：面层应在底层涂装干燥后开始涂装；面层涂装应颜色均匀一致，接茬平整。

（11）当采用石膏板、蛭石板、硅酸钙板、珍珠岩板等硬质防火板材包覆时，板材可用交粘剂或钢件固定。当包覆层数等于或大于两层时，各层板应分别固定，板缝相互错开，错开距离不宜小于400mm。

（12）当采用岩棉、矿棉等软质板材包覆时，应采用镀锌铁皮或其他不燃烧板材包裹起来。

9.6 钢结构现场检测和验收

9.6.1 探伤

1. 焊缝连接

（1）焊缝检测内容为：焊缝外观质量、焊缝尺寸。

（2）焊缝外观质量检查采用目测方法，检查内容包括：裂纹、咬边、根部收缩、弧坑、电弧擦伤、表面夹渣、焊缝饱满程度、表面气孔和腐蚀程度。

（3）焊缝尺寸检查采用量具卡规进行量测，测量焊缝长度和高度是否满足要求。

2. 螺栓连接

（1）螺栓检测内容为：螺栓断裂、松动、脱落、螺杆弯曲、连接零件是否齐全和锈蚀程度。若为高强度螺栓，则增加滑移变形、连接板螺孔挤压破坏的检测内容。

（2）螺栓连接检测的方法为观察、锤击检查。

3. 钢材现有强度等级测试

根据现场实际情况，采用里氏硬度仪（型号：TH110）抽样检测主体钢构的表面硬度，然后按《黑色金属硬度及强度换算值》（GB/T 1172—1999）换算钢材的抗拉强度。

4. 焊缝无损检测

按规范要求全熔透焊缝进行超声波无损检测，其内部缺陷检验应符合下列要求：

（1）一级时超声波探伤比例为 100%，二级时为 20%。

（2）三级焊缝未要求做检查超声波或射线探伤记录，但是《钢结构工程施工质量验收标准》（GB 50205—2020）作了详细规定。

1）检查数量：资料全数检查；同类焊缝抽查 10%，且不应少于 3 条。

2）检验方法：观察检查，用焊缝量规抽查测量。

9.6.2 防火涂料检测

1. 检查原则

以钢结构防火涂料的施工工艺及相关验收规范为标准进行施工和验收。

2. 主要控制项目

（1）钢结构防火涂料的品种和技术性能应符合设计要求，并应经过具有资质的检测机构检测，符合现行国家有关标准的规定和设计要求。

检查数量：全数检查。

检查方法：检查产品的质量合格证明文件、中文标志及检验报告等。

（2）防火涂料涂装前钢构件表面除锈及防锈漆涂装应符合设计要求和国家现行有关标准的规定。

检查数量：按构件数抽查 10%，且同类构件不应少于 3 件。

检查方法：表面除锈用铲刀检查和用现行国家标准《涂覆涂料前钢材表面处理　表面清洁度的目视评定》（GB 8923）中规定的图片对照观察检查。底漆涂装用干漆膜测厚仪检查，每个构件检测 5 处，每处的数值为 3 个相距 50mm 测点涂层干漆膜厚度的平均值。

（3）钢结构防火涂料的粘结强度和抗拉强度应符合现行国家标准《钢结构防火涂料应用技术规程》（T/CECS 24—2020）的规定。检查方法应符合现行国家标准《建筑构件耐火试验方法》（GB/T 9978）的规定。

检查数量：每使用 100t 或不足 100t 薄涂型防火涂料应抽检一次粘结强度；每使用 500t 或不足 500t 厚涂型防火涂料应抽检一次粘结强度和抗拉强度。

检查方法：检查复验报告。

（4）薄涂型防火涂料的涂层厚度应符合有关耐火极限的设计要求。厚涂型防火涂料涂层的厚度，80% 及以上面积应符合有关耐火极限的设计要求，且最薄处厚度不应低于设计要求的 85%。

检查数量：按同类构件数抽查 10%，且均不应少于 3 件。

检查方法：采用涂层厚度测量仪、测厚针和钢尺检查。测量方法应符合现行国家标准《钢结构防火涂料应用技术规程》（T/CECS 24）的规定和《钢结构工程施工质量验收标准》（GB 50205—2020）中附录 F 的规定。

（5）薄涂型防火涂料涂层表面裂纹宽度不应大于 0.5mm；厚涂型防火涂料涂层表面裂纹宽度不应大于 1mm。

检查数量：按同类构件数抽查 10%，且均不应少于 3 件。

检查方法：观察和用尺量检查。

（6）钢结构防火涂料的型号、名称、颜色及有效期应与其产品质量证明文件相符。开启后，不应存在结皮、结块、凝胶等现象。

检查数量：按桶数抽查 5%，且不应少于 3 桶。

检查方法：观察检查。

（7）防火涂料涂装基层不应有油污、灰尘和泥沙等污垢。

检查数量：全数检查。

检查方法：观察检查。

（8）防火涂料不应有误涂、漏涂，涂层应闭合无脱层、空鼓、明显凹陷、粉化松散和浮浆等外观缺陷，乳突已剔除。

检查数量：全数检查。

检查方法：观察检查。

3. 防火涂料施工应具备的质量记录

（1）钢结构防火涂料产品质量证明书及各项检验和试验报告。

（2）隐蔽工程验收记录。

（3）涂装检测资料。

（4）钢结构（防火涂料涂装）分项工程检验批质量验收记录。

（5）设计变更、洽商记录。

9.6.3 主体结构验收

1. 一般规定

（1）装配式钢结构住宅的验收应符合现行国家标准《建筑工程施工质量验收统一标准》

（GB 50300—2013）及相关标准的规定。当国家现行标准对工程中的验收项目未做具体规定时，应由建设单位组织设计、施工、监理等相关单位制定验收要求。

（2）同一厂家生产的同批材料、部品，用于同期施工且属于同一工程项目的多个单位工程时，可合并进行进场验收。

（3）部品部件应符合国家现行有关标准的规定，并应具有产品标准、出厂检验合格证、质量保证书和使用说明文件书。

2. 主体结构验收要求

（1）钢结构、组合结构的施工质量要求和验收标准应按现行国家标准《钢结构工程施工质量验收标准》（GB 50205—2020）、《钢管混凝土工程施工质量验收规范》（GB 50628—2010）、《混凝土结构工程施工质量验收规范》（GB 50204—2015）的有关规定执行。

（2）钢结构主体工程焊接工程验收按现行国家标准《钢结构工程施工质量验收标准》（GB 50205—2020）的有关规定，在焊前检验、焊中检验和焊后检验的基础上按设计文件和现行国家标准《钢结构焊接规范》（GB 50661—2011）的规定执行。

（3）钢结构主体工程紧固件连接工程应按现行国家标准《钢结构工程施工质量验收标准》（GB 50205—2020）的有关规定执行，同时尚应符合现行行业标准《钢结构高强度螺栓连接技术规程》（JGJ 82—2011）的规定。

（4）钢结构防腐涂料工程应按现行国家标准《钢结构工程施工质量验收标准》（GB 50205—2020）、《建筑防腐蚀工程施工规范》（GB 50212—2014）、《建筑防腐蚀工程施工质量验收标准》（GB/T 50224—2018）、《建筑钢结构防腐蚀技术规程》（JGJ/T 251—2011）的规定进行验收；金属热喷涂防腐和热镀锌防腐工程，应按现行国家标准《热喷涂-金属和其他无机覆盖层　锌、铝及其合金》（GB/T 9793—2012 和《热喷涂-金属零部件表面的预处理》（GB/T 11373—2017）等有关规定进行质量验收。

（5）钢结构防火涂料的粘结强度、抗压强度应符合《钢结构工程施工质量验收标准》（GB 50205—2020）的规定，试验方法应符合现行国家标准《建筑构件耐火试验方法》（GB/T 9978）的规定。防火板及其他防火包覆材料的厚度应符合国家现行标准《建筑设计防火规范》（GB 50016—2014）关于耐火极限的设计要求。

（6）装配式钢结构住宅建筑的楼板及屋面板应按下列标准进行验收：

1）钢筋桁架叠合板组合楼板和钢筋桁架楼承板组合楼板应按现行国家标准《钢结构工程施工质量验收标准》（GB 50205—2020）、《混凝土结构工程施工质量验收规范》（GB 50204—2015）的有关规定执行。

2）钢筋桁架叠合板组合楼板应符合国家建筑标准设计图集《桁架钢筋混凝土叠合板（60mm 厚底板）》（15G366-1）、《预制带肋底板混凝土叠合楼板》（14G443）、《预应力混凝土叠合板（50mm、60mm 实心底板)》（06SG439-1）的规定。

3）钢筋桁架楼承板组合楼板应符合《钢筋桁架楼承板》（JG/T 368—2012）等标准要求。

（7）钢楼梯应按现行国家标准《钢结构工程施工质量验收标准》（GB 50205—2020）的规定验收；混凝土预制楼梯按现行国家标准《混凝土结构工程施工质量验收规范》（GB 50204—2015）的规定验收。

（8）安装工程可按楼层或施工段等划分为一个或若干个检验批。地下钢结构可按不同地下层划分检验批。钢结构安装检验批应在进场验收和焊接连接、紧固件连接、制作等分项工程验收合格的基础上进行验收。

（9）装配式钢结构住宅施工应按现行国家标准《建筑工程施工质量验收统一标准》（GB 50300—2013）的有关规定进行单位工程、分部工程、分项工程和检验批的划分和质量验收。

（10）竣工验收的步骤可按验前准备、竣工预验收和正式验收三个环节进行。单位工程完工后，施工单位应组织有关人员进行自检。总监理工程师应组织各专业监理工程师对工程质量进行竣工预验收。建设单位收到工程竣工验收报告后，应由建设单位项目负责人组织监理、施工、设计、勘察等单位项目负责人进行单位工程验收。

（11）施工单位应在交付使用前与建设单位签署质量保修书，并提供使用、保养、维护说明书。

（12）建设单位应当在竣工验收合格后，按《建筑工程质量管理条例》的规定向备案机关备案，并提供相应的文件。

9.7　钢结构施工智能化应用

9.7.1　BIM 施工模型管理

1. 一般规定

（1）施工模型可划分为深化设计模型、施工过程模型、竣工交付模型。

（2）项目施工模型应根据土建、钢结构、机电 BIM 模型和项目的需要创建，其模型中的各族和模型细度应满足深化设计、施工过程和竣工验收等各项任务的要求。

（3）施工模型根据专业不同，钢结构模型采用 Tekla 创建。大型项目可按轴线拆分后分工协作方式按专业或任务分别创建，之后与采用 Revit 创建的土建及机电模型在 Revit 当中整合为统一模型。项目施工模型应采用全比例尺和统一的坐标系、原点、度量单位。

（4）在模型转换和传递过程中，应保证完整性，不应发生信息丢失或失真。

（5）模型元素信息宜包括：尺寸、定位等几何信息；名称、规格型号、材料和材质、生产厂商、功能与性能技术参数，以及系统类型、连接方式、安装部位、施工方式等非几何信息。

2. 施工模型创建

（1）深化设计模型宜在施工图设计模型基础上，通过增加或细化模型元素创建。

（2）施工过程模型宜在施工图设计模型或深化设计模型基础上创建。宜按照工作分解结构（WorkBreakdown Structure，WBS）和施工方法对模型元素进行必要的切分或合并处理，并在施工过程中对模型及模型元素动态附加或关联施工信息。

（3）竣工模型宜在施工过程模型基础上，根据项目竣工验收需求，通过增加或删除相关信息创建。

（4）若发生设计变更，应相应修改施工模型相关模型元素及关联信息，并记录工程及模型的变更信息。

（5）模型或模型元素的增加、细化、切分、合并、合模、集成等所有操作均应保证模型数据的正确性和完整性。

3. 模型细度

（1）施工模型按模型细度可划分为深化设计模型、施工过程模型和竣工模型。

（2）装配式钢结构住宅中钢结构深化设计模型，应支持深化设计、专业协调、施工工艺模拟、预制加工、施工交底等 BIM 应用。

（3）施工过程模型宜包括施工模拟、进度管理、成本管理、质量安全管理等模型，应支持施工模拟、制作加工、进度管理、成本管理、质量安全管理、施工监理等 BIM 应用。

（4）在满足 BIM 应用需求的前提下，宜采用较低的模型细度。

（5）在满足模型细度的前提下，可使用文档、图形、图像、视频等扩展模型信息。

（6）模型元素应具有统一的分类、编码和命名。模型元素信息的命名和格式应统一。

4. 模型信息共享

（1）施工模型应满足项目各相关方协同工作的需要，支持各专业和各相关方获取、更新、管理信息。

（2）对于用不同软件创建的施工模型，宜应用开放或兼容数据交换格式，进行模型数据转换，实现各施工模型的合模或集成。

（3）共享模型元素应能被唯一识别，可在各专业和各相关方之间交换和应用。

（4）模型应包括信息所有权的状态、信息的创建者与更新者、创建和更新的时间以及所使用的软件及版本。

（5）各相关方之间模型信息共享和互用协议应符合有关标准的规定。

（6）模型信息共享前，应进行正确性、协调性和一致性检查，并应满足下列要求：

1）模型数据已经过审核、清理。

2）模型数据是经过确认的最终版本。

3）模型数据内容和格式符合数据互用协议。

9.7.2 钢结构深化设计 BIM 应用

（1）首先应用钢结构深化设计模型进行安装节点碰撞检查、专业管线及预留预埋之间的碰撞检查、施工工艺的碰撞检查和安装可行性验证。

（2）钢结构深化设计 BIM 软件宜具有下列专业功能：

1）钢结构节点设计计算。

2）钢结构零部件设计。

3）预留孔洞、预埋件设计。

4）模型的碰撞检查。

5）深化设计图生成。

（3）预制装配式钢结构中的预制构件平面布置、拆分、设计，以及节点设计等工作宜应用 BIM 技术。

（4）可基于施工图设计模型或施工图，以及预制方案、施工工艺方案等创建深化设计模型，完成预制构件拆分、预制构件设计、节点设计等设计工作，输出工程量清单、平立面布置图、节点深化图、构件深化图等。

（5）节点深化设计应完成结构施工图中所有钢结构节点的细化设计，包括节点深化图焊缝和螺栓等连接验算，以及与其他专业协调等内容。

（6）钢结构预制构件拆分时，其位置、尺寸等信息可依据施工吊装设备、运输设备和道路条件、预制厂家生产条件等因素，按照标准模数确定。

9.7.3　钢结构预制加工 BIM 应用

1. 一般规定

（1）装配式钢结构住宅项目施工、构件生产等工作宜应用 BIM 技术。

（2）预制钢构件加工生产宜从深化设计模型中获取加工依据，并将预制加工成果信息附加或关联到模型中，形成预制加工模型。

（3）钢构公司宜根据本单位实际情况，建立数字化编码体系和工作流程。

（4）预制加工 BIM 软件应具备加工图生成功能。

（5）数控加工设备应配备专用数字化加工软件，输入数据格式应与数控加工平台及模型兼容。

（6）宜将条码、电子标签等成品管理物联网标示信息附加或关联到预制加工模型。

（7）预制加工产品的安装和物流运输等信息应附加或关联到模型。

2. 钢结构构件加工 BIM 应用

（1）钢结构构件加工中技术工艺管理、材料管理、生产管理、质量管理、文档管理、成本管理、成品管理等工作宜应用 BIM 技术。

（2）在钢结构预制构件加工 BIM 应用中，可基于深化设计模型和加工确认函、变更确认函、设计文件创建钢结构构件加工模型，基于专项加工方案和技术标准规范完成模型细部处理，基于材料采购计划提取模型工程量，基于工厂设备加工能力、排产计划及工期和资源计划完成预制加工模型的分批，基于工艺指导书等资料编制工艺文件，并在构件生产和质量验收阶段形成构件生产的进度信息、成本信息和质量追溯信息。

（3）发生设计变更时，应按变更后的深化设计图或模型更新构件加工模型。

（4）应根据设计图、设计变更、加工图等文件要求，从预制加工模型中提取相关信息进行排版套料，形成材料采购计划。

（5）存在材料代用时，宜在钢结构构件加工模型中注明代用材料的编号及规格等信息，包括原材料信息、质量检验信息、物流信息、使用信息、设计变更信息等。

（6）产品加工过程相关信息宜附加或关联到钢结构构件加工模型，实现加工过程的追溯管理。

（7）钢结构加工模型元素宜在深化设计模型元素基础上，附加或关联材料信息、生产批次信息、构件属性、零构件图、工序工艺、工期成本信息、质检信息、生产责任主体等信息。

（8）钢结构构件加工 BIM 应用的交付成果宜包括：钢结构构件加工模型、加工图，以及钢结构构件相关技术参数和安装要求等信息。

（9）钢结构构件加工 BIM 软件宜具有下列专业功能：

1）可对预制加工模型进行分批计划管理，结合加工厂加工能力形成排产计划，并能反馈到预制加工模型中。

2）可按批次从预制加工模型中获取零件信息，处理后形成排版套料文件，并形成物料追溯信息。

3）可按工艺方案要求形成加工工艺文件和工位路线信息。

4）可根据加工确认函、变更确认函、设计文件等管理图纸文件的版次、变更记录等，并能反馈到预制加工模型中。

5）可将加工工艺参数（数控代码等）按照标准格式传输给数控加工设备。

6）可将构件生产和质量验收阶段形成的生产进度信息、成本信息和质量追溯信息进行收集、整理，并能反馈到预制加工模型中。

9.7.4 钢结构施工模拟 BIM 应用

1. 一般规定

（1）施工模拟前应确定 BIM 应用内容、BIM 应用成果分阶段（期）交付的计划，并应对项目中需基于 BIM 技术进行模拟的重点和难点进行分析。

（2）装配式钢结构建筑涉及施工难度大、复杂及采用新技术、新材料的施工组织和施工工艺宜应用 BIM 技术。

2. 施工工艺模拟 BIM 应用

（1）大型设备及钢结构预制构件安装施工工艺模拟宜应用 BIM 技术。

（2）在施工工艺模拟 BIM 应用中，可基于施工组织模型和施工图创建施工工艺模型，并将施工工艺信息与模型关联，输出资源配置计划、施工进度计划等，指导模型创建、视频制作、文档编制等工作。

（3）在施工工艺模拟前应完成相关施工方案的编制，确认工艺流程及相关技术要求。

（4）大型设备及钢结构预制构件安装工艺模拟可综合分析墙体、障碍物等因素，优化确定对大型设备及构件到货需求的时间点和吊装运输路径等，并可进行可视化展示或施工交底。

（5）钢结构复杂节点施工工艺模拟可优化确定节点各构件尺寸，各构件之间的连接方式和空间要求，以及节点的施工顺序，并可进行可视化展示或施工交底。

（6）垂直运输施工工艺模拟可综合分析运输需求、垂直运输器械的运输能力等因素，结合施工进度优化确定垂直运输组织计划，并可进行可视化展示或施工交底。

（7）钢结构预制构件预拼装施工工艺模拟，可综合分析连接件定位、拼装部件之间的搭接方式、拼装工作空间要求以及拼装顺序等因素，检验预制构件加工精度，并可进行可视化展示或施工交底。

（8）在模拟过程中宜将涉及的时间、工作面、人力、施工机械及其工作面要求等组织信息与模型进行关联。

（9）在进行施工工艺模拟过程中，宜及时记录模拟过程中出现的工序交接、施工定位等问题，形成施工模拟分析报告等方案优化指导文件。

（10）根据模拟成果进行协调优化，并将相关信息同步更新或关联到模型中。

（11）施工工艺模拟模型可从已完成的施工组织设计模型中提取，并根据需要进行补充完善，也可在施工图、设计模型或深化设计模型基础上创建。

（12）在施工工艺模拟前应明确所涉及的模型范围，根据模拟任务需要调整模型，并满足下列要求：

1）模拟过程涉及尺寸碰撞的，应确保足够的模型细度及所需工作面大小。

2）模拟过程涉及其他施工穿插，应保证各工序的时间逻辑关系。

3）模型还应满足对应其他专项施工工艺模拟的其他要求。

（13）施工工艺模拟 BIM 软件宜具有下列专业功能：

1）将施工进度计划以及成本计划等相关信息与模型关联。

2）实现模型的可视化、漫游及实时读取其中包括的项目信息。

3）进行时间和空间冲突检查。

4）计算分析及设计功能。

5）对项目所有冲突进行完整记录。

6）输出模拟报告以及相应的可视化资料。

9.7.5　钢结构安装相关 BIM 应用

以下 BIM 应用一般以工程项目整体编制。

1. 进度管理 BIM 应用

（1）建筑施工中的进度计划编制和进度控制等工作宜应用 BIM 技术。

（2）进度计划编制 BIM 应用应根据项目特点和进度控制需求，编制不同深度、不同周期的进度计划。

（3）进度控制 BIM 应用过程中，应对实际进度的原始数据进行收集、整理、统计和分析，并将实际进度信息附加或关联到进度计划模型。

2. 预算与成本管理 BIM 应用

（1）建筑施工中的施工图预算和成本管理等工作宜应用 BIM 技术。

（2）在成本管理 BIM 应用中，应根据项目特点和成本控制需求，编制不同层次（整体工程、单位工程、单项工程、分部分项工程等）、不同周期的成本计划。

（3）在成本管理 BIM 应用中，应对实际成本的原始数据进行收集、整理、统计和分析，并将实际成本信息附加或关联到成本管理模型。

3. 质量与安全管理 BIM 应用

（1）装配式钢结构质量管理及安全管理等工作宜应用 BIM 技术。

（2）质量与安全管理 BIM 应用应根据项目特点和质量与安全管理需求，编制不同范围、不同周期的质量与安全管理计划。

（3）质量与安全管理 BIM 应用过程中，应根据施工现场的实际情况和工作计划，对危险源和质量控制点进行动态管理。

4. 竣工验收与交付 BIM 应用

（1）装配式钢结构工程竣工预验收、竣工验收和竣工交付等工作宜应用 BIM 技术。

（2）竣工验收模型应与工程实际状况一致，宜基于施工过程模型形成，并附加或关联相关验收资料及信息。

（3）与竣工验收模型关联的竣工验收资料应符合现行标准《建筑工程施工质量验收统一标准》（GB 50300—2013）和《建筑工程资料管理规程》（JGJ/T 185—2009）等的规定要求。

（4）竣工交付模型宜根据交付对象的要求，在竣工验收模型基础上形成。

第 10 章

外围护系统安装

装配式钢结构建筑的外围护系统主要由装配式外墙板、外门窗和屋面板及其他部品部件组合而成。在《高层建筑混凝土结构技术规程》（JGJ 3—2010）中规定，房屋的顶层屋面应采用现浇楼盖结构，且屋面的做法甚为成熟，本章中不再做详述。本章主要介绍外围护墙板系统及外门窗系统的生产和安装。

10.1 外围护墙板系统的种类

外围护墙板系统（exterior panel system）是指由安装在主体结构上，由外墙墙板、墙板与主体结构连接节点、防水密封构造等组成的，具有规定的承载能力、适应主体结构位移能力、防水、保温、隔声和防火性能的整体系统。

装配式钢结构建筑外围护系统宜采用工业化生产、装配化施工的部品，并应按非结构构件部品设计。外墙围护系统立面设计应与部品构成相协调、减少非功能性外墙装饰部品，并应便于运输、安装及维护。

10.1.1 分类

装配式钢结构建筑的外围护系统可以选用的墙板种类众多，按墙板的构成和安装方式不同，划分见表 10.1-1。

表 10.1-1 装配式钢结构建筑外围护系统的分类

序号	外围护系统的分类及墙板名称		代号
1	外挂墙板系统	预制混凝土外挂墙板	PCP
		玻璃纤维增强水泥板外挂墙板	GRCP
		FK 外挂墙板	FK
2	轻钢龙骨式复合墙板系统	轻钢龙骨 – 纳米复合空腔板复合墙板	SNP
		轻钢龙骨 – 纤维增强水泥板复合墙板	SFP
		轻钢龙骨 – 轻质混凝土灌浆墙板	SLP
		轻钢龙骨 – 石膏基轻质砂浆复合墙板	SGMP
3	轻质条板系统	蒸压加气混凝土条板	AAC
		挤出成型水泥条板	ECP
4	幕墙系统	玻璃幕墙	BL
		金属、石材幕墙	—
		人造板幕墙	—

10.1.2　外挂墙板系统

外挂墙板系统（facade panel system）指以干挂方式安装在建筑上的非承重外墙板，与防水密封构造及连接主结构的节点共同组成的外围护墙板系统。

装配式钢结构建筑采用的装配式外挂墙板系统，宜区别于装配式混凝土建筑的外墙板技术，宜优先采用轻质材料或复合轻质大板，以匹配装配式钢结构主体轻质高强的特点。

1. 预制混凝土外挂墙板

预制混凝土外挂墙板（precast concrete facade panel）是指以干挂方式安装在钢结构或混凝土框架结构建筑上的混凝土非承重外墙板，简称外挂墙板（图 10.1-1）。

图 10.1-1　日本淀屋桥东京海上日动大厦的预制混凝土外挂墙板构件

预制混凝土外挂墙板具有安装速度快、现场用工少、无湿作业、质量可控、耐久性好、便于保养维修等优势，具有可以工厂化生产、现场装配化施工等显著特点。采用预制混凝土墙板建造装配式建筑，可以提高工厂化、机械化施工程度，减少现场湿作业，节约现场用工，克服季节影响，缩短建筑施工周期。但预制混凝土外挂墙板重量一般较重，与轻质高强的钢结构建筑匹配度稍差。

预制混凝土外挂墙板按保温位置不同可分为夹心保温墙板和非夹心保温墙板（图 10.1-2）。

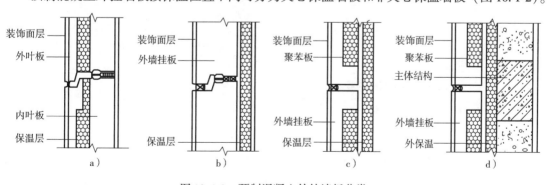

图 10.1-2　预制混凝土外挂墙板分类

a）夹心保温系统　b）内保温系统一　c）内保温系统二　d）外保温系统

2. 玻璃纤维增强水泥板外挂墙板

玻璃纤维增强水泥板外挂墙板（glass fiber reinforced cement facade panel）是指以干挂方式安装在建筑上的非承重外墙板，由玻璃纤维增强水泥板和支撑结构体系组成，可附加保温材料的复合墙板（图 10.1-3）。

玻璃纤维增强水泥，是一种以耐碱玻璃纤维为主要增强材料、水泥为主要胶凝材料、砂子等为集料，并辅以外加剂等组分，制成的纤维增强水泥基材料，简称 GRC。玻璃纤维增强水泥板外挂墙板由 GRC 外叶墙、柔性锚杆（其他形式的柔性锚固件）、钢框架等在工厂按设计要求一次预制完成。

图 10.1-3　GRC 外墙板应用于上海虹桥宝业中心

GRC 外挂墙板具有高强度、高韧性、高抗渗性、高防火与高耐候性等特点，并具有良好的绝热和隔声性能。可以通过模具工艺进行塑形，在工厂预制加工成具有各类天然材料质感和形态的制品，能够体现特定的艺术效果，被广泛应用于现代公共地标建筑和地方特色文化建筑上。

3. FK 外挂墙板

FK 外挂墙板是指以干挂方式安装在建筑上的非承重外墙板，由复合面板、保温材料和轻型钢支撑结构构成，可同时满足建筑外围护及装饰一体化功能（图 10.1-4）。

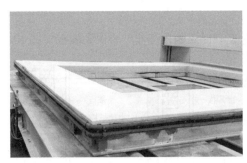

图 10.1-4　FK 外挂墙板及应用案例

作为一种模块化的蒸压加气混凝土轻钢复合保温墙体，FK 外挂墙板在工厂预制、现场装配，由内部的轻型钢龙骨作为主要支撑结构体，可由蒸压加气混凝土作为保温隔热层、表面复合面板材料，实现保温、隔声、室内外装饰的一体化墙板的功能。

10.1.3　轻钢龙骨式复合墙板系统

轻钢龙骨式复合墙板（light-gauge steel framing panel）是指以轻钢龙骨为骨架，以纳米复合空腔板、纤维增强水泥板、纸面石膏板、纤维增强硅酸钙板和金属复合板等为两侧覆面板，中间为保温、隔热和隔声材料构成的非承重复合墙板。

1. 轻钢龙骨-纳米复合空腔板复合墙板

轻钢龙骨 – 纳米复合空腔板复合墙板（light-gauge steel framing panel with nano composite cavity board）是指以轻钢龙骨为支撑，以纳米复合空腔板为围护板材，内部填充保温隔热层构成的非承重复合墙板（图 10.1-5）。

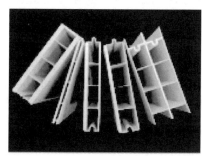

图 10.1-5　纳米复合空腔板单板与复合墙体

纳米复合空腔板（nano composite cavity board）是指以无机纳米防火板和有机高分子材料经复合加工而制成的多层空腔面板。

2. 轻钢龙骨-纤维增强水泥板复合墙板

轻钢龙骨-纤维增强水泥板复合墙板（light-gauge steel framing panel with fiber- enhanced cement board）是指以轻钢龙骨为骨架，以纤维增强水泥板为面板材料，中间为保温材料的轻质复合墙板，如图 10.1-6。

纤维增强水泥板（fiber enhanced cement board）是以水泥为基本材料和胶粘剂，以矿物纤维水泥和其他纤维为增强材料，经制浆、成型、养护等工序而制成的板材。

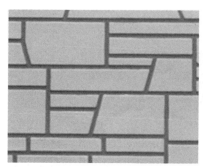

图 10.1-6　纤维增强水泥板与项目应用

3. 轻钢龙骨-轻质混凝土灌浆墙板

轻钢龙骨-轻质混凝土灌浆墙板（light-gauge steel framing panel with lightweight concrete grouting）是以轻钢龙骨为骨架，以纤维增强硅酸钙板、纤维增强水泥板等为覆面板，内部灌浆料构成的非承重墙板（图10.1-7～图10.1-9）。

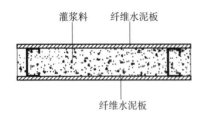

图 10.1-7 灌浆墙墙体构造示意　　图 10.1-8 EPS 混凝土浆料　　图 10.1-9 泡沫混凝土浆料

复合墙板内部灌浆料主要分为物理发泡和化学发泡两类，也有两种发泡方式相结合的工艺。根据混凝土浆料的不同，又分为 EPS 混凝土、泡沫混凝土、金属尾矿多孔混凝土等。

4. 轻钢龙骨-石膏基轻质砂浆复合墙板

轻钢龙骨-石膏基轻质砂浆复合墙板（light-gauge steel framing panel with gypsum-based mortar）是指以轻钢龙骨为骨架，内部填充石膏基砂浆，外侧采用防护面层构成的非承重墙板（图10.1-10）。

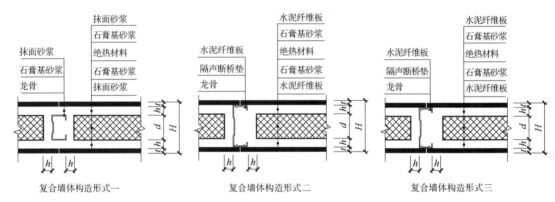

图 10.1-10 轻钢龙骨-石膏基轻质砂浆复合墙板常见构造形式

10.1.4 轻质条板系统

轻质条板（lightweight panel）是指采用轻质材料或轻型构造制作，用于非承重墙体的预制条板。轻质条板产品按照断面构造可分为空心条板、实心条板和复合夹芯条板三种类别，按板构件类型分为普通条板、门窗框板和异形板。

1. 蒸压加气混凝土条板

蒸压加气混凝土条板（autoclaved aerated concrete panel）是以钙质材料和硅质材料为主要原料，配防锈处理的钢筋（网），经高压蒸汽养护而制成的多气孔混凝土成型板材，又称 AAC 板。既可做墙体材料，又可做屋面板、楼板、外墙造型，是一种性能优越、安装简便灵活的成熟建材。

在蒸压加气混凝土内配置经防锈处理的钢筋网片，而制成不同厚度、不同长度的板材（图10.1-11）。

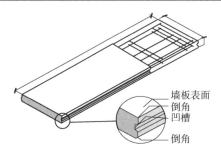

图 10.1-11　蒸压加气混凝土条板示意图

墙板表面
倒角
凹槽
倒角

2. 挤出成型水泥条板

挤出成型水泥条板（extruded cement panel）是指以硅酸盐水泥、纤维及硅质材料为主要原料，经真空高压挤出成型，通过高温、高压蒸汽养护制成的中空条板，简称 ECP 条板（图 10.1-12）。按照表面处理方式分为涂装板和清水板，按照表面装饰纹路分为平板和条纹板。

图 10.1-12　ECP 条板及项目应用

10.1.5　幕墙系统

建筑幕墙由支承结构体系与面板组成的、相对主体结构有一定位移能力或自身能适应主体结构位移、不分担主体结构所受作用的建筑外围护或装饰性结构。

幕墙一般为组合结构，由不同材料的面板（如玻璃、金属、石材和人造板材等）组成的复合结构。根据面板材料的不同又分为玻璃幕墙、金属幕墙、石材幕墙、人造板材幕墙等（图 10.1-13 ~ 图 10.1-16）。

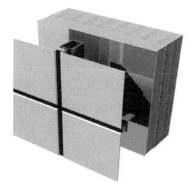

图 10.1-13　玻璃幕墙　　　　　　图 10.1-14　金属幕墙

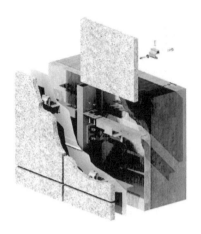
图 10.1-15　石材幕墙

图 10.1-16　人造板幕墙板

10.2　外围护墙板系统的性能

外围护墙板系统由相邻墙板之间通过墙板拼缝形成整体，为实现墙板围护系统的功能，墙板除满足单板物理力学性能要求外，还应考虑整体墙板系统围护性能要求。

10.2.1　外围护墙板系统性能

1. 抗风压性能

外墙板系统的抗风压性能指标，应根据墙板所受的按《建筑结构荷载规范》（GB 50009—2012）计算的风荷载标准值 W_k 确定，其指标值不应低于 W_k，且不应小于 1.0kPa。

在抗风压性能指标作用下，外挂墙板及轻钢龙骨式复合墙板的面外最大跨中挠度应满足不大于 $L/250$，轻质条板的面外最大跨中挠度应满足不大于 $L/200$，L 为墙板跨度，围护系统风压实验装置如图 10.2-1 所示。

图 10.2-1　围护系统风压实验装置

2. 气密性能

外墙板系统的气密性能应符合相应气候条件区域建筑节能设计的要求，并应符合《建筑幕墙》（GB/T 21086—2007）、《公共建筑节能设计标准》（GB 50189—2015）、《夏热冬冷地区居住建筑节能设计标准》

（JGJ 134—2010）和《严寒和寒冷地区居住建筑节能设计标准》（JGJ 26—2018）等的有关规定。

3. 水密性能

外墙板系统的水密性能应符合相应气候条件区域建筑水密性能的要求，并应符合《建筑幕墙》（GB/T 21086—2007）中对水密性能的要求。

4. 平面内变形性能

墙板系统应具有适应结构层间变形性能的能力。在 50 年重现期的风荷载或多遇地震作用下，墙板不得因主体结构的弹性层间位移而发生塑性变形、板面开裂、零件脱落等损坏。在设防地震作用下，外墙板不得掉落。

5. 热工性能

墙板系统的热工性能应符合《民用建筑热工设计规范》（GB 50176—2016）、《公共建筑节能设计标准》（GB 50189—2015）、《严寒和寒冷地区居住建筑节能设计标准》（JGJ 26—2018）、《夏热冬冷地区居住建筑节能设计标准》（JGJ 134—2010）和《夏热冬暖地区居住建筑节能设计标准》（JGJ 75—2012）的相关规定。

6. 隔声性能

墙板系统的隔声性能应符合《民用建筑隔声设计规范》（GB 50118—2010）的相关规定。

7. 耐火性能

墙板系统的耐火极限应符合《建筑设计防火规范（2018 年版）》（GB 50016—2014）的相关规定。

8. 燃烧性能

外墙板的燃烧性能不应低于《建筑材料及制品燃烧性能分级》（GB 8624—2012）中不燃性 A 级要求，内墙板的燃烧性能不应低于《建筑材料及制品燃烧性能分级》（GB 8624—2012）中难燃性 B_1 级要求。

9. 抗冻性能

墙板的抗冻性能应满足在 50 次的冻融循环作用下，墙板的质量损失不大于 5%，强度损失不大于 25%，外观无损坏。

10. 放射性核素要求

墙板的放射性核素限量应符合《建筑材料放射性核素限量》（GB 6566—2010）的规定。

11. 其他

墙板系统与主体结构宜采用柔性连接，连接节点应满足承载能力要求和墙板的变形性能要求。外墙板系统接缝处的构造措施应满足相应气候条件下墙板的防排水设计要求和热工性能要求。

10.2.2　外围护墙板的单板要求

1. 外观质量

外挂墙板及用于外墙的轻质条板的外观质量应符合表 10.2-1 的规定。

表 10.2-1　外挂墙板及用于外墙的轻质条板外观质量要求

序号	项目	指标
1	缺棱掉角	板边缘应整齐，外观面不允许缺棱掉角
2	裂缝	板面无裂缝
3	蜂窝麻面	表面气孔的直径不应大于 5mm、深度不应大于 2mm

轻钢龙骨式复合墙板表面应平整、洁净、无裂缝、无划痕、无锈蚀和缺陷。

2. 尺寸偏差

外挂墙板的尺寸允许偏差应符合表10.2-2的规定。

表 10.2-2　外挂墙板的尺寸允许偏差

检查项目	检查内容		允许偏差/mm
规格		长度	-3 ~ 0
		宽度	-2 ~ 0
		厚度	±2
	对角线差		4
	表面平整度		2
	翘曲		L/1000
预留孔		中心线位置	4
		孔尺寸	0 ~ 3
门窗口		中心线位置	2
		宽、高	0 ~ 2
		对角线差	0 ~ 2

注：对于玻璃纤维增强水泥板外挂墙板，厚度允许偏差为 0 ~ +2mm。

轻钢龙骨式复合墙板的尺寸偏差应符合表10.2-3的规定，同时轻钢龙骨式复合墙板面板的尺寸偏差应符合相应面板产品标准的要求。

表 10.2-3　轻钢龙骨式复合墙板的尺寸允许偏差

检查项目	允许偏差/mm		
	钢龙骨	纸面石膏板	其他
立面垂直度	2	3	4
平面平整度	3	3	3
阴阳角方正	3	3	3
接缝直线度	1	3	3
接缝高低差	1	1	1
接缝宽度	1	2	2

3. 物理力学性能

装配式钢结构建筑用墙板的物理力学性能要求应符合表10.2-4的规定。

表 10.2-4　装配式钢结构建筑用墙板的物理力学性能要求

序号	项目		指标要求	
			外墙板	内墙板
1	抗冲击性能/次		≥5	≥3
2	抗压强度/MPa	外挂墙板	≥30.0	—
		轻质条板	≥5.0	≥3.5
3	抗弯强度/墙板自重倍数		≥1.5	

（续）

序号	项目		指标要求	
			外墙板	内墙板
4	软化系数		≥0.8	
5	不透水性		板背面无水滴出现	—
6	含水率/%		≤10.0	≤10.0①
7	吸水率/%		≤10.0	—
8	吊挂力/N		≥1000②	
9	干燥收缩值/（mm/m）		≤0.5	
10	传热系数		见 10.2.1-5 条	
11	空气声计权隔声量		见 10.2.1-6 条	
12	燃烧性能		见 10.2.1-8 条	
13	耐火极限/h		≥1.0，并满足设计要求	
14	抗冻性		50 次冻融循环	—

①蒸压加气混凝土条板的含水率可不做要求。

②为满足吊挂承载力要求，墙板可在需要吊挂重物的部位采取加强处理措施。

10.3 外围护系统的施工安装及验收

各类墙板的材料性能及施工安装工艺具有较大差异，施工单位应针对各类墙板编制不同的施工方案，用以指导外围护系统的施工，保证施工质量、进度。其中墙板本身的物理、力学性能、允许尺寸偏差等应符合行业规范标准或厂家标准，应有试验检测报告或详细的检查记录。本节主要对应用于外围护系统的墙板的施工安装质量及验收进行具体要求。

10.3.1 总体施工安装

1. 一般规定

外围护系统复合墙体在施工前应编制专项施工技术方案，并应进行技术交底和培训。

专项施工方案应包含以下内容：①工程进度计划；②与主体结构施工、设备安装、装饰装修的协调配合方案；③搬运、吊装方法；④测量方法；⑤安装方法；⑥安装顺序；⑦构件、组件和成品的现场保护方法；⑧检查验收；⑨安全措施。

应核对进入施工现场的主要原材料技术文件，并进行抽样复检，复检合格后方可使用。复合墙体施工应在主体结构工程验收合格后进行。

2. 运输与码放

主要包含工程构件与材料的运输、进场堆放要求和防护措施。

3. 施工准备

施工前进行基层清理、定位放线。当先施工主体结构、后安装外挂墙板时，外挂墙板安装前应对已建主体结构进行复测，并按实测结果对墙板设计进行复核。施工测量除应符合

《工程测量标准》（GB 50026—2020）外，尚应符合不同墙体种类的测量规定。对存在的问题应与施工、监理、设计单位进行协调解决。

施工机具进场应出具产品合格证、使用说明书等质量文件，施工机具应由专人管理和施工，并应定期进行围护结构校验收。复合墙体试拼装，安装前应进行面层清理和质量检验，对预埋件、吊挂件以及连接件的位置和数量进行复查验收。

4. 施工安装

详见具体复合墙体的施工安装要求。

5. 养护

详见具体复合墙体的施工安装要求。

6. 安全技术措施

外挂墙板的安全施工除应符合《建筑施工高处作业安全技术规范》（JGJ 80—2016）、《建筑机械使用安全技术规程》（JGJ 33—2012）、《施工现场临时用电安全技术规范》（JGJ 46—2005）的有关规定。

10.3.2 总体施工质量检验与验收

1. 一般规定

墙体工程验收应符合《建筑工程施工质量验收统一标准》（GB 50300—2013）及针对具体墙体种类应用技术标准的规定。

墙体在工程质量验收时，施工单位应提供与之相关的审查后的设计文件、设计变更文件、施工方案、工法、所用材料检验及复检报告、检验批质量验收记录、分项工程质量验收报告、现场检验报告及隐蔽工程验收记录等文件工程资料验收。

外挂墙板工程验收时，应提交下列文件和记录：①施工图和墙板构件加工制作详图、设计变更文件及其他设计文件；②墙板、主要材料及配件的进场验收记录；③墙板安装施工记录；④墙板或连接承载力验证时需提供的检测报告；⑤现场淋水试验记录；⑥防火、防雷节点验收记录；⑦重大质量问题的处理方案和验收记录；⑧其他质量保证资料。

2. 主控项目和一般项目的验收

验收过程应按主控项目和一般项目分别进行验收，具体验收要求详见墙板的检验及验收。墙板施工验收应包含工程资料验收和墙板施工质量检验与验收，施工质量检验与验收详见每种墙体的具体施工与验收过程。

10.3.3 外挂墙板

外挂墙板主要指采用外挂式施工工艺安装于主结构外部，包含预制混凝土外挂墙板、玻璃纤维增强水泥板外挂墙板和FK外挂墙板等，本节对以上三种墙板施工安装与验收进行具体介绍。

1. 预制混凝土外挂墙板

预制混凝土外挂墙板围护系统可按建筑立面特征划分为整间板系统、横条板系统、竖条板系统（表10.3-1）。

表 10.3-1 预制混凝土外挂墙板板型划分及设计参数要求

类别	图示	常用尺寸
整间板系统	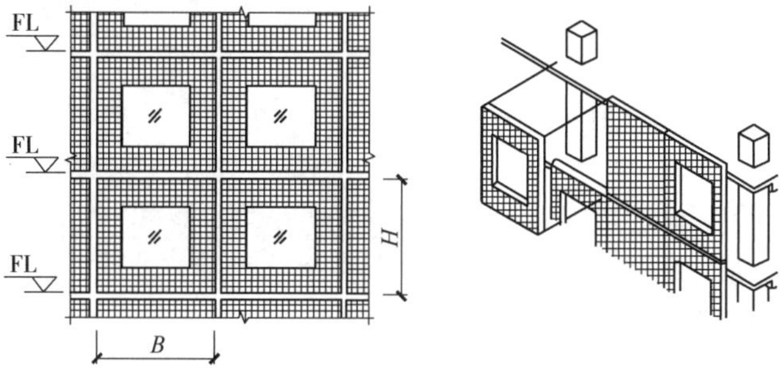	板宽 $B \leqslant 6.0m$ 板高 $H \leqslant 5.4m$
竖条板系统	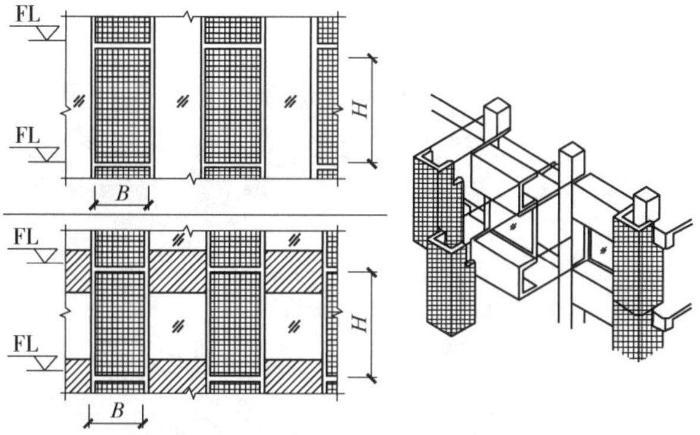	板宽 $B \leqslant 2.5m$ 板高 $H \leqslant 6.0m$
横条板系统	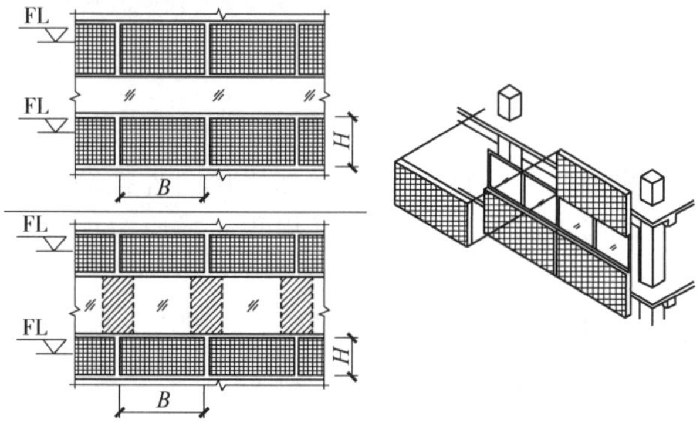	板宽 $B \leqslant 9.0m$ 板高 $H \leqslant 2.5m$

（1）施工安装

1）一般规定。外挂墙板的施工安装应符合《预制混凝土外挂墙板应用技术标准》（JGJ/T 458—2018）、《装配式混凝土建筑技术标准》（GB/T 51231—2016）、《钢结构工程施工规范》（GB 50755—2012）、《混凝土结构工程施工质量验收规范》（GB 50204—2015）的规定。

外挂墙板系统的施工组织设计应包含外挂墙板的安装施工专项方案和安全专项措施。在安装前，应选取有代表性的墙板构件进行试安装，并应根据试安装结果及时调整施工工艺、完善施工方案；外挂墙板的施工宜建立首段验收制度。

2）运输与码放。

①外挂墙板运输前应根据工程实际条件制订专项运输方案，确定运输方式、运输线路、

构件固定及保护措施等。对于超高或超宽的板块应制定运输安全措施（图10.3-1）。

②外挂墙板码放场地地基应平整坚实，水平叠层码放时每垛板的垫木要上下对齐，垫木支点要垫实，平面位置及码放层数合理（图10.3-2）。挂板立放时要采用专用插放架存放（图10.3-3）。

③外挂墙板码放时应制定成品保护措施，对于装饰面层处，垫木外表面应用塑料布包裹隔离，并用苫布覆盖，避免雨水及垫木污染挂板表面。对于面砖、石材饰面的挂

图10.3-1 构件的运输

板构件应饰面层朝上码放或单层直立码放（图10.3-2、图10.3-3）。

图10.3-2 外挂墙板构件水平放置

图10.3-3 外挂墙板构件竖向放置

3）施工准备。施工测量应符合以下规定：①安装施工前，应测量放线、设置构件安装定位标识；②外挂墙板测量应与主体结构测量相协调，外挂墙板应分配、消化主体结构偏差造成的影响，且外挂墙板的安装偏差不得累积；③应定期校核外挂墙板的安装定位基准。

外挂墙板储存时应按安装顺序排列并采取保护措施，储存架应有足够的承载力和刚度。

4）构件安装。在外挂墙板正式安装之前应根据施工方案要求进行试安装，经过试安装检验并验收合格后方可进行正式安装。外挂墙板安装时，外挂墙板与主体结构的连接节点宜仅承受墙板自身范围内的荷载和作用、确保各支承点均匀受力。

钢结构建筑中，外挂墙板与主结构的连接采用点支撑方式。点支撑外挂墙板与主体结构的连接节点施工应符合现行国家标准《钢结构工程施工规范》（GB 50755—2012）的有关规定，并应符合下列规定：①利用节点连接件作为外挂墙板临时固定和支撑系统时，支撑系统应具有调节外挂墙板安装偏差的能力；②有变形能力要求的连接节点，安装固定前应核对节点连接件的初始相对位置，确保连接节点的可变形量满足设计要求；③外挂墙板校核调整到位后，应先固定承重连接点，后固定非承重连接点；④连接节点采用焊接施工时，不应灼伤外挂墙板的混凝土和保温材料；⑤外挂墙板安装固定后应及时进行防腐涂装和防火涂装施工。

外挂墙板的安装尺寸允许偏差及检验方法应符合表10.3-2的要求。

表 10.3-2　外挂墙板施工安装尺寸允许偏差及检验方法

序号	项目	尺寸允许偏差/mm	检验方法
1	接缝宽度	±5	尺量检查
2	相邻接缝高	3	尺量检查
3	墙面平整度	2	2m 靠尺检查
4	墙面垂直度（层高）	5	经纬仪或吊线钢尺检查
5	墙面垂直度（全高）	H/2000 且≤15	经纬仪或吊线钢尺检查
6	标高（窗台、层高）	±5	水准仪或拉线钢尺检查
7	标高（窗台、全高）	±20	水准仪或拉线钢尺检查
8	板缝中心线与轴线距离	5	尺量检查
9	预留孔洞中心	对角线 10	尺量检查

注：H 为建筑层高或构件分块高度。

5）板缝防水施工。外挂墙板接缝防水施工应符合《预制混凝土外挂墙板应用技术标准》（JGJ/T 458—2018）规定（图 10.3-4、图 10.3-5）。

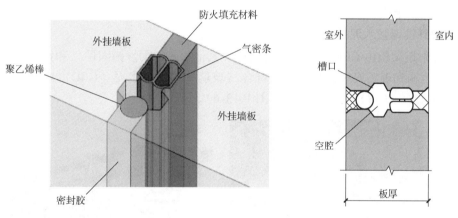

图 10.3-4　墙板竖缝构造

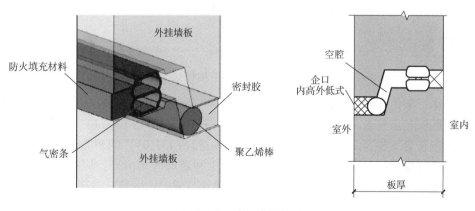

图 10.3-5　墙板横缝构造

板缝防水施工 72h 内要保持板缝处于干燥状态，禁止冬季气温低于 5℃ 或雨天进行板缝防水施工。

6）安全技术措施。安全施工应符合下列规定：①外挂墙板起吊和就位过程中宜设置缆风绳，通过缆风绳引导墙板安装就位；②遇到雨、雪、雾天气，或者风力大于 5 级时，不得进行吊装作业。

（2）检验与验收　外挂墙板工程施工用的墙板构件、主要材料及配件均应按检验批进行进场验收。用于外挂墙板接缝的密封胶进场复验项目应包括下垂度、表干时间、挤出性、适用期、弹性恢复率、拉伸模量、质量损失率。检验批划分详见主控项目和一般项目的具体要求。主控项目和一般项目的验收应符合相关规范及表 10.3-2 的规定。

检查数量：全数检查。

检验方法：观察；尺量检查。

外挂墙板工程在节点连接构造检查验收合格、接缝防水检查合格的基础上，可进行外挂墙板安装质量和尺寸偏差验收。外挂墙板的施工安装尺寸偏差及检验方法应符合设计文件的要求，当设计无要求时，应符合表 10.3-2 的规定。

检查数量：按楼层、结构缝或施工段划分检验批。同一检验批内，应按照建筑立面抽查 10%，且不应少于 5 块。

2. 玻璃纤维增强水泥板外挂墙板

GRC 背附钢架板由 GRC 面板、柔性锚杆（其他形式的柔性锚固件）和钢框架等在工厂预制加工，运输到现场安装，其安装应符合《玻璃纤维增强水泥（GRC）建筑应用技术标准》（JGJ/T 423—2018）的相关规定（图 10.3-6）。

图 10.3-6　GRC 墙板

内叶墙体一般由轻钢龙骨-纸面石膏板墙或 AAC 条板构成。其中，轻钢龙骨-纸面石膏板复合墙板的安装应符合《轻钢龙骨石膏板隔墙、吊顶》（07CJ 03 - 1）的相关规定；AAC 墙板的安装应符合《蒸压加气混凝土砌块、板材构造》（13J104）的相关规定。

超细无机纤维喷涂保温材料一般包含矿棉纤维和玻璃纤维两种，应符合《矿物棉喷涂绝热层》（GB/T 26746—2011）及各地区《居住建筑节能设计标准》等国家现行规范标准的规定。

玻璃纤维增强水泥板外挂墙板复合墙体的安装顺序由外向内，外叶墙 GRC 外挂墙板安装完成后，安装内叶墙板。根据 GRC 外挂墙板背部附着的超细无机纤维的喷涂方式，可以分为工厂喷涂（图10.3-7）与现场喷涂（图10.3-8）。工厂喷涂方式是超细无机纤维保温层与外叶墙板在工厂复合为一体，工厂内完成保温层喷涂，现场进行带保温层的外叶板吊装；现场喷涂是待外叶墙GRC外挂墙板吊装完成后，再进行超细无机纤维保温层的喷涂，待保温层干燥后，再进行内叶墙板的安装。

（1）施工安装

1）一般规定。GRC构件施工作业环境应符合下列规定：①温度应在0℃以上；②雨雪天气和6级以上大风天气不得作业；③安装作业上下方不应同时有其他作业。

2）GRC构件装卸、运输与堆放。

GRC构件装卸应符合下列规定：①GRC构件的装卸顺序应与安装顺序相符。装卸GRC构件时应有保护措施，GRC构件与包装紧固材料之间应有保

 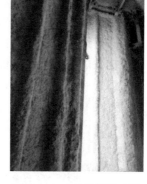

图 10.3-7　工厂保温喷涂　　图 10.3-8　现场保温喷涂

护材料；②装卸设施应根据产品造型或包装特点确定，除较小产品可用人工装卸外，应采用专用托盘和支架，并应采用叉车或起重机进行装卸。当采用起重机进行装卸时，宜将吊点设置在包装支架上；③叠放时应确定竖向力的传递方向，必要时应使用专用支架。当长条形板竖向放置时，两端应有侧向水平支撑。装卸过程应轻缓平稳。

GRC构件运输与堆放应符合下列规定：①运输方案应根据项目特点制定，对于超宽、超高或造型特殊的构件应采取安全措施；在运输车辆上应放置适当的垫块，同时应确定构件码放位置，在运输途中包装箱、托盘、支架应平稳；②运输车辆应满足产品装载和造型尺寸限制的要求，应采取防止产品移动、倾倒、变形的固定措施，应进行合理的固定和捆扎；运输时应采取防止构件损坏的措施，对产品边角部位及捆扎固定的接触部位应采取必要的保护措施（图10.3-9）；③现场应规划堆放区域，不宜与其他建筑材料或设备混放。构件应按安装顺序编号依次堆放（图10.3-10）。

图 10.3-9　GRC墙板的运输　　　　　　图 10.3-10　GRC墙板的堆放

3）施工准备。施工现场 GRC 构件、安装辅件及主体结构上的锚固件应进行检查验收。GRC 构件安装前应对主体结构进行现场测量和对安装部位结构和墙体进行检查，对影响安装的结构误差及其他问题应向相关部门报告并及时处理。

4）安装施工。GRC 构件应通过支承结构与主体结构连接。GRC 构件与支承结构应采用插槽连接或螺栓连接，严禁现场焊接。支承结构与钢结构连接宜采用螺栓连接，在焊缝防腐措施能保证的情况下也可采用焊接；支承结构与主体结构焊接部位的防腐应符合设计要求。

竖向连续分布构件宜自下而上安装，竖向不连续分布的构件可同时在不同层次作业。横向连续构件的安装顺序应根据误差进行分配，宜从边角开始安装。环窗构件的安装顺序宜为窗台→窗边→窗顶。GRC 墙板的部分吊运及安装如图 10.3-11 ~ 图 10.3-14 所示。

图 10.3-11　GRC 墙板的安装准备

图 10.3-12　GRC 墙板的吊运

图 10.3-13　GRC 墙板的吊装就位

图 10.3-14　GRC 墙板的安装

GRC 构件就位后经测量确定三维方向的位置和角度都应在允许误差范围内，方可固定。每个 GRC 构件均应独立与主体结构或支承结构连接，不得承受上部或邻近 GRC 构件的荷载。

支承结构与主体结构连接应在围护墙体和屋面的保温层和防水层施工前完成。如遇特殊情况需要倒序施工，对破坏的保温层和防水层应填充封堵。安装 GRC 构件时，严禁踩踏碰撞和破坏保温层和防水层。

5）接缝处理。GRC 构件接缝允许偏差内，可将部分安装偏差在构件接缝中调整。构件与构件之间、构件与其他围护墙体之间的接缝宜采取嵌缝处理。对于 GRC 复合板外墙，宜采用双重止水构造，在密封胶嵌缝之前应粘结止水胶条。止水胶条宜为空心胶条，两侧应粘结到 GRC 构件上，其外径尺寸应大于缝宽。如图 10.3-15、图 10.3-16 所示为一种较为常见的 GRC 复合墙板板缝处理方式，外叶墙与内叶墙宜错缝，避免冷热桥。

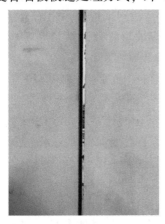

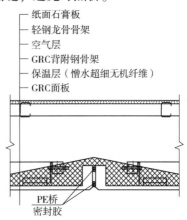

纸面石膏板
轻钢龙骨骨架
空气层
GRC背附钢骨架
保温层（憎水超细无机纤维）
GRC面板

PE桥
密封胶

图 10.3-15　GRC 复合墙板板缝位置　　　　图 10.3-16　GRC 复合墙板板缝处理方式

GRC 构件接缝处理应先修整接缝、清除浮灰。嵌缝时构件应干燥，不宜在雨雪天气作业。嵌缝应填充饱满、深度一致。GRC 构件与墙体接缝及其与其他围护材料的接缝处理措施，应符合设计要求。

GRC 构件安装过程中出现的局部缺棱掉角、表面污染问题，应进行修补或去污处理。无涂料装饰要求的 GRC 外墙，应在接缝密封胶施工完成后进行防护处理。所用防护剂不宜改变 GRC 外墙外观，且不得影响密封胶的粘结性能或与密封胶发生反应。GRC 构件与主体结构的连接节点应按隐蔽工程验收。

6）安装质量要求。为保证 GRC 构件的安装质量，GRC 构件与主体结构之间应留有一定的施工容许误差，根据厂家的加工工艺和施工单位的施工水平，GRC 构件与主体结构净距应符合下列规定：①GRC 构件背面与钢结构净距不应小于 10mm；②对于高层或不规则结构，净距不应小于 50mm；③柱套与柱子之间净距不应小于 75mm；GRC 构件与主体结构的连接点在上下、左右、前后三个方向内的调节空间净距不应小于 25mm。

安装效果应符合下列规定：①安装后的 GRC 外立面应线条清晰、层次分明、表面平整、曲面过渡光滑，横向构件应保证平直度，竖向构件应保证垂直度，整体效果应达到建筑设计要求；②GRC 构件表面应洁净，表面颜色和质感应符合样板要求；GRC 构件间接缝应平直、均匀，不得有歪斜、错台及边角损坏。

安装偏差应符合《玻璃纤维增强水泥（GRC）建筑应用技术标准》（JGJ/T 423—2018）。

（2）检验与验收　GRC 复合墙板的验收包含一般验收、进场验收、中间验收、竣工验收。一般验收包括技术资料复核、现场抽查和抽样检验。

检验批划分：相同设计、材料、工艺和施工条件的 GRC 外墙应以 1000 m² 为一个检验批，不足 1000m² 应划分为 1 个检验批，超过 10000m² 的以 3000m² 为一个检验批。每个检验批抽查不应少于 5 处，每处不应少于 10m²。

1）进场验收。GRC 构件应进行性能复试，复试应由 GRC 供应商提供与施工项目配方及生产工艺一致的测试板，检测机构应按现行行业标准《玻璃纤维增强水泥外墙板》（JC/T 1057—2007）或《玻璃纤维增强水泥（GRC）装饰制品》（JC/T 940—2004）进行检测。复试应在 GRC 构件正式投产后进行，每项工程宜复试 1 次，特殊要求应在合同中明确。

设计或合同有要求时应提供密封胶与 GRC 材料的相容性测试报告。GRC 外墙工程涉及的各类材料进场应按设计要求及相关质量标准验收，并应填写验收记录。进场 GRC 构件应进行外观、包装、尺寸抽查，抽查比例不应小于 1%（件数或面积）。

2）中间验收。GRC 外墙工程应进行阶段性施工质量的中间验收，并应填写验收记录。中间验收应符合下列规定：①GRC 构件的造型、尺寸、表面效果应符合设计或样板要求；②GRC 构件的预埋件、锚固件、连接件、安装孔、槽应符合设计要求；③GRC 构件与主体结构连接应符合设计要求，安装必须牢固；④GRC 外墙工程的保温、防水、防污、防火、防雷的处理应符合设计要求；⑤GRC 外墙密封施工和接缝处理应符合设计要求；⑥GRC 的安装质量应符合安装质量的相关要求。

3）竣工验收。GRC 外墙工程竣工验收前应将其表面全面清洗干净。GRC 外墙工程竣工验收时应提交符合要求的工程资料。主控项目和一般项目的验收具体参见《玻璃纤维增强水泥（GRC）建筑应用技术标准》（JGJ/T 423—2018）及其他规范标准的相关要求。

3. FK 外挂墙板

FK 外挂墙板是一种新型幕墙，其施工安装除应满足本文所述各项施工验收要求外，还应符合《人造板材幕墙工程技术规范》（JGJ 336—2016）、《模块化蒸压加气混凝土轻钢复合保温墙体工程技术规程》（CECS 454—2016）、《外墙外保温工程技术标准》（JGJ 144—2019）等相关规范标准的要求。

（1）施工安装　FK 外挂墙板是在工厂加工预制（图 10.3-17），现场吊装的整体式复合墙板（图 10.3-18）。进场的 FK 外挂墙板的材料品种、规格、色泽和性能，应符合设计要求。墙体安装应进行检验，不符合安装要求的墙体不得使用。

图 10.3-17　FK 外挂墙板的工厂预制　　　　图 10.3-18　FK 外挂墙板与钢结构连接示意图

1）一般要求。FK 外挂墙板工程的施工测量应符合下列规定：①墙体分格轴线的测量应与主体结构测量相配合，并及时调整、分配、消化主体结构偏差，不得积累；②墙体施工时，应对主体结构施工过程中的垂直度和楼层外廓进行测量、监控；③应定期对墙体的安装定位基准进行校核；④对高层建筑墙体的测量，应在风力不大于 4 级时进行；⑤墙板背部钢结构框架焊接时，钢结构焊接施工应符合现行国家标准《钢结构焊接规范》（GB 50061—2011）的有关规定。

2）安装施工准备。FK 外挂墙板轻钢复合保温墙体安装前应做好下列准备工作：①墙体单元已在加工区组装完成，并按建筑楼层与轴线编号；②对墙体单位进行质量验收，包括墙体尺寸、平整度、洞口加固及墙板连接质量；③安装施工前，应复核墙体装配位置、节点连接构造及临时支撑方案等；④与墙体连接处的楼面、梁面、柱面和地面已清理干净；⑤所有预埋件及连接件等应清理扶直，清除锈蚀；⑥安装施工前，应检查复核吊装设备及吊具处于安全操作状态。

FK 外挂墙板轻钢复合保温墙体正式安装前，宜选择有代表性的墙体单元进行试安装，并应根据试安装结果及时调整完善施工方案和施工工艺。与主体结构连接的预埋件应在主体结构施工时按设计要求进行埋设；预埋件位置偏差不应大于 20mm。预埋件位置偏差过大或未设预埋件时，应制订补救措施或可靠连接方案，经与业主、土建和设计单位洽商同意后，方可实施。

3）构件安装。FK 外挂墙板根据节点安装方式，分为导轨式安装与支座式安装。施工阶段安装顺序：测量、放线、验线→结构预埋件焊接（安装）或预埋→结构预埋件检验→FK 外挂墙板进场、验收→吊装就位→初步固定→微调→最终固定→逐层安装→逐层验收。

①导轨式连接（图 10.3-19）。

FK 外挂墙板采用导轨式连接方式与主结构连接时，应符合下列规定：a. 导轨应水平放置，采用断续焊接上、下导轨；b. 有转接件导轨安装时，转接件的强度应满足设计要求；c. 相邻两根导轨的水平标高偏差不应大于 1mm，同层标高偏差不应大于 2mm。

导轨的安装应按自下向上的顺序进行。当安装完一层高度时，应进行检查、调整、校正，使其符合质量标准，再进行模块化 FK 墙体的安装。固定于主体结构上的转接件的安装，在转接件调整完毕后，应及时进行防腐处理，并且转接件安装的允许偏差应符合表 10.3-3 的规定。

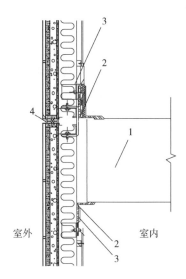

图 10.3-19　导轨式连接示意图
1—混凝土或钢结构　2—导轨
3—Z 字形连接件　4—双泡胶条

表 10.3-3　转接件安装允许偏差　　　　　　　　　（单位：mm）

项目	允许偏差	检查方法
标高	±1.0（可上下调节时放宽到 ±2）	水准仪
转接件（支座）两端点平行度	1.0	水准仪
距安装轴线水平距离	1.0	水准仪
垂直偏差（上、下两端点与垂直线偏差）	±1.0	水准仪

②支座式连接（图 10.3-20）。

FK 外挂墙板采用支座式连接方式与主体结构连接时，应符合下列规定：a. 结构梁上、

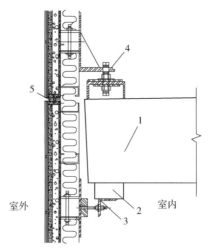

图 10.3-20　支座式连接示意图

1—混凝土或钢结构　2—槽形连接件　3—转接件

4—连接螺栓　5—双泡胶条

下部底座应采用断续焊接；b. 将墙体吊装就位后与底座进行螺栓连接，安装带有底座的墙体时，螺栓的强度应满足设计要求；c. 相邻两处底座的水平标高允许偏差为 1mm，同层标高允许偏差为 2mm。

固定于主体结构上的支座安装，支座应设置为三维可调节，支座调整完毕后，应及时进行防腐处理。支座安装的允许偏差应符合表 10.3-4 的规定。

表 10.3-4　支座安装允许偏差　（单位：mm）

项目	允许偏差	检查方法
标高	±1.0（可上下调节时放宽到 ±2）	水准仪
相邻支座平行度	1.0	钢直尺
距安装轴线水平距离		

采用支座式或导轨式安装方式，每层 FK 外挂墙板安装完成后，应进行隐蔽工程验收。墙体的安装应符合下列规定：①墙体安装前，应对接缝处进行清理，并检查墙体接口之间的防水装置和密封措施是否符合设计要求；②安装施工中，严禁用铁锤等敲击墙体；③每一墙体安装后应进行测量，使墙体的水平度和垂直度偏差不大于墙体相应边长的 1/1000。

4）安全规定。

①FK 轻钢复合保温墙体的安装施工除应符合《建筑施工高处作业安全技术规范》（JGJ 80—2016）、《建筑机械使用安全技术规程》（JGJ 33—2012）、《施工现场临时用电安全技术规范》（JGJ 46—2005）的有关规定外，尚应符合施工组织设计中的相应规定。

②现场焊接作业时，应采取可靠的防火措施。严禁站立或坐、骑在墙体、门窗构件上进行施工。

③遇到雨、雪、大雾天气，或者风力大于 5 级时，不得进行吊装作业。

④施工过程中，每完成一道施工工序后，应及时清理施工现场遗留的杂物。施工过程中，不得在窗台、栏杆上放置施工工具。在脚手架和吊篮上施工时，不得随意抛掷物品。某

项目 FK 外挂墙板的现场吊装如图 10.3-21 所示。

（2）检验与验收　FK 轻钢复合保温墙体应进行观感检验和抽样检验。检验批的划分应符合下列规定：

1）设计、材料、工艺和施工条件相同的外墙体工程，每 500 ~ 1000m² 为一个检验批，不足 500m² 应划分为一个独立检验批。每个检验批每 100m² 应至少抽查一处，每处不得少于 10m²。

2）同一单位工程中不连续的外墙体工程应单独划分检验批。

图 10.3-21　FK 外挂墙板的现场吊装

3）对于异形或有特殊要求的墙体，检验批的划分应根据墙体的结构、工艺特点及外墙体的规模，由监理单位、建设单位和施工单位协商确定。

10.3.4　轻钢龙骨式复合墙板

轻钢龙骨式复合外墙板根据其施工工艺，主要分为干式施工的轻钢龙骨钉挂预制墙板类和湿式施工的轻钢龙骨现浇轻质复合墙体类，各类轻钢龙骨式复合墙板的施工工艺见表 10.3-5。

表 10.3-5　轻钢龙骨式复合墙板的施工工艺

墙板名称	施工工艺
轻钢龙骨 – 纳米复合空腔板复合墙板	干法施工
轻钢龙骨 – 纤维增强水泥板复合墙板	干法施工
轻钢龙骨 – 轻质混凝土灌浆墙板	现浇施工
轻钢龙骨 – 石膏基轻质砂浆复合墙板	现浇\喷射施工

1）干法施工。干法施工主要是采用装配式方式，将轻钢龙骨、面板、保温材料等层层复合，在工厂或现场进行组装的一种无水作业施工方式，该施工方式绿色环保、节约水资源，是装配式建筑中常用的施工方式。

2）现浇施工。现浇施工是采用泵送灌注工艺将灌浆料填充于轻钢龙骨和面板构成的墙本骨架空腔内的一种施工方式。

3）喷射施工。喷射施工是采用泵送方法将浆料输送到喷枪出口端，再利用压缩空气将浆料喷涂到作用面的施工工艺。

1. 轻钢龙骨-纳米复合空腔板复合墙板的施工安装

轻钢龙骨-纳米复合空腔板复合墙板系统安装是在完工后的建筑结构基础上进行施工，因此该结构应符合国家有关建筑设计、施工等规范标准。施工现场及完工的结构应干净整洁，无施工缺陷，安装前应清除施工现场及结构上各种残留物。建议每个墙面龙骨构件均有独立编号，确认按照图纸施工安装。安装前应核对墙体系统各型号、数量。墙体系统各型号质量应符合原厂质量标准。

（1）施工安装顺序　龙骨构件安装→安装一侧墙体面板→保温材料安装（管线预埋）→安装另一侧墙体面板→板缝处理（图 10.3-22）。

图 10.3-22　轻钢龙骨-纳米复合空腔板复合墙板部分工艺流程

（2）龙骨构件安装　杆件均有独立编号，按施工图纸安装，杆件编号位置：以竖向龙骨朝下、横向龙骨朝左摆放为正确。非横竖方向龙骨编号按头尾相接安装。

1）杆件组装后，对齐铆钉孔，铆钉孔应使用不锈钢铆钉，使用气钉枪进行施工。

2）构件地龙骨与基础连接的地脚螺栓设置应按设计计算确定，其直径不小于 12mm，间距不大于 800mm，地脚螺栓距墙角或墙端部的距离不大于 300mm。

3）构件地龙骨与基础之间宜通长设置厚度不小于 1mm 的防腐防潮垫，宽度不小于地龙骨的宽度。抗拔锚栓、抗拔连接件大小及所用的螺钉数量应由设计计算确定，抗拔锚栓的规格不宜小于 M16。

（3）墙体面板安装

1）外墙安装应先从外侧开始安装，外墙板应横向安放、厚无机板贴面朝外、板边凸面朝上，凹槽朝下，由地面向上排列，用规定长度的带钻自攻螺钉与楼层梁锁装，沿竖向龙骨螺钉距离 300mm，螺钉头应陷入板面 0.5～1mm，螺钉头部应进行防锈处理。上下板连接时应将上板凹槽完全挤进下板凸槽内，并保证板缝平行、垂直。墙面转角处安装"转角条"，板与板垂直连接处加装"并接条"（图 10.3-23）。

2）外墙板安装完毕后，应先进行各种管线布置及墙体保温材料安放。隔声材料密度应符合设计要求，

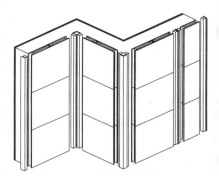

图 10.3-23　连接件在墙体中的使用位置示意图

应安装牢固，不得松脱下垂。

3）在外墙内侧安装时，接缝处螺钉距离 200mm，其他 300mm 与龙骨锁装。

4）依据设计要求可对外墙外侧进行防水处理，或外饰材安装。

2. 轻钢龙骨-轻质混凝土灌浆墙体的施工安装

轻钢龙骨-轻质混凝土灌浆复合墙体（以下简称复合墙体）根据浆料不同，分为 EPS 混凝土、泡沫混凝土、金属尾矿多孔混凝土。分别应符合《现浇轻质复合墙体应用技术规程》（DB 21/T1794—2010）、《现浇泡沫混凝土轻钢龙骨复合墙体应用技术规程》（CECS 406—2015）、《现浇金属尾矿多孔混凝土复合墙体技术规程》（JGJ/T 418—2017）的规定。

（1）一般规定　复合墙体施工应在主体结构工程验收合格后进行；复合墙体施工前应编制专项施工技术方案，并应进行技术交底和培训。复合墙体施工的环境温度不宜低于 5℃。

（2）施工准备　复合墙体工程在施工安装前应做好下列准备工作：①安装复合墙体的部位已具备施工条件；②应清扫楼、地面浮灰；天气干燥时，应先将基层润湿，但不得有积水；③室内应弹出标高控制线，并根据复合墙体施工图进行平面放线；④熟悉图纸，并向作业班组做详细的技术交底。

现浇轻质浆料施工前，应编制施工技术方案，做好技术交底。墙体施工使用的材料应具有产品质量合格证明和产品检验报告，有争议时进行现场复验。施工中，应做好施工记录和必要的检验试验。

当室内环境温度低于 5℃时，不宜进行现浇轻质浆料的浇注施工，否则应有可靠的防冻措施。

（3）施工流程　复合墙体总体安装流程如图 10.3-24 所示。

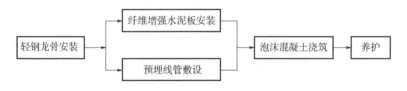

图 10.3-24　复合墙体总体安装流程

某项目灌浆墙体部分施工过程照片如图 10.3-25 ~ 图 10.3-28 所示。

图 10.3-25　材料进场

图 10.3-26　下支座

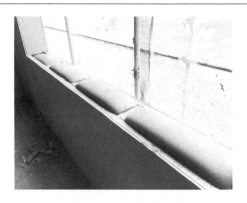

图 10. 3-27　上支座　　　　　　　　　　　图 10. 3-28　墙体灌浆

轻钢龙骨安装应按下列流程进行：上横龙骨→下横龙骨→边竖龙骨→中竖龙骨→特殊部位龙骨。

（4）龙骨安装应符合下列要求

1）龙骨的固定方式应符合现行国家标准《冷弯薄壁型钢结构技术规范》（GB50018—2002）的规定。

2）龙骨的规格、型号及安装位置及注浆流动孔应符合设计要求，其安装位置偏差不应大于 3mm。

3）上、下横龙骨应采用金属膨胀螺栓或射钉固定，其型号、规格及间距应符合设计要求，固定时并应注意避开预埋的管线。某项目所用连接件式样如图 10. 3-29 所示。

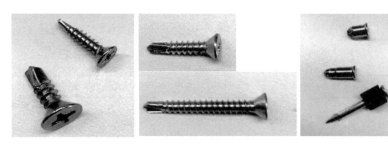

图 10. 3-29　某项目所用白钢钉、自攻自钻钉、射钉

4）边竖龙骨与主体结构的柱、墙面衔接处应留置 20mm 左右的间距（根据施工工艺需要可调整）。龙骨施工完成后，应进行隐蔽工程验收。

5）安装龙骨的螺栓孔应采用钻成孔，严禁烧孔或现场气割扩孔。当龙骨壁厚在 2mm 以下时，焊接作业时，应采用电阻点焊。

6）当墙体内预埋水电管线时，水电管线与线盒应与墙体龙骨连接牢固；当墙体预埋的水管、电箱、柜等开洞处与竖龙骨位置冲突时，应调整竖龙骨布置，不得切断龙骨。

有条件的情况下，龙骨骨架可在地面拼装平台拼装好后再进行墙体安装，具体根据厂家的施工水平进行调整。

（5）纤维水泥平板安装技术要求　纤维水泥平板安装可在龙骨安装及墙体内预埋管线敷设完毕并验收合格后进行；也可在一侧平板安装的同时，配合安装墙体内预埋的水、电管线和配套设施，经验收合格后，再安装另一侧平板。

1）纤维水泥平板安装顺序：裁切平板→安装平板→开设灌浆孔。

2）裁制平板应符合下列要求：裁制的纤维水泥平板应无脱层、折裂及缺棱掉角，对于边角缺损的纤维水泥平板，其单边缺损长度不应大于 20mm；平板切割时，板边应顺直、无毛刺，其切割后尺寸偏差不应大于 ±2mm。

3）安装平板应符合下列要求：同一层同一柱间宜从柱（墙）的一端向另一端逐板安装，有门窗洞口时宜从洞口向两侧安装并自下而上逐向安装，洞口处面板应采用单块面板裁制，不宜拼装。

面板与龙骨连接十字槽沉头自钻自攻螺钉应按先板中后四周的顺序攻入：①纤维水泥平板板块的立边均应落在竖向龙骨上；②纤维水泥平板的竖向接缝应位于竖龙骨的中线上；③面板间的接缝宽度宜为 1.5mm，面板侧边或顶端与主体结构交界处的接缝宽度不应超过 5mm，缝两侧板的高度差宜小于 1.5mm；④面板底端距离地面的预留安装间距宜为 10mm 左右；⑤板间拼缝中的基层应嵌入专用弹性变形材料并应按设计要求进行防水处理；⑥用于外墙外侧的板缝应打密封胶处理，防止板缝漏水，外墙内侧用于卫生间等有防水要求的部位，板缝也应进行防水处理。

纤维增强水泥板接缝处理应符合下列规定：①复合墙体中部的纤维增强水泥板接缝处，应先清除接缝处的浮土，再用小刮刀或小抹子把接缝密封材料嵌入板缝，板缝应嵌满、嵌实，并与坡口刮平。板面不得残留多余的密封材料；②复合墙体两端的纤维增强水泥板于相邻的建筑主体结构接缝处，应先在接缝处抹密封材料，然后铺板，挤压密封材料使纤维增强水泥板和相邻的建筑主体结构表面通过密封材料接触；③待密封材料固化后，应在接缝处涂刷聚醋酸乙烯胶粘剂，并迅速将防开裂用网格布贴牢、压实；④阴角处的接缝处理方式应与复合墙体中部的接缝处理方法相同，做加强处理的防开裂网格布应粘贴两层，并向两侧翻包，翻包长度不应小于 50mm；⑤阳角处的接缝处理方式应与复合墙体中部的接缝处理方法相同，做加强处理的防开裂网格布应粘贴两层，并向两侧翻包，翻包长度不应小于 50mm。

（6）灌浆孔　面板安装完成后，应在墙体内侧面板上放开设灌浆孔，顶部灌浆孔上边缘距上部龙骨腹板或梁下 50mm。严禁在外墙复合墙体的外侧面板上开设灌浆孔；灌浆孔直径根据灌浆管外径确定。

灌浆孔应根据施工工艺设置，灌浆孔距楼面的高度及灌浆孔沿墙高的间距均不应超过 1.5m，以免灌浆时出现浆料离析等问题。为了保证墙体浇注浆料密实，宜在适当位置开设排气孔。

（7）灌注施工　检查、封堵可能漏浆的孔洞和缝隙。浆料灌注依序逐孔进行。先下层，后上层。浆料分层灌注。浇注完成后用干水泥或干水泥砂浆抹平灌浆口。

当浆料拌合物的上表面与灌注孔下边线一致时停止灌注。浆料拌合物的流动度应保证能填满空腔各个角落。宜采用橡皮锤敲击竖龙骨处，对浆料进行振捣。如果灌浆时出现面板鼓包或胀模的趋势时，应立即停止该处墙体的灌浆，同时采用龙骨对该处及周边有鼓包、胀模可能性的部位进行水平加固。

（8）轻质浆料制备技术要求　施工前应按设计及工艺要求确定浆料的施工配合比，并通过试配予以调整；浆料的性能应满足设计和施工的要求。浆料的配合比经过实验确定后，当需更改配合比和原料时，应由设计单位、施工单位确认后实施，不得擅自变更配合比，不得擅自变动浆料的原材料。

浆料宜采用强制式搅拌机搅拌、泵送浇注，并宜按顺序投料；原料全部投入后的搅拌时间不宜少于3min。

（9）浇注浆料的施工应满足以下要求

1）浆料浇注应在龙骨和纤维水泥平板安装验收合格后进行。

2）浇注浆料施工过程中，应注意保护墙体内预埋的水电管线不被破坏，预埋的箱、柜、盒等无变形移位。

3）浆料应分层浇注，每层浇注高度宜由生产工艺和试验确定，两层浆料浇注的间隔时间以不胀模为准，必要时可采取临时加固措施或调整浆料的浇筑工艺；且前次浇筑面达到初凝才能再次浇筑。

4）浆料浇注过程中，宜采用橡皮锤随时轻轻敲击平板表面进行外部振动，当有浆料从上横龙骨与主体结构的缝隙中溢出即可结束浇筑。

5）浆料浇注完成后，应用木拉板抹平灌浆孔，并将板面和接缝处清理干净。

6）应在浆料浇注施工过程中留置检测试件，送有资质的检测单位检验，并出具检测报告。

（10）养护

1）轻钢龙骨灌浆墙体浇注完成后，应采用自然养护，养护时间不得小于14d，当日平均温度低于5℃时，养护时间应适当增加或采取保温措施。

2）养护期间，不得在复合墙体上进行钉、凿、剔等施工，不应撞击墙体。

（11）轻钢龙骨灌浆墙体装饰施工前的技术要求

轻钢龙骨灌浆墙体的表面装饰施工宜在浆料终凝并待平面干燥后进行。装饰施工前，应对墙体及外露的预埋箱、柜、盒等全面检查验收。

装饰施工前应对墙体表面的钉孔、灌浆孔及板缝进行处理，并应符合以下要求：

1）自攻螺钉的钉帽必须进行防腐处理。

2）灌浆孔表面应平整密实，其与平板表面高差不应大于0.5mm。

3）墙体两端及顶端平板与主体结构交接处的缝隙，应采用嵌缝膏等柔性材料填实。

4）应将平板之间的接缝中的浮浆及杂物清理干净，采用聚合物砂浆分层填实。

3. 轻钢龙骨-石膏基轻质砂浆复合墙板的施工安装

（1）龙骨骨架的安装　轻钢龙骨型钢骨架的安装应符合下列规定：

1）轻钢龙骨的墙顶、底导轨与结构固定的螺栓间距不应大于800mm，且距导轨两端宜为50mm；与顶底导轨固定的立柱间距不应大于600mm，立柱与顶导轨之间应留10mm的安装间隙。

2）顶、底导轨两端与主体结构的柱、墙间隙不应小于10mm，需要接长时，接长处两导轨间应预留不小于10mm的间隙。

3）顶、底导轨在门窗洞口处需要截断时，螺栓或射钉固定点距离端部不得小于50mm。

4）顶、底导轨固定在钢结构基层上时，应在顶导轨和钢结构基层之间设置一层厚度为3mm且与顶导轨同宽的橡胶垫板。底导轨与混凝土之间应放置防腐防潮垫。

5）顶、底导轨应采用螺栓或射钉固定，其型号、规格及间距应符合设计要求，固定时并应注意避开结构预埋的管线。

6）墙体内水电预埋管线需要穿过龙骨时，应用扩孔器在龙骨中间部位的相应位置上开孔，开孔宽度不得大于龙骨截面宽度的1/2。金属管件与钢构件之间应放置橡胶垫圈，避免两者直接接触。设备或电气管线应有塑料绝缘套管保护。

7）立柱需要接长时，宜采用对接连接，对接处内衬龙骨长度不应小于400mm，并进行可靠连接。

8）立柱应按设计间距垂直套入顶、底导轨内，开口的方向应一致，并用龙骨钳与顶、底导轨固定。

墙体高度超过4m，施工时应采取保证冷弯薄壁型钢骨架面外稳定的加强措施。在施工阶段，当未喷涂石膏基砂浆或未安装结构面板时，宜对墙体骨架设置临时附加支撑。

（2）面板安装　纤维增强水泥板安装应在冷弯薄壁型钢骨架安装及墙体内预埋管线敷设完毕并验收合格后进行；也可在一侧面板安装的同时，配合安装墙体内预埋的水、电管线和配套设施，经验收合格后，再安装另一侧面板。

结构面板的安装应符合下列规定：

1）面板安装顺序为先裁制面板，再安装面板。

2）裁制的面板应无脱层、折裂及缺棱掉角，对于边角缺损的面板，其单边缺损长度不应大于20mm；平板切割时，板边应顺直、无毛刺，其切割后尺寸偏差不应大于±2mm。

3）面板应正面朝外，自下而上、逐块逐排安装，板块的竖边均应落在立柱上；下端应与地面留10~15mm的缝隙。

4）洞口处的面板不宜拼接，可做成刀把形，不应将接缝留在洞口部位的冷弯薄壁型钢构件上。

5）面板的竖向接缝应位于立柱的中线上；且同一立柱两侧不能同时出现拼缝。

6）面板之间的接缝构造应符合设计要求，平板的垂直和水平接缝处均需留置5mm的缝隙。

7）面板的表面平整度不应大于1.0mm。

8）结构面板与冷弯薄壁型钢骨架连接的自攻螺钉间距为：板材四周不宜大于150mm，板材内部不宜大于300mm。

（3）石膏基砂浆的施工　石膏基砂浆的施工应符合下列规定：

1）施工前应按设计及工艺要求选用预拌石膏基砂浆。

2）砂浆宜采用强制式搅拌机搅拌、泵送，采用现浇或喷射施工。

3）砂浆喷射应在冷弯薄壁型钢骨架和结构面板安装验收合格后进行。

4）砂浆施工过程中，应注意保护墙体内预埋的水电管线不被破坏，预埋的箱、柜、盒等无变形移位。

5）砂浆喷射完成后，应用木拉板抹平，并将接缝处清理干净。

6）应在砂浆喷射施工过程中留置检测试件。

7）当环境温度低于5℃时，不宜进行砂浆的施工，否则应有可靠的防冻措施。

8）砂浆养护期间，施工场所应保持适当通风。

冷弯薄壁型钢-石膏基砂浆复合墙体的装饰施工应符合下列规定：

1）复合墙体的表面装饰施工宜在石膏基砂浆终凝或板材表面干燥后进行。

2）装饰施工前，应对复合墙体及外露的预埋箱、柜、盒等全面检查验收。

3）装饰施工前应对复合墙体表面的钉孔及板缝进行处理，并应符合下列规定：①自攻累钉的钉帽应进行防腐处理；②墙体两端及顶端面板与主体结构交接处的缝隙，应采用嵌缝膏等柔性材料填实；③结构面板之间的接缝处，应将浮浆及杂物清理干净，采用聚合物砂浆分层填实；④墙体抹灰、涂料等应符合现行国家标准《建筑装饰装修工程质量验收标准》（GB 50210—2018）的要求；⑤墙体在涂料工程前，基层应平整、清洁，无浮砂，无起壳。面层含水率不应大于10%。

4. 轻钢龙骨式复合墙板的检验与验收

复合墙体的检验验收应符合建筑工程《建筑工程施工质量验收统一标准》（GB 50300—2013）《建筑装饰装修工程质量验收标准》（GB 50210—2018）、《建筑节能工程施工质量验收标准》（GB 50411—2019）的有关规定。

轻钢龙骨式复合墙体验收时应提供并核查下列文件和资料：

（1）审查合格后的复合墙体设计文件、设计变更文件、施工方案及施工技术交底等相关设计文件。

（2）主要原材料的产品合格证、性能检测报告、进场验收记录和复验报告。

（3）隐蔽工程验收检查记录。

（4）施工记录和检验批质量验收表。

对隐蔽工程应进行验收，并应有记录和必要的图像资料，应包括下列部位和主要内容：

（1）龙骨柱的安装。

（2）龙骨骨架与主体结构的连接节点。

（3）墙体中设备、管线的安装节点及水管试压。

轻钢龙骨式复合墙板检验批的划分应符合表 10.3-6 的相关规定。

表 10.3-6　轻钢龙骨式复合墙板的检验批划分

墙板分类名称		检验批划分
轻钢龙骨式复合墙板	轻钢龙骨 - 纳米复合空腔板复合墙板	（1）对采用相同材料、工艺和施工做法的复合墙体，每1000m² 扣除窗洞后的墙面面积应划分为一个检验批，不足1000m² 也应为一个检验批。每个检验批每100m² 应至少抽查一处，每处不得小于10m² （2）检验批的划分也可根据与施工流程一致且方便施工与验收的原则，由施工单位与监理（建设）单位共同商定
	轻钢龙骨 - 纤维增强水泥板复合墙板	
	轻钢龙骨 - 轻质混凝土灌浆墙板	
	轻钢龙骨 - 石膏基轻质砂浆复合墙板	

主控项目和一般项目的验收应符合相应规范标准的要求，且复合墙体的安装允许偏差应符合表 10.3-7 的规定。

表 10.3-7　复合墙体安装允许偏差　　　　　　　　　（单位：mm）

序号	项目	允许偏差	检验方法
1	墙体轴线位移	±5	用经纬仪或拉线和尺检查
2	板面垂直度	±2	用2m 垂直检测尺和塞尺检查
3	立面垂直度	±4	用2m 垂直检测尺检查
4	接缝直线度	±2	拉5m 线，不足5m 拉通线，用钢尺检查
5	阴、阳角方正	±3	用200mm 方尺检查
6	接缝高差	±1.5	用直尺和塞尺检查
7	板缝宽度	±1.5	用直尺和塞尺检查

10.3.5　轻质条板

1. 蒸压加气混凝土条板（AAC）

（1）施工安装　常规的 AAC 墙板与主体结构的连接方式有钩头螺栓法、滑动螺栓法、内置锚法 3 种（图 10.3-30～图 10.3-33）。

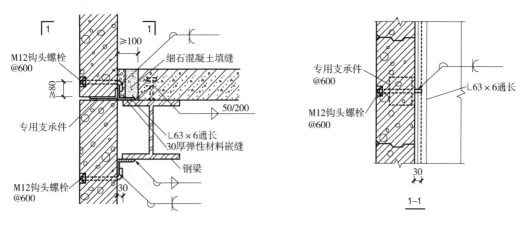

图 10.3-30　钩头螺栓连接方式

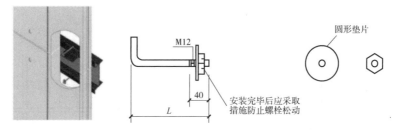

图 10.3-31　钩头螺栓构造

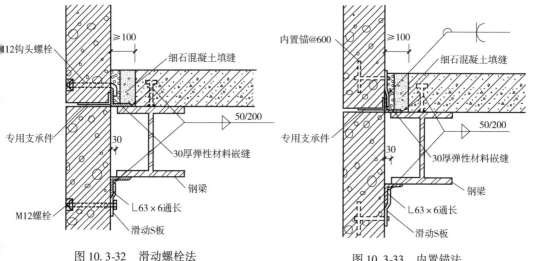

图 10.3-32　滑动螺栓法　　　　　图 10.3-33　内置锚法

随着技术的发展，AAC 墙板又升级了连接工艺，在外围护墙板与主结构连接时，主要采用预埋件节点、钢管锚节点或平板螺栓节点，如图 10.3-34～图 10.3-39 所示。

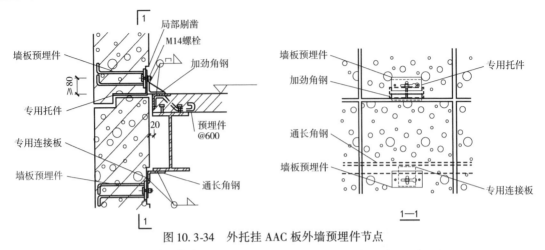

图 10.3-34　外托挂 AAC 板外墙预埋件节点

图 10.3-35　预埋件　　　　　　　　图 10.3-36　平板螺栓

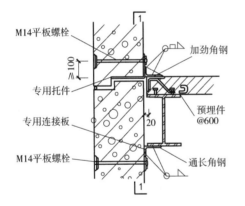

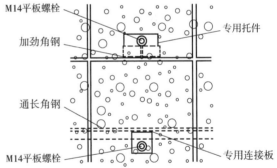

图 10.3-37　外托挂板 AAC 外墙平板螺栓节点

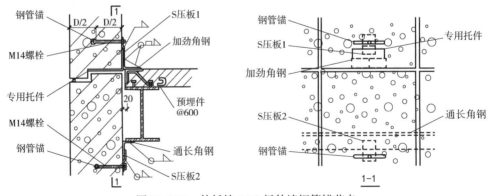

图 10.3-38　外托挂 AAC 板外墙钢管锚节点

预埋件式摇摆节点：在 AAC 条板内部设置预埋件，预埋板设长圆孔，通过螺栓与主体结构连接。通过调节螺栓预紧力，使节点在小震下保持固定，中震下滑动摩擦变形，大震下滑动摩擦变形并限位不脱落，实现摇摆减震。

平板螺栓节点：是钩头螺栓节点的升级做法，螺栓端部设置平板型螺帽，螺杆与平板型螺帽间设置锥形平滑面，降低与加气混凝土的局部挤压力，另一端通过螺栓与主体结构连接，实现柔性连接。

当 AAC 板采用以上几种连接方式时，在施工中也应符合以下规定。

图 10.3-39　钢管锚构件

1）施工准备。AAC 墙板外围护系统应建立部品部件工厂化生产的质量管理体系。墙板工程施工前，应进行现场主体结构尺寸复核，并依据建筑专业施工图进行排板深化设计，逐个板块进行编码，实现板材制作、运输、安装全过程的信息化管理。根据施工深化设计图、现场条件、运输条件、安装工艺，编制施工方案，宜进行施工方案论证。对施工人员进行培训，做好技术交底和安全措施。墙板、安装配套材料、配件均应有产品质量合格文件或检验报告，且满足设计要求。

2）运输、吊装和堆放。

①蒸压加气混凝土板的堆放、装卸和起吊，应使用专用机具，吊装时应采用宽度不小于50mm 的尼龙吊带进行兜底起吊，严禁使用钢丝绳吊装。运输时应采取良好的柔性绑扎措施；运输过程中宜竖直堆放，多打包捆扎牢固，尽量不采用平放。墙板的运输和现场堆放如图 10.3-40 ~ 图 10.3-41 所示。

图 10.3-40　墙板的运输

图 10.3-41　墙板的现场堆放

②蒸压加气混凝土板按种类、规格分别堆放，应有防碰撞、防雨措施。墙板施工现场堆放场地应靠近安装地点，选择地势坚实、平坦、干燥之处，并不得使板材直接接触地面，下部宜用木方支垫；墙板堆放时，应侧立放置，堆放高度不宜超过 3m。

3）安装要求。

①施工前应对主体结构和板安装有关的尺寸进行复核，当误差超标时，要进行调整，同时做排板图，并应严格按排板图施工。

②安装前应测量放线，保证墙体位置正确。

③应避免在施工现场对板材进行切割和加工，若不能避免应采用专用工具，并按照相关规范标准要求严格进行；外墙板需要钻孔时应避开钢筋，扩孔深度宜为30mm左右，以便于垫片和螺母的安放。

④安装节点应按设计要求施工，连接件、焊缝等应符合相关规范标准及技术文件要求。

⑤安装结束后，应采用专用修补材料对缺损部位进行修补。

⑥AAC板材或组装单元体的安装应考虑施工顺序的合理性、施工操作的便利性和安全性，如便于脱钩、就位、临时固定的施工工序等。

⑦AAC板的安装顺序应从门窗洞口处向两端依次进行，门洞两侧应采用标准宽度板材，无门洞口的墙体应从一端向另一端顺序安装。

⑧AAC板间竖向刚性缝和半柔性缝采用专用粘结砂浆拼接，应采取挤浆施工工艺，粘结砂浆灰缝饱满均匀。

⑨隐蔽工程在隐蔽前应由施工单位通知监理单位进行验收，并形成验收文件，验收合格方可继续施工。上、下水管道穿过或紧靠蒸压加气混凝土板，应采取防渗漏的措施。蒸压加气混凝土隔墙板上镂槽、开洞或固定物件时，应在墙板安装完成后，板缝粘结强度达到设计标准后方可进行。

a. 蒸压加气混凝土板上镂槽、开洞应采用专用工具。镂槽、开洞尺寸应满足设计安全及相关规范标准的要求，且应与板材生产厂家确定后再进行。

b. 厚度小于100mm的蒸压加气混凝土隔墙板不宜横向开槽埋管，对于板内竖向埋管的管径不应大于25mm。

为防止安装后的墙面开裂，蒸压加气混凝土板与板、板与主体结构间的不同材料（如钢筋混凝土、钢结构、金属配件等）交接处应采取防裂措施。

外墙板安装所用配件及预埋件应预先采取防锈处理措施，安装焊接后，应及时清理焊渣，并做防锈处理。

（2）检验与验收　蒸压加气混凝土板工程质量验收应满足设计文件，且应符合《建筑工程施工质量验收统一标准》（GB 50300—2013）、《建筑装饰装修工程质量验收标准》（GB 50210—2018）和《蒸压加气混凝土制品应用技术标准》（JGJ/T 17—2020）、《装配式建筑蒸压加气混凝土板围护系统》（19CJ85—1）等标准和图集的规定。

蒸压加气混凝土板分项工程验收检验批外墙板工程以一个楼层或一个施工段或每1000m²墙面面积划分为一检验批，每处10m²为一个检验批。

主控项目和一般项目的验收应符合相应的要求，且AAC板安装允许偏差应符合表10.3-8的规定。

抽检数量：AAC板安装轴线应全数检查。

表10.3-8　墙板安装允许偏差

项　目	尺寸允许偏差/mm		检验方法
	外墙板	内墙板	
轴线位置偏移	3	3	经纬仪或吊线钢尺检查
墙面垂直度（层高）	5	3	经线锤挂线和2m托线板检查
墙面垂直度（全高）$H \leqslant 40m$	20	—	经纬仪或重锤挂线和尺量检查
墙面垂直度（全高）$H \leqslant 40m$	$H/2000$		

（续）

项 目	尺寸允许偏差/mm		检验方法
	外墙板	内墙板	
表面平整度	3	2	2m 靠尺检查和楔形塞尺检查
相邻接缝高低差	3	2	尺量检查
门、窗框高宽（后塞口）	±5	±5	尺量检查
外墙上下窗口偏移	10	—	以底层窗口为准，用经纬仪或吊线检查
预留孔洞中心	对角线 10	—	尺量检查

2. ECP 外墙用中空挤出成型水泥条板

ECP 复合墙体由 ECP 外墙板（外叶墙）、保温层、内叶墙体共同组成复合墙体，如图 10.3-42。ECP 外墙板是在工厂加工预制成型的条板，通过连接件及辅助连接钢架与主结构进行连接，其安装应符合《人造板材幕墙工程技术规范》（JGJ 336—2016）、《外墙用中空挤出成型水泥条板》（Q/12 ZTQT 企业标准）的相关规定。

内叶墙体一般由轻钢龙骨-纸面石膏板墙体或 AAC 条板构成。其中，轻钢龙骨-纸面石膏板复合墙板的安装应符合《轻钢龙骨石膏板隔墙、吊顶》（07CJ03-1）的相关规定；AAC 墙板的安装应符合《蒸压加气混凝土砌块、板材构造》（13J104）的相关规定。

（1）施工安装

1）施工顺序。图纸深化设计→测量放线→后置埋件安装（根据结构类型）→龙骨安装与验收→挂件安装→ECP 板安装→调整板缝→连接件焊接及防腐→板缝防水处理→清理验收。某项目的 ECP 墙板安装效果见图 10.3-43。

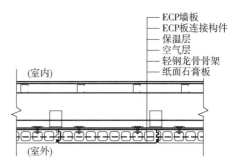

图 10.3-42　ECP 复合墙体构造图

图 10.3-43　ECP 墙板安装正面与背面

ECP 墙板主要有竖向排板和横向排板两种安装方式，ECP 墙板通过在墙面内预埋的 Z 形连接件与钢骨架焊接连接到钢梁上（图 10.3-44）。

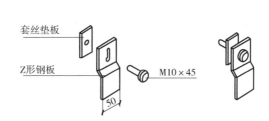

图 10.3-44　ECP 墙板 Z 形连接件

2）施工注意事项。

①应按照产品施工手册或施工图纸正确安装；②不得直接在ECP板上用螺栓或螺丝安装机械和设备；③在现场切割时，宜采用普通云石机，切割时注意保护好成品，但不应过度切割，影响使用安全；④ECP板储存时应做好防雨和防污染措施，以免发生表面污染；⑤ECP板应堆放在平整、坚硬的地面上，码放高度不宜超过1.5m（图10.3-45）；⑥用车搬运时应水平码放，并注意成品保护，避免磕碰；⑦吊装时，宜采用电葫芦或起重机，吊装过程中防止板材摆动发生磕碰。

图10.3-45　ECP墙板的
现场堆放

（2）检验与验收

1）一般规定。ECP墙板外墙工程应对下列材料性能进行复验：①ECP墙板的抗弯强度；②用于寒冷地区和严寒地区时，ECP墙板的抗冻性；③建筑密封胶以及ECP墙板挂件缝隙填充用胶粘剂的污染性；④立柱、横梁等支承构件用钢型材以及ECP幕墙与主体结构之间的连接件的力学性能。

ECP外墙工程验收前，应在安装施工过程中完成下列隐蔽项目的现场验收：①预埋件或后置锚栓连接件；②ECP墙板构件与主体结构的连接节点；③ECP墙板周边、ECP墙板内表面与主体结构之间的封堵；④ECP墙板伸缩缝、沉降缝、防震缝及墙面转角节点；⑤防雷连接节点；⑥防火、隔烟节点。

2）检验批划分。

①设计、材料、工艺和施工条件相同的ECP墙板工程，每1000m²为一个检验批，不足1000m²应划分为一个独立检验批；每个检验批每100m²应至少查一处，每处不得少于10m²。

②同一单位工程中不连续的ECP墙板工程应单独划分检验批。

③对于异形或有特殊要求的ECP墙板工程，检验批的划分应根据墙体的结构、工艺特点及工程的规模，宜由监理单位、建设单位和施工单位协商确定。

10.3.6　幕墙

目前，幕墙施工技术已经较为成熟，根据面板材料的不同，各种幕墙的施工方式、验收标准有较大不同，分别应符合《玻璃幕墙工程技术规范》（JGJ 102—2003）、《金属与石材幕墙工程技术规范（附条文说明）》（JGJ 133—2001）、《人造板材幕墙工程技术规范》（JG 336—2016）等相关规范标准的规定，其他种类幕墙可以参照以上标准。

安装幕墙的主体结构应符合有关结构施工质量验收规范的要求。安装玻璃幕墙的主体结构，应符合有关结构施工质量验收规范标准的要求，进场安装的幕墙构件及附件的材料品种、规格、色泽和性能，应符合设计要求。

10.4　外围护门窗系统

门窗系统作为建筑外围护系统中的重要组成部分，其性能和安装质量直接影响外围护系

统的整体性能。本节主要介绍外门窗系统的性能要求，并以铝合金门窗为例介绍其安装过程
与检验验收要求。

10.4.1　门窗的分类及性能

1. 分类

用于建筑中的门窗，按材质不同可分为铝合金门窗、塑钢门窗、钢门窗、木门窗、断
桥铝门窗、不锈钢门窗等；按性能不同可分为隔声型门窗、保温型门窗、防火门窗、气
密门窗、防盗门窗等；按开启方式不同可分为平开窗、对开窗、推拉窗、上悬窗、外翻
窗等。

本节介绍的门窗主要指用于建筑外围护系统中，起到围护功能的构件，具有保温、隔
热、隔声、防水、防火等功能的建筑构件。

2. 性能分类及选用

门、窗按使用功能划分的类型和代号及选用见表 10.4-1。

表 10.4-1　门、窗的性能分类及选用

序号	分类	性能及代号	外门	外窗
1	安全性	抗风压性能 P_3	◎	◎
2		平面变形性能	◎	—
3		耐撞击性能	◎	○
4		抗风携碎物冲击性能	○	○
5		抗爆炸冲击波性能	○	○
6		耐火完整性	○	○
7	节能性	气密性能 ΔP	◎	◎
8		保温性能 K	◎	◎
9		遮阳性能 SC	○	○
10	适用性	启闭力	◎	◎
11		水密性能（q_1；q_2）	◎	◎
12		空气隔声性能（$R_w + C_{tr}$；$R_w + C$）	◎	◎
13		采光性能	○	◎
14		防沙尘性能	○	○
15		耐垂直荷载性能	○	○
16		抗静扭曲性能	○	
17		抗扭曲变形性能	○	—
18		抗对角线变形性能	○	—
19		抗大力关闭性能	○	
20		开启限位		○
21		撑挡试验	—	○

（续）

序号	分类	性能及代号	外门	外窗
22	耐久性	反复启闭性能	◎	◎
23		抗热循环性能	—	—
24	其他	防盗性能	—	—

注：1. "◎" 为必须性能；"○" 为选择性能；"—" 为不要求。

　　2. 平面内变形适用于抗震设防烈度 6 度及以上的地区。

　　3. 启闭力性能不适用于自动门。

3. 性能要求

（1）抗风压性能　外门窗抗风压性能以定级检测压力 P_3 为分级指标，分级应符合表 10.4-2 的规定。

表 10.4-2　外门窗抗风压性能分级

分级	分级指标值 P_3/kPa
1	$1.0 \leqslant P_3 < 1.5$
2	$1.5 \leqslant P_3 < 2.0$
3	$2.0 \leqslant P_3 < 2.5$
4	$2.5 \leqslant P_3 < 3.0$
5	$3.0 \leqslant P_3 < 3.5$
6	$3.5 \leqslant P_3 < 4.0$
7	$4 \leqslant P_3 < 4.5$
8	$4.5 \leqslant P_3 < 5.0$
9	$5.0 \leqslant P_3$

注：第 9 级应在分级后同时注明具体检测压力值。

在性能分级指标 P_3 作用下，主要受力杆件相对面法线挠度应符合表 10.4-3 的规定，且不应出现使用功能障碍；在 1.5 倍 P_3 风压作用下不应出现危及人身安全的损坏。

表 10.4-3　外门窗主要受力杆件相对面法线挠度要求　（单位：mm）

支撑玻璃种类	单层玻璃、夹层玻璃	中空玻璃
相对挠度	$L/100$	$L/150$
相对挠度最大值	20	

注：L 为主要受力杆件的支撑跨距，悬臂杆件可取悬臂长度的 2 倍。

在抗风压性能标准值 P_3 作用下，玻璃面板的挠度允许值为其短边边长的 1/60；在 1.5 P_3 风压作用下，玻璃面板不应发生破坏。

（2）平面变形性能　外门平面变形性能以层间位移角 γ 为指标，分级应符合表 10.4-4 的规定。

表 10.4-4　外门平面变形性能分级

分级	分级指标值 γ
1	$1/400 \leq \gamma < 1/300$
2	$1/300 \leq \gamma < 1/200$
3	$1/200 \leq \gamma < 1/150$
4	$1/150 \leq \gamma < 1/100$
5	$1/100 \leq \gamma$

（3）耐撞击性能　门窗耐软重物体撞击性能以所能承受的软重物体最大下落高度作为分级指标，分级应符合表 10.4-5 的规定。人员流动密度大或青少年、幼儿活动的公共建筑的幕墙产品，耐撞击性能指标不应低于 2 级。

表 10.4-5　耐软重物撞击分级

分级	1	2	3	4	5	6
按重物下落高度/mm	100	200	300	450	700	950

（4）抗风携碎物冲击性能　外门窗抗风携碎物冲击性能应符合《建筑幕墙、门窗通用技术条件》（GB/T 31433—2015）的相关规定。

（5）抗爆炸冲击波性能　外门窗抗爆炸冲击波性能应符合《建筑幕墙、门窗通用技术条件》（GB/T 31433—2015）的相关规定。

（6）耐火性能　外门窗的耐火完整性不应低于 30mm。建筑对外门窗的耐火完整性要求见《建筑设计防火规范（2018 年版）》（GB 50016—2014）。

（7）气密性　建筑外门窗气密性以单位开启缝长空气渗透量 q_1 和单位面积空气渗透量 q_2 进行分级，分级指标绝对值应符合表 10.4-6 的规定。

表 10.4-6　外门窗气密性能分级

分级	单位开启缝长分级指标 $q_1/[m^3/(m \times h)]$	单位面积分级指标 $q_2/[m^3/(m^2 \times h)]$
1	$4.0 \geq q_1 > 3.5$	$12 \geq q_2 > 10.5$
2	$3.5 \geq q_1 > 3.0$	$10.5 \geq q_2 > 9.0$
3	$3.0 \geq q_1 > 2.5$	$10.5 \geq q_2 > 7.5$
4	$2.5 \geq q_1 > 2.0$	$7.5 \geq q_2 > 6.0$
5	$2.0 \geq q_1 > 1.5$	$6.0 \geq q_2 > 1.5$
6	$1.5 \geq q_1 > 1.0$	$4.5 \geq q_2 > 3.0$
7	$1.0 \geq q_1 > 0.5$	$3.0 \geq q_2 > 1.5$
8	$q_1 \leq 0.5$	$q_2 \leq 1.5$

注：1. 门窗的气密性指标即单位开启缝长或单位面积空气渗漏量可分为正压和负压测量的正值和负值。

2. 第 8 级应在分级后同时注明具体分级指标值。

（8）保温性能　门窗保温性能以传热系数 K 值 $[W/(m^2 \times K)]$ 表示。分级指标值应符合表 10.4-7 的规定。

表 10.4-7　门窗保温性能分级

分级	外门、外窗的分级指标值
1	$K \geqslant 5.0$
2	$5.0 > K \geqslant 4.0$
3	$4.0 > K \geqslant 3.5$
4	$3.5 > K \geqslant 3.0$
5	$3.0 > K \geqslant 2.5$
6	$2.5 > K \geqslant 2.0$
7	$2.0 > K \geqslant 1.6$
8	$1.6 > K \geqslant 1.3$
9	$1.3 > K \geqslant 1.1$
10	$1.1 > K$

（9）遮阳性能　门窗遮阳性能以遮阳系数 SC 为分级指标，分级应符合表 10.4-8 的规定。

表 10.4-8　门窗的遮阳性能分级

分级	外门、外窗的分级指标值
1	$0.8 \geqslant SC > 0.7$
2	$0.7 \geqslant SC > 0.6$
3	$0.6 \geqslant SC > 0.5$
4	$0.5 \geqslant SC > 0.4$
5	$0.4 \geqslant SC > 0.3$
6	$0.3 \geqslant SC > 0.2$
7	$0.2 \geqslant SC$

（10）启闭力　门窗可开启部位的启闭力以活动扇操作力和锁闭装置操作力作为分级指标，分级应符合《建筑幕墙、门窗通用技术条件》（GB/T 31433—2015）的相关规定。

（11）水密性能　门窗水密性应符合设计要求，以严重渗漏压力值的前一级压力差值 ΔP 为分级指标，分级指标值应符合表 10.4-9 的规定。

表 10.4-9　外门窗水密性能分级

分级	分级指标值 ΔP
1	$100 \leqslant \Delta P < 150$
2	$150 \leqslant \Delta P < 250$
3	$250 \leqslant \Delta P < 350$
4	$350 \leqslant \Delta P < 500$
5	$500 \leqslant \Delta P < 700$
6	$700 \leqslant \Delta P$

注：第 6 级应在分级后同时注明具体检测压力差值。

外门窗试件在各性能分级指标作用下，不应发生水从试件室外侧持续或反复渗入试件室内侧以及喷溅或流出试件界面的严重渗漏现象。外门的水密性 ΔP 不应小于 150Pa，外窗的水密性能 ΔP 不应小于 250Pa。

（12）空气隔声性能

1）外门、外窗以"计权隔声量和交通噪声频谱修正量之和（$R_w + C_{tr}$）"作为分级指标。

2）外门窗空气隔声性能应符合相关建筑设计规范标准的规定和设计要求，分级指标值应符合表 10.4-10 的规定。

表 10.4-10　外门窗的空气隔声性能分级

分级	外门、外窗的分级指标值
1	$20 \leqslant (R_w + C_{tr}) < 25$
2	$25 \leqslant (R_w + C_{tr}) < 30$
3	$30 \leqslant (R_w + C_{tr}) < 35$
4	$35 \leqslant (R_w + C_{tr}) < 40$
5	$40 \leqslant (R_w + C_{tr}) < 45$
6	$45 \leqslant (R_w + C_{tr})$

3）居住建筑外门窗的空气声隔声性能应符合表 10.4-11 的规定。

表 10.4-11　外门窗的空气隔声性能分级

构件名称	外门、外窗的分级指标值	
交通干线两侧卧室/起居室（厅）的外窗	计权隔声量 + 交通噪声频谱修正量 $R_w + C_{tr}$	≥30
其他窗	计权隔声量 + 交通噪声频谱修正量 $R_w + C_{tr}$	≥25

（13）采光性能（外窗）

1）外门窗采光性能应符合设计要求，采光性能以光透折减系数 T_r 表示，其分级及指标立符合表 10.4-12 的规定。具有辨色要求的门窗，其颜色透色系数 R_a 不应小于 60。

2）天然采光要求的外窗，其透光折减系数 T_r 不应小于 0.45。同时有遮阳性能要求的外窗，应综合考虑遮阳系数的要求确定。

表 10.4-12　门窗的采光性能分级

分级	外门、外窗的分级指标值
1	$0.2 \leqslant T_r < 0.3$
2	$0.3 \leqslant T_r < 0.4$
3	$0.4 \leqslant T_r < 0.5$
4	$0.5 \leqslant T_r < 0.6$
5	$0.6 \leqslant T_r$

注：T_r 大于 0.6 时应给出具体值。

（14）防尘沙性能　门窗的防沙性以单位开启缝长进入室内沙的质量 M 为分级指标，防尘性能以可吸入颗粒物透过量 C 为分级指标，分级应分别符合表 10.4-13 和表 10.4-14 的规定。

表 10.4-13　门窗防沙性能分级

分级	1	2	3	4
分级指标 M	$6.0 \geq M > 4.5$	$4.5 \geq M > 3.0$	$3.0 \geq M > 1.5$	$1.5 \geq M$

表 10.4-14　门窗防尘性能分级

分级	1	2	3	4	5	6
分级指标 C	$60 \geq C > 50$	$50 \geq C > 40$	$40 \geq C > 30$	$30 \geq C > 20$	$20 \geq C > 10$	$10 \geq C$

（15）耐垂直荷载性能　平开旋转类门耐垂直荷载性能以开启状态下施加的垂直静荷载为指标，分级应符合表 10.4-15 的规定。

表 10.4-15　耐垂直荷载性能分级

分级	1	2	3	4
F/N	100	300	500	800

（16）抗静扭曲性能　平开旋转类门扇抗静扭曲性能以开启状态下施加的水平静荷载为指标，分级应符合表 10.4-16 的规定。

表 10.4-16　抗静扭曲性能分级

分级	1	2	3	4
静态试验荷载 F/N	200	250	300	350

（17）抗扭曲变形性能　活动扇施加 200N 作用力时，镶嵌位置的卸载残余变形量不应大于 1mm。

（18）抗对角线变形性能　活动扇施加 200N 作用力时，活动扇残余变形量 δ 不应大于 5mm。

（19）抗大力关闭性能　采用试验负荷为 75Pa 乘以门扇或窗扇的面积，试验负荷通过定滑轮作用在门扇或窗扇的执手处，试验后，门窗不应发生破坏或功能障碍。

（20）开启限位　试验重物的自由落体反复 3 次冲击活动扇后，限位装置不应发生破坏。

（21）撑挡试验　活动扇在开启状态下，由撑挡定位，通过垂直活动扇方向施加荷载撑挡不应破坏，活动扇的最大变形 δ_1 不应大于 2mm，残余变形量 δ_2 不应大于 0.5mm。

（22）反复启闭性能

1）门的反复启闭次数不应小于 10 万次，窗、幕墙的开启部位启闭次数不应小于 1 万次，符合表 10.4-17 的规定。

表 10.4-17　外门窗反复启闭耐久性分级　　　　　　　　　　（单位：次）

分级		1	2	3
推拉平移类	门	10 万	20 万	30 万
平开旋转类	窗户	1 万	2 万	3 万

2）带闭门器的平开门、地弹簧门以及折叠推拉、推拉下悬、提升推拉、提拉等门、窗

的反复启闭次数由供需双方协商确定。

3）门、窗在反复启闭性能试验后，应启闭无异常，使用无障碍。

（23）热循环性能　试验中试件不应出现幕墙设计不允许的功能障碍或损坏；试验前后气密、水密性能应满足设计要求，无设计要求时不可出现级别下降。

（24）防盗性能　有防盗性能要求的外门窗，其防盗性能应符合《防盗安全门通用技术条件》（GB 17565—2007）的规定。

10.4.2　门窗的安装种类

标准规格门窗的框、扇组装及五金安装应在工厂完成，标准规格门窗的玻璃安装宜在工厂完成。本节所指门窗安装不包含门窗构件的预制加工，仅指门窗与墙体的安装。

门窗应采用预留洞口法安装，不得采用边安装边砌口或先安装后砌口的施工方法。项目常用的门窗构造如图10.4-1～图10.4-5所示。

图 10.4-1　门（钢制门、实木门或复合门、断桥铝门）

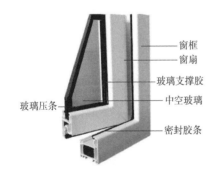

图 10.4-2　铝合金窗户构造　　　　图 10.4-3　塑钢窗户构造

图 10.4-4　铝木复合窗户构造　　　　图 10.4-5　断桥铝窗户构造

10.4.3　门窗的安装节点

门窗的安装按与墙体的相对位置关系不同，可分为窗户安装在墙体中间位置、窗户安装在墙体外侧边缘位置和窗户安装在墙体外侧位置，如图 10.4-6 所示。考虑墙体立面效果和门窗安装构造，门窗与墙体的相对位置关系一般由建筑设计师确定，如图 10.4-7 所示为某项目窗户靠外侧安装。

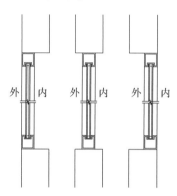

图 10.4-6　窗户与墙体的位置关系

图 10.4-7　某项目窗户靠外侧安装

按门窗是否有附框，可分为有附框安装和无附框安装。

门窗的固定方法直接关系到门窗的安全性、可靠性及其与建筑主体的相对变形位移，保证窗户安装牢固十分重要。常见的窗户与墙体的安装方式如图 10.4-8、图 10.4-9 所示。

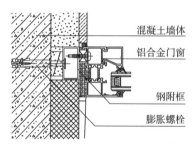

图 10.4-8　铝合金门窗与混凝土墙体的固定方式

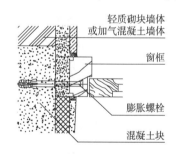

图 10.4-9　木门窗与轻质墙体的固定方式

常见的门窗框（附框）与墙体连接固定可以采用预埋件连接、膨胀螺栓连接、尼龙锚栓连接及射钉连接（图 10.4-10 ~ 图 10.4-13）。

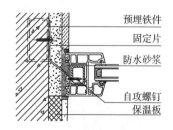

图 10.4-10　预埋铁件的固定方式

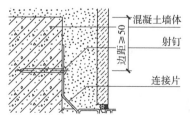

图 10.4-11　射钉的固定方式与射钉

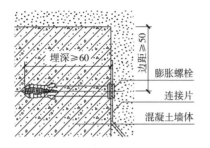
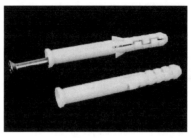

图 10.4-12　膨胀螺栓的固定方式与膨胀螺栓

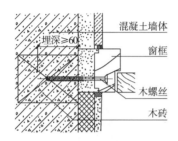

图 10.4-13　木螺丝与木砖的连接与木螺丝

对于装配式钢结构建筑，不同的墙体系统对门窗的安装要求有所不同，以下分类介绍。

1. 外挂板系统

（1）预制混凝土外挂墙板　混凝土预制挂板为工厂预制，在门窗洞口位置在工厂预先设置预埋件，避免现场安装膨胀螺栓对板材造成破坏。

（2）玻璃纤维增强水泥外挂墙板（GRC）　工厂预制的 GRC 复合墙板，为方便窗户的安装，一般在窗口四周预先设置钢框架，作为窗户的附框，钢框架的规格尺寸需根据使用情况计算确定。

GRC 复合墙板的窗户在安装时，可以将窗户安装在外部 GRC 墙板背附钢架窗洞位置的钢框架上（图 10.4-14），也可以安装在复合墙体的内叶墙上，具体安装方式可参见轻钢龙骨墙体和 AAC 条板门窗洞口处理方式。GRC 复合墙体窗户安装位置，建议靠外侧或靠内侧安装，不建议在居中的空腔位置安装。当项目确需居中安装时，应由设计人员根据窗户种类确定安全可靠的安装方式。

2. 轻钢龙骨类复合墙板

轻钢龙骨类复合墙板的门窗安装需要对门窗洞口位置的 C 形龙骨进行加固。一般采用抱合式或加密竖向龙骨立柱的方式（图 10.4-15）。具体加固做法需要经结构计算确定。也可在门窗洞口处直接采用矩形管作为附框，进行门窗的安装（图 10.4-16、图 10.4-17）。

3. 轻质条板

（1）AAC 类墙板　AAC 外墙板对门窗洞口处采用包边角钢或扁钢带进行加固，窗户安装固定在加固件上，如图 10.4-18 所示。

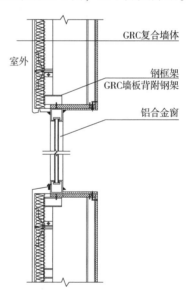

图 10.4-14　GRC 复合墙板
窗户安装示意图

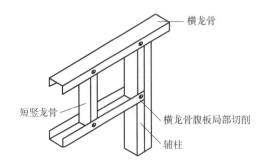

横龙骨

短竖龙骨

横龙骨腹板局部切削

辅柱

图 10.4-15　轻钢龙骨辅柱及门窗过梁

图 10.4-16　采用矩形管
作为附框

图 10.4-17　在龙骨骨架和
门窗之间加木附框

图 10.4-18　洞口扁
钢带加固

（2）ECP 墙板　ECP 墙板中门窗主要是安装在外 ECP 面板上，ECP 墙板窗口位置处宜做好分格处理，窗户周边的板材应采用整板，条纹板切割时，应保持条纹的完整性，避免因分割影响墙体的装饰性。板长在 2000～3000mm 之间时，宽度不小于 200mm；长度在 3000～4000mm 之间时，宽度不小于 300mm。门窗、洞口部位应采用通长角钢或方钢进行加强（图 10.4-19、图 10.4-20）。

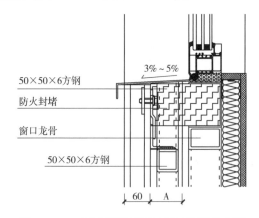

3%～5%

50×50×6方钢

防火封堵

窗口龙骨

50×50×6方钢

60　A

图 10.4-19　竖向墙板布置时窗口位置节点图

图 10.4-20　窗洞在内叶墙上（竖板）

以上是门窗在不同种类墙板位置处安装的解决方案，本节结合图集标准及具体项目案例，给出了常用的工艺做法，设计人员也可以根据项目情况做个性化设计。

10.4.4 门窗的安装与验收

由于门窗种类繁多，本节以铝合金门窗的安装为例，简要介绍门窗的安装工艺与验收要求。

同时，不同材质门窗的安装，应符合现行相对应的国家标准和图集要求。如，钢门窗材料性能及安装应符合《钢门窗》（GB/T 20909—2017）；木门窗材料性能及安装应符合《木门窗》（GB/T 29498—2013）；铝木复合门窗材料性能及安装应符合《建筑用节能门窗 第 1 部分：铝木复合门窗》（GB/T 29734.1—2013）；铝塑复合门窗材料性能及安装应符合《建筑用节能门窗 第 2 部分：铝塑复合门窗》（GB/T 29734.2—2013）；钢塑复合门窗材料性能及安装应符合《建筑用节能门窗 第 3 部分：钢塑复合门窗》（GB/T 29734.3—2020）。

1. 铝合金门窗的安装

（1）一般规定

1）铝合金门窗工程不得采用边砌口边安装或先安装后砌口的施工方法。

2）铝合金门窗安装宜采用干法施工方式。

3）铝合金门窗的安装施工宜在室内侧或洞口内进行。

4）门窗启闭应灵活、无卡滞。

（2）施工准备

1）复核建筑门窗洞口尺寸，洞口宽、高尺寸允许偏差应为 ±10mm，对角线尺寸允许偏差应为 ±10mm。

2）铝合金门窗的品种、规格、开启形式等，应符合设计要求。检查门窗五金件、附件应完整、配套齐备、开启灵活。检查铝合金门窗的装配质量及外观质量，当有变形、松动或表面损伤时，应进行整修。

3）安装所需的机具、辅助材料和安全设施应齐全可靠。

（3）铝合金门窗安装 铝合金门窗在装配式钢结构建筑中主要采用干法施工安装方式，其安装应符合《铝合金门窗工程技术规范》（JGJ 214—2010）的相关规定。

铝合金门窗开启扇及开启五金件的装配宜在工厂内组装完成。铝门窗开启扇、五金件安装完成后应进行全面调整检查。五金件应配置齐备、有效，且应符合设计要求；开启扇应启闭灵活、无卡滞、无噪声，开启量应符合设计要求。

（4）清理和成品保护

1）铝合金门窗框安装完成后，其洞口不得作为物料运输及人员进出的通道，且铝合金门窗框严禁搭压、坠挂重物。对于易发生踩踏和刮碰的部位，应加设木板或围挡等有效的保护措施。

2）铝合金门窗安装后，应清除铝型材表面和玻璃表面的残胶。

3）所有外露铝型材应进行贴膜保护，宜采用可降解的塑料薄膜。

4）铝合金门窗工程竣工前，应去除所有成品保护，全面清洗外露铝型材和玻璃。不得使用有腐蚀性的清洗剂，不得使用尖锐工具刨刮铝型材和玻璃表面。

（5）安全技术措施

1）在洞口或有坠落危险处施工时，应佩戴安全带。

2）高处作业时应符合现行行业标准《建筑施工高处作业安全技术规范》（JGJ 80—2016）的规定，施工作业面下部应设置水平安全网。

3）现场使用的电动工具应选用Ⅱ类手持式电动工具。现场用电应符合现行行业标准《施工现场临时用电安全技术规范》（JGJ 46—2005）的规定。

4）玻璃搬运与安装应符合《铝合金门窗工程技术规范》（JGJ 214—2010）中安全操作规定。

2. 铝合金门窗的检验与验收

铝合金门窗工程验收应符合《建筑工程施工质量验收统一标准》（GB 50300—2013）、《建筑装饰装修工程质量验收标准》（GB 50210—2018）及《建筑节能工程施工质量验收标准》（GB 50411—2019）的有关规定。

第 11 章

内装系统安装

装配式钢结构建筑采用"支撑体"和"填充体"相分离的 SI 体系（图 11.1-1），内装系统主要由若干内装部品组成。

11.1 部品概念

"部品"一词最早源于日文，原意为"非结构构件"，指构成某个整体的一个基本单元，相比于构件，它完成度更高，更成熟。内装部品是指在工厂里面通过初加工而成的具有相对独立功能的部件。

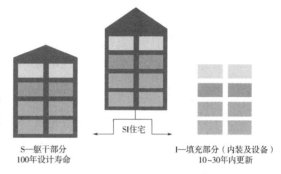

S—躯干部分
100年设计寿命

I—填充部分（内装及设备）
10~30年内更新

图 11.1-1　SI 住宅概念

11.2 部品特征

1. 集成化

将传统的装修主材、辅料和零配件等通过工业化制造技术装配起来，内装部品的集成化体现在两个方面：一是工序集成，将设计、材料、工艺、技术、设备等各个方面，有机融为一体；二是部品之间的集成，考虑个性化与批量化，将不同的部品通过部件在现场拼装为集成化部品（图 11.2-1）。

2. 模块化

模块化是指通过多个小型的部品或部件集成为一个功能更完整的大部品，以通用化模块或单元的形式实现建筑的多样化和灵活性，可设计不同种类和风格的部品，为用户提供更多的产品选择。

11.3 内装部品种类

装配式钢结构建筑内装部品主要指"填充体"中除外围护墙板之外的所有部品部件，同时按照一定的边界条件和配套技术，由两个或两个以上的单一产品或复合产品在现场组装而成，构成建筑某一部位中的一个功能单元，能满足该部位一项或者几项功能要求的产品。根据部品与部品之间的组合关系和部品与设备之间的集成关系，现将内装部品体系分为集成化部品（地面、墙体、吊顶、设备与管线）与模块化部品（卫浴、厨房和收纳）两类（图 11.3-1）。室内门窗部品不在本文介绍范围内。

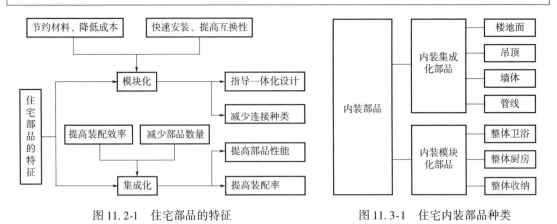

图 11.2-1 住宅部品的特征   图 11.3-1 住宅内装部品种类

装配式钢结构建筑内装系统安装的技术路线为干法施工和管线分离体系。由此一个房间处于最多六面架空的状态，将设备管线隐藏其中，保证了使用功能的灵活性。

11.3.1 地面部品

装配式钢结构建筑地坪为架空地面体系，主要为室内的给水排水管道、电气系统、地暖等设备提供敷设空间，避免剔凿楼板，同时便于后期维修。该体系所需各部品均为标准化产品，现场干法施工，通过与地面连接的支撑构件进行高度调节和找平，即铺即用，结合架空层、承托板材和地暖模块，能实现良好的防潮、隔声、保温等功能（图 11.3-2）。

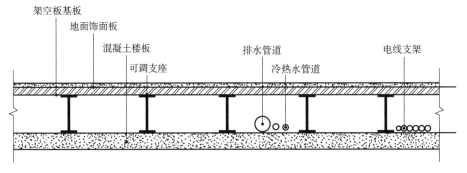

图 11.3-2 装配式地面部品剖面图

根据支撑方式不同，主要分为两种体系：板材架空体系和地板龙骨调平体系。

1. 部品构成

（1）板材架空体系　由支撑模块、地暖模块（根据项目要求选装）、饰面板、连接部件组成。

1）支撑模块。该模块要求其具有足够的强度以保证饰面板不因变形而破坏，主要由调平件和基板组成；调平件主要有调整脚（调整螺栓）；基板主要有厚基板（高密度硅酸钙板、水泥压力板、GRC 底板和机制配筋混凝土板等）和型钢支撑件+薄基板两大类（图 11.3-3）。

2）地暖模块。该模块主要由阻燃聚苯保温板、采暖管、高密度硅酸钙板或水泥压力板组成。挤塑聚苯板和采暖管共同形成发热块，厚度 20~40mm 不等。因为挤塑聚苯板导热系数很低，起隔热作用，防止采暖水的热量向下部持力层传导。该模块底部是平整的，而上部是一个个正方形单元，单元内部是米字形沟槽，各单元的沟槽相互连通在一起，构成采暖复合塑料管的铺设路径，在居室内一般呈大 S 的形式回环铺设，而在跨越房间时则可以利用 45°的斜路径，供工人按照需求选择铺设（图11.3-4）。

图 11.3-3 支撑脚

图 11.3-4 地暖部品图

采暖管线铺设完毕后，会在聚苯垫板顶部铺设金属板片封闭沟槽，同时对热量进行扩散，使散热更均匀。在金属板片上部铺设第二层承载基板，基板要求具有一定的刚度，满足面层各类地板的铺设，同时也要具备良好的导热性，一般选用无机板材。

3）饰面板。目前市场主流饰面板分为硅酸钙复合板、SPC 地板、陶瓷薄板、软性石英石饰面板和实木复合地板。其中 SPC 地板、陶瓷薄板、软性石英石饰面板通常都需要复合水泥压力板、硅酸钙板等基板使用；而硅酸钙复合板则可以根据业主要求复合地砖、石材等材料。不同房间可以选择石纹、木纹、砖纹、拼花等各种质感和肌理的饰面，也可以根据客户需要定制深浅颜色、凹凸触感、光泽度，硅酸钙复合板和 SPC 地板、实木复合地板统称较为经济的板材，而陶瓷薄板和软性石英石饰面板则相对档次较高（图 11.3-5）。

图 11.3-5 不同种类饰面板

（2）地板龙骨调平体系 由支撑模块、饰面板、连接部件组成（图 11.3-6）。

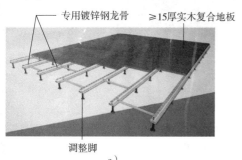

a）

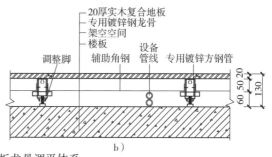

b）

图 11.3-6 地板龙骨调平体系
a）示意图 b）剖面图

1）支撑模块。主要由调整脚（调整螺栓）和专用镀锌钢龙骨组成；专用镀锌钢龙骨尺寸根据龙骨间距和承载力要求经计算得出。

2）饰面板。目前主流使用的为实木复合地板（图11.3-7），厚度≥15mm。

2. 部品特点

（1）干法施工、快捷省时　楼板与地板间通过支撑脚连接，不必对基层进行找平，各种标准化部品部件在工厂预制完成，易于运输与施工。

（2）管线分离　水平管线在架空空间里自由布置，实现了管线与主体结构相分离，避免了传统住宅地面开槽布线的弊端，保护了楼板完整性。

（3）检修方便　可在地板处设置检修口，方便后期对内部的管线进行维护，损坏的地板也可以随时更换。

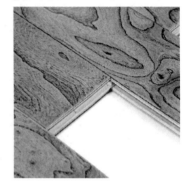

图11.3-7　实木复合地板

3. 使用范围

板材架空体系可以用于采暖和非采暖要求的、除卫生间淋浴区域以外的所有室内空间，包括住宅公共区域，有利于综合管线从架空层内布置。

地板龙骨调平体系适用于暖气片采暖要求的、除卫生间和厨房以外的所有室内空间。

11.3.2　墙体部品

装配式钢结构建筑墙体部品一般分为两大类：轻质隔墙部品和装配式墙面部品，两者本质皆为SI体系，即避免在传统砌块墙或其他墙体中为敷设管线而产生的剔槽、找平等情况，可减少人工成本，改善现场施工环境，保护墙体。

1. 部品构成

（1）装配式墙面部品　该体系一般基层墙为条板墙或其他板材类内墙，通过螺栓或者轻钢龙骨顶出后形成架空的空腔放置各种竖向管线，最后外贴自饰面墙板（图11.3-8）。

饰面板　轻钢龙骨基墙　　　基层墙体　配套龙骨

机电管线

配套卡扣　　　　饰面板　调平件
a）　　　　　　　b）

图11.3-8　装配式墙面

1）连接构造。主要由树脂螺栓、配套龙骨、胶粘剂、配套卡件、接缝件组成。

2）自饰面墙板。自饰面墙板的面层可依据不同空间的使用要求，采用表面复合技术仿真石纹、木纹、布纹、皮纹、马赛克等不同的质感、肌理和色彩，具有大板块、防水、防火、耐久性能，墙板之间企口密拼连接，快捷可逆装配、防污耐磨、易于打理、易于保养、易于翻新。目前主流产品为 PVC 装饰墙板、硅酸钙复合板、竹木纤维复合板、陶瓷薄板、软性石英石饰面板（图 11.3-9）。

（2）轻质隔墙部品　目前市场上较为成熟的轻质隔墙部品为轻钢龙骨隔墙（图 11.3-10）。这种墙体内的空腔可以实现设备管线及开关的安装，实现管线敷设与主体结构的分离，同时也可以与保温、隔声材料结合，增加住宅内部的舒适度。

图 11.3-9　饰面板

图 11.3-10　轻钢龙骨墙体示意图

1）连接构造。主要由轻钢龙骨、接缝件组成。轻钢龙骨是密度较小的钢材，是以优质的连续热镀锌钢带为原材料，经冷弯工艺轧制而成的建筑用金属骨架，一般通过螺栓与楼板上下连接。

2）自饰面墙板。该体系中自饰面墙板和装配式墙面部品是可以相互通用的。

2. 部品特点

1）该体系部品由工厂生产，现场集成组装，规避了传统石膏腻子找平等湿作业工序，通过锚栓等部件实现干式作业，易于控制质量，精准度高。

2）架空层内敷设管线设备，实现了管线与主体结构的分离。

3）墙面处可设置检修口，方便设备管线检查和维修。

4）轻质隔墙系统可以根据业主使用要求的变化而变换位置，便于拆装和移动。

3. 使用范围

一般来说装配式墙面部品体系适用于任何墙体，而轻质隔墙体系适用于住宅除分户墙以外的户内隔墙。

1.3.3　吊顶部品

装配式钢结构建筑吊顶常采用轻钢龙骨作为支撑，空腔内可铺设管线、安装灯具及设备，做到多个功能集合一体化，同时也是顶棚的一种装饰。根据龙骨的具体形式可分为顶龙骨吊顶体系和侧龙骨吊顶体系两大类。

1. 部品构成

（1）顶龙骨吊顶体系　该体系主要由承力构件（吊杆）、龙骨骨架、饰面板及配件等组成图 11.3-11）。根据室内净高要求又分为吊杆式吊顶和吸顶式吊顶，据饰面板裁口方式、板边形状的不同，有暗架、明架、明暗结合等灵活的吊装方式，供设计选用。

1）龙骨。顶板龙骨吊顶通常采用 U 形、C 形、T 形、H 形、Z 形、卡式轻钢龙骨支撑，配以自饰面板组成吊顶系统。

其中 T 形龙骨为明架龙骨，有宽带、窄带、凹槽、凸型、组合龙骨及铝合金龙骨等不同品种；H 形轻钢龙骨配用中开槽饰面板，组成暗架吊顶，也可与 T 形龙骨、Z 形龙骨共同组成明暗架吊顶。

2）自饰面板。装饰板材有自饰面硅酸钙板、竹木纤维板复合顶板、纤维增强水泥加压板、玻璃纤维吸声板、矿棉吸声板、SMC 一体模压新型扣板、铝扣板、彩钢板等。

（2）侧龙骨吊顶体系　该体系无吊杆吊件，主要由侧边龙骨、连接部件、饰面三部分组成（图 11.3-12）。根据饰面材料不同又分为侧墙板支撑吊顶和柔性（软膜）吊顶。

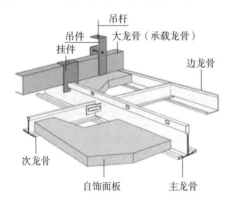

图 11.3-11　顶龙骨吊顶体系示意图

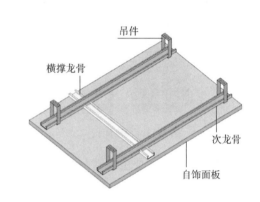

图 11.3-12　侧龙骨吊顶体系示意图

1）侧墙板支撑吊顶。侧墙板支撑吊顶由侧墙龙骨、连接部件及面板模块组成（图 11.3-13）。房间跨度不大于 1800mm 时，顶板通过连接构件搭接在装配式墙板上，无须与结构顶板连接，顶板通过几字形或 L 形铝型材搭设在侧墙板上，利用墙板作为支撑构造。顶板沿着长度方向，用上字形铝型材以明龙骨方式浮置搭接。

2）柔性吊顶。柔性（软膜）吊顶的软膜、扣边条主要成分是聚氯乙烯，燃烧性能等级为 B1 级。龙骨为铝合金挤压而成，用以连接墙体及吊顶的构件，可安装在各种墙体和吊顶上。韧性较大的柔性（软膜）易塑形，扣边采用与膜体相同材质（半硬质聚氯乙烯）挤压成型，并焊接于软膜的四周边缘（图 11.3-14）。

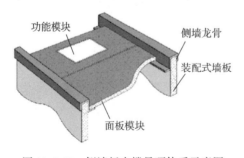

图 11.3-13　侧墙板支撑吊顶体系示意图

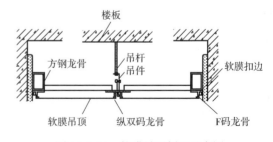

图 11.3-14　软膜吊顶剖面示意图

2. 部品特点

1）架空层内敷设管线设备，实现了管线与主体结构的分离。

2）在安装设备的底板处宜设置检修口，方便设备管线检查和维修。

3）架空吊顶有一定的隔声效果。

4）将排风换气口、照明灯功能一体化集合在吊顶中。

3. 使用范围

顶龙骨吊顶体系广泛应用于会所、体育场馆、办公室、医院、学校、家居、音乐厅、大型卖场、公寓和会堂等建筑室内。

侧墙支撑吊顶适用于厨房、卫生间、阳台以及其他开间小于 1800mm 的空间。

柔性（软膜）吊顶是新材料与新技术的结晶。历经市场检验，功能已日臻完善。已经广泛应用于会所、体育场馆、办公室、医院、学校、大型卖场、家居、公寓、音乐厅和会堂等建筑室内（图 11.3-15）。

图 11.3-15　软膜吊顶效果图

11.3.4　卫浴部品

整体卫浴是由具有淋浴、盆浴、洗漱、便溺四大功能的或这些功能之间任意组合形成的部品，一般由一体化成型的防水（底）盘、壁板和顶板构成整体结构，再配备各种洁具或收纳部品形成独立的卫生单元（图 11.3-16）。

1. 部品构成

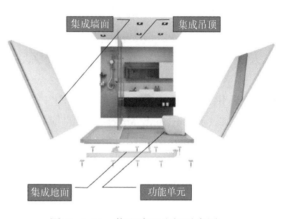

图 11.3-16　装配式卫生间示意图

（1）防水盘　防水盘是装配式卫浴外框架类部品中最重要的组成部分，是以实现稳定承载、防水、排水、防渗漏与防滑等功能为主要目标的一系列部件总和。防水盘自身材料防水，并向完成面上反一定高度的防水翻边。防水盘与壁板间采用构造防水节点，构造方式根据底盘和壁板的材质体系不同而异。不同材质体系的防水盘在地漏、排水管等开口处有复合自身材料特性的构造处理方式。

防水盘的安装方式因排水方式的不同而异，因不同的排水方式需要的垫层、架空层高度不同。异层排水，结构板上预留门口线高差、找坡高度、底盘厚度和平整处理高度即可。无须预留排水管安装空间高度。同层排水，分墙排同层排水、局部降板同层排水和全降板同层排水，无论是哪种同层排水，防水盘和结构楼板间均需要不同程度的架空空间来布置地漏和排水管。

一般来说市场上主流的防水盘有 SMC 防水盘、FRP 防水盘、铝芯蜂窝复合板防水盘、玻纤增强水泥复合板防水盘。

1）SMC 防水盘。SMC（Sheet molding compound），俗称"航空树脂"，学名"片状模塑料"，是一种不饱和聚酯树脂材料，也是玻璃钢（FRP）的一种。SMC 底盘可以直接做饰面层，通过表面纹理和找坡快速疏导水流，不积水又能防滑。圆弧形边角设计可避免卫生清洁死角。SMC 底盘整体冲压，必要接缝处通过构造防水避免渗漏和积水。SMC 材料比传统瓷砖石材类饰面蓄热系数小，能更好地组织冷热散发，不仅落脚站立舒适度高，而且可避免潮气长期冷凝结露长霉菌（图 11.3-17）。

2）FRP 防水盘。FRP（Fiber Reinforced Plastics）即纤维增强复合塑料，现有 CFRP、GFRP、AFRP、BFRP 等。"玻璃钢"指的就是 GFRP。FRP 复合材料是由纤维材料与基体材料按一定的比例混合后形成的高性能型材料。这种材料拥有耐腐蚀、抗疲劳、不导电、回收利用少、轻于钢材且强度高等特点。由于 FRP 制成时无须大型压机，可以根据实际需求做出各种造型，目前主要以手糊法生产，机械化程度低，生产周期长，质量不稳定。另外，FRP 抗老化性能差，使用寿命大约十年，成品材质不够细腻，无法满足高端客户要求（图 11.3-18）。

3）铝芯蜂窝复合板防水盘（图 11.3-19）。蜂窝材料（Honeycomb Material）的应用原理是模拟自然界蜂巢的奇妙六边形结构，利用其力学特性，将材料的高强度和轻量化结合到极致。目前在航天领域使用较为广泛，所以铝芯蜂窝板又被称为"航空铝板"。

铝芯蜂窝通过改性聚氨酯在高温高压环境一次性整体浇注而成，在防水盘中主要起持力支撑作用，其上一次性复合 5 层船舶用超强玻璃钢（FRP）防水层，以及瓷砖、天然石薄板或人造石薄板等饰面层。饰面复合工艺可全部在工厂完成，也可局部现场粘贴干法砖。端部防水翻边构造、拼接构造由铝型材和专用聚氨酯（PU 或 PUR）辅助实现。

4）玻纤增强水泥复合板防水盘。添加防水剂的玻璃纤维增强水泥（GRC）有基层和防水层，3D 打印在铝边框和饰面砖围合的模板上，并经加热养护完成（图 11.3-20）。

（2）壁板 壁板的材料和构造多种多样，本书主要将壁板分为两大类：饰面、结构一体化的自支撑类壁板和需要主龙骨或基墙的饰面型壁板。其中一体化自支撑类壁板为本节的主要研究

图 11.3-17 SMC 防水盘

图 11.3-18 FRP 防水盘

图 11.3-19 铝芯蜂窝复合板防水盘断面

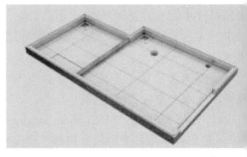
图 11.3-20 玻纤增强水泥复合板防水盘

内容，纯饰面型壁板因其材料和拼缝防水构造与自支撑类壁板相同，背部连接主龙骨或基墙的构造又与本章中普通架空类墙面板构造相同，故不赘述。

一体化壁板主要分 SMC 壁板、铝芯蜂窝复合壁板、PHC 复合壁板、玻纤增强水泥复合壁板。

1）SMC 壁板。SMC 材料的特性在前文防水盘部分已说明，SMC 壁板配合 SMC 类或 FRP 类防水盘使用。这类壁板外皮材质细分为纯 SMC 壁板和特效覆膜的镜面 SMC 壁板。这两种壁板的构造连接方式相同（图 11.3-21）。

2）铝芯蜂窝复合壁板。基于前文讲过的铝芯蜂窝板的轻质高强等特性，铝芯蜂窝板、聚合剂和玻璃纤维，通过工业化高压一体成型。墙体面材可按需定制，从瓷砖、天然石、人造石、彩钢板（VCM）、钢化玻璃等材料中任意选择。整个墙体的外观和敲击感与普通实心墙体无异，能极大提升整体浴室的使用感受。其平板之间、转角处拼接构造采用铝型材公母扣的方式拼接。

3）PHC 复合壁板（图 11.3-22）。PHC 复合壁板以铝芯蜂窝板为支撑，其上复合陶瓷薄板、软性石材或彩钢板（VCM），是基于与 SMC 防水盘体系兼容的另一种铝芯蜂窝复合壁板。其复合板材的规格随饰面材质规格，其中陶瓷薄板规格：3600mm×1800mm，面材厚度 5.4mm。软性石材壁板规格：3200mm×1600mm，面材厚度 6～11mm。彩钢板（VCM）规格：多样灵活。此类产品最具特色之处在于软性石材与铝芯蜂窝板复合后可为弧形。

图 11.3-21　SMC 壁板

图 11.3-22　PHC 复合壁板

4）玻纤增强水泥复合壁板。添加防水剂的玻璃纤维增强水泥（GRC）有基层和防水层，3D 打印在铝框龙骨和饰面砖围合的模板上，并经加热养护完成。壁板规格（宽×高）为 610（1220）mm×2440mm。壁板与底板、壁板与壁板间稳定固定，无须顶板拉结。顶板做法灵活多样，可采用传统的铝扣板或纤维板集成吊顶。其平板之间、转角处同样采用铝型材公母扣的方式拼接（图 11.3-23）。

（3）顶板　顶板的材质与壁板的材质及构造关系密切。对于自支撑类壁板，大部分需要配合

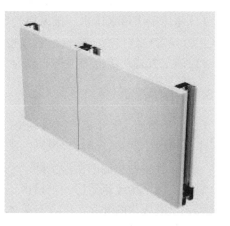

图 11.3-23　玻纤增强水泥复合壁板

相应的顶板及构造，起到结构稳定作用。主要分为 SMC 顶板、彩钢板（VCM）。

（4）其他卫浴部品。主要由卫浴洁具（坐便器、洗手盆、浴缸、淋浴器）、卫浴杂件（干手装置、感应灯、排风扇、手纸盒、安全拉手和毛巾架）和卫浴管线（给水排水、电气设备与管线）组成（图 11.3-24）。

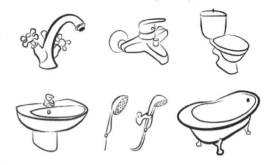

图 11.3-24　其他卫浴部品

1）浴缸。玻璃纤维增强塑料浴缸应符合《玻璃纤维增强塑料浴缸》（JC/T 779—2010）的规定，FRP 浴缸、丙烯酸浴缸应符合《住宅浴缸和淋浴底盘用浇铸丙烯酸板材》（JC/T 858—2000）的规定，搪瓷浴缸应符合《搪瓷浴缸》（QB/T 2664—2004）的规定。

2）卫生洁具及配件。洗面器、淋浴器、坐便器及低水箱等陶瓷制品应符合《卫生陶瓷》（GB 6952—2015）的规定，采用人造石或玻璃纤维增强塑料等材料时，应符合《人造玛瑙及人造大理石卫生洁具》（JC/T 644—1996）和相关标准的规定。配件包括浴缸水嘴、洗面盆水嘴、低水箱配件和坐便器及排水配件等。浴缸水嘴应符合《浴盆及淋浴水嘴》（JC/T 760—2008）的规定，洗面盆水嘴应符合《面盆水嘴》（JC/T 758—2008）的规定，坐便器配件应符合《坐便器坐圈和盖》（JC/T 764—2008）的规定。排水配件也可采用耐腐蚀的塑料制品、铝品等，但应符合相应标准。

3）电器。包括照明灯具、排风扇、电插座及烘干器等，电器应符合《家用和类似用途电器的安全　第 1 部分：通用要求》（GB 4706.1—2005）及其他相应标准。插座接线应符合《建筑电气工程施工质量验收规范》（GB 50303—2015）的要求。除电器设备自带开关外，外设开关不应置于整体卫浴间内。

2. 部品特点

1）整体卫浴作为一个模块化部品，实现了与主体结构的分离。同时按照标准化、模数化的标准进行统一设计，并在工厂里面定制生产，从而实现加工制造的高精度和一体化，提高了产品质量和用户体验。

2）使用新材料制作而成的整体式底盘，具有高防水、高绝缘、抗腐蚀、抗老化等性能，可不做防水，不抹水泥，彻底消除传统卫生间的渗漏隐患。

3）整体卫浴给水排水、排风换气口、照明等电气管线的连接在架空层内安装完成，并在连接处设置检修口，方便设备管线检查和修理。

4）施工方式从传统的湿作业改为干法施工，缩短了工期，提高了施工质量。

11.3.5　厨房部品

《住宅整体厨房》（JG/T 184—2011）将住宅整体厨房定义为"按人体工程学、炊事操作工序、模数协调及管线组合原则，采用整体设计方法而建成的标准化、多样化完成炊事餐饮、起居等多种功能的活动空间。"

装配式钢结构建筑厨房，是指由工厂生产、现场装配的满足各项炊事活动功能要求的基本单元，是模块化的部品，配置有整体橱柜、灶具、抽油烟机等设备及管线（图 11.3-25）。其组成大致划分成三大类：围护结构部品、内装部品和设备部品。

1. 部品构成

（1）围护结构部品　主要用于空间分隔、设备管道敷设和内装部品的附着等，不具有住宅承重功能，包括集成墙体系统、集成吊顶系统、集成地面系统。三个集成内装部品与普通房间做法大致相同，采用干式工法装配而成，重在强调集成性与功能性，厨房内部有更加复杂的设备及管线植入，在装饰面板的选取上有更高的防火、防潮、防污要求。

1）集成地面系统。主要由架空支撑部分、地暖模块（选用）、饰面层构成。与上述装配式地面做法大致相同，饰面层的选用应耐磨、耐水、易清洗、耐腐蚀，且防滑性能良好，架空层内敷设水电管线（图 11.3-26）。

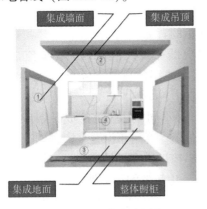

图 11.3-25　装配式厨房

图 11.3-26　装配式厨房地面

2）集成吊顶系统。主要由设备层、安装构件、饰面面层三个部品组成。厨房吊顶分顶板龙骨吊顶体系和侧墙龙骨吊顶体系。做法与上述装配式吊顶做法相同，在饰面上应选用耐水、易清洗、耐腐蚀的面层。架空层内敷设水电管线，吊顶高度为 50～250mm。

3）集成墙面系统。主要由调整螺栓、轻钢龙骨、连接部件和自饰面板组成。与前面装配式墙面部品构造相同，墙面上需要固定或吊挂超过 15kg 物件时，应设置加强板或采取其他可靠的固定措施，并明确固定点（图 11.3-27）。

（2）内装部品　厨房内装部品主要指整体橱柜（图 11.3-28），主要包括橱柜及构配件、台面、厨电等。橱柜形成模块化，包括燃气灶柜、洗涤池柜、操作地柜、吊柜、高脚柜等。橱柜单元模块在工厂制作好，现场进行拼装，主要材料有颗粒板材、SMC 板材。

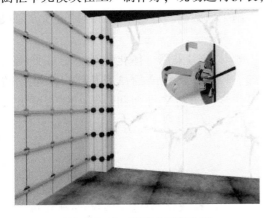

图 11.3-27　装配式厨房墙面

图 11.3-28　装配式厨房橱柜

厨房台面为整体台面，台面种类有石英石台面、科岩板（CMMA）前裙后档一体台面等，台面宽度为600mm，台面长度按厨房设计长度。

（3）设备部品 厨房设备部品是指进行炊事行为时使用的水、电、燃气、通风、智能设备等设备设施，主要包括给水排水系统、电气系统和暖通系统。

1）给水系统。装配式厨房的给水管线可沿吊顶或者架空地面敷设，多安装在架空地面内，与设备连接时沿墙内架空空间敷设。管线的安装可采用快装技术部品，由给水器、分水器、专用水管加固板、水管卡座、水管防结露部件等构成。快装给水系统通过分水器并联支管，出水更均衡。水管之间采用快插承接接头，连接可靠，且安装效率高。

2）排水系统。排水立管宜设置在墙角位置，管道包覆的装修做法同墙面做法，且靠近排水设备。排水方式为同层排水方式，管线敷设在橱柜的背面。

3）电气系统。电线接头宜采用快插式接头；电气线路及线盒宜敷设在架空层内，面板、线盒及配电箱等宜与内装部品集成设计；强、弱电线路敷设时不应与燃气管线交叉设置；当与给水排水管线交叉设置时，应满足电气管线在上的原则。

4）排烟系统。装配式厨房的排烟管道根据层高选择不同截面尺寸的成品烟道，烟道井贴土建墙体墙角设置，饰面采用装配式墙面做法进行包覆。亦可不设置室内排烟道，避免公共串味出现，可采用二次净化油烟直接通过吊顶内的铝箔烟道穿过外墙排出室外，为避免倒烟，在外围护墙体上安装不锈钢风帽，配置90%以上净化效率的排油烟机。

5）采暖系统。当厨房采用架空地面采暖模块取暖时，架空模块下可走水电管线。当厨房底盘采用SMC整体地盘，则采暖方式应为暖气片采暖或壁挂式散热器，以避免底盘受热老化。

2. 部品特点

1）厨房产品集成。整体厨房将各种家具和电器设备根据不同的需求进行高度整合化处理，形成多样化的组合。

2）管线设备集成。厨房中的水、电、气等设备管线接口关系多样，技术因素复杂，可以进行整体设计、统一安装。

3）操作功能集成。在保证洗涤、切配、烹饪和储藏等基本功能的前提下，使平面布局更加合理、高效，在有限的面积中实现功能的最大化。

4）施工高效成本低。整体厨房中所有的部品部件都是由一家公司统一进行设计和生产，产品质量和规格都能得到最大的提高和匹配，施工效率高、返工率低、维护更加方便快捷，极大地节约了成本。

5）使用舒适度高。相比于传统的厨房设计，整体厨房采用一体化设计，更加重视人体工程学的运用，在设计和技术方面都更加合理、科学。将住宅的户型及住户个性化的需求进行协调，优化厨房的空间和功能，并对操作流程进行了排列和规范，从而可极大地提高用户的使用舒适度。

11.3.6 收纳部品

整体收纳是由工厂生产、现场装配的满足不同套内功能空间分类储藏要求的基本单元，同时与装配式钢结构建筑的结构体系、围护体系相适应的模块化部品。收纳部品在建筑工业化角度上，宜选用整体收纳，采用标准化内装部品，选型和安装应与建筑结构体进行一体化设计施工，部品主要由装饰板材、门扇以及五金件组成。

　　收纳部品的核心理念是在方案设计阶段综合考虑户型内全部收纳空间的设置，即做到收纳预留。其设计原则是分类收藏、就近存放，使收纳效率最大化。不仅要满足人们在日常生活中储存物品的基本使用要求，还要满足人们愈来愈高的视觉及精神层面的要求。

　　住宅建筑收纳系统的设计根据使用功能划分为门厅（玄关）收纳、卧室收纳、起居室收纳、浴室收纳、餐厨收纳（图 11.3-29）。

图 11.3-29　装配式收纳种类

　　在内装工业化中，整体收纳并不是在现有空间中设计若干柜子那么简单，而是需要根据住宅室内各部分进行统一设计考虑。物品的尺寸是收纳系统功能模块参数设计的基础，收纳系统对不同物品的归类收放既要合理存放，又不浪费空间。在收纳系统的设计中，应充分考虑人的尺寸、人的收取物品习惯、人的视线、人群特征等各方面因素，还应考虑与围护墙体以及主体钢结构体系产生联系，将整体收纳作为一个功能模块，让它与围护墙体和主体结构体系融为一体，形成 U 形的空间，将物品置放其中。

11.3.7　管线部品

　　装配式钢结构建筑内装部品中设备及其管线非常复杂，包括给水排水系统、供暖系统、电气与照明系统、通风和空调系统、燃气系统等。核心设计原则是将各种管线系统集成后安置于空腔内，使其与主体结构分离且便于维修（图 11.3-30）。

图 11.3-30　管线部品排布

11.4　内装系统的施工安装

装配式钢结构建筑内装系统施工应采用同步施工方式，且应遵循设计、生产、装配一体化的原则进行整体策划，明确各分项工程的施工界面、施工顺序与避让原则，总承包单位应对装配式内装施工进行精细化管理及动态管理（图 11.4-1）。

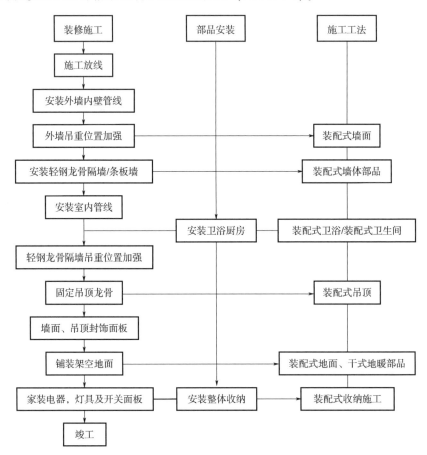

图 11.4-1　装配式内装修施工流程

装配式内装修施工前，应及时与总承包单位沟通协调，总承包单位应按合同约定或协商结果提供内装修施工所需的部品部件运输通道、堆放场地、垂直运输、供水供电、施工作业面等必要的施工条件。

还应进行设计交底工作，编制专项施工方案。主要内容包括：工程概况、编制依据、施工准备、主要施工方法及工艺要求、施工场地布置、部品构件运输与存放、进度计划（含配套计划）及保障措施、质量要求、安全文明施工措施、成品保护措施及其他要求等。

装配式内装修各分项工程安装施工前，根据工程需要应核对已施工完成的建筑主体的外观质量和尺寸偏差，确认预留预埋符合设计文件要求，确认隐蔽工程已完成验收工作，复核相关的成品保护情况，确认具有施工条件，完成施工交接手续。

装配式钢结构建筑内装系统安装应符合现行国家标准《建筑装饰装修工程施工规范》

GB 50327 等的规定，应并应满足绿色施工要求。在内装部品施工前，应对进场部品进行检查，其品种、规格、性能应满足设计要求和符合国家现行标准的有关规定，主要部品应提供产品合格证书或性能检测报告；在全面施工前应先施工样板间，样板间应经设计、建设及监理单位确认。

　　装配式装修部品在经历一段较长时期的发展，墙面材料、地面材料和吊顶材料也经历了数次迭代，产品的更新也带动了相关施工工法的升级。由于相关装配式装修技术体系和产品类型繁多，故本章选取典型施工工法来介绍。

11.4.1　装配式地面的施工安装

1. 施工准备

1）应按设计图纸放地面控制线，保证位置准确。

2）安装前应完成架空层内管线敷设，并应经隐蔽验收合格。当采用地板辐射供暖系统时，应对地暖加热管进行水压实验并经隐蔽验收合格后铺设面层。

3）装配式地面安装前，应对基层进行清洁、干燥并吸尘。

2. 施工步骤

装配式地面施工流程如图 11.4-2 所示。

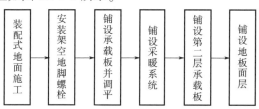

图 11.4-2　装配式地面施工流程

关键施工步骤如图 11.4-3 ～ 图 11.4-5 所示。

图 11.4-3　装配式地面　　　　图 11.4-4　装配式地面　　　　图 11.4-5　装配式地面
安装调整螺栓　　　　　　　安装承压板　　　　　　　安装地暖模块

3. 施工要点

1）应按设计图纸布置可调节支撑构造，并进行调平。

2）地脚螺栓与承载板宜用螺钉固定，承载板之间宜预留 10～15mm 间隙，用胶带粘接封堵；承载板与四周墙体宜预留 5～15mm 间隙，并用柔性垫块填充固定。

3）承载板及饰面层宜留设机电检查口。

4）饰面层铺装应根据图纸排版尺寸放十字铺装控制线，相邻地板已采取企口连接。当承载板不符合模数时，根据实际尺寸在工厂加工完成，并做封边处理，配装相应的可调支撑和横梁，不得有局部膨胀变形情况。

5）承载板铺设时应达到四角平整、严密，宜设置减震构造。保温层与承载板宜采用粘接固定，地暖层与承载板宜采用螺钉固定。螺钉固定时不得损伤破坏管线，不应穿透承载板。饰面层铺装完，安装踢脚线压住板缝。

6）装配式地面承载力不得小于 7.5MPa。

11.4.2 装配式墙面的施工安装

1. 施工准备

1）装配式隔墙及墙面部品应符合图纸设计要求，按照所使用的部位做好分类选配。其中条板隔墙安装应符合现行行业标准《建筑轻质条板隔墙技术规程》（JCJ/T 157—2014）的有关规定。

2）隔墙及墙面部品安装前应按图纸设计做好定位控制线、标高线、细部节点线等，应放线清晰，位置准确，且通过验收。

3）装配式隔墙安装前应检查结构预留管线接口的准确性。

4）装配式隔墙空腔内填充材料性能和填充密实度等指标应符合设计要求。

5）装配式隔墙及墙面施工前应做好交接检查记录。

2. 施工步骤

装配式墙面施工流程如图 11.4-6 所示。

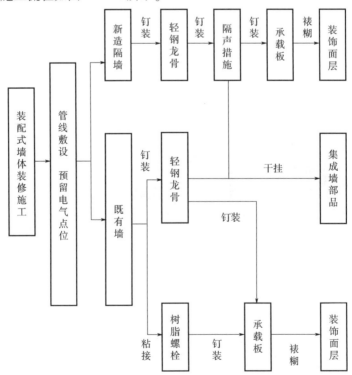

图 11.4-6 装配式墙面施工流程

装配式隔墙施工流程如图 11.4-7 所示。

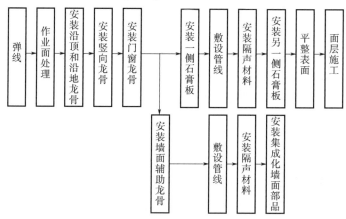

图 11.4-7 装配式隔墙施工流程

3. 施工要点

（1）轻钢龙骨隔墙施工要点 沿顶及沿地龙骨及边框龙骨应与结构体连接牢固，并应垂直、平整、位置准确，龙骨与结构体采用塑料膨胀螺丝或自攻钉固定，固定点间距不应大于 600mm，第一个固定点距离端头不大于 50mm，龙骨对接应保持平直（图 11.4-8）。

1）竖向龙骨安装于沿顶及沿地龙骨槽内，安装应垂直，龙骨间距不应大于 400mm。沿顶及沿地龙骨和竖向龙

图 11.4-8 轻钢龙骨隔墙现场施工

骨宜采用龙骨钳固定。门窗洞口两侧及转角位置宜采用双排口对口并列形式竖向龙骨加固。

2）装配式隔墙内水电管路铺设完毕且经隐蔽验收合格后，隔墙内填充材料应密实无缝隙，尽量减少现场切割。

3）装配式墙面施工前应按照设计图纸对需挂重物的部位进行加固。

（2）装配式墙面施工要点

1）装配式墙面应按设计连接方式与隔墙（基层墙）连接牢固。

2）设计有防水要求的装配式墙面，穿透防水层的部位应采取加强措施。

3）装配式墙面与门窗口套、强弱电箱及电气面板等交接处应封闭严密。

4）装配式墙面上的开关面板、插座面板等后开洞部位，位置应准确，不应安装后再二次开洞。

5）装配式墙面施工完成后，应对特殊加强部位的功能性进行标识（图 11.4-9）。

图 11.4-9 装配式墙面现场施工

11.4.3　装配式吊顶的施工安装

1. 施工准备

1）应确定吊顶板上灯具、风口等部品的位置，按部品安装尺寸开孔。

2）装配式吊顶安装前，墙面应完成并通过验收。

3）应完成吊顶内管线安装等隐蔽验收。

2. 施工步骤

（1）顶龙骨吊顶体系

1）定位。根据设计方案确定好吊顶的基本功能、布局原则以及结构和设备之间的模数关系，使用专业仪器精确定位各设备的安装位置。

2）安装吊架。结合具体的结构条件和功能要求，选用适当类型的轻钢龙骨或铝合金龙骨及其配件组装成吊架，并通过吊杆、膨胀螺栓把吊架锚固在建筑物顶面上，当开间尺寸大于1800mm时，应采用吊杆加固措施。

3）安装吊顶和功能模块。首先将功能模块安装固定在吊架上，然后将吊顶模块固定在吊架上，并采用专用工具切割出进排风的孔洞，最终通过与电气开关、插头插座、电气保护器、电气元件、电气配线等进行安装控制，共同组合成集成式吊顶。

4）预留检修口。在完成顶板的最后铺装时需要预留检修口，以便于后期设备的维修和更换。

为最大限度减少架空层对建筑层高的影响，装配式内装系统中，一般除了将排水设备敷设在地面以外，其他的设备都敷设于对层高要求不高的厨房和卫生间中，因此这两个空间采用全吊顶的形式，其他居住空间内一般沿顶板外沿敷设管线，并在四周设置异形吊顶，以减少对层高的影响。

（2）侧龙骨吊顶体系

1）根据设计要求，按实际测量出的吊顶形状及尺寸在工厂加工成形，现场围护结构、外墙、门窗必须完成，室内设施（消防、空调、通风、电力等机电设施）安装就位后方可进行吊顶龙骨安装。

2）光源排布间距与箱体深度以1:1为宜，即灯箱深度如为300mm，光源排布间距也应为300mm。建议箱体深度控制尺寸在150～300mm之间，以达到较好的光效。

3）光源散热吊顶（灯箱体）内部应做局部开孔处理，开孔位置建议设置于灯箱体侧面以防尘，同时粘贴金属纱网防虫。

4）设备末端不得直接安装于膜面，如需安装则应自行悬挂于结构顶板或梁上，不得与吊顶体系发生受力关系。

5）当需进行光源维护时，应采取专用工具拆卸膜体。

3. 施工要点

1）吊杆宜采用直径不小于8mm的全牙镀锌吊顶，采用膨胀螺栓连接到顶部结构受力部位上。

2）吊杆应与龙骨垂直，距主龙骨端部距离不得超过300mm。当吊杆与设备相遇时，应调整吊点构造或增设吊杆。

3）集成吊顶使用的装饰及功能模块应符合现行国家标准《建筑用集成吊顶》（JG/T

413—2013) 的相关规定。

4) 基层模块中立框之间的连接不应有缝隙，折弯见光部分不应有高低差，宜采用红外线等设备辅助进行基层调平。

5) 支撑件与饰面板的装配应安拆便捷，并便于现场调节平整度。

装配式吊顶龙骨安装如图 11.4-10 所示，装配式吊顶面板安装如图 11.4-11 所示。

图 11.4-10　装配式吊顶龙骨安装　　　　　图 11.4-11　装配式吊顶
面板安装

11.4.4　装配式卫浴的施工安装

1. 施工准备

1) 应完成基层、预留孔洞、预留管线等隐蔽工程的验收。

2) 设计有楼面结构层防水时，应完成防水施工并对隐蔽工程验收合格。

2. 施工步骤

装配式卫生间施工顺序如图 11.4-12 所示。

(1) 底盘的安装，使用支撑脚找平处理　底盘放置卫生间预留面，调节底盘调节螺栓，底盘水平不超过 1mm。底盘底部地漏管与排污管使用胶水粘接，

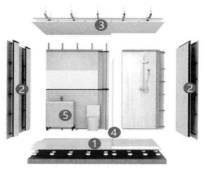

图 11.4-12　装配式卫生间施工顺序

排水管弯头从预留位伸出底盘水平面。锁紧底盘调节螺栓，完成地漏和排污管法兰的安装。

(2) 龙骨和壁板安装，搭建整体卫浴的结构框架　在底盘周围安装底盘连接件，使用螺栓紧固。安装壁板龙骨，壁板与龙骨用连接件和螺栓紧固。

(3) 顶盖和门窗安装　在壁板上方安装顶盖，与壁板使用连接件固定。在壁板预留窗洞处安装窗套，使用螺栓与壁板连接。在预留门洞处安装门框、铰链，使用螺栓与壁板连接。

(4) 给水管道接驳和电气安装，完成管线的连接　冷热给水管通过预留孔洞与壁板内侧给水管连接。

1) 排水管通过底盘预留孔洞与内部卫生洁具排水管连接，孔洞处预制法兰，使用螺栓和胶水与壁板及底盘连接。

2) 电气安装：灯具、换气扇、浴霸、面板安装及接线。换气扇上部需预留 150mm 高。

(5) 洁具和设备安装，所有板、壁接缝处打密封胶　定制的洁具、电气与五金件等采用螺栓与底盘、壁板连接紧固。给水排水管与预留管道连接使用专用接头，用胶水粘接。所有板、壁接缝处打密封胶，螺栓连接处使用专用螺母覆盖，外圈打密封胶。

（6）进行灌水实验，对整体卫浴的防水性进行检查

1）整体卫生间在装配完工后做灌水试验，将安装完的管道灌满水，其灌水高度应不低于底层卫生器具的上边缘或底盘面高度。底盘也应做灌水试验，将地漏封堵后灌水至底盘面以上 5~10cm。

2）排水管道灌满水，1h 后如水面下降则加水到原水面，直至水面不下降为止，同时检查管道及接口，不渗不漏为合格，试验应符合《建筑给水排水及采暖工程施工质量验收规范》（GB 50242—2002）要求，底盘灌水至规定高度后 1h，以水面不下降、不渗不漏为合格。

3. 施工要点

1）当墙面采用聚乙烯薄膜作为防水层时，墙面应做至顶部，在卫生间内形成围合，在门口处向外延伸不小于 100mm。

2）当安装卫生间器具、卫浴配件、电气面板等部品时，应采取防水层保护措施。

3）当地面采用整体防水底盘时，地漏应与整体防水底盘安装紧密，并做闭水试验。

4）采用同层排水方式时，防水盘门洞位置应与隔墙门洞平行对正，底盘边缘应与对应墙体平行。

5）采用异层排水方式时应保证地漏孔和排污孔、洗面台排水孔与楼面预留孔分别对正。

11.4.5 装配式厨房的施工安装

1. 施工准备

1）应完成基层、预留孔洞、预留管线等隐蔽验收。

2）橱柜、电器设备设计有加固要求时，加固措施应与结构连接牢固。

2. 施工步骤

装配式厨房施工步骤如图 11.4-13 所示。

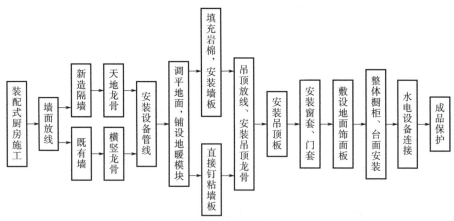

图 11.4-13 装配式厨房施工步骤示意

3. 施工要点

1）与墙体结构连接的相关吊柜、抽油烟机等相关电器、燃气表等部品前置安装加固板或预埋件。

2）厨房墙面、台面及管线部件安装应在连接处密封处理。橱柜柜体与墙面应连接牢固

（图 11.4-14）。

3）采用油烟水平直排系统时，风帽应安装牢固，与结构墙体之间的缝隙应密封。

11.4.6　收纳部品施工安装

1. 施工准备

1）按设计图纸准确定位安装位置。

2）应完成预留孔洞、预留管线等隐蔽验收。

2. 施工要点

1）应根据设计要求按序安装，做好衔接部位收边收口处理，保证紧密牢固，平整度、方正度、垂直度的误差符合相关标准。

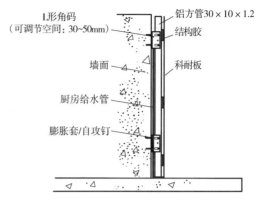

图 11.4-14　装配式厨房墙面施工示意

2）收纳部品的预埋件、后置埋件或五金连接件的安装应符合相关技术要求。

3）收纳系统的部品部件安装位置净空间尺寸应使用正偏差，部品部件的外形尺寸应使用负偏差。

11.4.7　设备与管线施工安装

1. 施工准备

1）按设计图纸定位放线，放线应清晰，位置应准确。

2）应完成预留孔洞、预留管线等隐蔽工程的验收。

2. 施工要点

1）当室内给水、中水的支管、分支管道采用集成化产品时，在现场应按设计要求安装牢固。

2）设置在架空层的给水管道不应有接头，管道应按放线位置敷设；架空层封闭前，应对给水管线进行打压试验。

3）设置在装配式地面架空层内的管道不应有接头，管道穿过装配式地面应设置保护套管。

4）分集水器安装位置应准确，管道与分集水器应连接紧密。

墙面管线施工如图 11.4-15 所示，吊顶管线施工如图 11.4-16 所示，管线接口施工如图 11.4-17 所示。

图 11.4-15　墙面管线施工示意

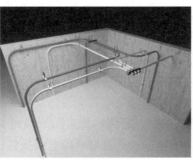

图 11.4-16　吊顶管线施工示意

图 11.4-17　管线接口施工示意

11.5 内装系统的验收

装配式钢结构建筑内装修工程质量应执行《建筑工程施工质量验收统一标准》（GB 50300—2013）、《建筑装饰装修工程质量验收标准》（GB 50210—2018）、《民用建筑工程室内环境污染控制标准》（GB 50325—2020）、《建筑内部装修防火施工及验收规范》（GB 50354—2005）、《建筑给水排水及采暖工程施工质量验收规范》（GB 50242—2002）、《居住建筑装修装饰工程质量验收规范》（DB11/T 1076—2014）等有关规定。

11.5.1 一般规定

1）装配式钢结构住宅建筑装配式装修工程验收应进行分户验收或分阶段质量验收，其中住宅套内空间作为子分部工程检验单元；住宅交通空间的走廊、楼梯间、电梯间等公共部位作为子分部工程检验单元。

2）装配式钢结构公共建筑应按主要功能空间、交通空间和设备空间进行分阶段质量验收。其中公共建筑交通空间的走廊、楼梯间、电梯间部位作为子分部工程检验单元；设备空间的配电间、空调间等部位作为子分部工程检验单元；功能空间的办公室、会议室等使用房间作为子分部工程检验单元。

3）装配式建筑装配式装修工程质量分户、分阶段验收前应进行防火安全检测和室内环境检测。一般来说，室内环境检测是在内装修工程完工 7 天后进行检测，且室内环境污染物的活度和浓度限值应符合表 11.5-1 的规定。

表 11.5-1　室内环境污染物活度和浓度限值

污染物名称	活度、浓度极限
氡/（Bp/m³）	≤200
游离甲醛/（mg/m³）	≤0.08
苯/（mg/m³）	≤0.09
甲苯/（mg/m³）	≤0.20
二甲苯/（mg/m³）	≤0.20
氨/（mg/m³）	≤0.20
TVOC/（mg/m³）	≤0.50

4）装配式内装修工程防火安全验收应满足如下要求：

①防火技术资料应完整。

②装修材料、配件、部品的取样检验结果应满足设计要求。

③现场进行阻燃处理、喷涂、安装作业的抽样检验结果应符合设计要求。

④隐蔽工程施工过程及完工后抽样检验结果应符合设计要求。

5）装配式内装修工程验收工作应先检查完整的施工图纸及相关设计文件；满足设计要求的部品性能检测报告；部品质量合格证书；所选材料的复验报告，然后检验隐蔽工程和各分项工程，最终形成全部验收文件。

6）当装配式内装修工程中采用了首次使用的新技术、新工艺、新材料和新设备时，应附相应的评审报告。

7）为实现信息化管理，推进全流程建筑信息模型（BIM）使用，装配式内装修工程验收文件宜采用 BIM 数据和相应的电子化文件。

8）装配式内装修工程施工完毕后，宜提供检修维护手册并归档。

11.5.2　装配式地面验收

1. 材料验收

1）装配式地面所用调节螺栓、承载板、饰面板等材料的品种、规格、性能应符合要求。调节螺栓应具有防腐性能。饰面板材料应具有耐磨、防潮、阻燃、耐污染及耐腐蚀等性能。

2）当装配式地面部品采用无石棉增强硅酸钙板时，其主要力学性能、物理性能指标应符合《纤维增强硅酸钙板 第 1 部分：无石棉硅酸钙板》（JC/T 564.1—2018）中的要求（表 11.5-2）。

表 11.5-2　无石棉增强硅酸钙板的主要力学性能、物理性能指标

项目		单位	性能指标
力学性能	断裂荷载	N	>110
	抗冲击性	次	3
物理性能	密度	g/m³	>1.2，≤1.4
	燃烧性能	—	A 级不燃材料

3）当饰面板采用硅酸钙复合板、SPC 地板时，应参照《浸渍纸层压木质地板》（GB/T 18102—2020）、《半硬质聚氯乙烯块状地板》（GB/T 4085—2015）进行检测，其主要性能应符合表 11.5-3 要求。

表 11.5-3　硅酸钙复合地板、石塑地板主要性能

项目	硅酸钙复合板标准要求	SPC 地板标准要求	
		G 型	H 型
耐旋转磨耗/转	≥6000	—	—
耐磨性（CT 型）/转	—	≥1500	≥5000

2. 做法验收

1）装配式地面应参照《建筑结构监测技术标准》（GB/T 50344—2019）进行集中荷载、均布荷载、极限承载力的检验，其均布荷载承载力不应小于 1000kg/m²。

检验方法：回弹法检测或检查配合比、通知单及检测报告。

2）装配式地面基层和构造层之间、分层施工的各层之间，应结合牢固、无裂缝。

检验方法：观察、用小锤轻击检查。

3）装配式地面面层的排列应符合设计要求，表面洁净、接缝均匀、缝格顺直。

检验方法：观察检查。

4）装配式地面与其他面层连接处、收口处和墙边、柱子周围应顺直、压紧。

检验方法：观察检查。

5）装配式地面面层与墙面或地面凸出物周围套割应吻合，边缘应整齐。与踢脚板交接立紧密，缝隙应顺直。

检验方法：观察检查；尺量检查。

3. 完成度验收

1）装配式地面面层应安装牢固，无裂纹、划痕、磨痕、掉角、缺楞等现象。

检验方法：观察检查。

2）装配式地面的允许偏差和检验方法应符合表 11.5-4 的规定。

表 11.5-4　装配式地面系统工程安装的允许偏差和检验方法

项次	项目	允许偏差 /mm	检查方法
1	表面平整度	2.0	用 2m 靠尺和楔形塞尺检查
2	接缝高低差	0.5	用钢尺和楔形塞尺检查
3	表面格缝平直	3.0	拉 5m 通线，不足 5m 拉通线和用钢尺检查
4	踢脚线上口平直	3.0	
5	板块间隙宽度	0.5	用钢尺检查
6	踢脚线与面层接缝	1.0	楔形塞尺检查

11.5.3　装配式墙面验收

1. 材料验收

1）装配式墙面安装工程所用饰面板的品种、规格、颜色、性能和燃烧等级、甲醛释放量、放射性等应符合设计要求和现行国家标准的规定。

检验方法：观察；检查产品合格证书、进场验收记录和性能检测报告。

2）装配式轻钢龙骨隔墙所用龙骨、配件、墙面板、填充材料及嵌缝材料的品种、规格、性能和木材的含水率应符合设计和相关规范要求。有隔声、隔热、阻燃、防潮等特殊要求的工程，材料应有相应性能等级的检测报告，并满足相关材料规范要求。

检验方法：观察，检查产品合格证书、进场验收记录、性能检测报告和复验报告。

3）当饰面板采用无石棉增强硅酸钙板时，其主要力学性能、物理性能指标应符合《纤维增强硅酸钙板 第 1 部分：无石棉硅酸钙板》（JC/T 564.1—2018）中的要求（表 11.5-5）。

表 11.5-5　硅酸钙复合板墙板主要力学性能、物理性能指标

项目		单位	性能指标
力学性能	抗折强度Ⅲ级	MPa	≥13
	抗冲击性	次	3
	抗弯承载力	kPa	≥0.8
物理性能	密度	g/m³	≥1.25
	不透水性	h	≥24
	含水率	%	≤10
	湿胀率	%	≤0.25
	燃烧性能	—	A 级不燃材料
	涂层附着力	等级	2 级
	铅笔硬度	H	2H

4）饰面板采用粘接方式时，粘接材料应采用结构密封胶，其性能应符合《建筑用硅酮结构密封胶》（GB 16776—2005）中的要求。

5）岩棉应符合《建筑用岩棉、矿渣棉绝热制品》（GB/T 19686—2015）中的要求。

6）轻钢龙骨应符合《建筑用轻钢龙骨》（GB/T 11981—2008）中的要求。

2. 做法验收

1）装配式轻钢龙骨隔墙边框龙骨必须与基体构造连接牢固，并应平整、垂直、位置正确。

检验方法：手扳检查，尺量检查，检查隐蔽工程验收记录。

2）装配式墙面的管线接口位置，墙面与地面、顶棚装配对位尺寸和界面连接技术应符合设计要求。

检验方法：查阅设计文件、产品检测报告，观察检查、尺量检查。

3）装配式墙面的饰面板应连接牢固，龙骨间距、数量、规格应符合设计要求，龙骨和构件应符合防腐、防潮及防火要求，墙面板块之间的接缝工艺应密闭，材料应防潮、防霉变。

检验方法：手扳检查，检查进场验收记录、后置埋件现场拉拔检测报告、隐蔽工程验收记录和施工记录。

4）装配式轻钢龙骨隔墙边框龙骨必须与基体构造连接牢固，并应平整、垂直、位置正确。

检验方法：手扳检查，尺量检查，检查隐蔽工程验收记录。

3. 完成度验收

1）装配式墙面表面应平整、洁净、色泽均匀，带纹理饰面板朝向应一致，不应有裂痕、瘢痕、翘曲、裂缝和缺损，墙面造型、图案颜色、排布形式和外形尺寸应符合设计要求。

检验方法：观察，查阅设计文件，尺量检查。

2）装配式墙面饰面板嵌缝应密实、平直，宽度和深度应符合设计要求，嵌填材料色泽应一致。

检验方法：观察，尺量检查。

装配式墙面的允许偏差和检验方法应符合表 11.5-6 的规定。

表 11.5-6　装配式墙面允许偏差和检验方法

项次	项目	允许偏差/mm	检验方法
1	立面垂直度	2	用 2m 垂直检测尺检查
2	表面平整度	2	用 2m 靠尺和塞尺检查
3	阴阳角方正	3	用直角检测尺检查
4	接缝直线度	2	拉 5m 线，不足 5m 拉通线，用钢直尺检查
5	接缝高低差	1	用钢直尺和塞尺检查
6	接缝宽度	1	用钢直尺检查

3）装配式轻钢龙骨隔墙上的孔洞、槽、盒应位置正确、套割方正、边缘整齐。

检验方法：观察。

装配式轻钢龙骨隔墙的允许偏差和检验方法应符合表 11.5-7 的规定。

表 11.5-7　轻钢龙骨隔墙允许偏差和检验方法

项次	项目	允许偏差/mm		检验方法
		纸面石膏板	水泥纤维板	
1	立面垂直度	3	4	用 2m 垂直检测尺检查
2	表面平整度	3	3	用 2m 靠尺和塞尺检查
3	阴阳角方正	3	3	用 200mm 直角检测尺检查
4	接缝直线度	—	3	拉 5m 线，不足 5m 拉通线，用钢直尺检查
5	接缝高低差	1	1	用钢直尺和塞尺检查
6	压条直线度	—	3	拉 5m 线，不足 5m 拉通线，用钢直尺检查

4）装配式轻钢龙骨隔墙内的填充材料应干燥，填充应密实、均匀、无下坠。

检验方法：轻敲检查，检查隐蔽工程验收记录。

11.5.4　装配式吊顶验收

1. 材料验收

1）装配式吊顶工程所用吊杆、龙骨、连接构件的质量、规格、安装间距、连接方式及加强处理应符合设计要求，金属（吊杆、龙骨及连接件等）表面应做防腐处理。

检验方法：观察，尺量检查，检查产品合格证书、进场验收记录和隐蔽工程验收记录。

2）装配式吊顶工程所用饰面板的材质、品种、图案颜色、力学性能、燃烧性能等级及污染物浓度检测报告应符合设计要求和现行国家相关标准的规定。潮湿部位应采用防潮材料。饰面板、连接构件应有产品合格证书。

检验方法：观察，检查产品合格证书、性能检测报告、进场验收记录和复验报告。

3）当饰面板选择硅酸钙复合板时，其主要力学性能、物理性能指标应符合《纤维增强硅酸钙板 第 1 部分：无石棉硅酸钙板》（JC/T 564.1—2018）中的要求。

4）吊顶施工前应按设计要求对房间净高、洞口标高和吊顶内管道、设备及其支架的标高进行交接验收。架空层内管道管线应经隐蔽工程验收合格。预埋的连接件构造符合设计要求。

检验方法：观察，尺量检查，隐蔽工程验收记录。

2. 做法验收

1）吊顶标高、尺寸、造型应符合设计要求。

检验方法：观察，尺量检查。

2）吊顶饰面板的安装应稳固严密，当饰面板为易碎或重型部品时应有可靠的安全措施。

检验方法：观察，手扳检查，尺量检查。

3）重型设备和有振动荷载的设备严禁安装在装配式吊顶工程的连接构件上。

检验方法：观察检查。

3. 完成度验收

1）饰面板表面应洁净，边缘应整齐、色泽一致，不得有翘曲、裂缝及缺损。饰面板与连接构造应平整、吻合，压条应平直、宽窄一致。

检验方法：观察，尺量检查。

2）饰面板上的灯具、烟感、温感、喷淋头、风口箅子等相关设备的位置应符合设计要求，与饰面板的交接处应严密。

检验方法：观察。

3）装配式吊顶的允许偏差和检验方法应符合表 11.5-8 的规定。

表 11.5-8　装配式吊顶允许偏差和检验方法

项次	项目	允许偏差/mm 饰面板	检验方法、检查数量
1	表面平整度	3	用 2m 靠尺和塞尺检查，各平面四角处
2	接缝直线度	3	拉 5m 线（不足 5m 拉通线）用钢直尺检查，各平面抽查两处
3	接缝高低差	1	用钢直尺和塞尺检查，同一平面检查不少于 3 处

1.5.5　装配式卫浴验收

1. 材料验收

装配式卫浴工程所选用部品部件、洁具、设施设备等的规格、型号、外观、颜色、性能等应符合设计要求和国家、行业现行标准的有关规定。

检查数量：全数检查。

检验方法：观察，手试，检查产品合格证书、型式检验报告、产品说明书、安装说明书、进场验收记录和性能检验报告。

2. 做法验收

1）装配式卫浴间的功能、配置、布置形式及内部尺寸应符合设计要求和国家、行业现行标准的有关规定。

检查数量：全数检查。

检验方法：观察，尺量检查。

2）装配式卫生间的防水底盘安装位置应准确，与地漏孔、排污孔等预留孔洞位置对正，连接良好。

检查数量：全数检查。

检验方法：观察。

3）整体卫生间或装配式卫浴间部品部件、设施设备的连接方法应符合设计要求，安装应牢固严密，不得松动。与轻质隔墙连接时应采取加强措施，满足设施设备固定的荷载要求。

检查数量：全数检查。

检验方法：观察，手试，检查隐蔽工程验收记录和施工记录。

4）装配式卫浴间安装完成后应做满水和通水试验，满水后各连接件不渗不漏，通水试验给水排水畅通；各涉水部位连接处的密封应符合要求，不得有渗漏现象；地面坡向、坡度正确，无积水。

检查数量：全数检查。

检验方法：观察，满水、通水、淋水、泼水试验。

5）装配式卫浴间给水排水、电气、通风等预留接口、孔洞的数量、位置、尺寸应符合设计要求，不偏位错位，不得现场开凿。

检查数量：全数检查。

检验方法：观察，尺量检查，检查隐蔽工程验收记录和施工记录。

6）装配式卫浴间内板块拼缝处应有填缝剂，填缝应均匀饱满，不留空隙。

检查数量：全数检查。

检验方法：观察。

3. 完成度验收

1）装配式卫浴间部品部件、设施设备表面应平整、光洁、色泽一致，无变形、毛刺、裂纹、划痕、锐角、污渍；金属的防腐措施和木器的防水措施到位。

检查数量：全数检查。

检验方法：观察，手试。

2）装配式卫浴间的洁具、灯具、风口等部件、设备安装位置应合理，与面板处的交接应严密、吻合，交接线应顺直、清晰、美观。

检查数量：全数检查。

检验方法：观察，手试。

3）装配式卫浴间板块面层的排列应合理、美观。

检查数量：全数检查。

检验方法：观察。

4）装配式卫浴防水盘、壁板、顶板、部品部件、设备安装的允许偏差和检查数量、检验方法应符合表 11.5-9、表 11.5-10 的规定。

表 11.5-9 装配式卫浴防水盘、壁板、顶板允许偏差和检验方法

项次	项目	允许偏差/mm			检验方法
		防水盘	壁板	顶板	
1	内外设计标高差	2.0	—	—	用钢直尺检查
2	阴阳角方正	—	3	—	用200mm 直角检测尺检查
3	立面垂直度	—	3	—	用2m 垂直检测尺检查
4	表面平整度	—	3	3	用2m 靠尺和塞尺检查
5	接缝高低差	—	1	1	用钢直尺和塞尺检查
6	接缝宽度	—	1	2	用钢直尺检查

表 11.5-10 装配式卫浴部品部件、设备安装允许偏差和检查数量、检验方法

项次	项目	允许偏差/mm	检查数量	检验方法
1	卫浴柜外形尺寸	3	涉及项目全数检查	用钢直尺检查
2	卫浴柜两端高低差	2		用水准线或尺量检查
3	卫浴柜立面垂直度	2		用1m 垂直检测尺检查
4	卫浴柜上、下口平直度	2		用1m 垂直检测尺检查
5	部品、设备坐标	10		拉线、吊线和尺量检查
6	部品、设备标高	±15		
7	部品、设备水平度	2		用水平尺和尺量检查
8	部品、设备垂直度	3		吊线和尺量检查

11.5.6　装配式厨房验收

1. 材料验收

装配式厨房工程所选用部品部件、橱柜、设施设备等的规格、型号、外观、颜色、性能、使用功能应符合设计要求和国家、行业现行标准的有关规定。

检查数量：全数检查。

检验方法：观察，手试，检查产品合格证书、进场验收记录和性能检验报告。

2. 做法验收

1) 装配式厨房或厨房家具、橱柜、部品部件、设施设备的连接方法应符合设计要求，安装应牢固严密，不得松动。与轻质隔墙连接时应采取加强措施，满足厨房设施设备固定的荷载要求。

检查数量：全数检查。

检验方法：观察，手试，检查隐蔽工程验收记录和施工记录。

2) 装配式厨房给水排水、燃气管、排烟、电气等预留接口、孔洞的数量、位置、尺寸应符合设计要求，不偏位错位，不得现场开凿。

检查数量：全数检查。

检验方法：观察，尺量检查，检查隐蔽工程验收记录和施工记录。

3) 装配式厨房给水排水、燃气、排烟等管道接口和涉水部位连接处的密封应符合要求，不得有渗漏现象。相关做法还应满足《装配式整体厨房应用技术标准》（JGJ/T 477—2018）相应要求。

检查数量：全数检查。

检验方法：观察，手试。

3. 完成度验收

1) 装配式厨房部品部件、设施设备表面应平整、洁净、光滑、色泽一致，无变形、鼓包、毛刺、裂纹、划痕、锐角、污渍或损伤。

检查数量：全数检查。

检验方法：观察，手试。

2) 装配式厨房管线与设备接口应匹配，各配件应安装正确，功能正常，并应满足厨房使用功能的要求。抽屉和拉篮等活动设备、部品应启闭灵活，无阻滞现象，并有防拉出措施。

检查数量：全数检查。

检验方法：观察，手试。

3) 装配式厨房板块面层的排列应合理、美观。

检查数量：全数检查。

检验方法：观察。

4) 装配式厨房橱柜、台面、抽油烟机等部件、设备与墙顶地面处的交接、嵌合应严密，交接线应顺直、清晰、美观。

检查数量：全数检查。

检验方法：观察，手试。

5）装配式厨房部品部件安装的允许偏差、留缝限值和检查数量、检验方法应符合表 11.5-11 的规定。

表 11.5-11　装配式厨房部品部件、设备安装允许偏差和检查数量、检验方法

项次	项目	允许偏差/mm	留缝限值/mm	检查数量	检验方法
1	橱柜外形尺寸	±1	—	涉及项目全数检查	用钢尺检查
2	橱柜对角线长度之差	3	—		用钢尺检查
3	橱柜立面垂直度	2	—		用1m垂直检测尺检查
4	橱柜门与框架平行度		—		用钢尺检查
5	橱柜部件相邻表面高差①	2	—		用钢直尺和塞尺检查
6	相邻橱柜层错位、面错位	1	—		用钢直尺和塞尺检查
7	部件拼角缝隙高差	0.5	—		用钢直尺和塞尺检查
8	台面高度	10	—		用钢尺检查
9	嵌式灶具中心线与吸油烟机中心线偏移	20			用钢尺检查
10	部件拼角缝隙宽度	—	0.5		用钢直尺检查
11	橱柜门和柜体缝隙宽度	—	2		用钢直尺检查
12	后挡水与墙面缝隙宽度	—	2		用钢直尺检查
13	灶具离墙间距	—	200		用钢直尺检查

①指的是橱柜门与框架、门与门相邻表面、抽屉与框架、抽屉与门、抽屉与抽屉等部件的相邻表面高差。

11.5.7　收纳部品验收

1. 材料验收

1）整体收纳所选用部品部件、连接件等的规格、型号、外观、颜色、性能、使用功能应符合设计要求和国家、行业现行标准的有关规定。

检查数量：全数检查。

检验方法：观察，手试，检查产品合格证书、进场验收记录和性能检验报告。

2）整体收纳面板的材质、品种、图案颜色、力学性能、燃烧性能等级及污染物浓度检测报告应符合设计要求及现行国家相关标准的规定。

2. 做法验收

1）收纳柜部件的外露部位端面（含锁孔、五金件安装后凿部分的端面）应进行封边处理。

检验方法：观察。

2）柜门铰链与柜体门扇、门框的表面应平整无错位，固定螺钉与铰链表面应吻合，无松动。

检验方法：观察。

3）门扇及抽屉应开启灵活，关闭严密，无倒翘。

检验方法：观察。

3. 完成度验收

收纳部品安装允许偏差和检验方法见表 11.5-12。

表 11.5-12　收纳部品部件安装允许偏差和检验数量、检验方法

项次	项目	质量要求及允许偏差/mm		检查数量	检验方法
1	外形尺寸	一般要求	±5	涉及项目全数检查	用钢直尺检查
		严格要求	±1		用钢直尺检查
2	面层质量	表面洁净，色泽一致，无划痕损坏			观察
3	抽屉、柜门开关	开启灵活，关闭严密			观察
4	翘曲度	$L_1 > 1400$	3		四角固定细线，钢直尺测量
		$700 < L_1 < 1400$	2		
		$L_1 \leq 700$	1		
5	板件平整度	1			靠尺和塞尺检查
6	临边垂直度	$L > 1000$	3		用钢直尺测量两根对角线尺寸，取差值
		$600 < L \leq 1000$	2		
		$L \leq 600$	1.5		

11.5.8　设备与管线验收

1. 材料验收

1）设备与管线工程所选用部品部件的规格、型号、外观、颜色、性能、使用功能应符合设计要求和国家、行业现行标准的有关规定。

检查数量：全数检查。

检验方法：观察，手试，检查产品合格证书、进场验收记录和性能检验报告。

2）管线施工中，固定装置的耐久年限应长于管线的耐久年限。

检验方法：材料检测报告检查。

2. 做法验收

1）水平管线应安装于架空地板或吊顶内，竖向管线安装于分户墙和套内承重墙的夹层内或预留有套管的内隔墙内。排水管线与其他管线交叉时，应先铺设排水管线，保证排水通畅。

检验方法：观察检查。

2）当采用龙骨式装配式隔墙时，龙骨间距和构造连接方法应符合设计要求，空腔内设备管线的安装、门窗洞口等部位加强处理、填充材料的设置应符合设计要求。

检验方法：检查隐蔽工程验收记录。

3）套内线缆沿架空夹层敷设时，应穿管或线槽保护，严禁直接敷设；线缆敷设中间不应有接头，并在内隔墙内预留套管，以便于安装和更换各类电气线路。

检验方法：检查隐蔽工程验收记录。

4）设备与管线需要与建筑结构构件连接固定时，宜采用预留埋件的连接方式。排水管道敷设应牢固，无松动，管卡和支架位置应正确、牢固，固定方式未破坏建筑防水层。

检验方法：观察检查。

5）敷设在吊顶内的水平给水管线及敷设在管道井内的竖向给水管线，应设置检修口。

对于有检修需求的成品设备和集成管道交错区域，应设置检修口。

检验方法：观察检查。

6）敷设在吊顶或楼地面架空层内的给水排水设备、管线应采取防腐蚀，并有隔声减噪和防结露等措施。

检验方法：观察检查。

7）设备与管线穿越楼板和墙体时，应采取防水、防火、隔声、密封等措施，防火封堵应符合现行国家标准《建筑设计防火规范（2018年版）》（GB 50016—2014）的规定。

检验方法：观察检查。

8）暗敷在轻质墙体、架空地板和吊顶内的管线、设备，颜色（标识）。

检验方法：观察检查。

9）设备与管线施工属于隐蔽工程的，不允许破坏结构构件和装饰部品。

检验方法：观察检查。

3. 完成度验收

1）室内给水管道、热水管道和中水管道水压测试应符合设计要求。

检验方法：现场观测和查看试验记录。

2）给水系统试压合格后，应按规定在竣工验收前进行冲洗和消毒。

检验方法：查看试验记录和有关部门的检测报告。

3）给水管道、热水管道、中水管道和阀门安装的允许偏差应符合设计要求。

检验方法：观察和尺量检查。

4）热水管道应采取保温措施，保温厚度应符合设计要求。

检验方法：观察和尺量检查。

5）管道支、吊架安装应平整牢固。

检验方法：观察、尺量和手扳检查。

6）供暖加热管管径、间距和长度应符合设计要求，间距允许偏差为±10mm。

检验方法：尺量检查。

7）冷、热水管安装应左热右冷、上热下冷，中心间距应大于等于150mm，管道与管件连接处应采用管卡固定。

检验方法：观察检查，手扳检查。

8）供暖分集热水器的型号、规格及公称压力应符合设计要求，分集热水器距地面不小于300mm。

检验方法：查看检测报告，尺量检查。

9）排水主立管及水平干管均应做通球试验。

检验方法：观察和查看试验记录。

10）同层排水系统隐蔽安装的排水管道在隐蔽前应做灌水试验。

检验方法：观察和查看试验记录。

11）设备与管线施工及质量控制应符合设计文件和现行国家、行业标准《建筑给水排水及采暖工程施工质量验收规范》（GB 50242—2002）、《通风与空调工程施工质量验收规范》（GB 50243—2016）、《智能建筑工程施工规范》（GB 50606—2010）、《智能建筑工程质量验收规范》（GB 50339—2013）、《建筑电气工程施工质量验收规范》（GB 50303—2015）、《火灾自动报警系统施工及验收标准》（GB 50166—2019）和《辐射供暖供冷技术规程》（JGJ 142—2012）的规定。

12）设备与管线施工完成后，应对系统进行试验和调试，并做好记录。

检验方法：记录检查。

第 12 章

设备和管线系统安装

12.1 常见设备及管线系统介绍

12.1.1 建筑常见预埋机电管线概况

建筑常见机电管线概况见表 12.1-1。

表 12.1-1 建筑常见机电管线概况（预埋部位）

序号	相关专业		管线在主体结构中预埋部位，安装方式	托架安装部位
1	电气	强电	墙体预埋、楼板预埋、管井桥架、设备层桥架、地面预埋	墙体
		弱电	墙体预埋、楼板预埋、管井桥架、设备层桥架、地面预埋	墙体
2	给水、排水		墙体托架、墙体预留洞、管井托架、设备层托架、地面预埋	墙体
3	采暖	水暖	墙体托架、管井托架、设备层托架、地面预埋	墙体
		电供暖	地面敷设、墙体预埋、管井桥架	墙体桥架
4	通风与空调		墙体托架、墙体预留洞、风井托架、楼板预留洞、设备层托架	墙体、顶棚
5	消防	电气	墙体预留洞、管井托架、楼板预留洞、设备层托架	墙体
6	燃气		楼板预留洞、墙体托架	墙体、顶棚
7	电梯	电气	电梯井桥架、机房预留洞、墙体预埋	墙体
8	室内新风系统		地面预埋、墙体预埋、楼板托架	墙体、顶棚
9	智能化家居		墙体预埋、地面预埋、楼板预埋	墙体

12.1.2 机电管线分离概述

(1) 设备与管线设置在结构体系之外的方式，即裸露于室内空间以及敷设在地面架空层、非承重墙体空腔和吊顶内的管线应认定为管线分离；而对于埋置在结构构件内部（不含横穿）或敷设在湿作业地面垫层内的管线应认定为管线未分离。

(2) 管线分离的专业包括电气（强电、弱电、通信等）、给水、排水和采暖等专业。

(3) 装配式钢结构建筑应满足建筑全寿命周期的使用维护要求，宜采用管线分离的方式。

(4) 装配式钢结构建筑的设备与管线宜与主体结构相分离，应方便维修更换，且不应影响主体结构安全。

(5) 装配式钢结构建筑的设备与管线设计应与建筑设计同步进行，预留预埋应满足结构专业相关要求，不得在安装完成后的预制构件上剔凿沟槽、开孔打洞等。穿越楼板管线较多且集中的区域可采用现浇楼板。

（6）装配式钢结构建筑的设备与管线宜在架空层或吊顶内设置。

12.1.3　机电管线二次设计概述

（1）装配式钢结构建筑如采用全装修方式，建筑具备直接使用功能，宜进行机电管线的二次设计。

（2）机电管线的二次设计的内容和一次设计一致，是对一次设计内容的延伸、深化、完善；对一次图纸的遗漏、不足、未经综合协调的地方，加以补充、完善和优化；使各设计理念得以体现，避免不同工种冲突，减少工程和成本的变更。

（3）二次设计应协调部门如图 12.1-1 所示。

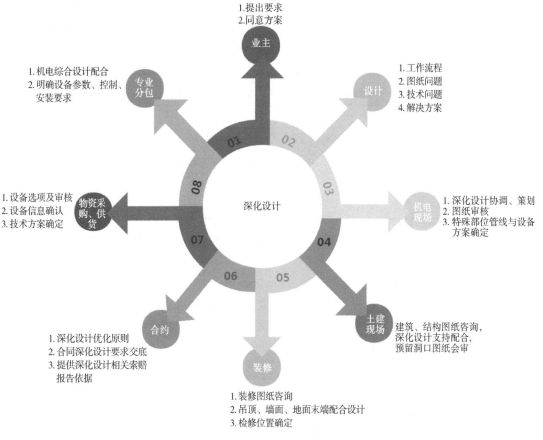

图 12.1-1　二次设计协调部门

（4）机电管线二次深化设计所需资料

1）建设单位、使用单位设计要求。

2）全套建筑图纸。

3）机电一次施工图纸。

4）相关专业（厨卫、声光控、通信、智能化）对机电所提出的要求。

5）室内设计、装修、装饰图纸。

12.2 管线系统预埋

12.2.1 装配式钢结构机电管线预埋概述

1. 在主体构件中预埋

机电管线主体结构预埋部位见表 12.2-1。

表 12.2-1 机电管线主体结构预埋部位

主体构件种类	构件名称	预埋部位	施工单位
水平构件预埋	混凝土叠合板	预制层预埋	预制厂敷设预埋
		现浇叠合层预埋	现场管线敷设预埋
	钢筋桁架楼承板	现浇层预埋	现场管线敷设预埋
	现浇混凝土楼板	现浇层预埋	现场管线敷设预埋
围护结构墙体（内墙）	轻钢龙骨类墙体	墙体芯料中	现场管线敷设预埋
	条板类墙体	条板孔中或墙体内	现场管线敷设预埋
	砌块、砖	墙体内	现场管线敷设预埋
围护结构墙体（外墙）	轻钢龙骨类墙体	墙体芯料中	现场管线敷设预埋
	条板类墙体	墙体内或附加墙体内	现场管线敷设预埋
	外挂大板类	墙体内（减少或避免在外墙）	预制厂敷设预埋
	幕墙类	—	—

主要预埋在构件内部的机电管线为电气（强电、弱电），其他机电预埋一般为预留洞、墙体托架安装。

2. 装配式装修管线预埋

当装配式钢结构整体建筑或住宅户内采用装配式的装修方法时，一般采用管线分离的预埋方式，管线预埋布置应由专业单位进行二次深化设计。管线预埋位置一般为架空龙骨地面夹层中、墙面板龙骨夹层中和吊顶龙骨夹层中。

12.2.2 地面管线预埋

1. 现浇混凝土楼板管线预埋

（1）常规施工顺序　现浇混凝土板常见施工顺序如图 12.2-1 所示。

图 12.2-1　现浇混凝土板常见施工顺序示意图

（2）现浇混凝土楼板与隔墙间的配管　综合隔墙配管形式主要有两种：上引管和下引管（图 12.2-2）。值得注意的是下引管有两种做法，方法一是在顶板上直接开孔往下做管；方法二是在顶板上预留泡沫，等拆完模板结构验收后，从顶板往下做管。

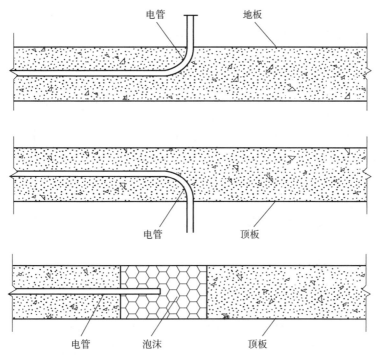

图 12.2-2　上引管、下引管和下引管管路的上下引法示意

（3）现浇混凝土楼板配管　即为传统混凝土楼板配管敷设方式。一般先确定灯位，根据房间四周墙的厚度，弹出十字线，将堵好的盒子固定牢，然后敷管。有两个以上盒子时，要拉直线。管进盒、箱长度要适宜，管路每隔 1m 左右用铅丝绑扎牢固，盒子周围 20cm 内应用铅丝绑扎牢固。有超过 3kg 的灯具（电气设备）时应做好预埋件备用。

（4）变形缝处理　管路通过建筑物变形缝时，在变形缝两侧各预埋一个接线盒（箱），把管的一端固定在一个接线盒（箱）上，另一端要能活动自如，并在此端接线盒（箱）底部的垂直方向开长孔，其孔径长、宽度尺寸不小于被接入管直径的 2 倍（图 12.2-3）。

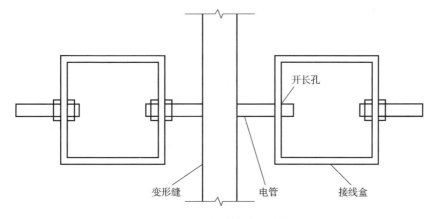

图 12.2-3　变形缝处理示意

（5）钢梁处预埋管线

1）钢梁处墙体，且管线预埋在墙体内部时，预埋管线宜采用上引管，减少采用下

引管。

2）如遇灯位线路需下引管施工时，应在结构设计时与电气专业沟通，在初始结构设计中将钢梁轴线与墙轴钱进行偏轴设计，使预埋管线可在梁一侧顺利通过。当墙面与梁边净距离小于35mm或无法满足预埋管顺利通过时，结构与电气专业应事先沟通，在钢梁加工制作时就预留孔洞，以便预埋管线顺利通过。

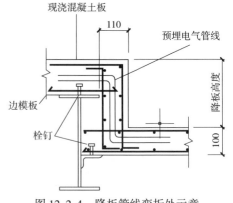

图12.2-4 降板管线弯折处示意

（6）不同楼板标高处预埋管线 不同标高的楼板，标高差超过150mm时（同层排水卫生间处），因预埋管线会出现连续90°弯折，穿线相对困难，故降板处预埋管线宜增大一个规格（图12.2-4）。

2. 叠合楼板管线预埋

（1）叠合楼板机电管线暗敷（在预制层中）

1）二次深化。不同功能建筑中的设备机电系统大有不同，因此在叠合板的预制板上需要预留预埋的孔洞也不同。不管是管线的明装（叠合层）或者暗敷（预制层）都会或多或少地在叠合板上进行预留预埋，叠合板上的预留预埋的深化设计准确性会对预制构件的加工生产和施工阶段的施工安装有直接的影响。常用的叠合板为桁架钢筋混凝土叠合板（60mm厚底板），其桁架钢筋的特殊构造也会对预留孔洞和线盒预埋造成较大的影响。所以施工图设计和深化设计阶段各专业间应相互配合，提高装配式建筑构件深化设计的效率和质量，以减小对预制构件的加工生产和构件装配式施工的不利影响。

2）常见叠合楼板电气预留预埋要求。

①照明系统：照明系统线管暗敷灯盒置于板底，照明系统灯盒在住宅和商业建筑中是常见的预留预埋构件。有精装需求的住宅项目在无吊顶时，板底的照明点位必须精确预留预埋灯盒，精装房间内的无吊顶射灯接线盒在叠合板区域更需精确预留。

②消防系统：消防系统管线确定暗敷设置需要在叠合预制板底预留预埋接线盒，消防系统预留预埋的接线盒通常有应急照明、疏散指示照明、火灾自动报警系统中的感烟探测器和火灾应急广播等。

③强电系统：强电系统的控制开关在墙上设置，其线管在叠合板区域通常需要预留圆形穿线孔，在叠合板现浇层暗敷需要向下在隔墙中走管时，需在叠合预制板预留圆形穿线孔。

④其他特殊需求：精装住宅项目中经常会有特殊预留预埋的需求，例如安防红外对射装置需要在板底预留接线盒，电动窗帘需要在板底预留接线盒等。

⑤管线预埋：因常用的叠合板为桁架钢筋混凝土叠合板（60mm厚底板）和桁架钢筋的特殊构造，使预制层中仅可预埋单层管线，不可交叉重叠。

3）叠合楼板深化设计机电预留预埋配合流程。

①确定叠合板初步结构布置模板图：根据结构布置初步确定叠合板结构布置图。

②确定叠合板初步拆分方案：根据已有的结构布置和建筑布置确定初步的能够满足预制率和预制装配率的装配式拆分方案，确定叠合板板块布置。

③确定结构平面布置图（包含叠合板布置）：根据初步的装配式拆分方案更新结构平面布置图，且充分表达叠合板区域，提交给机电专业并提示叠合板的拆分和后浇带布置。

④机电专业反馈会审意见：机电的各种系统设计应结合叠合板的初步布置，按照专业所需确定叠合板上的预留预埋，提供所有系统的点位布置图；并提出预留预埋较多叠合板的区域，并建议哪些板块不适宜设置为叠合板；把相关信息反馈给结构专业。

⑤叠合板结构平面布置施工图：按照机电专业建议的叠合板设置，重新调整装配式拆分方案，在满足装配指标的前提下对叠合板的布置进行调整，并确定最终的叠合板装配方案和结构平面施工。

（2）叠合板预埋管线明敷（在现浇层中）

1）根据二次设计预埋线盒和预埋管线的位置和形式，现场施工剩余电气预埋管线。

2）敷设管路。

①叠合板一般的后浇混凝土部分只有 70mm 厚，在实际配合中势必会出现两管交叉的情况，扣除保护层厚度 15mm，再扣除钢筋的厚度 8mm × 2，能够敷设管线的垂直空间只有 39mm，那么理论值就是最多只能允许 SC20 的线管与 SC15 的线管交叉叠加。在实际施工中，经常会有三处管路交叉的情况，通过上面的数据可以看出，如果是三处管路交叉，那么交叉处就会超出板面高度，这样就会导致盖筋甚至穿线管裸露出地面。将部分管线敷设于结构梁的上部或者取消部分管线，在砌筑墙体作业时，通过二次配合再安装穿线管。

②敷设穿线管时，在公共走廊区域有电气桥架、水暖管道、消防管道、吊顶等很多需要做支架或者吊杆固定的工程时，在此区域敷设的管道尽量敷设在现浇层中，因为做这些管道等的支架、吊杆时，都会使用电钻钻孔，埋设膨胀螺栓。叠合板下部预埋管一般就敷设在距离板底 30 ~ 40mm 的位置，电钻开洞深度一般都会超过 50mm，钻孔的时候就有很大可能会将电气穿线管打穿。而出现问题的位置，也很难进行处理。

3. 钢筋桁架楼承板

（1）装配式钢结构建筑预埋管线在钢筋桁架楼承板、现浇楼板施工中，与常规现浇混凝土楼板施工顺序、要求、做法基本相同，应按照常规管线预埋施工进行施工。管线施工时，预埋管需穿入钢筋桁架敷设，施工速度会降低。

（2）钢筋桁架楼承板施工顺序如图 12.2-5 所示。

图 12.2-5　钢筋桁架楼承板施工顺序参考

12.2.3　墙面管线预埋

1. 条板类（内墙）

（1）条板中心有孔

1）电气管线类。

①管线预埋间距与条板孔间距匹配，一孔一管。

②遵循"一孔一管"原则(图12.2-6)。

③有进出线的线盒上下配管,"上进下出"。

④横向开槽深度不应超过墙板厚度的1/2。如超出厚度则应以竖向开槽方式（优先预留孔洞进行穿线），经过地面或棚面连接横向开槽点。

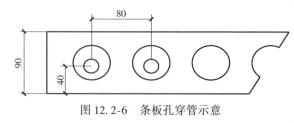

图12.2-6 条板孔穿管示意

⑤线盒、线箱处单独切割处理,一般施工顺序为:弹线——切槽——底盒周边砂浆坡口——固定——配管——补槽。

⑥楼板与墙板管线交接处底盒宜采用条形孔,楼板上引管位置距离墙边应为底盒孔位距离盒边 –10mm,超出墙体表面(图12.2-7)。

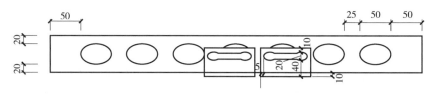

图12.2-7 底盒安装位置示意图（根据条板种类调整）

2）排水管线类。

①排水管线管径一般超过墙体厚度或条板条孔孔径,即单层墙板的隔墙不能横向暗埋水管。

②封闭立管需穿墙安装时（如管道井）,应先安装立管,待隔墙砌筑完成后再进行支管安装,隔墙砌筑过程中应预留横管接头洞口(图12.2-8)。

不应先安装排水管线、水平管线后再安装墙板
导致管线上口无法封堵密实（错误）

应先安装立管再安装墙板预留排水管线、
水平管线后安装洞口（正确）

图12.2-8 管道与条板安装交叉位置顺序示意图

3）控制柜、配电箱的安装。

①单层墙板的隔墙不得安装暗埋的配电箱、控制柜。如需安装应采用明装方式，或设计成双层隔墙。

②配电柜、控制柜严禁穿透隔墙。

③在安装水箱、瓷盆、电气开关、插座、壁灯等水电器具处，按尺寸要求剔凿孔口，不可用重锤猛击，以免震坏墙板。自重较重的器具如动力箱则要按尺寸要求凿孔洞（不可凿通）。

（2）实心条板

1）条板为实心条板无孔时，以切割条板埋管为主。

2）墙板内埋设线管、开关插座盒时，应在墙板安装完毕 3d 后方能切割、开凿孔槽口。

3）由各机电安装单位一次性在墙板上画出所需开凿的线管、槽位、箱口、线盒的位置，画线时须满足宽度 $< d + 30\text{mm}$，深度控制为 $d + 15\text{mm}$，d 为管径。两面开槽时应在水平方向或高度方向错开至少 100mm。

4）开槽时，应用手提切割机割出框线，然后轻剔开槽部位，严禁暴力开槽，以免降低墙体隔声性能。线管安装完毕后，先清理槽内的灰尘，用聚合物砂浆挂网格布分层完成槽口封堵。

2. 条板类（外墙）

装配式钢结构外墙条板类常见为挤出成型水泥条板（ECP 条板）和玻璃纤维增强水泥板外墙板（GRC）

（1）有附加内墙的外墙条板，宜将预埋管线设置在附加墙上。安装方式由附加内墙种类确定。

（2）无附加内墙的外墙条板，宜减少或避免外墙预埋管线，如无法避免，采用切割的方式进行预埋，切割深度不应超过墙体厚度的 1/3。

3. 轻钢龙骨类（内、外墙）

（1）轻钢龙骨类墙体管线施工基本原则

1）按设计敷设管线和线盒，整层线管敷设完毕后应仔细对照图纸自检，防止漏敷、少敷。

2）敷设管线时应采用专用开孔设备对龙骨腹板进行开孔，开孔直径不得超过竖龙骨腹板断面的 1/2。

3）管线敷设时不允许在龙骨翼缘上开口。

4）当两根管在同一位置水平布置时，两管应上下错开布置，以避免灌浆时空鼓问题的出现。

5）当墙体两侧在同一位置均有接线盒时，两接线盒的位置应错开。

6）竖向和水平管线距面板里侧不应小于 20mm，并应固定在龙骨架体上。

7）沿墙长设置的水平或斜向管线不得损坏龙骨柱的柱肢和缀板，可利用浆料流动孔走线。

8）穿墙管道应避开龙骨柱和钢带，与面板接触界面处应做抗裂、防水和密封处理，插座、开关盒等与面板接触部位应填塞膨胀粘结材料。

9）穿过墙体的水、暖、电气、空调等管线应预先进行装修设计，墙体安装时预留过墙孔。

（2）管线弯起时注意事项

1）经过轻钢龙骨灌浆墙体宽度范围内的楼板时，应尽可能避免通常管线，避免在墙体安装底龙骨时钻孔破坏管线（图 12.2-9、图 12.2-10）。

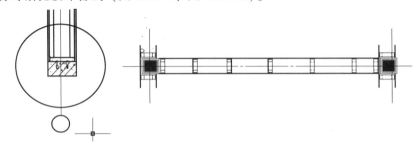

图 12.2-9　墙体龙骨位置示意图

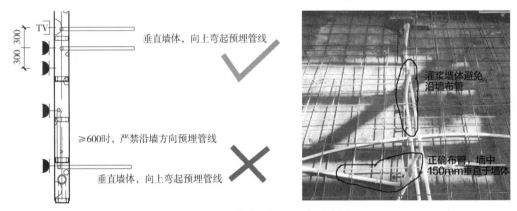

图 12.2-10　墙位置管线走向示意图

2）楼板在墙体内需弯起管线时，弯起位置应在墙宽两侧距离墙边 60mm（底龙骨宽度）以外处弯起（墙宽中间部分），避免与底部通长龙骨相碰。且进入墙宽范围内的管尽量应与墙体方向垂直（图 12.2-11）。

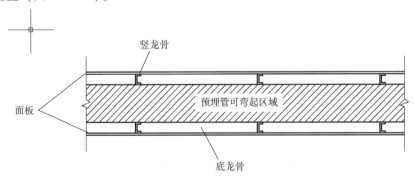

图 12.2 – 11　楼板上引管区域示意图

4. 外挂大板类（外墙）

外挂大板类墙体宜减少或避免预埋电气管线，如无法避免，应进行墙体预埋的二次深化设计，由预制厂施工预埋，板块交接处管线与条板管线安装相同，并应进行单独防水、防腐处理。

5. 砌块类墙体

管线预埋方式为常规管线墙体预埋，可参考相关图集和规范。

12.3　设备系统施工安装

12.3.1　设备系统安装固定架

1. 楼板管道托架

（1）管道托架一般安装在楼板底部，采用吊架安装，常见装配式钢结构楼板（叠合板、钢筋桁架楼承板、现浇板）安装托架固定件钻孔时，严禁钻孔深度超深，破坏楼板上部或楼板内部预埋管线。

（2）公共区域管道数量较多，托架安装相对密集，应尽量减少或避免楼板中预埋管线数量。防止安装托架破坏预埋管路。

2. 墙体管道托架

（1）条板类墙体　管道托架应与钢梁、钢柱连接固定，并应有单独加固措施和方案；遇消防管道支架、通风管道支架等自重较大的管道，应进行固定架受力验算。

（2）轻钢龙骨类墙体

1）管道支架应直接与龙骨相连固定，封面板时钻孔预留托架并封堵即可（图 12.3-1、图 12.3-2）。

2）应预先编写安装固定方案，方案中应确定安装托架位置、数量、龙骨加固方式。

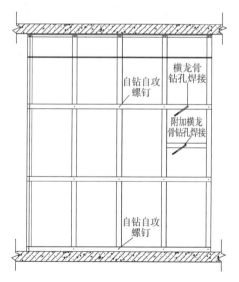

图 12.3-1　龙骨焊接托架示意图

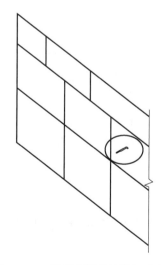

图 12.3-2　面板安装预留托架示意图

（3）砌体、砌块类墙体　传统安装方式可参考现行规范和图集。

12.3.2　设备系统安装预留洞

（1）无论是楼板预留孔洞或是墙体预留孔洞，均应在施工前，墙体或楼板二次深化设计时，将机电管线预留孔洞位置尺寸确定完毕，充分考虑施工中是否合理。

（2）如需现场开洞，应编制施工方案、孔洞加固方案和孔洞预留方案，并经主体设计部门同意。

12.3.3 集成设备系统机电施工概述

常见的住宅集成设备系统为：集成卫生间、整体厨房、新风系统等。

1. 集成卫生间机电施工概述

集成卫生间产品本身电气系统、给水系统、排水系统、采暖系统均已配套安装完成，一般安装前只需按产品说明和图纸预留各类机电管线安装接点即可。（根据不同集成卫生间产品最后确定）

（1）电气系统　预留连接接线即可，零线（N）、火线（L）、地线接线（E），插座线为 BC3×4mm²，灯线为 BV2×2.5mm²。各电源线路接线接头与接头绕线需绕到5~6圈，圈绕结束后先用防水胶布包好，穿PVC套管且PVC套管固定牢固，PVC管穿线均达到集成卫生间插座、电器接口位置。接线符合国家标准，零、火、地线无错误，逐户用测线仪进行核对，符合验收标准。

（2）给水系统　根据不同集成卫生间产品样式，预留相应给水接点。给水系统竖向管道一般按左热右冷，顶板以上管道一般按上热下冷系统对接，间距为50~100mm。

（3）排水系统　横排管系按横排管系图配管，横向排污管道坡度为1.2%，并用管卡将排污管道按规范标准固定在防水盘加强筋上。各排水系统接口承插到位，PVC胶水涂抹均匀，密封严实，系统无漏点。

（4）供热系统　供水、回水管线直接与集成卫生间整体浴室内部的供热管路连接。

2. 整体厨房

（1）整体厨房相关的管路及附件：燃气、给水、排水、通风、电气等。对应产品一般为：燃气灶、洗涤池、排油烟机、冰箱、洗碗机、消毒柜、微波炉和烤箱等产品。

（2）根据整体厨房的深化设计图要求和位置为厨房设备提供接点即可。

3. 室内新风系统

（1）室内新风系统主机是新风系统中动力源，为主机送电可采用管线分离方式或预埋。

（2）管道和主机一般为吊架安装，满足不同楼板形式安装要求即可。

（3）进风器需在墙体预留孔洞，宜在墙体或楼板二次深化设计提出，并在施工图中明确位置。如需现场施工，应与墙体单位配合或在指导下完成。

12.4　设备与管线安装验收

12.4.1　管线验收

1. 机电管线验收相关规范

机电管线预埋、安装施工验收均可按现行国家标准执行（表12.4-1）。

表 12.4-1　参考图集

序号	参考图集
1	《建筑给水排水及采暖工程施工质量验收规范》（GB 50242—2002）
2	《自动喷水灭火系统施工及验收规范》（GB 50261—2017）
3	《消防给水及消火栓系统技术规范》（GB 50974—2014）
4	《通风与空调工程施工质量验收规范》（GB 50243—2016）
5	《建筑电气工程施工质量验收规范》（GB 50303—2015）
6	《火灾自动报警系统施工及验收标准》（GB 50166—2019）
7	《智能建筑工程质量验收规范》（GB 50339—2013）
8	《电梯工程施工质量验收规范》（GB 50310—2002）
9	《高层民用建筑钢结构技术规程》（JGJ 99—2015）
10	《装配式整体卫生间应用技术标准》（JGJ/T 467—2018）
11	《装配式整体厨房应用技术标准》（JGJ/T 477—2018）
12	《装配式建筑电气设计与安装》（20D804）

2. 机电管线验收概述

（1）装配式钢结构建筑预埋机电管线施工验收时合格率宜达到 100%。如机电预埋管线出现堵塞、路径错误、遗漏等现象，对装配式建筑楼板、墙体等部品部件维修相对常规结构维修相对困难，需专业人员进行维修，特殊部位可能影响构件性能。

（2）对于采用管线分离施工方法的工程，因减少或避免在部品部件内预埋管线，施工验收时，应满足现行国家标准规范。还应满足以下要求：

1）同专业不同系统、不同专业均应用不同颜色、不同材质管线进行施工，如电气专业中强电、弱电、消防等；如给水、采暖专业等。

2）不同专业管线交叉时应有防护措施。如强、弱电管线交叉应有屏蔽措施；水、电专业管线交叉时应水暖类在下，电气类在上；墙面上应避免管线交叉，在地面或顶棚横向敷设。

3）管线敷设最终位置应绘制竣工图备案，且方便拆改，以及不同寿命管线维修更换。

12.4.2　集成设备系统验收

1. 二次深化验收要求

（1）集成化厨、卫预制系统验收二次深化设计要求

1）建筑给水系统依据设计节点段施工图，进行预制、加工、装配成组，进行相关吹扫和压力检验，提供合格检验记录，并留存竣工图。

2）排水系统应依据设计节点段施工图，进行预制、加工、装配成组，设置固定支架或支撑将其固定；渗漏检验需提供合格检验记录，留存竣工图。

3）采暖系统主线路供、回水采用水平同层敷设管路设计时，应考虑在施工安装快捷方便的条件下，采用装配式预制设计，控制节点段达到合理适用。当水平敷设相关管路采取多排多层设计时，应采取模块化预制，把支吊架同管路装配为整体模块化，相关吹扫和压力检验需提供合格检验记录，并留存竣工图。

（2）设备安装预留洞、预埋件二次深化设计要求

1）预制构件上预留的孔洞、套管、坑槽应选择在对构件受力影响最小的部位。在深化设计图中标注清楚。

2）穿越预制墙体的管道应预留套管；穿越预制楼板的管道应预留孔洞；穿越预制梁的管道应预留套管。应在墙体深化图中标注清楚，现场施工时应与专业施工人员沟通交流，必要时需经设计同意。

3）集热器、储水罐等的安装应考虑与建筑实行一体化，做好预留预埋。

2. 安装施工验收技术要求

（1）给水排水设备管道装配式安装规定

1）管道连接方式应符合设计要求，当设计无要求时，其连接方式应符合相关的施工工艺标准，新型材料宜按产品说明书要求的方式连接。

2）整体卫浴、整体厨房的同层排水管道和给水管道，均应在设计预留的安装空间内敷设。同时预留和标识明示与外部管道接口的位置。

3）同层排水管道安装当采用整体装配式时，其同层管道应设置牢固支架在同一个实体底座上。

4）成排管道或设备应在设计安装的预制构件上预埋用于支吊架安装的埋件，且预埋件与支架、部件应采用机械连接。当成排管道或设备采用模块化制作时，应采取整体模块化安装。

5）管道和设备应按设计要求在预制场做防腐处理，埋地管道的防腐层材质和结构形式应先在预制场完成并符合设计要求，其长途管线应在接口处预留接口尺寸，连接后封闭，且有隐蔽检测记录。

（2）采暖、通风工程装配式施工规定

1）装配整体式居住建筑设置供暖系统，供、回水主立管的专用管道井或通廊，应预留进户用供暖水管的孔洞或预埋套管。

2）管道、配件安装时，管道穿越结构伸缩缝、抗震缝及沉降缝时，应根据具体情况采取加装伸缩器、预留空间等保护措施。

3）管道连接方式应符合设计要求，新型材料宜按产品说明书要求的方式连接。

4）整体卫浴、整体厨房内的采暖设备及管道应在部品安装完成后进行水压试验，并预留和明示与外部管道的接口位置，其接口处必须做好封闭的保护措施。

5）装配整体式建筑户内供暖系统的供回水管道应敷设在架空地板内，并且管道应做保温处理。当无架空地板时，供暖管道应做保温处理后敷设在装配式建筑的地板沟槽内。

6）固定设备、管道及其附件的支吊架安装应牢固可靠，并具有耐久性，支吊架应安装在实体结构上，支架间距应符合相关规范要求，同一部品内的管道支架应设置在同一高度。任何设备、管道、器具都不得作为其他管线和器具的支吊架。

7）成排管道或设备应在预制构件上预埋用于支吊架安装的埋件。

3. 验收

（1）施工承包单位在相关工程具备竣工验收条件时，应在自评、自查工作完成后，向相关单位提出竣工验收；总监理工程师组织各专业监理工程师对工程竣工资料及工程实体质量完成情况进行预验收，对检查出的问题督促施工单位及时整改，经项目监理部对竣工资料

和工程实体全面检查、验收合格后，由总监理工程师签署工程竣工报验单，并向建设单位提出质量评估报告。

（2）机电管线验收依据的相关资料一般有：施工图设计及设计变更通知书；二次深化施工图；设备产品说明书；国家现行的标准、规范；主管部门或业主有关审批、修改、调整的文件；工程总承包合同；建筑安装工程统一规定及主管部门关于工程竣工的规定。

4. 成品保护

（1）装配式给水排水及采暖工程中所有工厂化预制的管线成品，都应进行管内吹扫干净，无异物，光滑连续；每个管口都应封堵牢固，设置合理的临时支撑，防止运输颠簸产生管线损伤，宜采用集装箱式固定运输。

（2）模块化预制的成组装配部品及装置应采取整体底座结构装配，保证质量，实现现场装配式快速安装。

（3）工程施工吊装操作过程，严禁对吊装件、部品、设备直接实施对其有可能产生损伤的吊装方法，严禁实施野蛮的施工方法。

5. 使用维护

（1）《建筑使用说明书》应包含设备与管线的系统组成、特性规格、部品寿命、维护要求、使用说明等。物业企业应在《检查与维护更新计划》中规定对设备与管线的检查与维护制度，保证设备与管线系统的安全使用。

（2）公共部位及其公共设施设备与管线的维护重点包括水泵房、消防泵房、电机房、电梯、电梯机房、中控室、锅炉房、管道设备间、配电室等，应按《检查与维护更新计划》进行定期巡检和维护。

（3）装修改造时，不应破坏主体结构及外围护结构。

（4）智能化系统的维护应符合国家现行标准的规定，物业企业应建立智能化系统的管理和维护方案。

第四篇 智能建造与质量、成本管控评价

第13章

智能建造概述

13.1 智能建造技术的发展现状与应用前景

智能建造（Intelligent Construct）即数字技术与工程建造系统深度融合形成的工程建造技术创新和管理创新的发展模式，在建造过程中充分利用智能化系统、建筑信息模型、物联网、大数据等先进技术手段构建"数字化策划、机器人操作、系统化管理和网络化控制"的智慧环境。强化建造过程的智能化水平，减少对人的依赖，提高建筑的性价比和可靠性，以满足工程项目的功能性需求和不同使用者的个性需求。智能建造技术主要体现在建筑工程的全生命周期四个基本阶段：智能规划与设计、智能生产、智能施工和智能运维与服务。这种通过对工程项目全生命周期的所有过程实施有效改进和管理的管理理念和模式，具有以下特征：

（1）智能建造的技术体系涉及 BIM 技术、物联网技术、3D 打印技术、人工智能技术、云计算技术和大数据技术，不同技术之间相互独立又相互联系，发挥集成融合的优势。

（2）智能建造的业务特征是数字链驱动的工程建造全寿命期一体化协同与智能决策。

（3）智能建造的产业转型方向是规模化定制的生产方式、服务导向的经营模式、平台化的交易模式。

（4）智能建造的功能目标是交付以人为本、绿色可持续的智能化工程产品与服务。

具有以上特征的智能建造已经提升到以"信息化"和"智能化"为特色的建筑业转型升级的国家战略需求的高度，成为现代工业智能制造技术的一个分支，应运而生随势而长不断发展壮大。

21世纪以来，世界经济发展迅速，人们开始走向智能化的时代，互联网技术、人机交互技术以及各种各样的智能设备充盈着我们的日常生活，这不仅使我们的生活越来越有效率，也对制造企业做出了很大贡献。纵观当今社会，智能制造技术无疑是世界制造业未来发展的重要方向之一。

所谓智能制造技术，是指在现代传感技术、网络技术、自动化技术、拟人化智能技术等先进技术的基础上，通过智能化的感知、人机交互、决策和执行技术，实现设计过程、制造过程和制造装备智能化，是信息技术和智能技术与装备制造过程技术的深度融合与集成。我国对智能制造的研究开始于20世纪80年代末，在最初的研究中在智能制造技术方面取得了一些成果，而进入21世纪以来智能制造在我国迅速发展，在许多重点项目方面取得成果，智能制造相关产业也初具规模。

我国已取得了一批相关的基础研究成果和长期制约我国产业发展的智能制造技术，如机器人技术、感知技术、工业通信网络技术、控制技术、可靠性技术、机械制造工艺技术、数控技术与数字化制造复杂制造系统、智能信息处理技术等；攻克了一批长期严重依赖并影响我国产业安全的核心高端装备，如盾构机、自动化控制系统、高端加工中心等。建设了一批相关的国家重点实验室、国家工程技术研究中心、国家级企业技术中心等研发基地，培养了一大批长期从事相关技术研究开发工作的高技术人才。随着信息技术与先进制造技术的高速发展，我国智能制造装备的发展深度和广度日益提升，以新型传感器、智能控制系统、工业机器人、自动化成套生产线为代表的智能制造装备产业体系已经初步形成，一批具有自主知识产权的智能制造装备也实现了突破。这些成就的取得为建筑工业领域的智能建造发展带来了机遇动力，也增加了紧迫感和巨大压力。

在工程建设领域，主要发达国家相继发布了面向新一轮科技革命的国家战略，如美国制定了《基础设施重建战略规划》、英国制定了《建造 2025》战略、日本实施了建设工地生产力革命战略等。建筑业是我国国民经济的重要支柱产业。近年来，我国建筑业持续快速发展，产业规模不断扩大，建造能力不断增强，有力支撑了国民经济持续健康发展。应该注意到随着新一轮科技革命和产业变革向纵深发展，新一代信息技术加速向各行业全面融合渗透，给我带来了巨大的挑战。近年来，我国智能建造技术及其产业化发展迅速并取得了较显著的成效，并已形成完整的规划和目标（图 13.1-1）。我国的 BIM 技术已在多个行业领域推广应用，如图 13.1-2 所示。然而，国外发达国家的技术依旧引领着整体方向，我国智能建造技术仍存在突出的矛盾和问题。与发达国家智能建造技术相比，包括最基本的 BIM 技术发展推广应用，我国还存在着不小差距，表 13.1-1 和表 13.1-2 比较全面地进行了对比分析。

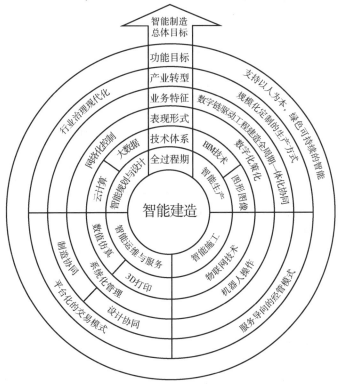

图 13.1-1　智能建造体系架构示意图

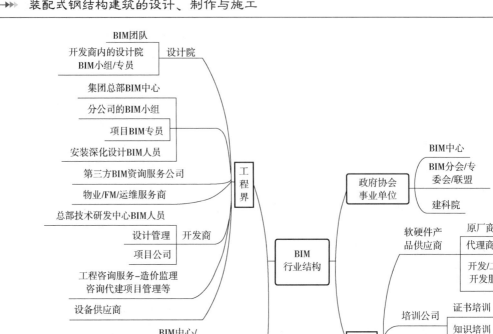

图 13.1-2　我国 BIM 应用领域示意图

表 13.1-1　国内外智能建造技术发展对比

技术发展	国内	国外
基础理论和技术体系	基础研究能力不足，对引进技术的消化吸收力度不够，技术体系不完整，缺乏原始创新能力	拥有扎实的理论基础和完整的技术体系，对系统软件等关键技术的控制，先进的材料和重点前沿领域的发展
中长期发展战略	虽然发布了相关技术规划，但总体发展战略尚待明确，技术路线不够清晰，国家层面对智能建造发展的协调和管理尚待完善	金融危机后，众多工业化发达国家将包括智能建造在内的先进建造业发展上升为国家战略
智能建造装备	对引进的先进设备依赖度高，平均 50% 以上的智能建造装备需要进口	拥有精密测量技术、智能控制技术、智能化嵌入式软件等先进技术
关键智能建造技术	高端装备的核心控制技术严重依赖进口	拥有实现建造过程智能化的重要基础技术和关键零部件
软硬件	重硬件轻软件现象突出，缺少智能化高端软件产品	软件和硬件双向发展，"两化"程度高
人才储备	智能产业人才短缺，质量较弱	全球顶尖学府的高级复合型研究人才

表 13.1-2　BIM 技术在建造领域应用情况

建造工程领域	应用 BIM 技术	应用价值
设计企业	主要包括方案设计、扩初设计、施工图、设计协同及设计工作重心前移等方面	从而使设计初期方案更具有科学性，以更好地协调各专业人员，并将主要工作放到方案和扩初阶段，使设计人员能将更多的精力放在创造性劳动上
施工企业	主要是错漏碰缺检查、模拟施工方案、三维模型渲染及进行知识管理	做到直观解决建筑模型构件之间的碰撞、优化施工方案，在时间维度上结合 BIM 以缩短施工周期，并通过三维模型渲染为客户提供虚拟体验，最终达到提升施工质量、提高施工效率、提升施工管理水平的目的
企业运维阶段	主要有空间管理、设施管理和隐蔽工程管理	为后期的运营维护提供直观的查找手段，降低设施管理的成本损失，通过模型还可了解隐蔽工程中的安全隐患，达到提高运维管理效率的目的

当前建筑工程领域，有着名目繁多的提法：智能建造、绿色建造、绿色建筑、智慧建筑、智慧社区、智慧城市等，应该统一认识。智能建造的最终目的是提供以人为本、智能化的、绿色可持续的工程产品与服务，建造目的是交付绿色工程产品，绿色建造的实现过程则需要智能化、数字化建造技术的支撑。其本质上是一致的，实现方式则是殊途同归。智能建造具体目标有三个：一是以用户为本，提供智能化的服务，使用户的生活环境更美好、工作环境更高效；二是提升建筑对环境的适应性，实现节能减排、再生循环；三是促进人与自然和谐。智慧的本质应该是与自然生态、社会文化以及用户需求的体验相适应的，这样才能够构成绿色与智能之间良性的互动关系。

智能建造不仅是实现建造技术的进步，更重要的是要变革生产方式，实现基于工程全生命周期数据模型的信息集成与业务协同。当前工程建造各环节，从策划、规划、设计、施工，一直到运维，是割裂的。这就造成建筑产品品质难以保证，建筑生产低效率。同时，建筑业还面临激烈的跨界竞争压力，如生产积木的乐高涉足装配式建筑生产，阿里巴巴也开始尝试 BIM 平台建设和服务。建筑业的出路只能是打通各环节，实现信息集成和业务协同，把产业链拉长，促进新业态。提供如智慧城市、智能建筑这类智能产品服务，建筑业是有优势的，因为我们最了解使用者的功能需求和行为习惯。绿色建筑实际上不只是一个技术问题，更是一个绿色行为的问题。因此，迫切需要将推动智能建造与建筑工业化协同发展作为抢占建筑业未来科技发展高地的战略选择，认真贯彻落实住房和城乡建设部等 13 部门联合印发的《关于推动智能建造与建筑工业化协同发展的指导意见》，明确推动智能建造与建筑工业化协同发展的指导思想、基本原则、发展目标、重点任务和保障措施。依据文件精神指导当前和今后一个时期的建筑业转型升级，推动建筑工业化、数字化、智能化升级，打造"中国建造"升级版，提升企业核心竞争力，迈入智能建造世界强国行列。

13.2　智能建造的基础理论

13.2.1　建筑信息模型 BIM 的基础知识

1. 建筑信息模型的概念

建筑信息模型（Building Information Modeling, or BIM）是以三维数字技术为基础，集成

了建筑工程项目各相关关系的工程数据模型。BIM 是对工程项目设施实体与功能特性的数字化表达。作为建筑信息技术新的发展方向，给整个建筑行业带来了多方面的机遇与挑战，设计师通过运用 BIM 技术，改变了以往方案设计的思维方式，承建方得到新型的图纸信息，改变了传统的操作流程，管理者则因使用统筹信息的新技术，改变了其前前后后的工作日程、人事安排等一系列任务的分配方法。

BIM 是继计算机辅助设计（Computer Aidea Design or CAD）之后的新生代。通过支持 BIM 技术或相关软件得以实现。同时 BIM 从 CAD 扩展到更多的软件程序领域，如工程造价、进度安排，还蕴藏着服务设备管理等方面的潜能。BIM 给建筑行业（Architecture, Engineering, and Construction or AEC）的软件应用增添了很多智能工具，实现了更多的智能工序。

1975 年，"BIM 之父" Chuck Eastman 提出 "Building Description System" 系统；20 世纪 80 年代后，芬兰学者提出 "Product Information Model" 系统；1986 年，美国学者 Robert Aish 提出 "Building Modeling" 系统；2002 年由 Autodesk 公司提出建筑信息模型（Building Information Modeling, BIM），是对建筑设计的创新。

BIM 为真正实现 BLM（Building Lifecycle Management）的理念提供了技术支撑，建筑工程生命期主要包括建筑物进行设计、施工、运维使用乃至拆除的完整过程。概括地讲，BIM 是将规划、设计、施工、运营等各阶段的数据，全部逐渐累积于一个数据结构，其中包含着三维模型的信息，也存储着具体构件的参数数据（图 13.2-1）。BIM 的数据由建筑行业软件程序产生、输入并支援，用以共享和交换项目的信息并协助建设项目过程中的整合操作。基于数字化设计信息的创建，与相关技术产品接口，可以改变建筑工程信息管理过程和共享过程，从而实现 BLM。

从前期设计阶段，BIM 便开始建立一个贯穿始终的数据库档案。随着项目的展开，BIM 的数据信息跟随方案自动积累与更新，设计的方案随着计划的调整而改变。这就使得项目的前期设计工作在有限的时间得到更多的预选方案。BIM 的前期设计数据进入概念设计阶段，将开始逐步扩充起来。由于不同软件程序只存取同一组信息数据，设计的数据可以在项目参与者间循环，因此大大提高了数据的有效利用率。有了 BIM 共享基础，在做建筑设计的同时，建筑师就

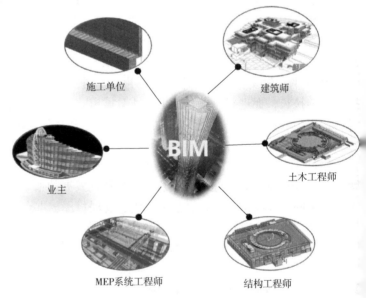

图 13.2-1　BIM 在建筑领域的关联示意图

可以便捷地计算出方案的绿色指标、经济指标、概预算等数值，进而再影响方案设计并进行优化。接下来，这些数据将继续在扩初设计中得以细致化、完善化。最终基于 BIM 的扩初设计，通过截取 BIM 模型就完成了布图，使用提取工具就完成文案的编制，呈交

一套完整的产品设计。这个阶段的工作新颖之处体现在，基于 BIM 的设计产品都是 BIM 模型创作的副产品，都是从详尽的数据库中得来的，图纸输出或文档的编制并没有本质的不同，只是出于不同的目的、从不同的角度、用不同的格式来查看项目模型的数据而已。

2. BIM 的特点

BIM 技术的八大特点如图 13.2-2 所示。

可视化（Visualizatin）

协调性（Coordinatin）

模拟性（Simulation）

优化性（Optimization）

可出图性（Documentation）

一体化性（Integration）

参数化性（Parameterization）

信息完备性（Complete Information）

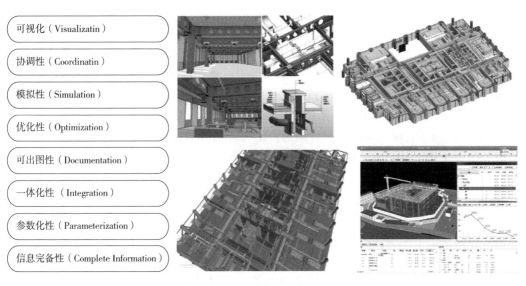

图 13.2-2　BIM 技术的八大特点

（1）可视化　可视化即"所见所得"的形式，对于建筑行业来说，可视化真正运用在建筑业的作用是非常大的。例如施工图纸，只是各构件信息在图纸上用线条的绘制表达，但是其真正的构造形式就需要建筑业参与人员在脑海中想象而形成立体的实物形状。对于一般简单的结构物来说，这种想象也未尝不可，但是近几年建筑业的建筑形式各异，复杂造型在不断地推出，那么这种光靠人脑去想象的东西就未免有点不太现实了。所以 BIM 提供了可视化的思路，让人们将以往的线条式的构件形成一种三维的立体实物图形展示在人们的面前；建筑业也有设计方面出效果图的事情，但是这种效果图是分包给专业的效果图制作团队进行识读设计，以线条式信息制作出来的，并不是通过构件的信息自动生成的，缺少了同构件之间的互动性和反馈性。然而 BIM 提到的可视化是一种能够同构件之间形成互动性和反馈性的可视，在 BIM 建筑信息模型中，由于整个过程都是可视化的，所以可视化的结果不仅可以用来效果图的展示及报表的生成，更重要的是，项目设计、建造、运营过程中的沟通、讨论、决策都在可视化的状态下进行。

（2）协调性　这个方面是建筑业中的重点内容，不管是施工单位还是业主及设计单位，无不在做着协调及配合的工作。一旦项目的实施过程中遇到了问题，就要将各有关人士组织起来开协调会，找各施工问题发生的原因及解决办法，然后出变更，做相应补救措施等进行问题的解决。那么这个问题的协调真的就只能出现问题后再进行协调吗？在设计时，往往由于各专业设计师之间的沟通不到位，而出现各种专业之间的碰撞问题，例如暖通等专业中的管道在进行布置时，由于施工图纸是各自绘制在各自的施工图纸上的，真正施工过程中，可能在布置管线时正好在此处有结构设计的梁等构件妨碍着管线的布置，这种就是施工中常遇到的碰撞问题，像这样的碰撞问题的协调解决就只能在问题出现之后再进行解决吗？BIM的协调性服务就可以帮助处理这种问题，也就是说，BIM建筑信息模型可在建筑物建造前期对各专业的碰撞问题进行协调，生成协调数据，提供出来。当然BIM的协调作用也并不是只能解决各专业间的碰撞问题，它还可以解决例如：电梯井布置与其他设计布置及净空要求之协调，防火分区与其他设计布置之协调，地下排水布置与其他设计布置之协调，等等。

（3）模拟性　模拟性并不是只能模拟设计出的建筑物模型，还可以模拟不能够在真实世界中进行操作的事物。在设计阶段，BIM可以对设计上需要进行模拟的一些东西进行模拟实验，例如：节能模拟、紧急疏散模拟、日照模拟、热能传导模拟等；在招标投标和施工阶段可以进行4D模拟（三维模型加项目的发展时间），也就是根据施工的组织设计模拟实际施工，从而来确定合理的施工方案来指导施工。同时还可以进行5D模拟（基于3D模型的造价控制），从而来实现成本控制；后期运营阶段可以模拟日常紧急情况的处理方式，例如地震时人员逃生模拟及消防人员疏散模拟等。

（4）优化性　事实上整个设计、施工、运营的过程就是一个不断优化的过程，当然优化和BIM也不存在实质性的必然联系，但在BIM的基础上可以做更好的优化、更好地做优化。优化受三个条件的制约：信息、复杂程度和时间。没有准确的信息做不出合理的优化结果，BIM模型提供了建筑物的实际存在的信息，包括几何信息、物理信息、规则信息，还提供了建筑物变化以后的实际存在。复杂程度高到一定程度，参与人员本身的能力无法掌握所有的信息，必须借助一定的科学技术和设备的帮助。现代建筑物的复杂程度大多超过参与人员本身的能力极限，BIM及与其配套的各种优化工具提供了对复杂项目进行优化的可能。基于BIM的优化可以做下面的工作。

1）项目方案优化：把项目设计和投资回报分析结合起来，设计变化对投资回报的影响可以实时计算出来；这样业主对设计方案的选择就不会主要停留在对形状的评价上，而更多的可以使得业主知道哪种项目设计方案更有利于自身的需求。

2）特殊项目的设计优化：例如裙楼、幕墙、屋顶、大空间到处可以看到异型设计，这些内容看起来占整个建筑的比例不大，但是占投资和工作量的比例和前者相比却往往要大得多，而且通常也是施工难度比较大和施工中出现问题比较多的地方，对这些内容的设计进行施工方案的优化，可以带来显著的工期和造价改进。

（5）可出图性　BIM并不是为了出大家日常多见的建筑设计院所出的建筑设计图纸，及一些构件加工的图纸。而是通过对建筑物进行了可视化展示、协调、模拟、优化以后，可以帮助业主出如下图纸：

1）综合管线图（经过碰撞检查和设计修改，消除了相应错误以后）。

2）综合结构留洞图（预埋套管图）。

3）碰撞检查、侦错报告和建议改进方案。

综上所述，BIM在许多国家已经有比较成熟的标准或者制度。BIM在中国建筑市场内要顺利发展，必须将BIM和国内的建筑市场特色相结合，才能够满足国内建筑市场的特色需求，同时BIM将会给国内建筑业带来一次巨大变革。

（6）一体化性　BIM技术是从设计到施工再到运营贯穿了工程项目的全生命期的一体

化管理系统。BIM 的技术核心是一个由计算机三维模型所形成的数据库，不仅包含了建筑的设计信息，而且可以容纳从设计到建成使用，甚至是使用期终结的全过程信息。

（7）参数化性　参数化建模指的是通过参数而不是数字建立和分析模型，简单地改变模型中的参数值就能建立和分析新的模型；BIM 中图元是以构件的形式出现，这些构件之间的不同，是通过参数的调整反映出来的，参数保存了图元作为数字化建筑构件的所有信息。

（8）信息完备性　信息完备性体现在 BIM 技术可对工程对象进行 3D 几何信息和拓扑关系的描述以及完整的工程信息描述。建立以 BIM 应用为载体的项目管理信息化，提升项目生产效率、提高建筑质量、缩短工期、降低建造成本。

3. BIM 的四个层次

数字表达、知识资源、工作过程和协同作业是 BIM 的四个层次，是对一个建筑物理和功能特性的数字表达和共享的知识资源；是可以分享有关生命周期所有决策依据的工作过程，各工程阶段在 BIM 模型中能够进行插入、提取、更新和修改的协同工作（图 13.2-3）。

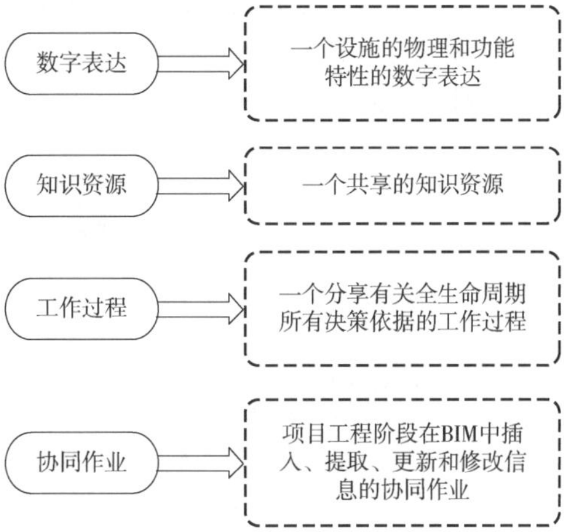

数字表达	→	一个设施的物理和功能特性的数字表达
知识资源	→	一个共享的知识资源
工作过程	→	一个分享有关全生命周期所有决策依据的工作过程
协同作业	→	项目工程阶段在BIM中插入、提取、更新和修改信息的协同作业

图 13.2-3　BIM 技术的四个层次

4. BIM 架构的标准

BIM 的架构是依托 IFC、IFD、IDM 三个标准，三者之间的关系如图 13.2-4、图 13.2-5 所示。

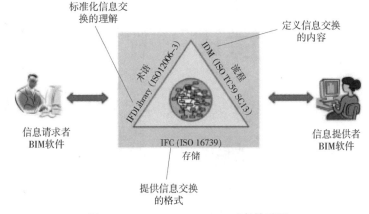

图 13.2-4　IFC、IFD、IDM 三者关系图

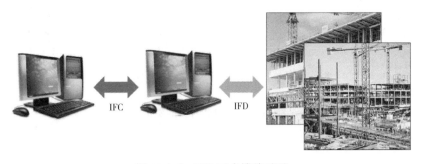

图 13.2-5　BIM 三支撑关系图

（1）BIM 架构的支撑之一——IFC 标准　IFC（Industry Foundation Classes）是工业基础类的缩写，是国际协同联盟建立的标准名称。IFC 是包含工程项目中要使用的所有"东西"（图 13.2-6），包括：

1）实际构件或部件：例如门、窗、管道、阀门、灯具等。

2）空间：例如房间、楼层、建筑、场地、其他外部空间等。

3）在设计、施工和运营维护中进行的流程。

4）参与的人和组织。

5）对象之间存在的关系。

图 13.2-6　IFC 对象的例子

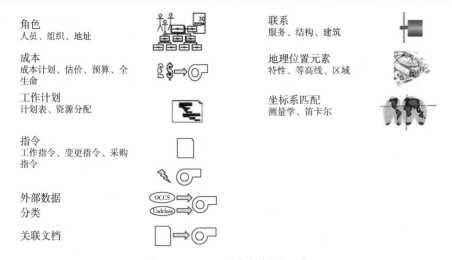

角色
人员、组织、地址

成本
成本计划、估价、预算、全
生命

工作计划
计划表、资源分配

指令
工作指令、变更指令、采购
指令

外部数据
分类

关联文档

联系
服务、结构、建筑

地理位置元素
特性、等高线、区域

坐标系匹配
测量学、笛卡尔

图 13.2-6 IFC 对象的例子（续）

IFC 是一个包含各建设项目设计、施工、运营各个阶段所需要的全部信息的一种基于对象的、公开的标准文件交换格式，如图 13.2-7、图 13.2-8 所示。

数字图形介质的构造方法和描述标准是通用的技术标准，涵盖了工程结构三维可视化设计中三维模型的定义、属性、分类、延续、遗传、关联等诸多内容，适合于工程结构三维设计中任何软件平台。IFC 标准包含建筑控制领域、结构构件领域、结构分析领域等九个领域，如图 13.2-8 所示。

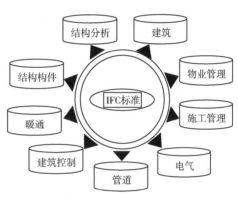

图 13.2-7 IFC 标准的应用范围

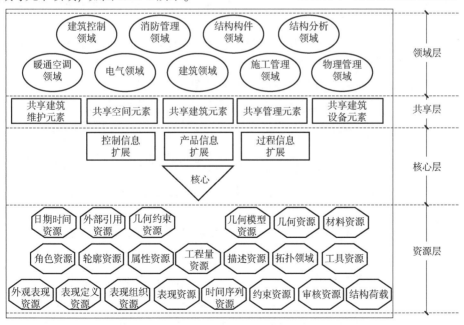

图 13.2-8 IFC 架构示意图

（2）BIM 架构的支撑之二——IFD 标准 IFD 采用了概念和名称或描述分开的做法，引入类似人类身份证号码的 GUID（Global Unique Identifier 全球唯一标识）来给每一个概念定义一个全球唯一的标识码，不同国家、地区、语言的名称和描述与这个 GUID 进行对应，保证每一个人通过信息交换得到的信息和他想要的那个信息一致，解决了对象描述不一致的问题，如图 13.2-9 所示。

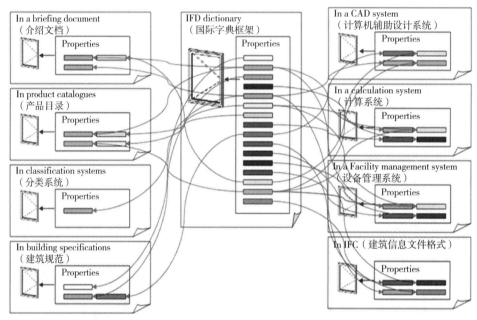

图 13.2-9 IFD 的概念和关系

以窗为例：IFD 记录和汇集所有不同信息来源关于窗的性质，从而形成了一个包含所有可能窗的性质的一个最一般意义上的"窗"的概念，同时记录每一种窗的性质的初始信息来源，一个跟窗有关的最完整的"字典"就形成了。

（3）BIM 架构的支撑之三——IDM 标准 IDM 的全称是 Information Delivery Manual，是信息交付手册；从事某一个具体项目、某个具体工作的参与方使用 IDM 定义他的工作所需要的信息交换内容，然后利用 IFC 标准格式实施（图 13.2-10）。

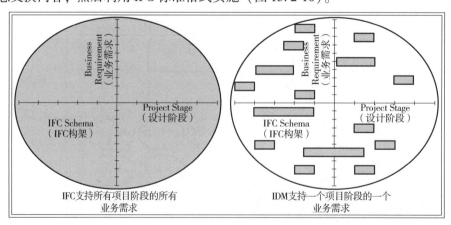

图 13.2-10 IDM 满足 BIM 用户单体要求软件供应商全部功能的业务流程图

BIM 三支撑的流程如图 13.2-11 所示。

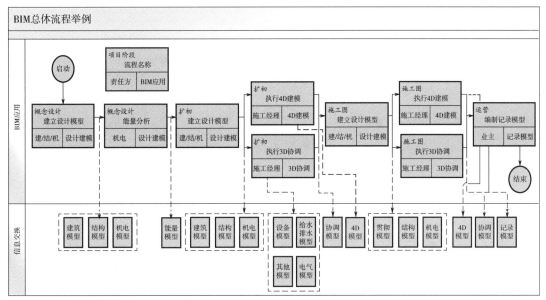

图 13.2-11　BIM 三支撑的流程示意图

（4）BIM 架构的支撑之四——CIS 标准　CIS/2（Cimsteel Integration Standards Release 2）是近年发展起来的，其核心为逻辑产品模型（Logical product Model）钢结构标准，主要包括分析模型、设计模型、制作模型三个模块，它得到了美国 NIST、AISC 等权威机构的支持和发展，已在北美和欧洲的钢结构领域中得到应用，CIS/2 中三个模型的相互关系如图 13.2-12 所示。

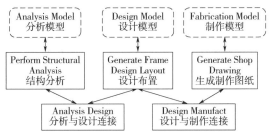

图 13.2-12　CIS/2 中三个模型的相互关系

CIS/2 包括的主要内容都在 Schema、LPM5、LPM6 中进行定义，对钢结构涉及的所有参数、部件、工艺操作或特性都分别给予了明确的识别符号和名称定义，包括了 600 多个数据基本类型和分类描述的方法，确定了 60 多个功能函数。

分析模型、设计模型和制作模型中包含几何属性和物理属性，分析模型架构如图 13.2-13所示。所有图形元素之间，是将数字化图形作为一种具有几何属性和物理属性的载体，数据附着于数字化图形，而数字化图形中又隐含有数据。以自然界的物理方程来控制钢结构图形的动作和相应的变化，反映工程结构中各物理实体真实的运动规律和结果。所有模型均采用统一的数据存储格式，便于项目各参与方的沟通与协作。该数字图形介质理论方法为工程领域提供了更广阔的发展空间。

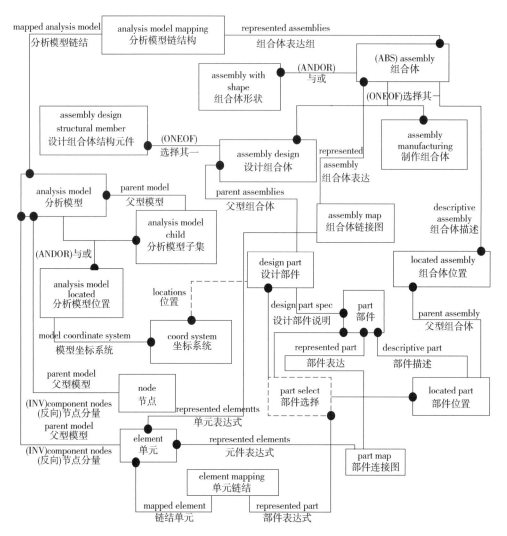

图 13.2-13　分析模型架构图

（5）BIM 架构的支撑之五——GML 标准　GML（Geography Markup Language）即地理标识语言，它由 OGC（开放式地理信息系统协会）于 1999 年提出，并得到了许多公司的大力支持，如 Oracle、Galdos、MapInfo 等。

GML 能够表示地理空间对象的空间数据和非空间属性数据，GML 架构如图 13.2-14 所示。GML 标准的当前版本（GML 3.0）提供了一套核心模式和一个基于对象/属性或要素/属性的简单语义模型，大大增加了 GML 描述地理空间数据的能力。

（6）BIM 架构的层次及关联矩阵　《建筑业企业资质标准》（建市［2014］159 号）中规定，施工总承包序列设有 12 个类别，分别是：建筑工程施工总承包、公路工程施工总承包、铁路工程施工总承包、港口与航道工程施工总承包、水利水电工程施工总承包、电力工程施工总承包、矿山工程施工总承包、冶金工程施工总承包、石油化工工程施工总承包、市政公用工程施工总承包、通信工程施工总承包、机电工程施工总承包。这些不同领域（序列）的工程建设项目具有不同的 BIM 实施方式，如图 13.2-15 所示。

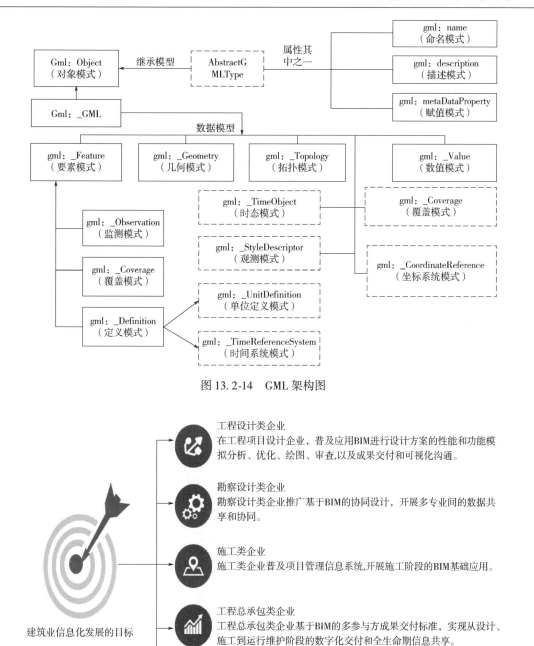

图 13.2-14　GML 架构图

图 13.2-15　建筑业信息化发展目标图

建筑信息模型数据库应采用分阶段流程信息模型并以分布式数据库表达，如图 13.2-16 所示，由总 BIM，分 BIM 及子 BIM 三层数据库组成，建筑信息模型粒度应根据不同阶段工作需要确定，分为五个阶段信息流程模型，各阶段信息流程模型应严格区分，分别存储，一旦确认后将作为基准不被修改。

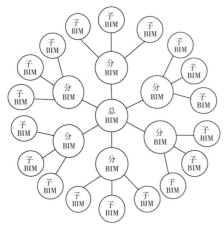 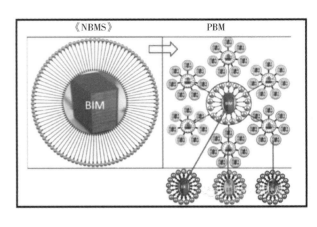

图 13.2-16　BIM 的分层次关系图

（7）BIM-CAD 图形通用的表达方式及拓扑结构　当前多数计算机图形硬件使用的渲染图元的基本形式均为三角形，各种三角形拼合形成的多边形和多面体，构成无序的组合，这种组合能充分地表达物理世界。但是这种组合没有包含确定多边形互相关系的连接信息，Christer Ericson 将此种描述方式形象地称为"多边形汤"[74]（Polygon Soup），也就是任何结构物体的表面都是由多边形所构成。"多边形汤"的组合与计算具有相当的广泛性，但是对于多边形集合来说，严格要求信息必须传递相连，工程数值计算时效率低下，数据健壮性差，精度也不尽如人意，使得"多边形汤"在技术上的推广应用受到了制约。另外，"多边

形汤"并没有考虑到物体对象的"内部"信息，导致难以确定两个对象是否错误地重叠在一起，仅仅依靠包含一条边上的两个顶点信息、两个面的连接信息难以判断物体对象是否为一个封闭实体，或者物体对象是否为凸体或凹体。

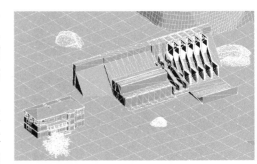

三角形及多边形连接拼凑的网格在形态上反映了描述对象，这些无序的集合体在粗略表现大场景的工程动画和虚拟模型中仍然是比较通用的手段（图 13.2-17）利用多边形群构建的某建筑物集合模型，来描述结构的形态和信息。多边形

图 13.2-17　采用多边形群构建的集合模型

物体按照顶点（Vertex）、边（Edge、Coedge）和面（face、faceset）加以定义。可直观反映构造物的图形网格，常被称为"具备显式的表达方式"。而另一种通过数学方程表达的几何图元定义为"隐式表达方式"，例如球体、圆锥、圆环等物体。隐式物体对象常描述为 3D 空间至实数的函数映射，$f: R^3 \rightarrow R$。其中，$f(x, y, z) < 0$ 代表物体的内部点集；$f(x, y, z) = 0$ 代表物体边界上的点集；$f(x, y, z) > 0$ 代表物体的外部点集（图 13.2-18）。通过隐式函数定义的对象边

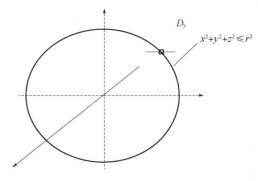

图 13.2-18　一个显示定义的球体

界常称作隐式表面。显式表面根据角边可直观判定，而隐式表达则有图形可见，但需要根据隐式 $f(x, y, z)$ 方程计算得到具体数值的特点。

凸体多边形对象也称作半空间的交集。例如，立方体可描述为 6 个半空间的交集，其中，每一个半空间均去除了立方体面的部分外部空间。半空间和半空间体的相关内容将在后面章节加以详细解释。

球体、包围盒和圆柱体也可称为构造实体几何（Constractive Solid Geometry），简称 CSG。CSG 物体对象可以在基础的几何形状进行并集、交集、差集运算，构造出新的集合对象。CSG 对象在后续章节中可以表达为 BSP 树，采用树节点表达 CSG 结构（图 13.2-19）。CSG 物体属于隐式对象，其中，顶点、边和面均无法直接获取。CSG 模拟的物体对象通常是有效的，即不存在任何影响多边形表达的问题（如缝隙）。CSG 对象也是一种空间体的表达方式，尤其通过图形软件的命令流，它使得判断一点是否位于 CSG 物体之内就变得十分容易。CSG 多面体对象也可以通过 CAD 图形命令集中所描述的步骤加以实现。虽然在图形变异或计算过程中会产生数字误差，其健壮性受到影响，但这种数字几何图形的表现方法，能够满足工程精度要求，为图形作为介质载体的研究奠定了基础，我国学者提出的数字图形介质映射模型充实完善了图形的几何与信息协调融合技术。计算机内建立起来的实体模型包括的信息可以分为两类：几何信息和拓扑信息。其中，几何信息用来表示各几何元素的几何特性和度量关系，而拓扑信息用来表示几何元素之间的连接关系。工程图元之间的拓扑关系是建筑模型的核心，它包括图元之间局部的约束关系和整体的约束关系两方面的内容。把结构中的各图元用封闭的多边形平面围绕而成的多面体表示，从抽象意义上来说就是一个结构模型是一个空间多面体的结合，这些多面体的面、角、点的关系形成了这个结构模型的拓扑结构。

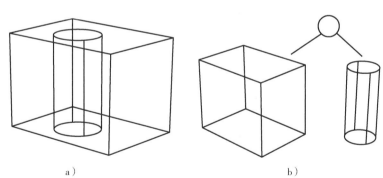

a）　　　　　　　　　　　　　　b）

图 13.2-19　对象构造块及图形运算

a）一个包含柱状体的立方体　b）相应的 CSG 树型结构（圆柱体从立方体中被析取）

模型在计算机内通常采用五层拓扑结构定义，如果考虑形体的外壳，则为六层结构，拓扑结构中涉及的几何元素有体、面、环、边、顶点和外壳。所谓体，就是由封闭表面围成的维数一致的有效空间，通常把具有良好边界的多面体定义成正则形体；面是形体表面的一部分，有平面方程或参数方程定义，面具有方向性，它由一个外环和若干个内环界定其有效范围，面可以无内环，但必须要有外环；环是有序、有向边组成的面上的封闭边界，环中各条边不可自交，相邻两条边共享一个端点，环有内外之分，确定面中内孔或凸台边界的环为内环，确定面的最大外边界的环为外环；边是形体两个相邻面的交界，对正则形体，一条边只能有两个相邻的面，每条边由两个端点界定，分别称为该边的起点和终点；顶点是边的端点或两条不共线线段的交点，顶点不允许出现在边的内部，也不能孤立地存在于物体内、外或面上；外壳是指在观察方向上所能看到的形体的最大外轮廓线。任何形体都是由这些元素及其几何、拓扑信息来定义的。

结构工程的数字图形主要是工程知识、工程数据的图形化和数字化，强调数字图形在工程实践过程中数据传输和分析中的功能，依据软件平台或传统方式的生成方法。在工程数字图形层次图中包含五种类型的内容，其中约束表达、拓扑表达、参数表达与信息表达都属于属性相关的内容，而数据结构则属于存储数据标准化的内容。目前工程数字图形的几何创建已经发展相对成熟，对于图形存储数据的标准化和信息表达一直是工程数字图形不断扩充的难点问题。

图 13.2-20 中各主要元素的意义和作用可表述如下：

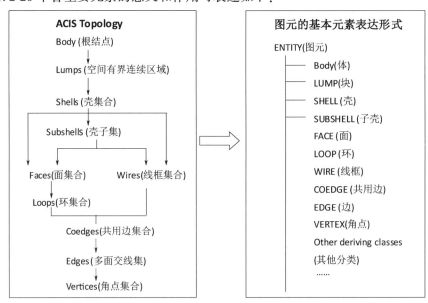

图 13.2-20　ACIS 引擎核心架构图

Body：模型对象的根结点，是块的集合，能描述线体、板体、实体，也能是几个彼此分离的体的集合，包含 0 个或多个 Lumps。

Lumps：空间有界的连通的区域。用 Shell 约束的点的集合，一个实体上附加一个悬挂面也称为 Lumps。

Shells：一系列连通的 Face / Wire 的集合。线、面的集合，能位于实体外，也能在内部形成空洞。一个体含一个悬挂面，一个体内嵌许多和外表面相连的面都称为 shells。

Face：广义的面。ACIS 能定义无限薄的双面或单面。

Loop：一系列相关联的共同边组合的封闭环集合。

Coedge：Edge 被多个 Face 引用。ACIS 中允许边是一个、两个或多个面的交线，因此它能描述二流形体和非流形体。一条边由两条共边（有时也是单条共边）组成。

Edge：一个或多个边是多个面的交线时（形成非流形体），边的保存顺序非常重要，用它来决定面的发散方向。

Vertices：角点集合，是所有图形的基本元素。

Body：处于最上层，它可以由任意的拓扑元素组成。Body 可以有任何数目的 Lumps。Lumps 代表空间中一个约束的连接的区域，一个 Lumps 是一系列整体相连点集，而不论它们是三维、二维、一维或是它们的混合。例如一个实体带有一个悬挂面构成一个 Lumps，两个不相连的薄面则代表两个 Lumps。Shell 是一系列整体相连的面。一个实体带有一个悬挂面的是一个 Shell，而一个实体带有一个不相连的面则是两个 Shell。Subshells 是底层元素，不能够通过 API 来访问，它基本上不直接使用。一个 Face 是空间一个几何表面，Face 的边界是由 Loops 构成的。Loops 是由一系列相连的 Coedge 所组成。Coedge 记录的是一个面 Loops 的中的一条边。引入 Coedge 是为了表示多个面共边，这就使得岩体复杂形体的造型成为可能。对于 Coedge 很重要的一点是要理解它的方向性。在 Coedge 类中有很多指针，可指向它的相邻、前一个、后一个等，这就使得在进行模型的遍历时是很方便的。拓扑模型的遍历就是一个从上到下的循环查找的过程，这些基本元素是我们掌握 CAD 图形中所有几何形体的最核心的数据结构。

虽然 ACIS 是一个完整的 Modeling 的内核，是一个完整的程序类库，可以完成所有的建模任务，但为使其更容易被使用并接受。AutoCAD 软件利用 ObjectARX，VLisp，ActiveX，VB，VBA，C#，J#及 API 等工具对底层的 ACIS 类库进行封装和进行用户界面的设计、开发，程序员在开发自己的应用系统时，可以调用 ACIS 中的 C + +类函数来获得强大的几何造型功能。在 CAD 命令行模式里面利用简单的一系列命令就能完成很复杂的操作。由于计算机图形学、人工智能、计算机网络等基本技术的发展，以及计算机硬件集成制造、并行工程、协同设计等现代设计理论和方法的研究，CAD 软件平台也跳出单纯二维绘图的框子，致力于向三维智能设计、物理分析、动态仿真方向发展，将几何造型、曲面造型、实体造型向着特征造型及语义特征造型等方向发展。当前的 CAD 软件平台采用面向对象的数据结构，提供统一的数据结构，同时支持线框、曲面、实体三种模型，并可以共存。ACIS 的实体 Body 元素是这三种模型的一种或几种的组合，对线性和二次几何采用解析方法表示，而自由几何体采用非均匀有理 B 样条来表示，ACIS 采用 B - rep 边界表示几何模型，边界由封闭面集所构成。该边界将实体与外界空间划分开来，它还支持流型、非流型的几何体表示。这为存在悬边、悬面等特殊的几何形体的数学表示提供了重要手段。基于 ACIS 和 AutoCAD 几十年的努力和发展，使其在基本几何和拓扑、内存管理、模型管理、显示管理、图形交互等方面有了稳定和强大的功能，同时一些更高级的功能例如高级过渡、高级渲染、可变形曲面、精确消影、拔模、抽壳等复杂运算也已经完善和成熟。

近年来 CAD 的发展已经不满足自由造型方式，而对系统的修改和编辑提出了更高的要求，向着参数化和变量化的技术发展，实现了三维造型的约束求解方法，即由给定的功能、结构、材料与制造方面的约束描述，经过反复迭代与不断修正使得几何造型在求解过程中得到满足约束条件的解。参数化技术解决特定情况约束下的结构形式比较定型的形体问题，显示了明显的优点。如果说参数化技术中参数与涉及对象的控制尺寸有着显式的对应关系，那么变量化技术解决的是任意约束下（不仅仅是几何约束，包括物体属性、材料特质等特性约束）的三维形体设计与制作的问题。这时只能应用求解约束方程组来确定所研究对象的形状、尺寸和位置。现代 CAD 技术三维造型技术可在动态状态下捕捉、添加和编辑约束，实现了动态状态下的几何和拓扑的改变，通过几何约束→代数分解→数值表达→代数求解→

工程关系→数值分解→数值求解，这样的复杂过程而得出可解或不可解的结论。同时，现代 CAD 图形中不仅仅是几何尺寸和形状的表现，还包括了由一定的几何拓扑信息与一定的功能和工程语义信息组合的特征集合，也包括了尺寸属性、精度属性、功能属性、管理属性等模型基本特征参数的集合。实际上现代 CAD 三维造型形体是由若干个有外表、有内涵的活灵活现的基本单元组成，中国学者曾提出的五维空间模型的概念和方法，将"XDATA"式超链接数据与图形附着于一体，这样组合的实体为我们充分利用 CAD 技术提供了非常有益的手段。

在工程的三维建模、可视化仿真、虚拟现实等领域对结构工程图形数字化有着特殊的功能和要求，在此过程中发展起来的 Autodesk 系列、CATIA、Bentley 和 Tekla 等各类计算机图形软件，是表达三维空间结构的图形工具。利用三维空间数字图形，可以补充完善 3D 建模的基础理论，拓宽应用领域。

纵观当前二维和三维 CAD 平台的发展，就功能而言，具有能够描述结构工程中客观实体的所有属性、实现数据和图形的完全融合、可视化性能高、操作简便等优点的图形环境当属 Autodesk 公司的系列产品。目前流行的 CAD/CAM 软件当中，Autodesk 公司的 AutoCAD 平台应用也是最为广泛，其核心技术是采用美国 STI 公司（Spatial Technology Inc.）推出的三维造型引擎 ACIS，它集线框、曲面和实体造型于一体，并且三类数据共存于统一的数据结构之中，为 3D 造型建模提供了工作平台。

对于工程数字图形的研究分析可知，工程数字图形的建立是以某一个图形引擎为基础（例如三维造型 ACIS），构建出参数表达、约束表达和拓扑表达；然后再按照固定的数据结构，形成信息表达的过程。所以工程数字图形与信息表达的集成属于工程数字图形应用的高级阶段，也是工程数字图形发展的方向，如图 13.2-21 所示。

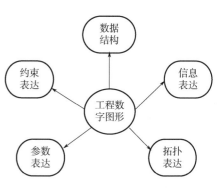

图 13.2-21　工程数字图形的数据结构

13.2.2　建筑信息模型 BIM 的实质与拓展

我国学者经过近十年坚持不懈的努力研究，从数字图形技术的理论方面，针对大型工程虚拟仿真面临大数据量、动态性、实时性和交互性等难题，提出了数字图形介质理论方法，同时进行了虚拟仿真技术关于新型数据采集方法和处理的研究、实时数字建模技术的研究、科学数据的动态驱动研究，以及虚拟仿真技术的拓展应用研究。从虚拟仿真技术的新型数据采集方法、建模技术、物理建模、应用范围等方面进行了创新发展，并以此进行了十大工程的实际应用。

数字图形介质理论方法是魏群教授提出的一种全新方法手段。其特征是：在计算机虚拟空间里，用图形这一载体介质模拟自然界的物理实体的真实自然状态，根据计算机图形学方法，用图形表达自然界的物理实体的外观，该图形具有可视的外形，相应的角点、边、面和体的构造和拓扑关系，用数字化、参数化方式对图形进行语言描述，形成数字化图形，自然界的物理实体的几何属性和物理属性也一并存入数字化图形的图形元素之间，将数字化图形作为一种具有几何属性和物理属性的载体，数据附着于数字化图形，而数字化图形中又隐含有数据，同时以自然界的物理方程来控制数字化图形的动作和相应的变化，各数字化图形之间的相互作用基于物理定律，反映真实自然界的运动规律和结果，数字化图形具备完善的定义、构造和表达方式、数据存储方法。

图 13.2-22 为数字图形介质理论方法形成自然空间到计算机空间的映射关系示意图。

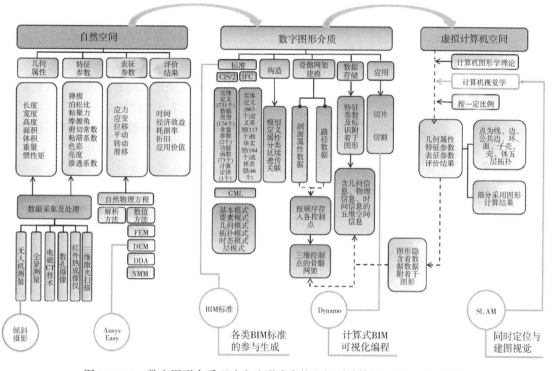

图 13.2-22　数字图形介质理论方法形成自然空间到计算机空间的映射关系

该理论方法以数字图形作为几何属性和物理属性的图形载体，将自然界工程结构真实物体的全信息对应表达在计算机空间，构成了自然世界与虚拟计算机世界两类空间相互映射的格局和研究方法。以自然界的物理方程控制图形体的运动和相应的变化，并将图形中的各类参数及变化进行遗传和更新，可视化仿真了自然界工程结构在虚拟空间里的状态和变化过程，这是当前在云计算、大数据时代工程结构表达的最新进展。

13.2.3　智能建造信息的物联网传递

物联网是新一代信息技术的重要组成部分，也是信息化时代的重要发展阶段。因此，将其应用到建筑业等多领域和行业中是物联网发展的核心。

物联网技术是支撑"网络强国"和"中国制造 2025"等国家战略的重要基础，在推动国家产业结构升级和优化过程中发挥重要作用。物联网是新一代信息技术的高度集成和综合运用，对新一轮产业变革和经济社会绿色、智能、可持续发展具有重要意义。全球各国尤其是美国等发达国家高度重视物联网发展，积极进行战略布局，以期把握未来国际经济科技竞争主动权。据了解，2018 年全球物联网设备已经达到 70 亿台；预计到 2025 年将增加到 220 亿台。

从物联网产业规模来看，全国物联网近几年保持较高的增长速度。2013 年，中国物联网产业规模达到 5000 亿元，同比增长 36.9%，其中传感器产业突破 1200 亿元，RFID 产业突破 300 亿元；2014 年，国内物联网产业规模突破 6000 亿元，同比增长 24%；截止到 2015 年底，随着物联网信息处理和应用服务等产业的发展，中国物联网产业规模增至 7500 亿元，"十二五"期间年复合增长率达到 25%。

"十三五"以来，我国物联网市场规模稳步增长，到 2018 年中国物联网市场规模达到 1.43 万亿元。根据工信部数据显示，截至 2018 年 6 月底，全国物联网终端用户已达 4.65 亿户。未来物联网市场上涨空间可观。

近几年来，物联网概念加快与产业应用融合，成为智慧城市和信息化整体闭环方案的主导性技术思维。当前，物联网已由概念炒作、碎片化应用式发展进入跨界融合、集成创新和规模化发展的新阶段，与中国新型工业化、城镇化、信息化、农业现代化建设深度交汇，在传统产业转型升级、新型城镇化和智慧城市建设、人民生活质量不断改善方面发挥了重要作用，取得了明显的成果。

从物联网在建筑业应用上看，2012 年我国开始将物联网技术引入建筑行业，以实现建筑物与部品构件、人与物、物与物之间的信息交互。在建筑行业应用物联网技术可大幅提高企业的经济效益，例如采用 RFID 技术对材料进行编码，可实现对预制构件的智能化管理，并结合网络还可做到精准定位。此外，基于物联网搭建施工管理系统，可及时发现工程进度问题，并快速采取纠错措施而避免造成经济损失。

利用图像识别技术、近场通信和 3S 技术，实现装配式建筑预制构件全程溯源。装配式建筑是以独立构件拼接而成，项目间的差异程度和项目构件差异程度较大，重复再生产的利用率不高，构件的溯源追踪就尤为重要。在构件中加入芯片或使用实时可变二维码等技术，将预制构件的生产、流通、监理、检查、安装、验收等全流程信息集成。即便若干年后建筑出现问题，通过芯片/编码，也能快速找到问题。在构件芯片中存储原材料来源、配方、生产工厂信息、生产时间/地点、生产线/生产人员、质检人员、养生信息、下线/出场时间等信息；物流环节的装车扫描、运输车量，利用全球定位系统（GPS）、地理信息系统（RIS）、遥感系统（RS）智能规划运输路线，避免超大构建无法通过道路卡口问题；结合气象大数据，有效避免如酸雨、大雪等气象灾害。现场管理通过扫描构件芯片，实现存放场地对构件的分类存放和监管。验件可扫描检验构件的全部生产、流通，实现全程溯源。

集虚拟建造（建立现状模型与 BIM 模型比对、碰撞分析、优化净空、施工模拟等）、高质量施工（作业现场要素测绘、现场施工准备、基建放样、土方计量、结构放样、混凝土放样、现场视频监测、现场扫描）、施工管理可视化等功能于一身。

可通过无线数据传输功能（图 13.2-23）实现办公室与作业现场间的互联，实时更新所有施工设计、视频作业、全程监控及确认放样作业进程，并即时解决可能出现的技术疑问，确保各项资产管理的高效性和最大收益。

交通/运输领域的物联网典型应用包括远程信息处理和车队管理解决方案。通过将这些解决方案与车内的本地操作系统相连接，可提供如电池监测、胎压监测、驾驶员监控或简单的车辆跟踪等车辆诊断和监测服务。

某工程单位有一个大型运输车队，该车队目前使用无线车队跟踪平台以协调路线并确保车辆按计划运行。实时车队监控系统能够提供车辆的实时定位，通过传感器跟踪停车板和应急灯状态，并能自动解码发动机故障代码警报，以便管理团队立即确定故障的严重程度，并能够进行完整的路线历史记录，以帮助工程单位构建更智能的路线和扩大车队规模，这是物

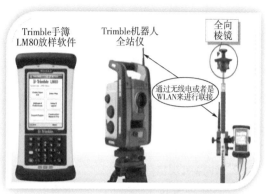

图 13.2-23 数据采集传输示意图

联网在车队监控和管理中的应用实例。我国中建科工集团及众多企业都在物联网应用中有着突出的成功经验。

13.2.4 计算机图形学与计算机视觉学联合应用

图形计算方法涉及计算机图形学和 CAD 图形拓普计算、图元编辑、存储技术等多个方面的理论技巧。计算机视觉学是采用摄影方法、光学扫描或点云图像采集等多种方式，获取视觉的信息技术。利用照片的 EXIF 信息（相机位置、光轴、位姿）及像素坐标，通过对极几何换算，还原成真正的空间信息，反映时间序列的结构动态变化，为计算机图形真实表现物体提供了可靠数据，这两个技术的结合应用，必将会在 BIM 应用上发挥重要作用。

1. 计算机图形学简述

计算机图形学的 ISO 定义是研究用计算机进行数据和图形之间相互转换的方法和技术，是运用计算机描述、输入、表示、存储、处理（检索/变换/图形运算）显示、输出的一门科学。计算机图形学研究的内容包括计算机对图形数据进行处理的硬件和软件的两个方面的技术，是致力于研究如何实现图形数据生成和表现物体的图形图像的准确性、真实性和实用性的基本计算法，一般归纳为如下几类：

（1）根据图形设备的要求，提供产生基本图形元素的算法，例如在光栅过点阵显示其上生成直线、圆弧、二次曲线、封闭多边形及其填充图案。

（2）基本图形的几何变换，最常见的有缩放、平移、转动、镜像、拉伸、复制等操作的数学计算。

（3）样条曲线或样条曲面的拟合、拼接、插值、光顺、消除奇异干扰、整体或局部的裁剪、修改的基本算法。

（4）三维几何造型技术（建模技术），对基本体素的定义，输入及相应体素的拓扑计算、布尔运算方法。

（5）三维形体的实时显示所需要的投影变换、坐标变换等一系列快速显示技术、解决方法和算法。

（6）三维图形真实感的计算机表达方法和快速生成算法，包括增加真实感而需要的消隐算法，光照、色彩、阴影、纹理、光亮、浓淡及自然景物的模拟生成算法。

（7）将科学计算或工程研究中产生的大量数据通过计算机图形方式显现出来，从图形中发现和探索数据中隐藏的现象和规律，科学计算及复杂数据的三维可视仿真是其重要的研究手段。值得一提的是，计算机图形学的基本方法是利用计算机算法和程序，在显示器上构造出图形，它可以是现实物体也可以是虚拟构件，这与图像处理有着明显的不同。图像处理学科是研究将客观世界中拍摄的影像处理成数字图像的技术，是从图像中提取已存在物体的二维三维信息，可以认为图像处理方法是计算机图形学的逆过程。但随着计算机软硬件技术的快速发展，计算机图形学和图像处理两个不同技术领域的结合日趋紧密，获得了巨大的发展。

2. 计算机视觉学简述

计算机视觉技术研究的主要重点是计算机的认知能力，主要是用计算机取代人的大脑，用摄像机取代人的眼睛，利用专业技术手段使计算机具有更完善的功能，展现更强的识别和判断能力，以及最终以产品生产等取代人的能力，与未来技术发展原则有一些相似之处。随着社会的发展，信息和通信技术已成为一种更广泛和更重要的应用技术。计算机处理有二维平面和三维立体，包括图像、尺寸。计算机视觉技术的发展主要是通过创新和开发相关技术，如概率分析统计、图像处理，在操作过程中使用视觉计算机技术时，必须确保环境的光和温度符合有关要求，并确保通过高分辨率照相机收集和处理图像，将资料储存在网络中，并加以处理和传输，以便获得最原始的视觉信息，通过技术手段获取质量更好和效率更高的图像。相关系统将从某一既定时刻利用智能识别技术从图像中获取宝贵信息，并最终储存识别和使用所获得的信息。

众所周知，在当今时代经济迅速和持续发展的背景下，信息技术的价值在于它的精确度和可靠性。特别是近年来新的计算机视觉技术与传统计算机中缺乏感官效应的技术不同，扫描仪图像分析程序得到了加强，从而更好地识别和控制了卫星图像和数据。虽然计算机视觉技术是一种新的技术，但是它在诸如人工智能和计算机应用等重要领域发挥着重要作用，例如模式识别和人脸识别。计算机视觉技术是在20世纪70年代发现的，近年来已发展成为一系列广泛的学科，其中包括许多正在大力开发的人工智能技术、数字图像处理技术等，会用到一些心理学的知识。计算机视觉技术已得到广泛应用，比较突出的是应用于农业机械化与自动化的设计，通过计算机视觉技术图像处理技术作为基本要素，模拟人的直观原理，利用频谱有效地进行摄影，充分运用数字图像处理和实时图像分析技术，加上现有的人工情报技术，及时对所获图像和信息进行分析和反馈，有效地促进了工业、农业的机械化和自动化发展。

计算机视觉技术在工业自动化领域也可以发挥有益的作用，例如测量部件精确度的大小。主要由光学系统、加工系统和CCD照相机组成的计算机检测系统，使用的是通过光学来源发射的平行射线，通过显微镜投射到检测标本上。当系统收到信息时会进行相应的处理，以获得关于测量区域轮廓位置的准确信息。如果物体有轻微的移动，将重复操作测量，然后比较两种测量的位置差异，以避免错误。

（1）对自动焊接过程的控制　计算机自动化辅助焊接工艺可提高生产效率，并确保电子电气设备的质量。产品配置一个先进的计算机程序，参数的调整是科学合理的，以避免手动操作的不一致，对金属焊缝的质量控制特别有效。例如，哈尔滨理工大学从合并的角度对TIG焊接进行了深入研究，正面的熔合池震动利用弧传感器测量溶池振荡的振幅，熔融控制是以振动特性为基础的。这种熔融槽振动方法在控制高合金钢和低排放钢焊接方面非常有效。精确控制焊接过程得益于计算机的高精度操作和高容量储存，特别是应用分散控制技术和神经网络，促进融透控制的飞速发展。

（2）CAPP 辅助焊接工艺设计　焊接是工业中最重要的材料成型方法之一，在航天、海事、建筑、化学、汽车、电力和微电子等领域广泛使用。最终产品的质量与焊接数量和产量直接相关，关系到质量保证和生产成本。传统的焊接工艺完全依靠劳动力，不仅造成大量的重复劳动和人力及物力资源的浪费，而且容易出现错误，影响产品的质量。美利坚合众国从20 世纪 80 年代开始，在焊接工艺的设计和管理中就开始使用计算机辅助焊接（CAPP）。目前，虽然 CAPP 研究在我国焊接领域的应用非常成功，造福了很多公司，CAPP 技术也广泛用于生产，但仍有不足之处，特别是互操作性低和系统只在特定单位运行，较低的一体化水平，难以与 CAD、CAM 和 MRP 整合，功能不完整，大多数 CAPP 系统只能处理简单的流程文件。

（3）模型仿真与数值分析　完成数值分析，建立数字模型和计算机模拟焊接过程是一种形成焊接、产生焊压变形和焊接缺陷的过程。精确分析热焊过程是提高焊接质量和消除焊接过程缺陷的一个必要选择。早期利用分析技术对焊接的热过程进行分析，需要使焊接源更远离实际的热源，因此只适合几何形状的简单焊接。哈尔滨理工大学在利用水力学方程分析焊槽的热处理过程中，全面分析熔液与罐体之间的相互作用，准确预测焊接罐的温度，取得了重大进展，总结熔化罐的形状和大小、压力分布中的残余压力控制和焊接疲劳扩大的原因，解决了平板铝合金焊接过程中的温度控制问题，迅速准确地预测和控制铝合金的分布和温度范围的变化，成功将 TIG 焊接的物理过程与基于 ANISS 分析平台的计算模型和数字模拟结合起来。

（4）逆向工程　计算机视觉技术可用于自动化领域的逆向工程，所谓逆向工程，是用3D 数码器快速测量元素轮廓图的坐标，并绘制便于维护的剖面图。在 CAD 或 CAM 图像中，供随后 NCRE 生产中心加工，并最终将这些数据用于生产产品规格的确定。深入分析表明，逆向工程最重要的环节是如何通过精确的测量系统测量样品的三维尺寸，然后根据产生的数据，对曲线进行处理，并对产出品进行加工。测量的准确性可以通过使用线性光度测量技术来测量物体的表面轮廓。计算机检测和转换过程如下：使用激光穿过一组平行的等距宽带网格，或一个直接干涉仪，用来制造一个平面条纹结构，投射到物体表面，根据物体表面的深度和曲线变化，以确保测量到的数据的准确性，进一步分析物体表面轮廓的变化，并将图像信号转化为及时的模拟信号，而这又反过来传送到图像处理系统，获得最终需要的三维轮廓图。

3. CAD 平台的选用

美国 Autodesk 公司是全球第四大 PC 软件公司，也是全球第一位的设计软件公司，是全美 50 强企业中唯一的 CAD 软件公司，在图形图像领域几十年稳居全球第一，有 500 万公司用户，200 万学生用户，其主要产品 AutoCAD 是目前最流行的 CAD/CAM 软件。CAD 的核心技术是采用美国 STI 公司（Spatial Technology Inc.）推出的三维造型引擎，它集线框、曲面和实体造型于一体，并且三类数据共存于统一的数据之中，为 3D 造型建模提供了工作平台，ACIS 是采用软件组建技术设计的，是一个开放式体系结构，它的核心功能如下：

（1）3D 造型功能

1）将 2D 曲线经拉伸、旋转、扫掠等操作生成复杂的 3D 曲面或实体。

2）阵列操作。

3）网格曲面生成。

4）高级倒角和圆角操作。

5）实体抽壳和曲面加厚。

6）曲线、曲面和实体的交互式弯曲、扭曲、延展、变形。

7）曲线、曲面、实体的交、并、差运算。

8）放样操作。

9）模型中拔模面生成、曲面等距和移动。

（2）3D 模型管理功能

1）在模型的任何级别关联用户自定义的数据。

2）跟踪几何和拓扑改变。

3）计算质量和体积。

4）使用单元拓扑表示实体模型子域。

5）独立于历史流的无穷次的撤销（undo）和恢复（redo）操作。

（3）3D 模型显示功能

1）将曲面几何离散成多边形网格表示。

2）利用可选可变形造型组件创建高级曲面。

3）利用三维实体模型生成带隐藏线消除的精确 2D 工程图。

4）利用 AutoCAD 提供的开放系统，利用各种语言可搭建图形交互应用程序。

13.3 智能建造技术体系

13.3.1 智能建造常用的软件及数据格式转化

1. 智能建造常用的软件

建筑专业的 BIM 工具有很多，这些工具都能够创建出不可思议的设计作品，根据每个人的习惯和能力，选用适合的工具会让相应的工作更加得心应手（表 13.3-1）。

表 13.3-1　智能建造常用的软件

专业	BIM 软件
建筑专业	1. Autodesk Revit Architecture（Autodesk Revit） 2. Graphisoft ArchiCAD 3. Nemetschek Allplan Architecture 4. Gehry Technologies-Digital Project Designer 5. Nemetschek Vectorworks Architect 6. Bentley Architecture 7. 4MSA IDEA Architectural Design（IntelliCAD） 8. CADSoft Envisioneer 9. Softtech Spirit 10. RhinoBIM（BETA）

（续）

专业	BIM 软件
绿色建筑（持久性）	1. Autodesk Ecotect Analysis 2. Autodesk Green Building Studio 3. Graphisoft EcoDesigner 4. IES Solutions Virtual Environment VE-Pro 5. Bentley Tas Simulator 6. Bentley Hevacomp 7. DesignBuilder
结构专业	1. Autodesk Revit Structure（Autodesk Revit） 2. Bentley Structural Modeler 3. Bentley RAM，STAAD and ProSteel 4. Tekla Structures 5. CypeCAD 6. Graytec Advance Design 7. StructureSoft Metal Wood Framer 8. Nemetschek Scia 9. 4MSA Strad and Steel 10. Autodesk Robot Structural Analysis
设备安装	1. Autodesk Revit MEP（Autodesk Revit） 2. Bentley Hevacomp Mechanical Designer 3. 4MSA FineHVAC + FineLEFT + FineELEC + FineSANI 4. Gehry Technology——Digital Project MEP System Routing 5. CADMEP（CADduct/CADmech）
施工建造	1. Autodesk Navisworks 2. Solibri Model Checker 3. Vico Office Suite 4. Vela Field BIM 5. Bentley ConstrucSim 6. Tekla BIMSight 7. Glue（by Horizontal Systems） 8. Synchro Professional 9. Innovaya
设施运维管理	1. Bentley Facilities 2. FM：Systems FM：Interact 3. Vintocon ArchiFM（For ArchiCAD） 4. Onuma System 5. EcoDomus

2. 模型数据格式

具有一定市场份额和普及程度的商品化软件都有自己的文件格式，有些格式可能只包含几何数据，未必是"合格"的 BIM 文件格式，但是在目前以 CAD 作为工程建设行业主力软件工具的历史阶段里面，它们仍然是使用范围最广的文件格式，业内专业人士需要天天和这些文件格式打交道，因此一并列出，方便了解。下面内容以文件格式扩展名的字母顺序为序，资料来源：IBC(Institute for BIM in Canada)。

（1）CGR　Gehry Technology 公司 Digital Project 产品使用的文件格式。

（2）DWG　DraWinG 格式，AutoCAD 原始文件格式，Autodesk 从 1982 年开始使用，截至 2009 年一共使用了 18 种不同的 DWG 版本。虽然 DWG 可以存放一些元数据，但本质上仍然是一个以几何和图形数据为主的文件格式，不足以支持 BIM 应用。

（3）DXF　Drawinge Xchange Format，Autodesk 开发的图形交换格式，用于 AutoCAD 和其他软件之间进行信息交换，以 2D 图形信息为主，三维几何信息受限制，不足以进行 BIM 数据交换。

（4）DWF　Design Web Format，Autodesk 开发的一种用于网络环境下进行设计校审的压缩轻型格式，这种数据格式是一种单向格式。

（5）DGN　DesiGN 格式，Bentley 公司开发的支持其 MicroStation 系列产品的数据格式，2000 年以后 DNG 格式经更新升级后支持 BIM 数据。

（6）PLN　DrawPLaN 格式是 Graphisoft 公司开发的、为其产品 ArchiCAD 使用的数据格式，1987 年随 ArchiCAD 进入市场，是世界上第一种具有一定市场占有率的 BIM 数据格式。

（7）RVT　ReViT，AutodeskRevit 软件系列使用的 BIM 数据格式。

（8）STP　STandardized Exchangeof Productdata，产品数据标准交换格式 STEP，一种制造业（汽车、航空、工业和消费产品领域）CAD 产品广泛使用的国际标准数据格式，主要用于几何数据交换。

（9）VWX　2008 年开始 Nemetschek 公司开发的为其 Vectorworks 产品使用的 BIM 数据格式。

（10）3DPDF　Portable Document Format，Adobe 公司开发的用 3D 设计数据发布和审核单向数据格式，类似于 Autodesk 的 DWF。

随着 BIM 软件数量的增多、与软件开发商的联系增加，我们能看到的 BIM 文件格式最终还是局限在一些数量之中，而随着 BIM 软件开发商的发展，不少软件也支持许多不同格式文件的使用，对于 BIM 项目的整合也起到了一定的协调作用。

3. 常用 BIM 软件数据交换文件类型

常用 BIM 软件数据交换文件类型见表 13.3-2。

表 13.3-2　常用 BIM 软件数据交换文件类型

BIM 软件	可导入	可导出
Revit 2018 版本新增加 Rhino 导入但对部分模型支持不全面,实体核心需要以 IFC 格式导入(如 Tekla 导入)。(其他格式导入仅作为建模参考不具备赋予属性功能)	dwg\dxf\dgn\sat\skp\3dm	dwg\dxf\dgn\sat\dwfx\ifc\odbc\fbx
Micorstation 更适用于可持续发展的基础设施领域	dwg\dgn\dxf\rdl\iges\sat\cgm\stestl\text\image	dgn\dwg\dxf\iges\sat\cgm\step\stl\svg\luxology\obj\fbx\skp\u3d\jt\googleearth\visibleedges\2D\skP

（续）

BIM 软件	可导入	可导出
ArchiCAD 模型更加轻量化,操作灵活。构件管理不如 Revit 强大,但保留了图层功能	pln\pla\bpn\tpl\2dl\mod\lbk\pmk\emf\wmf\bmp\dib\rle\gif\jgp\jpeg\jfif\png\dwf\dxf\dwg\dgn\plt\ifc\ifcxml\skp\dmz\3dm\dae\stl	Pln\mod\tpl\pla\gsm\gdl\pdf\emf\wmd\bmp\gif\jpg\png\tiff\df\dxf\dwg\dgn\ifc
Rhino 强大的 NURBS 建模功能,在建筑工程领域主要用于方案阶段	3dm\3ds\ai\dwg\dxf\.x\eps\off\gft\iges\lwo\dgn\fbx\scn\obj\ply\raw\m\skp\slc\sldprt\stp\st\vda\wrl\gdf\3dm	3dm\3ds\ai\dwg\dxf\dae\cd\.x\emf\gf\pm\kmz\gts\iges\lwo\vdo\fbx\boj\csv\x.t\pdf\ply\pov\raw\rib\skp
Catia 支持曲面核心与实体核心建模,且能有效用于工业生产制造,功能强大,但软件较难上手,在普通工业民用建筑中使用不是非常多	igs\wrl\stp\step\cgm\gl\hpg\3dmap\3dxml\act\asm\bdf\brd\pdb\ps\step\stp\srg\tdg\wrl	stl\igs\modeI\stp\3dmap\3dxml\cgr\hcg\icem\naVrep\vps\wrl
Auto CAD 目前运用最广泛的计算机辅助设计出图软件,操作灵活,但无法赋予属性。虽有三维制图功能,但运用较少	dwg\dws\dxf\dwt\dgn	dwfx\dwf\pdf\dgn\fbx\iges\stl\sat
Navisworks 支持大多数三维模型导入进行轻量化浏览	3ds\prj\drj\asc\txt\model\dng\dwf\dwfx\dwg\faro\fbx\ifc\iges\ipt\ptx\prt\sldprt\asm\step\stp\stl\zfc\man\prt\x.b\rcs\rvt\rfa\rte\3dd\rvm\sat\skp	nwd\nwf

13.3.2　虚拟现实与增强现实技术

1. 虚拟现实技术

虚拟现实技术具有超越现实的虚拟性。它是伴随多媒体技术发展起来的计算机新技术,它利用三维图形生成技术、多传感交互技术以及高分辨率显示技术,生成三维逼真的虚拟环境,用户需要通过特殊的交互设备才能进入虚拟环境中。这是一门崭新的综合性信息技术,它融合了数字图像处理、计算机图形学、多媒体技术、传感器技术等多个信息技术分支,从而大大推进了计算机技术的发展。它的一个主要功能是生成虚拟境界的图形,故此又称为图形工作站。目前在此领域应用最广泛的是 SGI、SUN 等生产厂商生产的专用工作站,但近来基于 Intel 奔腾Ⅲ（Ⅳ代）代芯片的和图形加速卡的微机图形工作站性能价格比优异,有可能异军突起。图像显示设备是用于产生立体视觉效果的关键外设,目前常见的产品包括光阀眼镜、三维投影仪和头盔显示器等。其中高档的头盔显示器在屏蔽现实世界的同时,提供高分辨率、大视场角的虚拟场景,并带有立体声耳机,可以使人产生强烈的浸没感。其他外设主要用于实现与虚拟现实的交互功能,包括数据手套、三维鼠标、运动跟踪器、力反馈装置、语音识别与合成系统等。虚拟现实技术的应用前景十分广阔,它始于军事和航空航天领域的需求,但近年来,虚拟现实技术的应用已大步走进工业、建筑设计、教育培训、文化娱乐等方面。它正在改变着我们的生活。

虚拟与现实两词具有相互矛盾的含义，把这两个词放在一起，似乎没有意义，但是科学技术的发展却赋予了它新的含义。虚拟现实的明确定义不太好说，按最早提出虚拟现实概念的学者 J. Laniar 的说法，虚拟现实，又称假想现实，意味着"用电子计算机合成的人工世界"。从此可以清楚地看到，这个领域与计算机有着不可分离的密切关系，信息科学是合成虚拟现实的基本前提。主要特征有：

（1）多感知性（Multi-Sensory）　所谓多感知是指除了一般计算机技术所具有的视觉感知之外，还有听觉感知、力觉感知、触觉感知、运动感知，甚至包括味觉感知、嗅觉感知等。理想的虚拟现实技术应该具有一切人所具有的感知功能。由于相关技术，特别是传感技术的限制，目前虚拟现实技术所具有的感知功能仅限于视觉、听觉、触觉、运动等几种。

（2）浸没感（Immersion）　又称临场感或存在感，指用户感到作为主角存在于模拟环境中的真实程度。理想的模拟环境应该使用户难以分辨真假，使用户全身心地投入到计算机创建的三维虚拟环境中，该环境中的一切看上去是真的，听上去是真的，动起来是真的，甚至闻起来、尝起来等一切感觉都是真的，如同在现实世界中的感觉一样。

（3）交互性（Interactivity）　指用户对模拟环境内物体的可操作程度和从环境得到反馈的自然程度（包括实时性）。例如，用户可以用手去直接抓取模拟环境中虚拟的物体，这时手有握着东西的感觉，并可以感觉物体的重量，视野中被抓的物体也能立刻随着手的移动而移动。

（4）构想性（Imagination）　又称为自主性，强调虚拟现实技术应具有广阔的可想象空间，可拓宽人类认知范围，不仅可再现真实存在的环境，也可以随意构想客观不存在的甚至是不可能发生的环境。

一般来说，一个完整的虚拟现实系统由虚拟环境，以高性能计算机为核心的虚拟环境处理器，以头盔显示器为核心的视觉系统，以语音识别、声音合成与声音定位为核心的听觉系统，以方位跟踪器、数据手套和数据衣为主体的身体方位姿态跟踪设备，以及味觉、嗅觉、触觉与视觉反馈系统等功能单元构成。

2. 增强现实技术

增强现实（Augmented Reality，简称 AR），也被称为扩增现实，是一种实时地计算摄影机影像的位置及角度并加上相应图像的技术，是一种将真实世界信息和虚拟世界信息"无缝"集成的新技术，是把原本在现实世界的一定时间空间范围内很难体验到的实体信息（视觉信息、声音、味道、触觉等）通过计算机等科学技术，模拟仿真后再叠加，将虚拟的信息应用到真实世界，被人类感官所感知，从而达到超越现实的感官体验。真实的环境和虚拟的物体实时地叠加到了同一个画面或空间同时存在。这种技术最早于 1990 年提出，随着随身电子产品运算能力的提升，增强现实的用途越来越广。

增强现实技术，不仅展现了真实世界的信息，而且将虚拟的信息同时显示出来，两种信息相互补充、叠加。在视觉化的增强现实中，用户利用头盔显示器，把真实世界与计算机图形多重合成在一起，便可以看到真实的世界围绕着它。

增强现实技术包含了多媒体、三维建模、实时视频显示及控制、多传感器融合、实时跟踪及注册、场景融合等新技术与新手段。增强现实提供了在一般情况下，不同于人类可以感知的信息。

　　AR 系统具有三个突出的特点：①真实世界和虚拟世界的信息集成；②具有实时交互性；③是在三维尺度空间中增添定位虚拟物体。AR 技术可广泛应用到军事、医疗、建筑、教育、工程、影视、娱乐等领域。

　　一个完整的增强现实系统是由一组紧密联结、实时工作的硬件部件与相关的软件系统协同实现的，常用的有如下三种组成形式。

　　Monitor-Based，在基于计算机显示器的 AR 实现方案中，摄像机摄取的真实世界图像输入到计算机中，与计算机图形系统产生的虚拟景象合成，并输出到屏幕显示器。用户从屏幕上看到最终的增强场景图片。它虽然简单，但不能带给用户多少沉浸感。Monitor-Based 增强现实系统实现方案如图 13.3-1 所示。

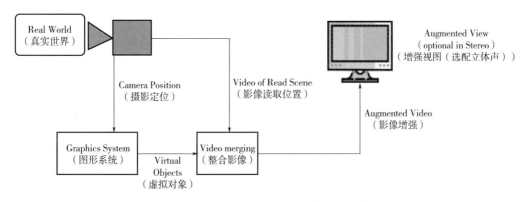

图 13.3-1　Monitor-Based 增强现实系统示意图

　　光学透视式头盔式显示器（Head-mounted displays，简称 HMD）被广泛应用于虚拟现实系统中，用以增强用户的视觉沉浸感。增强现实技术的研究者们也采用了类似的显示技术，这就是在 AR 中广泛应用的穿透式 HMD。根据具体实现原理又划分为两大类，分别是基于光学原理的穿透式 HMD（Optical See-through HMD）和基于视频合成技术的穿透式 HMD（Video See-through HMD）。光学透视式增强现实系统的实现方案如图 13.3-2 所示。视频透视式增强现实系统实现方案如图 13.3-3 所示。

　　光学透视式增强现实系统具有简单、分辨率高、没有视觉偏差等优点，但它同时也存在着定位精度要求高、延迟匹配难、视野相对较窄和价格高等不足。

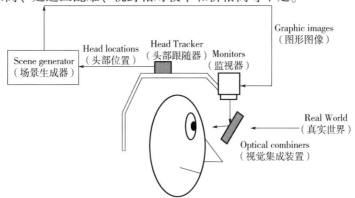

图 13.3-2　光学透视式增强现实系统示意图

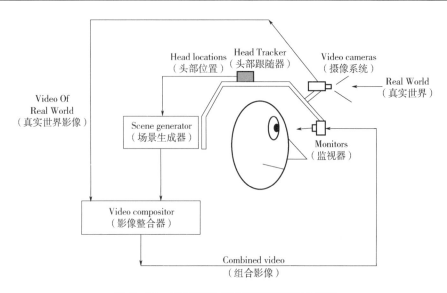

图 13.3-3　视频透视式增强现实系统示意图

AR 技术不仅在与 VR 技术相类似的应用领域，诸如尖端武器、飞行器的研制与开发、数据模型的可视化、虚拟训练、娱乐与艺术等领域具有广泛的应用，而且由于其具有能够对真实环境进行增强显示输出的特性，在医疗研究与解剖训练、精密仪器制造和维修、军用飞机导航、工程设计和远程机器人控制等领域，具有比 VR 技术更加明显的优势。

13.3.3　边缘计算与区块链技术

1. 边缘计算

IBM 将边缘计算定义为"一种分布式计算框架"，其使企业应用程序更接近数据源，如 IOT 设备或本地边缘服务器。这种接近数据源的方式可以带来更强的洞察力、更快的响应时间和更好的带宽可用性。该术语源自网络架构图，此类图显示"边缘"为流量进入和离开网络的点。正是在网络的这个边缘点上处理数据，而不是像云计算模型那样，将数据一路引导往返中央服务器。

鉴于边缘计算模型涉及在数据收集和分析位置附近进行计算，而不是在云中或集中式服务器中进行计算，因此其通常与"雾计算"互换使用，以描述在数据源附近处理数据的模型。然而，雾计算通常受 Open Fog 联盟所青睐，其成员公司包括 Cisco Systems、Dell、Intel、Microsoft 和 Princeton University，而边缘计算的使用缩短了路径，使用更为商业化，尤其是物联网（IOT）。

正如数据中心公司 vXchnge 所观察到的，雾计算"通过一个单一的、强大的处理设备处理数据，比如物联网网关或'雾节点'，位于其源头附近。其充当由多个数据点提供的一个集中的局部数据源"。vXchnge 指出，相比之下，边缘计算"扩展了本地化处理的思想，将网络上的设备本身以及局部数据中心也包括在内"。因此，边缘计算架构中的设备不是自动将所有信息发送到雾节点，而是"可以确定哪些信息应在局部存储和处理，哪些信息应发送到局部节点或云以供进一步使用"。

边缘计算常常与物联网联系在一起。物联网设备参与到越来越强大的处理中，因此生成的大量数据可以重新迁移到网络的"边缘"。这意味着数据不必在集中式服务器之间连续地来回传输来处理。因此，边缘计算在管理来自物联网设备的大量数据方面效率更高，延迟更低，处理速度更快，且可扩展。而当与 5G 相结合，其扩展了无线数据传输的高带宽和低延迟能力，人们对边缘计算能够实现什么目标充满了期待。此科技将使边缘计算系统大大提高速度，并最终增强其支持实时应用的能力。

低或零延迟可能是边缘计算最明显的一个优势。通过在源位置处理数据，边缘计算在帮助实时应用程序无延迟或无停机运行方面至关重要。因为世界通过物联网设备连接的速度有多快，其中许多设备服务于依赖实时计算能力的应用程序。因此，不需要此类设备从云端接收数据并将数据发送回云端的解决方案需求变得越来越重要。

由于这些设备通常必须处理大量的数据，因此，具有局部的解决方案变得至关重要。例如，数千个穿过延伸型城市的监控城市公共空间的安全摄像头将产生大量的数据，如果这些数据在它们和集中式服务器之间不断地来回传输，可能会由于大带宽而遇到延迟问题。相反，通过边缘网关进行局部处理和数据存储意味着需要将更少的数据发送回服务器或云，或者如果实时应用程序需要，则发送回相关的支持边缘设备，如安全摄像头等。

实际上，任何依赖于实时决策的应用程序都会发现边缘计算的更快数据处理能力对于确保连续服务至关重要。例如，交易员需要经常在动荡的金融市场中做出实时交易决策，他们必须确保数据计算不存在滞后或面临重大货币损失的风险。在有些例子中，智能系统必须立即对数据做出响应，而不需要任何延迟时间。自动驾驶汽车之所以出现在人们的脑海中，是因为它们依赖于附近不断跟踪周围环境设备而接收的丰富数据。此类车辆甚至不能允许数据计算有丝毫的延迟，因为任何延迟可能会让司机和乘客付出生命的代价。

实际上，延迟仍然是物联网设备要克服的最大挑战。云计算目前被认为太慢，无法支持任何重大的实时活动，如金融市场交易、自动驾驶车辆和交通路线。但是边缘计算通过将数据处理功能迁移到网络边缘而允许边缘设备实时收集和处理数据，因此提供了面对这一挑战的最佳解决方案。

当与边缘数据中心相结合时，通常较小的设施也位于网络附近，边缘计算的处理能力随着位于这些数据中心的处理器而进一步增强，更接近实际使用的设备和正在进行的处理。任何网络的边缘不仅提供了放置数据中心的空间，还提供了放置服务器、网关、处理器和存储设施的空间。这就减少了数据需要传输的处理距离，从而大大减少了延迟。反过来，其可以为需要速度和可伸缩性的应用程序增加重要的价值。大幅处理时间的缩短为实时分析的蓬勃发展开辟了一个全新的天地。

随着距离的缩短，对维护的要求也会大大降低。数据中心的规模可以大大小于其集中对应的数据中心，因此就其位置而言，数据中心的可移植性和灵活性要高得多。因此，维护服务不需要长途到达数据中心，可以在其附近进行。

在处理大型数据集时，冷却也是一个值得关注的问题，特别是数据中心的冷却成本，电力成本尤其高。冷却成本和处理成本之间的比率称为电源使用效率（PUE），可以用来衡量数据中心的效率。使用较小的数据中心（有些靠近网络边缘）可能会比使用一个大的数据中心更节能，而且电力需求越少，环境效益就越高。然而，分布在更大区域的较小的数据设施是否比一个大型集中式设施消耗更少的电力，还有待观察。但是，在网络边缘进行的编程和计算越精确、效率越高，整个操作的浪费就越少。

最终，边缘计算将成为企业数字化转型的主要推动者。通过建立自主系统，公司不仅可以提高生产力水平，还可以让员工专注于更高端的任务。容错技术有限公司（Stratus Technologies）是容错性的计算机服务器和软件的生产商，它指出了边缘计算在未来如此重要的四个关键原因：

（1）推动下一次工业革命，改造制造业和服务业。

（2）优化边缘数据采集和分析，创造可操作的商业智能。

（3）其创造灵活、可扩展、安全、自动化程度更高的技术、系统和核心业务流程环境。

（4）其促进一个更高效、执行更快、节省成本、更易于管理和维护的灵活商业生态系统。

正如 Stratus 所承认的，边缘计算"为工业和企业级业务创造了新的和改进的方法，以最大限度地提高运营效率，提高性能和安全性，自动化所有核心业务处理，并确保'始终在线'的可用性"。

国际数据公司（IDC）发布全球白皮书《世界的数字化从边缘到核心》预测，到 2025年，全球数据圈将增至 175 兆字节的数据，其中边缘设备将产生 90 兆字节以上的数据。根据 Gartner 的数据，目前 91% 的数据是在集中数据中心创建和处理的，但到 2022 年，大约75% 的数据将需要在边缘进行分析和处理，这突显了边缘计算已经变得非常重要，未来几年它将有巨大的潜力。

2. 区块链技术

在 2020 中国信息通信大会上，中国通信学会正式发布《区块链技术前沿报告（2020年)》。区块链技术的创新发展和广泛应用已成为社会生活、生产方式向数字化转型的一个重要核心。如今，区块链技术应用已延伸到疫情管控、智能健康医疗、数字金融、能源区块链、物联网、智能制造、供应链管理、数字资产交易等多个领域，区块链的分布式共享账本、密码算法、共识机制、激励层、合约层、数据层、网络层，以及可追溯、可证明性、永恒性、权威性保证等主要功能也是关键技术和挑战所在。

13.3.4　物联网传感常用传感器与关联转化

物联网的概念是在 1999 年提出的。物联网就是"物物相连的互联网"。这有两层意思：第一，物联网的核心和基础仍然是互联网，是在互联网基础上的延伸和扩展的网络；第二，其用户端延伸和扩展到了任何物品与物品之间，进行信息交换和通信。

1. 物联网传感常用传感器

物联网（The Internet of Things）也称传感网，物联网（The Internet of things）的定义是：通过射频识别（RFID）、红外感应器、全球定位系统、激光扫描器等信息传感设备，按约定的协议，把任何物品与互联网连接起来，进行信息交换和通信，以实现智能化识别、定位、跟踪、监控和管理的一种网络。

（1）传感器按照其用途分类：压力敏和力敏传感器、位置传感器、液面传感器、能耗传感器、速度传感器、加速度传感器、射线辐射传感器、热敏传感器、24GHZ 雷达传感器。

（2）传感器按照其原理分类：振动传感器、湿敏传感器、磁敏传感器、气敏传感器、真空度传感器、生物传感器。

（3）传感器按照其输出信号为标准分类：模拟传感器、数字传感器、膺数字传感器、开关传感器。

（4）传感器按照其制造工艺分类：集成传感器、薄膜传感器、厚膜传感器、陶瓷传感器。

（5）传感器根据测量目的不同分类：物理型传感器、化学型传感器、生物型传感器。

（6）物联网无线传感器分类：无线幕帘控制器、无线调光器、红外动作感应器、无线可燃气探测器、无线烟感探测器、电流监测插座、无线温度感应器、无线移动感应器、紧急警报器、无线窗户感应器、无线光线感应器、无线门磁感应器、无线开关控制器、Zigbee RF 模块、频率输出相对湿度模块、无线气体传感器、物联网中继器、无线中继器、Internet 通信网关。

国际出台的标准包括 IEEE1451.5 智能传感器接口标准、IEEE802.11 无线局域网标准等在内的标准体系。

传感器作用是由信息采集层和网络层构成的信息感知体系，是物联网应用推进的主要领域，而在其中起到关键推动作用的是无线传感器网络（WSN）。

2. 关联转化

无线传感器网络技术是一种由独立分布的节点以及网关构成的传感器网络。安放在不同地点的传感器节点不断地采集着外界的物理信息，如温度、声音、震动等。相互独立的节点之间通过无线网络进行通信。无线传感器网络的每个节点都能够实现采集和数据的简单处理，还能接收来自其他节点的数据，并最终将数据发送到网关。工程师可以从网关获取数据，查看历史数据记录或进行分析。通常一个典型的无线传感器网络节点的硬件结构包括：传感器接口、ADC、微处理器、电源以及无线收发装置。

无线传感器网络诞生于 20 世纪 70 年代，最早被应用于美国军方资助项目。经过多年的发展，无线传感器网络的应用逐渐转向民用，在森林、河流的环境监测中，在建筑环境的智能化应用中，以及一些无法放置有线传感器的工业环境中都已经出现了它的身影。在 1999 年和 2003 年，美国商业周刊和 MIT 技术评论杂志相继将其评价为 21 世纪最具影响力的 20 项技术之一以及改变世界的 10 大新技术之一。

作为一种针对应用而开发的技术，在项目中选择无线传感器网络必须考虑到实用性。构建一个典型的无线传感器网络，必须要考虑四个重要的因素：网络选择、拓扑结构、功耗以及兼容性。关于这方面的细节在具体工程中具体选定。

13.3.5　3D 打印技术及 Gcode 格式

1. 3D 打印技术

首先通过计算机建模软件建立 3D 打印三维数字图形模型并存储为 STL 格式文件，然后按照工艺要求，将模型按照某一打印方向和一定的厚度切片。即将三维实体信息演变成二维截面轮廓信息，形成一叠二维图形的堆垛，在二维轮廓信息中添加扫描路径等信息，生成 G 代码，再将 G 代码导入到 3D 打印机中，在计算机的控制下，每层薄片按照事先规划好的打印路径层层打印。这样就将较为复杂的三维空间问题简化成二维平面问题，大大降低了实体制造的难度，实体模型的复杂程度与成型过程难度无关。

3D 打印（3DP）是一种快速成型的技术，又称为增材制造，它是一种以数字模型为基础，运用粉末状金属或塑料等可粘合材料，通过逐层打印的方式来构造物体的技术。3D 打印通常是采用数字技术材料打印机来实现的。常在模具制造、工业设计等领域被用于制造模型，后逐渐用于一些产品的直接制造，已经有使用这种技术打印而成的零部件。该技术在珠宝、鞋类、工业设计、建筑、工程和施工（AEC）、汽车，航空航天、牙科和医疗产业、教育、地理信息系统、土木工程、枪支以及其他领域都有所应用。

2019 年 1 月 14 日，美国加州大学圣迭戈分校首次利用快速 3D 打印技术，制造出模仿中枢神经系统结构的脊髓支架，成功地帮助大鼠恢复了运动功能。2020 年 5 月 5 日，中国首飞成功的长征五号 B 运载火箭上，搭载着"3D 打印机"。这是中国首次太空 3D 打印实验，也是国际上第一次在太空中开展连续纤维增强复合材料的 3D 打印实验。

日常生活中使用的普通打印机可以打印计算机设计的平面物品，而所谓的 3D 打印机与普通打印机工作原理基本相同，只是打印材料有些不同，普通打印机的打印材料是墨水和纸张，而 3D 打印机内装有金属、陶瓷、塑料、砂等不同的"打印材料"，是实实在在的原材料，打印机与计算机连接后，通过计算机控制可以把"打印材料"层层叠加起来，最终把计算机上的蓝图变成实物。通俗地说，3D 打印机是可以"打印"出真实的 3D 物体的一种设备，比如打印一个机器人、一个玩具车，打印各种模型，甚至是食物等。之所以通俗地称其为"打印机"，是参照了普通打印机的技术原理，因为分层加工的过程与喷墨打印十分相似。这项打印技术称为 3D 立体打印技术。

3D 打印存在着许多不同的技术。它们的不同之处在于以可用的材料的方式，并以不同层构建创建部件。3D 打印常用材料有尼龙玻纤、耐用性尼龙材料、石膏材料、铝材料、钛合金、不锈钢、镀银、镀金、橡胶类等。

3D 打印房屋在住房容纳能力和房屋定制方面具有意义深远的突破，关于 3D 打印建筑，在国内外已成为热门研究内容并正在逐渐尝试应用在实际工程之中，具体可见诸多相关报道。

2. Gcode 格式

传统方法中，当一个三维模型需要打印时，首先由三维建模软件或设备建立一个三维模型，然后将三维模型文件转换成目前大多数 3D 打印机系统通用的 STL 格式，再经过切片软件将三维模型按照用户设定的层高将模型切成一层层的截面，进而对每一层截面进行路径规划，最后生成 3D 打印机通用的格式 G 代码文件，输入到 3D 打印机进行打印。3D 打印机的控制系统 Marlin 在处理 G 代码时，需要经过字符串识别命令并转换提取数值，接着执行相对应的工作，当 G 代码命令为直线移动时，则须执行直线坐标运算、直线轨迹规划及连接速度计算等运算；控制系统在打印过程中还要处理中断、温度检测、加热温度控制及打印头移动控制等任务。

（1）G 代码指令　生成加工代码中常见的 G 代码指令见表 13.3-3。

表 13.3-3　常见 G 代码指令

序号	代码	用途	单位
1	G0	快速移动	
2	G1	直线插补	
3	G21	使用毫米为单位	
4	G28	移动到原点	

（续）

序号	代码	用途	单位
5	G90	使用绝对定位	
6	G92	设置位置	
7	M82	设置打印喷头使用绝对坐标模式	
8	M84	给所有步进电机断电	
9	M104	设置打印喷头目标温度	
10	M106	打开风扇	
11	M107	关闭风扇	
12	M109	等待打印喷头加热至目标温度	
13	M140	设置打印平台目标温度	
14	S	温度设置指令	℃
15	F	进给速度指令	mm/s
16	E	送丝计数器指令	mm

准备工作代码主要就是对打印机打印工作前进行准备，例如：将打印机的打印喷头温度和打印机的工作平台温度加热到设置好的温度值，将打印机上次打印结束后打印喷头和打印工作平台没有回到工作原位的回到原位，确定打印机的工作坐标，将打印喷头挤出长度计数器归零等。加工过程工作代码主要就是完成打印模型的整体打印过程，加工过程工作代码将控制打印机喷头的移动方向与移动速度、送料装置的进给量、打印平台或打印喷头沿 Z 轴方向移动等。

结束工作代码主要就是打印完成后的一些结尾工作，例如：控制打印喷头停止吐丝，控制打印喷头回到非工作位置，送丝装置回抽，控制打印喷头与打印平台结束加热，控制打印机中所有驱动装置断电停止工作等。

在打印机打印模型过程时生成的 G 代码指令中最广泛的指令就是 G0 和 G1，具体格式如图 13.3-4 所示。

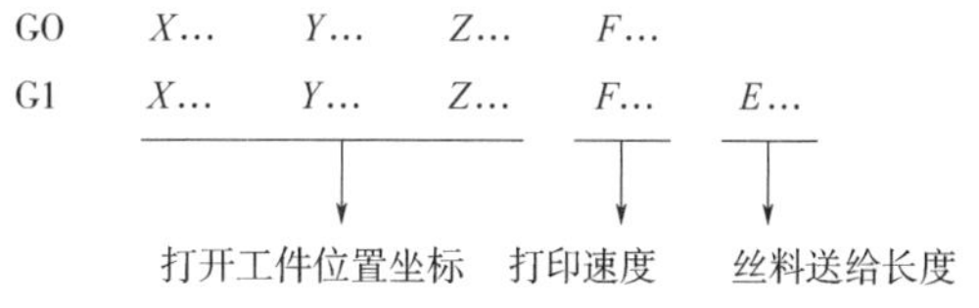

指令格式中 X、Y、Z 后面的数值分别表示在三维空间中的坐标位置，当读取 X、Y、Z 后面具体数字并执行时，打印喷头会在 X、Y、Z 上一位置处移动到当前所表示的三维坐标位置处，如果打印喷头在二维空间中平行移动，则可以只标出相应的二维空

```
G0    X...    Y...    Z...    F...
G1    X...    Y...    Z...    F...    E...
      _____    ____    _____
            ↓              ↓          ↓
      打开工件位置坐标    打印速度    丝料送给长度
```

图 13.3-4　G0 和 G1 指令的格式

间的坐标值，另一维空间的坐标值不标。例如在打印机打印模型的过程中对某一分层进行打印时，打印喷头的移动指令格式中只会出现 X、Y 轴相应的两个坐标值，不会出现 Z 轴的坐标值，当完成层打印转变到下一层打印时，指令中就会出现 Z 轴的坐标值，当完成打印层数的变换后，打印喷头又会在 XY 平面内进行相应打印，此时 Z 轴的坐标值不会发生改变，因此 Z 轴的坐标值可以省略，将不会出现在指令中。

指令格式中 F 表示的是打印喷头的移动速度，单位是 mm/s，当代码中两条指令的 X、Y、Z 的数值不同时，打印喷头会读取两条指令中的位置信息做出相应位置的移动，该移动速度就是 F 后面参数表示的速度，当整个代码或某一段代码中打印喷头移动的速度相同时，只标出打印速度改变后的第一条指令中的打印速度即可，在打印速度不发生改变时，F 可以一直省略不出现在 G 指令代码中。

指令格式中 E 表示的是送丝计数器送丝的长度，在打印机打印的过程中，需要丝料进入打印喷头完成打印，当打印机在读取 G0 指令时，打印喷头只是快速移动到相应指令指示的相应位置不进行吐丝打印，相应送丝计数器不进行送丝，则 E 可以省略不出现在指令中。对于 E 后面参数数值含义解释为：E 后面的参数减去与其相邻的上一次指令中出现 E 后面的参数，当差值为正值时，就是送丝计数器送出丝料该正数值的相应长度；当差值为零时，就是送丝计数器送出丝料的相应长度为零；当差值为负值时，就是送丝计数器回抽该数值相应长度的丝料，当出现 G92 指令且 E 后面的参数为 0 时，意思就是将送丝计数器归零，此条指令将不与其相邻的上一次指令中出现 E 后面的参数进行对比。

不同打印模型 G 代码指令中准备工作和结束工作代码指令基本上保持一致，如下所示为一个简单的打印模型工作 G 代码指令，对其进行分析，并完成简单模型打印。

N0001 M104 S190
N0002 M140 S60
N0003 M109 S190
N0004 G21
N0005 G90
N0006 M82
N0007 G28
N0008 M107
N0009 G92 *E*2
N0010 G1 Z2 *F*50 *E*2
N0011 G92 *E*0
N0012 G0 X15 Y10 *F*50
N0013 G1 X15 Y30 *F*15 *E*2
N0014 G1 X45 Y30 *F*15 *E*5
N0015 G1 X45 Y10 *F*15 *E*7
N0016 G1 X15 Y10 *F*15 *E*10
N0017 G0 Z150 *F*80
N0018 M104 *S*0
N0019 M140 *S*0
N0020 G92 *E*0
N0021 G1 *E* – 1
N0022 G28 *X*0 *Y*0
N0023 M84

上述代码为打印模型工作代码，共分为三部分；N0001-N0011 为准备工作代码，含义为打印时一些必要的工作参数设置，如打印机喷头工作温度设置成 190℃，打印机喷头使用绝对坐标，打印机喷头复位到原点，送丝计数器归零等。N0012-N0016 为加工过程工作代码，含义为打印机打印喷头的运动轨迹，在打印喷头均匀吐丝移动的过程中，送丝计数器也会对应送丝和记录下送出丝材的长度。N0017-N0023 为结束工作代码，含义为打印结束后一些结束工作设置：如打印喷头抬高便于打印模型取出，打印喷头停止加热，送丝计数器归零，打印喷头移动到打印机一侧远离打印平台，打印机中所有工作电机断电等。

执行上面所提到的 G 代码指令可以得到如图 13.3-5 所示的打印模型效果图，图中打印模型是一个拥有一定宽度的矩形片材，箭头的指示方向为打印机打印喷头移动打印的方向，虚线表示的是打印机在打印加工过程中打印喷头中心点移动的轨迹，打印喷头开始打印的起点为 a 点，最后完成打印时打印喷头又回到了打印起点 a 处，并在此暂时停留。

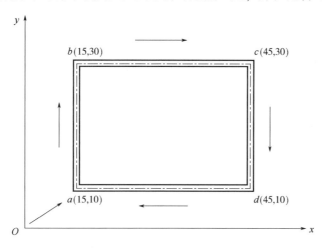

图 13.3-5　打印模型效果图

（2）加工代码的生成　将打印模型导入切片软件中，首先设置打印过程中需要确定好的工作参数，如打印模型厚度、打印时喷头工作速度及相关装置的温度、打印支撑、打印线材等；然后在切片软件的文件中将生成的 G 代码保存到新建好的文件中，如果对打印过程有特殊要求或者对打印分层过程及打印扫描轨迹有相关改进，就需要对生成好的 G 代码进行改进，当对 G 代码修改完成后，就会形成按照自己要求生成的加工代码，将该代码导入 3D 打印机就会按照自己的设计完成对打印模型的打印。

第 14 章

BIM 与设计的协同

14.1 背景

现代社会，人们不但追求建筑的多功能性，而且追求与环境、地域文化的协调融合以及建筑自身的美感。尽管最能激发想象力的复杂曲面被认为是一种"高技术"和"后现代"的设计手法，但实际上远在计算机没有出现、数学也很初级的古代，人类就开始了对于曲面美的探索，并用于一些著名的建筑之中。因此，拥有了现代技术的设计师们，自然更加渴望驾驭复杂多变、更富美感的自由曲面。然而，令二维平面设计技术汗颜的是，它甚至连这类建筑最基本的几何形态也无法表达，只能用二维平面图表述设计意图；随着计算机及图形学的发展，三维设计、虚拟现实技术的出现，结构工程得以多色彩、多层次和多链接的方式展现在世人面前。

三维设计能够精确表达建筑的几何特征，相对于二维绘图，三维设计不存在几何表达的障碍，对任意复杂的建筑造型均能准确表现。三维的形体表现仅仅只是 BIM 设计的基础，只有将非几何信息集成到三维构件中，如材料特征、物理特征、力学参数、设计属性、价格参数、厂商信息等附着关联到图形之中，使得建筑构件成为实体，具有骨骼网络内涵的成为 BIM 的数字图形模型。

BIM 模型可以通过图形运算并考虑专业出图规则自动投影而成二维图纸，并可以提取出其他的文档，如工程量统计表等，还可以将模型用于建筑能耗分析、日照分析、结构分析、照明分析、声学分析、客流物流分析等诸多方面。由美国 Gensler 公司设计的 632m 高的上海中心采用了 BIM 技术，其特点是在方案初期就综合各工种协同创作，特别是建筑造型与结构方案选择的协调统一，成为该设计的亮点。由于该结构高达 632m，结构师在设计建筑外部造型的同时必须考虑风荷载的影响，降低风荷载的作用，慎重优化结构体征。据估算，风荷载每降低 5%，造价将降低 1200 万美元，Gensler 利用 Bentley GC 参数化设计工具制作建筑表皮模型，保证功能及美观的同时也将该模型用于结构风洞试验及计算分析，最终优化的结果是将风荷载降低了 32%。这对于二维设计模式来说是不可想象的。

但是纯粹的三维设计效率要比二维设计低得多，地标性建筑可以不计成本、不计效率，但大众化的设计则不可取。可喜的是，为提高设计效率，主流 BIM 设计软件如 Autodesk Revit 系列、Bentley Building 系列，以及 Graphisoft 公司的 Archi CAD 均取得了不俗的效果。这些基于三维技术的专业设计软件，成为建筑师与结构师沟通的良好通道，用于普通设计的效率达到甚至超过了相同建筑的二维设计。

建筑设计一般分为方案设计、初步设计和施工图设计三个阶段。利用 BIM 技术从方案设计开始就建立建筑三维模型，并在模型中进行参数化设计、协同管理、模型优化等工作，这是建筑模型从粗略到精准的迭代变化、数据逐渐完善和逐渐更新的一个过程。

相比于传统设计方式，利用 BIM 数字图形模型是一种更高效的设计思维，将其引入装配式建筑的设计中，可极大提升装配式建筑设计的质量和效率。图 14.1-1 展示了采用 BIM 技术的设计流程与装配式建筑设计的整体配合过程：在方案设计阶段，经过建筑规划方案的对比决策，形成粗略的 BIM 方案模型，进行建筑的平面、立面、剖面设计；在初步设计阶段，模型进一步细化形成 BIM 方案模型，此阶段强调多专业的协同设计，整体分析、优化调整，最终确定预制构件位置、立面示意等；在施工图设计阶段，形成 BIM 交付模型，此阶段模型主要是对构件的深化设计，并生成详细尺寸控制图和预制构件加工图，完成装配式建筑从概念设计、方案设计、选定方案的初步设计、施工图设计等设计过程。为了更简洁更精炼地表达出面向多专业的基于 BIM 技术的设计过程，针对装配式建筑的标准化构件设计和组装特点，进行构件协同、专业内部协同、多专业协同的 BIM 模型已成为建筑设计的发展方向。

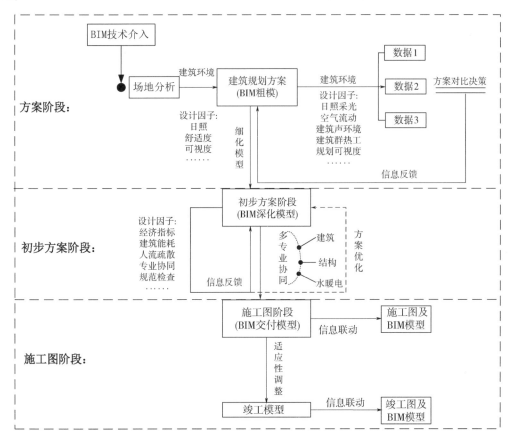

图 14.1-1 基于 BIM 技术的设计框架

目前，二维平面图纸是我国建筑设计行业最终交付的设计成果，这是行业的惯例。因此，设计、建造流程的组织与管理均围绕着二维图纸的形成来进行，这是影响 BIM 技术广泛应用的一个重要原因，也是促使建立相应的规范、标准、应用指南等指导性文件的一个重要原因。

BIM 技术协同设计的应用，可以让各专业设计者直接应用 BIM 建模软件完成协同化设计，实现了从传统协同化设计向基于 BIM 技术的三维协同化设计的转换，为整合建筑全产业链打下基础，解决了集成化程度不高、应用软件缺失、信息储存量不足、人员与工序协同不畅、建筑数据更新困难等方面的问题，使装配式建筑设计的工作效率、经济效益有较大幅度提高（图 14.1-2）。

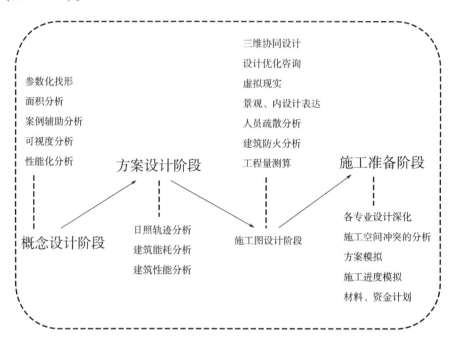

图 14.1-2　项目设计阶段 BIM 应用

　　BIM 技术的广泛应用最主要的优势体现在其能够使建筑设计可视化，即通过三维建模的方式将建筑物全生命期的各种信息状况实时展现出来。装配式建筑作为集成化建筑模式，从设计到施工运营的各个阶段都需要多个学科的专业设计人员密切配合，而传统的二维协同化设计需要各专业间采用定期和节点性方式交流信息，存在信息交流效率低、准确率低、利用率低等一系列问题，难以实现集成化，难以适应装配式建筑所需要的设计模式。

14.2　概述

14.2.1　BIM 协同设计现状

　　尽管协同设计的理念已经深入到工程师的脑海中了，然而对于协同设计的含义及内容，以及它的未来发展，人们的认识却并不统一。目前的协同设计，很大程度上是停留在基于网络的一种设计沟通交流手段（图 14.2-1），以及设计流程的组织管理形式上，沟通效率低、问题理解难、决策效率低、信息不对称。包括通过 CAD 文件之间的外部参照，使得工种之间的数据得到可视化共享；通过网络消息、视频会议等手段，使设计团队成员之间可以跨越部门、地域甚至国界进行成果交流、开展方案评审或讨论设计变更；通过建立网络资源库，使设计者能够获得统一的设计标准；通过网络管理软件的辅助，使项目组成人员以特定角色登录，可以保证成果的实时性及唯一性，并实现正确的设计流程管理；针对设计行业的特殊性，甚至开发出了基于 CAD 平台的协同工作软件等，如图 14.2-2 所示。

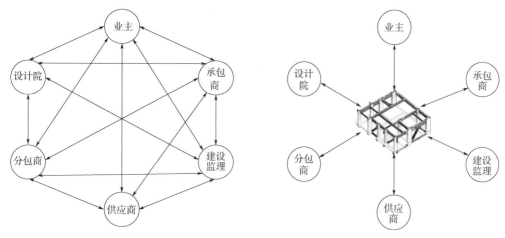

图 14.2-1　网状的沟通方式　　　　图 14.2-2　BIM 协同平台

　　而 BIM（建筑信息化模型）的出现，重构了传统的设计模式和管理方法，通过 BIM 可视化平台将信息统一起来，沟通便捷、多方协作、问题更容易处理。从二维设计转向三维设计；从线条绘图转向构件布置；从单纯几何表现转向全信息模型集成；从各工种单独完成项目转向各工种协同完成项目；从离散的分步设计转向基于同一模型的全过程整体设计；从单一设计交付转向建筑全生命周期支持。BIM 带来的是深层连贯、有章有序、高效协同、杂而不乱的设计技术，而更加值得注意的是 BIM 技术与协同设计技术将成为互相依赖、密不可分的整体。协同是 BIM 的核心概念，同一构件元素，只需输入一次，各工种共享元素数据并于不同的专业角度操作该构件元素。可以说 BIM 技术将为未来协同设计提供底层支撑，大幅提升协同设计的技术含量。从这个意义上说，协同已经不再是简单的文件参照，而是伴随着信息技术、云平台、大数据的不断发展而创立完善的设计协同理念和规则。

　　未来的协同设计，将不再是单纯意义上的设计交流、组织及管理手段，它将与 BIM 融合，成为设计手段本身的一部分。借助于 BIM 的技术优势，协同的范畴也将从单纯的设计阶段扩展到建筑全生命期，需要设计、施工、运营、维护等各方的集体参与，带动影响建筑的全产业链共享和联动，带来建筑行业综合效率的大幅提升，为今后的绿色建筑、零碳建筑提供科学的设计框架体系。

14.2.2　BIM 技术的应用

　　以 BIM 三维软件为主，尽可能将建筑物设计创作的所有内涵做完整的阐释，设计创作即依此阐释的标准程序为基础，构建建筑信息模型的过程。设计创作包括创建模型及分析审核两方面。设计创作软件用于创建模型，而审核和分析软件则可以提供特定分析研究成果的信息并融入构建的模型之中，有时审核和分析软件还包括设计评审和工程专技方面（如结构、MEP）的分析作业。整个 BIM 的执行作业中，设计创作软件的应用是

BIM 技术起步，而其应用成功的关键取决于是否使用统一规划的、完善的且效能很强的数据库。以此创建的三维模型和与其对应的构件的性质、属性、数量、施工措施、成本和进度等信息，尽可能准确而有效地集成在一起，成为名副其实且具有应用价值与共享的全信息模型。这样的设计创作不仅能够为工程项目的利益相关者提供数据信息齐全、透明度高与可视化的设计，而且对设计质量、建设成本和项目实施进度三方面进行优化，相比过去得到改善。

在智能型建模软件工具中，使用已建成的 BIM 模型，以设计或其他专业技术的规范（例如：结构或机电等）为基础，来检测此建筑物是否满足有关各项专业技术要求的各种分析作业，由此所发展出来的信息，将会是业主及营运者将来运用在建筑物系统中（如能源分析、结构分析、紧急疏散规划等）的基础。这些分析和性能仿真工具，可以在其整个生命期过程中发挥价值，且可以显著地改善设施的能源消耗。设计公司也可依托既有的 BIM 模型及分析软件进行比以往更详尽与客观的数据分析，供业主与投资者后续参考使用。

以目前国内外既有的建筑物永续性评估基准为基础，对工程项目进行系统化、标准化的评估过程。这个评估可以是针对材料、建筑物性能方面，或是一个履历过程的评估工作，并应用到整个工程项目的生命期，跨越规划、设计、施工和营运等四个阶段。其评估工作在项目规划阶段和设计创作阶段就开始进行是最有效的，然后在施工和营运阶段善加应用。

应用法规验证的专业软件工具必须以 BIM 模型为载体，并据以检查工程项目的模型参数是否符合建筑规范相关规定的过程。目前法规验证工作，在我国甚至其他国家都是处于起步的发展阶段，目前国内没有付诸实施。工程项目若能在设计规划初期，针对其地理位置的已知数据（包括占地面积、都市计划使用分区、容积率等），先以软件辅助工具进行一般法规的初步验证，可以降低初期规划时因法规细节问题而误导设计、遗漏或疏忽发生的概率，避免造成浪费。

BIM 执行团队在工程项目规划会议的审议场合，利用 BIM 的三维（3D）模型来对该工程项目的利益相关者（可以包括业主、营运单位代表、其他工程专技之项目负责人、设计者、工程承揽者、下游第三方）等，展示其设计内容的过程，据此可以针对此工程项目的布局、采光、照明、安全、人体工学、声学、纹理和色彩等重要议题制定决策。设计师通过 BIM 模型更能将设计理念轻松地传达给业主、施工方和用户。在针对规划需求的工程项目协调会议上，有关业主的需求和建筑物或空间美学方面，则较易得到实时的回馈。

BIM 执行团队以 BIM 模型作为执行作业的基础，充分利用 BIM 专业软件及其延展开发的软件工具，在该工程项目设计过程初期，对此 BIM 的三维（3D）模型，能够提供一套（或部分重要工项）准确的工程量估算和成本估算，并能快速响应项目变更而及时更新，实时体现在成本增减方面的影响，避免预算超支，达到节省时间和控制投资的目的。此过程也可以让设计人员及时从设计方案的调变过程中随时观察到成本的影响，可以有效地遏制由于过度修改项目而造成预算超支。

应用 BIM 技术于装配式建筑工程中首先需要对建筑结构进行建模。装配式建筑与传统现浇混凝土结构的不同之处在于装配式建筑的建模需要把建筑拆分为不同的模型构件，根据模型构件的特点进行相应的建筑设计，在设计装配式建筑的过程中需要充分考虑每个工程结构的特点，防止出现设计与实际不符的情况。此阶段可选择利用 Revit 等软件对预制构件进行建模分析，并进行设计的初步优化。当建模分析和初步优化完成后，需要对装配式建筑各专业的不同预制构件进行模拟拼装，在拼装预制构件的过程中需要对设备的安装、管道的走线等进行综合设计，对于碰撞检查过程中出现的错误需要及时修改并进行深化设计，深化设计之后的模型上传于 BIM 系统终端，形成装配式建筑的整体模型。在该阶段建立 BIM 技术协同管理平台，可以利用其动态性、交互性的特点为设计人员提供实时的模型数据，可以合理地设定设计人员的使用、管理权限和分工，合理设置工作流程、分配设计时间，实现信息在不同专业设计人员之间的高效共享与流通，业主、构件生产方、施工方等均可根据相应权限查看模型，并及时对设计方案做出反馈。

14.2.3　设计类的 BIM 软件

BIM 的技术是通过建筑业应用软件程序来实现的，这些软件类别包括建筑设计、工程设计、施工管理、预算、设备管理等。当前，BIM 设计软件的市场有三家主流公司，分别是 Autodesk 公司，Bentley 公司和 Graphisoft/Nemetschek AG 公司。Autodesk Revit 的三个系列，Revit Architecture，Revit Structure and Revit MEP 分别对应于建筑、结构以及设备几个不同的专业领域。参数化建筑图元是 Revit 的核心，而参数化修改引擎提供的参数更改技术，使用户对建筑设计文档任何部分的更改都能够自动放映到其他视图，引起关联变更。建筑软件以墙柱、楼板、屋顶、门窗等构件为基本图元构件；结构软件以梁、板、柱为主；设备软件的基本图元构件比较多，大致规划成机械、电、泵、消防等几个系统（Revit MEP）。每一种图元都被分成"族-类型-实例"的等级，最终落实搭建 BIM 模型的是"实例"。能够在整个项目中自动协调在任何时刻、任何地方所做的任何变更，从而确保设计和文档保持协调、一致与完整。另外，Autodesk 还提供其他一些基于三维并带参数设计的软件，如 AutoCAD Architecture，AutoCAD MEP。在北美地区，Autodesk Revit 在建筑师圈中占据明显优势（Khemlani）。Bentley 提倡利用 Microstation 做平台，从 CAD 平稳向 BIM 过渡。Graphisoft（Nemetschek AG）的 ArchiCAD 是专门为建筑师服务的专业设计软件，它的特色在于使用"几何设计语言"，简单参数化程序设计语言，用户可以通过它创建智能化建筑构件。此外，一种新的基于 3D 的软件可以用来做冲撞检测，这种程序可以根据各种不同的设计原则，让计算机自动地检测构件对象间的相互影响。比如，可以测试并显示出消防水管是否在梁上穿洞而过，可以提示出空调管道是否与顶棚位置相互冲突。由于 BIM 软件的使用，这种碰撞检测应用程序在 AEC 行业中开始变得越来越重要了。Innovaya 和 Navisworks 都提供该种应用软件。

BIM 软件应具备下列基本功能：模型建立、输入、输出；模型浏览或漫游；模型的属性信息处理；相应的专业（模拟、分析、计算、统计）应用；应用成果处理和输出；导出满足现行制图规定的工程图纸；支持开放的数据交换标准；建立不同模型单元及其属性信息之间的联动关系。BIM 软件宜提供 BIM 用户常见构件库，可根据需求导出无数据损失的轻量化模型，并与物联网、大数据、人工智能、移动通信、地理信息系统、建筑智能化系统、VR/AR 图像处理等智慧城市建设技术协调或融合。

目前，建筑领域比较流行的软件有 AutoCad、Tekla、Midas 等，它们各有所长，常常互相配合，数据转换，以适应 BIM 不同阶段、不同层次、不同目标之需。

14.3 BIM 与设计的协同

建筑项目从规划开始，利用 BIM 技术就开始建立一个贯穿始终的数据库档案。随着项目展开，设计方案随着计划的调整而改变时，数据信息跟随方案自动积累、更新并被记录，使得项目的前期设计工作在有限的时间得到更多的预选方案。BIM 的前期设计数据进入到概念设计阶段，将开始逐步地扩充起来。由于不同软件程序只存取同一组信息数据，设计的数据可以在项目参与者间循环，因此大大提高了数据的有效利用率。有了 BIM 共享基础，在做建筑设计的同时，建筑师就可以便捷地计算出方案的绿色指标、经济指标、概预算等数值，反过来再影响方案的设计并进行改良。接下来，这些数据将继续在扩初设计中得以精细化、完善化。最终基于 BIM 的扩初设计，通过截取 BIM 模型就完成了布图，使用提取工具就完成了文案的编制，呈交一套完整的产品设计。这个阶段的工作新颖之处体现在，基于 BIM 的设计产品都是 BIM 模型创作的副产品，全部来自于数据库，图纸输出或是文档编制并没有本质的不同，只是根据不同的使用目标，从不同的角度，用不同的格式来查看项目模型的数据而已。

而建筑的在方案设计、初步设计、施工图设计和深化设计阶段的交付物，应包括方案设计模型、初步设计模型、施工图设计模型和深化设计模型。模型应满足建设工程全生命周期协同工作的需要，支持各个阶段、各项任务和各相关方获取、更新、管理信息。

14.3.1 项目动态过程中的高效协同

设计伊始，项目所涉及的咨询单位、施工单位、运营维护单位等上、下游关联企业等应基本确定；并对项目启动做好相应的前期准备工作，能够实现标准文件层面的沟通，补充和完善 BIM 模型数据信息，提高项目的综合效率。

基于 BIM 技术的设计则是贯穿于整个项目实施流程链条上的 BIM 应用的源头，也是提供海量数据的基础和关键环节，各个阶段都会基于设计的数据成果来完成相应的专业工作。建筑、结构是在同一模型中工作，而给水排水、暖通、电气三个专业又在各自的专业模型中工作。传统设计中，存在各专业之间互提条件、会签图纸的流程。现在 BIM 正向设计直接链接其他专业的中心软件文件，一方面可以减少不同专业因识图的壁垒可能造成的错误或增加的沟通成本；另一方面，安排合理合适的各专业的提供资料时间，节点和具体的资料内容可以依据链接模型进行协同修改即可，由此完成各专业之间的资料共享。

BIM 与设计的协同、与上下游的协同，如果真正做到了数据集成、流程集成、应用集成、界面集成，也就实现了建筑业的数字化。其协同的核心还是数据、信息的协同，所以建筑业的数字化协同平台，是以信息和数据为核心，可以实时、动态调整和更新项目信息和数据，达到高效、高质量完成项目建设任务的目的。

从设计开始规划输入条件，提交建筑规划文件进行规划审核；通过方案设计建模（包括规划模型和多方案设计模型）进行专业协调、成本估算，并输出各方案的展示模型和进行工程分析。方案比选是动态设计协同过程，上游与下游企业的参与，建筑、结构、排水、暖通、电气等专业实时动态数据更新，使得方案比选、方案优化更加高效统一，如图 14.3-1 所示。

14.3.2　项目在稳定阶段的高效协同

在项目动态过程中会解决大部分的关键问题，接着就达到了一个设计阶段的相对稳定状态，像传统设计一样，要经历进一步的检查、校对、审定的流程，进一步发展发现问题，解决问题。基于稳定状态的多专业协同工作，在互联网协同平台上有非常好的体验，所有的项目相关人员，包括设计人员、校审人员、合作单位的相关人员以及图纸、模型都在平台上，集中发现解决问题，设计过程中当时没有解决的问题，也在此时集中处理，效率很高，最后所有的问题的处理情况，根据报告清单查看统计结果。

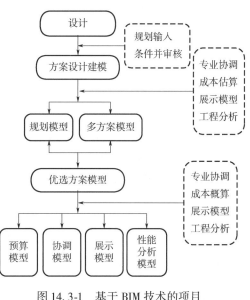

图 14.3-1　基于 BIM 技术的项目
动态过程中协同流程

在图纸校审环节，传统的习惯是校审图纸打印出白图，专业负责人还有设计负责人直接在二维（2D）图纸上标记备注，最后存档校对文件。而现在就可以在协同设计平台上，附着构件信息的图纸非常清晰，并且可以放大、可以缩小，同时和三维模型相关联并随时切换。大家仍然可以像拿着笔一样勾画批注，工作效率大幅提升。

随着项目规模和复杂度的增加出现问题的概率就越高，相对于传统二维设计数据，三维模型数据的优势在于数据完整且直观，从而更加容易发现问题以及更加清晰直观地呈现相关问题，并能够基于三维模型进行更加直观的沟通和协作，构建三维模型数据协同管理，可以达到提高项目沟通和解决问题的效率。

标准化构件数据是 BIM 数据品质的基础。在 BIM 中，构件数据包括真实构件和虚拟构件两种类型。真实构件是指物理客观存在的构件，如梁、板、柱、墙以及设备设施等；虚拟构件是指逻辑存在的构件，如房间、专业、系统等。基础构件数据标准化以后，针对业务分析的数据才会更加准确和有效，这样才能为业务带来真实价值。标准化构件数据准确定位和分析构件信息，是协同设计准确数据的基础保障。

基于有标准化规则建立的模型，对业务具有更大的价值和数据应用空间。相对比较成熟的应用包括设备材料清单统计和分析。目前，也有很多项目在尝试基于模型完成工程量清单的计算，但是由于大部分项目没有 BIM 数据标准的基础，同时现有国家清单计价体系主要是基于二维设计图纸设计规范而制定，近年来虽然基于 BIM 的工程清单计算整体方面取得了一定进步和成效，能够快速为业务提供参考，但是与真实工程量清单仍然有一段距离。国家颁布的建筑信息模型应用统一标准、建筑信息模型分类和编码标准、建筑信息模型设计交付标准，在数据的规范化进程上面迈出了坚实的步伐。

准确的空间数据和完善的构件标准体系，可以从不同维度获得更加真实可靠的数据，可以做更多的项目指标分析优化以及动态模拟仿真等服务，例如：业态分布分析，工程分包分析，施工进度模拟，运维数字底板等，从而能够更早地体验和优化项目建设的全过程，通过数据分析项目关键指标，提高管理决策效率，从而提前发现问题和预测风险。

在优选方案的基础上进行专业协调、成本概算，建立项目估算模型、协调模型、性能分析模型，输出优选方案的展示模型和进行工程分析，如图 14.3-2 所示。

14.3.3 协同设计的步骤

BIM 的协同设计步骤可以分为主体步骤和区间性步骤两大类，主体步骤划分为方案规划、前期设计、施工设计。协同设计的主要使用阶段是在主体步骤中。区间步骤主要针对各工程节点，主体步骤则是针对各区间步骤间的流程。在设计中要进行上述两

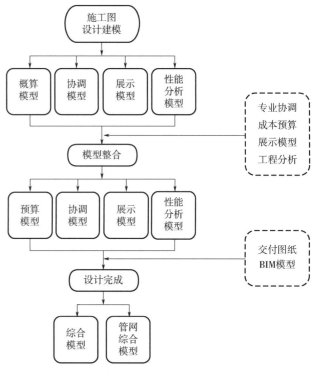

图 14.3-2 基于 BIM 技术的项目稳定过程中协同流程

个主要的设计流程，进行初步设计和再设计。BIM 总体设计流程如图 14.3-3 所示。

图 14.3-3 协同设计的模式

不同人员之间通过 BIM 这个大的平台实现相互的信息交流，BIM 数据模型将每一方的数据变化实时更新到数据平台上，方便各专业人员及时得到新的信息。流程、协调和管理主要的三大块共同构成了协同设计主体。

装配式建筑的设计阶段主要包括方案设计、初步设计、施工图设计、构件加工图设计、预制构件设计、构造节点设计等。初步设计要结合不同专业间的技术重难点，完善协同设计；预制构件的设计要考虑各专业管线和设备所需预埋位置，也要考虑预制构件对成本、进度的影响；施工图设计在考虑预制构件的预埋预留位置的同时要注意构件之间的连接节点；构件加工图设计时，设计单位需要与预制构件生产单位协商，满足各专业对预制构件的设计需求，同时还应注意预制构件运输过程、现场吊装条件、吊装设备等对预制构件的影响。

14.4 概念设计阶段

在传统的设计模式里，各专业的深化设计呈线性关系，上游完成了一个阶段才会递进到下游，出现问题时不能及时有效地反馈，各方信息相对闭塞。而各个牵涉到的专业不同侧重

点也不同，因此最后的落地成果往往也会出现偏差。这就需要在设计前期对整个建筑的设计做好前期统筹策划，基于装配式建筑的特点，为凸显其模块化特点，节省建造成本，前期项目策划对预制装配式建筑的实施起到十分重要的作用，设计单位应在充分了解项目定位、建设规模、产业化目标、成本限额、外部条件等影响因素的情况下，制定合理的技术路线，提高预制构件的标准化程度，并与建设单位共同确定技术实施方案，为后续的设计工作提供设计依据，具体的策划从以下方面展开。

14.4.1　美学理念

建筑形态与空间向着更流动、更模糊、更复杂的方向发展，由此，建筑艺术的审美也进入了多元化时代。建筑设计美学包括了广义和狭义的美学，其中，广义的建筑设计美学重视突出的美并不是建筑自身，而是立足于更广阔的空间背景，例如建筑周边环境，包括周围的建筑、城市街道等，建筑设计的美感就是基于这种大背景的。而狭义的建筑设计美学主要是突出建筑自身的美观，也就是建筑的外观、造型以及艺术感。因此，美学理念在建筑设计中的表达并不是单一的，而是多元化的，这也给建筑设计者们提供了更广阔的创作空间，使建筑能够通过设计美学展现艺术性以及思想性。

1. 建筑设计美学中的规律性

一个建筑设计是否成功很重要的一个标准是该建筑在城市中所占有的资源环境与周围环境能否协调、融合和统一，提高城市的形象和文化特质。建筑中的美学特征主要有几何特征、主次关系和色彩表现。建筑的几何特征，从古希腊时期的圆柱、拱门、帕特农神庙中的黄金比例都是几何形式的体现，单体建筑和整体空间布局更是几何形式最完美的体现。其次是建筑美学中的主次关系能够突出建筑中不同部位的轻重关系，突出重点表达建筑美。建筑几何形状之间的相互协调和尺寸之间相互咬合能让建筑从内到外形成一个统一的结构，让每个部分都表现得恰到好处与自然。而色彩作为建筑外部表现美的主要手段之一，了解建筑中色彩的运用与色彩的规律，才能更好地让建筑与色彩相辅相成，形成良好的风格表现。最后材质的选择与使用规律也会让建筑产生不同的美的感受。统一的材质加强建筑的统一性，细部材质的表达则可以用在一些建筑细部或者建筑设计中亮点的表达。但同时需要注意的一点则是材质与色彩的关系，处理好色彩与材质的搭配才能更好地表达其效果与设计。

2. 建筑设计美学中的均衡性

在建筑设计中主要强调建筑的材质、高矮、体积、虚实关系和色彩的变化等，在建筑外观上则是要强调内外的统一与和谐，从而达到设计美学中的均衡，让均衡体现在建筑的中心，达到均衡之美。如中国传统皇家建筑追求在平面布局上的对称，体现在材质、色彩和建筑形式的统一，形成皇家建筑群体的均衡和威严之势。而对于较为复杂的建筑设计，则需要寻求不同设计要点的主次关系，寻求主次均衡表达的设计重点以引导使用者。

对于装配式的工艺，构件单元将更复合化与专业化，结构功能、装饰功能、使用功能得以有机统一，例如郑州大剧院项目钢结构造型独特，80% 为弧形双曲面，幕墙种类多，且造型复杂；转折交接部位多，如图 14.4-1 所示。而装配式建筑的设计美学更多地强调于功能单元的创意式尺寸、参数设计和单元间的多样组合。

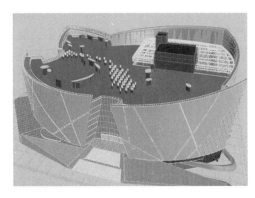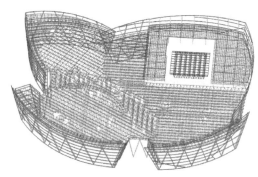

图 14.4-1　郑州大剧院项目钢结构 BIM 模型图

14.4.2　经济性考量

在装配式建筑施工的成本构成中，主要包含模具制作、车间加工和调运安装。而在建筑设计中，细节尺寸的凌乱极易导致上述三项成本的大幅增加。而对于异型建筑，传统施工方法极难达到理想效果，但运用装配式技术就完全可以实现。因此，装配式建筑在方案设计阶段，就需要将装配式建筑特有的模数化及模块化理念纳入设计前期策划中。通过参数化找形、面积分析、方案辅助分析、可视度分析、性能化分析后，形成建筑方案，为后续的设计提供依据。通过参数化建模，对建筑形体进行推敲分析。

14.5　方案设计阶段

在方案初设阶段，建筑的功能单元、结构体系、创意造型，即结合装配式建筑的工艺，运用 BIM 软件进行轮廓建模，确定整体外观。确定项目装配式工艺各功能区的构件模数，在进行主要尺寸设计时，由专门的结构工程师把控通用尺寸要求、钢筋布置条件和节点做法，在 BIM 平台端就将房屋构件单元的尺寸硬性约束为模数匹配，从源头规避掉尺寸凌乱的问题。在建筑设计和结构设计进行对接时，逐级将结构设计平台和装配式建筑构件设计平台进行数据对接和功能对接，在结构设计人员的专业支持下，实现从装配式方案到装配式构件的自动拆分。在其他各专业进行设计时，同样充分考虑功能单元的组合，尽量保证构件轮廓和出筋定位的一致性，在和单一构件进行协调时，充分考虑水、暖、电设计方案的一致性，保证尽量减少构件开孔方案等。将传统建筑设计中的功能分析和方案展示工作，同样转移到装配式 BIM 方案的设计体系内，根据装配式建筑的设计初衷，从建筑美学、建筑功能和绿色环保等角度完成参数化分析体系的重新制定。

方案设计模型应包括下列模型单元或其组合：现状地形地貌及保留建（构）筑物；用地红线、规划控制线；周边城市道路及相邻市政设施；拟建建筑；拟建道路、停车场；拟建广场、活动场地及景观小品；拟建绿地；日照分析；功能、空间形态等分析。

14.5.1　构件协同设计

构件协同设计是深化的基础，构件信息在 BIM 设计软件中传递，可以避免出现平面、立面、剖面不一致的情况，省略了许多重复设计。同时，修改调整的模构件，则相关联的图纸、清单等资料都会及时联动更新（图 14.5-1）。

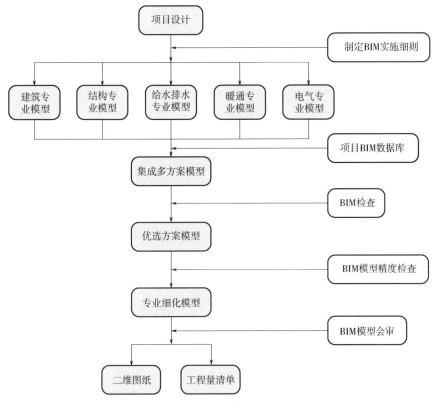

图 14.5-1　BIM 设计流程图

另外，设计师每天把完成的模型、图纸上传到协同管理平台，一方面可以留存设计痕迹，保留历史设计信息，构成项目共用的资料库；另一方面也方便专业负责人、设计总工程师、建设方及时掌握项目进度，并及时发现问题、标注问题、跟踪问题、解决问题。同时，设计师可以通过协同平台快速得到各类需要的信息，辅助设计师日常设计的调整。不会导致后期才发现指标误差，造成各专业被动修改的工作局面。

14.5.2　场地分析

建筑项目是从方案设计开始的，方案设计是深刻影响建筑未来是否能够顺利进行的重要阶段。BIM 技术在建筑设计方案初期场地分析时的性能分析，可以解决传统方案设计场地分析时无法量化的问题，如日照、舒适度、可视度、空气流动性、噪声云图等的量化。通过把 BIM 技术的性能分析与建筑方案的设计结合起来，会对建筑设计多指标量化、编制科学化和可持续发展产生积极影响。场地分析是方案设计的前提，设计师需要根据所给数据对建筑场地进行合理与详细的梳理，通过建立场地 BIM 模型进行数据的收集与整合，再配合 GIS 等相关软件，对建筑场地微环境分析时可以做日照采光分析、建筑微环境的空气流动分析、建筑声环境分析、建筑群热工分析、规划可视度分析等工作。为建筑设计提供空间查询及空间分析，为建筑方案设计提供基础数据（图 14.5-2）。

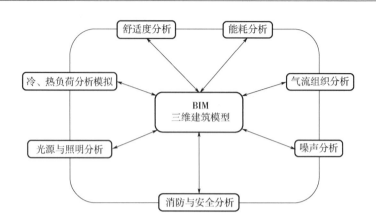

图 14.5-2　基于 BIM 技术的建筑场地微环境分析关系图

在方案初期，设计师除了考虑项目自身的要求，还需要对当地的地域文化、地形环境、建筑面积、功能要求、建筑形体等进行深入分析，BIM 的应用可以将功能、形体、环境这三者的数据紧密结合，通过数据分析帮助建筑师更合理地制定设计策略，使建筑和场地配合得更紧密。

此阶段的设计目标并不是单纯地验证设计结果，而是注重建筑方案的推敲和设计策略所带来的节能效果的比对，发现不同设计策略的优劣。严格来讲，这时候的 BIM 模型只是一个雏形，可以是一个信息不全或者不带信息的三维（3D）几何模型。

14.5.3　内部协同设计

结构专业内部协同非常关键的一点就是 Revit 模型和计算模型协同，根据数字图形模型，进行离散化数值仿真已经无甚大碍，解决了工程项目中标高异常复杂、材质不同、工况复杂的难题，这对于三维设计软件来说不是问题。

实现高效协同的方法是可以采用专业公司提供的插件，让标高关系复杂的结构构件从三维设计软件导入计算。虽然目前模型转到相关计算软件之后还要经过一些节点连接的检查和处理方可计算。

计算模型在经历了 N 轮的计算调试之后，很多构件的截面大小、位置都有调整。BIM 信息的及时更新与计算过程、计算结果的联动机制，使得设计协同有了"一脉相承、关联互动"的协同功能。

14.6　初步方案设计阶段

初步设计模型应包括下列模型单元或其组合：现状地形地貌及保留建（构）筑物；用地红线、规划控制线；周边城市道路及相邻市政设施；拟建建筑；拟建道路、停车场；拟建广场、活动场地及景观小品；拟种植的乔木；拟建绿地；拟建挡土墙、护坡、围墙、排水沟等构筑物；日照分析；土石方平衡、场地平整或基坑开挖；主要地面设备设施；埋地设备设施，包括埋地储罐、蓄水池、污水站、隔油池、化粪池等。

协同设计首要选择起到关键作用的工作平台，以综合管廊建设为例，根据综合管廊设计的工程特点选择 Revit 作为协同设计的工作平台。此外选择 Autodesk Navisworks 作为管廊建设的冲突检查软件。Revit 平台设计具有两种模式，一种是工作集协调设计模式，另一种是连接协调设计模式。第一种如果参与方中任何一方有设计变化都会实时传输到其他各方模型中，是一种连续不间断的设计模式。第二种设计模式是在各工作方将各自所要完成的设计完成后，再通过网络连接到平台中心将其他各个专业的完成模型整合在一起，是一种阶段形式的设计模式。

14.6.1　深化设计

随着方案设计的深入，需要创建更加细化的 BIM 模型并赋予其信息，此时 BIM 模型逐渐完善成为真正的三维信息模型，进入初设方案的深化设计阶段。在设计过程中，BIM 技术得到了更深入的应用。初步设计主要是为确定具体技术方案与施工图的设计奠定基础。通过 BIM 模型能更高质量地完成建筑设计，利用 BIM 信息数据库对建筑各功能空间的布局和经济指标等信息关系做同步分析，方便及时调整指标与设计。利用 BIM 承载的物理信息做建筑能耗分析，以利于方案优化。通过 BIM 模型做建筑空间的行人人流与疏散分析。在设计过程中以 BIM 模型为核心，进行专业内部与专业间的协同设计并进行建筑冲突检测、规范检查与质量分析，达到优化方案与综合协调的目的。这样既可以保证模型与图纸之间数据的关联性，又有利于施工图设计阶段的设计修改，为施工图设计打下坚实基础。

深化设计模型应在施工图设计模型基础上增加道路及其交通附属设施详细构造，挡土墙、排水沟、电缆沟等室外构筑物详细构造等模型单元或其组合。

14.6.2　碰撞检测

以 BIM 装配式建筑各专业模型（包括建筑模型、结构模型、水暖电模型、施工场地模型）为核心，进行同专业内不同构件的硬碰撞、不同专业间构件的软碰撞、不同吊装机械作业的动态碰撞等碰撞检查。设计师可通过碰撞点查询 ID 和图片展示及时定位到设计出错的地方，便于迅速修改。将碰撞检测报告结合 BIM 多专业模型，按照"检测→优化→再检测"的思路，不断完善设计和施工方案，保证装配式施工的顺利进行。Revit 软件和 Autodesk Navisworks 软件都具有碰撞检测的功能，Revit 软件的碰撞显示结果形式比较单一，不能直观地表达碰撞点的位置，而在 Autodesk Navisworks 软件中可以直观地反映碰撞点及碰撞原因，碰撞检测完成后，Autodesk Navisworks 软件会自动生成碰撞检测结果，在结果对话框中，选择某个碰撞点，系统就会自动显示碰撞点的位置。生成的检测结果格式多样，可以是图片、表格等形式。导出的碰撞检测报告在确认无误后，按照专业的不同将检测报告分别交于相应的设计部门，设计部门对模型进行修改，在修改碰撞节点的同时，优化模型设计。修改完成后，将模型再次导入 Autodesk Navisworks 软件中，重新进行碰撞检测，在"检测→修改→检测"的重复过程中，一次次完善设计，直至碰撞检测的结果为零，即表示设计的图纸已无碰撞问题，该过程可以停止。尽管这个循环的过程消耗的时间很长，但是其检测以及连带修改的过程都是采用软件自动操作，该操作可以减少施工过程中的设计变更，控制造价成本，减少业主投资，为后续的工作带来极大便利。

14.7 施工图设计阶段

施工图设计成果主要用于指导施工阶段的工作，最终设计交付图纸必须达到国家的二维制图标准要求，这就要求施工图一定要做到准确无误、数量齐全、符合标准且能联动修改。BIM系统中建筑的施工图平面、立面、剖面等图纸是由模型自动生成，随着设计的变更自动更新，所有的工程图纸都出自一个统一的BIM模型文件。不同设计阶段的BIM信息模型能导出不同阶段的二维（2D）工程图纸，其中包含的数据量是传统的二维（2D）图纸不能比的，完备的BIM信息模型甚至连详图都可以创建出来，而且还可以实现各个详图之间的联动。BIM技术正向设计在施工图阶段不但能减少错误、节省工作时间、提高效率，还能完全确保图纸与模型的一致性、各专业之间设计的一致性以及图纸的平面、立面、剖面与节点的一致性。项目在施工时为适应现场情况所做的变更也可以实时更新在BIM模型内，极大地方便了竣工模型的交付、工程图纸的存档以及后期的运行维护。

14.7.1 施工图设计模型

施工图设计模型应包括下列模型单元或其组合：现状地形地貌及保留建（构）筑物；用地红线、规划控制线；周边城市道路及相邻市政设施；拟建建筑；拟建道路、停车场；拟建广场、活动场地及景观小品；拟种植的乔木；拟建绿地，包括草坪、灌木等种植；拟建挡土墙、护坡、围墙、排水沟、电缆沟等构筑物；土石方平衡、场地平整或基坑开挖。地面设备设施，包括消防栓、箱变、调压柜、冷却塔等；埋地设备设施，包括埋地储罐、蓄水池、污水站、隔油池、化粪池等；室外管线综合。

施工模型应满足工程项目相关方协同工作的需要，支持工程项目相关方获取、应用及更新信息。对于用不同BIM软件创建的施工模型，宜使用开放或兼容的数据格式进行模型数据交换，实现各施工模型的合并或集成。模型数据应根据模型创建、使用和管理的需要进行分类和编码。分类和编码应满足数据互用的要求，并应符合建筑信息模型数据分类和编码标准的规定。模型数据应根据模型创建、使用和管理的要求，按建筑信息模型存储标准进行存储，应满足数据安全的要求。

14.7.2 施工准备

施工准备阶段需要根据施工总组织设计的要求，对施工空间冲突进行分析、对施工进度进行模拟，并做好材料、资金计划。施工方案模拟利用BIM技术对项目重点施工工艺进行三维建模，并结合工艺说明形成项目可视化工艺手册，辅助施工技术管理，提升方案展示效果，提升交底及施工质量。根据场地布置BIM模型，合理划分材料进出和堆放。在设计BIM模型的基础上，综合考虑支吊架、保温、检修空间和施工距离等因素，对管线进行优化，进一步提高管线安装净高，并输出净高色块图供业主及运营单位进行决策，并作为施工验收的要求。将BIM模型导出漫游软件，输出三维漫游视频，并在施工交底会议上对各专业进行施工交底，指导各专业管线施工。

第 15 章

BIM 与施工安装的协同

BIM 体系通过一系列软件和数字转化技术，将工程项目中各种信息有机整合成一个协调整体，并通过多维度、可视化的立体模型深层次展示。

在工程项目深化设计、施工实施、竣工验收等的施工全过程中应用 BIM 技术，应事先制定施工 BIM 应用策划，遵照策划进行 BIM 应用的过程管理。当前，施工模型多在施工图设计基础上进行创建，将设计模型直接继承到施工模型的目标尚在努力之中。施工模型可包括深化设计模型、施工过程模型和竣工验收模型。模型元素信息不仅有结构的尺寸、定位、空间拓扑关系等几何信息，还要有构件的名称、规格型号、材料和材质、生产厂商、功能与性能技术参数，以及系统类型、施工段、施工方式、工程逻辑关系等非几何信息。

BIM 模型是一个各类信息综合而成的载体和通道，总体 BIM 模型中包括了若干分 BIM 模型和子 BIM 块体，参建各方主体可以通过网络平台随时共享资源，并可根据需要，在项目不同阶段对 BIM 模型进行插入、提取、更新和信息修改。而 BIM 的关联和随动效应，使得信息体系总处于最新最全面的状态。与传统的 CAD 图相比，BIM 模型除了能在空间上达到三维外，同时还附着了时间、造价、安全管理等其他维度的信息，体现了数字图形介质的架构优势。

BIM 技术作为工程项目管理和技术手段，解决了在设计和施工过程中的方案可视化、设计成果优化、技术交底与会商、参与方协同管理、综合管控（进度、质量、安全、成本）、变更管理以及信息共享传递等诸多方面的问题并收获实效，提高了工程建设质量和项目综合管理水平。

应用设计施工一体化 BIM 技术，最重要的是设计阶段的模型数据可交互、可扩展至施工阶段，因此在项目策划阶段就必须有 BIM 的标准体系来保障设计阶段 BIM 模型能无缝延展继承到施工阶段及运维阶段。因此设计阶段模型对于装配式建筑的构件材质和连接方式、机电管线管材和连接方式、设备参数等应与施工阶段保持一致并符合相关施工技术要求，保证设计阶段 BIM 模型数据能向下游无缝衔接。

15.1 BIM 技术在施工过程中的应用

施工过程中利用 BIM 技术在进度、质量、安全、成本等方面进行综合管控，对于保证施工安全、提高施工质量、缩短建设工期、降低工程造价至关重要。施工进度的控制是影响工程项目建设目标实现的关键因素之一，编制切实可行的施工进度计划，并对其执行情况进行动态控制和调整，具体过程如图 15.1-1 所示。

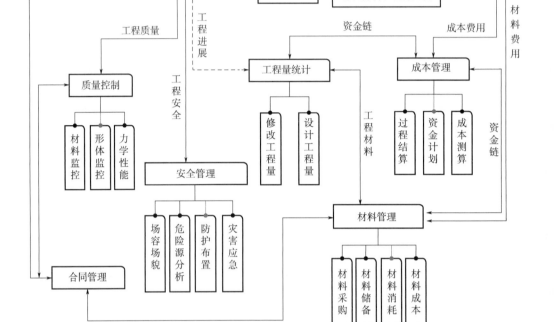

图 15.1-1　BIM 技术在施工过程中的应用

15.1.1　深化设计

深化设计的目的是为了提供施工详图和安装索引图，让设计方案具有更好的可实施性，为装配化施工提供车间制作及现场装配的依据。深化设计流程从业主、设计者的最初角度出发，以原结构设计为基础，添加构件生产单位、施工单位等参建各方的不同需求，详图的产生考虑设计的要求、制作单位的技术实力、设备装置的运输方案和现场安装能力，最终详图要经原设计单位复核认可，形成深化设计图纸。

深化设计模型包括土建、钢结构、机电、幕墙、特殊结构等子模型，以保证深化设计、专业协调、施工模拟、预制加工、施工交底等施工需要。施工方根据设计模型在 BIM 协同管理平台上进行施工模拟形成模拟方案和重要设备的施工模拟。在专业深化设计期间，如果发现设计有问题，则提出解决方案并进行设计变更，具体流程如图 15.1-2 所示。

施工深化设计是一个反复复核的过程，构件生产单位和施工单位的每项需求均须经设计单位各专业协同复核，每个预留孔和预埋件均需考虑对结构安全的影响，避免与结构钢筋、水、电、暖等埋管产生碰撞，再由施工单位、构件生产单位重新对预留孔和预埋件的位置进行调整、优化，确保满足结构安全及施工使用的要求。

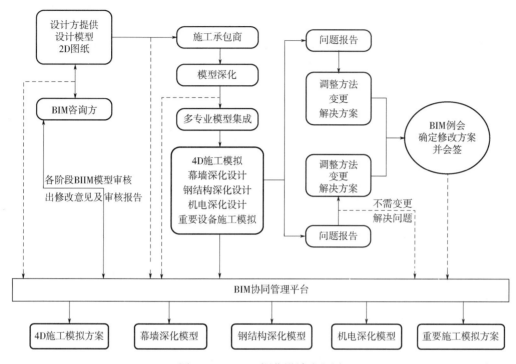

图 15.1-2　BIM 深化设计流程图

　　深化设计阶段的工作主要是进行装配式构件的三维实体建模。但在进行具体建模之前，还需要根据项目要求做好批次划分与工期计划的编制工作，然后再对每个批次的图纸文件进行送审。只有图纸文件审核合格后才可以进行实际建模。三维实体建模常用 Tekla Structures 和 Auto CAD 等图形软件。三维实体建模部分的精细程度，可以根据 BIM 的模型细度（level of development，模型元素组织及几何信息、非几何信息的详细程度，简称 LOD）的阶段产生不同的深度的模型要求，如图 15.1-3 所示。

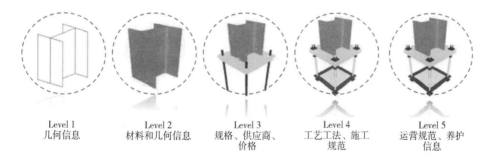

| Level 1
几何信息 | Level 2
材料和几何信息 | Level 3
规格、供应商、
价格 | Level 4
工艺工法、施工
规范 | Level 5
运营规范、养护
信息 |

图 15.1-3　BIM 模型精细度示意图

　　钢结构深化设计也叫钢结构二次设计（制作图或车间图），在钢结构施工图设计之后进行，深化设计人员以施工图提供的构件布置、构件截面与内力、主要节点构造及各种有关数据和技术要求为依据，严格遵守钢结构相关设计规范和图纸的规定，对构件的构造予以完善。根据工厂制造条件、现场施工条件，并考虑运输要求、吊装能力和安装因素等，确定合理的构件单元。最后再运用专业的钢结构制图深化设计制图软件，将构件的整体形式、构件中各零件的尺寸和要求以及零件间的连接方法等，详细地表现到图纸上，以便制造和安装人员通过查看图纸，能够清楚地了解构造要求和设计意图，完成构件在工厂的加工制作和现场的组合拼装的工作。一般而言，详图设计应标注装配尺寸和便于制作的接触点位置，当前一些定位专利设备和标注方法为智能建造提供了新方法。

1. 节点优化

深化设计作为钢结构施工的源头，成为钢结构建造过程中不可或缺的一部分，深化设计直接影响着工程的工期以及经济效益等。传统的深化设计也就是对图纸进行拆分，如今的深化设计已经发展为对结构的优化、材料的优化等方面。节点种类繁多，借助 BIM 技术对钢结构模型的部分节点进行分类优化，提高建模的速度与精度，钢结构复杂节点选用 Tekla 软件进行深化设计，通过 Revit 软件附加模块中的外部工具，将型钢混凝土组合结构钢筋节点三维模型导出 ".nwc" 格式的文件，在 Navisworks 软件中，利用 "Clash Detective" 命令对钢筋间排布进行碰撞检查。

2. 碰撞检测

在基于 BIM 的装配式结构预拼装工作流程中，建立 BIM 模型是重点，而整个工作流程的最核心部分是碰撞检查。碰撞检测的实质是依据图形的空间位置及影响范围，进行图形检测，通过针对 BIM 模型不同专业及本专业构件间的碰撞检查，可发现构件的重叠、冲突和不匹配等问题，提前发现可能在构件制作和施工过程中的问题，若发现问题可及时返回 BIM 模型进行交互式修改，最终实现无碰撞，以保证工程顺利进行。碰撞检测是 BIM 技术的一个基本功能，已经广泛地运用于建筑领域当中。例如，在大跨度预应力梁的设计与施工中，可以很好地解决梁内钢筋和预应力孔道之间的碰撞问题。

3. 精细化出图

图纸的精细化程度对于钢结构的安装精度有着很大的影响，Tekla 软件具有出图的功能，它能根据三维模型自动创建零件图、构件的施工图、零件大样图等，并且可根据需要在已生成的图上直接做剖视图、大样图等。图纸大小、图纸比例、标注样式、标注内容、焊接坡口、螺栓规格与数量等均可通过相应的人机交互反映在图纸上，进而降低了图纸的出错率，提高了出图的效率。设计变更对于图纸的修改是非常繁琐的一项任务，Tekla 软件强大的自动更新图纸的功能方便地解决了这一大难题，三维模型与图纸有着紧密联系的数据关系，设计者一旦改变模型的某个构件，相应的平面、立面和各剖面图纸就会自动地更新，方便深化设计出图。

根据设计文件、施工工艺要求和施工图设计模型，创建钢结构深化设计模型，细化节点设计，进行碰撞检测（出具碰撞检查分析报告），再进行模型的校核审查；模型校核审查通过后得到钢结构深化设计模型，通过深化模型出具工程量清单，生成图纸以及节点深化图、焊缝通图、平立面布置图，具体流程如图 15.1-4 所示。

对于钢结构工程而言，良好的设计至关重要。为了提高设计水平，就要确保设计图纸的内容更加合理，并对相应的细节进行优化，以确保后续加工制作和现场拼装有完善的指导文件。采用 BIM 技术可以对钢结构的设计进行深化，其所包含的软件比较多，如 Tekla Structure Aduance Steel。设计人员可利用软件的可视化界面对图纸进行深入设计，并通过三维模型展示出钢结构的各项信息。在制作模型的过程中，设计人员可以及时对模型中存在的问题进行调整。由于软件具备碰撞检查的功能，因此，一旦出现问题，就可以及时提醒设计人员

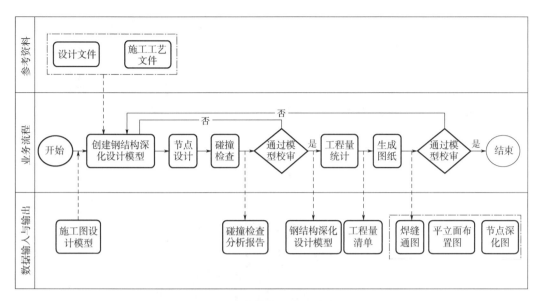

图 15.1-4　钢结构深化设计流程图

进行处理。模型顺利创建完毕，并对信息进行确认后，就可以生成详细的施工图纸。这种方式不仅可以有效提高绘图效率，还可根据用户的需求自动生成，充分满足用户的需求。Tekla Structure 软件能够生成各种类型的详图，如平面布置图、构件图和零件图。此外，还可以采用软件生成与材料有关的统计表格，熟悉 CAD 或者 Tekla 详图的读者可以发现，碰撞检测不仅仅是结构间的空间矛盾检测，同时也可用于详图图纸本身的标注尺寸位置的碰撞占位及占位调整方法。

15.1.2　智能化加工

在 BIM 技术出现之前，套料人员非常困惑的是对零件信息（尤其是异形板材信息）的准备，他们需要从 2D 图纸中将零件一个个截取出来，复制到套料系统中，再根据工艺要求进行加工余量处理和手工排版等工作，直至生成设备能够识别的 CAM（Computer Adid Manufactire）数据。

BIM 的出现改变了这一状况，BIM 能够方便地输出 NC（Numerical Control）数控数据文件（使用 DSTV 格式创建），数据文件包含了所有关于这个零件的长度、开孔位置、斜度、开槽和切割等的坐标信息，以便设备能够识别。一些数控设备可以方便地读取 NC（DSTV 格式-德国钢结构协会推出的数控标准）原始文件，对型钢进行冲孔、钻孔和切割（图 15.1-5）。

利用 Tekla Structure 自动化能力，对提料加工的问题进行优化，与加工设备机具结合，得到优化后的构件加工数据，以达到施工速度快、安装精度高、避免造成不必要浪费的效果。

Tekla 模型中导出零件组合件，安装导向图的 dwg 格式图纸，可以进行多项应用，其中运用 STARCAM 中的套料输出模块将多种零件进行套料。启动 STARCUT 程序，首先设置套料参数，根据加工需求，设置加工路径参数，以满足加工要求。在加工类型选择框中选择加工类型、补偿方式和补偿方向，再设置引入引出线类型、长度、位置等。参数设置完成后加入待加工的零件并给出数量，然后进行板材套料。假如出现排列不理想、多个零件没有

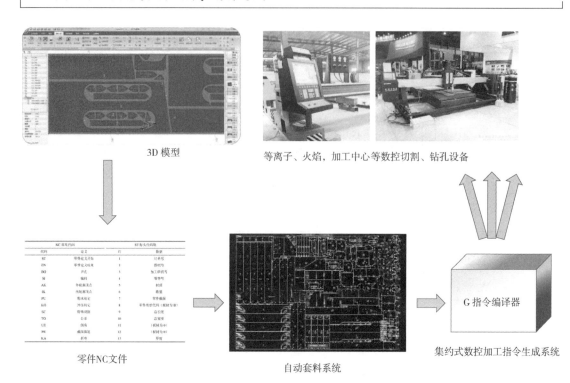

图 15.1-5　智能化加工 BIM 应用流程

排料、板材空隙没有合理利用的情况，可以利用零件组合工具对零件进行组合优化，以提高板材利用率。完成组合操作后在排料计划表会增加一个组合零件，也可在右侧预览图观察其组合图形。重新运行自动排料，观察套料结果。再利用仿真功能对加工路径进行仿真，以确定加工方式是否满意，提高加工效率。做到精确的人、材计划，可以实现限额领料、消耗控制。

目前的钢结构自动化及智能建造中，钢结构深化设计显得更加必要，确认各构件与零部件连接无误且与其他专业构件进行优化后，利用 Tekla Structures 可自动生成钢结构构件详图、节点详图和直接进行数控加工的零部件详图，并能直接或经转化得到加工厂数控切割机等设备所需的文件，实现构件和零部件加工自动化。BIM 模型数据与数控机床对接，可提高制造精度，减少拼装误差，实现构件在生产、存储、运输、施工、运维等环节的全过程管理，实现钢结构构件加工自动化。

在深化设计模型的基础上，加上加工确认函、变更确认函和设计文件，创建钢结构构件加工模型；根据（专项）加工方案、技术标准规范进行钢结构构件加工模型细部处理；经过产品模块评价检验，输出钢结构构件加工模型和加工图；提取工程量，制定材料采购计划；根据报表清单、加工设备加工能力、各任务工期及资源计划、加工厂排产计划，建立分批加工制造模型；根据工艺指导书编制加工工艺文件；输出数控文件、各工序加工参数并进行加工作业；输出各工序实际进度信息和各工序实际成本信息；根据质量标准规范进行产品验收和入库；过程质量追溯信息全部保存在相应的模型中，具体流程如图 15.1-6 所示。

数字化加工从 BIM 模型中提取钢材的各种属性参数信息，然后再通过二次开发链接

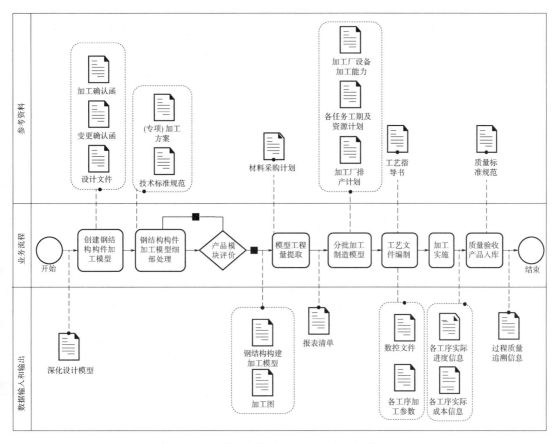

图 15.1-6　钢结构构件加工 BIM 应用典型流程

企业物料数据库，并调用物料库存信息排版套料操作。利用数控设备对钢结构进行数字化加工。同时加工的结果可以进一步反馈至 BIM 模型中，以便工作人员对施工信息进行更新。

　　钢结构构件加工 BIM 应用交付成果宜包括钢结构构件加工模型、加工图，以及钢结构构件相关技术参数和安装要求等信息。

　　钢结构构件加工 BIM 软件宜具有下列专业功能，对预制加工模型进行分批计划管理，结合加工厂加工能力形成排产计划，并反馈到预制加工模型中；按批次从预制加工模型中获取零件信息，处理后形成排版套料文件，并形成物料追溯信息；按工艺方案要求形成加工工艺文件和工位路线信息；根据加工确认函、设计变更单、设计文件等管理图纸文件的版次、变更记录等，并反馈到预制加工模型中；将数控代码等加工工艺参数按标准格式传输给数控加工设备；将构件生产和质量验收阶段形成的生产进度信息、成本信息和质量追溯信息进行收集、整理，并反馈到预制加工模型中。

　　当前发展制造厂家基于 BIM 模型工作能力和加强智能化的制造水平，也是今后质量强国的发展方向。

15.1.3　运输管理

　　物流和仓储减少了资源的浪费，快速准确获取以支持资源计划。构件出厂时，通过扫描运输车辆上的 RFID 芯片，将出厂信息上传到协同管理平台，管理人员通过协同管理平台实时收集车辆运输状况，寻求最短路程和最短时间线路，从而有效降低运输费用和加快工程进度。此外，通过物联网实时反馈的信息，精准预测构件是否能按计划进场，做出实际进度与计划进度对比分析，如有偏差，适时调整进度计划或施工工序，避免出现窝工或构（配）件的堆积以及场地和资金占用等情况。

工厂的门禁系统中的读卡器接收到运输车辆入场信息后立即通知相关人员进行入场检验及现场验收，验收合格后按照规定运输到指定位置堆放，并将构（配）件的到场信息录入到 RFID 芯片中，以便确保构件入场信息、验收资料等信息的真实性与实效性。

15.1.4 仓储管理

BIM + 物联网协同平台各阶段数据录入的基础是 RFID 实时扫描录入。在施工阶段，将过程验收项目、隐蔽验收项目等质量控制项通过现场管理人员手持扫描设备对构件各工序进行扫描验收，简化了传统验收方法的繁琐流程，增强了验收的及时性和时效性。同时 BIM 平台记录的验收文字资料和图片影像资料可自动导入标准资料软件，提高资料部门与技术、生产、质量部门的现场协调工作效率。做到过程资料实时根据现场实际施工情况同步生成归类。

这一阶段主要是依靠深化设计阶段所生成的清单文件来进行材料的采购与管理。工作人员需要根据清单文件来编制采购计划，然后将采购计划导入至管理软件中用以生成采购订单。采购订单是采购人员进行材料采购和后续入库验收的依据。同时采购验收完成之后的文件也需要录入管理软件内以完成原材料信息的绑定，从而方便后续管理工作的开展。

15.2 安装施工

详图设计的两部分成果——制作图和安装图，前者用于厂家制作，而装配式建筑的安装图就显得格外重要，安装图的编号与制作图的编号相对应，保证安装的组件在位置、高程和方向上精确无误，BIM 模型的信息，使得自动化处理成为可能并流畅。

15.2.1 可视化交底

通过 BIM 技术建立的多维模型可直接将钢结构施工项目的整体形态展现出来，方便技术人员进行查看，利用虚拟模型观察分析，从中寻找矛盾点和其他冲突的地方，不断修改和完善钢结构施工图纸。而且，不同的单元节点都具有高度关联性，构建可视化的BIM 仿真模型能将内部的各种节点直观展示，从而实现对整个建筑施工项目的可视化管理（图 15.2-1）。

由于 BIM 技术将各种钢结构施工信息数据融合在一起，并进行分享，确保信息能在各钢结构施工部门之间的高效流通，因此解决了信息不一致的弊端，同时其他参与方也可登录和查看施工信息，这就使得多方参与者能融入同一个平台更好地协同工作。结构制作施工过程的 BIM 信息将会并入上一级的 BIM 模型之中，成为建筑生命期中的重要支撑内容。

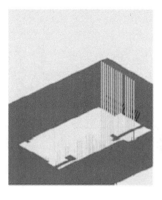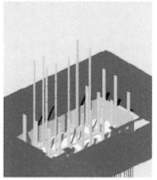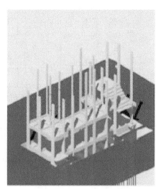
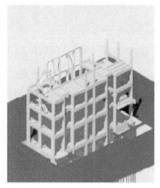

图 15.2-1　可视化交底示意图

15.2.2　施工总布置模拟

利用 BIM 技术可提前规划现场平面，准确构建场地模型，合理布置钢结构施工现场。加工完成后的构配件及零部件运到施工现场后，依次建立的 BIM 模型模拟拼装流程视频，可按型号、数量、几何尺寸、平面位置和标高等信息将构件堆放在最佳位置，根据 BIM 模拟的起重机最佳停放位置进行拼接，科学划分构件制作单元，合理规划运输路线，提高施工场地利用率，使施工现场整洁有序。在 BIM 模型中还可预留拟建工程用地，在满足施工条件的前提下节约用地，减少临时设施投资，降低场内运输尤其是二次倒运造成的资源浪费。

施工组织中的工序安排、资源配置、平面布置、进度计划等宜应用 BIM。在施工组织模拟 BIM 应用中，可基于施工图设计模型或深化设计模型和施工图、施工组织设计文档等创建施工组织模型，并应用于工序安排、资源配置和平面布置等信息与模型关联，输出施工计划、资源配置等计划，指导和支持模型视频、说明文档等成果的制作与方案交底，施工总组织实施流程如图 15.2-2 所示。

郑州大剧院项目在施工总布置时利用 BIM 技术，在施工区域进行各种方案的模拟布置，通过方案比对和优选后，最后确定选取搬迁间隔最长部位及最少拆迁量部位进行临时设施的布置及搭建，不仅优化了施工现场的临设布置和道路规划方案，而且保证了现场平面布置及文明施工管理，施工总布置如图 15.2-3 所示。

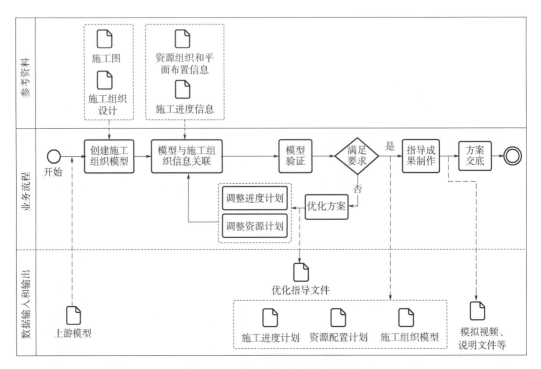

图 15.2-2　施工总组织实施流程图

图 15.2-3　郑州大剧院项目的施工布置图

15.2.3　施工方案模拟

在工程建筑施工时，往往由于各专业（建筑专业、结构专业、钢构专业、机电专业、幕墙专业等）设计师之间的沟通不到位，而出现各种专业之间的碰撞问题，BIM 建模信息模型可在建筑物建造前期对各专业的碰撞问题进行协调,生成协调数据,进而解决问题。BIM 的核心技术在于其能够前瞻性地模拟,例如:节能模拟、紧急疏散模拟、日照模拟、不安全因素模拟等,对工程的各个环节进行优化处理,形成从模拟到优化的循环过程,最终确定最佳方案。在招标投标和施工阶段可以进行 4D 模拟(三维模型 + 项目的发展时间),也就是根据施工的组织设计模拟实际施工,从而来确定合理的施工方案来指导施工。同时还可以进行 5D 模拟(4D 模拟 + 造价控制),从而来实现成本控制;后期运营阶段可以模拟日常紧急情况的处理方式,如地震人员逃生模拟及消防人员疏散模拟等。

工程项目施工中的土方工程、大型设备及构件安装、垂直运输、脚手架工程、模板工程等施工工艺模拟宜应用 BIM。在施工工艺模拟 BIM 应用中,可基于施工组织模型和施工图创建施工工艺模型,并将施工工艺信息与模型关联,输出资源配置计划、施工进度计划等,指导模型创建、视频制作、文档编制和方案交底,施工工艺模拟 BIM 应用典型流程如图 15.2-4 所示。

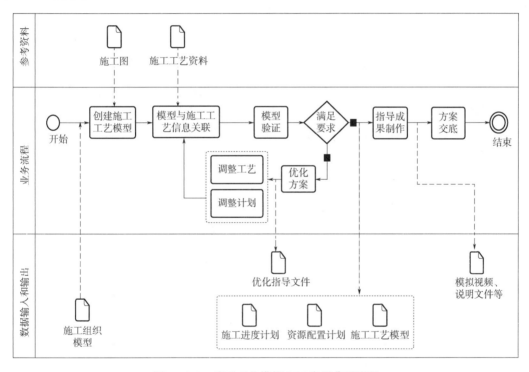

图 15.2-4　施工工艺模拟 BIM 应用典型流程

在施工工艺模拟前应完成相关施工方案的编制,确认工艺流程及相关技术要求。大型设备及构件安装工艺模拟应综合分析柱、梁、板、墙、障碍物等因素,优化大型设备及构件进场时间点、吊装运输路径和预留孔洞等。复杂节点施工工艺模拟应优化节点各构件尺寸、各构件之间的连接方式和空间要求,以及节点施工顺序。

垂直运输施工工艺模拟应综合分析运输需求、垂直运输器械的运输能力等因素,结合施工进度优化垂直运输组织计划。脚手架施工工艺模拟应综合分析脚手架组合形式、搭设顺序、安全网架设、连墙杆搭设、场地障碍物、卸料平台与脚手架关系等因素,优化脚手架方案。郑州大剧院项目钢结构吊装设备位置模拟如图 15.2-5 所示。

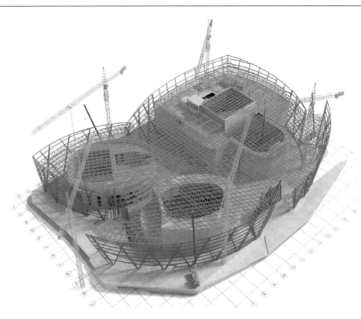

图 15.2-5　郑州大剧院项目钢结构吊装设备位置模拟图

获得鲁班奖的郑州市奥林匹克体育中心项目的总建筑面积 58.4 万 m^2，地上结构采用预应力索承网格结构、钢网架结构、三角形巨型桁架结构、钢框架 – 支撑结构，地下部分采用型钢混凝土结构，在项目设计、施工乃至运维过程中全面应用 BIM 技术。钢结构施工模拟如图 15.2-6 所示。

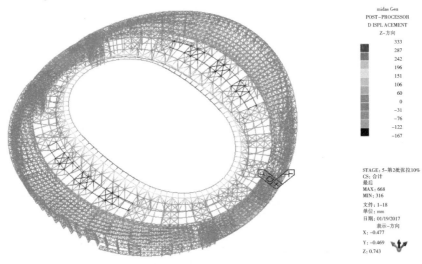

图 15.2-6　郑州市奥林匹克体育中心钢结构施工模拟

15.2.4　现场安装

钢结构有其自身的特点和优势，在应用钢结构时，需严格保障其安装的精准度。如果钢构件的尺寸比较大，在对其进行运输和吊装时会有许多不便之处，这就需要对其进行现场拼接。在选择拼接的位置时，要考虑到运输材料的车辆空间、起重机起重吨位和现场的安装条件等内容。传统的钢结构拼接点通常是由工程师依靠主观经验进行选择，采用 BIM 技术后就可以及时对钢结构的安装进行仿真模拟。在进行钢结构的吊装时，可根据模拟场景的要求和顺序进行预安装，安装完毕后，要对安装过程中存在的问题进行分析，并根据具体的问题对模型的拼装节点进行调整，还要及时修改施工图纸。在 BIM 软件中，Navisworks 可以将已经建设完毕的模型进行输出，格式为 NWC。在软件中打开后，就可以在 Timeliner 功能模块中导入施工进度计划 Project 文件。在导出这一文件后，还要确保每个构件与文件中的 WBS 子项进行连接。通过这种方式，不仅可以确保施工的全过程得到模拟，还可以对关键部位的施工进度数据进行及时的统计，使现场安装工作有合理依据，提高安装质量。

现场安装阶段主要是继续利用 BIM 模型来进行安装施工过程的控制。由于 BIM 模型可以为施工人员提供可视化的钢结构参数信息和安装施工的信息，所以有助于提升安装施工过程的准确性和效率。同时其构件信息与安装信息的动态化更新与管理也有助于管理人员对现场安装的状态进行把控，从而实现对施工安装过程的有效管理。

15.3　BIM 技术在施工管理中的应用

建立以 BIM 应用为载体的项目管理信息化，提升项目生产效率、提高建筑质量、缩短工期、降低建造成本。具体体现在以下方面：

三维渲染动画，给人以真实感和直接的视觉冲击。建好的 BIM 模型可以作为二次渲染开发的模型基础，大大提高了三维渲染效果的精度与效率，给业主更为直观的宣传介绍，展示企业的实力。

三维可视化功能再加上时间维度，可以进行虚拟施工。随时随地直观快速地将施工计划与实际进展进行对比，同时进行有效协同，施工方、监理方、甚至非工程行业出身的业主领导都对工程项目的各种问题和情况了如指掌。这样通过 BIM 技术结合施工方案、施工模拟和现场视频监测，可大大减少建筑质量问题、安全问题，减少返工和整改。

BIM 数据库的创建，通过建立 5D 关联数据库，可以准确快速计算工程量，提升施工预算的精度与效率。由于 BIM 数据库的数据粒度达到构件级，可以快速提供支撑项目各条线管理所需的数据信息，有效提升施工管理效率。BIM 技术能自动计算工程实物量，这个属于较传统的算量软件的功能，在国内此项应用案例非常多。

施工企业精细化管理很难实现的根本原因在于海量的工程数据，无法快速准确获取以支持资源计划，致使经验主义盛行。而 BIM 的出现可以让相关管理条线快速准确地获得工程基础数据，为施工企业制定精确人、材计划提供有效支撑，大大减少了资源、物流和仓储环节的浪费，为实现限额领料、消耗控制提供技术支撑。

管理的支撑是数据，项目管理的基础就是工程基础数据的管理，及时、准确地获取相关工程数据就是项目管理的核心竞争力。BIM 数据库可以实现任一时点上工程基础信息的快速获取，通过合同、计划与实际施工的消耗量、分项单价、分项合价等数据的多算对比，可以有效了解项目运营是盈是亏，消耗量有无超标，进货分包单价有无失控等问题，实现对项目成本风险的有效管控。

BIM 最直观的特点在于三维可视化，利用 BIM 的三维技术在前期可以进行碰撞检查，优化工程设计，减少在建筑施工阶段可能存在的错误损失和返工的可能性，而且优化净空，优化管线排布方案。最后施工人员可以利用碰撞优化后的三维管线方案进行施工交底、施工模拟，提高施工质量，同时也提高了与业主沟通的能力。

BIM 数据库中的数据具有动态更新可计量的特点，大量工程相关的信息可以为工程提供数据后台的巨大支撑。BIM 中的项目基础数据可以在各管理部门进行协同和共享，工程量信息可以根据时空维度、构件类型等进行汇总、拆分、对比分析等，保证工程基础数据及时、准确地提供，为决策者制定工程造价项目群管理、进度款管理等方面的决策提供依据。

15.3.1 成本管控

精确算量，进行成本控制。工程量统计结合 4D 的进度控制，即所谓 BIM 在施工中的 5D 应用。施工中的预算超支现象十分普遍，缺乏可靠的基础数据支撑是造成超支的重要原因。BIM 是一个富含工程信息的数据库，可以真实地提供造价管理需要的工程量信息，借助这些信息，计算机可以快速对各种构件进行统计分析，进行混凝土算量和钢筋算量。大大减少了繁琐的人工操作和潜在错误，非常容易实现工程量信息与设计方案的完全一致。

目前工程项目存在成本核算困难的主要原因有：每一个施工阶段都牵涉大量材料、机械、工种、消耗和各种财务费用，每种人、材、机和资金消耗都统计清楚的话，数据量十分巨大。工作量如此巨大，实行短周期（月、季）成本在当前管理手段下，就变成了一种奢侈。随着进度进展，应付进度工作自顾不暇，过程成本分析、优化管理就只能搁在一边。

实际成本核算，当前情况下需要预算、材料、仓库、施工、财务多部门多岗位协同分析汇总提供数据，才能汇总出完整的某时点实际成本，往往某个或某几个部门不能实行，整个工程成本汇总就难以做出。而一种材料、人工、机械甚至一笔款项往往用于多个成本项目，拆分分解对应好专业要求相当高，难度非常大。材料方面，有的入库未付款，有的先预付款未进货，有的用了未出库，有的出了库未用掉；人工方面，有的先干未付，有的预付未干，有的干了未确定工价；机械周转和材料租赁也有类似情况；专业分包，有的项目甚至未签约先干，事后再谈判确定费用。情况如此复杂，成本项目和数据归集在没有一个强大的平台支撑情况下，不漏项地做好三个维度的（时间、空间、工序）的对应是很困难的。

而 BIM 技术在处理实际成本核算中，由于其繁杂而有序的数据管理，显示了巨大的功能优势。基于 BIM 建立的工程 5D(3D 实体、时间、在建工程费用 WBS) 关系数据库，可以建立与成本相关数据的时间、空间、工序维度关系，数据粒度处理能力达到了构件级，使实际成本数据高效处理分析成为可能。

以各 WBS 单位工程量、人材机单价为主要数据进入实际成本 BIM 中。未有合同确定单价的项目，按预算价先进入。有实际成本数据后，及时按实际数据替换掉。其次是实际成本数据能够及时进入数据库，从开始的实际成本 BIM 中成本数据以采取合同价和企业定额消耗量为依据。随着进度进展，实际消耗量与定额消耗量会有差异，要及时调整。每月对实际消耗进行盘点，调整实际成本数据。化整为零，动态维护实际成本 BIM，大幅减少一次性工作量，并有利于保证数据准确性。再次就是对材料实际成本的及时更新，以实际消耗为最终调整数据，而不能以财务付款为标准，材料费的财务支付有多种情况：未订合同进场的、进场未付款的、付款未进场的按财务付款为成本统计方法将无法反映实际情况，会出现严重误差。仓库应每月盘点一次，将入库材料的消耗情况详细列出清单向成本经济师提交，成本经济师按时调整每个 WBS 材料实际消耗。这就包括人工费实际成本和材料实际成本。按合同实际完成项目和签证工作量调整实际成本数据，一个劳务队可能对应多个 WBS，要按合同和用工情况进行分解落实到各个 WBS。机械周转材料实际成本，要注意各 WBS 分摊，有的可按措施费单独立项。管理费实际成本由财务部门每月盘点，提供给成本经济师，调整预算成本为实际成本，实际成本不确定的项目仍按预算成本进入实际成本。

按本文方案，过程工作量大为减少，做好基础数据工作后，各种成本分析报表瞬间可得。快速实行多维度（时间、空间、WBS）成本分析。建立实际成本 BIM 模型，周期性（月、季）按时调整维护好该模型，统计分析工作就很轻松，软件强大的统计分析能力可轻松满足我们各种成本分析需求。

基于 BIM 的这种解决方案的实际成本核算方法，较之传统计算，体现了 BIM 算法的优势。由于建立基于 BIM 的 5D 实际成本数据库，汇总分析能力大大加强，且速度快，工作量小、效率高，短周期成本分析不再困难，因成本数据动态维护，比传统方法准确性大为提高。消耗量方面仍会有误差存在，但已能满足分析需求。通过总量统计的方法，消除累积误差，成本数据随进度进展准确度越来越高。另外通过实际成本 BIM 模型，很容易检查出哪些项目还没有实际成本数据，监督各成本条线实时盘点，提供实际数据。

可以多维度（时间、空间、WBS）汇总分析更多种类、更多统计分析条件的成本报表。

将实际成本 BIM 模型通过互联网集中在企业总部服务器。总部成本部门、财务部门就可共享每个工程项目的实际成本数据，数据粒度也可掌握到构件级。实现了总部与项目部的信息对称，总部成本管控能力大为加强。

基于 3D 模拟的基础上，录入综合单价信息，统计提取工程节点上任意时间段内计划产值；计划完成产值和实际产值的准确对比分析，指导材料计划、进场计划等及时下达，对项目风险进行有效管控。

实际工程中，可以通过物资管理系统从源头上解决主材量控的问题，通过 BIM 模型数据预算主材数量，通过项目成本管理系统动态分析成本，掌控成本盈亏本源（图 15.3-1）。

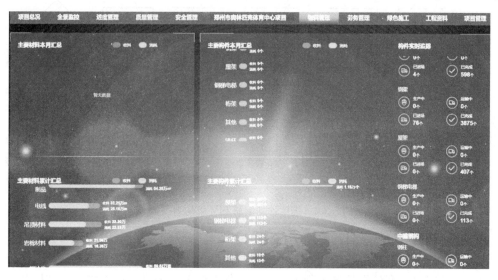

图 15.3-1 某工程项目 BIM 物资管理平台

15.3.2 进度管理

BIM 4D 是依靠建筑工程实体数据进行建模，得到其仿真模型后将施工阶段的各类信息添加进去。除了最基本的建筑数据信息之外，还可以添加施工进度信息。相较于传统建筑行业的二维设计图纸或三维模型，BIM 4D 施工信息模型能够更加清晰直接地反映施工过程，进而随时掌握工程施工进度以及对施工信息进行查询，从而进行信息拓展。BIM 可视化不断地发展、完善，项目在施工过程中可以直观地了解施工过程，为工程建设提供更多便利。

基于 BIM 技术的进度管理，利用无人机、摄像头等工具以及三维扫描技术，获取现场实时形象进度，以及人、材、机等情况，验证施工进度的合理性。通过 BIM 建模，对各专业施工的重点、难点进行剖析，按照施工工序数目进行流水作业安排，同时关联 BIM 模型进度计划；进行施工模拟进度分析及预警，落实进度监控的相关责任人选，进行专业进度的控制。只有这样才能真正做到整体把握现场施工情况，统筹施工进度的安排。

进度计划编制中的创建工作分解结构、进度计划编制、与进度相对应的工程量计算、资源配置、进度计划优化、进度计划审查等宜应用 BIM。在进度计划编制 BIM 应用中，可基于项目特点创建工作分解结构，并编制进度计划，可基于深化设计模型创建进度管理模型，基于定额完成工程量估算和资源配置、进度计划优化，并通过进度计划审查。进度计划编制 BIM 应用典型流程如图 15.3-2 所示。

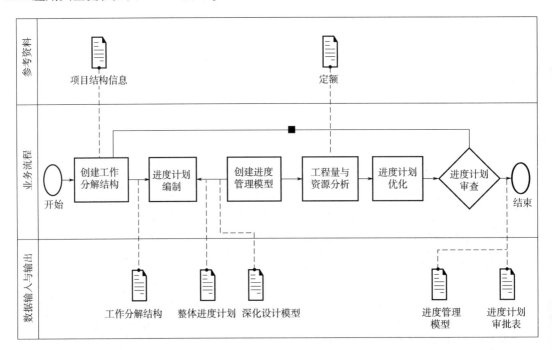

图 15.3-2　进度计划编制 BIM 应用典型流程

工作分解结构应根据项目的整体工程、单位工程、分部工程、分项工程、施工段、工序依次分解，并应满足工作分解结构中的施工段与模型、模型元素或信息相关联；工作分解结构宜达到支持制定进度计划的详细程度，并包括任务间关联关系；在工作分解结构基础上创建的施工模型应达到与工程施工的区域划分、施工流程对应的要求。

某工程项目进度管控平台如图 15.3-3 所示。

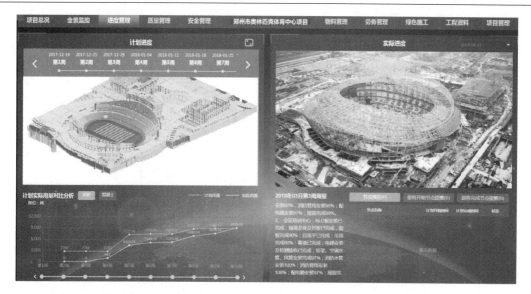

图 15.3-3　某工程项目进度管控平台

15.3.3　质量监测

施工阶段 BIM 可以提高装配式建筑的预制构件生产效率，加快装配式建筑装配过程，改善预制构件库存和现场管理，提高管理效率。通过对 3D 模型添加时间信息和质量信息形成 5D 模型，并针对 5D 模型进行全真模拟施工，通过模拟找出项目中施工难点、质量问题易发工序作为质量控制点，将识别出来的质量控制点在 BIM 模型中重点标注，用以提醒现场工人进行质量重点监控。

基于 BIM 技术的质量管理，后台汇总、分析质量问题数据，大数据预测质量多发专业，重点关注。累积不同项目质量数据分析，形成企业质量薄弱点，专项治理。基于 BIM 技术的质量管理，点云数据辅助质量验收，点云数据与模型数据对比，分析施工误差，挂接验收规范，及时纠偏。可以通过手机端现场检查、整改通知、回复和复查，将质量管理履职履责全程在线，同时掌握项目部各关键部位实测实量情况，及时上传云平台，确保实测实量数据传达的及时性和有效性。

工程项目施工质量管理中的质量验收计划确定、质量验收、质量问题处理、质量问题分析等宜应用 BIM。在质量管理 BIM 应用中，宜基于深化设计模型或预制加工模型创建质量管理模型，基于质量验收标准和施工资料标准，确定质量验收计划，进行质量验收、质量问题处理、质量问题分析工作，质量管理 BIM 应用典型流程如图 15.3-4 所示。

15.3.4　安全管理

基于 BIM 技术的安全管理包括以下几点：安全问题整改看板，关键安全问题实时掌控，安全系统的现场巡查、指定整改人、整改闭环、过程留痕，全方位打造安全红线，施工模型的危险源辨识和防护、预测和防护，构建现场安全网。

现场管理可以自动采集 PM10、温度、湿度、风速、风向、噪声、污水排放等施工环境数据，在服务器实时与标准值比对，对超标项目报警，人为干预和自动化处理相结合，确保施工现场满足环保要求。以 BIM 模型为载体，构建塔式起重机防碰撞信息监管体系，实时

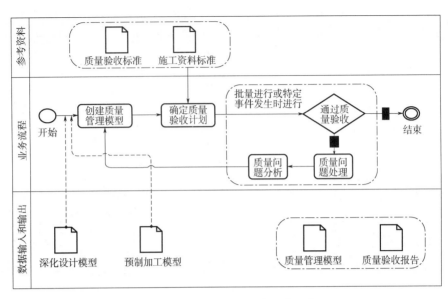

图 15.3-4　质量管理 BIM 应用典型流程

掌控施工现场大型设备的运行状态。以物联网、大数据分析为手段，实时采集现场施工要素，构建互联互通的现场信息化管理平台。

通过智慧工地平台和移动智能终端应用，实现工程安全管控的全过程在线检查、危大工程危险源的过程管理，安全体验专题、人员安全定位、机械设备安全监测、现场可视化管理及环境监测，保障项目顺利实现安全文明施工目标。

15.4　数据协同

15.4.1　多方协调性

在施工过程中，参与工程建设的各个主体间需要不断的沟通、配合和协调，才能使工程建设有条不紊地进行，而这其中的环节比较繁杂，人员结构参差不齐，协调工作需要耗费大量时间，同时在协调工作中责任和利益的划分对工程项目的工期和质量必定会造成影响。BIM 模型可以在建设工程开工之前协调各个专业的碰撞问题，将这种协调信息储存在 BIM 数据库中，利用这些数据有效地解决前期出现的碰撞问题，减少协调的工作量。

BIM 平台可支持多人同时进行不同阶段（建筑、结构、机电、装修）的协同设计，并可以对各专业的交付成果进行有效管理。通过信息实时更新，施工企业可以对场地布局、对项目进度进行优化管理，项目实时进展情况和实际施工中的问题也可及时反馈给设计方、生产方。

在施工过程中构建与工厂有关的 BIM 信息管理平台，主要包括各参与方和各个环节的信息，以确保各项信息得到充分共享，提高信息的准确度。使各项信息能够得到统一、集中地管理，使所有参与方能够发挥出各自职责，为装配式建筑施工的质量保驾护航。根据信息管理框架的内容，就可以对钢结构施工的信息进行有效采集，并对信息进行归类和分析，了解钢结构施工的情况。一旦发现有不合理之处，就可以及时进行修改，确保钢结构施工顺利开展，施工 BIM 信息管理平台如图 15.4-1 所示。

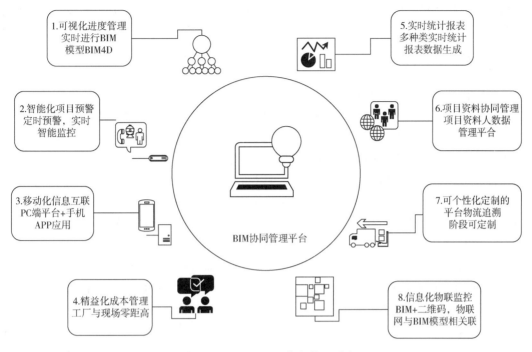

图 15.4-1　施工 BIM 信息管理平台

2. 统一数据接口标准

为确保钢结构施工质量更上一层楼，这样保证钢结构加工管理迈向自动化和信息化方向，要不断完善软件平台的功能，并设置配套的加工机械硬件。由于钢结构的加工设备与信息模型的对接数据缺乏统一的技术标准，因此，在推广 BIM 技术时会存在一些困难之处，需对现有的数据接口标准进行统一。

15.4.2　优选参数化

BIM 模型的建立集合了大量的建筑信息，事实上整个设计、施工、运营的过程就是一个不断优化的过程，当然优化和 BIM 也不存在实质性的必然联系，但在 BIM 的基础上可以做更好的优化、更好地做好优化。在拥有丰富信息的基础上，可以实现施工的进度、成本、安全、质量、信息的一体化管理，而且这种管理模式更加精细，可以记录各个环节的详细信息，以便于管理层和工作人员对施工工程进行检查，为信息管理提供更加便利的信息支持。

15.4.3　施工类 BIM 软件

随着 BIM 设计软件的发展，相应出现了更多的应用程序去开拓"BIM"中"I"的用途。BIM 从 3D 模型的创建职能发展出 4D(3D + 时间或进度) 建造模拟职能和 5D（3D + 开销或造价）施工的造价职能，让建筑师、工程师、承建公司能够更加轻松地预见到施工的开销花费与建设的时间进度。Innovaya 是最早推出 BIM 施工软件的公司之一，支持 Autodesk 公司的 BIM 设计软件及 Sage Timberline 预算，MicrosoftProject 及 Primavera 施工进度。Innovaya 的重头产品——Visual Estimating 和 VisualSimulation，针对辅助施工阶段工作任务。具体来说，Innovaya Visual Estimating 支持 BIM 模型的自动计算并显示工程量，还可以将设计构件与预算数据库连接，以完成工程造价。工程造价是个复杂的过程，包括分析设计，根据施工需要对构件进行项目分类并集合，设定装配件、物料的定量和变量，编制数据库，再将工程项目的数据信息择录载入这些产品数据库，最终使它们价格化。当前的 BIM 设计软件程序不能精确统计施工装配件上的细节，诸如一个"墙"构件上的钉子、龙骨、石膏板等。因此，BIM 在设计与施工间存在着一道沟壑，而 Innovaya Visual Estimating 的作用便体现于此。它可以结合设计模型，综合处理施工类的装配件与物料，进行分类集合、择录工作，直接为工程造价所使用。很重要的一点是，被 Visual Estimating 量化的信息，都能在三维空间中与构件直接链接。使用者通过简单的点选，即可看到有哪些建筑信息模型（BIM）技术的应用构件、具体在什么位置、开销多少，并可以随着设计的深入及时更新，真正实现 5D 施工（Khemlani）。USCost Success Design Exchange 和 Winest 也支持 Revit，但这些应用程序尚未达到 Innovaya 自动化、可视化和精细化的程度。对于进度策划的需求，由 InnovayaVisual Simulation（可视化模拟建造）给 BIM 的使用者提供程序工具。作为一个计划和施工分析的新型工具，Visual Simulation 可以将 MS Project 或者 Primavera 活动计划与 3DBIM 模型衔接。因此，项目进度计划可以通过 3D 构件在施工进度安排下的建造过程表现出来，这就是 4D（3D + 时间）施工或 4D 模拟的概念。由这个方式产生出的任务可以自动地关联到 BIM 构件上，借助各家的软件或者独立开发的软件，并且还无须手写表格即可快捷完成（Rundell and Stowe）。一旦调整进度图表，则与其相关的 BIM 构件的施工安排也将相应地更改，并在 4D 模拟建造时体现出来。这是因为任务和构件是关联的，所以任务时间的改变，意味着构件的模拟建造过程也将改变。

支持 IFC 标准的 BIM 软件如图 15.4-2 所示。

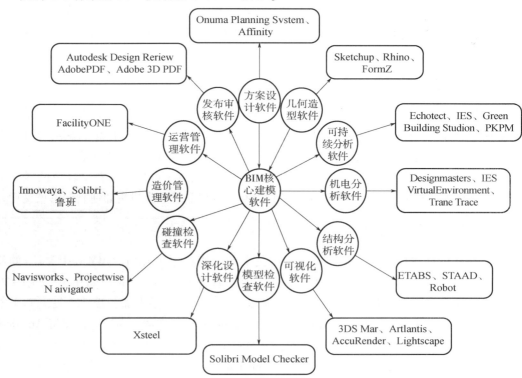

图 15.4-2　支持 IFC 标准的 BIM 软件

BIM 核心软件如图 15.4-3 所示。

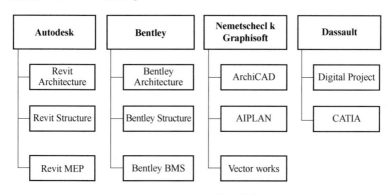

图 15.4-3　BIM 核心软件

总之，基于 BIM 框架的各种平台应用的 APP 和小程序，使得 BIM 技术显示了充分的活力和广阔的应用范围。前期完成校核和碰撞，与设计沟通，减少施工过程中设计变更，避免返工，节约工期；BIM 技术降低了管理人员和施工人员对审图和接受方案的能力阈值，保证方案落实到位；BIM 技术帮助管理人员进行场地平面布置等决策，提高了施工组织能力；有对照模型，保证了产品加工准确率，提高了施工质量；BIM 技术可提高材料下单、采购的精准率，减少材料损耗，缓解每期资金压力；智慧工地在人、机、料、法、环等方面为项目提供了保障。

第 16 章

质量管控

16.1 钢结构工程质量特点和质量管理

16.1.1 钢结构工程质量的概述

钢结构工程的质量是指钢结构工程的固有特性满足工程要求的程度。实际上，质量就是指其自身质地的好坏，它既与本身材料有关，又与使用用途有关。钢结构工程质量最终可以用优秀、良好、一般或差来形容（图 16.1-1）。

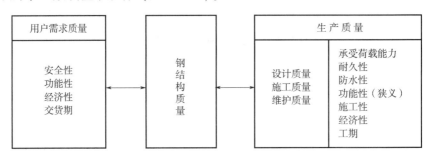

图 16.1-1　钢结构质量关系模式图

16.1.2 钢结构工程质量的特点

1. 影响钢结构工程质量的因素众多

影响钢结构工程质量的因素从设计到制作、安装、维护等工序均有涉及，而且在这些工序中，材料（主材和辅材）的因素、施工技术的因素、人员的因素等对质量均起到至关重要的作用。

2. 钢结构工程质量波动大

装配式钢结构建筑形式多种多样，没有固定形式。设计单位往往根据实际情况对制作、安装和检查提出一些特定的要求。加之近年来钢结构的发展非常迅速，但不同施工单位的技术条件和生产条件存在较大的差异，这些都是钢结构质量不稳定的因素，特别是在施工周期比较短的情况下，施工质量往往得不到保证。

3. 钢结构工程质量评价难度大

钢结构工程质量最主要的是使用安全性，这是一个抽象的特性，为此通过设计转化为许多代用特性来替代。比如，为保证结构的强度，设计通过对材料性能（抗拉强度、屈服强度、韧性等）的要求使单个构件在结构中能够承受足够的荷载，同时保证整体结构的稳定、安全。

组成钢结构的构件多，受影响的因素就多，评定项目也多，就给钢结构质量的评定带来难度。钢结构不像机械产品那样可以在装配完成后进行整机试运转，以检查和验证设计、制造、安装的质量，即使有问题还可以解体进行返工和处理。钢结构作为整体是不能解体的，就是个别的构件（如箱形柱）的隐蔽部位一旦完成焊接，检查起来也是非常困难的。

4. 钢结构工程检查的条件差

如上所述，钢结构制作和安装完成后不可拆卸，因此检查条件差；另外，从钢结构的质量特性来看，更多的是代用特性，一些关键工序，如焊接内在质量控制难度大，甚至像焊接残余应力就目前技术水平还很难测定和去除。这些因素都给钢结构质量控制带来一定的困难。

由于钢结构质量的上述特点和钢结构对建筑物的影响，决定了钢结构质量要从生产过程的每个阶段加以控制，通过对其质量特点的控制和过程管理达到钢结构工程最终使用的安全性。

16.1.3　钢结构工程的质量管理

质量管理是一种在质量方面的指挥、控制组织和协调活动。它以质量管理体系为载体，通过建立质量方针和质量目标，并为实施规定的质量目标进行质量策划，实施质量控制和质量保证，开展质量改进等活动。

钢结构建筑物的质量由设计质量、施工质量和维护质量组成。因此钢结构的质量管理应从设计开始，即质量管理是设计单位、施工（制作和安装）单位、材料加工单位、监理单位和第三方验证机关等从设计到施工各阶段分工协作共同完成的。就钢结构制作单位而言，为了确保交付产品的质量在工厂内实施，下列质量管理活动是必要的。

1. 把控设计质量水平

把握设计质量是钢结构制作和安装单位实施质量管理的第一步，也是保证质量的前提。设计中要求的质量有明确的和隐含的两个方面。在施工开始前要充分理解设计图样、说明书、合同条款等，对不明白或不能确定的问题要及时提出，在没有得到设计单位或业主的答复和解决前，不能加入自己的主观判断。对设计质量理解不充分而引起制作中和制作后出现质量问题时，对订货者和制作单位来说都会造成不可挽回的损失。

另一方面，设计质量也不是十全十美的。对设计存在的缺陷或目前制作工艺无法确保的地方，制作单位应和设计单位协商加以补充或修订，在确保质量的前提下，制作单位和安装单位积极参与最终设计质量的确定工作也是掌握设计质量的重要行为。

2. 制订详细的施工计划

在把握设计质量的基础上，结合制作单位和安装单位的实际状况编制具体的施工计划，该计划应涵盖以下内容：①制作工艺或作业指导书；②质量计划；③产品检查要领；④生产加工资料。

3. 按计划制作

在制作过程中，最重要的是严格按照施工计划实施工序质量管理。

4. 对产品进行质量评价

对制作完成的产品进行检查。工程无论大小都应建立相应的检查机制并在企业或项目内进行产品检查。对检查中发现的问题要及时予以返工，同时将检查得到的质量情报向有关部门反馈，以防止类似问题再次发生。

质量管理是对整个工程施工过程而言的，为了达到设计质量的最终目标，必须对整体中的各道工序实施一系列的质量计划、控制、评价、跟踪和改善，这就是质量管理的内涵，也就是通常所说的 PDCA 循环（图 16.1-2）。

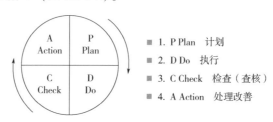

- 1. P Plan　计划
- 2. D Do　执行
- 3. C Check　检查（查核）
- 4. A Action　处理改善

图 16.1-2　PDCA 循环

16.2　钢结构工程质量控制依据和基本方法

16.2.1　设计和建造的规范依据

钢结构建筑的设计不仅涉及结构专业，还涉及建筑、水暖电等诸多专业。此外，钢结构工程还涵盖从设计到制作、安装、维护等过程，这些都要遵循诸多方面的规范和标准，现分类汇总如下。

1. 基础性的设计依据

《建筑工程抗震设防分类标准》（GB 50223—2008）

《工程结构可靠性设计统一标准》（GB 50153—2008）

《建筑结构荷载规范》（GB 50009—2012）

《建筑抗震设计规范》（GB 50011—2020）

《建筑设计防火规范》（GB 50016—2014）

《钢结构设计标准》（GB 50017—2017）

《高层民用建筑钢结构技术规程》（JGJ 99—2015）

《冷弯薄壁型钢结构技术规范》（GB 50018—2002）

《低层冷弯薄壁型钢房屋建筑技术规程》（JGJ 227—2011）

《门式刚架轻型房屋钢结构技术规范》（GB 51022—2015）

《钢管混凝土结构技术规范》（GB 50936—2014）

《钢板剪力墙技术规程》（JGJ/T 380—2015）

《交错桁架钢结构设计规程》（JGJ/T 329—2015）

《钢结构高强度螺栓连接技术规程》（JGJ 82—2011）

《建筑消能减震技术规程》（JGJ 297—2013）

《预制带肋底板混凝土叠合楼板技术规程》（JGJ/T 258—2011）

《建筑模数协调标准》（GB/T 50002—2013）

《装配式钢结构建筑技术标准》（GB/T 51232—2016）

《装配式钢结构住宅建筑技术标准》（JGJ/T 469—2019）

《钢结构防火涂料》（GB 14907—2018）

《钢结构防火涂料应用技术规程》（T/CECS 24—2020）

《建筑钢结构防腐蚀技术规程》（JGJ/T 251—2011）

《装配式混凝土结构技术规程》（JGJ 1—2014）

《蒸压加气混凝土制品应用技术规程》（JGJ/T 17—2020）

《建筑轻质条板隔墙技术规程》（JGJ/T 157—2014）

《采光顶与金属屋面技术规程》（JGJ 255—2012）

《人造板材幕墙工程技术规范》（JGJ 336—2016）

《公共建筑吊顶工程技术规程》（JGJ 345—2014）

《民用建筑热工设计规范》（GB 50176—2016）

《民用建筑隔声设计规范》（GB 50118—2010）

《玻璃幕墙工程技术规范》（JGJ 102—2003）

《公共建筑节能设计标准》（GB 50189—2015）

《火灾自动报警系统施工及验收标准》（GB 50166—2019）

《屋面工程技术规范》（GB 50345—2012）

《木骨架组合墙体技术标准》（GB/T 50361—2018）

《民用建筑太阳能热水系统应用技术标准》（GB 50364—2018）

《消防给水及消火栓系统技术规范》（GB 50974—2014）

《建筑机电工程抗震设计规范》（GB 50981—2014）

《严寒和寒冷地区居住建筑节能设计标准》（JGJ 26—2018）

《夏热冬暖地区居住建筑节能设计标准》（JGJ 75—2012）

2. 施工和质量验收标准

《混凝土结构工程施工规范》（GB 50666—2011）

《钢结构工程施工规范》（GB 50755—2012）

《钢结构焊接规范》（GB 50661—2011）

《钢-混凝土组合结构施工规范》（GB 50901—2013）

《智能建筑工程施工规范》（GB 50606—2010）

《建筑工程施工质量验收统一标准》（GB 50300 —2013）

《混凝土结构工程施工质量验收规范》（GB 50204—2015）

《钢结构工程施工质量验收标准》（GB 50205-2020）

《屋面工程质量验收规范》（GB 50207—2012）

《建筑装饰装修工程质量验收标准》（GB 50210-2018）

《建筑防腐蚀工程施工规范》（GB 50212—2014）

《建筑防腐蚀工程施工质量验收标准》（GB 50224—2018）

《预应力混凝土空心板》（GB/T 14040—2007）

《金属与石材幕墙工程技术规范》（JGJ 133—2001）

《塑料门窗工程技术规程》（JGJ 103—2008）

《夏热冬冷地区居住建筑节能设计标准》（JGJ 134—2010）

《铝合金门窗工程技术规范》（JGJ 214—2010）

《建筑给水排水及采暖工程施工质量验收规范》（GB 50242—2002）

《通风与空调工程施工质量验收规范》（GB 50243—2016）

《自动喷水灭火系统施工及验收规范》（GB 50261—2017）

《建筑电气工程施工质量验收规范》（GB 50303—2015）

《民用建筑工程室内环境污染控制标准》（GB 50325—2020）

《住宅装饰装修工程施工规范》（GB 50327—2001）

《智能建筑工程质量验收规范》（GB 50339—2013）

《建筑节能工程施工质量验收标准》（GB 50411—2019）

《钢管混凝土工程施工质量验收规范》（GB 50628—2010）

《建筑材料放射性核素限量》（GB 6566—2010）

《建筑构件耐火试验方法》（GB/T 9978）

《城市污水再生利用 城市杂用水水质》（GB/T 18920—2020）

16.2.2 钢结构工程检验批的划分

任何钢结构工程的施工均包括制作和安装，根据现行的国家标准《建筑工程施工质量验收统一标准》（GB 50300—2013）和《钢结构工程施工质量验收标准》（GB 50205—2020），钢结构的施工可分为分项工程、分部工程和单位工程。实际上对项目质量的控制，就是对各个分项、分部或单位工程的控制。

1. 分项工程

分项工程是指按主要工种、材料、施工工艺、设备类别等进行划分的工程。分项工程可由一个或若干检验批组成，检验批可根据施工及质量控制和专业验收需要按工序、楼层、施工段、变形缝等进行划分。

通常，钢结构工程的分项工程包括以下几个方面。

1）钢构件焊接。

2）栓钉焊接。

3）高强度螺栓及普通螺栓的连接。

4）零件及部件加工。

5）构件组装。

6）预拼装。

7）多层及高层结构安装。

8）压型金属板安装。

9）防腐（防火）涂料涂装。

2. 分部工程

分部工程是按专业性质、建筑部位确定的。当分部工程较大或较复杂时，可按材料种类、施工特点、施工程序、专业系统及类别等划分为若干分部工程。

钢结构作为建筑物的结构部分，通常只能作为一个分部工程。为了便于验收，在《钢结构工程施工质量验收标准》（GB 50205—2020）中将有关安全及功能、观感质量作为两个子分部工程。

有关安全和功能的质量控制项目包括以下几方面：

（1）见证取样、送样试验

1）钢材及焊接材料复验。

2）高强度螺栓预拉力或扭矩系数复验。

3）摩擦面抗滑移系数复验。

4）铸造节点承载力试验。

（2）焊缝质量

1）内部缺陷。

2）外观缺陷。

3）焊缝尺寸。

（3）高强度螺栓施工质量

1）终拧扭矩。

2）梅花头检查。

（4）柱脚及支座节点

1）锚栓紧固。

2）垫板垫块。

3）二次灌浆。

（5）构件变形

1）桁架、钢梁等垂直度和侧向弯曲。

2）钢柱垂直度。

3）空间结构挠度。

（6）主体结构尺寸

1）整体垂直度。

2）整体平面弯曲。

3. 单位工程

单位工程是指按具备独立施工条件并能形成独立使用功能的建筑物及构筑物。建筑规模较大的单位工程，可将其能形成独立使用功能的部分作为一个子单位工程。

由于钢结构工程的特点和施工单位的特殊性，在建筑工程交工时，往往将钢结构作为一个独立的单位工程进行交接、验收，其目的是为了分清责任、便于管理。

16.2.3　钢结构工程质量控制的方法

钢结构工程施工质量控制方法可以分为两种：一是对文件的审核，二是对过程和实体的试验、检查。

无论是制作单位还是安装单位，在施工前后和施工过程中都需要关注文件的控制，这些文件是具体施工的依据。表 16.2-1 所列为钢结构制作和安装文件审核对象。

对过程的控制主要是对过程的管理，确保过程处于受控状态。对实体的检查、试验是对过程结果的确认、检查。

表 16.2-1　钢结构制作和安装文件审核对象

区分	审 核 对 象
共同项目	1. 设计图（含设计变更等）和设计要求 2. 施工工艺文件（WPS/PQR、施工要领、质量计划、检查要领等） 3. 材料（主材和辅材）和外购件的质保书审核 4. 单位资质和人员资格的确认 5. 设备（含测量、试验）和场地的确认 6. 新技术、新工艺的应用（如果有） 7. 资料的审核（检查报告书等） 8. 开工报告的确认（需要时） 9. 卷尺的比对
制作	1. 材料复验报告（如果有） 2. 下料检查记录 3. 隐蔽部位检查记录 4. 焊接前和焊接后检查记录 5. 焊接无损检测报告 6. 摩擦面抗滑移系数试验报告 7. 油漆膜厚检查记录 8. 分项和检查批验收报告
安装	1. 高强度螺栓紧固轴力或扭矩系数复验报告 2. 摩擦面抗滑移系数试验报告 3. 基础验收报告 4. 钢结构安装检查记录 5. 防火涂料复验报告和检查记录 6. 检查批、分项工程、分部工程验收报告 7. 工程验收报告

16.2.4　钢结构工程质量控制的基本规定

（1）《钢结构工程施工质量验收标准》（GB 50205—2020）对钢结构工程施工质量控制做了以下规定：

1）采用的原材料及成品应进行进场验收，凡涉及安全功能的原材料及成品应按规定进行复验并应经监理工程师（建设单位技术负责人）见证取样、送样。

2）各工序应按施工技术标准进行质量控制，每道工序完成后应进行检查。

3）相关各专业工种之间应进行交接检验并经监理工程师（建设单位技术负责人）检查认可。

（2）规范还规定：钢结构工程施工质量验收应在施工单位自检基础上，按照检验批、分项工程、分部（子分部）工程进行。

钢结构分部（子分部）工程中分项工程划分应按照现行国家标准《建筑工程施工质量验收统一标准》（GB 50300—2013）的规定执行。钢结构分项工程应由一个或若干检验批组成，各分项工程检验批应该按该规范的规定进行划分。

（3）对于分项工程检验批合格质量标准规定如下：

1) 主控项目必须符合规范合格质量标准的要求。

2) 一般项目其检验结果应该有 80% 及以上的检查点（值）符合规范质量标准的要求，且最大值不应超过其允许偏差值的 1.2 倍。

3) 质量检查记录、质量证明文件等资料应完整。

（4）对于分项工程合格质量标准规定如下：

1) 分项工程所含的各检验批均应符合本规范合格质量标准。

2) 分项工程所含的各检验批质量验收记录应完整。

（5）当钢结构工程施工质量不符合规范要求时，应按下列规定进行处理：

1) 经返工重做或更换构（配）件的检验批，应重新进行验收。

2) 经有资质的检测单位检测鉴定能够达到设计要求的检验批，应予以验收。

3) 经有资质的检测单位检测鉴定达不到设计要求，但经原设计单位核算认可能够满足结构安全和使用功能的检验批，可予以验收。

4) 经返修或加固处理的分项、分部工程，虽然改变外形尺寸但仍能满足安全使用要求，可按处理技术方案和协商文件进行验收。

16.3 材料控制

对钢结构工程而言，材料是施工的基础，材料的质量直接影响工程的施工质量和安全性，没有材料质量作保障，以后的各工序包括焊接、高强度螺栓连接等就无法施工，更谈不上对工程的质量保证。因此材料控制是钢结构质量控制中最为重要的内容之一。

钢结构工程所使用的材料按用途分为 3 类：

（1）主材　用于结构承载构件的材料。包括：钢板、各类型材（热轧 H 型钢、角钢、槽钢、管类、铸锻件等）。

（2）辅材　用作钢结构制作或安装过程中的辅助材料。包括：焊材（含栓钉）；紧固件（螺栓）；网架结构用材（焊接球节点、螺栓球节点、封板、锥头和套筒等）；涂装材料（油漆防火涂料等）。

（3）围护材料　金属压型钢板、屋面板等。

16.3.1 材料控制概述

无论是钢结构制作单位还是安装单位都应建立材料的控制程序，材料控制程序也是 ISO 质量管理体系要求必须建立的程序之一。根据材料的重要性和管理的特点，材料质量控制包括以下内容。

1. 供方评价和确认

材料采购前应选择和确认供方资质和能力，经评定合格后再向供方订购相关的材料。

2. 材料订购规范的确认

材料订购时，应由技术部门根据工程项目合同和设计、规范的要求，制定材料采购的技术要求或规范。对于工程规范有特殊要求的材料，技术和采购部门应向供方予以说明、确认，以确保材料的要求能够被满足。在日常的采购中，最为忌讳的是只有一份材料规格的采购清单，连最为基本的材料标准、强度等级等基本要素都没有，以至于材料进厂后质量控制部门发现采购的材料不能满足工程规范的要求。特别是在履约海外钢结构工程时，对合同规定的材料要求，一定要仔细阅读、彻底理解，并将工程对材料的要求在采购合同中予以明确，以减少合同履约的风险。

3. 材料质量证明文件

材料进厂时，应对质保书进行确认，确认的内容主要有以下几项：

1）质保书编号。

2）材质（材料牌号和强度等级）。

3）尺寸。

4）炉批号和轧制批号。

5）化学成分和力学性能。

6）特别检查记录（如 Z 向性能、探伤要求等）。

7）材料制造商的检查或确认标记等。

4. 材料进厂检查

材料进厂时，应按照企业规定的程序进行进厂检查，而且检查前后应对材料做出明确的检查状态标志。进厂检查的内容一般包括材料外观、标志、尺寸检查等，对特殊要求的项目必要时应委托职能部门检查。需要强调的是，材料的进厂检查应做好记录和检查报告，以便工程完工时向客户提交。

5. 必要时的材料复验

当合同或规范有要求时，应对材料进行抽样检查，检查的规则（抽样的比例、检查内容等）应按照事前设定的检查要领或检查计划确定。

《钢结构工程施工质量验收标准》（GB 50205—2020）规定，当材料属于下列情况之一时，应进行抽样复验，其复验结果应符合现行国家产品标准和设计要求。

1）国外进口钢材。

2）钢材混批。

3）板厚等于或大于 40mm，且设计有 Z 向性能要求的厚板。

4）建筑安全等级为一级，为大跨度钢结构中主要受力构件所采用的钢材。

5）设计有复验要求的钢材。

6）对质量有疑义时的钢材。

6. 材料的储存和管理

无论是板材、型材还是辅助或围护材料，对材料的储存均有明确的要求，应提供满足这些要求的条件，各类材料储存的具体要求在后面进行说明。

7. 材料的代用原则和设计认可

在钢结构的实际制作或安装过程中，经常会遇到个别材料不足或市场采购困难的情况。为了降低采购的成本，减少库存，制作或安装单位往往需要对个别材料进行替代，从工程管理的角度来讲，这是允许的。但材料的代用应遵守以下原则：

1）替代材料的各项性能指标不低于被代用的材料。

2）材料代用应得到设计单位的认可。

3）材料代用后，应有相对应的焊接工艺规程（WPS）。如果没有，应做焊接工艺评定，合格后才能进行相关的焊接工作。

16.3.2　常用材料控制内容和方法

1. 钢材

（1）常用钢材及标准　常用钢材及对应的国家标准见表 16.3-1。

表 16.3-1　常用钢材及对应的国家标准

材料类别	中国①	美国	日本②	欧盟
碳素结构钢	Q235 类（CB 700、CB/T 19879、GB/T 714）	ASTM A36、ASTM A106 ASTM A707M G250	SS400 （JIS 3101） SM400A. B、C （JIS 3106） SN400. A. B、C （JIS 3136）	S235（JR、J0、J2） （EN 10025）
低碳合金钢	Q345、Q390、Q420、 Q460 类（GBT 1591、 GB/T 19879、CB/T 714）	ASTM A572 Cr50、ASTM A572 G60(65) ASTM A707M G345	SM490A、B、C （JIS 3106） SN490B. C （JIS 3136）	S355（JR、J0、2. K2）、 S450 J0 （EN 10025）

注：① Q235 类包括一般的 Q235A、Q235B、Q235C、Q235CJB、Q235C、Q235D 等，Q345 同样具有不同的等级。

　　② JIS 3101 一般构造用轧制钢材。

　　　 JIS 3106 焊接构造用轧制钢材。

　　　 JIS 3136 建筑构造用轧制钢材。

（2）材料的性能指标　钢结构材料的性能指标主要包括化学成分、力学性能和焊接性能三个方面。

1）化学成分。钢结构常用材料的化学成分一般包括五大元素，即碳、锰、硅、硫、磷（C、Mn、Si、S、P），对高层建筑用钢还要控制微量元素，包括钒、铌、钛、镍、铬（V、Nb、Ti、Ni、Cr）等。每种元素的作用和对材料性能的影响是不同的，具体可查阅相关的专业书籍或资料。各国的材料标准中对化学成分均有明确要求，进行材料控制时，应确认各元素的含量是否符合相应的标准或规范。

2）力学性能。钢结构用钢材的力学性能常用指标包括强度（屈服强度、抗拉强度）和韧性（冲击、弯曲、延伸）两个方面，这些指标是设计计算和结构安全的重要保证，是材料控制的重点。

3）焊接性能。材料的焊接性能表明材料对焊接加工的适应性，是指材料在一定的焊接工艺条件下（包括焊接方法、焊接材料、焊接参数和结构形式等），能否获得优质焊接接头和该焊接接头能否在使用条件下可靠运行或使用。材料的焊接性又分为工艺焊接性和使用焊接性。从钢结构工程材料使用的角度来看，一般更关注材料的工艺焊接性。

（3）钢材外观质量要求　钢材的外观质量要求主要是指表面质量和尺寸要求，在钢材入库时应对外观质量进行检查。

外观检查主要针对钢材的表面质量，其合格与否应按照相应的标准进行判定。在《热轧钢板表面质量的一般要求》（GB/T 14977—2008）中对钢板表面典型缺陷进行了描述，并给出了合格与否的判定标准。对于其他型材应根据相应的产品标准进行检查和判定。

GB/T 14977—2008 对钢板表面的质量缺陷进行了区别和规定。

缺陷（Imperfections）：除裂纹、结疤和拉裂外，深度和（或）面积不大于规定界限值的表面不连续。

缺陷（Defect）：包括所有裂纹、结疤和拉裂，深度和（或）面积大于规定界限值的表面不连续。

常见表面不连续的描述见表 16.3-2。GB/T 14977—2008 中将表面质量分为 A、B 两类，每一类又分为 3 级，具体分类见表 16.3-3。

表 16.3-2　常见表面不连续的描述

序号	类别	描　述	产生的原因
1	压入氧化铁皮，凹坑	以各种形状、厚度和频率出现在轧制表面上	压入氧化铁皮通常是由于热轧前、热轧或处理过程中氧化铁皮清除不充分造成的
2	压痕、轧痕	这些缺陷可能以固定的距离间隔或无规则地分布在轧件的整个长度和宽度上	压痕（凹陷）和热轧（凸起）通常被认为是由于轧辊成传送辊自然磨损所引起的
3	划伤（划痕）、凹槽	表面机械擦伤，它们大多平行或垂直于轧制方向。它们可能有轻微的翻卷且很少包含氧化铁皮	这种损伤是由于轧件和设备之间相对运动时摩擦造成的
4	重皮	不规则和鳞片状的细小的表面缺陷	分层沿轧制方向延伸，其程度取决于变形量的大小。在某些部位它们仍然与金属相连接，表现细小的结疤颗粒
5	气泡	气泡位于表皮以下，其形状和尺寸不同，而且是热轧时出现的	
6	麻点	细小的非金属内部夹杂物，延伸于轧制方向且有明显的颜色	
7	裂纹	表面断裂的细线	
8	结疤和疤痕	与基本材料连接的部分重叠材料	在重皮中有较多的非金属夹杂和（或）氧化铁皮
9	拉裂		拉裂主要是由于半成品中的缺陷在轧制过程中被拉长或延伸引起的

表 16.3-3　钢材表面质量分类

类别	A 类		B 类	
要求	表面质量符合 CB/T 14977—2008 第 5.3.1 条和第 5.4.1.3 款的要求，表面不连续和修磨部分的剩余厚度可以小于钢板允许的最小厚度		表面质量符合 CB/T 14977—2008 第 5.3.2 条和第 5.4.1.4 款的要求，表面不连续和修磨部分的剩余厚度不得小于钢板允许的最小厚度	
等级	1 级	2 级		3 级
要求	铲削和（或）修磨后允许焊补，并符合 CB/T 14977—2008 第 5.4.221 项的要求	只有在双方同意且在合同中注明时，才允许焊补，并符合 GB/T 14977—2008 第 5.4.2.22 项的要求		不允许焊补

(4) 材料内部质量检查 钢材内部缺陷是指钢在冶炼和浇注的过程中产生的冶炼缺陷, 如偏析、非金属夹杂、气孔、缩孔、裂纹和分层等。但不管是哪种内部缺陷, 对钢结构而言, 由于不能用目视进行简单的判定, 所以均具有较大的危害性。其中以分层、层状撕裂和全熔透引起的焊接热影响区内非金属夹杂物开口裂纹 (也称为冷脆性开裂) 危害最大, 所以在钢结构质量控制中应把它们作为重点控制对象。

1) 分层。分层是钢板 (坯) 断面出现局部的缝隙, 使钢板断面形成局部层状, 是钢材中的一种致命性内部缺陷。钢锭 (坯) 内的气泡、大块的非金属夹杂物、未完全切除的残余缩孔或发生折叠、严重的偏析均可能引起钢材的分层, 而不太合理的轧制工艺又可能使分层加剧。

切割面发生的分层, 通过目视检查、浸透探伤、磁粉探伤或宏观试验均可以被检出。但是, 对钢材内部存在的分层, 如果仅作为简单的缺陷来对待, 今后将招致难以想象的重大事故, 这方面的工程案例已不在少数。

2) 层状撕裂。层状撕裂原本在钢材中不会存在, 对超声波探伤检查过的钢板, 并没有发现存在分层等类似的缺陷。但是, 焊接时由于在板厚方向存在约束, 且有拉应力作用, 如箱形断面柱角焊缝、牛腿处的翼缘板或腹板位置, H 形断面柱、桁架带肋板的牛腿处或腹杆连接处等, 进行焊缝超声波检查时, 会发现板材中存在裂纹, 这种裂纹称为层状撕裂。产生层状撕裂的原因是受钢材中的非金属夹杂物或焊缝金属的扩散氢等的影响, 使板厚方向的塑性不足, 在焊缝金属凝固时, 产生收缩应力, 从而使平行于钢板表面的裂纹扩展而形成层状撕裂。

3) 焊接热影响区内非金属杂物开口裂纹。对全熔透对接接头, 焊接热影响区附近平行于板厚的裂纹也曾发生过, 这类裂纹和前面介绍的层状撕裂一样, 也不是钢材本身存在的。对接接头焊接, 由于板厚方向的收缩应力较低, 因此不具备发生层状撕裂的条件。但在焊缝金属残存的氢向钢材中的非金属夹杂凝聚, 从而产生氢脆裂纹, 称为冷脆裂纹。

对钢材内部质量的检查, 目前还是以超声波检查为主。对于分层的检查应按照《厚钢板超声检测方法》(GB/T 2970—2016) 的规定进行, 钢板的合格等级应根据设计要求确定。对于层状撕裂和冷脆裂纹可以采用两种方法加以控制: 一是在材料订购时增加对厚板的 Z 向性能的要求, 如《厚度方向性能钢板》(GB/T 5313—2010) 规定的 Z15、Z25 和 Z35; 二是在焊缝无损检测时, 对焊缝两侧 100mm 范围内进行扫查, 以确定是否因焊接而产生层状撕裂或冷脆裂纹。在实际工程中, 如果有厚板, 在钢材订货和实际制作过程中, 均应注意和防止分层等致命缺陷的产生。

(5) 钢材的储存 对钢结构所使用的钢材, 应按照形状 (钢板、H 型钢、管材、角钢和槽钢)、质量规格进行分别保管, 对多品种多规格的材料保存应给予充分重视, 以免材料的混同管理。

另外, 材料保管时, 应防止被泥土、油污、涂料等不利于今后使用的物质所污染, 对容易引起生锈的水、酸类物质要予以注意, 堆放时还要防止材料的变形等。

1) 材料进库后, 应做好记录并进行登记。

2) 钢材检验区域和合格区域应明确区分, 防止未经检验的材料被使用。

3) 对检查不合格的钢材, 一定要用明确、明显的标示方法进行区别, 而且要有单独的区域堆放, 彻底防止不合格的材料被误用。

4）钢材储存时，要区分材质，并使用色标进行标示，以防材质被混用或材质用错。对有疑义的材料要经过检验确认合格后方可使用。

5）钢材按形状、类别、规格分别堆放。

6）钢材堆放时，应标明钢厂、材质、炉批号，以便与质量证明书进行核查，同时也便于材料领用后下料时对材料进行追溯。

7）材料的保管场地应平整且放置支撑垫木，防止积水和被油类、酸类、涂料类物质所污染。在条件许可的情况下，型钢最好堆放在室内。

8）材料领用和发放时，应核对领料单和库存台账是否相符合；对不符合要求的领用在查明情况后，再进行发放，以免材料被用错。

2. 焊接材料

（1）控制内容和检查方法　焊接材料主要包括焊条、焊丝、焊剂、栓钉、瓷环、陶瓷衬垫板等。材料不同其控制和检查方法也不同，表16.3-4给出了焊接材料的检查项目和方法。必须强调的是，焊条和焊丝的扩散氢含量是控制的重要因素之一，在采购文件中一定要予以明确。

表16.3-4　焊接材料检查项目和方法

类别	检查项目	检查方法	检查比例	备 注
焊条、焊丝	质量证明书	核对	100%	
	化学成分	焊接试板	抽查（必要时）	
	力学性能	焊接试板	抽查（必要时）	
	包装	目视	100%	
	直径	游标卡尺	抽查	
	送丝性能	送丝机构试验	抽查	仅适用于焊丝
	外观	目视	抽查	
焊剂	质量证明书	核对	100%	
	和焊丝的匹配	焊接试板	抽查（必要时）	
	包装	目视	100%	
	外观	目视	抽查	
栓钉、瓷环	质量证明书	核对	100%	
	包装	目视	100%	
	尺寸	游标卡尺	抽查	
	外观	目视	抽查	
陶瓷衬垫板	质量证明书	核对	100%	
	包装	目视	100%	
	外观	目视	抽查	

（2）焊材的复验　《钢结构工程施工质量验收标准》（GB 50205—2020）规定重要钢结

构采用的焊接材料应进行抽样复验，复验结果应符合现行国家产品标准和设计要求。在条文说明中对"重要"的解释包括以下几个方面。

1）建筑结构安全等级为一级的一、二级焊缝。

2）建筑结构安全等级为二级的一级焊缝。

3）大跨度结构中的一级焊缝。

4）重级工作制吊车梁结构中的一级焊缝。

5）设计要求。

焊材的复验方法在各自的产品规范中均有规定，其中气体保护焊焊丝的化学成分试验可直接截取焊丝进行复验，熔敷金属力学试验用试板和试样取样要求详见相关标准。试样的制备、试验方法和试验结果的判定在《熔化极气体保护电弧焊用非合金钢及细晶粒钢实心焊丝》（GB/T 8110—2020）中均有明确规定。

（3）焊接材料的保管和领用

1）焊接材料保管和堆放应按照以下几个方面进行管理和控制。

①焊材按照类别、型号分类堆放。

②焊条、焊剂和药芯焊丝易吸湿、变质，因此仓库要干燥、通风并控制温度和湿度（配备温湿度仪）。

③焊材搬运过程中应注意不要损伤药皮和焊丝盘。

④焊材的堆放不应太高，以不超过 2m 为宜。

2）焊接材料使用时也应注意以下几点。

①材料领用要有手续，一次领用不要超过半天的使用量。

②焊条和焊剂应按要求烘干并定量发放，用保持干燥的容器盛存和使用。

③焊丝特别是药芯焊丝不要在焊机上过夜，要防止吸湿产生气孔甚至裂纹。

④焊剂烘干后，搬运过程中尽量不要接触潮湿空气。

3. 高强度螺栓

（1）高强度螺栓连接副　钢结构用高强度螺栓连接副包括大六角头螺栓连接副和扭剪型螺栓连接副两种。高强度螺栓及螺栓连接副对应的标准为《钢结构用高强度大六角头螺栓、大六角螺母、垫圈技术条件》（GB/T 1231—2006），扭剪型连接副对应的标准为《钢结构用扭剪型高强度螺栓连接副》（GB/T 3632—2008）。

高强度螺栓连接副的检查项目和检查方法见表 16.3-5。

表 16.3-5　高强度螺栓连接副的检查项目和检查方法

检查类别	检查方法	检查比例	备　注
质量检验报告书	核对	100%	
紧固轴力	轴力计	每批 8 套，每批最大数量 3000 套	适用于扭剪型
扭矩系数	轴力计	每批 8 套，每批最大数量 3000 套	适用于大六角型
尺寸	游标卡尺或专用量规	抽查	
外观和标识	目视	抽查	含生产日期

（2）高强度螺栓连接副复验

1）通用要求。大六角头高强度螺栓连接副扭矩系数或扭剪型高强度螺栓连接副预拉力复验用的螺栓，应在施工现场待安装的螺栓批中随机抽取，每批应抽取 8 套连接副进行复验。

高强度螺栓连接副扭矩系数或预拉力可采用经计量检定校准合格的轴力计进行测试。

试验用的电测轴力计、油压轴力计、电阻应变仪、扭矩扳手等计量器具应在试验前进行标定，其误差不得超过 2%。

2）大六角头螺栓扭矩系数。对大六角头螺栓，每套连接副只应做一次试验，不得重复使用。在紧固中垫圈发生转动时应更换连接副，重新试验。

高强度螺栓连接副扭矩系数复验时应将螺栓穿入轴力计，在测出螺栓预拉力 P 的同时，测定施加于螺母上的施拧扭矩值 T，并应按下式计算扭矩系数 K。

$$K = \frac{T}{Pd}$$

式中　T——施拧扭矩（N·m）；

　　　d——高强度螺栓的公称直径（mm）；

　　　P——螺栓预拉力（kN）。

进行高强度螺栓连接副扭矩系数试验时螺栓预拉力值应符合规范的规定。每组 8 套螺栓连接副扭矩系数的平均值应为 0.110 ~ 0.150，标准偏差小于或等于 0.010。

3）扭剪型螺栓紧固轴力。采用轴力计方法复验螺栓连接副预拉力时，应将螺栓直接插入轴力计，紧固螺栓分初拧、终拧两次进行，初拧应采用手动扭矩扳手或专用定扭电动扳手，初拧值应为预拉力标准值的 50% 左右；终拧应采用专用电动扳手，至尾部梅花头拧掉，读出预拉力值。

每套高强度螺栓连接副只应做一次试验，不得重复使用。在紧固中垫圈发生转动时，应更换螺栓连接副重新试验。

复验高强度螺栓连接副的预拉力平均值和标准偏差应符合表 16.3-6 的规定。

表 16.3-6　复验螺栓连接副的预拉力平均值和标准偏差

螺栓直径/mm	16	20	22	24
紧固预拉力的平均值 $\overline{P}$	99 ~ 120	154 ~ 186	191 ~ 231	222 ~ 270
标准偏差 σ	10.1	15.7	19.5	22.7

（3）高强度螺栓的保管　高强度螺栓连接副作为钢结构连接的重要材料之一，应防止误用、锈蚀和污染，在保管时应给予充分的重视。

1）按规格堆放。采购的高强度螺栓连接副按螺栓、螺母、垫片分类和分规格放置，避免误用。

2）防潮、防雨、防污染（泥沙等）。连接副出厂前已做表面处理，具有一定的防腐能力，但是防腐的时间和能力有限。一旦受潮或被污染，螺纹易生锈，从而影响螺纹的摩擦系数，最终导致紧固轴力的变化。

3）定量领取和使用。每次施工按照每班所需数量领取和使用，对没有使用完的连接副应及时返还仓库妥善保管。

4）螺栓有效期为 6 个月。由于连接副的表面防腐处理有一定的时限，超过 6 个月的连接副不应使用。如果使用，应在使用前进行扭矩系数或紧固轴力复验，复验合格后方可使用。

4. 油漆

（1）涂料的性能指标和检测标准　钢结构用防腐涂料原始性能指标和检测标准见表 16.3-7，需要说明的是，这些性能指标一般由涂料专业厂或检测机构标定，一般的钢结构厂是无法标定的。

表 16.3-7　防腐涂料的原始性能指标和检测标准

序号	项 目	说 明	检测标准
1	外观和透明度	检验不含颜料的涂料产品，如清漆、清油、稀释剂等是否含有机械杂质和混浊物的方法	《清漆、清油及稀释剂外观和透明度测定法》（CB/T 1721—2008）
2	色泽	对不含颜料的涂料产品，如清漆检验其原色的深浅程度	《清漆、清油及稀释剂颜色测定法》（GB/T 1722—1992） 《透明液体　加氏颜色等级评定颜色　第 1 部分：目视法》（CB/T 9281.1—2008） 《近明液体　以铂-钴等级评定颜色　第 1 部分：目视法》（GB/T 9282.1—2008）
3	黏度	液体在外力作用下，分子间相互作用而产生阻碍分子间相对运动的能力。表示方法有：绝对黏度、运动黏度、比黏度和条件黏度。油漆一般测定其条件黏度	《涂料粘度测定法》（CB/T 1723—1993） 《色漆和清漆　用流出杯测定流出时间》（CB/T 6753.4—1998） 《粘度测量方法》（CB/T 10247—2008） 《建筑涂料　涂层耐洗刷性的测定》（CB/T 9266—2009） 《色漆和清漆　用旋转黏度计测定黏度　第 1 部分：以高剪切速率操作的锥板黏度计》（CB/T 9751.1—2008）
4	密度	在规定的湿度下，物体的单位体积的质量	《色漆和清漆　密度的测定　比重瓶法》（CB/T 6750—2007）
5	细度	色漆或漆浆内颜料、填料及机械夹杂物等颗粒的细度。细度的大小影响漆膜的光泽、均匀性、透水性和储存稳定性	《色漆、清漆和印刷油墨　研磨细度的测定》（CB/T 1724—2019）
6	不挥发分	在规定的试验条件下，样品经挥发而得到的剩余物的质量分数； 受试产品在规定温度下，以均匀且规定的厚度固化或干燥规定时间后所得到的剩余物的体积	《色漆、清漆和塑料　不挥发物含量的测定》（CB/T 1725—2007） 《色漆和清漆　通过测量干涂层密度测定涂料的不挥发物体积分数》（GB/T 9272—2007）

（2）涂料控制项目　对涂料的控制和检查项目一般包括以下几个方面：

1）质量证明书的检查和确认。

2）包装外观的检查。

3）生产日期的确认。

4）数量的确认。

（3）油漆的保管　涂料是由植物油类、天然树脂或合成树脂、溶剂、着色颜料、体质颜料等组成的。从涂料组成可知，除颜料外，涂料中的绝大部分是易于燃烧的物质。有些涂料如聚氨酯漆，与极少量的水滴、酸、碱、盐或醇类接触，就会变质报废。此外，油漆施工场所和涂料储存仓库内存在的有害气体，是来自涂料中溶剂和稀释剂的挥发。这些挥发物质不仅会导致火灾，而且会影响操作者的身体健康。因此，对涂料必须进行妥善保管，保管时应注意如下问题。

1）由于油漆和稀释剂大多是易燃易爆品，因此，要求储存仓库和运输的车辆应通风良好、保持干燥，一般温度要求在5～35℃之间。涂料桶应避免日光直射，防止水分渗入，不应过冷过热。过热易爆，过冷会变质。

2）隔绝火种和热源，并备有足够的消防设备及灭火器材。

3）对涂料包装应严格检查，如发现漏孔应及时采取措施补救。

4）涂料系挥发性物品，日久易变质，在使用时应做到先进仓者先出仓，后进仓者后出仓，不要积压过久。一般储存期自生产之日算起不得超过1年。在存放时间较长的情况下，如发现黏度增高、干性减慢或有混浊和沉淀现象时，应及时加溶剂或催干剂补救并尽快用掉，否则，会引起涂料胶冻而报废。

5）使用剩余的涂料时，应将涂料罐盖紧密封，这样，可防止挥发有害气体，防止涂料与空气接触结皮，防止涂料中落入灰尘。当发现涂料结皮和有颗粒时应报废。

6）涂料要小心轻放，在运输中不可倒置和重压，有些涂料要根据"化学危险品运输暂行条例"等有关规定办理。对溶剂含量较多的易燃危险品，如硝基漆、稀释剂、防潮剂、胶粘剂等要特别注意。

5. 防火涂料

（1）防火涂料的性能指标　《钢结构防火涂料》（GB 14907—2018）中对室内钢结构防火涂料的理化性能要求见表16.3-8。

表16.3-8　室内钢结构防火涂料的理化性能

序号	理化性能项目	技术指标		缺陷类别
		膨胀型	非膨胀型	
1	在容器中的状态	经搅拌后呈均匀细腻状态或稠厚流体状态，无结块	经搅拌后呈均匀稠厚流体状态，无结块	C
2	干燥时间（表干）/h	≤12	≤24	C
3	初期干燥抗裂性	不应出现裂纹	允许出现1～3条裂纹，其宽度应≤0.5mm	C
4	粘结强度/MPa	≥0.15	≥0.04	A
5	抗压强度/MPa	—	≥0.3	C
6	干密度/（kg/m³）	—	≤500	C

（续）

序号	理化性能项目	技术指标		缺陷类别
		膨胀型	非膨胀型	
7	隔热效率偏差	±15%	±15%	—
8	pH 值	≥7	≥7	C
9	耐水性	24h 试验后，涂层应无起层、发泡、脱落现象，且隔热效率衰减量应≤35%	24h 试验后，涂层应无起层、发泡、脱落现象，且隔热效率衰减量应≤35%	A
10	耐冷热循环性	15 次试验后，涂层应无开裂、剥落、起泡现象，且隔热效率衰减量应≤35%	15 次试验后，涂层应无开裂、剥落、起泡现象，且隔热效率衰减量应≤35%	B

注：1. A 为致命缺陷，B 为严重缺陷，C 为轻缺陷；"—"表示无要求。

2. 隔热效率偏差只作为出厂检验项目。

3. pH 值只适用于水基性钢结构防火涂料。

（2）控制和检查项目　　根据《钢结构工程施工质量验收标准》（GB 50205—2020）规定，钢结构防火涂料的粘结强度、抗压强度应符合国家现行标准《钢结构防火涂料》（GB14907—2018）的规定，检验方法应符合现行《建筑构件耐火试验方法》（GB/T 9978）系列标准的规定。

检查数量：每使用 100t 或不足 100t 薄涂型防火涂料应抽检一次粘结强度；每使用 500t 或不足 500t 厚涂型防火涂料应抽检一次粘结强度和抗压强度。

检验方法：检查复检报告。

施工单位对防火涂料的控制和检查还应包括以下方面：

1）对质量证明书和合格证的确认。

2）包装外观的检查：生产单位名称、地址，产品名称、商标、规格型号、生产日期或批号、保质运存期等。

（3）保管　　防火涂料的保管和存放应满足以下几个方面：

1）干燥、通风处，防止日光直接照射等条件适合的场所。

2）产品在运输时应防止雨淋、暴晒，并应遵守运输部门的有关规定。

3）实施有效期管理，确保涂料不过期。

16.3.3　材料进场检查总结

综上所述，对材料的控制和检查可概括为表 16.3-9 的内容。另外，有关在钢结构工程上使用的其他材料，如铸钢件、锻件、拉索类、橡胶件等，应按照设计要求和现行国家标准实施质量控制和检查。

表 16.3-9　材料的控制和检查

材料区分	检查类别				
	文件确认	外观检查	理化试验	NDT	特别检查
钢材	必须	必须	必要时	必要时	

（续）

材料区分	检查类别				
	文件确认	外观检查	理化试验	NDT	特别检查
焊材	必须	必须	必要时	—	
高强度螺栓	必须	必须	必须	—	紧固轴力或扭矩系数
涂料	必须	必须	必要时	—	
防火涂料	必须	必须	必须	—	
金属压型板	必须	必须	—	—	
焊接球和螺栓球节点	必须	必须	—	—	
封板、锥头和套筒	必须	必须	—	—	

16.4 焊接质量控制

焊接在钢结构工程中和材料控制一样是非常重要的环节。对钢结构制作单位和安装施工单位，焊接作为一个特殊工序，在控制过程中作为停止点必须接受检查。而且影响焊接的因素很多，表现在焊接工作的各个阶段。焊接接头设计、焊接材料选择、焊接工艺的制订、焊工资格的认可、实施焊接以及焊接前、焊接过程中、焊接后的检查等各个环节都存在影响焊接质量的因素。

在焊接质量控制活动中，对焊接质量具有重要影响的关键环节应作特殊控制，这些关键环节包括以下几个方面：

1）焊工及焊接操作工。

2）焊接责任人员。

3）无损检测人员。

4）焊接工艺规程。

5）焊接工艺评定。

6）焊后热处理。

7）焊接过程中的检验。

8）焊后检验。

16.4.1 焊接材料

《钢结构焊接规范》（GB 50661—2011）就焊接材料的要求提出了具体规定，其中强制性条款包括：钢结构焊接工程用钢材及焊接材料应符合设计文件的要求，并应具有钢厂和焊接材料厂出具的产品质量证明书或检验报告，其化学成分、力学性能和其他质量要求应符合现行有关国家标准的规定。

16.4.2 焊接工艺质量控制

焊接工艺通常也称为焊接工艺规程（简称 WPS）。它不仅决定了焊接效率的高低，而且对保证焊接质量有重要影响。对焊接工艺的控制主要从以下几个方面进行。

1. 焊接工艺评定的控制

焊接工艺评定是焊接施工前重要的技术准备工作，在焊工评定和产品焊接前完成。以此来衡量实际焊接材料与母材是否匹配，焊接参数是否合理，接头性能是否满足工程要求。一般情况下进行焊接工艺评定是显示以下各项的匹配性：①母材；②焊接填充金属；③焊接方法；④焊接技巧。

需要指出的是，焊接工艺评定侧重于①至③项，对实际施焊的焊工没有特殊要求。另外，每个规范对于焊接工艺的评定都有细微的差异，但其目的是一样的。

（1）焊接工艺评定的强制要求　《钢结构焊接规范》（GB 50661—2011）规定：除符合本规范第 6.6 节规定的免予评定条件外，施工单位首次采用的钢材、焊接材料、焊接方法、接头形式、焊接位置、焊后热处理制度以及焊接工艺参数、预热和后热措施等各种参数的组合条件，应在钢结构构件制作及安装施工前进行焊接工艺评定。

（2）焊接工艺评定的分类

1）焊接性试验方法的分类。焊接性试验包括工艺焊接性和使用焊接性。所谓工艺焊接性，是指在一定焊接工艺条件下，能否获得优质致密、无缺陷焊接接头的能力。它不是金属本身固有的性能，而是随着新的焊接方法、焊接材料和工艺措施的不断出现而逐渐完善，某些原来不能焊接或不易焊接的金属材料，也会变得能够焊接或易于焊接。使用焊接性则指焊接接头或整体结构满足技术条件所规定的各种使用性能的程度，其中包括常规的力学性能、低温韧性、抗脆断性能、疲劳性能等。

2）材料焊接性评定的常用方法。

①碳当量法。

②焊接热影响区最高硬度法。

③斜 Y 形坡口焊接（冷）裂纹试验。

④T 形角焊接头弯曲试验方法。

3）工艺评定覆盖规则。工艺评定是可以覆盖的，也就是说某种方法在一定条件下的焊接工艺可以覆盖其他条件下的焊接工艺。但这种覆盖是有规则的，而且不同的规范对工艺评定的覆盖规则也是不同的。《钢结构焊接规范》（GB 50661—2011）有关工艺评定的覆盖规则有以下几个方面：

①母材种类和厚度（或直径）的覆盖，如Ⅰ、Ⅱ类同类别钢材中当强度和冲击功合格等级发生变化时，在相同供货状态下，高级别钢材的焊接工艺评定结果可替代低级别钢材的焊接工艺评定。

②焊接位置的覆盖，如横焊位置评定结果可替代平焊位置评定结果。

③试件类型的覆盖（管材和板材），如板材对接的工艺评定与外径不小于 600mm 的管材相应位置对接的焊接工艺评定可互相替代。

④其他替代规则应依据相应的规范，如单面焊带衬垫的工艺评定和反面清根的双面焊的工艺评定可互相替代。

4）工艺评定试验。对于给定厚度或直径的焊接试板，为了评定一种 WPS 需要进行相应的无损检测和力学性能试验，试验的项目如下：

①外观目视检查。

②NDT（UT 或 RT）。

③缩减断面拉伸。

④正面弯曲、根部弯曲或侧面弯曲。

⑤冲击。

⑥宏观腐蚀（必要时）。

⑦硬度（必要时）。

5）重新进行工艺评定的规定。不同国家的焊接标准或规范对各种焊接方法重新进行工艺评定的条件均有明确规定，具体可查阅相关标准或规范。

6）焊接的一般程序。

①选择焊接变量。

②编制焊接工艺指导书（初步的焊接工艺，简称 PWPS）

③检查所使用的设备和材料。

④对焊接接头装配、焊接，并记录工艺参数（电流、电压、焊接速度、预热温度等）。

⑤对试样进行规定项目的检查。

⑥选取、识别和移植试样。

⑦根据选用的规范要求制备试样。

⑧试验并按照规范要求判定试验结果。

⑨整理试验结果并出具试验报告（PQR）

⑩编制焊接工艺规程（WPS）。

16.4.3　焊接缺陷和质量要求

影响焊接的因素很多，因此焊接过程会产生各种缺陷。缺陷泛指对技术要求的偏离，如不连续性、不均匀性等。缺陷并不一定会危及产品的使用性能或适应性。当缺陷对产品的使用性有影响时，通常把这类缺陷称为缺陷。

1. 焊接缺陷的分类

《金属熔化焊接头缺欠分类及说明》（GB/T 6417.1—2005）根据缺陷的性质、特征分为6大类。每个类别根据位置和形态又可以分为若干小类（细分）。有关分类和说明可参见该标准的表1。

第1类——裂纹：一种在固态下由局部断裂产生的缺陷，它可能源于冷却和应力效果，包括微观裂纹、纵（横）向裂纹、放射状裂纹、弧坑裂纹、间断裂纹群、枝状裂纹等。

第2类——孔穴：气孔（球形、链状、虫状等）、表面气孔、（结晶）缩孔等。

第3类——固体夹杂：在焊缝金属中残留的固体杂物，包括夹渣、氧化物夹杂、金属夹杂等。

第4类——未熔合和未焊透：未熔合、未焊透、根部未焊透等。

第5类——形状和尺寸不良：形状不良、咬边、焊缝超高、凸度过大、下塌、焊缝形面不良、焊瘤、错边、角度偏差、焊脚不对称、焊缝宽度不齐、烧穿、根部收缩、焊缝接头不良、变形过大、焊缝尺寸不正确、焊缝厚度过大、焊缝宽度过大、焊缝有效厚度不足或过大等。

第6类——其他缺陷：电弧擦伤、飞溅、磨痕、表面撕裂、打磨过量、定位焊缺陷、焊剂残留物、残渣、角焊缝的根部间隙不良等。

钢结构焊缝典型的表面缺陷如图 16.4-1 所示，内部缺陷如图 16.4-2 所示。

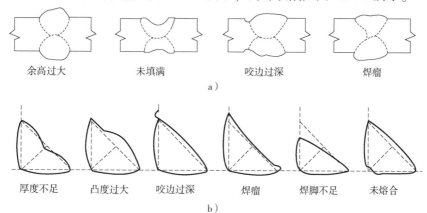

图 16.4-1　焊缝典型表面缺陷
a）全熔透对接焊　b）角焊缝

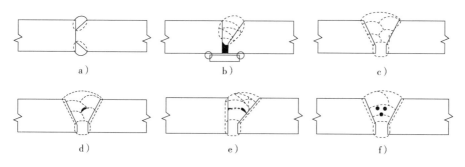

图 16.4-2　焊缝典型内部缺陷
a）K 形坡口未熔合　b）单 V 形坡口钝边未熔合　c）V 形坡口面未熔合
d）焊道之间未熔合　e）夹渣　f）气孔

2. 钢结构焊缝质量要求

钢结构焊缝的质量要求又分为外观质量、外观尺寸和内部质量三个方面。焊缝外观尺寸要求见表 16.4-1。

钢结构内部质量检验要求在《钢结构焊接规范》（GB 50661—2011）中给予了明确规定，相关焊缝质量等级、检验等级、检验比例、扫查要求见表 16.4-2。

表 16.4-1　焊缝外观尺寸要求

序号	项　目	示　意　图	允　许　偏　差	
			一、二级	三级
1	对接焊缝余高 C		$B < 20$ 时，C 为 $0 \sim 3$； $B \geqslant 20$ 时，C 为 $0 \sim 4$	$B < 20$ 时，C 为 $0 \sim 3.5$； $B \geqslant 20$ 时，C 为 $0 \sim 5$
2	对接焊缝错边 Δ		$\Delta < 0.1t$， 且 $\leqslant 2.0$	$\Delta < 0.15t$， 且 < 3.0

(续)

序号	项 目	示 意 图	允 许 偏 差	
			一、二级	三级
3	角焊缝余高 C		$h_t \le 6$ 时，C 为 $0 \sim 1.5$； $h_t > 6$ 时，C 为 $0 \sim 3.0$	
4	对接与角接组合焊缝		加强角焊缝尺寸 $h_k \ge t/4$ 且不大于 10mm，允许偏差为 $h_{k0}^{4.0}$	

表 16.4-2　钢结构焊缝内部质量和检查要求

类　别	级　别		
焊缝质量等级（检测比例）	一级（100%），二级（20%），三级（按设计要求）		
检验等级	A 级	B 级	C 级
描述	采用一种角度的探头在焊缝的单面单侧进行检验，只对能扫查到的焊缝截面进行探测，一般不要求作横向缺欠的检验。母材厚度大于 50mm 时，不得采用 A 级检验	原则上采用一种角度探头在焊缝的单面双侧进行检验，受几何条件限制时，可在焊缝单面、单侧采用两种角度探头（两角度之差大于 15°）进行检验。母材厚度大于 100mm 时，应采用双面双侧检验，受几何条件限制时，可在焊缝双面单侧，采用两种角度探头（两角度之差大于 15°）进行检验，检验应覆盖整个焊缝截面。条件允许时应作横向缺欠检验	至少应采用两种角度探头在焊缝的单面双侧进行检验。同时应作两个扫查方向和两种探头角度的横向缺欠检验。母材厚度大于 100mm 时，应采用双面双侧检验。其他附加要求是： （1）对接焊缝余高应磨平，以便探头在焊缝上作平行扫查； （2）焊缝两侧斜探头扫查经过母材部分时应改用直探头作检查； （3）焊缝母材厚度大于等于 100mm 时，窄间隙焊缝母材厚度大于等于 40mm 时，应增加串列式扫查
检验等级	低 ————————→ 高		
检验难度系数	低 ————————→ 高		

3. 焊缝检验批的组成

1）制作焊缝以同一工区（车间）按 300 ~ 600 处的焊缝组成检验批；多层框架结构以

每节柱的所有焊缝组成检验批。

2）安装焊缝以区段组成检验批；多层框架结构以每层（节）的焊缝组成检验批。

钢结构制作和安装单位对焊缝的检查应逐条进行。对钢结构的验收，可以采取抽样检查的方式进行。

4. 抽样检查的判定依据

1）抽样检验的焊缝不合格率小于 2% 时，该批验收合格。

2）抽样检验的焊缝不合格率大于 5% 时，该批验收不合格。

3）抽样检验的焊缝不合格率为 2% ~5% 时，应加倍抽检，且必须在原不合格部位两侧的焊缝延长线上各增加一处。所有抽检焊缝的不合格率不大于 3% 时，该批验收合格；大于 3% 时，该批验收不合格。

4）批量验收不合格时，应对该批余下的全部焊缝进行检验。

5）检验发现 1 处裂纹缺陷时，应加倍抽查，在加倍抽查的焊缝中未再检查出裂纹缺陷时，该批验收合格；检验发现多处裂纹缺陷或加倍抽查又发现裂纹缺陷时，该批验收不合格，应对该批余下的焊缝全数进行检查。

16.4.4　钢结构焊接工序质量管理和检查

焊接作为钢结构施工过程中的重要工序之一，应按照相应的国家标准《钢结构工程施工质量验收标准》（GB 50205—2020）和《钢结构焊接规范》（GB 50661—2011）以及施工图或技术文件的要求进行管理和控制。现行国家标准 GB50205 对焊接的主控项目和一般项目做了明确规定。

1. 主控项目

1）焊材的匹配性应符合设计要求和相应焊接规范的规定。

2）焊条、焊剂等应按规定烘焙。

3）焊工应在资格范围内施焊。

4）施工单位首次采用的钢材、焊材、焊接方法、焊后热处理等应进行工艺评定。

5）对一、二级焊缝进行 UT 检查。

6）T 形接头、十字接头、角接头等要求的全熔透焊缝焊脚尺寸为 $t/4$，且不大于 10mm；行车梁（动载构件）上翼缘和腹板连接焊缝的焊脚尺寸为 $t/2$，且不大于 10mm。焊脚尺寸误差为 0 ~4mm。

7）表面不得有裂纹、焊瘤，一、二级焊缝不得有表面气孔、夹渣、弧坑裂纹、电弧擦伤，且一级焊缝不得有咬边、未焊满、根部收缩。

2. 一般项目

1）预热（预热宽度为 15 倍板厚，大于 100mm）、后热（按工艺要求）。

2）焊缝尺寸、外观要求。

3. 焊接施工

为了确保焊接质量，对工序的控制和检查应根据施工的实际情况予以实施。在实际控制中应区分焊接前、焊接中和焊接后三个工序。具体的小组装、大组装顺序和检查时机按照制作要领确定，表 16.4-3 给出了三个工序最低限检查项目。

表 16.4-3 焊接前最低限检查项目

分类		试验、计测、确认项目	方法和器具
共同项目	环境	焊接环境 安全卫生条件	目视
	材料、器具	电源容量及稳定性 焊材种类及匹配性 焊材状态 使用的器具的状态	目视 目视 确认 确认
	加工、组装	主要部件的尺寸 安装方向的确认 坡口尺寸 坡口形状 钝边间隙（全焊透部位） 错边 角焊缝间隙 组装点焊状态 引弧板安装状态 垫板组装状态	卷尺 目视 量规 目视 量规 量规 量规 目视 目视 目视
	其他	WPS/PQR 预热的确认 焊工的确认 焊接和清扫状态	确认 温度笔、检测仪 确认 目视
特别项目	C A S	所用气体的流量、纯度 自动装置的运转状态 焊接施工开始前的检查	流量表 目视 目视

注：C——CO_2 气体保护焊；A——所有的自动焊；S——栓焊。

表 16.4-4 焊接中最低限检查项目

分 类		试验、计测、确认项目	方法和器具
共同项目		焊接顺序 焊接电流 焊接电压 焊接速度 焊接手势 焊道方向 前一层焊接状态 各焊层间熔渣的清理 层间温度 焊丝或焊条直径的选择	目视 万能表 万能表 计时表 目视 目视 目视 目视 温度笔、检测仪 目视
特别项目	A	焊剂的补充	目视
	B	送丝状态	目视

注：A——所有的自动焊；B——所有的自动焊、半自动焊。

表 16.4-5　焊接后最低限检查项目

分类		试验、计测、确认项目	方法和器具
共同项目	外观、表面缺陷	焊缝外观成形 气孔 焊瘤 飞溅 咬边 打磨的状态	目视 目视 目视 目视 目视 目视
	尺寸	余高尺寸 焊接长度 焊脚尺寸 偏焊 补焊尺寸	量规 卷尺、量规 量规 卡尺、量规 量规
	内部缺陷	裂纹 熔合不良 未熔合 夹渣 气孔	超声波 超声波 超声波 超声波 超声波
	处理	引弧板的处理 飞溅清除状态 端部绕焊	目视 目视、卷尺
特别项目		栓钉焊接状态 栓钉焊接后的长度 栓钉焊接后弯曲试验	目视 卡尺、量规 符合 CB 50205 的规定

16.4.5　焊接工序中常见的问题

在焊接质量管理过程中，以下问题经常发生或易被忽视，在日常管理中应加以重视和避免：

1）焊条、焊剂、瓷环不按规范要求烘干，焊条使用过程中不用保温桶。

2）接头装配精度不良。

3）装配的点焊不规范（大小、位置）。

4）厚板焊接时预热不按规范作业。

5）焊接的参数大于 WPS 的范围。

6）焊接的顺序不良，导致焊接变形大，残余应力高。

7）全熔透的 T 形、角接、十字接头焊脚偏大。

8）角焊缝偏焊（焊脚尺寸不等）。

9）包角不良或不包角。

10）没有返修工艺和不按工艺实施。

16.5 制作精度控制

16.5.1 影响钢结构制作精度的因素

影响钢结构构件精度的因素有很多，在构件制作前和制作过程中对这些因素均应加以控制，这样才能确保构件完成后达到设计和标准规范的要求。

1. 人的因素

人的技能水平是有差异的，对于一根简单的构件，制作精度的差异一般不会太大。但对于复杂的构件或焊接工作量较大的构件，组装人员的技能水平就可能影响构件的最终精度。如果没有一定的技能水平，装配的构件很可能会因不合格而被拒收。

2. 技术的因素

技术的因素是指制作的工艺和流程。对于一件比较复杂的构件，清晰、明了的制作工艺对保证构件的精度十分重要。这不仅关系到装配的顺序，而且对后道焊接工序也有影响。同时，还要考虑焊接的收缩余量及焊接变形，这些也会影响构件的精度。

3. 设备和场地的因素

构件制作应具备一定的设备和场地，有些部件或构件需要利用一定的设备，如柱的端铣、磨光顶紧面的机械加工等，都需要相应的设备。场地的因素主要是指在制作过程中需要一定的场地，有些构件需要在平整的场地上甚至是平台上装配，如果没有这些基本条件，构件制作的精度就无从谈起。

4. 材料和工序的因素

材料和相关工序也会影响最终构件的精度，有的甚至直接决定了构件的精度，因此对以下要素进行控制是非常有必要的：

1）材料的尺寸精度和形状偏差。

2）放样。

3）下料。应控制下料的尺寸精度和变形。

4）钢材矫正。有些材料在使用前由于各种因素会产生变形，因此在使用前对钢材进行必要的矫正。

5）制孔。主要是控制制孔的精度和孔间距误差。

6）组装。

7）预拼装。预拼装是为了进一步验证构件加工的精度。对于复杂的结构，选择有代表意义的两个或若干个轴线进行平面或立体预拼装是非常有必要的。

16.5.2 制作精度控制的要领

制作精度控制应以设计要求为准，当设计无要求时按照国家或行业现行标准进行。

1. 材料尺寸

用于钢结构制作的材料主要有钢板和型钢，其中型钢又包括 H 型钢、圆管、方钢管、角钢、槽钢等。对于材料尺寸精度和形状要求，现行的国家标准又有明确规定，应通过材料入库检查和下料前确认进行控制。表 16.5-1 列出了不同材料尺寸和形状的精度要求，允许偏差可参见相关的标准。

表 16.5-1 不同材料尺寸和形状的精度要求

类别	相关标准	精度要求		检查方法和器具
钢板	《热轧钢板和钢带的尺寸、外形、重量及允许偏差》（GB/T 709—2019）	尺寸	厚度（N/A/B/C 四类） 宽度 长度	游标卡尺、卷尺、分厘卡或超声波测厚仪
		外形	不平度 镰刀弯及切斜	直尺、钢丝线
H 型钢和 T 型钢	《热轧 H 型钢和剖分 T 型钢》（GB/T 11263—2017）	尺寸	高度 宽度 厚度	游标卡尺、卷尺、分厘卡或超声波测厚仪
		外形	翼缘斜度 弯曲度 中心偏差 腹板弯曲度	直角尺、直尺、钢丝线
圆管	《结构用无缝钢管》（GB/T 8162—2018）	尺寸	外径 壁厚	游标卡尺、卷尺、分厘卡或超声波测厚仪
		外形	弯曲度 圆度	卷尺、钢丝线
方钢管	《双焊缝冷弯方形及矩形钢管》（YB/T 4181—2008）	尺寸	截面尺寸 壁厚 对角线差 弯角处外圈弧半径	游标卡尺、卷尺、分厘卡或超声波测厚仪、量规
		外形	直角度 平直度 扭曲度	直角尺、钢丝线、卷尺、线锤
槽钢	《热轧型钢》（GB/T 706—2016）	尺寸	高度 腰宽度 腰厚度	游标卡尺、卷尺、分厘卡或超声波测厚仪
		外形	外缘斜度 弯腰挠度 弯曲度	直角尺，钢丝线
角钢		尺寸	边宽度 边厚度	游标卡尺、卷尺、分厘卡或超声波测厚仪
		外形	顶端直角 弯曲度	直角尺、钢丝线

2. 放样

放样是钢结构制作的第一道工序，只有放样精度得到了控制，才能减小以后各工序的累积误差。在控制放样精度时应考虑以下几个方面。

（1）加工的余量

1）半自动切割的余量为 3mm，手工切割的余量为 4mm，气割后端铣或刨削余量为 4～5mm。

2）剪切后无须加工的可以不放余量。

3）焊接收缩余量以工艺要求为准。

（2）样杆或样板的精度要求

样杆或样板的精度要求见表 16.5-2。

表 16.5-2　样杆或样板的精度要求

项　目		允许偏差/mm	检查要领和量具
样板	长度	0～-0.5	测量/标准卷尺、直尺
	宽度	0～-0.5	测量/标准卷尺、直尺
	对角线差	1.0	测量/标准卷尺、直尺
样杆	长度	±1.0	测量/标准卷尺、直尺
	两最外排孔中心线距离	±1.0	测量/标准卷尺、直尺
同一组内相邻两孔间距		±0.5	测量/游标卡尺
相邻两组孔中心间距		±1.0	测量/标准卷尺
加工样板角度		±20′	测量/量规

（3）切割的精度要求　下料切割的精度直接影响以后装配的精度，切割的精度要求见表 16.5-3。

表 16.5-3　切割的精度要求

项　目	允许偏差/mm	检查要领和量具
零件长度和宽度	±3.0	测量/标准卷尺、直尺
切割面平面度	0.05t，且不应大于 2.0	测量/直尺
割纹深度	0.3	测量、目视/量规
局部缺口深度	1.0	测量、目视/量规

3. 钢材矫正

矫正后的钢材表面不应有明显的凹面或损伤，划痕深度不得大于 0.5mm，且不应大于该钢材厚度负允许偏差的 1/2。钢材矫正后的允许偏差应符合表 16.5-4 的规定。

表 16.5-4　钢材矫正后的允许偏差

项目		允许偏差/mm	图　示	检查方法和器具
钢板的局部平面度	$t≤14$	1.5		测量/直尺
	$t>14$	1.0		
型钢弯曲矢高		$l/1000$，且不应大于 5.0		测量/卷尺、钢丝线
角钢肢的垂直度		$b/100$，双肢栓接角钢的角度不得大于 90°		测量、目视/直角尺
槽钢翼缘对腹板的垂直度		$b/80$		测量、目视直角尺、卷尺

（续）

项目	允许偏差/mm	图　示	检查方法和器具
工字钢、H 型钢翼缘对腹板的垂直度	$b/10$，不大于 90°		测量，目视/直角尺、卷尺

4. 制孔

钢结构螺栓孔一般为 C 级孔，孔径和孔距允许偏差见表 16.5-5 和表 16.5-6。

表 16.5-5　螺栓孔的孔径允许偏差

项目	允许偏差/mm	检查方法和器具
直径	0/ +1.0	按构件的 10% 抽查，最少 3 件；游标卡尺或孔径量规
圆度	2.0	
垂直度（t 为板厚）	$0.03t$，且不应大于 2.0	

表 16.5-6　螺栓孔的孔距允许偏差

螺栓孔孔距范围/mm	≤500	501 ~ 1200	1201 ~ 3000	>3000
同一组内任意两孔间距/mm	±1.0	±1.5	—	—
相邻两组的端孔间距/mm	±1.5	12.0	±2.5	±3.0

5. 组装

构件的组装精度直接影响以后的现场安装，因此对构件主要尺寸的控制和检查是非常重要的。构件外形主要尺寸的允许偏差和检查方法见验收规范相关规定。

6. 预拼装

（1）预拼装的目的

1）检查设计尺寸的正确性。

2）验证施工工艺的合理性和适宜性。

3）确认构件制作精度。

（2）预拼装检查要领

1）预拼装胎架按照要求找平，平面度控制在 3mm 以内。

2）构件必须经检查合格才能预拼装。

3）构件必须处于自由状态，但允许两个侧面定位。

4）拼装过程中，不得对构件动火矫正、强行装配。但对孔时允许用冲钉调整构件交汇处的多层叠加孔。

5）按照预拼装要领画出地样，使构件轮廓线与地样线重合。

6）每个节点至少有两个预拼装螺栓连接。

（3）预拼装检查项目和要求

1）轴线、构件交叉点、构件轮廓线应和地样线重合，最大偏差不大于 3mm。

2）用试孔器检查孔的错位，如果错位，最大不得大于 2mm。

3）有现场焊缝时，连接处错边不大于 2mm，对接焊缝处根部间隙误差应符合焊接坡口误差要求。

4）对于平面预拼装，结构对角线差不大于 3mm。

5）对于立体预拼装，结构坐标尺寸偏离理论尺寸不大于 3mm。

6）构件预拼装其他相关项目的允许偏差应符合表 16.5-7 的要求。

表 16.5-7　构件预拼装其他相关项目允许偏差

构件类型	项目		允许偏差/mm	检验方法
多节柱	预拼装单元总长		±5.0	用钢尺检查
	预拼装单元弯曲矢高		$l/1500$，且不应大于 10.0	用拉线和钢尺检查
	接口错边		2.0	用焊缝量规检查
	预拼装单元柱身扭曲		$h/200$，且不应大于 5.0	用拉线、吊线和钢尺检查
	顶紧面至任一牛腿距离		±2.0	用钢尺检查
梁、桁架	跨度最外两端安装孔或两端支承面最外侧距离		+5.0 −10.0	用钢尺检查
	接口截面错位		2.0	用焊缝量规检查
	拱度	设计要求起拱	$±l/5000$	用拉线和钢尺检查
		设计未要求起拱	$l/2000$ 0	
	节点处杆件轴线错位		4.0	画线后用钢尺检查
管构件	预拼装单元总长		±5.0	用钢尺检查
	预拼装单元弯曲矢高		$l/1500$，且不应大于 10.0	用拉线和钢尺检查
	对口错边		$t/10$，且不应大于 3.0	用焊缝量规检查
	坡口间隙		+2.0 −1.0	
构件平面总体预拼装	各楼层柱距		±4.0	用钢尺检查
	相邻楼层梁与梁之间距离		±3.0	
	各层间框架两对角线之差		$H/2000$，且不应大于 5.0	
	任意两对角线之差		$\sum H/2000$，且不应大于 8.0	

16.6　高强度螺栓连接质量控制

16.6.1　高强度螺栓和连接副

1. 高强度螺栓

高强度螺栓（又称为高强螺栓）根据安装特点分为两类：①大六角头螺栓，该类型螺栓有 8.8 级和 10.9 级两种；②扭剪型螺栓，该类型只有 10.9 级一种。

8.8 级螺栓的螺杆抗拉强度 ≥800MPa，屈强比为 0.8；10.9 级螺栓的螺杆抗拉强度 ≥1000MPa，屈强比为 0.9。

高强度螺栓在使用时是垫圈、螺杆、螺母配套使用的，因此也称其为高强度螺栓连接副。

2. 摩擦型和承压型高强度螺栓连接副

目前钢结构的连接节点除焊接外大量地使用高强度螺栓连接副，常用的是摩擦型和承压型高强度螺栓连接副，这两种高强度螺栓连接副的使用机理有所不同。

16.6.2 高强度螺栓施工中的质量控制点

高强度螺栓连接副不同于普通螺栓，它的生产、储运、施工每个环节都需要严格按照操作程序和标准来控制，它不仅仅要对螺栓副本身的质量，还要对钢结构连接面的质量进行控制，才能形成有效的"连接副"。所以高强度螺栓连接副的施工质量管理和控制要贯穿于各个环节。高强度螺栓施工流程中工序质量控制点如图 16.6-1 所示。

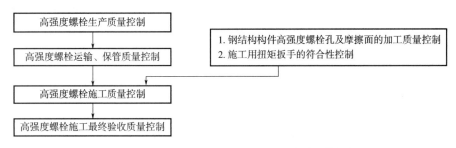

图 16.6-1 高强度螺栓施工流程中工序质量控制点

16.6.3 钢结构高强度螺栓孔及摩擦面的加工质量控制点

1. 螺栓孔

螺栓孔的成孔质量和几何尺寸应满足《钢结构工程施工质量验收标准》（GB 50205—2020）及《钢结构高强度螺栓连接技术规程》（JGJ 82—2011）的要求。

1）高强度螺栓连接构件的栓孔孔径应符合设计要求，孔径允许偏差应符合表 16.6-1 的规定。

2）高强度螺栓连接构件栓孔孔距的允许偏差应符合表 16.6-1 的规定。

表 16.6-1 高强度螺栓连接构件栓孔孔距的允许偏差

名 称		直径及允许偏差/mm						
螺栓	直径	12	16	20	22	24	27	30
	允许偏差	±0.43		±0.52			±0.84	
螺栓孔	直径	13.5	17.5	22	(24)	26	(30)	33
	允许偏差	+0.43 0		+0.52 0			+0.84 0	
圆度（最大与最小直径之差）		1.0		1.5				
中心线倾斜度		不大于板厚的3%，且单层板不得大于2.0mm，多层板组合不得大于3.0mm						

2. 高强度螺栓复验

高强度螺栓的预拉力或扭矩系数复验及批次需满足《钢结构工程施工质量验收标准》（GB 50205—2020）及《钢结构高强度螺栓连接技术规程》（JGJ 82—2011）的要求。

1）扭剪型高强度螺栓连接副应按出厂批复验紧固轴力，每批抽取 8 套连接副作复验，用轴力计进行测试。每批的紧固轴力标准及误差见表 16.6-2。

表 16.6-2　每批紧固轴力标准及误差

螺栓直径 d/mm		16	20	22	24
每批紧固轴力的平均值	公称	109	170	211	245
	最大	120	186	231	270
	最小	99	154	191	222
紧固轴力变异系数		≤10%			

2）大六角头高强度螺栓施工前，应按出厂批复验高强度螺栓连接副的扭矩系数，每批复验 8 套。每批扭矩系数的平均值应在 0.110 ~ 0.150 范围之内，其标准偏差应小于或等于 0.010。

3. 摩擦面的加工和处理

1）高强度螺栓安装时，孔径比高强度螺栓的螺杆大，视为螺杆和螺孔壁无接触，那么在高强度螺栓连接副拧紧的情况下就全靠构件接触面来传递内力，这个接触面叫摩擦面。

2）摩擦面抗滑移系数应达到设计要求，表面处理的方法主要有以下几种：①抛丸、喷砂或机械打磨后生锈；②抛丸后涂无机富锌漆；③用火焰加热除表面轧制氧化皮后生锈；④酸洗清除表面轧制氧化皮后生锈。

4. 高强度螺栓进场检验批

1）与高强度螺栓分项工程检验批的划分一致。

2）按高强度螺栓连接副生产出厂的检验批批号，不超过 2 批为 1 个进场检验批，且不超过 6000 套。

3）同一材料（性能等级）、炉号、螺纹（直径）、规格、长度（当螺纹长度≤100mm时，长度相差≤15mm；当螺纹长度 >100mm 时，长度相差≤20mm，可视为同一长度）、机械加工、热处理工艺及表面处理工艺的螺栓、螺母、垫圈为同批，分别以同批的螺栓、螺母、垫圈组成的连接副为同一批连接副。

5. 抗滑移系数试验

高强度螺栓连接摩擦面的抗滑移系数试验应满足《钢结构工程施工质量验收标准》（GB 50205—2020）的要求。

1）抗滑移系数试验应以钢结构制造批为单位，与高强度螺栓分项工程检验批的划分一致，以分部工程每 2000t 为一个检验批，不足 2000t 的视为一批进行检验。由制造厂和安装单位分别进行，每批三组。单项工程的摩擦面选用两种及两种以上表面处理工艺时，则每种表面处理工艺均需检验。

2）抗滑移系数采取双拼接的拉力试件，如图 16.6-2所示。

抗滑移系数试验用的试件由制造厂加工，试件与所代表的构件应为同一材质，同一摩

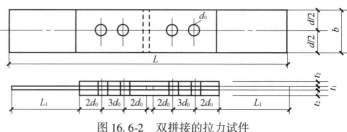

图 16.6-2　双拼接的拉力试件

擦面处理工艺，同批制作，使用同一性能等级、同一直径的高强度螺栓连接副，并在相同条件下同时发运。

16.6.4　施工用扭矩扳手的控制点

1）施工用的扭矩扳手必须在检验合格的有效期内。

2）施工用的扭矩扳手必须经过标定，并在扳手上有"检定合格"标志。

16.6.5　高强度螺栓施工的质量控制

1. 高强度螺栓施工

高强度螺栓施工的一般工艺流程如图 16.6-3 所示。

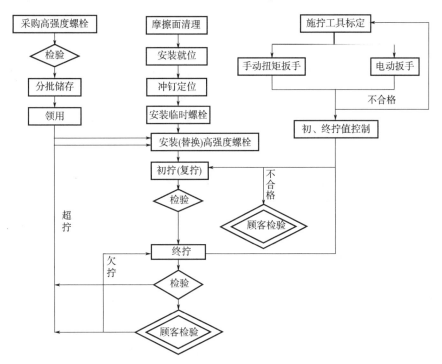

图 16.6-3　高强度螺栓施工的一般工艺流程

2. 高强度螺栓连接摩擦面的质量控制

1）高强度螺栓连接的摩擦面应保持干燥、整洁，不应有杂物和缺陷，应有一定的粗糙度和浮锈。

2）由制造厂封闭的摩擦面，在安装前尽早除去封闭，让摩擦面尽快产生浮锈，有利于提高抗滑移系数。对搁置时间较长的构件，摩擦面严重锈蚀，必须重新除去深的锈层，露出金属底色后再重新让摩擦面生浮锈以后才能安装。

3. 高强度螺栓连接副的安装

高强度螺栓连接副安装时，在每个节点上应穿入的临时螺栓和冲钉数量，由安装时可能承担的荷载计算确定，并应符合下列规定。

1）不得少于安装总数的 1/3。

2）不得少于两个临时螺栓。

3）冲钉穿入数量不宜多于临时螺栓的 30%。

4）不得用高强度螺栓兼作临时螺栓，以防损伤螺纹，引起扭矩系数的变化。

5）高强度螺栓的安装应在结构构件中心位置调整后进行，其穿入方向应以施工方便为准，并力求一致。高强度螺栓连接副组装时，螺母带圆台面的一侧应朝向垫圈有倒角的一侧。大六角头高强度螺栓连接副组装时，螺栓头下垫圈有倒角的一侧应朝向螺栓头。

6）安装高强度螺栓时，严禁强行穿入螺栓（如用锤敲打）。如不能自由穿入时，该孔应用铰刀进行修整，修整后孔的最大直径应小于 1.2 倍螺栓直径。修孔时，为了防止铁屑落入板叠缝中，铰孔前应将四周螺栓全部拧紧，使板叠密贴后再进行。

7）严禁气割扩孔。

4. 高强度螺栓初拧的控制

1）高强度螺栓之所以要分初拧和终拧两个阶段，是因为要通过初拧来消除初伸长，使螺杆在外力作用下产生的延长量得到消除，这样才能将终拧的力矩传递到高强度螺栓连接副上。不推荐用普通扳手进行初拧，因为无法控制普通扳手的扭矩，达不到预期的效果。

2）大六角头高强度螺栓初拧的力矩按规范要求是施工扭矩的 50%。

3）扭剪型高强度螺栓的施工应分初复终拧，复拧是为了检查初拧，其值等于初拧扭矩，初拧扭矩值 $T = 0.065N \cdot m$。

5. 高强度螺栓的紧固

1）用于高强度螺栓施工的扭矩扳手必须进行检查标定。

2）扭剪型高强度螺栓初拧或复拧后应用颜色在螺母上涂上标记，然后用专用扳手进行终拧，直至拧掉螺栓尾部梅花头。对于个别不能用专用扳手进行终拧的扭剪型高强度螺栓可按大六角头螺栓终拧方法进行终拧（扭矩系数取 0.13）。

3）大六角头高强度螺栓的初拧或复拧、终拧，应采用不同颜色在螺母上涂上标记。

16.6.6 高强度螺栓施工验收的质量控制

1. 大六角头高强度螺栓检查

1）用小锤（0.3kg）敲击法对高强度螺栓进行检查，以防漏拧。

2）终拧扭矩按节点数的 10% 抽查，但不应少于 10 个节点；对每个被抽查的节点按螺栓数抽查 10%，且不应少于两个螺栓。

检查时先在螺杆端面和螺母上画一直线，然后将螺母拧松约 60°，再用扭矩扳手重新拧紧，使两线重合，测得此时的扭矩应在 0.9 ~ 1.1T 范围内。

如发现有不符合规定的，应再扩大检查 10%，如仍有不合格者，则整个节点的高强度螺栓应重新拧紧。扭矩检查应在螺栓终拧 1h 以后、24h 之前完成。

3）大六角头高强度螺栓施工质量应有下列原始检查验收记录：高强度螺栓连接副复验数据、抗滑移系数试验数据、初拧扭矩、终拧扭矩、扭矩扳手检查数据和施工质量检查验收记录等。

2. 扭剪型螺栓检查

1）扭剪型高强度螺栓终拧检查以目测尾部梅花头拧断为合格。对于不能用专用扳手拧紧的扭剪型高强度螺栓，应按大六角头高强度螺栓检查方法进行检查。

2）扭剪型高强度螺栓施工质量应有下列原始检查验收记录：高强度螺栓连接副复验数

据、抗滑移系数试验数据、初拧扭矩、扭矩扳手检查数据和施工质量检查验收记录等。

3. 螺栓长度的确认

终拧后的高强度螺栓，螺栓螺扣应外露 2~3 扣。

16.7　安装质量控制

16.7.1　安装质量控制点的设置

影响工程质量的因素主要有人、物、机、法、环五个方面，在施工阶段应对这五个方面的因素进行严格的质量控制。

钢结构项目安装质量控制点的设置如图 16.7-1 所示。

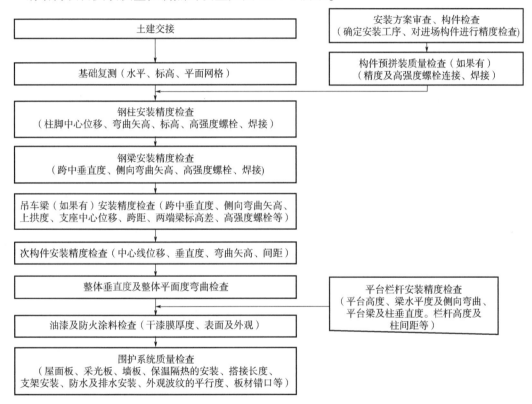

图 16.7-1　钢结构项目安装质量控制点的设置

16.7.2　质量控制点的主要内容

1. 安装方案审批

施工前必须进行施工方案的审批，通过审批程序确定施工的安装总体思路，为整个施工的细节提供指导。施工方案应明确施工的顺序、标准及方法，对特殊环境下的施工方法有明确的策划。

2. 土建交接及基础验收控制

（1）钢结构安装前必须与前道工序办理中间交接，实物验收土建工程的基础、预埋件或支座的支撑面等与钢结构安装相关的环节的施工质量是否满足《钢结构工程施工质量验收标准》（GB 50205—2020）的要求。

（2）对上道工序的测量资料和测量标记进行复测、复验，确认建筑的安装基准点。

（3）主控项目必须按柱基数的10%用经纬仪、水准仪、全站仪和钢尺现场抽查实测，且不应少于3个。

1）检查建筑物的定位轴线、基础轴线和标高地脚螺栓的规格及其紧固是否符合设计要求（表16.7-1）。

表 16.7-1　主控项目允许偏差

项　目	允许偏差	图例
建筑物定位轴线	l/20000，且不应大于3.0	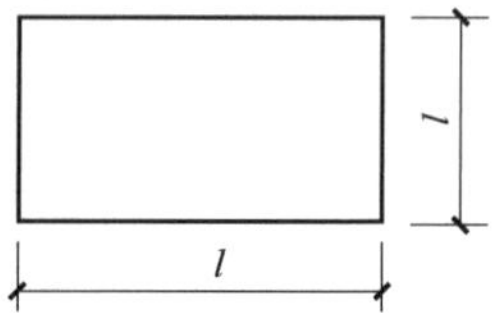
基础上柱的定位轴线	1.0	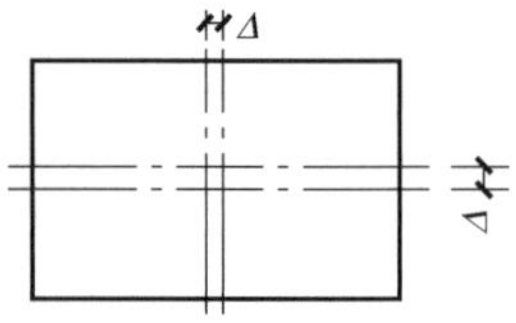
基础上柱底标高	±3.0	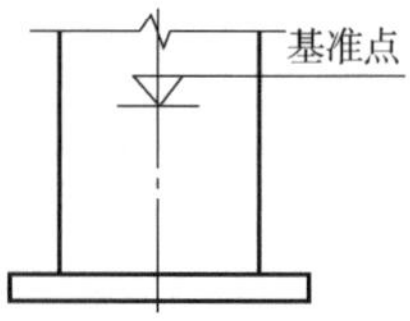

2）基础顶面直接作为柱的支承面，基础顶面预埋钢板或支座作为柱的支承面时，其支承面、地脚螺栓（锚栓）位置的允许偏差应符合表16.7-2、表16.7-3的规定。

表 16.7-2　支承面和地脚螺栓（锚栓）的允许偏差

项　目		允许偏差
支承面	标高	±3.0
	水平度	1/1000
地脚螺栓（锚栓）	螺栓中心偏移	5.0
预留孔中心偏移		10.0

表 16.7-3　地脚螺栓（锚杆）外露长度和螺纹长度要求

螺栓（锚栓）直径	项　目	
	螺栓（锚栓）外露长度	螺栓（锚栓）螺纹长度
d≤30	0 +1.2d	0 +1.2d
d>30	0 +1.0d	0 +1.0d

3. 构件验收控制

安装单位在构件进场后、安装前应对待安装的构件实施以下几方面的工作：

1）进场构件应进行清点和复验，确保钢结构预拼装和安装的准确性。

2）按检验批检查构件质量保证资料的完整性和准确性。

3）检查到场钢构件几何尺寸是否满足设计和《钢结构工程施工质量验收标准》（GB 50205—2020）的要求。

若在检查中发现不符合规范要求的构件，应及时与制作单位联系和沟通，并寻求解决的方法且在安装前将问题彻底解决。

4. 钢结构主次构件预拼装控制及检查

由于运输原因常将钢构件在工厂里分段；为保证安装的顺利进行，钢构件在出厂前往往需要进行预拼装，然后解体运输至现场安装。工厂预拼装主要检查螺栓孔的通过率和分段是否满足整体精度的要求。

有些工程由于受到运输的限制，需在工厂分段制作，运至现场进行整体拼装，之后进行整体吊装，于是地面预拼装便成为正式安装的一个工序。对于现场预拼装的构件，其重点是控制高强度螺栓、焊接质量和整段拼装的几何尺寸精度以及预起拱、预留焊接收缩量。

对于构件预拼装的高强度螺栓连接和焊接连接的施工质量检验，应着重从以下几方面进行：

1）高强度螺栓和普通螺栓连接的多层板叠，应采用试孔器进行检查，并应符合下列规定：

① 当采用比孔公称直径小 1.0mm 的试孔器检查时，每组孔的通过率不应小于 85%。

② 当采用比螺栓公称直径大 0.3mm 的试孔器检查时，通过率应为 100%。

2）焊接连接的施工质量检验应符合设计要求。

3）按检验批进行构件预拼装的最终检查，几何尺寸应能满足《钢结构工程施工质量验收标准》（GB 50205—2020）预拼装的允许偏差的要求。

5. 钢结构主次构件安装精度控制

（1）构件安装类别

构件安装按大类可分为：主结构、次结构、支撑系统、围护系统 4 大类。

1）主结构包括：钢柱、抗风柱、钢屋架、钢梁、吊车梁和楼层梁。

2）辅助架（次梁）及附属在主结构上的柱和梁、墙架、檩条、楼梯护栏。

3）支撑系统包括：水平和竖直支撑、系杆。

4）围护系统包括：金属压型板屋面和墙面、泛水收边、金属天沟。

（2）安装精度控制

1）安装精度控制应按《钢结构工程施工质量验收标准》（GB 50205—2020）的要求分类别地进行安装实体的检查，最终进行整体的垂直度和平面弯曲度的检查。

2）检验批可以按类别划分，也可以按平面施工区划分，一个工程可以将钢柱、钢梁、吊车梁等按总量各分成若干检验批进行检验，也可以将钢柱、钢梁、吊车梁等按平面分区切割成若干检验批。如何划分检验批以方便检查、方便验收交接为原则。

3）结构质量的控制重点在于控制顶紧的节点接触面的施工质量，钢梁、屋架，桁架及受压杆件的垂直度和侧向弯曲矢高。

4) 多高层钢结构柱安装的允许偏差见表 16.7-4。

表 16.7-4 多高层钢结构柱安装的允许偏差

项目		允许偏差	图　例	检验方法
柱脚底座中心线对定位轴线的偏移 Δ		5.0		用吊线和钢尺等实测
柱子定位轴线 Δ		1.0		—
柱基准点标高	有吊车梁的柱	+3.0 −5.0		用水准仪等实测
	无吊车梁的柱	+5.0 −8.0		
弯曲矢高		H/1200，且不大于 15.0	—	用经纬仪或拉线和钢尺等实测
柱轴线垂直度	单层柱	H/1000，且不大于 25.0		用经纬仪或吊线和钢尺等实测
	多层柱 单节柱	H/1000，且不大于 10.0		
	多层柱 柱全高	35.0		
钢柱安装偏差		3.0		用钢尺等实测

（续）

项目	允许偏差	图 例	检验方法
同一层柱的各柱顶高度差Δ	5.0		用全站仪、水准仪等实测

5) 钢屋架、钢桁架、钢梁、次梁的垂直度和侧向弯曲矢高的允许偏差见表16.7-5。

表16.7-5 垂直度和侧向弯曲矢高的允许偏差

项目	允许偏差		图 例
跨中的垂直度	$h/250$，且不大于15.0		
侧向弯曲矢高f	$l \leqslant 30m$	$l/1000$，且不大于10.0	
	$30m < l \leqslant 60m$	$l/1000$，且不大于30.0	
	$l > 60m$	$l/1000$，且不大于50.0	

6) 钢梁安装的允许偏差见表16.7-6。

表16.7-6 钢梁安装的允许偏差

项目	允许偏差	图 例	检验方法
同一根梁两端顶面的高差Δ	$l/1000$，且不大于10.0		用水准仪检查
主梁与次梁上表面的高差Δ	±2.0		用直尺和钢尺检查

7) 构件与节点对接处的允许偏差见表16.7-7。

表16.7-7 构件与节点对接处的允许偏差 （单位：mm）

项 目	允许偏差	图 例
箱形（四边形、多边形）截面、异形截面对接 $\lvert L_1 - L_2 \rvert$	≤3.0	

（续）

项　目	允许偏差	图　例
异形锥管、圆管 截面对接处 Δ	≤3.0	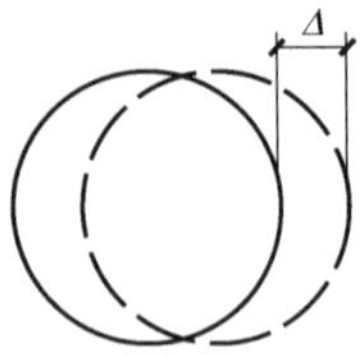

8）钢板墙对口错边、平面外挠曲的允许偏差见表 16.7-8。

表 16.7-8　钢板墙对口错边、平面外挠曲的允许偏差

项　目	允许偏差	图　例
钢板剪力墙 对口错边 Δ	$t/5$， 且不大于 3	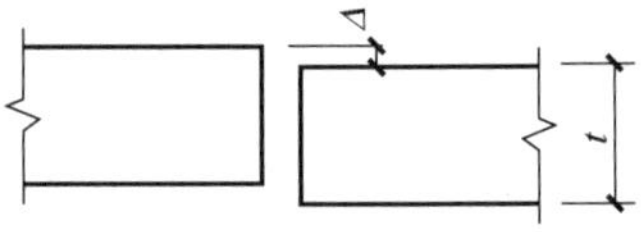
钢板剪力墙 平面外挠曲	$l/250+10$， 且不大于 30 （l 取 l_1 和 l_2 中较小值）	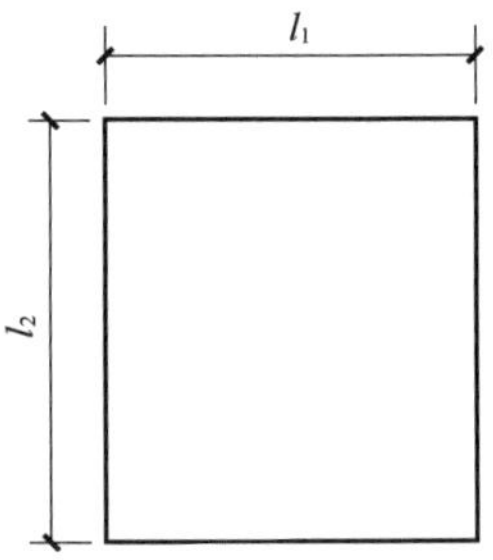

9）主体钢结构整体立面偏移和整体平面弯曲的允许偏差见表 16.7-9。

表 16.7-9　主体钢结构整体立面偏移和整体平面弯曲的允许偏差

项目	允许偏差		图　例
主体结构的 整体立面 偏移	单层	$H/1000$， 且不大于 25.0	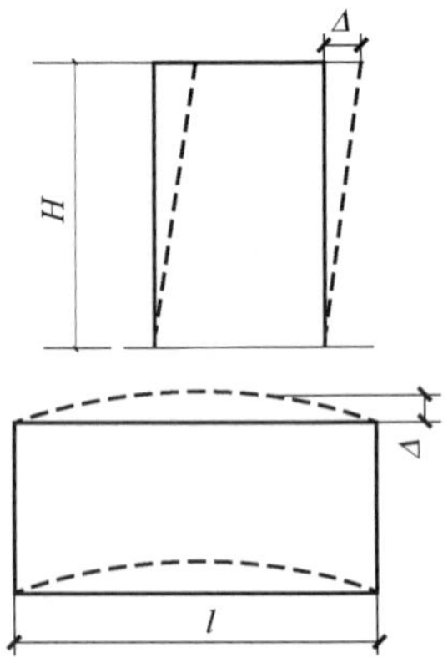
	高度 60m 以下 的多高层	$(H/2500+10)$， 且不大于 30.0	
	高度 60 ~ 100m 的高层	$(H/2500+10)$， 且不大于 50.0	
	高度 100m 以上的高层	$(H/2500+10)$， 且不大于 80.0	
主体结构的 整体平面弯曲	$l/1500$，且不大于 50.0		

6. 压型钢楼承板安装

（1）压型钢楼承板堆放、吊装和放样

1）压型钢楼承板的选型。用材必须符合设计要求，吊装应采用吊装带，避免伤及楼承板。

2）楼承板在运输和堆放时，底部应垫方木，堆放场地应平整。

3）楼承板应按实际尺寸放样，在楼承梁上设置基准线和控制线。

（2）压型钢楼承板铺设

1）工艺流程图如图 16.7-2 所示。

2）楼承板构造质量控制。

①楼承板在梁上的支承长度不小于 50mm，在设有预埋件的混凝土梁上的支承长度不小于 75mm。

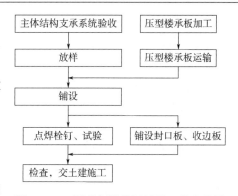

图 16.7-2　压型钢楼承板铺设工艺流程图

②端部应采用栓钉点焊固定并应穿透压型钢板与钢梁焊牢，栓钉中心到压型钢板自由端的距离不得小于 2 倍栓钉直径。每个波谷至少有一颗栓钉点焊固定，连接板和中间支承梁每块板至少固定两处。

③当固定栓钉被用作组合楼板与梁之间的抗剪栓钉时，应符合表 16.7-10 的规定。

表 16.7-10　抗剪栓钉直径要求

板跨 L/m	栓钉直径/mm
$L<3$	13
$3\leqslant L\leqslant6$	16，19
$L>6$	19

④楼承板侧向搭接长度不应小于 25mm，在设有预埋件的混凝土梁上的搭接长度不小于 50mm。

⑤当楼承板末端距钢梁上翼缘或预埋件不大于 200mm 时，可以用收边板接续收头。

⑥楼承板侧向与梁搭接时需用栓钉或点焊固定，点焊或栓钉固定的间距应小于 400mm。

⑦切割楼承板或开孔时，不得使用火焰切割，宜采取等离子切割。

16.8　防腐施工质量控制

目前，国内外钢结构工程的防腐技术仍然以涂料防腐为主，热镀锌和热喷涂防腐技术也得到广泛的应用。这里主要对涂装防腐施工的质量控制进行介绍。

16.8.1　涂装前表面处理质量的控制

为了充分发挥涂料对底材的保护和装饰的美观性，除涂料本身的质量外，涂装前钢材表面处理质量是影响涂层使用寿命的主要因素，是确保涂装质量的关键要素。

表面处理包括结构处理、表面清理和表面粗糙度处理。

构件的结构处理主要是指材料表面缺陷的处理、锐角的打磨、角部的磨圆、飞溅的去除、焊缝表面的清理，这些问题对涂层的完整性、附着力均有较大的影响。

构件表面的清理主要是去除影响防腐层寿命的有害物质，包括金属表面的氧化皮、铁锈、可溶性盐、油脂、水分等。如果在涂装前彻底去除这些有害物质，将大大提高涂层的保护效果。

表面粗糙度主要影响涂层的附着力。粗糙度大可以增加涂层的接触表面并有机械啮合作用。但是粗糙度过大会在波峰处引起膜厚不足，从而导致早期的点蚀，并且在较深的凹坑里截留气泡，成为涂层鼓泡的根源。

钢结构涂装前表面处理质量控制主要是上述 3 个方面。

（1）钢材的腐蚀程度

除锈前钢材表面的原始锈蚀状态对除锈的难易程度和除锈后的表面外观质量具有较大的影响。对此《涂覆涂料前钢材表面处理　表面清洁度的目视评定》（GB 8923）根据钢材表面氧化皮覆盖程度和锈蚀状况将其原始锈蚀程度分为 4 个等级，分别以 A、B、C、D 表示（表 16.8-1）。

表 16.8-1　钢材的锈蚀程度

等　级	锈蚀程度
A	钢材表面完全被紧密的轧制氧化皮覆盖，几乎无锈蚀
B	钢材表面已开始生锈，部分轧制氧化皮已经剥落
C	钢材表面已大量生锈，轧制氧化皮因锈蚀而剥落，并有少量点钢
D	钢材表面已全部生锈，轧制氧化皮已全部脱落，并普遍生锈

（2）钢材的除锈方法和除锈等级

涂装前钢材表面处理的方法目前常用的有抛丸、喷砂和打磨（手工与动力）三种。从施工的工序来看有原材料预处理、分段处理和构件整体处理，但不管哪种方法或工序，都需要达到设计规定的除锈质量等级（表 16.8-2）。

表 16.8-2　钢材的除锈方法和除锈等级

除锈方法		除锈等级		要求
抛射	抛射钢丸、钢丝段、棱角钢砂等	Sa 1	轻度的喷射或抛射除锈	钢材表面应无可见的油脂和污物，并且没有附着不牢的氧化皮、铁锈和涂层等附着物
		Sa 2	彻底的喷射或抛射除锈	钢材表面应无可见的油脂和污物，并且氧化皮、铁锈和涂料涂层等附着物已基本清除，其残留物应是牢固附着的
		Sa 2.5	非常彻底的喷射或抛射除锈	钢材表面应无可见的油脂、污物、氧化皮、铁锈和涂料涂层等附着物，任何残留的痕迹应是点状或条纹状的轻微的色斑
		Sa 3	使钢材表面洁净的喷射或抛射除锈	钢材表面应无可见的油脂、污物、氧化皮、铁锈和涂料涂层等附着物，其表面应显示均匀的金属光泽
手工和动力工具	铲刀、钢丝刷、机械钢丝刷、砂轮等	St 2	彻底的手工和动力工具除锈	钢材表面应无可见的油脂和污物，并且没有附着不牢的氧化皮、铁锈和涂层等附着物
		St 3	非常彻底的手工和动力工具除锈	钢材表面应无可见的油脂和污物，并且没有附着不牢的氧化皮、铁锈和涂层等附着物。除锈比 St 2 更彻底，底材显露部分的表面应具有金属光泽

（续）

除锈方法		除锈等级		要求
火焰	火焰加热后以动力钢丝刷清除加热后附着在钢材表面的残留物	F1	火焰除锈	钢材表面应无氧化皮、铁锈和涂层等附着物，任何残留的痕迹仅为表面变色（不同颜色的暗影）

钢材表面的除锈等级中包括两个方面：一是表面清洁度，二是表面粗糙度。例如，钢结构除锈等级为 Sa 2.5，既包括了对清洁度的要求，同时也包含了对粗糙度的要求。

16.8.2 涂装施工控制

涂料作为一种化工产品，在施工、干燥、固化过程中受温度、湿度等气候条件的影响非常大，因此必须对气候条件进行严格控制。控制的项目包括施工环境的温度、相对湿度、钢板表面温度和露点温度等。

1. 环境温度

涂装时受环境温度（有时也称为空气温度）的影响最大，尤其是对钢结构工程广泛采用的环氧系涂料。一般情况下，环境温度低于10℃时，固化非常慢；环境温度低于5℃时，固化几乎停止。因此在涂装施工时，一定要注意所使用的涂料对环境温度的要求，一般在涂料说明书或涂料供应商提供的施工工艺中会明确提出对环境温度的要求。如果工程必须在低温时施工，要向涂料供应商咨询，要么采用低温固化型涂料，要么采取提高施工环境温度的措施。

2. 底材温度和涂料温度

环境温度的升降会引起底材温度的变化。在钢结构领域，底材温度有时也称为钢板温度。在涂装施工时涂料是涂覆在钢板上，所以涂层的干燥和固化受钢板温度的影响也很大。在阳光下，空气的温度通常低于钢板温度；而在冬季非阳光下，钢板的温度往往低于空气温度。

在阳光下和在冬季施工时，除要考虑环境温度外，还要控制钢板温度。夏季阳光下，钢板温度过高会产生气泡、针孔和橘皮等外观缺陷。冬季钢板温度过低，即使天气晴好，有时也会在钢板表面细孔处产生肉眼看不见的冰霜，这对涂层会产生极其不利的影响，严重时会发生涂膜脱落的现象。特别是环境温度低于0℃时，更加要严格控制涂装施工。钢板温度的测量常用钢板温度计，使用也非常方便。

涂料的温度对涂装影响也非常显著，主要表现在对涂料黏度的影响。一般温度越高，黏度越小。相反，在冬季温度较低的情况下，黏度变大，增加施工的难度。如果额外增加稀释剂，又会影响固体成分含量，同样会给施工带来困难。

3. 相对湿度

空气的湿度是指空气中所含水蒸气的多少。日常生活和工作中，一般使用相对湿度作为衡量参数。相对湿度说明了湿空气进一步吸收水蒸气的能力。

4. 露点温度

露点温度指空气在水汽含量和气压都不变的条件下冷却到饱和时的温度，形象地说就是空气中的水蒸气变为露珠时候的温度。习惯上露点温度用摄氏温度表示。

对钢结构涂装，露点温度的控制是非常必要的。钢材表面经抛丸处理后，露点温度会导致钢材表面返锈，从而影响涂层之间的结合力或引起涂层的早期破坏。为了防止这种情况的发生，已确定了露点温度－表面温度的安全温度差，即抛丸处理和喷涂作业应在表面温度至少高于露点3℃时才能施工。

对钢结构行业，露点温度一般通过计算得到。首先测量空气的温度和相对湿度，然后查表即可得出相应的露点温度。

5. 禁止涂装作业的条件

涂膜的防锈效果受气候条件的影响较大，在以下场合不得进行涂装作业：

（1）涂装场所的气温低于5℃，或相对湿度大于85%时。气温较低时，干燥时间变长，易受到尘埃、腐蚀性物质的粘附或气候突变等因素的不利影响；另外，涂料的黏度变大，造成涂装作业性变差。相对湿度较高时，易于结露。在结露面上进行涂装施工的话，其水分会混入涂料中，造成针孔、白化等缺陷。

（2）涂装时或干燥前遇降雨、降雪、降霜或强风等，水滴、沙尘等易于附着到漆膜上时。漆膜未干燥时遭遇降雨、降雪、降霜的话，既会使涂料流动，又会造成起鼓、白化等缺陷。另外刮强风时，既易于粘附沙尘，又会因溶剂的蒸发加快而使表面快速干燥，造成漆膜收缩，所以不适宜进行涂装作业。

（3）高温时。当气温超过35℃时，干燥变快，对反应型涂料来说，可以使用的时间变短。在炎日下，当被涂物表面的温度达到50℃以上时，漆膜会起泡。

（4）其他不适于涂装的环境。涂料、溶剂基本上都属于易燃物，所以在靠近火源处不得进行涂装作业。另外，有可能对他人造成损害时，应避免进行涂装作业。

6. 在工厂不进行涂装的部分

（1）对现场焊接部位及其焊道两侧各100mm以内范围，焊缝的超声波探伤所需范围（一般来说是板厚的7倍以上）内不进行涂装。焊接部位上如有涂膜，将会产生焊接缺陷，所以要进行现场焊接的部位不得涂油漆。焊道两侧100mm范围内，会受焊接的热影响造成漆膜烧损。在需要对焊缝进行超声波探伤时，探伤面如存有涂膜，也会对探伤造成影响。

（2）高强度螺栓连接的摩擦面。高强度螺栓连接的摩擦面如果做了涂装会造成摩擦系数降低。即使是摩擦结合面的反面，也不得做涂装。

（3）埋于水泥内的部分及其接触面。埋于水泥中的部分因与外部大气隔绝，完全得到碱性氛围的保护，生锈的可能性很小，所以无须涂装。另外，柱底板下面与水泥接触的部分也因为受水泥的碱性膜保护，且柱脚部位与水平应力对应的摩擦抵抗力较低因而无须涂装。

（4）紧密接触部位或为了旋转而经过车削的部分。销子、滚轮等紧密接触部分，及经过铣削加工的滑动面部分一般只涂抹黄油。

（5）被封闭的部分。钢管或者箱形断面的构件，如果两端用隔板密封的话，其内腔的腐蚀不会再进一步恶化，所以无须涂装。

（6）需要防火涂料的部分。钢结构的表面需要涂防火涂料时，应按照工程防火涂装要求施工。

7. 现场焊接部位的保护

钢构件在工厂制作完后，如果预计到工地现场进行焊接这一时间段中，焊接坡口会生锈的话，需要在工厂将焊接坡口上的异物充分去除，再涂上对焊接不利影响较小的涂料以防坡口生锈。这种涂料可用刷子刷，也可用喷枪喷，但如果到了工地现场就直接施焊的话，要注意焊接气孔缺陷的发生。涂膜厚度随类型而异，但一般控制在 $10 \sim 15 \mu m$ 为宜。涂装后 $10 \sim 20min$，用手指触碰确认干燥即可。这种涂料耐候性较差，涂了这种涂料的钢材如果长期在工厂保存并生了锈的话，需要将已劣化了的涂膜及锈蚀充分去除后再重新涂装。

16.8.3　涂装施工后检查

涂装施工完成后，应对以下项目进行重点检查。

1. 干膜厚度测量

干膜厚度测量的方法有两种：破坏性检查和非破坏性检查。干膜厚度的破坏性检查在钢结构领域几乎不使用，所以这里就不再介绍。非破坏性检查主要使用干膜测厚仪进行测量。常用的仪器有磁性测厚仪、电子测厚仪和涡流测厚仪。

（1）仪器的校验　测厚仪在使用前均应进行校准。校准的方法有两种，一种是在抛丸后的粗糙表面上进行校准，一种是在光滑的金属表面（金属模块）上进行校准。其中在粗糙表面上校准的测厚仪测试出来的漆膜厚度会增加。校准测厚仪时，一般需要一片光滑且经过抛光的金属模块和校准用的标准厚薄片。

对测厚仪的校准必须考虑工程所采用的规范，不同的规范对仪器的校准要求是不一致的。这是因为金属表面的粗糙度会影响干膜厚度测量的结果，特别是对干膜厚度要求较薄时要考虑选用合适的校准用基准试块。另外，在干膜厚度测量时，还要考虑其他因素的影响，如软的漆膜、边缘距离、表面粗糙度、曲面、探头压力和温度等。

（2）测量原则　由于受各种因素的影响，涂装干膜厚度存在不均匀性，即使同一个构件上，由于部位不同，其厚度也存在差异。因此，在干膜厚度测量时就要遵循一定的原则。从国内外标准或规范的规定来看，可以概括为 80 - 20 原则、90 - 10 原则或相似的测量原则。

80 - 20 原则是指 80% 的测量值不得低于规定干膜厚度，其余 20% 的测量值不得低于规定膜厚的 80%。例如，一个工程规定的干膜厚度为 $250 \mu m$，那么 80% 的测量值要达到 $250 \mu m$，其余 20% 的测量值不得低于规定膜厚的 80%，即 $200 \mu m$。

目前比较常用的干膜厚度测量标准为 ISO 2898 美国的 SSPC PA2。

2. 附着力测试

涂层的附着力包括两个方面，即涂层和金属基体的附着力、涂层间的附着力。涂层附着力的测试方法和相关标准见表 16.8-3。

表 16.8-3　涂层附着力的测试方法和相关标准

测试方法	相关标准
划 X 法	《附着力试验胶带法》（ASTM D3359—2009）
划格法	《色漆和清漆　漆膜的划格试验》（GB/T 9286—1998） 《附着力试验　胶带法》（ASTM D3359—2009） 《色漆和清漆　划格法试验》（ISO 2409—2007）
拉开法	《色漆和清漆拉开法附着力试验》（GB/T 5210—2006） 《色漆和清漆　附着力拉开法试验》（ISO 4624—2003） 《摩擦带用规范》（ASTM D 4514—2006）
划圈法	《漆膜附着力测定法》（GB 1720—1979）

在实际工程应用中，划格法因操作方便而较为常用，该方法作为现场检验的首选能够简单地判别涂层附着力的级别。拉开法是评定附着力的最佳测试方法，该方法可以精确地测量出涂层和基体的结合强度或涂层间的结合强度。

3. 外观检查

涂装后的外观检查是涂装质量控制的重要内容之一。外观质量主要用目视进行检查，必要时配备 10 倍左右的放大镜协助检查。外观的评定主要包括表面色差、气孔、裂纹、流挂、橘皮、干喷、起泡等，这些缺陷产生的原因和预防措施见表 16.8-4。

表 16.8-4　涂装外观缺陷和预防措施

分类	原因分析	预防措施
橘皮	1. 稀释剂蒸发太快 2. 喷枪压力不定或压力过大 3. 喷涂距离太远，一次喷涂太厚 4. 底层未干再涂	1. 使用适当的稀释液 2. 控制喷枪压力 3. 距离要适中 4. 不要一次厚涂，底层完全干燥再涂
气孔	1. 涂膜施喷太厚 2. 干燥温度过高 3. 被涂物有湿气、尘漆等	1. 一次施喷厚度不得太厚 2. 控制适当的干燥温度 3. 保持被涂物无污尘等
杂物	1. 基材有蜡、油、水等 2. 前道涂层未干而再涂 3. 底材过于平滑 4. 附着力不够	1. 将基材彻底清除干净，确保无蜡、油、水等杂物 2. 前道涂层完全干后再涂 3. 抛丸保证必要的粗糙度和清洁度
误涂或漏涂	1. 对涂装规范理解不足 2. 施工时不涂装的表面的覆盖材料破损或散落 3. 操作不当，误涂或漏涂涂料	1. 制订详细的涂装工艺 2. 施工前技术交底，让作业者彻底了解涂装要求 3. 涂装时发现隐蔽覆盖材料破损或散落，应及时修整处理
龟裂	1. 底涂层未干透立即喷涂面漆 2. 面漆层喷涂过厚	1. 加强涂装控制，按标准施工工艺施工，控制适当的膜厚 2. 减少漆膜弊病，减少重涂次数 3. 严格执行标准干燥时间
流坠	1. 一次涂装过厚或涂料浓度过高 2. 喷枪气压过大，出漆量过多 3. 喷嘴离涂装面过近	1. 稀释适当黏度 2. 调整喷枪气压（3.5 ~ 4.5kg/m³） 3. 距离适宜（15 ~ 20cm）

钢结构工程对涂装外观的要求在相应的国家规范中有明确的规定。在实际检查中应根据规范的要求对不合格的外观缺陷加以修补，直至合格。

16.9　防火涂料施工质量控制

防火涂料对于提高钢结构的耐火极限、减少火灾损失有显著效果。钢结构防火涂料分为超薄型、薄涂型和厚涂型三类。所有的防火涂料都要经过国家检测机构的检测，合格后方可选用。

防火涂料的施工一般是在工厂底漆或中间漆完成以后进行的。底漆或中间漆的涂装质量应在前道工序进行控制，本工序的施工质量主要控制防火涂料的施工质量。防火涂料的施工主要从涂料的材料、涂料的施工配套、每道涂装的工艺及总厚度等方面来控制。在整个施工过程中应设置如下质量控制点。

16.9.1　防火涂料的材料质量控制

1）检查、验证钢结构防火涂料是否具有国家检测机构的耐火极限检测报告和理化性能检测报告、防火监督部门核发的生产许可证和生产厂家的产品合格证。

2）检查、验证钢结构防火涂料出厂时产品质量是否符合有关标准的规定，并检查涂料品种名称、技术性能、制造批号、储存期限和使用说明。

3）钢结构防火涂料的底层和面层涂料应相互配套，具有良好的相容性、粘合性。

4）每使用100t薄涂型钢结构防火涂料应抽样检测一次粘结强度；每使用500t厚涂型钢结构防火涂料应抽样检测一次粘结强度和抗压强度。

16.9.2　防火涂料的施工质量控制

1. 超薄型防火涂料

超薄型钢结构防火涂料由于表面成型美观、施工方便，特别适合裸露的钢结构装饰，被广泛应用在耐火时间不超过2h的钢结构工程中。

从目前使用的超薄型涂料来看，其表干时间一般不超过8h，粘结强度大于0.20MPa，耐水性大于24h，耐火极限为0.5~2.5h。

超薄型防火涂料施工时，应控制以下几个方面：

1）施工前屋面必须断水。

2）施工前水性防火涂料用水稀释，溶剂型防火涂料用专用溶剂稀释，涂料要充分搅匀。

3）做样板后确认样板没有异常后才能大面积施工。

4）超薄型钢结构防火涂料可以采用喷涂、辊涂、刷涂，每道涂层施工必须在前道涂层干燥后进行，一般间隔8h，每道干膜厚度宜控制在0.3mm。

5）超薄型钢结构防火涂料干燥前的环境温度一般控制在5~40℃，湿度在90%以下。

6）要注意保护，避免暴晒、水淋、污染、机械损伤等破坏。

2. 薄涂型防火涂料

1）基材的除锈达到设计要求后才可以进行底漆、中间漆的施工。底漆和中间漆的施工质量是防火涂料施工质量的基础，必须严格控制。

2）结构涂料的底涂层（或主涂层）宜采用重力式喷枪喷涂，其压力约为0.4MPa；也可以滚涂。

3）每一涂层的施工必须在前一遍干燥后，再喷涂后一遍，每遍的干膜厚度一般不宜超过2.5mm，至于涂多少遍，需要根据设计要求的总厚度进行确定。

4）喷涂时应确保涂层完全闭合、轮廓清晰。

5）操作者要携带测厚针检测涂层厚度，并确保喷涂达到设计规定的厚度。

6）当设计要求涂层表面平整光滑时，应对最后一遍涂层做抹平处理，确保外表面均匀平整。

3. 厚涂型防火涂料

1）厚涂型钢结构防火涂料宜采用压送式喷涂机喷涂，空气压力为 0.4～0.6MPa，喷枪口直径宜为 6～10mm。

2）配料时应严格按配合比加料或加稀释剂，并使稠度适宜，边配边用。

3）喷涂施工应分遍完成，每遍喷涂厚度宜为 5～10mm，必须在前一遍基本干燥或固化后，再喷涂后一遍。喷涂保护方式、喷涂遍数与涂层厚度应根据施工设计要求确定。

4）厚涂型防火涂料的施工，由于涂层较厚，要保证其与钢结构的粘结性，对较厚的涂层建议采用钢丝网加固的施工方式。

5）施工过程中，操作者应采用测厚针检测涂层厚度，直至达到设计规定的厚度，方可停止喷涂。

6）喷涂后的涂层，应剔除乳突，确保均匀平整。

7）当防火涂层出现下列情况之一时，应重喷。

①涂层干燥固化不好，粘结不牢或粉化、空鼓、脱落。

②钢结构的接头、转角处的涂层有明显凹陷。

③涂层表面有浮浆或裂缝宽度大于 1.0mm。

④涂层厚度小于设计规定厚度的 85% 时，或涂层厚度虽大于设计规定厚度的 85%，但规定厚度的涂层的连续面积的长度未超过 1m。

16.9.3 防火涂层外观质量要求

1. 超薄型和薄涂型钢结构防火涂层

1）涂层厚度符合设计要求。

2）无漏涂、脱粉、明显裂缝等；如有个别裂缝，其宽度不大于 0.5mm。

3）涂层与钢基材之间和各涂层之间，应粘结牢固，无脱层、空鼓等情况。

4）颜色与外观符合设计规定，轮廓清晰，接槎平整。

2. 厚涂型钢结构防火涂层

1）涂层厚度符合设计要求。如厚度低于设计要求，但必须大于设计要求的 85%，且厚度不足部位的连续面积的长度不大于 1m，并在 5m 范围内不再出现类似情况。

2）涂层应完全闭合，不应露底、漏涂。

3）涂层不宜出现裂缝。如有个别裂缝，其宽度不应大于 1mm。

4）涂层与钢基材之间和各涂层之间，应粘结牢固，无空鼓、脱层和松散等情况。

5）涂层表面应无乳突；有外观要求的部位，母线不直度和失圆度允许偏差不应大于 8mm。

16.9.4 防火涂层厚度测定方法

测量防火涂层厚度应使用厚度测量仪（也称为测针）。厚度测量仪由针杆和可滑动的圆盘组成，圆盘始终与针杆保持垂直，其上装有固定装置，圆盘直径不大于 30mm，以保证完全接触被测试件的表面。如果厚度测量仪不易插入被插材料中，也可使用其他适宜的方法测试。测试时，将测厚探针（图 16.9-1）垂直插入防火涂层直至钢基材表面，记录标尺读数。

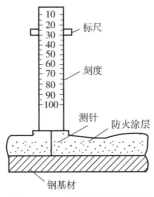

图 16.9-1　测厚探针示意图

16.9.5　防火涂料施工质量标准和检查方法

钢结构防火涂料施工质量标准和检查方法应符合《钢结构工程施工质量验收标准》（GB 50205—2020）的规定，具体见表 16.9-1。

表 16.9-1　钢结构防火涂料施工质量标准和检查方法

项目类别	项目内容	质量标准	检查方法	检查数量
主控项目	产品进场	钢结构防火涂料的品种和技术性能应符合设计要求，并应经过具有资质的检测机构检测，符合国家现行有关标准的规定	检查产品的质量合格证明文件、中文标志及检验报告等	全数检查
	涂装基层验收	防火涂料涂装前钢材表面除锈及防锈底漆涂装应符合设计要求和国家现行有关标准的规定	表面除锈用铲刀检查和用现行国家标准《涂覆涂料前钢材表面处理　表面清洁度的目视评定》（GB/T 8923）规定的图片对照观察检查。底漆涂装检查按本章第八节进行	按构件数抽查10%，且同类构件不应少于3件
	强度试验	钢结构防火涂料的粘结强度、抗压强度应符合国家现行标准《钢结构防火涂料应用技术规程》（T/CECS 24—2020）的规定	检查复检报告	每使用100t或不足100t超薄型、薄涂型防火涂料应抽检一次粘结强度；每使用500t或不足500t厚涂型防火涂料应抽检一次粘结强度和抗压强度
	涂层厚度	薄涂型防火涂料的涂层厚度应符合有关耐火极限的设计要求。厚涂型防火涂料涂层的厚度，80%及以上面积应符合有关耐火极限的设计要求，且最薄处厚度不应低于设计要求的85%	用涂层厚度测量仪、测针和钢尺检查。测量方法应符合国家现行标准《钢结构防火涂料应用技术规程》（T/CECS 24—2020）的规定	按同类构件数抽查10%，且均不应少于3件
	表面裂纹	薄涂型防火涂料涂层表面裂纹宽度不应大于0.5mm；厚涂型防火涂料涂层表面裂纹宽度不应大于1mm	观察和用尺测量检查	按同类构件数抽查10%，且均不宜少于3件

（续）

项目类别	项目内容	质量标准	检查方法	检查数量
一般项目	产品进场	防腐涂料和防火涂料的型号、名称、颜色及有效期应与其质量证明文件相符，开启后，不应存在结皮、结块，凝胶等现象	观察检查	按桶数抽查5%，且不应少于3桶
	基层表面	防火涂料涂装基层不应有油污、灰尘和泥沙等污垢	观察检查	全数检查
	涂层表面质量	防火涂料不应有误涂、漏涂，涂层应闭合，无脱层、空鼓、明显凹陷、粉化松散和浮浆等外观缺陷，乳突已删除	观察检查	全数检查

第 17 章

成本管控

随着市场经济的迅速发展，尤其是最近十几年房地产市场的兴起和繁荣，建筑行业已发展成为国民经济支柱产业。现阶段国家大力提倡装配式建筑，如何加强装配式钢结构项目的成本管理、控制资源耗费、降低成本、增强钢结构建筑在市场上的竞争力，一直是相关研究的热点。装配式建筑如果不能充分发挥经济效益，不体现成本优势，就难以健康、持续发展。

工程项目成本是指工程项目在实施过程中所发生的全部生产费用的总和，做好项目成本管控是项目成功的关键，也是贯穿项目全寿命周期各阶段的重要工作。

工程项目成本管理是在保证满足工程质量、工期等合同要求的前提下，对工程项目实施过程中所发生的费用，通过进行有效的计划、组织、控制和协调等活动实现预定的成本目标，并尽可能地降低成本费用、实现目标利润、创造良好经济效益的一种科学的管理活动。项目部或施工企业只有对项目在安全、质量、工期保证的前提下，不断加强管理，严格控制工程成本，挖掘潜力降低工程成本，才能取得较多的施工效益，才能在市场上更有竞争力。

17.1 项目成本及成本管理基本概念

17.1.1 工程项目成本及其分类

1. 工程项目成本的概念

工程项目成本是指工程项目在实施过程中所发生的全部生产费用的总和，其中包括支付给生产工人的工资、奖金，所消耗的主辅材料、构配件，周转材料的摊销费或租赁费，机械费，以及现场进行组织与管理所发生的全部费用支出。

工程项目成本是项目部或企业的主要产品成本，一般以建设项目的单位工程作为成本核算的对象，通过各单位工程成本核算的综合来反映工程项目的成本。

2. 工程项目成本的形式划分

工程项目实施过程中所发生的各项费用支出均应计入成本费用。

（1）按生产费用计入成本划分　按照成本的经济性质和国家的规定，项目成本应当由直接成本和间接成本组成，结构如图 17.1-1 所示。

直接成本是指实施过程中耗费的构成工程实体或有助于工程实体形成的各项费用的支出，具体包括人工费、材料费、机械使用费及其他直接费。

其他直接费是指直接费以外施工过程发生的其他费用。

间接成本是指企业内各项目经理部为实施准备、组织和管理工程所发生的全部施工间接费支出，它包括现场管理人员的薪水、劳动保护费、职工福利费、办公费、差旅交通费、固

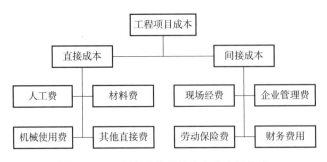

图 17.1-1　建筑工程项目成本的主要构成

定资产使用费、工具（用具）使用费、保险费、检验试验费、工程保修费、工程排污费以及其他费用等。

（2）按成本发生时间划分　按成本控制需要，从成本发生的时间来划分，可分为预算成本、计划成本和实际成本。

工程预算成本是反映各地区建筑业的平均成本水平。它根据施工图由全国统一的建筑、安装工程基础定额和由各地区的市场劳务价格、材料价格信息及价差系数，并按有关取费的指导性费率进行计算。预算成本是确定工程造价的基础，也是编制计划成本和评价实际成本的依据。

工程项目计划成本是指项目部根据计划期的有关资料，在实际成本发生前预先计算的成本。如果计划成本做得更细、更周全，最终的实际成本降低的效果会更好。

实际成本是建筑工程项目在报告期内实际发生的各项生产费用的总和。不管计划成本做得如何细致周全，如果实际成本未能很好及时得到编制，那么根本无法对计划成本与实际成本加以比较，也无法得出真正成本的节约或超支，也就无法反映各种技术水平和技术组织措施的贯彻执行情况和企业的经营效果。所以，项目应在各阶段快速准确地列出各项实际成本，从计划与实际的对比中找出原因，并分析原因，最终找出更好的节约成本的途径。另外，将实际成本与预算成本比较，可以反映工程盈亏情况。

（3）按与工程量关系划分　按生产费用与工程量关系来划分，可分为固定成本和变动成本。

固定成本是指在一定的工程量范围内，其发生的成本额不受工程量增减变动的影响而相对固定的成本，如折旧费、大修理费、管理人员的工资、办公费、照明费等。这一成本是为了保持企业一定的生产经营条件而产生的。一般来说，固定成本每年基本相同，但是当工程量超过了一定的范围则需要增添机械设备和管理人员，此时固定成本将会发生变动。

变动成本是指发生总额随着工程量的增减而呈正比例变动的费用，如直接用于工程的材料费、实行计划工资制的人工费等。

17.1.2　工程项目成本管理概况

1. 工程项目成本管理的概念

在国标《建设工程项目管理规范》（GB/T 50326—2017）中，对成本管理的定义：为实现项目成本目标而进行的预测、计划、控制、核算、分析和考核活动。

建筑工程项目成本管理，就是在完成一个工程项目过程中，对所发生的成本费用支出，有组织、有系统地进行预测、计划、控制、核算、考核、分析等科学管理的工作，它是以降低成本为宗旨的一项综合性管理工作。

2. 工程项目成本管理基本规定

项目部应建立项目全面成本管理制度，明确职责分工和业务关系，把管理目标分解到各项技术和管理过程。项目部管理层应负责项目成本管理的决策，确定项目的成本控制重点、难点，确定项目成本目标，并对项目管理机构进行过程和结果的考核。项目管理机构应负责项目成本管理，遵守组织管理层的决策，实现项目管理的成本目标。

项目成本管理应遵循下列程序：

1）掌握生产要素的信息。

2）确定项目合同价。

3）编制成本计划，确定成本实施目标。

4）进行成本控制。

5）进行项目过程成本分析。

6）进行项目过程成本考核。

7）编制项目成本报告。

8）项目成本管理资料归档。

3. 项目成本控制系统的构成

工程项目成本控制系统是项目管理系统中的一个子系统，其构成要素包括：成本预测、成本决策、成本计划、成本控制、成本核算、成本分析和成本考核七个环节，如图 17.1-2 所示。

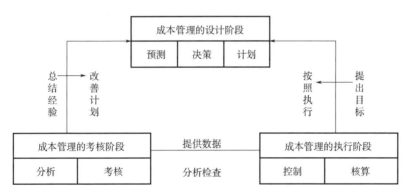

图 17.1-2　项目成本控制系统

（1）成本预测　成本预测是成本管理中事前科学管理的重要手段。工程项目的成本预测是指根据成本信息和工程项目的具体情况，运用科学的方法，对未来的成本水平及其可能的发展趋势做出科学的估计。通过成本预测，可以针对薄弱环节加强成本控制，克服盲目性，提高预见性。

（2）成本决策　成本决策是指根据成本的预测情况，经过认真分析做出决定，确定成本的控制目标。成本决策是对企业未来成本进行计划和控制的重要步骤，一般应先提出几个目标成本方案，然后再从中选择最为理想的目标做出决定。

（3）成本计划　成本计划是对成本实现计划管理的重要环节。工程项目的成本计划是以货币形式编制的工程项目在计划期内的生产费用、成本水平、成本降低率以及为降低成本所采取的主要措施和规划的书面方案，它是建立工程项目成本责任制、开展成本控制和核算的基础。

项目成本计划应依据合同文件、项目管理实施规划、相关设计文件、价格信息、相关定额及类似项目的成本资料进行编制。项目部应通过系统的成本策划，按成本组成、项目结构和工程实施阶段分别编制项目成本计划。

（4）成本控制　成本控制是加强成本管理、实现成本计划的重要手段，亦即在施工中落实工程项目的成本计划，对影响工程项目成本的各种因素加强管理，并且不断收集信息，计算实际成本与计划成本之间的差异。一旦发生偏差则进行分析，并采取有效措施进行调整，从而将各种消耗和支出严格控制在成本计划的范围之内，从而实现成本目标，成本控制是一个十分重要的环节。

项目成本控制应依据合同文件、成本计划、进度报告、工程变更与索赔资料、各种资源的市场信息进行。项目管理机构应通过系统的成本策划，按成本组成、项目结构和工程实施阶段分别编制项目成本计划。

（5）成本核算　成本核算是对施工项目所发生的施工费用支出和形成工程项目成本的核算，它是项目管理的根本标志和主要内容，应贯穿于成本控制的全过程。项目经理部作为企业的成本中心必须大力加强施工项目的成本核算，为成本控制各个环节提供必要的资料。

项目部应根据项目成本管理制度明确项目成本核算的原则、范围、程序、方法、内容、责任及要求，健全项目核算台账，并按规定的会计周期进行项目成本核算。项目部应编制项目成本报告，成本核算应坚持形象进度、产值统计、成本归集同步的原则。

（6）成本分析　成本分析是指在成本形成的过程中，对工程项目成本进行的对比评价和剖析总结工作，它贯穿于成本控制的全过程。项目成本分析主要利用工程项目的成本核算资料与目标成本、实际成本以及类似的工程项目的实际成本等进行比较，了解成本的变动情况；同时还要分析主要技术经济指标对成本产生的影响，系统地研究成本变动的因素，检查成本计划的合理性，并通过成本分析，寻求降低项目成本的最佳途径，以便有效地进行成本控制。成本分析为今后的成本管理工作和降低成本指明了努力的方向，也是加强成本管理的重要环节。

项目成本分析应包括项目成本计划、项目成本核算、项目的会计核算、统计核算和业务核算的资料。项目成本分析宜包括下列内容：①时间节点成本分析；②工作任务分解单元成本分析；③组织单元成本分析；④单项指标成本分析；⑤综合项目成本分析。

（7）成本考核　成本考核是指工程项目完工以后，对工程项目成本行程中的各责任者，按照工程项目成本目标责任制的有关规定，将成本的实际指标与计划定额预算进行对比和考核来评定施工项目成本计划完成情况和责任者的业绩，并以此给予相应的奖励和处罚。成本考核是对成本计划执行情况的总结和评价。

成本考核应根据项目成本管理制度，确定项目成本考核目的、时间、范围、对象、方式、依据、指标、组织领导、评价与奖惩原则。同时，应以项目成本降低额作为对项目管理机构成本考核的主要指标。

17.1.3 工程项目成本管理的作用

1. 项目成本管理是项目成功的关键

建筑工程项目成本管理是项目成功的关键，是贯穿项目全寿命周期各阶段的重要工作。对于任何项目，其最终的目的都是想要通过一系列的管理工作来取得良好的经济效益。而任何项目都具有一个从概念、开发、实施到收尾的生命周期，期间会涉及业主、设计、施工、监理等众多的单位和部门。在概念阶段，业主要进行投资估算并进行项目经济评价，从而做出是否立项的决策。在招标投标阶段，业主方要根据设计图纸和有关部门规定来计算发包造价；承包方要通过成本估算来获得具有竞争力的报价。在设计和实施阶段，项目成本控制是确保将项目实际成本控制在项目预算范围内的有力措施。这些工作都属于项目成本管理的范畴。

2. 有利于对不确定性成本的全面管理和控制

受到各种因素的影响，项目的总成本一般都包含三种成分。其一是确定性成本，它的数额大小以及发生与否都是确定的；其二是风险性成本，对此人们只知道它发生的概率，但不能肯定它是否一定会发生；另外还有一部分是完全不确定性成本，对它们既不知道其是否会发生，也不知道其发生的概率分布情况。这三部分不同性质的成本合在一起，就构成了一个项目的总成本。由此可见，项目成本的不确定性是绝对的，确定性是相对的。这就要求在项目的成本管理中除了要考虑对确定性成本的管理外，还必须同时考虑对风险性成本和完全不确定性成本的管理。对于不确定性成本，可以依赖于加强预测和制定附加计划法或用不可预见费来加以弥补，从而实现整个项目的成本管理目标。

17.2 建筑工程项目成本管理的过程

项目成本的发生贯穿项目成本形成的全过程，从施工准备开始，经施工过程至竣工移交后的保修期结束。工程项目成本管理的过程可以分为事前管理、事中管理、事后管理三个阶段，具体包括了成本预测、成本计划、成本控制、成本核算、成本分析、成本考核六个流程。

17.2.1 项目成本管理的具体流程

项目成本管理的内容很广泛，贯穿于项目管理活动的全过程和每个方面，从项目中标签约开始到施工准备、现场施工，直至竣工验收，每个环节都离不开成本管理工作，就成本管理的完整工作过程来说，其成本管理主要包括六个相互联系环节：成本预测、成本计划、成本控制、成本核算、成本分析和成本考核等。即通过科学的预测（估算）来制订项目成本计划，确定成本管理目标。在市场经济条件下，建筑企业赖以生存发展的空间即工程项目的盈利能力，就是在工程施工过程中，要以尽量少的物资消耗和劳动力消耗来降低项目成本，把各项成本支出控制在计划成本范围内，为企业取得最大的经济效益。为此，企业需要按照工程项目成本管理流程严格做好成本控制管理工作。工程项目成本管理流程如图 17.2-1 所示。

在工程项目成本管理流程图中，每个环节都是相互联系和相互作用的。成本预测是成本

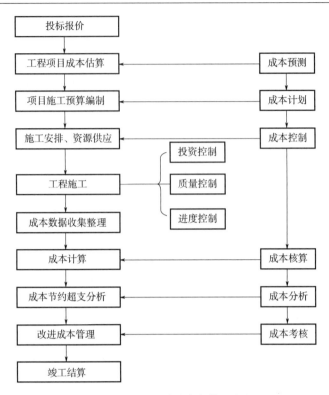

图 17.2-1　工程项目成本管理流程

计划的编制基础，成本计划是开展成本控制和核算的基础；成本控制能对成本计划的实施进行监督，保证成本计划的实现，而成本核算又是成本计划能否实现的最后检查，它所提供的成本信息又是成本预测、成本计划、成本控制和成本考核等的依据；成本分析为成本考核提供依据，也为未来的成本预测与编制成本计划指明方向；成本考核是实现成本目标责任制的保证和手段。

以上 6 个环节构成成本控制的 PDCA 循环，每个施工项目在施工成本控制中，不断地进行着大大小小（工程组成部分）的成本控制循环，促进成本管理水平不断提高。

17.2.2　项目成本管理的阶段分析

1. 事前管理

成本的事前管理是指工程项目开工前，对影响工程成本的经济活动所进行的事前规划、审核与监督。工程项目成本的事前管理主要包括以下几个方面。

（1）成本预测　成本预测是根据有关成本费用资料和各种相关因素。采用经验总结、统计分析及数学模型的方法对成本进行判断和推测；通过项目成本预测，可以为企业经营决策层和项目经理部编制成本计划等提供相关数据。

（2）成本决策　成本决策是企业对工程项目未来成本进行计划和控制的一个重要步骤，根据成本预测情况，由决策人员认真细致地分析研究而做出的决策。正确决策能够指导人们顺利完成预定的成本目标，可以避免盲目性和减少风险性。

（3）成本计划　成本计划是对成本实行计划管理的重要环节，是以货币形式编制施工项目在计划期内的生产费用、成本水平、降低成本率和降低成本额所采取的主要措施和规划的方案，它是建立施工项目成本管理责任制、开展成本控制和成本核算的基础。

2. 事中管理

在事中管理阶段，成本管理人员需要严格地按照费用计划和各项消耗定额，对一切施工费用进行经常审核，把可能导致损失或浪费的苗头，消灭在萌芽状态；而且随时运用成本核算信息进行分析研究，把偏离目标的差异及时反馈给责任单位和个人，以便及时采取有效措施，纠正偏差，使成本控制在预定的目标之内。成本的事中管理的内容主要包括以下几方面。

（1）费用开支的控制　一方面要按计划开支，从金额上严格控制，不得随意突破；另一方面要检查各项开支是否符合规定，严防违法乱纪。

（2）人工耗费的控制　对人工费的控制要采取"量价分离"的原则，主要通过对用工数量和用工单价的控制来实现。通过控制定员、定额、出勤率、工时利用率、劳动生产率等情况，及时发现并解决停工、窝工等问题。

（3）材料耗费的控制　在工程造价中，材料费要占总价的 50%～60%，甚至更多。要搞好材料成本的控制工作，必须对采（购）、收（料）、验（收）、（库）管、发（料）、（使）用六个环节进行重点控制，严格手续制度，实行定额领料，加强施工现场管理，及时发现和解决采购不合理、领发无手续、现场混乱、丢失浪费等问题。

（4）机械费的控制　对机械费的控制，主要是正确选配和合理利用机械设备，搞好机械设备的维修保养，提高机械的完好率、利用率和使用效率，从而加快施工进度、增加产量、降低机械使用费。

3. 事后管理

成本的事后管理是指在某项工程任务完成时，对成本计划的执行情况进行检查、分析。目的是对实际成本与标准成本的偏差进行分析，查明差异的原因，确定经济责任的归属，借以考核责任部门和单位的业绩；对薄弱环节及可能发生的偏差，提出改进措施；并通过调整下一阶段的工程成本计划指标进行反馈控制，进一步降低成本。

成本的事后分析控制一般按以下程序进行：①通过成本核算环节，掌握工程实际成本情况；②将工程实际成本与标准成本进行比较，计算成本差异，确定成本节约或浪费数额；③分析工程成本节超的原因，确定经济责任的归属；④针对存在问题，采取有效措施，改进成本控制工作；⑤对成本责任部门和单位进行业绩的评价和考核。

17.2.3　提高项目成本管控的对策

1. 增强项目管理人员成本管理意识

作为项目管理人员，应当认识到项目成本管理的重要性，具备一定的成本管理意识。与此同时，项目部必须加强对员工进行成本管理的教育，形成全员参与的成本管理体系，使项目成本管理真正落实到实处，得到有效的实施，提高建筑企业整体的经济效益。项目成本管理不是单独的，它涉及的方面很多，是一个整体的、全员参与、整个过程的动态管理活动。工程项目成本管理的目标就是降低消耗成本，提高企业整体的经济效益。

2. 实行全程成本控制，建立成本核算管理体系

要控制好成本费，需要事先对成本的开支范围做出预测和预控。测算出施工中各部分项目工程的机械费、人工费、材料费等使用情况，对施工中采用的技术措施带来的经济效果进行评估，研究能降低成本的相关措施，以便更好地确定项目目标成本。施工成本管理的工作范围广，要综合考虑相关因素，建立成本核算管理保证体系。编制成本计划和控制方案，要健全定额管理、预算管理、计量和验收制度以及各种分类账。每个过程要保证先预算后再做，以免和目标计划偏离。要做好成本的预测和预控工作，作为项目部，要结合市场材料价格和人工使用等情况，测算出工程的总成本。严格履行经济合同中的各自职责，合同管理影响到工程的成本和质量，它是成本管理中的重要环节，对工程所需的材料、机械设备采用招标方式，择优选取。严格把好质量、选购、定价、验收、使用、材料核算等环节，工程过程中发生的经济行为都要引起重视，从而降低成本。

3. 加强项目实施过程中的成本管理

（1）人工成本管理　在项目施工中，应按部位、分工种列出用工定额，作为人工费承包依据。在选择使用分包队伍时，应采用招标制度。在签订人工承包合同时，条款应详细、严谨、明确，以免结算时出现偏差。每月末进行当月工程量完成情况核实，须经有关负责人签字后方能结算拨付工程款。同时应注意对零工、杂工的结算，控制每一人工成本的支出。

（2）材料成本管理　加强材料管理是项目成本控制的重要环节，一般工程项目，材料成本占造价的60%左右，因而，材料成本尤其重要。

1）材料用量的控制。坚持按定额确定材料消耗量。实行限额领料制度；正确核算材料消耗水平，坚持余料回收；改进施工技术，推广使用降低材料消耗的各种新技术、新工艺、新材料；运用价值工程原理对工程进行功能分析，对材料进行性能分析，力求用低价材料代替高价材料；利用工业废渣，扩大材料代用；加强周转料维护管理，延长周转次数；对零星材料以钱代物；包干控制，超用自负，节约归己；加强材料管理，降低材料损耗量；加强现场管理，合理堆放，减少搬运，减少损耗，实行节约材料奖励制度。

2）材料价格的控制。材料价格控制主要是由采购部门在采购中加以控制。进行市场调查，在保质保量的前提下，货比三家，争取最低买价；合理组织运输方式，以降低运输成本；考虑资金的时间价值，减少资金占用；合理确定进货批量与批次，尽可能降低材料储备和买价。

（3）机械设备的成本管理　①合理安排施工生产，加强机械租赁计划管理，减少因安排不当引起的设备闲置；②加强机械设备的调度工作，尽量避免窝工，提高现场设备利用率；③加强现场设备的维修保养，提高设备的完好率，避免因不正当使用造成机械设备的停置，严禁机械维修时将零部件拆东补西、人为地破坏机械；④做好上机人员与辅助人员的协调与配合，提高机械台班产量。

（4）间接费及其他费用管理　根据项目建设时间的长短和参加建设人数的多少，编制间接费用预算并对其进行明细分解，制定切实可行的成本指标以节约管理费用，对每笔开支严格实行审批手续，对超责任成本的支出，分析原因并制定针对性的措施；依据施工的工期及现场情况合理布局，尽可能就地取材搭建临设，工程接近竣工时及时减少临设的占用；提高管理人员的综合素质，精打细算，控制费用支出；编制详细的现场经费计划及量化指标，措施费的投入应有详细的施工方案及经济合理性分析报告。把降低成本的重点放在工程施工的过程管理上，在保证施工安全、产品质量和施工进度的情况下，采取防范措施，消除质量通病，做到工程一次成型、一次合格，杜绝返工现象的发生，避免造成因不必要的人、财、物等大量的投入而加大工程成本。

4. 加强质量成本管理

对项目而言，产品质量并非越高越好，超过合理水平时，属于质量过剩。无论是质量不足或过剩，都会造成质量成本的增加，都要通过质量成本管理加以调整。质量成本管理的目标是使 5 类质量成本的综合达到最低值。

应正确对待和处理质量成本中几个方面的相互关系，即预算成本、质量损失、预防费用和检验费用间的相互关系，采用科学合理、先进的技术方案，最优化的施工组织设计，在确保施工质量达到设计要求水平的前提下，尽可能降低工程质量成本。项目经理部也不能盲目地为了提高企业信誉和市场竞争力而使工程全面出现质量过剩现象，从而导致出现施工产值很高、经济效益低下的被动局面。

5. 完善工期成本管理

正确处理工期与成本的关系是施工项目成本管理工作中的一个重要课题，即工期成本的管理与控制对建筑施工企业和施工项目经理部来说，并不是越短越好，也不是越长越好，而是需要通过对工期的综合预测并合理调整来寻求最佳工期成本，把工期成本控制在最低点。

工期成本表现在两个方面：一方面是项目经理部为了保证正常工期而采取的所有措施费用；另一方面是因为工期拖延而导致的业主索赔成本，这种情况可能是由于各种施工环境及自然条件等引起的，也可能是内部因素造成的，如停工、窝工、返工等，因此所引起的工期费用，称其为工期损失。相对来说，工期越短，工期措施成本越小；但当工期缩短至一定限度时，工期措施成本则会急剧增加。而工期损失则不然，因自然条件引起的工期损失，其损失额度相对较小，通常情况下不给予赔偿或赔偿额度较小，该部分工期损失在正常施工工期成本中可不予考虑。因施工项目内部因素造成的工期损失，随着工程正常的展开，管理人员经验的积累也会逐渐减少。综合工期成本的各种因素，就能找到一个工期成本最低的理想点，这一点也就是工期最短并且成本最低的最优点。

由于内外部环境条件及合同条件的制约，保证合同工期和降低工程成本是一个十分艰巨的任务，因此，必须正确处理工期和成本这两个方面的相互关系，即工期措施成本和工期损失之间的相互关系。在确保工期达到合同条件的前提下，尽可能降低工期成本，切不可为了提高企业信誉和市场竞争力，或者盲目地按照业主的要求，抢工期、赶进度，增大工期成本。

6. 加强工程项目成本核算监督力度

项目部人员应自觉认真学习和严格贯彻执行企业制定的施工成本控制与核算管理制度，并保持自律，不利用职权或工作之便干扰成本核算管理工作，使施工成本管理真正落到实处。成本核算员要对施工生产中发生与施工成本相关的工程变更项及时收集整理并办理签证手续，定期上报审核，以便及时准确地控制施工成本并掌握工程施工情况，防止给工程竣工结算造成不必要的损失。公司应制定相应约束机制和激励机制，对成本核算员行使职权提供必要的保障。作为职能部门应加强监督力度，培养他们的责任感，充分发挥他们的工作能力。同时，要全面提高核算员的技术业务素质，对那些未经过专业学习和培训、未按规定持证上岗、业务不熟悉、核算能力有限、无法保证成本核算的质量和工作的人员，要迅速组织培训学习，尽快提高他们的素质。

17.3 装配式钢结构建筑的成本管控

随着政府对建筑工业化的政策性推动，装配式结构建筑在很多城市得到了大力推广，建设了样品房、试点工程、安置房等一系列项目。从目前看，装配式建筑的成本高于传统建筑，使装配式建筑有一点"叫好不叫座"的意味，这影响了装配式建筑的发展和应用，从而直接影响我国装配式建筑，尤其是装配式钢结构的进展。

装配式建筑，尤其是装配式钢结构体系具有政策、质量、工期、成本等多个方面的优势，但这些优势不会自动实现，需要我们对其各个方面的造价和成本构成有深入的了解。

17.3.1 装配式钢结构建筑成本的相关指标

装配式钢结构建筑成本主要涉及以下两大指标。

1. 装配化率

针对整个建设项目或国家、地方的装配式建筑实施率考核的指标，是建筑面积比。它是指国家、城市或某一个建设项目中采用装配式建造的建筑面积比例。目前，国家和各城市均提出了装配化率的发展目标。

装配化率按评价主体，可以分为以下两个计算式：

装配化率（城市）＝装配式建筑的地上建筑面积/新建建筑的地上总建筑面积

装配化率（项目）＝装配式建筑的地上建筑面积/地上总建筑面积

2. 装配率

针对单体建筑考核其装配程度的指标，是得分比。

在《装配式建筑评价标准》（GB/T 51129—2017）中的定义是：单体建筑室外地坪以上的主体结构、围护墙和内隔墙、装修和设备管线等采用预制部品部件的综合比例。

装配率＝（主体结构实际得分值＋围护墙和内隔墙实际得分值＋装修和设备管线实际得分值）/理论可得最高分值（即 100 － 评价项目中缺少的评价项分值总和）

按现行国家标准，及格线是 50%；各地方在合格线及评价细则上并非相同，均略有差异。

除了上述两个指标以外，有些城市还有外墙预制面积比例等其他控制性指标；对于单体建筑的装配式指标要求，有的城市是单一指标控制，例如，上海市装配率 60% 或者预制率 40%，有的城市是双指标控制，这些差异对成本增量数据有较大的影响。

17.3.2 装配式钢结构的成本增量分析

成本增量是指采取装配式建造方式相比于传统的现场建造而增加的成本。除注明外，均以装配式单体建筑的地上建筑面积来衡量。

我国建筑的平均寿命在 30 年左右，而发达国家一般在 100 年以上。建筑物的平均寿命较短，是我国多数建筑不关注全寿命期成本的重要原因之一。对于装配式建筑的成本增量问题，要从全成本角度来审视，既要看小成本也要看大成本，要全面考察成本和效益情况；要从全寿命期角度来评价，既要看到当下的成本增量数据，也要能预测到未来的成本变化情况，要动态地看待成本增量问题。

装配式，是基于建设项目全寿命期价值最大化的建造方式。这种建造方式普遍呈现出建安成本相对高，使用、运维、拆除和再生成本相对更低的特点，以追求全寿命期成本最优化。在一些特别适合装配式建造的建筑上，装配式的建安成本可以做到低于传统建造方式。

从全寿命周期角度来看，装配式建筑的成本包括：

1. 建造成本部分

建造成本部分主要包括土地成本、建安成本、财务成本、管理成本、销售成本等，现阶段还包括国家和各地方政府对于装配式建筑的政策奖励。

2. 使用成本部分

装配式建筑并不能单纯节省建筑物的使用成本，但采用全寿命周期设计的技术或工艺，可以实现使用和维护成本大幅度减少。

3. 拆除和再生成本部分

理论上，传统建筑和装配式建筑都能获得再生利用价值，而装配式具备更大的再生价值空间，拆除更容易、拆除后的构件更完整、可利用率更高。钢结构建筑天生就有拆卸后可以再利用的价值，即使不能直接利用也可以回炉后利用。所以从再生成本上讲，可以拆卸的干式连接对于装配式建筑具有更大价值和意义。

从建安成本的范畴看，装配式建筑的成本增量会随着装配式建筑的成熟应用而逐渐降低，但在现阶段很难降低至传统现浇建筑的建安成本以下。只有当用工成本、环保成本等上涨到一定程度（类似新加坡、我国香港的人工成本占建筑成本的 50% 左右时），装配式的建安成本才会开始低于传统建造的建安成本。在现阶段，装配式的成本压力来自小规模应用和不成熟应用，降低成本增量的途径一般是降低主材用量中的无效部分、提高周转材料的周转次数、降低生产和安装难度、减少临时措施费等方面。

从建造成本的范畴看，通过充分利用装配式可以提前生产、提前穿插施工、并行施工的优势，以空间换时间，缩短建设周期获得财务成本节省、拆迁安置补助节省、资金周转加快收益、管理成本节省，以及提前预售的财务成本收益等间接的收益，则可以做到建造成本"零增量"，甚至负增量，即在抵消建安成本增量后还有盈余。

专家学者的研究表明，装配式的全寿命期成本低于传统建造方式。从全寿命周期的角度看，装配式比传统建筑节省成本 2.5%。原因之一是建安成本虽然高，但属于一次性固定支出；而在整个 50～70 年的使用期间内每年可以节省的装修维护、改造成本虽然金额少，但持续时间长，使用期间的减量成本属于持续性收益。

17.3.3　成本控制的两大重点和三大趋势

1. 成本控制的两大重点

1）从要点维度的角度，重点要降低部品部件的生产成本。装配式建筑的部品部件与传统建造方式的价格差异是成本增量的主要部分，其次是现场施工的措施增量和现浇结构的增量。

2）从时间维度的角度，策划阶段决定了成本。建造全过程包括策划、招标、设计、生产和施工。传统建造方式中的"先设计，后施工"，在装配式建筑中演变为"先策划，后设计、施工"。管理前置是装配式建筑与传统建造的最大差异。

2. 降低成本的三大趋势

1）去临时化，降低施工措施类成本支出。在传统现浇建筑中，想要减少模板、脚手架的成本一般是无法实现的。但是，在装配式建筑中，因为构件是预先在工厂生产加工，现场直接吊装，脚手架可以减少甚至取消；其次是模具标准化、工具化，可以多次循环利用，进一步降低成本。

2）去中间化，从削减不合理成本到削减合理成本。随着装配式预制部品部件质量精度的提高，不少中间工序可以简化甚至取消。

3）去表皮化，从降低建造成本到降低全寿命周期成本。对于外装饰而言，去表皮化就是结构装饰一体化，可以实现全寿命周期免维护和更换，大大降低建筑使用成本。从成本角度，建筑外立面去表皮化的本质是建筑物装饰面与结构体的同寿命化，这是实现全寿命成本管理的一个技术性创新。

装配式建筑是基于全生命周期价值最大化的新型建造方式。从传统现浇施工转变为装配式建造，不仅是建造方式的转变，更是建造目标的提升，由量到质的提升。成本管理，作为项目管理的一个组成部分，也在实现从以建造成本为中心转变为以全寿命期成本为中心的目标。

17.4 装配式钢结构经济性对比分析案例

下面通过具体数据，主要对比采用装配式钢结构与传统混凝土结构两种不同结构形式其直接成本组成和高低的不同。

17.4.1 装配式钢结构造价组成

装配式钢结构地上部分主要包含钢柱、钢梁、高强螺栓等配件、钢筋桁架楼承板等。钢结构造价由材料费、工厂加工制作费、除锈及油漆费、防火涂料费用、运输费、现场安装费等组成，其典型造价组成见表 17.4-1。

表 17.4-1 装配式钢结构典型造价组成

类型		工程量	合价/万元	单方造价/(元/m²)
梁	H 型钢制作/t	120.75	94.75	244.81
	H 型钢运输/t	120.75	1.69	4.37
	H 型钢安装/t	120.75	3.78	9.77
	小计	—	100.22	258.94
柱	H 型钢制作/t	80.848	59.79	154.48
	H 型钢运输/t	80.848	1.133	2.93
	H 型钢安装/t	80.848	3.964	10.24
	混凝土的浇筑/m³	92.537	4.393	11.35
	小计	—	69.28	179.00
楼板	钢筋绑扎/t	30.033	12.389	32.01
	混凝土的浇筑/m³	318.799	13.682	35.35
	PK 板安装/m³	143.58	33.733	87.16
	小计	—	59.804	154.52

（续）

类型		工程量	合价/万元	单方造价/（元/m²）
墙体	外墙板/m³	441.679	82.334	212.73
	条板内墙/m³	1913.37	35.008	90.45
	小计	—	117.342	303.18
防腐防火		228.731	16.845	43.52
预制楼梯/m³		28.255	8.605	22.23
垂直运输/m³		3870.4	9.015	23.29
总计			381.111	984.68

注：表中合价为直接费中人、材、机费用合计。

由表17.4-1分析可知：采用装配式钢框架结构，其梁、柱、楼板、墙体等主要构件分别占总造价的26.30%、18.18%、15.69%、30.79%，防腐及防火占总费用的4.42%（图17.4-1）。

17.4.2 现浇混凝土结构造价组成

现浇混凝土结构主要包含混凝土梁、柱、楼板、墙板及楼梯、阳台板等。混凝土结构造价由材料费、钢筋加工和现场绑扎费、现场支模和拆模费、混凝土浇筑、脚手架安拆费用、设备租赁费、运输费等组成，其典型造价组成见表17.4-2。

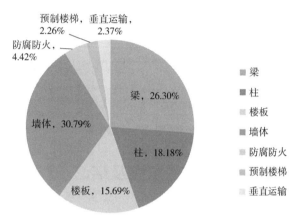

图17.4-1 装配式钢框架结构体系造价占比

表17.4-2 现浇混凝土结构典型造价组成

类型		工程量	合价/万元	单方造价/（元/m²）
梁	混凝土的浇筑/m³	211.34	9.384	24.25
	钢筋绑扎/t	56.756	24.56	63.46
	模板支撑/m²	2197.1	14.423	37.26
	小计	—	48.367	124.97
柱	混凝土的浇筑/m³	152.1	7.395	19.11
	钢筋绑扎/t	43.871	19.078	49.29
	脚手架安拆/m²	3494.4	5.653	14.61
	模板支撑/m²	1405	7.058	18.24
	小计	—	39.184	101.24
板	钢筋绑扎/t	41.943	17.97	46.43
	混凝土的浇筑/m³	465.62	20.06	51.83
	模板支撑/m²	3135.65	23.11	59.71
	小计	—	61.14	157.97

（续）

类型		工程量	合价/万元	单方造价/（元/m²）
墙体	砌块砌筑/m³	784. 15	25. 75	66. 53
	外墙保温/m³	124. 11	18. 45	47. 67
	过梁构造柱/m³	119. 98	17. 37	44. 88
	脚手架	5431. 3	8. 413	21. 74
	墙体抹灰	1960. 3	3. 78	9. 77
	小计	—	73. 763	190. 58
现浇楼梯/m³		28. 255	7. 05	18. 22
垂直运输/m³		3870. 4	12. 13	31. 34
总计			241. 634	624. 31

注：表中合价为直接费中人、材、机费用及专业施工项目措施费总和。

由表 17.4-2 分析可知：采用传统现浇混凝土框架施工模式时，其梁、柱、楼板、墙体等主要构件分别占总造价的 20.02%、16.22%、25.30%、30.53%（图 17.4-2）。

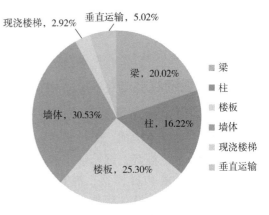

图 17.4-2 传统现浇混凝土框架体系造价占比

17.4.3 经济性对比及结论

1. 造价组成对比

通过以上两种不同的建造方式的造价组成（图 17.4-3）可以看出：

1）采用预制装配式钢结构造价稍高于传统现浇混凝土框架结构，比传统现浇方式每 m² 贵 10%~20%。

2）装配式钢结构形式采用的叠合楼板造价为 92 元/m²，占总造价的 15.69%；现浇混凝土框架形式采用的现浇楼板造价为 157.97 元/m²，占总造价的 25.30%；对比二者的造价

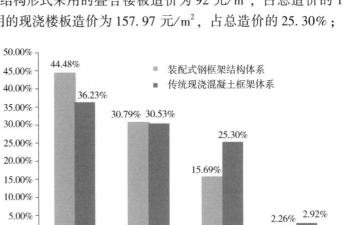

图 17.4-3 装配式钢框架和现浇混凝土框架体系的造价组成

可知，虽然采用 PK 预应力底板的成本较高，PK 板制作安装费用为 87.56 元/m²，但是其可以节省模板支撑的费用，现浇模板的模板费用为 59.71 元/m²，并且可以节约部分钢筋及混凝土用量，其造价与现浇板相差无几。

3）装配式钢结构形式所用墙体造价为 303.18 元/m²，占总造价的 30.79%；现浇混凝土框架形式所采用的传统砌体墙体造价为 190.59 元/m²，占总造价的 30.53%。

墙体占总造价的比重都比较大。传统的砌块墙体现场湿作业多，工作量大，并且过梁及构造柱的施工程序比较繁琐，有大量的模板及脚手架，导致其墙体造价相对其他构件较高。而预制墙体主要是墙体生产费用较高导致其造价高昂。

4）装配式钢结构的防火防腐费用较高，其造价为 43.52 元/m²，应得到足够重视。

2. 主体部件对比

从两种不同的建造方式其主体各部件的对比中可以发现：

1）墙体在两种不同的建造方式的结构中都占有最大的比例，预制装配式结构为 30.79%，现浇混凝土框架为 30.53%，大体一致；墙体造价高主要是由于其用量大。另外一方面，在混凝土框架结构中，砌筑墙体湿作业量大，且有模板及脚手架的搭设，施工繁琐导致其造价高；在预制装配式结构中墙体造价高主要是因为材料价格高。

2）楼板在预制装配式钢结构中造价占比为 15.69%，在混凝土框架结构中造价占比为 25.30%。可见预制板的综合经济效益要比现浇混凝土楼板高。

3. 造价中人、材、机指标对比

两种不同建造方式造价中人、材、机指标对比见表 17.4-3。

表 17.4-3　装配式钢框架和现浇混凝土框架体系的人、材、机指标对比

	结构形式	装配式钢框架	现浇混凝土框架
	总造价/万元	381.11	241.63
其中	人工费/万元	45.19	72.85
	材料费/万元	281.25	151.99
	机械费/万元	54.67	16.79
	总工日	6847.64	11039.38

由表 17.4-3 分析可知：

1）采用装配式钢结构体系其人工费要比传统的现浇混凝土结构体系节省 38%。由此可见，采用装配式的钢结构体系可以节约人工成本，面对日益上涨的人工成本，这一优势会愈加显著。

2）采用预制装配式钢结构体系其材料费比传统现浇混凝土结构高出 85%，主要是其墙板预制构件价格比较高，同时用钢量大。

3）采用装配式钢结构体系其机械费为传统现浇混凝土结构的 3.3 倍。主要是各预制构件的吊装安装工作量比较大。

4）采用预制装配式钢结构体系的总工日比传统现浇体系节省 38%，这在节约人工成本的同时，缩短了工期。工期的缩短，可以节约贷款利息，节省现场大型机械的租赁费及现场管理费。

第 18 章

装配率及绿色建筑评价

18.1　装配式建筑的评价体系

1. 装配化程度和装配率

2016 年随着国家出台《关于进一步加强城市规划建设管理工作的若干意见》《关于大力发展装配式建筑的指导意见》等文件，明确提出大力发展装配式建筑，由此装配式建筑进入快速发展阶段。

2016 年 1 月 1 日住房和城乡建设部发布《工业化建筑评价标准》（GB/T 51129—2015），用于促进传统建造方式向现代工业化建造方式转变。其中工业化建筑定义为采用标准化设计、工业化生产、装配化施工、一体化装修和信息化管理等为主要特征的工业化生产方式建造的建筑。该标准针对装配式建筑提出工业化建筑的概念，采用工业化程度来评价民用建筑的装配化程度。

2018 年 2 月 1 日开始实施的《装配式建筑评价标准》（GB/T 51129—2017）是最新出台的国家标准，其将装配式建筑作为最终产品，不以单一指标进行衡量，根据系统性的指标体系进行综合打分。《装配式建筑评价标准》把装配式率作为考量标准，设置了基础性指标，可以较简捷地判断一栋建筑是否是装配式建筑。

装配式建筑是一个系统工程，是将预制部品部件通过系统集成的方法在工地装配，实现建筑主体结构构件预制、非承重围护墙和内隔墙非砌筑，并进行全装修的建筑。

《装配式建筑评价标准》（GB/T 51129—2017）适用于民用建筑装配化程度评价，工业建筑可参照执行。

装配式建筑最终评价等级划分为 A 级、AA 级、AAA 级。

2. 绿色建筑和绿色性能评价

我国现阶段正处于工业化、城镇化加速发展时期，各类建筑在建造和使用过程中占用和消耗大量的资源，给环境带来不利影响；加之国内人口众多，人均资源量严重不足；并且资源消耗增长速度惊人，在资源再生利用率上也远低于发达国家。因此在我国发展绿色建筑，是一项意义重大且十分迫切的任务。《住房城乡建设事业"十三五"规划纲要》不仅提出到2020 年城镇新建建筑中绿色建筑推广比例超过 50% 的目标，还部署了进一步推进绿色建筑发展的重点任务和重大举措。2006 年，我国首部《绿色建筑评价标准》（GB/T 50378—2006）开始颁布实施。

党的十九大报告提出：推进绿色发展，建立健全绿色低碳循环发展的经济体系，构建市场导向的绿色技术创新体系，推进资源全面节约和循环利用，实施国家节水行动，降低能耗、物耗，实现生产系统和生活系统循环链接，倡导简约适度、低碳的生活方式，开展创建节约型机关、绿色家庭、绿色学校、绿色社区和绿色出行等行动。

2019 年 8 月 1 日开始实施的《绿色建筑评价标准》（GB/T 50378—2019）是最新出台的国家标准，取代《绿色建筑评价标准》（GB/T 50378—2014）。其在原评价标准的基础上，重新构建了绿色建筑评价的指标体系、调整了评价时间节点、增加了绿色建筑等级、拓展了绿色建筑内涵、提高了绿色建筑性能要求。

绿色建筑是指在全寿命期内，节约资源、保护环境、减少污染，为人们提供健康、适用、高效的使用空间，最大程度实现人与自然和谐共生的高质量建筑。

绿色建筑评价体系包括安全耐久、健康舒适、生活便利、节约资源、环境宜居。

绿色建筑最终评定为基本级、一星级、二星级、三星级 4 个等级。

18.2　装配化程度评价及装配率

18.2.1　概述

对于如何评价一幢装配式建筑的装配化程度，《装配式建筑评价标准》（GB/T 51129—2017）给出了一套明确的计算和评价体系。该标准主要从建筑系统及建筑的基本性能、使用功能等方面，提出装配式建筑评价方法和指标体系。

该标准主要技术内容包括：①总则；②术语；③基本规定；④装配率计算；⑤评价等级划分。

该标准主要应用于民用建筑（包括居住建筑和公共建筑）的评价，对于一些与民用建筑相似的单层和多层厂房等工业建筑，当符合本标准的评价原则时，可以参照执行。

现阶段，国家装配式建筑发展的重点推进方向：①主体结构由预制部品部件的应用向建筑各系统集成转变；②装饰装修与主体结构的一体化发展，推广全装修、鼓励装配化装修方式；③部品部件的标准化应用和产品集成。

装配式建筑的装配化程度评价涉及两个基本定义：

（1）装配式建筑　由工厂生产的预制部品部件在工地装配而成的建筑。

（2）装配率　单体建筑室外地坪以上的主体结构、外围护墙和内隔墙、装修和设备管线等采用预制部品部件的综合比例。

18.2.2　基本规定

（1）装配率计算和装配式建筑等级评价应以单体建筑作为计算和评价单元，并应符合下列规定：

1）单体建筑应按项目规划批准文件的建筑编号确认。

2）建筑由主楼和裙房组成时，主楼和裙房可按不同的单体建筑进行计算和评价。

3）单体建筑的层数不大于 3 层，且地上建筑面积不超过 500m² 时，可由多个单体建筑组成建筑组团作为计算和评价单元。

（2）装配式建筑评价应符合下列规定：

1）设计阶段宜进行预评价，并应按设计文件计算装配率。

2）项目评价应在项目竣工验收后进行，并应按竣工验收资料计算装配率和确定评价等级。

（3）装配式建筑应同时满足下列要求：

1）主体结构部分的评价分值不低于 20 分。

2）围护墙和内隔墙部分的评价分值不低于 10 分。

3）采用全装修。

4）装配率不低于 50%。

（4）装配式建筑宜采用装配化装修。

18.2.3 装配率计算

（1）装配式建筑的装配率应根据表 18.2-1 中评价分值按下式计算：

$$P = \frac{Q_1 + Q_2 + Q_3}{100 - Q_4} \times 100\% \tag{18.2-1}$$

式中 P——装配率；

　　Q_1——主体结构指标实际得分值；

　　Q_2——围护墙和内隔墙指标实际得分值；

　　Q_3——装修和设备管线指标实际得分值；

　　Q_4——评价项目中缺少的评价项分值总和。

表 18.2-1　装配式建筑评价分值

评价项		评价要求	评价分值	最低分值
主体结构 （50分）	柱、支撑、承重墙、延性墙板等竖向构件	35%≤比例≤80%	20～30*	20
	梁、板、楼梯、阳台、空调板等构件	70%≤比例≤80%	10～20*	
围护墙和 内隔墙 （20分）	非承重围护墙非砌筑	比例≥80%	5	10
	围护墙与保温、隔热、装饰一体化	50%≤比例≤80%	2～5*	
	内隔墙非砌筑	比例≥50%	5	
	内隔墙与管线、装修一体化	50%≤比例≤80%	2～5*	
装修和 设备管线 （30分）	全装修	—	6	6
	干式工法楼面、地面	比例≥70%	6	—
	集成厨房	70%≤比例≤90%	3～6*	
	集成卫生间	70%≤比例≤90%	3～6*	
	管线分离	50%≤比例≤70%	4～6*	

　　注：表中带"＊"项的分值采用"内插法"计算，计算结果取小数点后 1 位。

（2）柱、支撑、承重墙、延性墙板等主体结构竖向构件主要采用混凝土材料时，预制部品部件的应用比例应按下式计算：

$$Q_{1a} = \frac{V_{1a}}{V} \times 100\% \tag{18.2-2}$$

式中 Q_{1a}——柱、支撑、承重墙、延性墙板等主体结构竖向构件中预制部品部件的应用比例；

　　V_{1a}——柱、支撑、承重墙、延性墙板等主体结构竖向构件中预制混凝土体积之和，符合本标准第 4.0.3 条规定的预制构件间连接部分的后浇混凝土也可计入

　　计算；

　　V——柱、支撑、承重墙、延性墙板等主体结构竖向构件混凝土总体积。

　　（3）当符合下列规定时，主体结构竖向构件间连接部分的后浇混凝土可计入预制混凝土体积计算。

　　1）预制剪力墙板之间的宽度不大于 600mm 的竖向现浇段和高度不大于 300mm 的水平后浇带、圈梁的后浇混凝土体积。

　　2）预制框架柱和框架梁之间的柱梁节点区的后浇混凝土体积。

　　3）预制柱间高度不大于柱截面较小尺寸的连接区后浇混凝土体积。

　　（4）梁、板、楼梯、阳台、空调板等构件中的预制部品部件的应用比例应按下式计算：

$$q_{1b} = \frac{A_{1b}}{A} \times 100\% \qquad (18.2\text{-}3)$$

式中　q_{1b}——梁、板、楼梯、阳台、空调板等构件中的预制部品部件的应用比例；

　　　A_{1b}——各楼层中预制装配梁、板、楼梯、阳台、空调板等构件的水平投影面积之和；

　　　A——各楼层建筑平面总面积。

　　（5）预制装配式楼板、屋面板的水平投影面积可包括：

　　1）预制装配式叠合楼板、屋面板的水平投影面积。

　　2）预制构件间的宽度不大于 300mm 的后浇混凝土带水平投影面积。

　　3）金属楼承板和屋面板、木楼盖和屋盖及其他在施工现场免支模的楼盖和屋盖的水平投影面积。

　　（6）非承重围护墙中非砌筑墙体的应用比例应按下式计算：

$$q_{2a} = \frac{A_{2a}}{A_{w1}} \times 100\% \qquad (18.2\text{-}4)$$

式中　q_{2a}——非承重围护墙中非砌筑墙体的应用比例；

　　　A_{2a}——各楼层非承重围护墙中非砌筑墙体的外表面积之和，计算时可不扣除门、窗及预留洞口等的面积；

　　　A_{w1}——各楼层非承重围护墙外表面积，计算时可不扣除门窗及预留洞口等的面积。

　　（7）围护墙采用墙体、保温、隔热、装饰一体化的应用比例应按下式计算：

$$q_{2b} = \frac{A_{2b}}{A_{w2}} \times 100\% \qquad (18.2\text{-}5)$$

式中　q_{2b}——围护墙采用墙体、保温、隔热、装饰一体化的应用比例；

　　　A_{2b}——各楼层围护墙采用墙体、保温、隔热、装饰一体化的墙面外表面积之和，计算时可不扣除门、窗及预留洞口等的面积。

　　　A_{w2}——各楼层围护墙外表面总面积，计算时可不扣除门、窗及预留洞口等的面积。

　　（8）内隔墙中非砌筑墙体的应用比例应按下式计算：

$$q_{2c} = \frac{A_{2c}}{A_{w3}} \times 100\% \qquad (18.2\text{-}6)$$

式中　q_{2c}——内隔墙中非砌筑墙体的应用比例；

　　　A_{2c}——各楼层内隔墙中非砌筑墙体的墙面面积之和，计算时可不扣除门、窗及预留洞口等的面积；

A_{w3}——各楼层内隔墙墙面总面积，计算时可不扣除门、窗及预留洞口等面积。

（9）内隔墙采用墙体、管线、装修一体化的应用比例应按下式计算：

$$q_{2d} = \frac{A_{2d}}{A_{w3}} \times 100\% \qquad (18.2\text{-}7)$$

式中　q_{2d}——内隔墙采用墙体、管线、装修一体化的应用比例；

A_{2d}——各楼层内隔墙采用墙体、管线、装修一体化的墙面面积之和，计算时可不扣除门、窗及预留洞口等的面积。

（10）干式工法楼面、地面的应用比例应按下式计算：

$$q_{3a} = \frac{A_{3a}}{A} \times 100\% \qquad (18.2\text{-}8)$$

式中　q_{3a}——干式工法楼面、地面的应用比例；

A_{3a}——各楼层采用干式工法楼面、地面的水平投影面积之和。

（11）集成厨房的橱柜和厨房设备等应全部安装到位，墙面、顶面和地面中干式工法的应用比例应按下式计算：

$$q_{3b} = \frac{A_{3b}}{A_k} \times 100\% \qquad (18.2\text{-}9)$$

式中　q_{3b}——集成厨房干式工法的应用比例；

A_{3b}——各楼层厨房墙面、顶面和地面采用干式工法的面积之和；

A_k——各楼层厨房的墙面、顶面和地面的总面积。

（12）集成卫生间的洁具设备等应全部安装到位，墙面、顶面和地面中干式工法的应用比例应按下式计算：

$$q_{3c} = \frac{A_{3c}}{A_b} \times 100\% \qquad (18.2\text{-}10)$$

式中　q_{3c}——集成卫生间干式工法的应用比例；

A_{3c}——各楼层卫生间墙面、顶面和地面采用干式工法的面积之和；

A_b——各楼层卫生间墙面、顶面和地面的总面积。

（13）管线分离比例应按下式计算：

$$q_{3d} = \frac{L_{3d}}{L} \times 100\% \qquad (18.2\text{-}11)$$

式中　q_{3d}——管线分离比例；

L_{3d}——各楼层管线分离的长度，包括裸露于室内空间以及敷设在地面架空层、非承重墙体空腔和吊顶内的电气、给水排水和采暖管线长度之和；

L——各楼层电气、给水排水和采暖管线的总长度。

18.2.4　评价等级划分

（1）当评价项目满足以下几点规定，且主体结构竖向构件中预制部品部件的应用比例不低于 35% 时，可进行装配式建筑等级评价。

1）主体结构部分的评价分值不低于 20 分。

2）围护墙和内隔墙部分的评价分值不低于 10 分。

3）采用全装修。

4）装配率不低于 50%。

（2）根据装配率得分的高低，装配式建筑评价等级划分为 A 级、AA 级、AAA 级，相关评价规定如下：

1）装配率为 60%~75% 时，评价为 A 级装配式建筑。

2）装配率为 76%~90% 时，评价为 AA 级装配式建筑。

3）装配率为 91% 及以上时，评价为 AAA 级装配式建筑。

18.3　绿色建筑和绿色性能评价

18.3.1　概述

什么样的建筑是绿色建筑？如何评判一个建筑物的绿色性能？

《绿色建筑评价标准》（GB/T 50378—2019）给出了一套适用于民用建筑绿色性能的评价体系。该标准提出应遵循因地制宜的原则，结合建筑所在地域的气候、环境、资源、经济和文化等特点，对建筑全寿命期内的安全耐久、健康舒适、生活便利、资源节约、环境宜居等性能进行综合评价。

该标准主要技术内容包括：①总则；②术语；③基本规定；④安全耐久；⑤健康舒适；⑥生活便利；⑦节约资源；⑧环境宜居；⑨提高与创新。

绿色建筑的绿色性能评价涉及以下几个基本定义：

（1）绿色建筑　指在全寿命期内，节约资源、保护环境、减少污染，为人们提供健康、适用、高效的使用空间，最大限度地实现人与自然和谐共生的高质量建筑。

（2）绿色性能　涉及建筑安全耐久、健康舒适、生活便利、资源节约（节地、节能、节水、节材）和环境宜居等方面的综合性能。

（3）绿色建材　指在全寿命期内可减少对资源的消耗、减轻对生态环境的影响，具有节能、减排、安全、健康、便利和可循环特征的建材产品。

18.3.2　基本规定

1）绿色建筑评价应以单栋建筑或建筑群为评价对象。

2）绿色建筑评价应在建筑工程竣工后进行。在施工图设计完成后可进行预评价。

3）绿色建筑评价分为基本级、一星级、二星级和三星级 4 个等级。当满足全部控制项要求时，建筑等级应为基本级。一星级至三星级除了满足控制项要求外，每个控制指标评分项得分不应小于满分值的 30%。

4）一星级至三星级的绿色建筑均要求进行全装修，装修工程质量、选用材料和产品质量均应符合国家现行标准的相关规定。

18.3.3　评价方法与等级划分

1）绿色建筑评价指标体系由安全耐久、健康舒适、生活便利、节约资源、环境宜居 5

类指标组成，每一类指标均包括控制项和评分项，另外还统一设置加分项。

2）控制项的评定结果应为达标或不达标，评分项和加分项的评定结果为分值。

3）绿色建筑评价的分值按表18.3-1进行评定。

表18.3-1 绿色建筑评价分值

	控制项 基础分值	评价指标评分项满分值					提高与创新 加分项满分值
		安全耐久	健康舒适	生活便利	资源节约	环境宜居	
预评价分值	400	100	100	70	200	100	100
评价分值	400	100	100	100	200	100	100

4）绿色建筑评价的总得分应按下式进行计算：

$$Q = (Q_0 + Q_1 + Q_2 + Q_3 + Q_4 + Q_5 + Q_A)/10 \qquad (18.3-1)$$

式中 Q——总得分；

Q_0——控制项的基础分值，当满足所有控制项的要求时取400分；

$Q_1 \sim Q_5$——分别为评价指标体系5类指标（安全耐久、健康舒适、生活便利、资源节约、环境宜居）评分项得分；

Q_A——提高与创新加分项得分。

一星级、二星级、三星级绿色建筑的技术要求见表18.3-2。

表18.3-2 一星级、二星级、三星级绿色建筑的技术要求

	一星级	二星级	三星级	
围护结构热工性能的提高比例，或建筑供暖空调负荷降低比例	围护结构提高5%，或负荷降低5%	围护结构提高10%，或负荷降低10%	围护结构提高20%，或负荷降低15%	
严寒和寒冷地区住宅建筑外窗热传系数降低比例	5%	10%	20%	
节水器具用水效率等级	3级	2级		
住宅建筑隔声性能	—	室外与卧室之间、分户墙（楼板）两侧卧室之间的空气隔声性能以及卧室楼板的撞击声隔声性能达到低限标准限值和高要求标准限值的平均值	室外与卧室之间、分户墙（楼板）两侧卧室之间的空气声隔声性能以及卧室楼板的撞击声隔声性能达到高要求标准限值	
室内主要空气污染物浓度降低比例	10%	20%		
外窗气密性能	符合国家现行相关节能设计标准的规定，且外窗洞口与外窗本体的结合部位应严密			

注：围护结构热工性能的提高基准、严寒和寒冷地区住宅建筑外窗传热系数降低基准均为国家现行相关建筑节能设计标准的要求。

18.3.4 安全耐久性能

1）安全耐久性能的控制项技术要求共涉及8项内容，见表18.3-3。

表 18.3-3 安全耐久性能的控制项技术要求

序号	控制项要求	备注
1	场地应避开地质危险地段，易发生洪涝地区应有可靠的防洪涝基础设施。场地应无危险化学品、易燃易爆危险源，应无电磁辐射、含氡土壤危害	
2	建筑结构应满足承载力和使用功能要求。建筑外墙、屋面、门窗等围护结构应满足安全、耐久和防护要求	
3	外遮阳、太阳能设施、空调室外机位、外墙花池等外部设施应与建筑主体结构统一设计、施工，并具备安装、检修与维护条件	
4	建筑内非结构构件、设备及附属设施应连接牢固并能适应主体结构变形	
5	建筑外门窗必须安装牢固，其抗风压性能和水密性能应符合现行国家标准规定	
6	卫生间、浴室地面应设置防水层，墙面、顶棚应设置防潮层	
7	走廊、疏散通道等通行空间应满足紧急疏散、应急救护要求，且应保持畅通	
8	具有安全防护的警示和引导标识系统	

2）安全耐久性能分为安全和耐久两项单独进行评分，相关要求见表 18.3-4 和表 18.3-5。

表 18.3-4 安全性能的评分项技术要求

序号	评分项	得分计算
1	采用基于性能的抗震设计，并合理提高建筑的抗震性能	满足要求得 10 分
2	采取保障人员安全的防护措施（15 分）	采取措施提高阳台、外窗、防护栏杆的安全防护水平，得 5 分； 建筑物出入口均设外墙饰面、门窗玻璃以防脱落的防护措施，并与通行区域的遮阳、遮风挡雨等措施结合，得 5 分； 利用场地或景观形成降低坠物风险的缓冲区或隔离带，得 5 分
3	采用具有安全防护功能的产品或配件（10 分）	采用具有安全防护功能的玻璃，得 5 分； 采用具有防夹功能的门窗，得 5 分
4	室内外地面或路面设置防滑措施（10 分）	建筑出入口及平台、走廊、门厅、厨房、浴室等设置防滑措施，防滑等级不低于现行行业标准级，得 3 分； 室内外活动场所采用防滑地面，防滑等级不低于现行行业标准级，得 3 分； 坡道、楼梯踏步防滑等级达到现行行业标准级或按水平地面等级提高一级并采用防滑构造技术措施，得 3 分
5	采取人车分流且步行和自行车交通系统有充足的照明	满足要求 8 分

表 18.3-5 耐久性能的评分项技术要求

序号	评分项	得分计算
1	采用提升建筑适变性的措施（18 分）	采取通用开放、灵活可变的使用空间设计或采取建筑使用功能可变的措施，得 7 分； 建筑结构与建筑设备管线分离，得 7 分； 采用与建筑功能和空间变化相适应的设备设施布置方式或控制方式，得 4 分

（续）

序号	评分项	得分计算
2	采取提升建筑部品耐久性的措施（10 分）	使用耐腐蚀、抗老化、耐久性能好的管材、管线、管件，得 5 分； 活动配件选用长寿命产品并考虑部品组合的同寿命性；不同使用寿命的部品组合时，采用便于分别拆换、更新和升级的构造，得 5 分
3	提高建筑结构材料的耐久性（15 分）	按 100 年进行耐久性设计，得 10 分； 采用耐久性能好的建筑结构材料，满足下列条件之一得 10 分： 1）提高钢筋保护层厚度或采用高耐久混凝土； 2）采用耐候钢结构或耐候性防腐涂料； 3）采用防腐木材、耐久木材或耐久木制品
4	合理采用耐久性好、易维护的装饰装修材料（9 分）	采用耐久性好的外饰面材料，得 3 分； 采用耐久性好的防水密封材料，得 3 分； 采用耐久性好、易维护的室内装饰装修材料，得 3 分

18.3.5　健康舒适

1）健康舒适性能的控制项技术要求共涉及 9 项内容，见表 18.3-6。

表 18.3-6　安全耐久性能的控制项技术要求

序号	控制项要求	备注
1	室内空气中氨、甲醛、苯、总挥发性有机物、氡等污染物浓度应符合现行国家标准规定。建筑室内和建筑主入口处应禁止吸烟，并在醒目位置设置禁烟标志	
2	采取措施避免厨房、餐厅、打印复印室、卫生间、地下车库等区域的空气和污染物串到其他空间；应防止厨房、卫生间的排气倒灌	
3	给水排水系统应满足： 1）生活饮用水的水质应满足国家标准的要求； 2）应制定水池水箱等储水设施定期清洗消毒计划并实施，且每半年清洗消毒不应少于 1 次； 3）应使用自带水封的便器，且水封深度不应小于 50mm； 4）传统水源管道和设备应设置明确清晰的永久性标志	
4	主要功能房间的室内噪声等级和外墙、隔墙、楼板和门窗的隔声性能应满足现行国标的低限要求	
5	建筑照明符合以下规定： 1）照明数量和质量符合现行国家标准的规定； 2）人员长期停留的场所采用符合国家标准的无危险类照明产品； 3）选用光输出波形满足现行国家标准规定的 LED 照明产品	
6	采取措施保障室内热环境。采用集中供暖空调系统的建筑，房间温度、湿度、新风量等设计参数满足规定；采用非集中供暖空调系统的建筑，应具有保证室内热环境的措施或预留条件	

（续）

序号	控制项要求	备注
7	围护结构热工性能应满足： 1）在室内设计温度、湿度条件下，建筑非透光围护结构内表面不得结露； 2）供暖建筑的屋面、外墙内部不应产生冷凝； 3）屋顶和外墙隔热性能应满足现行国家标准要求	
8	主要功能房间配备有现场独立控制的热环境调节装置	
9	地下车库应设置与排风设备联动的一氧化碳浓度监测装置	

2）健康舒适性能的评分项包括室内空气品质（表18.3-7）、水质（表18.3-8）、声环境与光环境（表18.3-9）、室内热湿环境（表18.3-10）四大项。

表 18.3-7　室内空气品质的评分项技术要求

序号	评分项	得分计算
1	控制室内主要空气污染物的浓度（12分）	氨、甲醛、苯、总挥发性有机物、氡等污染物浓度低于现行国家标准规定限值，得6分； 室内 PM2.5 年均浓度不高于 $25m/m^2$，室内 PM10 年均浓度不高于 $50\mu m/m^2$，得6分
2	选用满足国家现行绿色产品评价标准要求的装饰装修材料	选用满足要求的装饰装修材料达到3类以上，得5分；达到5类以上，得8分

表 18.3-8　水质的评分项技术要求

序号	评分项	得分计算
1	直饮水、集中生活热水、游泳池水、采暖空调系统用水、景观用水等水质满足现行国家标准要求	满足要求得8分
2	生活饮用水水池、水箱等储水设施满足卫生要求（9分）	使用符合国家标准要求的成品水箱，得4分； 采取措施保证储水不变质，得5分
3	所有给水排水管道、设备、设施设置明确、清晰的永久性标志	满足要求得8分

表 18.3-9　声环境与光环境的评分项技术要求

序号	评分项	得分计算
1	优化主要功能房间的室内声环境	噪声级达到现行国家标准低限要求和高要求限值的平均值得4分；达到高要求限值得8分
2	主要功能房间的隔声性能良好（9分）	构件及相邻房间空气声隔声性能达到现行国家标准低限要求和高要求限值的平均值，得4分；达到高要求限值，得5分

（续）

序号	评分项	得分计算
3	充分利用天然采光	住宅建筑：主要功能空间至少60%面积，其采光照度值不低于300lx的小时数平均不少于8h/d得9分； 公共建筑：1）内区采光系数满足采光要求的面积比达到60%，得3分；2）地下空间平均采光系数不小于50%面积与地下室首层面积的比值达到10%，得9分；3）室内主要功能至少60%面积比例区域的采光照度值不低于采光要求的小时数平均不小于4h/d，得9分； 主要功能房间有炫光控制措施，得3分

表 18.3-10　室内热湿环境的评分项技术要求

序号	评分项	得分计算
1	具有良好的室内热湿环境（8分）	采用自然通风或复合通风的建筑，主要功能房间室内热环境参数在适应性热舒适区的时间比例达到30%，得4分；每再增加10%再得1分，最高得8分； 采用人工冷热源的建筑，主要功能房间达到国标规定的室内整体评价Ⅱ级的面积比例达到60%，得5分；每再增加10%再得1分，最高得8分
2	优化建筑空间和平面布局，改善自然通风效果（8分）	住宅建筑：通风开口面积与房间地板面积的比例在夏热冬暖地区达到12%，在夏热冬冷地区达到8%，其他地区达到5%，得5分；每再增加2%再得1分，最高得8分； 公共建筑：过渡季典型工况下主要功能房间平均自然通风换气次数不小于2次的面积比例达到70%，得5分；每再增加10%再得1分，最高得8分
3	设置可调节遮阳设施，改善室内热舒适	根据可调节遮阳设施的面积占外窗透明部分的比例进行评分，见表18.3-11

表 18.3-11　可调节遮阳设施的面积占外窗透明部分比例评分规则

可调节遮阳设施的面积占外窗透明部分比例S_Z	得分
$25\% \leqslant S_Z < 35\%$	3
$35\% \leqslant S_Z < 45\%$	5
$45\% \leqslant S_Z < 55\%$	7
$S_Z \geqslant 55\%$	9

18.3.6　生活便利

1）生活便利性能的控制项技术要求共涉及6项内容，见表18.3-12。

表 18.3-12　生活便利性能的控制项技术要求

序号	控制项要求	备注
1	建筑、室外场地、公共绿地、城市道路之间应设置连贯的无障碍步行系统	
2	人行出入口500m内应设置公共交通站点或配备专用接驳车	
3	停车场应具有电动汽车充电设施，并应设置电动汽车和无障碍汽车停车位	
4	自行车停车场所应位置合理、出入方便	
5	建筑设备管理系统应具有自动监控管理功能	
6	建筑应设置信息网络系统	

2）生活便利性能的评分项包括出行与无障碍（表18.3-13）、服务设施（表18.3-14）、智慧运行（表18.3-15）、物业管理（表18.3-16）四大项。

表 18.3-13　出行与无障碍的评分项技术要求

序号	评分项	得分计算
1	场地与公共交通站点联系便捷（8分）	场地出入口到达公共交通站点的步行距离不超过500m或到达轨道交通站不大于800m，得2分； 场地出入口到达公共交通站点的步行距离不超过300m或到达轨道交通站不大于500m，得2分； 场地出入口步行距离800m范围内设有不少于2条线路的公共交通站点，得4分
2	建筑室内外公共区域满足全龄化设计要求（8分）	建筑室内室外公共活动场地及道路均满足无障碍设计要求，得3分； 建筑室内公共区域的墙柱等处的阳角均为圆角，并设有安全抓杆或扶手，得3分； 设有可容纳担架的无障碍电梯，得2分

表 18.3-14　服务设施的评分项技术要求

序号	评分项	得分计算
1	提供便利的公共服务（10分）	1. 住宅建筑，满足其中4项得5分；满足其中6项10分； 1）场地出入口到达幼儿园的步行距离不大于300m； 2）场地出入口到达小学的步行距离不大于500m； 3）场地出入口到达中学的步行距离不大于1000m； 4）场地出入口到达医院的步行距离不大于1000m； 5）场地出入口到达群众文化活动设施的步行距离不大于800m； 6）场地出入口到达老年人日间照料设施的步行距离不大于500m； 7）场地周边500m范围内具有不少于3种商业服务设施 2. 公共建筑，满足其中3项得5分；满足其中5项10分； 1）至少兼容2种面向社会的公共服务功能； 2）向社会公众提供开放的公共活动空间； 3）电动汽车充电桩的车位数占总车位数的比例不低于10%； 4）周边500m范围设有社会公共停车场（库）； 5）场地不封闭或场地内步行公共通道向社会开放
2	城市绿地、广场及公共运动场地等开敞空间步行可达	场地出入口到达城市公园绿地、居住区公园、广场的步行距离不大于300m，得3分； 到达中型多功能运动场地的步行距离不大于500m，得2分
3	合理设置健身场地和空间	室外健身场地面积不少于总用地面积的0.5%，得3分； 设置宽度不小于1.25m的专用健身慢行道，健身慢行道长度不小于用地红线周长的1/4且不小于100m，得2分； 室内健身空间的面积不小于地上建筑面积0.3%且不小于60m²，得3分； 楼梯间具有天然采光和良好的视野，且距离主入口的距离不大于15m，得2分

表 18. 3-15　智慧运行的评分项技术要求

序号	评分项	得分计算
1	设置分类、分级用能自动远传计量系统，并设置能源管理系统，实现对建筑能耗的监测、数据分析和管理	满足要求得 3 分
2	设置 PM10、PM2.5、CO_2 空气质量监测系统，并且储存有至少一年的监测数据和实时显示功能	满足要求得 5 分
3	设置用水远传计量系统、水质在线监测系统	设置用水远传计量系统，能分类、分级记录、统计分析各种用水情况，得 3 分； 利用计量数据进行管网损漏自动检测、分析与整改，管道损漏率低于 5%，得 2 分； 设置水质在线监测系统，监测各种水质指标，记录并保存水质监测结果，并能随时供用户查询，得 2 分
4	具有智能化服务系统	具有家电控制、照明控制、安全警报、环境监测、建筑设备控制、工作生活服务等至少 3 类服务功能，得 3 分； 具有远程监控功能，得 3 分； 具有接入智慧城市（城区、社区）功能，得 3 分

表 18. 3-16　物业管理的评分项技术要求

序号	评分项	得分计算
1	制定完善的节能节水、节材、绿化的操作规程、应急预案，有效实施能源资源管理激励机制	相关设施具有完善的操作规程和应急预案，得 2 分； 物业管理工作考核体系中包括节能、节水绩效考核激励机制，得 3 分
2	建筑平均日用水量满足现行国家标准中节水用水定额要求	平均日用水量大于节水用水定额的平均值、不大于上限值，得 2 分； 平均日用水量大于节水用水定额下限值、不大于平均值，得 3 分； 平均日用水量不大于节水用水定额下限值，得 5 分
3	定期对建筑运营效果进行评估，并根据结果进行运行优化	制订绿色建筑运营效果评估的技术方案和计划得 3 分； 定期检查调试公共设施设备，具有检查、调试、运行和标定记录且记录完整，得 3 分； 定期开展节能诊断评估，并根据评估结果制订优化方案并实施，得 4 分； 定期对各类用水水质进行检测、公示得 2 分
4	建立绿色教育宣传和实践机制，编制绿色设施使用手册，并定期开展使用者满意度调查	每年组织不少于 2 次绿色建筑技术宣传、绿色生活引导、灾害应急演练等绿色教育宣传和实践活动，并有活动记录，得 2 分； 具有绿色生活展示、体验或交流分享平台，并向使用者提供绿色设施使用手册，得 3 分； 每年开展 1 次针对绿色建筑性能的满意度调查，并根据调查结果制定改进措施并实施、公示，得 3 分

18.3.7　资源节约

1）资源节约性能的控制项技术要求共涉及 10 项内容，见表 18.3-17。

表 18.3-17　资源节约性能的控制项技术要求

序号	控制项要求	备注
1	应结合场地自然条件和建筑功能需求，对建筑进行节能设计，并应符合国家相关节能设计要求	
2	应采取措施降低使用供暖、空调系统的能耗，包括： 1）应区分房间朝向细分供暖、空调区域，并应对系统进行分区控制； 2）空调冷源的负荷性能系数、电冷源综合控制性能系数应符合现行国家标准规定	
3	应根据建筑空间功能设置分区温度，合理降低过渡区的温度设定标准	
4	主要功能房的照明功率密度值不应高于现行国家标准规定值；公共区域的照明系统应采用节能控制；采光区域的照明控制应独立于其他区域的照明控制	
5	冷热源、输配系统和照明等各部分能耗进行独立分项计量	
6	垂直电梯应采取群控、变频调速或能量反馈等节能措施；自动扶梯应采用变频感应启动等节能控制措施	
7	应按使用用途、付费或管理单元分别设置用水计量装置；用水点处水压大于 0.2MPa 的配水支管应设置减压设施，并满足最低工作压力的要求；用水器具和设备应为节水产品	
8	不应采用建筑形体和布局严重不规则的建筑结构	
9	建筑造型要素要简约、无大量装饰性构件；住宅建筑装饰性构件造价占总造价的比例不大于 2%；公共建筑装饰性构件造价占总造价的比例不大于 1%	建筑造型要求
10	500km 以内生产的建材占建材总重量的比例应大于 60%； 现浇混凝土应采用预拌混凝土，建筑砂浆应采用预拌砂浆	建材选用的规定

2）资源节约性能评分项技术要求包括节地与土地利用（表 18.3-18～表 18.3-21）、节能与能源利用（表 18.3-22～表 18.3-23）、节水与水资源利用（表 18.3-24）和节材与绿色建材四大项（表 18.3-25）。

表 18.3-18　节地与土地利用的评分项技术要求

序号	评分项	得分计算
1	节约集约利用土地	对于住宅建筑，根据人均住宅用地指标进行评分； 对于公共建筑，根据功能建筑的容积率进行评分
2	合理开发和利用地下空间	根据地下空间开发利用指标，按表 18.3-21 进行评分
3	采用机械式停车设施、地下停车库或地面停车楼等方式	住宅建筑地面停车位数量与住宅总套数的比率小于 10% 得 8 分； 公共建筑地面停车占地面积与建设用地面积的比率小于 8% 得 8 分

表 18.3-19　居住街坊人均住宅用地指标评分规则

建筑气候区划	人均住宅用地指标 A/m²					得分
	平均 3 层及以下	平均 4～6 层	平均 7～9 层	平均 10～18 层	平均 19 层及以上	
Ⅰ、Ⅶ	33＜A≤36	29＜A≤32	21＜A≤22	17＜A≤19	12＜A≤13	15
	A≤33	A≤29	A≤21	A≤17	A≤12	20

（续）

建筑气候区划	人均住宅用地指标 A/m^2					得分
	平均 3 层及以下	平均 4~6 层	平均 7~9 层	平均 10~18 层	平均 19 层及以上	
Ⅱ、Ⅵ	$33 < A \leq 36$	$27 < A \leq 30$	$20 < A \leq 21$	$16 < A \leq 17$	$12 < A \leq 13$	15
	$A \leq 33$	$A \leq 27$	$A \leq 20$	$A \leq 16$	$A \leq 12$	20
Ⅲ、Ⅳ、Ⅴ	$33 < A \leq 36$	$24 < A \leq 27$	$19 < A \leq 20$	$15 < A \leq 16$	$11 < A \leq 12$	15
	$A \leq 33$	$A \leq 24$	$A \leq 19$	$A \leq 15$	$A \leq 11$	20

表 18.3-20 公共建筑容积率（R）评分规则

行政办公、商务办公、商业金融、旅馆饭店、交通枢纽等	教育、文化、体育、医疗、卫生、社会福利等	得分
$1.0 \leq R < 1.5$	$0.5 \leq R < 0.8$	8
$1.5 \leq R < 2.5$	$R \geq 2.0$	12
$2.5 \leq R < 3.5$	$0.8 \leq R < 1.5$	16
$R \geq 3.5$	$1.5 \leq R < 2.0$	20

表 18.3-21 地下空间开发利用指标评分规则

建筑类型	地下空间开发利用指标		得分
住宅建筑	地下建筑面积与地上建筑面积的比率 R_t 地下一层建筑面积与总用地面积的比率 R_p	$5\% \leq R_t < 20$	5
		$R_t \geq 20$	7
		$R_t \geq 35\%$ 且 $R_p < 60\%$	12
公共建筑	地下建筑面积与总用地面积之比 R_{p1} 地下一层建筑面积与总用地面积的比率 R_p	$R_{p1} \geq 0.5$	5
		$R_{p1} \geq 0.7$ 且 $R_p < 70\%$	7
		$R_{p1} \geq 1.0$ 且 $R_p < 60\%$	12

表 18.3-22 节能与能源利用的评分项技术要求

序号	评分项	得分计算
1	优化建筑围护结构的热工性能（15 分）	热工性能比国家现行规定提高幅度达到 5% 得 5 分；达到 10% 得 10 分；达到 15% 得 15 分；建筑供暖空调负荷降低 5% 得 5 分；降低 10% 得 10 分；降低 15% 得 15 分
2	供暖空调系统的冷热源机组能效均优于国家标准及能效限定值（10 分）	按表 18.3-23 进行评分
3	采取有效措施降低供暖空调系统的末端系统及输配系统的能耗（5 分）	空调系统风机的单位风量耗功率比现行国家标准规定低 20% 得 2 分；集中供暖系统热水循环泵的耗电输热比、空调冷热水系统循环水泵的耗电输热比比现行国家标准规定低 20%，得 3 分
4	采用节能型电气设备及节能控制措施（10 分）	主要功能房间的照明功率密度值达到现行国家标准规定的目标值，得 5 分；采光区域的人工照明随天然光照度变化自动调节，得 2 分；照明产品、变压器、水泵、风机等设备满足现行国家标准的节能评价值要求，得 3 分

（续）

序号	评分项	得分计算
5	采取措施降低建筑能耗（10分）	建筑能耗相比国家现行标准降低10%，得5分；降低20%，得10分
6	结合当地气候条件和自然资源合理利用可再生能源（10分）	按下表规则进行评分

可再生能源利用类型和指标		得分
由可再生能源提供的生活用热水比例 R_{hw}	$20\% \leqslant R_{hw} < 35\%$	2
	$35\% \leqslant R_{hw} < 50\%$	4
	$50\% \leqslant R_{hw} < 65\%$	6
	$65\% \leqslant R_{hw} < 80\%$	8
	$R_{hw} \geqslant 80\%$	10
由可再生能源提供的空调用冷量和热量比例 R_{ch}	$20\% \leqslant R_{hk} < 35\%$	2
	$35\% \leqslant R_{hk} < 50\%$	4
	$50\% \leqslant R_{hk} < 65\%$	6
	$65\% \leqslant R_{hk} < 80\%$	8
	$R_{ch} \geqslant 80\%$	10
由可再生能源提供电量比例 R_e	$0.5\% \leqslant R_e < 1.0\%$	2
	$1.0\% \leqslant R_e < 2.0\%$	4
	$2.0\% \leqslant R_e < 3.0\%$	6
	$3.0\% \leqslant R_e < 4.0\%$	8
	$R_e \geqslant 4.0\%$	10

表 18.3-23　冷、热源机组能效提升幅度评分规则

机组类型		能效指标	参照标准	评分要求	
电机驱动的蒸汽压缩循环冷水（热泵）机组		制冷性能系数（COP）	现行国家标准《公共建筑节能设计标准》（GB 50189—2015）	提高6%	提高12%
直燃型溴化锂吸收式冷（温）水机组		制冷、供热性能系数（COP）		提高6%	提高12%
单元式空气调节机、风管送风式和屋顶式空调机组		能效比（EER）		提高6%	提高12%
多联式空调（热泵）机组		制冷综合性能系数【IPLV（C）】		提高8%	提高16%
锅炉	燃煤	热效率		提高3个百分点	提高6个百分点
	燃油燃气	热效率		提高2个百分点	提高4个百分点
房间空气调节器		能效比（EER）能源消耗率	现行有关国家标准	节能评价值	I级能效等级限制
家用燃气热水炉		热效率（η）			
蒸汽型溴化锂吸收式冷水机组		制冷、供热性能系数（COP）			
得分				5分	10分

表 18.3-24　节水与水资源利用的评分项技术要求

序号	评分项	得分计算
1	使用较高用水效率等级的卫生器具（15分）	全部卫生器具的用水效率等级达到2级，得8分； 50%以上卫生器具用水效率达到1级且其他达到2级得12分； 全部卫生器具水效率达到1级得12分
2	绿化灌溉及空调冷却水系统采用节水设备或技术（12分）	绿化灌溉采用节水设备或技术： 1）采用节水灌溉系统，得4分； 2）在节水灌溉系统基础上，设置节水控制措施或种植无须永久灌溉植物，得6分 空调冷却水系统采用节水设备或技术： 1）循环冷却水系统采取措施，避免冷却水泵停泵时冷却水溢出，得3分； 2）采用无蒸发耗水量的冷却技术，得6分
3	结合雨水综合利用设施营造室外景观水体，室外景观水体利用雨水的补水量大于60%，且采用保障水体水质的生态水处理技术（8分）	对进入室外景观水体的雨水，利用生态设施削减径流污染，得4分； 利用水生动植物保障室外景观水体水质，得4分
4	利用非传统水源（15分）	绿化灌溉、车库及道路冲洗、洗车用水采用非传统水源的用水量占比不低于40%，得3分；不低于60%，得5分； 冲厕采用非传统水源的用水量占比不低于30%，得3分；不低于50%，得5分； 冷却补水采用非传统水源的用水量占比不低于20%，得3分；不低于40%，得5分

表 18.3-25　节材与绿色建材的评分项技术要求

序号	评分项	得分计算
1	实施土建与装修工程一体化设计及施工（8分）	满足要求得8分
2	合理选用建筑结构材料与构件（12分）	钢结构： 1）Q345及以上高强钢材用量比例达到50%，得3分；达到70%，得4分； 2）螺栓连接等非现场焊接节点占现场全部连接、拼接节点数量比例达到50%，得4分； 3）采用施工时免支撑的楼面屋面板，得2分
3	建筑装修采用工业化内装部品（8分）	工业化内装部品占同类部品用量比例达到50%，达到1种，得3分；达到3种，得5分；达到3种以上，得8分
4	选用可再循环材料、可再利用材料及利废建材（12分）	可再循环材料和可再利用材料用量比例： 1）住宅建筑达到6%或公共建筑达到10%，得3分； 2）住宅建筑达到10%或公共建筑达到15%，得6分 利废建材选用及用量比例： 1）采用1种利废建材，用量比例不低于50%，得3分； 2）采用2种及以上利废建材，每一种用量比例不低于30%，得6分
5	选用绿色建材（12分）	绿色建材应用比例不低于30%，得4分；不低于50%，得8分；不低于70%，得12分

18.3.8　环境宜居

1）环境宜居性能的控制项技术要求共涉及 7 项内容，见表 18.3-26。

表 18.3-26　环境宜居性能的控制项技术要求

序号	控制项要求	备注
1	建筑规划布局满足日照要求，且不得降低周边建筑的日照标准	
2	室外热环境满足国家现行标准要求	
3	配建的绿地符合当地城乡规划要求，并选择合理的绿化方式	
4	场地的竖向设计利于雨水的收集和排放，有效组织雨水的下渗、滞蓄和再利用	
5	建筑内外设置便于识别和使用的标志系统	
6	场地内无排放超标的污染源	
7	生活垃圾分类收集，收集点的设置应合理并与周围景观协调	

2）环境宜居性能的评分项技术要求包括场地生态与景观（表 18.3-27）、室外物理环境（表 18.3-28）两大项。

表 18.3-27　场地生态与景观的评分项技术要求

序号	评分项	得分计算
1	充分保护或修复场地生态环境，合理布局建筑及景观	1）保护场地原有自然水域、湿地、植被等，保持场地内生态系统与场外生态系统的连贯性，得 10 分； 2）采取净地表层土回收利用等生态补偿措施，得 10 分； 3）根据场地实际情况采取其他生态恢复或补偿措施，得 10 分
2	场地地表和屋面雨水径流，对场地雨水实施外排总量控制	场地年径流总量控制率达到 55%，得 5 分；达到 70%，得 10 分
3	充分利用场地空间设置绿化用地	住宅建筑： 1）绿地率达到规划指标 105% 及以上，得 10 分； 2）所在居住街坊内人均集中绿地面积，按下表规则进行评分，最高得 6 分 人均集中绿地面积/（m^2/人） <table><tr><td colspan="2">人均集中绿地面积/（m²/人）</td><td>得分</td></tr><tr><td>新区建设</td><td>旧区改建</td><td></td></tr><tr><td>0.50</td><td>0.35</td><td>2</td></tr><tr><td>0.50 < A_g < 0.60</td><td>0.35 < A_g < 0.45</td><td>4</td></tr><tr><td>A_g≥0.60</td><td>A_g≥0.45</td><td>6</td></tr></table> 公共建筑： 1）绿地率达到规划指标 105% 及以上，得 10 分； 2）绿地向公众开放，得 6 分
4	室外吸烟区位置布置合理	室外吸烟区布置在建筑主入口的主导风的下风向，与所有建筑出入口、新风进气口的距离不小于 8m，且距离老人和儿童活动场地不小于 8m，得 5 分； 室外吸烟区与绿植结合布置，并合理配置座椅和垃圾桶，从建筑主入口至室外吸烟区的导向标志完整、定位标志醒目，吸烟区设置警示标示，得 4 分

（续）

序号	评分项	得分计算
5	利用场地空间设置绿色雨水基础设施	下凹式绿地、雨水花园等有调蓄雨水功能的绿地和水体面积之和占绿地面积的比例达到40%，得3分；达到60%，得5分； 衔接和引导不少于80%的屋面雨水进入地面生态设施，得3分； 衔接和引导不少于80%的道路雨水进入地面生态设施，得3分； 硬质铺装地面中透水铺装面积的比例达到50%，得3分

表 18.3-28　室外物理环境的评分项技术要求

序号	评分项	得分计算
1	场地内环境噪声优于现行国家标准	环境噪声值大于2类声环境标准限值，但小于3类标准限值得5分； 环境噪声值小于或低于2类声环境标准限值得10分
2	建筑及照明设计避免产生光污染	玻璃幕墙的反射比对周边环境的影响符合国家标准规定得5分； 室外夜景照明光污染的限值符合国家和行业标准规定得5分
3	场地内风环境有利于室外行走、活动舒适和建筑的自然通风	冬季典型风速和风向条件下： 1）周围人行区距地15m处小于5m/s，户外休息区、儿童娱乐区风速小于2m/s且风速放大系数小于2，得3分； 2）除迎风第一排建筑外，迎风面与背风面风压差不大于5Pa，得2分 过渡季、夏季典型风速和风向条件下： 1）场地内活动区不出现旋涡或无风区，得3分； 2）50%以上可开启外窗室内外表面的风压差不大于0.5Pa，得2分
4	采取措施降低热岛强度	室外活动场地设有乔木、花架等遮阴措施的面积比例，住宅建筑达到30%，公共建筑达到10%，得2分；住宅建筑达到50%，公共建筑达到20%，得3分； 机动车道、路面太阳辐射反射系数小于0.4，设有遮阴面积较大的行道树路段长度超过70%，得3分； 屋顶绿化面积、太阳能板水平投影面积以及太阳辐射反射系数不小于0.4的屋面面积合计达到75%，得4分

18.3.9　提高与创新

提高与创新评价各加分项内容及得分计算见表 18.3-29。提高与创新项得分为加分项得分之和，最高得分不得超过 100 分。

表 18.3-29　提高与创新评价各加分项内容及得分计算

序号	加分项	得分计算	总分
1	进一步降低建筑供暖空调系统的能耗	比现行节能标准降低40%得10分；每再降低10%，再得5分	30
2	采用适宜地区特色的建筑风貌设计或因地制宜传承地域建筑文化		20
3	合理选用废弃场地进行建设或充分利用旧建筑		8

（续）

序号	加分项	得分计算	总分
4	场地绿容率	计算值不低于 3.0 得 3 分 实测值不低于 3.0 得 5 分	5
5	采用工业化建造方式的结构体系与建筑构件	采用钢结构、木结构得 10 分； 采用装配式混凝土结构，预制构件比例达 35% 得 5 分，达 50% 得 10 分	10
6	应用建筑信息模型技术	在规划设计、施工建造、运营维护阶段，每个阶段应用得 5 分	15
7	进行碳排放计算分析，采取措施降低单位面积碳排放强度		12
8	按照绿色施工要求进行施工和管理	获得绿色施工优良等级得 8 分； 采取措施减少预拌混凝土损耗，损耗率降低至 1.5% 得 4 分； 采取措施减少现场加工钢筋损耗，损耗率降低至 1.5% 得 4 分； 采用铝模等免粉刷模板体系得 4 分	20
9	采用建设工程质量潜在缺陷保险产品	承保范围包括地基基础、主体结构、屋面防水和其他土建工程质量问题得 10 分； 承保范围包括装修、电气管线、上下水管线和供热、供冷系统工程质量问题得 10 分	20
10	采取节约资源、保护生态环境、保障安全健康、智慧友好运行、传承历史文化等创新方式，并有明显效益	每采取一项得 10 分，最高 40 分	40

第 19 章

运营和维护

由于钢结构建筑形式多种多样，运营和维护内容比较宽泛，本章主要讲装配式钢结构住宅的运营和维护。

19.1 运营和维护的主要内容

19.1.1 钢结构住宅运营的内容

钢结构住宅的运营与商业建筑的运营不同，主要是保证能为用户提供安全、舒适、可靠、稳定的住宅使用功能，为用户提供预期内的产品目标。钢结构住宅的运营需要用户和物业管理公司共同来参与。

1. 前期物业的介入

在项目交付的前期，物业公司作为钢结构住宅项目的后续托管单位，需要深度介入钢结构住宅的技术交底工作，物业管理的技术人员需要详细地了解钢结构住宅的体系组成、材料性能、结构特点、各项指标、耐久性、维护需求、在运营中注意的问题等，并根据已有的技术条件准备各类后续配套资料，为用户入住做好准备。

2. 日常用户与物业的管理

在用户入住后，对钢结构住宅产品的使用应在物业的指导下，用户按住宅使用手册的要求，安全合理地使用钢结构住宅产品，详细了解住宅产品的各项功能指标、材料指标、使用注意事项等，不对住宅进行超出产品手册运行范围的局部拆改破坏，不进行超出设计荷载范围、功能范围的不当使用，比如堆放货物、改变使用环境等，避免给结构带来安全隐患和质量问题。

3. 运营中的质量问题

钢结构住宅产品的运营质量问题，是物业管理公司和用户共同协作需要达成的总体需求，主要包括两个方面：一是用户在钢结构住宅产品使用过程中体验的维持与产品质量的保持；二是二次装修可能带来的质量问题等。

物业管理公司应定期检查并关注钢结构住宅可能出现的质量问题，及时关注用户反馈的问题，比如主体结构沉降、墙体出现可疑裂缝、钢结构使用的舒适度、超出规范容许的隔声问题、住宅的渗漏问题等。

4. 运营中的安全问题

物业公司应做好钢结构住宅运营中的安全管理，根据产品特点以及可能出现的状况，做好各项预案，确保住宅小区及单个楼宇的结构安全、设备安全。比如电梯、暖通、消防安全等。

19.1.2　钢结构住宅维护的内容

1. 钢结构住宅的维护原则

1）因地制宜，合理修缮。

2）对不同类型的钢结构住宅要制定不同的维修维护标准。

3）定期检查，及时维护。

4）加强对二次装修的管理，确保安全，保证正常使用。

5）最有效地合理使用维修基金。

6）最大限度地发挥房屋的有效使用功能。

2. 钢结构住宅的检查内容

钢结构住宅的检查内容主要有沉降观测、地下室防水、填充墙裂缝、钢结构保护装饰材料、钢结构的防火保护、钢结构防腐蚀保护、外墙防水防渗漏、外墙门窗、幕墙开裂松动、幕墙胶老化、屋顶防水、卫生间防水、电梯、机电设备等内容。

钢结构住宅的检查周期应根据相关内容所依据的规范、选用产品的性能指标来执行。比如幕墙胶应根据产品的设计寿命和检查周期来检查维护。

3. 钢结构住宅的维护内容

钢结构住宅维护的内容主要包括钢结构住宅的日常维护和钢结构住宅的季节性预防维护两个方面。

钢结构住宅的日常维护的来源有两个方面：一是住宅用户临时发生报修的零星维护工程（包括对业主或使用人进行的房屋二次装修的管理）；二是物业管理公司通过平常掌握的检查资料从钢结构住宅管理角度提出来的维护工程。因此，钢结构住宅的日常维护包括房屋的零星维护和钢结构住宅的计划维护。

钢结构住宅的季节性预防维护的来源主要有防台防汛、防梅雨和防冻防寒。钢结构住宅的季节性预防维护关系着业主或使用人的居住和使用安全以及钢结构住宅设备的完好程度。所以，这种预防维护也是钢结构住宅维护中的一个重要方面。

钢结构住宅维护应注意与钢结构住宅建筑的不同部位材料及外界条件相适应，局部装饰木材的防潮防腐防蚁蛀、外墙和卫生间的防水防渗漏、钢结构的防火与防腐蚀等维护，都必须结合具体情况给予重视。

钢结构住宅中各部分的维护内容具体有如下内容：①整体结构的沉降观测；②地下室防水；③填充墙裂缝；④钢结构保护装饰材料；⑤钢结构的防火保护；⑥钢结构的防腐蚀保护；⑦外墙门窗；⑧幕墙连接件；⑨幕墙胶；⑩屋顶防水；⑪卫生间防水；⑫电梯；⑬机电设备等。

上述内容只是一般常规钢结构住宅常见项目，具体项目根据功能和部品选配不同，可以有所调整。

19.1.3　钢结构住宅运营维护程序

一般情况下，钢结构住宅的清洁保养由清洁班按照《清洁绿化管理手册》中有关规定负责执行，填写相应的清洁记录；其他保养内容由维修班负责执行，填写《钢结构住宅设施保养记录》。维修班长每年初根据钢结构住宅设施保养计划标准，结合管理处实际情况，制订出公共设施年度保养计划。

（1）屋顶　每2年对隔热层保养一次，对面砖破碎或裂缝较大的应及时更换，并对面砖表面用白水泥勾缝。

（2）外墙饰面　每年对重点部位进行清洗；每3年进行全面清洗；在清洗时，发现有外墙饰面脱落的应及时进行修补，恢复原样；对于外墙渗水的，请参考《房屋维修加固手册》进行修理。

（3）内墙饰面　每3年进行全面保养。对粉刷面发现有裂缝应修补；对瓷砖面裂缝较大的应予以更换，对可疑部位用小铁锤轻轻敲击，发现有空鼓的地方，进行更换或在以后日常巡查中注意，发现有脱落及时修补。

（4）楼梯间　楼梯间踏步每3年保养一次，发现问题及时修理。楼梯间墙面粉刷，日常发现有裂纹、龟裂、剥落等应及时修理；每3年进行一次全面保养，对粉刷内部有损坏的，用小铁锤在可疑的地方轻轻敲击，如发出空壳声，则有起壳现象，确定起壳范围后进行修补。

（5）门　对防火门日常发现有生锈或掉漆的，应及时修理；每年全面保养一次，对生锈、掉漆或起皮部位应重新刷漆；对防火门轴承上油一次。对其他类型门每年对轴承上油一次。

（6）防盗网、花园围栏　根据损坏程度确定重新刷油漆的周期，原则上每2年应刷油一次，最长时间不超过4年。

（7）窗　每年保养一次，当门窗框松动、翘曲，应将锚固铁脚的墙体凿开，将铁脚取出扭正，损坏的应焊接好，并将门窗框矫正后用木楔固定，墙清理干净洒水润湿后，用高强度水泥砂浆把铁脚重新锚固，并填实墙洞，待砂浆强度达到要求后，撤去木楔，把门窗框与墙壁间的缝隙修补好。对断裂损坏部位可按原截面型号用电焊接换。翘曲或损坏严重的门窗扇，应卸下进行矫正，焊接后重新安装。每年对配件上油一次。

（8）公共地砖　日常发现损坏及时维修，每3年全面保养一次，发现地砖损坏或裂缝严重的应更换。

（9）吊顶　日常对吊顶进行检查，发现有破损的应及时更换，每3年揭开石膏板查看吊顶钢丝，有生锈严重的应取下更换。

（10）人行道、车行道　日常发现有损坏的人行道、车行道应及时修补；每年保养道路一次，对表面起砂的应先用榔头把酥松起砂的部分敲松，然后用高压水枪冲刷干净后，用高强速凝水泥砂浆修复。

（11）管道　原则上管道每3年应全部刷油一次，但对重点部位，有必要时可以增加次数（如室外一楼地面的管道可以每年刷油一次，对室内管道，严重污染的应随时刷油）。

（12）污水井　每年揭盖检查清理污泥一次。

（13）挡雨篷　每年全面检查一次，对螺钉部位进行加固，对脱胶部位进行补胶；在大雨或台风等天气来临前，应视情况增加保养次数。

（14）玻璃幕墙（包括玻璃门）　每年对玻璃幕墙进行一次全面清洗及保养，对玻璃幕墙（玻璃门）的玻璃胶进行检查，发现有脱胶的应补胶，对玻璃门轴上油一次。

（15）在台风、大雨等来临前夕，应仔细检查窗户、玻璃幕墙，发现问题及时处理，以免发生意外。

19.2　运营和维护的阶段划分与目标设定

19.2.1　钢结构住宅生命周期的阶段划分

根据我国设计规范，住宅建筑的设计基准期是 50 年。根据我国居住用地的产权年限，住宅的产权是 70 年。钢结构住宅在我国的发展时间尚短，尚未有全生命周期的全过程应用案例。根据住宅建筑的产品特点和运营维护规律，大致将钢结构住宅的生命周期划分为前期阶段、中期阶段、后期阶段和超期服役阶段等四个阶段。

1. 前期阶段

是指钢结构住宅从建成交付使用后的第一个 10 年阶段。在这一阶段，产品是全新的，钢结构及防腐蚀防火、所有配套的机电设备和建筑部品都处于质量最好的阶段。在这个阶段，精装修交付的产品，在正常状况下使用，一般无须二次装修，建筑一直保持在建成交付时的状态。

2. 中期阶段

是指钢结构住宅建成后第 11 年至第 40 年之间的 30 年阶段。在这一阶段，主体钢结构仍能保持安全状态，钢结构的防腐蚀和防火在正常使用情况下，也能保持安全状态。根据住宅使用过程中的特点，因为买卖、更新等原因，开始进入二次装修及多次装修的进程。一些功能设备、部品材料也开始进入更新维护保养的周期。在这一阶段，通过合理的检修和维护保养，建筑的结构安全和性能指标仍能得到低成本的保持。

3. 后期阶段

是指钢结构住宅建成后第 41 年至第 50 年之间的 10 年阶段。在这一阶段，主体结构的耐久性问题开始需要关注，钢结构的防腐蚀和防火需要经常关注，功能设备的老化、部品材料的寿命等，根据初始设计设定的指标，都将进入生命的末期。在这一阶段，需要较高的成本，才能保持建筑的结构安全和各项性能指标。

4. 超期服役阶段

是指钢结构住宅建成后超出 50 年之后的阶段。在这一阶段，处于超出生命周期的服务阶段，建筑的结构安全和各项性能指标需要得到更密切的关注，建筑的安全服役需要更高成本的维护和保养。

19.2.2　各阶段运营和维护的目标设定

1. 前期阶段的目标

在钢结构住宅产品的前期阶段，只需要跟踪监测和检查即可，一般无须维护。可以将维护目标设定为零维护，或设定一个最低的成本指标。

2. 中期阶段的目标

在钢结构住宅产品的中期阶段，也是周期最长的阶段，需要设置合理必要的维护保养项目与检查维护周期，来协调维保与产品品质、用户体验的平衡。维护目标的设定综合考虑成本和性能指标。

3. 后期阶段的目标

在钢结构住宅产品的后期阶段，产品老化，对检查维修的周期和成本都有较大的提升，此阶段的维护目标需要保证产品能安全地达到使用寿命，成本目标可适当提升。

4. 超期服役阶段的目标

在钢结构住宅产品的超期服役阶段，保证产品安全是第一位的，可以适当降低产品的各项性能指标。维护指标需要关注效能与成本的平衡，无须不惜成本地保持产品继续服役，可以设定产品退出服役的指标。

19.3 运营和维护的实施

19.3.1 产品说明书

国内商品房开发商在产品交付时，都会为业主提供产品说明书，介绍产品的构成、特点、使用说明以及后期维保等。钢结构住宅在商品房中的应用案例总体较少，一些开发企业也在研究应该向用户提供什么样的产品说明书。在市场推广前期，产品说明书尽量详细一些，在用户使用产品过程中可能的问题都加以说明、提醒和技术指导，避免用户盲目动作对产品有不可预期的损害。钢结构住宅的产品说明书可以包含产品构造与材料说明、使用注意事项、装修改造技术文件、耐久性与产品维护等几项内容。

1. 钢结构住宅产品构造与材料说明

钢结构住宅应用较多新材料、新部品、新技术，尽量向用户开诚布公地讲清楚，免得用户因不了解产生误会。比如轻质隔墙、各类保温做法、防火做法、装配式装修做法等，不一定讲很深的技术细节，但要讲清楚这些材料的选用、构造做法的重要性、设计依据的国家规范图集等。之前国内发生过用户认为轻质保温材料是建设方偷工减料的案例。

2. 钢结构住宅产品使用注意事项

钢结构住宅的材料选用与构造与混凝土住宅有差别，一些传统住宅使用中可能存在的场景，在钢结构住宅中需要注意，比如装配式装修是空鼓墙，不能挂钉子；比如钢结构住宅定期维护人员会入户访问检查，类似煤气管线定期检查更换一样，需要用户配合等，向用户说明清楚。

3. 钢结构住宅装修改造技术文件

住宅的二次甚至多次装修改造，是住宅产品应用中一个常见的场景，不可避免；即使是精装交付的产品，因为装修的寿命低于住宅产品的寿命，现实中也存在住宅多次入市交易的情况。产品说明中应有装修改造的这一块内容。

4. 钢结构住宅耐久性与产品维护

任何产品都有耐久性与维护问题，钢结构住宅也不例外。产品维护保养一般是物业的事情，有房屋维修基金，与用户关系不大。

19.3.2 钢结构住宅的二次装修技术服务

二次装修是业内各市场参与主体都很关注的问题，尤其是房产开发商。在一项技术未经过市场大面积应用，未取得普遍认知和实践经验之前，大家有疑问是正常的。为了保障用户的权益，结合其他类产品的维保服务方式，对未来钢结构住宅的二次装修发展方向，可以提供如下一些二次装修技术服务，按服务等级由低到高依次介绍如下。

1. 用户自主装修

目前市场上常见的装修做法是由客户自主决定。这就存在用户盲目装修的情况，这也是目前大家最关注的问题，怕出各种各样的问题，这是应该努力避免出现的。

2. 提供装修技术说明

对于市场上面向中端以下大众的普通住宅产品，至少应该在产品说明书中提供二次装修的技术说明。用户可以自己查看产品说明书，学习了解相应的技术指标，避免盲目装修带来不可控的问题。

3. 装修技术咨询服务

次优的方案是提供客服类的二次装修技术咨询，这种方案适用于中端以上的住宅产品。此类产品面对的用户是中产以上水平，对产品的质量有一定追求。产品改造或二次装修时，可以由特定的产品服务部门来提供技术咨询服务，在材料性能指标选用、构造做法指导、施工过程监管、质量验收等方面提供技术服务。用户可以选用推荐的品牌施工单位或选用市场上的装修施工单位。

4. 提供整体装修实施服务

最优的方案是提供类似"汽车 4S 店"的二次装修承包服务，这种方案适用于高端精装修交付的住宅产品。此类产品面对的是高端用户，产品的材料选用都是有品牌的，构造做法比较讲究，最好是由原装修单位提供维保以及二次改造的设计和施工，这样才能在材料品牌选用、构造合理性以及施工细节方面为用户提供高品质的服务。

5. 二次装修的管理建议

二次装修是在房屋初装的基础上进行的，它与一般装修有所不同。其特点如下：①必须符合楼宇原设计时的工程技术规范与技术指标；②施工时应顾及相邻住户的正常工作及生活，尽量减少对他们的影响；③对施工人员的技术及素质要求比较高，以保障住户的人生、财产的安全；④重视施工中的防火工作。

二次装修是物业管理中一项经常而重要的工作，若不加以管理，就有可能会破坏房屋的结构及侵犯其他住户的利益。因此，物业管理公司应认真对待二次装修，工程设备、保安、服务等部门应通力合作，共同做好管理工作。

（1）二次装修的程序

1）装修申报。

① 装修户首先向物业管理公司工程设备部门提出申请。业主需要装修时，到管理公司下属的管理处领取申请表，填写申请表，等申请批准后方可施工。

② 工程设备部门对装修户的资格进行确认，并提供装修指南及有关资料。

③ 装修户尽快请有关单位进行装修设计，并在 15 天内将装修设计图交工程设备部门审查。

④ 装修户选择合格的装修单位。

2）物业管理公司审批。

① 在接到装修户递交的装修设计的一周内，工程设备部会同安保部对设计方案进行审核，提出同意或修改意见。

② 方案批准后，装修户按规定到物业管理公司签订协议，并领取装修许可证。

（2）装修范围

① 不可擅自改变房屋的柱、梁、板、承重墙、屋面防水隔热层、电路，上下管线等。

② 不可擅自用红砖、大理石及超厚超重材料进行装修。

③ 不擅自封闭或改变阳台用途。

④ 不擅自改变原有门窗规格及墙面装饰。

（3）加强对二次装修的科学管理

1）装修公司的选择。选择装修公司是二次装修管理中的一件大事。物业管理公司从所管理的楼宇、小区的安全以及业主或使用人的利益考虑，一般选择几个成熟的装修公司作为楼宇、小区装修的固定施工队伍。住用户需要装修时，就将这几家公司推荐给他们。

但实际上，由于诸多因素造成许多住用户不一定接受物业管理公司推荐的装修公司，而自行在外面寻找装修公司。这时，物业管理公司应提醒住用户在选择装修公司时，首先不能急，急了容易"病急乱投医"，而应仔细地找。住用户要了解装修公司的资质、施工队伍技术实力以及可靠程度。尤其是那些租间小房子、一张桌子、一个人的"皮包"公司，很有可能"打一枪换一个地方"，紧要关头连人也找不到。

第二不能贪。这个贪，是指贪方便、贪便宜、贪听好话。有的公司条件要求严是严，但说了算数，有的公司宽是宽，但说与做不一样。因此，越是在洽谈时说得无所不应的，你反而要多个心眼想一想，其中是否有诈，这样优惠的条件他们能否赚钱，以防被骗。

另外，业主或使用人在自行确定了装修公司以后，在正式进行房屋装修前一定要签订详细的书面协议，以防止口说无凭；应将房屋装修所需要用的材料、时限、工程造价、施工面积、技术参数等有关条件写进施工协议中；在装修完成后，还要向施工者索要发票。只有这样，当房屋装修出现质量问题发生纠纷时，才能提出充分证据并依据法律保护自己的权益不受侵害。

2）二次装修的现场监护。装修现场监护是二次装修管理的关键。一切的协议规定都要靠现场监护来落实。作为物业管理公司，理应派人对施工现场进行定时和不定时的监督检查，主要抓好以下几点：

① 审查装修公司施工人员的情况，坚持凭证出入楼宇、小区制度。

② 控制装修公司动用明火的操作，施工现场不准吸烟。除按规定在施工现场配置消防器材外，还应有专人负责防火安全。

③ 监督装修公司按批准的设计图样进行施工，防止装修公司置原有的设计于不顾而另搞一套，造成对楼宇结构、设施的损害。

④ 阻止装修公司因不合时宜地进行有强烈声响和刺激性气味的工作，而造成对其他业主或使用人正常工作、生活的影响。

19.3.3 钢结构住宅的维护

物业服务单位应根据建设单位提供的"住宅质量保证书"和"住宅使用说明书"相关要求，与业主签订钢结构住宅"物业检查与维护更新计划"，其中检查时间应根据钢结构设计文件中防腐、防火、防水等相关说明执行。检查部位可根据钢构件部位和防护情况做适当区分，适当增加卫生间、厨房、外墙、屋面等易损坏部位的抽查数量。所有检查应形成检查与维护记录，并由物业服务单位和业主共同持有。

钢结构住宅中，基础、主体结构、主要墙体等在全生命周期内如果没有经过较大的地震损坏，按现有规范质量要求，是不用经常检查维保的。钢结构住宅的耐久性检查与维保主要有以下几个方面。

1. 屋面防水耐久性的检查与维保

屋面防水材料多采用卷材等有机材料，设计时已经确定了防水等级，使用阶段要定期检查屋面防水质量及渗漏情况，需要的时候，进行维护与保养甚至更换。

对于钢结构住宅中出屋面的钢结构节点处防水处理，应给予重点关注。

屋面工程在房屋中的作用主要是维护、防水、保温（南方为隔热）等，由于建筑工艺水平的提高，现在又增加了许多新的功能，如采光、绿化、各种活动，以及太阳能采集利用等。屋面工程施工工艺复杂，而最容易受到破坏的是防水层，它又直接影响到房屋的正常使用，并起着对其他结构及构造层的保护作用。所以，防水层的维护也就成为屋面工程维修维护中的中心内容。

屋面防水层受到大气温度变化的影响，风雨侵蚀、冲刷、阳光照射等都会加速其老化，排水受阻或人为损害以及不合理荷载，经常造成局部先行破坏和渗漏，加之防水层维修难度大，基本无法恢复对防水起主要作用的整体性，所以，在使用过程中需要有一个完整的保养制度，以养为主，维修及时有效，以延长其使用寿命，节省返修费用，提高经济效益。

（1）定期清扫，保证各种设施处于有效状态 一般非上人屋面每季度清扫 1 次，防止堆积垃圾、杂物及非预期植物，如青苔、杂草的生长；遇有积水或大量积雪时，及时清除；秋季要防止大量落叶、枯枝堆积。上人屋面要经常清扫。在使用与清扫时，应注意保护重要排水设施如落水口，以及防水关键部位如大型或体形较复杂建筑的变形缝。

（2）定期检查、记录，并对发现的问题及时处理 定期组织专业技术人员对屋面各种设施的工作状况按规定项目内容进行全面详查，并填写检查记录。对非正常损坏要查找原因，防止产生隐患；对正常损坏要详细记录其损坏程度。检查后，对所发现的问题及时汇报处理，并适当调整维护计划。

（3）建立大修、中修、小修制度 在定期检查、维护的同时，根据屋面综合工作状况，进行全面的小修、中修或大修，可以保证其整体协调性，延长其整体使用寿命，以发挥其最高的综合效能，并可以在长时期内获得更高的经济效益。

（4）加强屋面使用的管理 在屋面的使用中，要防止产生不合理荷载与破坏性操作。上人屋面在使用中要注意污染、腐蚀等常见病，在使用期应有专人管理。屋面增设各种设备，如天线、广告牌等，首先要保证不影响原有功能（包括上人屋面的景观要求），其次要符合整体技术要求，如对屋面产生荷载的类型与大小会导致何种影响。在施工过程中，要有专业人员负责，并采用合理的构造方法与必要的保护措施，以免对屋面产生破坏或形成其他隐患，如对人或物造成危险。

（5）建议建立专业维修保养队伍 屋面工程具有很强的专业性与技术性，检查与维修维护都必须由专业人员来负责完成，而屋面工程的维护频率相对较低，所以为减轻物业管理企业的负担，并能充分保证达到较高的技术水平，更有效、更经济地做好屋面工程维护工作，应建立起由较高水平专业技术人员组成的专职机构。

2. 墙台面及吊顶工程的维护工程

一些产品的外墙采用幕墙与嵌缝胶的构造做法，嵌缝胶属于有机材料，类似玻璃幕墙、铝板幕墙，也要定期地检查耐久性，进行维保。

墙台面及吊顶是房屋装修工作的主要部分，它通常包括多种类型，施工复杂，耗资比重大，维修工序繁琐，常常牵一发而动全身。所以，做好对它的维护工作，延长其综合使用寿命，直接关系到业主与管理机构的经济利益。

墙台面及吊顶工程一般由下列装饰工程中的几种或全部组成：抹灰工程，油漆工程，刷（喷）浆工程，裱糊工程，块材饰面工程，罩面板及龙骨安装工程。每种工程都要根据其具体的施工方法、材料性能以及可能出现的问题，采取适当的维护措施。但无论对哪一种工程的维护，都应满足以下几个共性的要求。

（1）定期检查，及时处理 定期检查一般不少于每年1次。对容易出现问题的部位重点检查，尽早发现问题并及时处理，防止产生连锁反应，造成更大的损失。对于使用磨损频率较高的工程部位，要缩短定时检查的周期，如台面、踢脚、护壁，以及细木制品的工程。

（2）加强保护与其他工程衔接处 墙台面及吊顶工程经常与其他工程相交叉，在相接处要注意防水、防腐、防胀。如水管穿墙加套管保护，与制冷、供热管相接处加绝热高强度套管。墙台面及吊顶工程在自身不同工种相接处，也要注意相互影响，采取保护手段与科学的施工措施。

（3）保持清洁与常用的清洁方法 经常保持墙台面及吊顶清洁，不仅是房间美观卫生的要求，也是保证材料处于良好状态所必需的。灰尘与油腻等积累太多，容易导致吸潮、生虫以及直接腐蚀材料。所以，应做好经常性的清洁工作。清洁时需根据不同材料各自性能，采用适当的方法，如防水、防酸碱腐蚀等。

（4）注意日常工作中的防护 各种操作要注意，防止擦、划、刮伤墙台面，防止撞击。遇有可能损伤台面材料的情况，要采取预防措施。在日常工作中有难以避免的情况，要加设防护措施，如台面养花、使用腐蚀性材料等，应有保护垫层。在墙面上张贴、悬挂物品，严禁采用可能造成损伤或腐蚀的方法与材料，如不可避免，应请专业人员施工，并采取必要的防护措施。

（5）注意材料所处的工作环境 遇有潮湿、油烟、高温、低湿等非正常工作要求时，要注意墙台面及吊顶材料的性能，防止处于不利环境而受损。如不可能避免，应采取有效的防护措施，或在保证可复原条件下更换材料，但均须由专业人员操作。

（6）定期更换部件，保证整体协调性 由于墙台面及吊顶工程中各工种以及某一工程中各部件的使用寿命不同，因而，为保证整体使用效益，可通过合理配置，使各工种、各部件均能充分发挥其有效作用，并根据材料部件的使用期限与实际工作状况，及时予以更换。

3. 钢结构防腐蚀材料的检查与维保

钢结构构件防腐蚀多采用油漆保护，产品厂家一般保证15～25年，钢结构住宅设计寿命50～70年，这个问题是业界一直关注的主要问题之一。

钢构件的防腐包括主动涂层和被动封闭层两种：主动的涂层即防锈底漆，由一层或二层构成；被动封闭层即防腐面漆或防火涂装层，加上抹灰等，可以起到更加长效的防腐作用。

即使防腐层因为某些原因失效，无保护钢材的腐蚀速度也较慢。大气相对湿度及侵蚀介质（如二氧化硫等）的含量是影响钢材腐蚀的主要因素。根据这些影响因素的程度不同，无保护钢材的年腐蚀速度见表 19.3-1。

表 19.3-1　无保护钢材的年腐蚀速度　　　　　（单位：mm/年）

钢　种	成都	广州	上海	青岛	鞍山	北京	包头
	相对湿度						
	83%	78%	78%	70%	65%	59%	53%
Q235	0.1375	0.1375	0.071	0.075	0.078	0.0585	0.0335
Q345	0.129	0.125	0.0705	0.070	0.068	0.043	—

另外，在影响涂层质量的因素中，表面处理（除锈）和施工质量是影响最大的，因此，需要对表面处理和施工质量进行严格的控制和把关，以保证防腐涂层的使用寿命。

综上可知，钢结构的防腐设计，按照我国现行标准规范执行，能够满足工程要求。钢材的除锈方法和除锈等级需要在设计文件中明确规定，这是涂装质量得以保证的前提。只要除锈彻底，涂装质量合格，钢结构的耐久性能够达到长效防腐，满足住宅建筑的设计使用年限。

美国 1931 年建成的纽约帝国大厦等一大批高层钢结构工程实例证明，其原理是空气隔绝、不被氧化，只要防锈漆不被破坏，隔绝就有效，再加上外层的防火涂料和装饰材料包裹，住宅适用年限内防腐并不需要中途维修。

在防火材料的选择上，可以选择以无机成分为主的非膨胀型防火涂料或其他无机防火材料，无老化失效；同时采取挂设玻纤网格布等抗裂措施避免防火保护层的开裂脱落。所以钢结构防火也没有老化问题，只要使用维护得当，能满足住宅建筑的长期使用需求。

钢结构防腐应遵循"预防为主、防护结合"的原则，绝不是简单的涂装防护，而是一个完善的防护体系。工程中应避免仅考虑初期投资费用，片面要求经济上的低成本，而忽视了后续使用、维护的费用，直接导致钢结构工程耐久性的降低和工程全生命周期总成本费用的增加。对永久承重钢结构应采用较严格的除锈标准和长效防护方案。应由业主、防火防腐施工单位、材料供应商等在工程建造时制定合理的维护计划，投入使用后按照该维护计划进行定期检查，并根据检查结果进行维护。

4. 其他机电设备的检查与维保

住宅产品中其他的机电设备，比如电梯、空调新风、燃气、供电、供水消防等的检查与维保，已有标准成熟的经验做法。

由于通风道在房屋建设和使用过程中都是容易被忽略而又容易出问题的部位，因此对通风道的维护管理应作为一个专项格外加以重视。首先在设计时就要尽量选用比较坚固耐久的钢筋混凝土风道、钢筋网水泥砂浆风道等，淘汰老式的砖砌风道、胶合板风道。而且必须选用防串味的新型风道。在房屋接管验收时，一定要将通风道作为一个单项进行认真细致的验收，确保风道畅通、安装牢固、不留隐患。在房屋使用过程中，应注意以下几点。

① 住户在安装抽油烟机和卫生间通风器时，必须小心细致地操作，不要乱打乱凿，对通风道造成损害。

② 不要往通风道里扔砖头、石块或在通风道上挂东西，挡住风口，堵塞通道。

③ 物业管理企业每年应逐户对通风道的使用情况及有无裂缝破损、堵塞等情况进行检

查。发现不正确的使用行为要及时制止，发现损坏要认真记录，及时修复。

④ 检查时，可在楼顶通风道出屋面处测通风道的通风状况，并用铅丝悬挂大锤放入通风道检查其是否畅通。

⑤ 通风道发现小裂缝应及时用水泥砂浆填补，严重损坏的在房屋大修时应彻底更换。

5. 楼地面工程的维护

楼地面工程常见的材料多种多样，如水泥砂浆、大理石、水磨石、地砖、塑料、木材、马赛克、缸砖等。水泥砂浆及常用的预制块地面的受损情况有空鼓、起壳、裂缝等，而木地板更容易被腐蚀或蛀蚀。在一些高档装修中采用的纯毛地毯，则在耐菌性、耐虫性及耐湿性等方面性能较差。所以，应针对楼地面材料的特性，做好相应的维护工作。通常需要注意以下几个主要的方面。

（1）保证经常用水房间的有效防水　对厨房、卫生间等经常用水的房间，一方面要注意保护楼地面的防水性能，更须加强对上下水设施的检查与保养，防止管道漏水、堵塞，造成室内长时间积水而渗入楼板，导致侵蚀损害。一旦发现问题应及时处理或暂停使用，切不可将就使用，以免形成隐患。

（2）避免室内受潮与虫害　由于混凝土防潮性有限，在紧接土壤的楼层或房间，水分会通过毛细现象透过地板或外墙渗入室内；而在南方，空气湿度经常持续在较高的水平，常因选材不当而产生返潮（即结露）现象，这是造成室内潮湿的两种常见原因。室内潮湿不仅影响使用者的身体健康，也会因大部分材料在潮湿环境中容易发生不利的化学反应而变性失效，如腐蚀、膨胀、强度减弱等，造成重大的经济损失。所以，必须针对材料的各项性能指标，做好防潮工作，如保持室内有良好的通风等。

建筑虫害包括直接蛀蚀与分泌物腐蚀两种，由于通常出现在较难发现的隐蔽性部位，所以，更须做好预防工作。尤其是分泌物的腐蚀作用，如常见的建筑白蚁病会造成房屋结构的根本性破坏，导致无法弥补的损伤，使得许多高楼大厦无法使用而被迫重建。无论是木构建筑还是钢混凝土建筑，都必须对虫害预防工作予以足够的重视。

（3）控制与消除装饰材料产生的副作用　装饰材料的副作用主要是针对有机物而言的，如塑料、化纤织物、油漆涂料、化学胶粘剂等，常在适宜的条件下产生大量有害物质，危害人的身心健康，以及正常工作与消防安全。所以，在选用有机装饰材料时，必须对它所能产生的副作用采取相应的控制与消除措施。如化纤制品除静电、地毯防止螨虫繁殖等。

6. 地基基础的维护

地基属于隐蔽工程，发现问题采取补救措施都很困难，应给予足够的重视。主要应从以下几方面做好维护工作：

（1）坚决杜绝不合理荷载的产生　地基基础上部结构使用荷载分布不合理或超过设计荷载，会危及整个房屋的安全，而在基础附近的地面堆放大量材料或设备，也会形成较大的堆积荷载，使地基由于附加压力增加而产生附加沉降。所以，应从内外两方面加强对日常使用情况的技术监督，防止出现不合理荷载状况。

（2）防止地基浸水　地基浸水会使地基基础产生不利的工作条件，因此，对于地基基础附近的用水设施，如上下水管、暖气管道等，要注意检查其工作情况，防止漏水。同时，要加强对房屋内部及四周排水设施如排水沟、散水等的管理与维修。

（3）保证勒脚完好无损　勒脚位于基础顶面，将上部荷载进一步扩散并均匀传递给基础，同时起到基础防水的作用。勒脚破损或严重腐蚀剥落，会使基础受到传力不合理的间接影响而处于异常的受力状态，也会因防水失效而产生基础浸水的直接后果。所以，勒脚的维护不仅是美观的要求，更是地基基础养护的重要部分。

（4）防止地基冻害 在季节性冻土地区，要注意基础的保温工作。对按持续供热设计的房屋，不宜采用间歇供热，并应保证各房间采暖设施齐备有效。如在使用中有闲置不采暖房间，尤其是与地基基础较近的地下室，应在寒冷季节将门窗封闭严密，防止冷空气大量侵入，如还不能满足要求，则应增加其他的保温措施。

19.3.4 房屋日常维护的考核标准

日常维护考核指标主要有：定额指标、经费指标、服务指标和安全指标。

1. 定额指标

小修维护工人的劳动效率要 100% 达到或超过人工定额；材料消耗要不超过或低于材料消耗定额，达到小修维护工程定额的指标，是完成小修维护工作量、搞好日常服务的必要保证。

2. 经费指标

小修维护经费主要通过收取物业管理服务费筹集，不足部分从物业管理公司开展多种经营的收入中弥补。

3. 服务指标

（1）走访查房率 一般要求管理员每月对辖区的住（用）户要走访查房 50% 以上；每季对辖区内住（用）户要逐户走访查房 1 遍。走访查房户数计算时对月（季）内走访如系同一户超过 1 次的均按 1 次计算。

（2）维护计划率 应按管理员每月编制的小修维护计划表依次组织施工，考虑到小修中对急修项目需及时处理，因此在一般情况下，维护计划率要求达到 80% 以上，遇特殊情况或特殊季节，可统一调整维护计划率。

（3）维护及时率 当月全部报修中应修的户次数，指剔除了经专业人员实地查勘后，认定不属小修维护范围，并已做其他维修工程类别安排的和因故不能安排维修的报修户次数。

4. 安全指标

确保住用、生产安全，是维修服务的首要指标，是考核工作实绩的重要依据。为确保生产安全，物业管理企业应建立一系列安全生产操作规程和安全检查制度，以及相配套的安全生产奖惩办法。在安全生产中要十分注意以下 3 个方面。

1）严格遵守操作规程，不违章上岗和操作。

2）注意工具、用具的安全检查，及时修复或更换有不安全因素的工具、用具。

3）按施工规定选用结构部件的材料，如利用旧料时，要特别注意安全性能的检查，增强施工期间和完工后交付使用的安全因素。

参 考 文 献

[1] 白茹．基于模数协调下的钢结构住宅体系化设计方法研究[D]．北京：北京交通大学，2014.

[2] 陈学忠．寒地装配式建筑外围护系统关键技术比较研究[D]．长春：吉林建筑大学，2019.

[3] 樊则森．预制装配式建筑设计要点[J]．住宅产业，2015(8)：56-60.

[4] 贾春阳．可变性住宅空间在当代居住环境中的运用[D]．重庆：四川美术学院，2017.

[5] 黄鑫，聚氨酯铝合金门窗在建筑节能中的应用研究[D]．杭州：浙江大学，2019.

[6] 李建沛．预制装配式建筑结构体系与设计[J]．工程技术研究，2017(8)：221-222.

[7] 李旭强，孙晨晓．预制装配式建筑的设计要点分析[J]．住宅与房地产，2017(15)：199.

[8] 李闻达．装配式钢结构建筑新型复合墙板研发及构造技术研究[D]．济南：山东建筑大学，2019.

[9] 林新梅．预制装配式建筑设计实践——以某地高层住宅为例[J]．中外建筑，2018(1)：100-103.

[10] 梁晨，吕彦斌．试析装配式建筑结构体系设计要点及其发展趋势[J]．工程建设与设计，2018(11)：56-60.

[11] 宋竹．预制装配式建筑的设计要点分析[J]．住宅与房地产，2016(6)：68.

[12] 杨晓琳．基于体系分离的高层开放住宅设计方法研究[D]．广州：华南理工大学，2016.

[13] 叶浩文，江国胜，周冲．装配式建筑三个一体化的发展思考[J]．建设科技，2016(19)：50-52.

[14] 叶浩文．装配式建筑"三个一体化"建造方式[J]．建筑，2017(8)：21-23.

[15] 王春才，邹兴兴，龙玉峰．万科云城一期03地块装配式办公建筑实践[J]．建筑技艺，2017(3)：30-35.

[16] 汪平平．高层装配式钢结构住宅立面设计研究[D]．北京：北京交通大学，2019.

[17] 赵中宇，郑姣．预制装配式建筑设计要点解析[J]．住宅产业，2015(9)：10-16.

[18] 赵冠谦，2000年的住宅[M]．北京：中国建筑工业出版社，1991.

[19] 中国建筑标准设计研究院．装配式建筑系列标准应用实施指南[M]．北京：中国计划出版社．2016.

[20] 中华人民共和国住房和城乡建设部．装配式钢结构建筑技术标准：GB/T 51232—2016[S]．北京：中国建筑工业出版社，2017.

[21] 中华人民共和国住房和城乡建设部．装配式钢结构住宅建筑技术标准：JGJ/T 469—2019[S]．北京：中国建筑工业出版社，2019.

[22] JERRY Y. Green building through integrated design[M]. Harbin：Harbin Institute of Technology Press，2014.

[23] YUAN Z, SUN C, WANG Y. Design for Manufacture and Assembly-oriented parametric design of prefabricated buildings[J]. Automation in Construction, 2018, 88：13-22.

[24] ERICSON C. Real-time collision detection[M]. Boca Raton：CRC Press，2004.

[25] 魏群，张国新，王宗敏，等．三维空间结构的数字图形介质模拟方法：CN102646286A[P]．2012.

[26] 魏群，张国新，王宗敏，等．基于数字图形介质的三维空间结构图形切割及切片方法：CN102629391A[P]．2012.

[27] 魏群，尹伟波，刘尚蔚．BIM技术中的数字图形信息融合集成系统研究进展[C]//2014中国建筑金属结构协会钢结构分会年会和建筑钢结构专家委员会学术年会论文集．中国建筑金属结构协会，2014.

[28] 刘尚蔚，黄竟颖，魏群，等．山区桥梁工程边坡与基岩BIM-Dynamo数据处理方法研究[J]．华北水利水电大学学报(自然科学版)，2021，42(1)：74-81.

[29] 刘尚蔚，吕明昊，魏群．基于HPIM技术的地形与地质建模应用研究[J]．华北水利水电大学学报(自然科学版)，2017，38(1)：75-79.

[30] 刘尚蔚，李闻，魏群．面向水利工程的空地一体三维重建方法研究[J]．华北水利水电大学学报(自然科学版)，2020，41(6)：73-78.

[31] 郭若玮. 计算机视觉技术在自动化中的应用分析[J]. 电子世界, 2021(04)：18-19.

[32] 张建平, 张洋, 张新. 基于 IFC 的 BIM 三维几何建模及模型转换[C]//工程三维模型与虚拟现实表现——第二届工程建设计算机应用创新论坛论文集. 中国土木工程学会, 中国工程图学学会, 中国建筑学会, 2009.

[33] CROWLEY, A J, WATSON, A S. CIMsteel integration standards, Release 2：Overview[M]. Steel Construction Institute, 2000.

[34] 魏群, 魏鲁双, 孙凯. 虚拟仿真技术创新发展与十大工程应用[C]//大数据时代的信息化建设——2015(第三届)中国水利信息化与数字水利技术论坛论文集, 2015.

[35] 刘尚蔚, 魏鲁双. 数字地质多源数据库及三维建模方法研究[J]. 人民黄河, 2012, 34(2)：123-125.

[36] 陈昌伟. 离散单元法及其在岩质边坡稳定分析中的应用[D]. 北京：清华大学, 1992.

[37] 魏群, 张国新. 岩土工程图形计算力学的概念方法及应用[J]. 岩石力学与工程学报, 2008, 27(10)：2043-2051.

[38] 卞扬清. 一种小型 FDM 三维打印机控制系统研究与实现[D]. 南京：东南大学, 2015.

[39] 余道洋. 3D 打印机 G 代码预处理优化算法[J]. 中国机械工程, 2019, 30(01)：85-89, 112.

[40] 朱慧娴, 徐照. 装配式建筑自上而下设计信息协同与模型构建[J]. 图学学报, 2021(2)：289-298.

[41] 刘爽. 建筑信息模型(BIM)技术的应用[J]. 建筑学报, 2008(2)：100-101.

[42] 蔡良娃, 曾鹏. 参数化建筑设计中美学观念的演变[J]. 新建筑, 2013(02)：68-71.

[43] 赵春蕾. 论美学理念在建筑设计中的表达[J]. 美与时代(城市版), 2018(09)：1-2.

[44] 张宇航. 浅析建筑设计中的美学观念[J]. 建材与装饰, 2020(06)：145.

[45] 曾旭东, 周鑫, 张磊, 等. BIM 技术在建筑设计阶段的正向设计应用探索[J]. 西部人居环境学刊, 2019(6)：119-126.

[46] BONENBERG W, WEI X. Green BIM in sustainable infrastructure[J]. Procedia Manufacturing, 2015：1654-1659.

[47] 刘鸣, 连超丽, 谷红磊, 等. 既有住区室外碳排放空间分布特征与影响研究[J]. 西部人居环境学刊, 2018, 33(6)：83-87.

[48] 孙雁, 李欣蔚. 典型渝东南土家族聚落夏季风环境及吊脚楼夏季热环境模拟研究[J]. 西部人居环境学刊, 2016, 31(2)：96-101.

[49] 席加林. 基于 BIM 技术的重庆地区办公建筑节能设计探索[D]. 重庆：重庆大学, 2013.

[50] 李奇芫, 杨向群, 杨崴. 基于 BIM 的小型节能建筑生命周期环境影响和成本分析[J]. 南方建筑, 2017(2)：45-50.

[51] 王辉. 建筑工程 BIM 正向设计研究[C]//2019 全国建筑院系建筑数字技术教学与研究学术研讨会论文集, 2019.

[52] 刘程. 基于 BIM 平台的协同设计研究——以济南加州东部世界城施工图设计为例[D]. 济南：山东建筑大学, 2017.

[53] 深圳市勘察设计行业协会. 建筑工程信息模型设计交付标准：SJG 76—2020[S]. 深圳：深圳市住房和建设局, 2020.

[54] 林树枝, 施有志. 基于 BIM 技术的装配式建筑智慧建造[J]. 建筑结构, 2018(23)：118-122.

[55] 刘丹丹, 赵永生, 岳莹莹, 等. BIM 技术在装配式建筑设计与建造中的应用[J]. 建筑结构, 2017, 47(15)：36-39.

[56] 毛志兵, 李云贵, 邱奎宁, 等. 国家标准《建筑信息模型施工应用标准》GB/T 51235 编制工作简介[J]. 工程建设标准化, 2019(05)：71-74.

[57] 赵秋萍. 装配式结构施工深化设计要点[J]. 施工技术, 2017, 46(04)：21-24.

[58] 张亚鹏, 郭彦明, 高文巧. 基于 BIM 技术的钢结构深化设计应用研究[J]. 粉煤灰综合利用, 2020,

34(06)：21-25.

[59] 胡延红，欧宝平，李强. BIM 协同工作在产业化项目中的研究[J]. 施工技术，2017，46(04)：42-45.

[60] 曾念童. BIM 技术在钢结构施工项目中的应用[J]. 建筑技术开发，2020，47(05)：1-2.

[61] 骆文进，郭盈盈，任云霞. BIM 技术在钢结构施工中的应用[J]. 居舍，2020(29)：39-40.

[62] 胡林策，祖建，肖伟，等. BIM 技术在钢结构施工中的应用[J]. 建筑技术，2020(4)：402-404.

[63] 王贺，邵玥. BIM 技术在钢结构工程中的应用[C]. 北京：中国建筑金属结构协会，2020.

[64] 冷新中. BIM 数字化加工技术在钢结构加工中的应用研究[J]. 中国建筑金属结构，2021(01)：90-91.

[65] 刘尚蔚，李萍，马颖，等. 基于 BIM 的钢结构构件制作用正交定位装置及其制作工艺：CN104759805A[P]. 2015-07-08.

[66] 魏鲁双，高阳秋晔，魏群，等. 基于 BIM 的圆柱形钢结构垂斜交定位连接装置：CN104551499A[P]. 2015-04-29.

[67] 刘尚蔚，魏群，魏鲁双，等. 基于 BIM 的圆柱形钢结构平斜交定位连接装置：CN104563301A[P]. 2015-04-29.

[68] 魏群，魏鲁双，李军，等. 基于 BIM 的钢结构斜交定位连接装置：CN104563302A[P]. 2015-04-29.

[69] 中华人民共和国住房和城乡建设部. 建设工程项目管理规范：GB/T 50326—2017[S]. 北京：中国建筑工业出版社，2017.

[70] 中华人民共和国住房和城乡建设部. 钢结构工程施工质量验收标准：GB 50205—2020[S]. 北京：中国建筑工业出版社，2020.

[71] 中华人民共和国住房和城乡建设部. 钢结构工程施工规范：GB 50755—2012[S]. 北京：中国建筑工业出版社，2012.

[72] 中华人民共和国住房和城乡建设部. 钢结构焊接规范：GB 50661—2011[S]. 北京：中国建筑工业出版社，2012.

[73] 刘绪明，陈建平，陈至诚. 钢结构工程质量管理与控制[M]. 北京：机械工业出版社，2012.

[74] 住建部住宅产业化促进中心. 大力推广装配式建筑必读——技术、标准、成本与效益[M]. 北京：中国建筑工业出版社，2016.

[75] 杜春晓. 建筑工程成本管理[M]. 北京：中国建材工业出版社，2016.